Herbst / Hoffmann

Product Lifecycle Management (PLM) mit Siemens Teamcenter

AF898538

Sven Herbst
Alexander Hoffmann

Product Lifecycle Management (PLM) mit Siemens Teamcenter

Grundlagen, Anwendung und Best Practices

Unter Mitarbeit von Uwe Brylla, Thomas Hertel
und Michael Jungnickel

2., aktualisierte Auflage

HANSER

Über die Autoren:
Sven Herbst, Zella-Mehlis
Alexander Hoffmann, Chemnitz

MIX
Papier aus verantwortungsvollen Quellen
FSC® C083411

Print-ISBN: 978-3-446-48406-1
E-Book-ISBN: 978-3-446-48444-3
ePub-ISBN: 978-3-446-48661-4

Die allgemein verwendeten Personenbezeichnungen gelten gleichermaßen für alle Geschlechter.

Bibliografische Information der Deutschen Nationalbibliothek:
Die Deutsche Nationalbibliothek verzeichnet diese Publikation in der Deutschen Nationalbibliografie; detaillierte bibliografische Daten sind im Internet unter http://dnb.d-nb.de abrufbar.

Vilshofener Straße 10 | 81679 München | info@hanser.de
www.hanser-fachbuch.de
Lektorat: Julia Stepp
Herstellung: Melanie Zinsler
Coverkonzept: Marc Müller-Bremer, www.rebranding.de, München
Covergestaltung: Max Kostopoulos
Satz: Eberl & Koesel Studio, Kempten
Druck: CPI Books GmbH, Leck
Printed in Germany

Inhalt

Vorwort

Liebe Leserschaft,

mit diesem Buch liefern wir Ihnen einen umfassenden Einstieg in das PLM-System Siemens Teamcenter. Wir zeigen Ihnen, wie Sie den Produktentstehungsprozess und Produktlebenszyklus mit Teamcenter abbilden und effizienter sowie flexibler gestalten können. Unser Buch richtet sich vornehmlich an Anwendende, aber auch an Administrierende und Entscheidende, die mit der Einführung und dem Ausbau von Teamcenter in einem Unternehmen betraut sind.

Im ersten Schritt führen wir Sie in die Benutzeroberfläche und die Grundfunktionen wie Objektanlage oder Datenablage ein. Es folgt eine Übersicht verschiedener Teamcenter-Module. Der Kernteil des Buches widmet sich den typischen Einsatzbereichen von Teamcenter: Dokumenten- und Projektmanagement, Freigabemanagement, Änderungsmanagement und Umgang mit Stücklisten. Sie lernen die Werkzeuge zum Auffinden von Informationen kennen und erfahren mehr über die Analyse der vielfältigen Beziehungen zwischen diesen. Darüber hinaus stellen wir in diesem Buch mehrere CAx-Integrationen in Teamcenter vor. Die integrierten Betrachtungsmöglichkeiten von 3D-Modellen ohne zusätzliche CAD-Software und der mobile Zugriff über den Active Workspace runden den Inhalt ab.

Die Teamcenter-Module stellen wir anhand konkreter Anwendungsfälle in einer Musterfirma vor. Jedes Kapitel endet mit einem kurzen Beispiel, in welchem Sie das Erlernte praktisch anwenden können. Auf diese Weise liefert Ihnen das Buch wertvolle Anregungen und Best-Practice-Methoden für den Einsatz im eigenen Unternehmen.

Die zweite Auflage haben wir auf Basis von Version 2406 und 2412 aktualisiert. Neu in dieser Auflage hinzugekommen ist auch das Management verschiedener Stücklistentypen am Beispiel des Active Workspace.

Die Bilder der Mitarbeitenden der Musterfirma wurden mit KI-Werkzeugen und zielgerichtetem Prompting erstellt. Ähnlichkeiten sind rein zufällig.

Danksagungen von Sven Herbst

Mein aufrichtiger Dank gilt dem Team der ARC Solutions GmbH für die Bereitstellung der Anwendungen sowie die engagierte Unterstützung bei einzelnen Kapiteln dieses Buches. Ebenso danke ich dem großen und außerordentlich kompetenten Team, das für die Einführung der Software bei der Siemens AG verantwortlich war. Die Erfahrung und Professionalität dieses Teams haben maßgeblich zum Gelingen beigetragen und lieferten überhaupt erst die Idee zu einem solchen Fachbuch.

Ein herzlicher Dank geht an meine Eltern und Schwiegereltern. Besonders danken möchte ich meinem Vater und meinem Schwiegervater, die beide selbst als Konstrukteure am Reißbrett standen und damit früh den Grundstein für meine Begeisterung an Technik und Produktentwicklung gelegt haben.

Mein größter Dank gilt jedoch meiner Familie. Sie hat über lange Zeit viel Geduld, Verzicht und zusätzliche Belastungen auf sich genommen – insbesondere während der Arbeit an der ersten Auflage dieses Buches. Ohne dieses Verständnis und diesen Rückhalt wäre dieses Werk nicht möglich gewesen.

Bei den Überarbeitungen zur zweiten Auflage hat mich meine Tochter unmittelbar unterstützt. Mit ihrem frischen Blick und dem Einsatz moderner KI-Werkzeuge hat sie entscheidend dazu beigetragen, Inhalte zeitgemäß zu formulieren und neue Perspektiven einzubringen.

Danksagungen von Alexander Hoffmann

Ich danke meinen Eltern, Brigitta und Bernd Hoffmann, die mir in jungen Jahren die Gewissheit und den Freiraum gegeben haben, meinen eigenen Weg zu suchen.

Meinem Mentor, Herrn Prof. Dr. Rolf Frick, danke ich für die Hinführung zur ganzheitlichen Designmethodik, ohne die meine Sicht auf PLM eine andere wäre.

Wir wünschen Ihnen eine gewinnbringende Lektüre und viel Erfolg bei der Nutzung von Teamcenter!

Zella-Mehlis und Chemnitz im Dezember 2025

Sven Herbst

Alexander Hoffmann

1 Einführung

1.1 PLM-Vorbetrachtungen

Dieses Buch stellt das Product Lifecycle Management (PLM) am Beispiel von Teamcenter, der in der Welt am meisten eingesetzten PLM-Produktfamilie, vor. Es führt in grundlegende PLM-Merkmale und -Methoden ein und möchte die Leserschaft zur Entwicklung eigener „Best Practice"-Methoden anregen. Wir konzentrieren uns dabei auf die erste Ausbaustufe: die Einführung von PLM.

Lassen Sie uns mit einem kleinen Exkurs in Theorie und Historie beginnen. Unter PLM wollen wir frei nach Michael Grieves einen integrierten, informationsgetriebenen Ansatz verstehen, der das Zusammenwirkungen von Menschen, Prozessen und Technologie über alle Aspekte des „Lebens" eines Produkts organisiert – von seiner Entwicklung und Herstellung über die Inbetriebnahme, Nutzung und Wartung bis hin zur Außerbetriebnahme und finalen Wiedereinbringung der Rohstoffe in den Wertstoffkreislauf. Die dabei gewonnenen Erfahrungen fließen in neue bzw. veränderte Produkte ein (Grieves 2005).

PLM setzt auf die integrierte Nutzung der Ressource Information (anstelle von Zeit, Energie und Material), drängt auf diese Weise Verschwendung zurück und fördert eine neue, über die Produktion hinausgehende, ganzheitliche Art „schlanken" Denkens (Lean Thinking). Vor dem Hintergrund von Digitalisierung, Globalisierung, Ressourcenverknappung und Klimawandel hat sich PLM im letzten Jahrzehnt in der produktentwickelnden und -fertigenden Industrie zur zentralen Technologie entwickelt, um Produktdaten vom Augenblick der Entstehung an, ganzheitlich unter Nutzung des bestehenden Wissens und entsprechend geltender Regularien festzuhalten und für die weitere Nutzung und Fortschreibung zur Verfügung zu stellen.

Das nachhaltige, vernetzte und individualisierte Produkt (Smart Product) ist unter anderem durch abnehmende Stückzahlen pro Serie, durch die Integration multipler

Funktionen in komplexere Bauteile und durch dünnwandige, organische Strukturen mit reduziertem Gesamtgewicht („Gewichtsreduktion“) gekennzeichnet. Von diesen Veränderungen sind sowohl das Design und die Werkstoffauswahl als auch die Gestaltung der Fertigungs-, Inbetriebnahme- und Serviceprozesse betroffen. Smart Products sind dank eingebetteter Sensoren und Speicher in der Lage, ihre Umgebung sowie ihren eigenen Betriebszustand wahrzunehmen und Änderungen in Echtzeit auf ihren Digitalen Zwilling (Digital Twin) in der PLM-Datenbank zu übertragen und von diesem Aktualisierungen zu empfangen.

In Zukunft wird das klassische Produkt mit digitalen Services verknüpft sein. Das Selbstverständnis der Fertigenden wird sich, weg von der reinen Verkaufstransaktion, in Richtung Lebenszeitverantwortung entwickeln. Dies eröffnet neue Chancen und lädt natürlich auch neue Marktteilnehmende ein. Um mit Erfolg an dieser Entwicklung teilhaben zu können, stehen die an ihr beteiligten Unternehmen vor der Herausforderung, PLM und damit verbundene Konzepte, wie Industrie 4.0 oder das Internet der Dinge (Internet of Things, IoT), wertschöpfend zu nutzen und die existierenden Prozesse durch neue, hochintegrative Prozessketten abzulösen. Auf der Basis des Digitalen Zwillings, der über den kompletten Lebenszyklus aus der Erfahrung seines „physischen“ Zwillings lernt und die „Blaupausen“ für die nächste Produktgeneration liefert, wird Schritt für Schritt die cyber-physische Realität entstehen. PLM ist dafür eine unverzichtbare Voraussetzung.

Woraus hat sich PLM entwickelt? Wie ordnet sich PLM in den Unternehmenskontext ein?

PLM hat sich historisch aus so unterschiedlichen Konzepten wie CIM (Computer Integrated Manufacturing), CAD (Computer Aided Design, Manufacturing, Engineering), DMS (Document Management Systems), EDM (Engineering Data Management) und PDM (Product Data Management) entwickelt – und zwar durch das informationstechnische „Verweben“ aus diesen Konzepten entnommener Versatzstücke.

PLM grenzt sich von seinem älteren Wegbegleiter Enterprise Resource Planning (ERP) relativ klar ab. Ein ERP-System (Synonyme: Produktionsplanungs- und Steuerungssystem, PPS; Warenwirtschaftssystem) unterstützt das Abwickeln von Aufträgen und das Überwachen der dabei ablaufenden Transaktionen in Produktion und Logistik. Die eigentliche Produktentstehung (Engineering) steht dabei außerhalb des Fokus. In der Regel fehlen fundamentale PLM-Bestandteile wie die Versionsverwaltung, die CAD-Integration und die informationsreiche, navigationsfähige 3D-Repräsentation (Kapitel 6, „Viewer und Lifecycle Viewer – ein Bild sagt mehr als Attribute“). Wenn überhaupt, werden Produktdaten erst nach der Entwicklungsfreigabe, in statischer Repräsentation (oft lediglich als 2D-Zeichnungen), in das ERP-System importiert. Wegen dieser Aufgabenteilung ist eine Tendenz erkennbar, PLM und ERP über konfigurierbare Schnittstellen miteinander zu koppeln. Unter der Voraussetzung einer Standardisierung und systematischen Pflege der Stammdaten (Master Data) lässt sich auf diese Weise die wirksame Kommunikation zwischen beiden Systemwelten organisieren (Fischer 2024; Fischer 2025).

PLM ist dagegen, wie wir am Beispiel von Teamcenter zeigen werden, angelegt auf schnelles, rückverfolgbares, sicheres Anlegen und Ändern aller produktbeschreibenden Merkmale über alle Phasen des Lebenszyklus hinweg. Wir haben es also bei PLM mit einer dynamischen Repräsentation zu tun, die Produkte mit all ihren Eigenschaften, Einzelteilen und Baugruppen „in ihrem Werden" und „in ihrer Veränderung" festhält (Kapitel 12, „Geändert wird immer! Effektives Änderungswesen").

Praktisch muss man sich bei der Planung und Implementation von PLM zunächst mit den aktuellen Gegebenheiten im Unternehmen auseinandersetzen. Die gemeinsame, integrierte Sicht auf das Wertvollste, über das ein erfolgreich am Markt agierendes Unternehmen verfügt, nämlich seine Produkte, ist noch nicht in allen Unternehmen ausgeprägt.

Im Rahmen ihrer Arbeitsteilung nutzen funktionale Unternehmenseinheiten wie Vertrieb, Konstruktion und Arbeitsvorbereitung jeweils spezielle Anwendungen und speichern ihre Information in unterschiedlichen, proprietären Teilmodellen/Formaten wie Schemata, 2D-Zeichnungen, 3D-CAD-Modellen, CAM-Quellprogrammen etc. Man spricht hier auch von „funktionalen Silos". Daten werden manuell und unkontrolliert per Filetransfer und Formatwandel (STEP und andere), manchmal sogar in Papierform, an das „nächste Silo" weitergegeben. Unvermeidbar mit dieser Arbeitsweise verbunden sind Redundanz, Inkonsistenz, Fehleranfälligkeit und Verschwendung (Ausschuss, unproduktive Zeiten).

PLM sorgt hingegen für die Installation eines integrierten Daten- und Ablaufmanagements, das die unterschiedlichen Unternehmenseinheiten mit ihren verschiedenen Datenräumen nach einheitlichen Regeln einrichtet und miteinander in Beziehung bringt. Die in PLM realisierte Idee, die verschiedenen Teilmodelle auf der Basis eines einheitlichen Meta-Modells über die Lebensphasen eines Produkts konsistent zusammenzuführen, ist pragmatisch und knüpft an den erreichten Stand der IT-Werkzeugentwicklung an. Nur so kann mit vertretbarem Aufwand die Voraussetzung für die kontrollierte Anlage der Daten bei der Produktentstehung (Produktentstehungsprozess, PEP) und die Weitergabe, Ableitung und Verteilung über den kompletten Lebenszyklus geschaffen werden.

Worauf es bei der erfolgreichen PLM-Einführung ankommt

Wegen des ganzheitlichen Ansatzes von PLM ist es zielführend, die Informationstechnik im Einklang mit den Anforderungen der Menschen und den von ihnen auszuführenden Prozessen und Praktiken zu entwickeln. Wo es um die Entwicklung und Planung von Produkten geht, arbeiten Menschen unterschiedlicher Ausbildung und Erfahrung – fachlich breit aufgestellte Personen sowie Sachverständige – zusammen und treffen interdisziplinär zusammenwirkend Entscheidungen. Es werden Folgeschritte initiiert und dabei produktbeschreibende Daten nach Erkenntnisgewinn weiter angereichert und verknüpft.

> Die Richtlinie VDI 2206 (Entwicklungsmethodik für mechatronische Systeme) trägt dieser Situation Rechnung, indem sie bewährte und eingeführte domänenspezifische Entwurfsmethoden zusammenführt, statt eine lückenlos formale Prozessmethodik durchzusetzen.

Dabei wird laut Johannes Müller „nicht sequentiell, globalen Ablaufmodellen folgend, gearbeitet ...", sondern überwiegend informell vorgegangen (Müller 1990). PLM muss deshalb die Suche und den geeigneten Zugriff auf zu definierende, zu prüfende und zu verbessernde Muster- und Entwurfsmodelle organisieren und diese den jeweiligen Autorenwerkzeugen (CAD, CAM, Simulation, Office usw.) zur Bearbeitung innerhalb gesicherter (kontrollierter) Arbeitsräume (Workspaces) bereitstellen (Kapitel 6, „Viewer und Lifecycle Viewer – ein Bild sagt mehr als Attribute", Kapitel 7, „Microsoft Office-Integration – Bürodokumente gut strukturieren", Kapitel 11, „Das Finden ist entscheidend!" und Kapitel 16, „CAx-Integrationen").

Sinnvoll ergänzt werden diese informellen Praktiken durch formale Teilprozesse, wenn es darum geht, einen Änderungsauftrag oder eine Freigabe zu erteilen oder die massenhafte Ausführung von Routineoperationen wie Drucken oder Erzeugen von Neutralformaten zu automatisieren (Kapitel 8, „Workflows – definierte und nachvollziehbare Arbeitsabläufe").

Bei der Planung Ihrer PLM-Einführung sollten Sie also frühzeitig beginnen, die Daten- und Ablaufsicht mit einem geeigneten Verfahren bzw. Notationen wie der UML (Unified Modelling Language) unternehmensspezifisch zu beschreiben und auszuprägen (Grässle et al. 2007; Schichtel 2002). In Abwägung von in Ihrer Branche bewährten Vorgehensweisen („Best Practice", besser „Healthy Practices") und kritischer Analyse und Überarbeitung der bestehenden betrieblichen Abläufe (Process Reengineering) werden Sie ein ausgewogenes Ergebnis erzielen.

Haben Sie sich einmal für die Automatisierung eines Prozesses entschieden, können Sie sich im Zweifel nicht mehr auf die übliche „menschlich-informelle, nebenläufige Kommunikation" verlassen, sondern müssen die notwendige Kommunikation geeignet in Ihr Unternehmen einbetten. So müssen von einer Änderung betroffene Dritte direkt aus dem PLM-Workflow heraus über die Änderung und daraus folgende Aktivitäten informiert werden (Kapitel 4, „Datensicherheit für alle", Kapitel 8, „Workflows – definierte und nachvollziehbare Arbeitsabläufe" und Kapitel 12, „Geändert wird immer! Effektives Änderungswesen").

Wie vorangehend bereits angesprochen stellen die nebeneinander koexistierenden Ablauftypen (formale Prozesse und nichtformale Praktiken) unterschiedliche Anforderungen an die IT-Unterstützung. Dies gilt es bereits bei der PLM-Konzeption durch klare Abgrenzung und gleichzeitig geeignete Formen der Verknüpfung zu berücksichtigen. Hier liegt eine Herausforderung für die erfolgreiche PLM-Einführung (Grieves 2005).

Eine zweite Herausforderung besteht in der sinnvollen Segmentierung des Projekts, einer nachhaltigen Prognose des Ressourcenbedarfs und damit indirekt auch des sich einstellenden Aufwand-Nutzen-Verhältnisses. So kann beispielsweise mit CAD-Management und Variantenmanagement gestartet werden. Später kann eine zentrale Multi Domain Engineering BOM etabliert werden und darauf aufbauend können Parallel- und Folgeprozesse unterstützt werden. Durch die Planung und Priorisierung der Funktionen jedes Teilprojekts können Kosten und Personalbedarf pro Zeiteinheit (Geschäftsjahr) abgeschätzt, aktualisiert und so weitgehend unter Kontrolle gehalten werden.

Lieferanten von PLM-Technologie wie z. B. Siemens unterstützen die schrittweise Einführung durch vorkonfigurierte Lösungen (z. B. Teamcenter Rapid Start oder das cloudbasierte Teamcenter X), die schnell eingeführt und bei Bedarf ausgebaut und erweitert werden können.

Hier startet der digitale Lebenszyklus

Obwohl PLM per Definition den gesamten Produktlebenszyklus umfasst, ist es sinnvoll, zunächst die initiale Phase, die Produktentstehung, in den Mittelpunkt der Betrachtung zu stellen. Hier ist der Ursprung und die Quelle. Hier sprudeln die kreativen Ideen.

Im Zusammenwirken von Kundschaft und Produktentwickelnden werden Anforderungen zu konkreter Spezifikation entwickelt. Im einfachsten Fall legen Sie Anforderungen und Spezifikationen als Office-Dokumente an und machen diese automatisch in Teamcenter für weitere Anwendende verfügbar. Mehr dazu erfahren Sie in Kapitel 7, „Microsoft Office-Integration – Bürodokumente gut strukturieren". Bezeichnend ist besonders für diese Phase, dass die dabei „bewegten" Informationen in überwiegend unstrukturierter, zunächst unvollständiger Form vorliegen. Die Agierenden treffen auf dieser Grundlage Entscheidungen, initiieren Folgeschritte und reichern die Information je nach Erkenntnisgewinn weiter an. Es entstehen „Wissensinseln", die mit Entwicklungsfortschritt immer weiter an- und zusammenwachsen.

Mit Teamcenter besteht in weiteren hier nicht behandelten Ausbaustufen die Möglichkeit, ein vollständiges Anforderungsmanagement zu integrieren. Mit NX als Modellierungssoftware kann die Erfüllung von speziellen Anforderungen direkt im CAD-System überprüft und Folgeprozesse, wie z. B. Freigaben, vom Ergebnis dieser Prüfung abhängig gemacht werden. Der eingeschlagene Weg führt vom funktionalen weiter zum dreidimensionalen Entwurf (3D-CAD), zu virtuellen Modellen, digitalen Prototypen, digitalen Arbeitsplänen und mit CAM-Systemen erzeugten CNC-Programmen.

Diese erste PLM-Phase wird häufig als kollaborative Produktentwicklung (Collaborative Product Development, CPD) bezeichnet. Auf der einen Seite können verschiedene Entwickelnde aktiv-parallel entwickeln (Concurrent Engineering), was für eine Verkürzung der Entwicklungszeit genutzt werden kann. Auf der anderen Seite bewahrt die unternehmensweite Verfügbarkeit der Produktdaten andere an der Produktentstehung Beteiligte vor Verschwendung (von Zeit, Energie und Material) durch unproduktive Tätigkeiten wie die Mehrfacheingabe identischer Informationen, die Fertigung von Ausschuss nach „überholten" Zeichnungen oder das Abgleichen inkompatibler Sichten auf die Produktdaten (z. B. nicht-modellbasierte 2D-Zeichnungen).

Mit der breiten Einführung von computerunterstützten Autorenwerkzeugen (CAD, CAM, CAP, CAE) sind die Anwendenden in der Lage, in kürzester Zeit fast beliebig viele Kopien ihrer Entwürfe zu erzeugen. Wegen der damit einhergehenden Gefahr des „Auseinanderlaufens" dieser Daten-Dubletten (Redundanz) ist es zwingend notwendig, ein (zentrales) Repository nach dem Referenz- und Metadatenprinzip („ohne Kopien") einzuführen. Diese Referenzen oder Relationen zwischen den verschiedenen informationstechnischen Objekten werden wir in Kapitel 2, „Mein Teamcenter – die Basisanwendung", sehr ausführlich erläutern und später auch immer wieder vertiefend aufgreifen.

In diesem Buch zeigen wir neben der sehr tiefen und umfassenden Einbindung von Siemens NX auch die Integration weiterer CAD-Systeme wie Dassault CATIA V5 und Autodesk Inventor. Deutlich wird in diesem Zusammenhang die Teamcenter Multi-CAD-Strategie. Einerseits kann in einem PLM-Zusammenhang effektiv mit den verschiedenen Autorenwerkzeugen gearbeitet werden. Andererseits ist es z. B. mit NX jederzeit möglich, die MultiCAD-Strukturen zu nutzen, um den Entwicklungsprozess oder die Fertigungsvorbereitung unabhängig vom Quellsystem fortzusetzen. Kernpunkte dieser Strategie sind das Datenformat JT (Jupiter Tesselation) für dreidimensionale Daten und zugehörige Informationen sowie die in Teamcenter direkt eingebettete Visualisierungstechnologie (Kapitel 6, „Viewer und Lifecycle Viewer – ein Bild sagt mehr als Attribute" und Kapitel 16, „CAx-Integrationen").

Viele Wege führen zur Wiederverwendung

Neue Produkte (z. B. Farb-, Werkstoff-, Form-, Produktvarianten) fallen nicht vom Himmel, sondern verursachen Aufwand. Um trotz wachsender Komplexität kurze Durchlaufzeiten, Effizienz und Qualität zu sichern, streben die Entwickelnden deshalb die Wiederverwendung bereits vorhandener Komponenten, Wirkprinzipien und Baustrukturen an. Teamcenter erlaubt den schnellen, situationsgerechten Zugriff auf das gesuchte Einzelteil, Formelement (in NX „UDF") oder die benötigte Baugruppe. Diese werden anschließend in die aktuelle Baugruppe referenziert. Damit wird die Neuanlage gleicher oder ähnlicher Teile weitgehend eingeschränkt bzw. verhindert.

Während vor PLM die Notwendigkeit bestand, identifizierende Semantik in wenigen, meist einem einzigen Datenfeld, der Teilebenennung, zu codieren, entfällt diese Beschränkung mit der Einführung von Teamcenter und wird ersetzt durch eine Vielzahl zur Verfügung stehender Mittel, wie Attribute, Beziehungen, Klassifizierung, Volltext- und Schlüsselwortsuche (Kapitel 2, „Mein Teamcenter – die Basisanwendung“ und Kapitel 16, „CAx-Integrationen“). Diese müssen zum Zeitpunkt der Entstehung nicht vollständig bekannt und definiert werden, sondern man konzentriert sich von Beginn auf die notwendigen Merkmale und reichert sie im Laufe des Produktentstehungsprozesses (PEP) weiter an. Zu einem definierten Zeitpunkt kann das Vorhandensein und die Zulässigkeit aller erforderlichen Merkmalswerte geprüft werden (Kapitel 8, „Workflows – definierte und nachvollziehbare Arbeitsabläufe“).

Mittels Standardisierung und Klassifikation lassen sich Norm- und Kaufteile, Musterstrukturen, Werkzeuge, Betriebsmittel usw. vordefinieren und den Anwendenden in Kataloge und Bibliotheken zur Verfügung stellen (vgl. Göttsch/Hoffmann 2011 und Kapitel 14, „Klassifikation – Ordnung im Datenbestand“).

Mittels Relation Browser und Verwendungs-/Referenznachweis ist es möglich, verwendete Teile und Baugruppen produktübergreifend zu erkennen und gezielt wiederzuverwenden (Kapitel 10, „Alle Beziehungen im Griff“).

Panta rhei – die Veränderung managen

Das Bessere ist der Feind des Guten. Geändert wird immer – egal ob auf Kundenanforderung oder nach Erkenntnis der Entwickelnden, besonders häufig in der heißen Phase eines Projekts, kurz vor Freigabe. Dann zahlt es sich aus, dass Sie mit Teamcenter über exakte Versionskontrolle verfügen, Routinearbeitsabläufe mit „Leitplanken“ begrenzt haben (Workflow), sich auf definierte Zustandsübergänge („in Arbeit“ > „freigegeben“) und die Benachrichtigung aller betroffenen Personen verlassen können (Kapitel 8, „Workflows – definierte und nachvollziehbare Arbeitsabläufe“ und Kapitel 12, „Geändert wird immer! Effektives Änderungswesen“).

Jede Änderungsanforderung (Engineering Change Request, ECR) ist – schnell und sicher nachvollziehbar – in einen Änderungsauftrag (Engineering Change Order, ECO) zu verwandeln. Das gilt pro domo, aber auch für die externen Teilnehmenden des Entwicklungsnetzwerks, wie z. B. Liefernde und Ingenieurdienstleistende.

Hohe Schule ist die exakte Planung der Ressourcen und Termine mittels Teamcenter Scheduler (Kapitel 13, „Schedule Manager – Zeitpläne in der Produktentstehung“).

Produkte sind Organismen

Die Engineering-Stückliste (Engineering BOM, EBOM) ist der Dreh- und Angelpunkt, wenn ein Produkt inklusive aller Varianten konfiguriert wird. Sie ist damit die aktuelle Quelle (Single Source of Truth, SSoT) für die rückverfolgbare und nachprüfbare Bereitstellung von Produktdaten für andere Unternehmensbereiche.

Mittels der in Teamcenter verfügbaren Automatisierungswerkzeuge können CAD-Baugruppen (Konstruktionsstücklisten; Design BOM, DBOM) assoziativ mit der EBOM verknüpft werden, Fertigungsstücklisten (Manufacturing BOM, MBOM) und Servicestrukturen (Service BOM, SBOM) können abgeleitet werden sowie Änderungen mit hohem Automatisierungsgrad durchgeführt werden (Kapitel 5, „Struktur-Management – Stücklisten und deren Verwendung").

Durch das Zusammenführen der genauen Geometrie und Teilepositionierung aus dem CAD-System mit der EBOM können Konstruktionsänderungen und deren Auswirkungen auf nachgelagerte Aktivitäten, einschließlich der Fertigung der physischen Produkte, schneller sichtbar gemacht und besser verstanden werden.

Mit Teamcenter können Sie auf redundanzfreie und komfortable Weise neue Produktvarianten von bereits existierenden ableiten und ein gezieltes Klonen referenzierter CAD-Modelle durchführen.

Produktverhalten virtuell antizipieren ... am realen Verhalten lernen

Die Spannbreite des Digital Prototyping reicht von der klassischen Einbauuntersuchung, früher „Brettmontage", heute Digital Mock-Up (DMU) genannt, bis zur Komplettabsicherung. Für den erstgenannten Einsatzzweck bedient man sich der in Teamcenter integrierten Viewer und Lifecycle Viewer (Kapitel 6, „Viewer und Lifecycle Viewer – ein Bild sagt mehr als Attribute").

Für die lückenlose Absicherung mittels Digitalem Zwilling (Digital Twin) werden unterschiedliche Analyse-, Prognose- und Simulationswerkzeuge (CAE) via Teamcenter zu komplexen Simulationsnetzwerken gekoppelt, wie wir das an den Beispielen VIPROF (mit VW, TU Chemnitz und anderen) und eMes (mit TU Chemnitz) aufzeigen. Auf diese Weise können Simulationsergebnisse immer besser der Realität angenähert werden. Die Herstellung teurer physischer Prototypen kann reduziert oder zeitlich hinausgeschoben werden (vgl. Hoffmann et al. 2011 und Kapitel 16, „CAx-Integrationen").

Der Schritt in die Realisierung – ganzheitliches Planen

Dem Design und der Simulation des Produkts schließt sich die ganzheitliche Planung von Fertigung und Montage in der digitalen Fabrik (Digital Factory) an. Auch hierbei geht es mit Teamcenter digital zu. Arbeitsvorbereitung, Betriebsmittelkonstruktion und CAM-Planung können mit Teamcenter ganzheitlich, in ein und derselben Umgebung vorgenommen werden, woraus sich naturgemäß einige Vorteile ergeben: Assoziationen zwischen Konstruktions-, Roh- und Fertigteilmodellen sind nur ein Aspekt (Kapitel 16, „CAx-Integrationen").

Beispiel: Akkuschrauber

Zur Veranschaulichung der Ganzheitlichkeit soll ein Akkuschrauber als Beispiel dienen. Stellen Sie sich vor, dass Gehäuseteile in einem neuen Designansatz zeitgemäßer gestaltet werden. Abhängig vom Fertigungsverfahren benötigt man bei einem ganzheitlichen Ansatz ein Rohteil, z. B. als Spritzgussteil, und daraus abgeleitete Modelle für eventuelle Zwischenstufen und das finale Modell (Fertigteil). Designentwürfe sollen in Zukunft additiv gefertigt werden.

Die Klassifikation als das universelle Prinzip eignet sich sowohl für die Verwaltung von Werkzeugen, Betriebsmitteln und Maschinen (Manufacturing Resource Library, MRL, siehe Abschnitt 16.4) als auch für die komfortable Bereitstellung von Norm- und Kaufteilen (Kapitel 14, „Klassifikation – Ordnung im Datenbestand“).

Mit der verstarkten Anwendung PMI-annotierter 3D-CAD Modelle (Product and Manufacturing Information) können CAM-Prozesse immer stärker automatisiert und die Anzahl zu erstellender Zeichnungen auf ein Minimum reduziert werden.

Mittels virtueller CNC-Simulation werden drohende Kollisionen und fehlerhafte Programme erkannt, bevor ein Teil auf die Maschine gelangt. Dadurch entfällt das Einfahren auf der Maschine weitgehend, und es lassen sich bis zu 30 % Rüstzeit sparen (Hoffmann/Meyer 2012).

Immer mehr Teile werden mittels additiver Fertigungsverfahren produziert. Hierbei erfolgt die Fertigungsvorbereitung im CAD-System Siemens NX und den dort bereitgestellten Werkzeugen zur Vorbereitung und Simulation.

Hinter den Werktoren geht es weiter

Aus Lebenszeitverantwortung für das an die Kundschaft ausgelieferte Produkt entwickeln sich neue Geschäftsmodelle wie die digitale Ersatzteillogistik oder Rundum-sorglos-Kontrakte über vorbeugende Wartung und Service (Rieckhof/Hoffmann 2008). PLM-Systeme bieten für deren lückenlose und aufwandsarme Durchführung die Möglichkeit, anhand von As-built-Strukturen (As-built MBOM) nicht nur Veränderungen an den eingebauten Komponenten exakt zu dokumentieren, sondern auch das auslösende Ereignis und den Fehlergrund für künftige Prophylaxe festzuhalten. Mit aktuellen Technologien kann dies auch mobil und Augmented-Reality-gestützt (AR) direkt am Ort der Informationsentstehung erfasst und dokumentiert werden (Kapitel 3, „Active Workspace – Informationen an jedem Ort“, und Kapitel 6 „Viewer und Lifecycle Viewer – ein Bild sagt mehr als Attribute“).

1.2 Die Geschichte von Teamcenter

Teamcenter blickt auf eine bereits viele Jahre zurückreichende Entwicklung mit vielen Vorläufersystemen zurück. Entstanden als Datenverwaltungssoftware für McDonnell Douglas (heute Boeing) bildet I-Man (Information Manager) eine wesentliche Quelle der Teamcenter-Entwicklung. Über SDRC gelangte schließlich die Technologie von Metaphase ins Portfolio. Diese beiden Entwicklungswege lieferten die Erfahrung für die Entwicklung der heute aktuellen Unified Architecture (UA) von Teamcenter.

Geschichtlicher Überblick (nach Siemens PLM Software 2015 und Finocchiaro 2024)

1990 – Die Erstveröffentlichung eines Produktdaten-Managementsystems mit dem Namen „Information Manager", oder I-Man, wird zum Verkaufsschlager.

1992 – SDRC bildet mit Control Data Systems „Metaphase Technologies" zur Entwicklung und Vermarktung von Produktdaten-Managementsoftware.

Mehr zu den technischen Zusammenhängen und der Geschichte von Teamcenter erfahren Sie auch im Whitepaper „Die einheitliche Umgebung von Teamcenter" von CIMdata (CIMdata Inc. 2010).

Informationen zur Weiterentwicklung Richtung SaaS und Cloud liefert ein Artikel von Peter Bilello (Billelo 2020).

Über mehrere Firmenkäufe und Umstrukturierungen gelangte die Software schließlich zu Unigraphics Solutions (UGS). Seit dem Kauf von UGS im Jahre 2007 durch die Siemens AG wird Teamcenter als maßgebende Software für das Product Lifecycle Management im eigenen Unternehmen eingesetzt und mit entsprechend hohen Ambitionen in der Tochterfirma Siemens Digital Industries Software Inc. (in Deutschland: Siemens Industry Software GmbH) weiterentwickelt.

Aufgrund der vielfältigen Möglichkeiten und der breiten Anpassungsfähigkeit (siehe Abschnitt 1.1) findet Teamcenter zunehmend Verbreitung. Zur Kundschaft zählen heute neben zahlreichen Großunternehmen, z. B. aus Automobil-, Maschinen- und Flugzeugbau, vor allem Zuliefernde und andere mittelständige Unternehmen.

Teamcenter bildet für das Digitalisierungskonzept von Siemens den Digital Thread Backbone für eine Vielzahl weiterer Softwareprodukte. Eines der wichtigsten Ziele ist die Realisierung durchgängiger, unternehmensspezifischer Lösungen von der ersten Produktidee bis zur Maschinensteuerung in der digitalen Fabrik. Hier wird Information gespeichert, strukturiert und für die rekursive Erweiterung des Produktwissens entlang der gesamten Prozesskette verfügbar gemacht.

1.3 Die Technik hinter Teamcenter

Dieses Buch richtet sich in erster Linie an Anwendende. Wir wollen uns deshalb nicht zu sehr in Technikfragen vertiefen. Einige Punkte sollen aber trotzdem nicht unerwähnt bleiben. Auch für die Anwendenden ist es sicher interessant, dass mit Teamcenter die Möglichkeit besteht, für ihr Unternehmen eine einzige zentrale Datenbank zu schaffen und darin alle produktrelevanten Informationen permanent bereitzuhalten. Für den Transport der Informationen zu beliebigen Unternehmensstandorten oder zur Kundschaft bzw. zu den Auftragnehmenden werden dabei weltumspannende Netze genutzt. Ein Netz von Serverprozessen übernimmt im Hintergrund im Rahmen einer Mehr-Schichten-Architektur verschiedene Kernaufgaben. Die Nutzenden benötigen für den Zugriff auf Teamcenter lediglich einen sogenannten Client, also das Anwendungsprogramm auf Ihrem PC oder mobilen Endgerät. Die Aktualisierung der Software kann vollautomatisch vorgenommen werden. So werden moderne, agile Softwareentwicklungsprozesse unterstützt.

Exakt handelt es sich hier um die Möglichkeit, nicht nur eine 2-Tier-Infrastruktur zu nutzen, sondern über eine 4-Tier-Architektur (Client Tier, Web Tier, Enterprise Tier, Resource Tier) mehrere Ebenen für eine saubere Aufgabentrennung zu erreichen. Gewählt werden kann zwischen den Datenbanken Oracle, MS SQL Server oder DB2.

Wenn Sie als Anwendende einen Konstruktionsänderungsstand freigeben, wird der zugehörige Prozess (Workflow) nicht auf Ihrem Rechner, sondern zentral auf einem Server abgearbeitet. Sie erhalten gegebenenfalls eine Information oder Mail, wenn der Prozess beendet wurde, und in Teamcenter werden an vordefinierten Stellen Informationen oder Dateien hinzugefügt. So kann dabei z. B. die Konvertierung der dreidimensionalen Daten und Zeichnungen in dokumentenechte Neutralfiles bzw. Leichtgewichtsrepräsentationen vollautomatisch erfolgen. Ohne PLM-System muss jeder Anwendende selbst entscheiden, wo seine Dateien abgelegt werden. Das führt zu subjektiv beeinflusster Ordnerstruktur und fast immer zu inkonsistenten Daten.

Für Teamcenter arbeiten im Hintergrund meist spezielle, kleine oder große Speichersysteme (SAN, NAS). Diese bieten verteilte Speicherplätze an. Für Sie bereitgestellte Speicherplätze werden über sogenannte Volumes definiert (Kapitel 4, „Datensicherheit für alle“). Zwischenspeichermechanismen sorgen dafür, dass Dateien bei Bedarf so nahe wie möglich beim Nutzenden liegen. Erfolgen Änderungen, übernimmt ein integrierter Cache-Mechanismus den Abgleich der Dateien. Eigenschaften und Attribute liegen in der Datenbank und werden sofort beim Aufruf der Formulare oder nach Anforderung der aktuellen Eigenschaften angezeigt. So wird sichergestellt, dass jeder Anwendende zu jeder Zeit mit den richtigen und aktuellen Daten arbeitet, gleichgültig ob es sich hierbei um ein Office-Dokument, eine 3D-Konstruktion, die zugehörige Zeichnung oder das daraus abgeleitete Neutralfile (z. B. JT, PDF, TIF, CGM usw.) handelt.

Obwohl Daten fast mit Lichtgeschwindigkeit über lokale und globale Netzwerke (LAN, WAN) wandern, brauchen Sie um den Erdball gegebenenfalls einige Sekunden. Viele Pakete können dabei auch zu spürbaren Wartezeiten (Latenzzeit) führen. Kritisierende sollten bedenken, wie lange Sie bei sonst üblichen Methoden (z. B. per Mail) benötigen würden und wie hoch in diesem Fall die Gefahr ist, mit veralteten Daten zu arbeiten. Ein weiterer Vorteil von Teamcenter: Wer für welche Informationen welche Berechtigung erhält, wird von Teamcenter nach Ihren firmenspezifischen Regeln gesteuert (Kapitel 4, „Datensicherheit für alle" und Kapitel 15, „Projekte – Produktdaten und Projektteams").

Teamcenter selbst reiht sich meist in eine komplexere IT-Infrastruktur ein. Speziell Aufgaben der Fertigungssteuerung (MES, Leitstände) und der Warenwirtschaft (WWS, ERP) werden häufig von anderen Systemen durchgeführt. Hier existieren verschiedene Anbindungsmöglichkeiten (Schnittstellen). Dabei ist stets das Ziel, Informationen nur an einer Stelle zu erfassen und diese dann weiterzugeben. Gegebenenfalls wird später eine Informationsanreicherung (Eingabe von Attributen/Eigenschaften, Hinzufügen von Dateien usw.) ermöglicht, und die aktualisierten Daten werden an das Originalsystem zurückgegeben (z. B. SAP).

Teamcenter bietet außerdem die Möglichkeit, verschiedene Autorensysteme anzubinden, die Erstellung und Veränderung der Daten dort zu ermöglichen und, wie z. B. im Falle von Office, auch Freigabeprozesse direkt aus dieser Software zu starten. Daten und Prozesse werden im Kontext gehalten, und die Möglichkeiten der Vernetzung von Informationen (z. B. per Relationen) können voll genutzt werden.

Für Tablets und Smartphones gibt es eine moderne Möglichkeit. Hier wird HTML5 und damit im Zusammenhang stehende Technologie (wie WebGL) genutzt, um ganz ohne Zusatzprogramme sehr effektiv und intuitiv auf Teamcenter zuzugreifen. Wir stellen deshalb auch zu Beginn des Buches die Anwendung Active Workspace vor (Kapitel 3, „Active Workspace – Informationen an jedem Ort"). Hier werden die meisten Funktionen von zusätzlichen Servern im Hintergrund ausgeführt. Selbst Bilder werden aus den zentralen, dreidimensionalen Daten über einen speziellen Visualisierungsserver für das (meist mobile) Endgerät berechnet. Die Bedienung von Teamcenter per Touch-Funktionalität ist dabei selbstverständlich. Über Berührungsempfindlichkeit und Gesten wird eine äußerst intuitive Bedienung der Software erreicht. Siemens betritt damit Neuland, da für derartige Anwendungen bisher noch kein einheitlicher Standard existiert. Über diesen Weg haben Sie mittels Smartphone oder Tablet die Möglichkeit, aus Ihrer Werkhalle oder unterwegs beim Geschäftspartner auf Ihre aktuellen Konstruktionsdaten und Dokumente zuzugreifen.

Teamcenter kann selbstverständlich auch als Cloud-Lösung (Teamcenter X) genutzt werden. Erst die Zukunft wird zeigen, inwieweit Unternehmen sich für eine vollständige oder teilweise Verlagerung der IT in externe Serverlösungen (oder private Cloud-Lösungen) entscheiden und daraus Nutzeffekte ziehen. Wir gehen deshalb auf diese Möglichkeiten nicht explizit ein.

In diesem Buch beziehen wir uns in erster Linie auf die Versionen 2406 und 2412 von Teamcenter. Unterschiede zu vorangegangenen Versionen bis 9.x werden dargelegt. Beachten Sie aber z. B. beim Vergleich von Abbildungen, dass auch dieses Softwareprodukt regelmäßigen Aktualisierungen und Anpassungen unterliegt. Wichtiger als das genaue Aussehen einzelner Dialogfelder oder Icons erschien es uns, ein grundlegendes Verständnis für Bedienphilosophien zu entwickeln und damit den „roten Faden" sichtbar zu machen.

1.4 Die Teamcenter-Module im Buch

Wie in Abschnitt 1.1 aufgezeigt, sollte jedes Unternehmen entscheiden, mit welchen Funktionen es kurzfristig möglichst hohe Nutzeffekte erzielen möchte. Teamcenter ist deshalb modular aufgebaut und erlaubt vielfältige unternehmensspezifische Konfigurationen und Anpassungen des Datenmodells, der Formulare, der Assistenten (Wizards) und der Workflows (Kapitel 8, „Workflows – definierte und nachvollziehbare Arbeitsabläufe"), die Ihnen als Anwendenden unmittelbar zugutekommen.

Aufbauend auf Programmierschnittstellen (APIs) können darüber hinaus Erweiterungen, z. B. mit Java und mit üblichen Entwicklungswerkzeugen wie Eclipse, entwickelt werden. Ein zunächst kleines, sogenanntes Basis-System (z. B. Teamcenter Rapid Start) kann Zug um Zug über Module, die unter Umständen separat zu lizenzieren und anzupassen sind, weiter ausgebaut werden. Wir haben uns deshalb entschieden, in diesem Buch auch ausgewählte Module zu erklären, die nicht in der Basislösung von Teamcenter enthalten sind.

Lizenztechnisch teilen sich die Lizenznehmenden in verfassende Personen (Lesen, Steuern und Schreiben) und Consumer (Lesen und Steuern). Im Buch geht es uns in erster Linie um Anwendende, die Teamcenter nicht nur lesend und steuernd nutzen, sondern selbst Daten liefern. Autorensystem („Datenquelle") ist hierbei vordergründig Teamcenter selbst. Daneben beschreiben wir Microsoft Office (Kapitel 7, „Microsoft Office-Integration – Bürodokumente gut strukturieren") sowie die CAx-Systeme Siemens NX CAD und CAM, Dassault Systèmes CATIA und Autodesk Inventor als Autorensysteme (Kapitel 16, „CAx-Integrationen"). Teamcenter dient hier als revisionssichere Datenablage.

Um möglichst schnell die gewünschte Anwenderakzeptanz zu erzielen, kann das PLM-System auch einen Großteil seiner Arbeit im Hintergrund ausführen und möglichst unsichtbar die Fäden zusammenhalten. Zum Beispiel braucht Teamcenter nicht explizit geöffnet zu werden, um Daten aus der Datenbank mit Office oder einem

CAD-System nutzen zu können. Generell können Unternehmen anhand ihrer Anforderungen und der zu implementierenden Prozesse und Praktiken entscheiden, in welchem Umfang die verschiedenen Anwender(rollen) direkt aus den integrierten Autorensystemen arbeiten oder die darüber hinausgehenden Möglichkeiten der Teamcenter-Clients (Rich Client, Active Workspace Client oder Teamcenter X) nutzen sollen.

Für das Buch haben wir uns auf die in Tabelle 1.1 gelisteten Applikationen beschränkt. Unsere Auswahl richtet sich dabei nach der beobachteten Relevanz in üblichen Projekten. In Kapitel 2, „Mein Teamcenter – die Basisanwendung", erklären wir, wie die Applikationsleiste genutzt und an Ihre Anforderungen angepasst werden kann. Bitte beachten Sie, dass unter Umständen nicht alle vorgestellten Module in Ihrem Unternehmen genutzt werden. Auch können Basisanwendungen für einzelne Gruppen ausgeblendet werden (Kapitel 4, „Datensicherheit für alle"), sodass diese nicht sichtbar sind.

Tabelle 1.1 Im Buch behandelte Applikationen (inklusive Ausbaustufen, siehe Abschnitt 1.7)

Icon	Applikation (DE)	Applikation (EN)	Kapitel	Phase: Einführung in PLM
	Mein Teamcenter	My Teamcenter	2	**Start** (Starten)
	Active Workspace	Active Workspace	3	**Start** (Starten)
	Organisation	Organization	4	**Start** (Starten)
	Zugriffs-Management	Access Management		**Start** (Starten)
	Struktur-Management	Structure Manager	5	**Start** (Starten)
	Eingebetteter Viewer	Embedded Viewer	6	**Start** (Starten)
	Lifecycle Viewer	Lifecycle Viewer	6	**Extend** (Erweitern)
	Workflow Viewer	Workflow Viewer	8	**Start** (Starten)
	Workflow Designer	Workflow Designer		**Start** (Starten)
	Beziehungs-Browser	Relation Browser	10	**Start** (Starten)
	Zeitplan-Management	Schedule Manager	13	**Extend** (Erweitern)
	Klassifikation	Classification	14	**Extend** (Erweitern)
	Ressourcen-Management	Resource Manager	14	**Extend** (Erweitern)
	Projekt	Project	15	**Extend** (Erweitern)

Icon	Applikation (DE)	Applikation (EN)	Kapitel	Phase: Einführung in PLM
	Abfrage-Editor	Query Builder	11	**Start** (Starten)
	Geolus Shape Search	Geolus Shape Search		**Transform** (Verbessern)
	Anforderungsmanagement	Requirements Management		**Extend** (Erweitern)
	Integrationen: ▪ Office-Integration ▪ Siemens NX-Integration ▪ Dassault Systèmes CATIA V5-Integration ▪ Autodesk Inventor-Integration ▪ Siemens NX CAM-Anbindung ▪ Simulationsdaten in Teamcenter		16	**Start** (Starten)

Wir würden uns freuen, wenn Sie durch Ausführungen im Buch zu Anwendungen, die Sie bisher noch nicht nutzen, Anregungen für sich entnehmen können. Wie in diesem Kapitel dargestellt, ist die Einführung eines PLM-Systems bzw. einer PLM-Strategie unter Nutzung von Softwarekomponenten selbst ein Prozess. Schritt für Schritt entscheiden Sie, welche Funktionen und Prozesse von der Einführung über die Erweiterung der Nutzeffekte bis zur vollständigen Veränderung Ihrer Geschäftsprozesse genutzt werden sollen.

1.5 Die Musterfirma

Anhand der Musterfirma FixDurch GmbH wollen wir Sie durch das PLM-System Teamcenter führen (Bild 1.1). Das mittelständige Unternehmen stellt seit vielen Jahren mechanische und seit einiger Zeit auch mechatronische Produkte her. Dazu gehört unter anderem ein Akkuschrauber. Vor zwei Jahren wurde Teamcenter mit einigen besonderen Funktionen eingeführt. Im vorangegangenen Auswahlprozess wurden die Anforderungen beschrieben und dann aus dem Angebot die passenden Module gewählt. Einige wenige Anpassungen sorgen für eine reibungslose Integration in die unternehmensspezifischen Prozesse. Selbstverständlich wurde dabei auch der eine oder andere Prozessschritt gestrafft.

Die FixDurch GmbH verfügt über eine eigene Fertigung, bezieht aber alle Normteile und auch einige Zeichnungsteile von vertraglich gebundenen Zuliefernden. Alle Beteiligten haben jederzeit Zugriff auf die Zeichnungen, 3D-Modelle, Office-Dokumente usw. Ein konfiguriertes Berechtigungssystem stellt sicher, dass sicherheitsrelevante Informationen nur von autorisierten Mitarbeitenden gesehen werden. Ebenso werden versehentliche Änderungen durch unberechtigte Personen verhindert. An einigen Maschinen kann per Active Workspace Client auf Teamcenter zugegriffen werden. Die spätere Umstellung auf Teamcenter X wird gegenwärtig geprüft.

Vertriebsleitung, Geschäftsführung und Konstruktionsleitung können darüber hinaus mit ihren mobilen Geräten, speziell den neu angeschafften Tablets, auf Teamcenter zugreifen und sich dort neben Zeichnungen auch den Stand der Entwicklung und die aktuellen dreidimensionalen Modelle ansehen.

Bild 1.1 Die Mitarbeitenden der FixDurch GmbH in unserem Buch

Wie in vielen Unternehmen steigen auch bei FixDurch die Anforderungen an die Produkte. Eine zunehmende Zahl von Produktvarianten, die steigende Komplexität der Produkte und immer mehr Kooperationsbeziehungen für Produktherstellung und -vertrieb sind bezeichnend. Um am Markt weiter erfolgreich zu sein, sollen in Zukunft noch innovativere Produkte mithilfe modernster Fertigungsverfahren wesentlich schneller auf den Markt gebracht werden. Schon jetzt ist erkennbar, dass die Komplexität und die Anzahl der Varianten stark ansteigen wird.

1.6 Das fiktive Produkt – der Akkuschrauber

Nachdem Sie bereits unsere Musterfirma kennengelernt haben, sollen Sie nun auch das Produkt kennenlernen, das Sie, verbunden mit der einen oder anderen Modifikation, durch das Buch begleiten wird: den Akkuschrauber (Bild 1.2). In den folgenden Kapiteln lernen Sie den Teamcenter-gesteuerten Produktlebenszyklus des Akkuschraubers der FixDurch GmbH kennen.

Bild 1.2
Das fiktive Produkt – der Akkuschrauber

Handwerkzeuge wie Schraubenzieher, Bohrer und Meißel waren die ersten Werkzeuge, die für das Schrauben und Bohren verwendet wurden. Sie waren sehr vielseitig und konnten für viele Aufgaben verwendet werden. Ihr Einsatz war jedoch oft mühsam sowie zeit- und kraftaufwendig, vor allem bei größeren Projekten.

Auf die Handwerkzeuge folgten Werkzeugmaschinen. Sie bestanden aus einem festen Gestell, einem Kopf und einem Bohrer oder Schrauber. Nachteil der Drehbänke war, dass sie groß und schwer waren und deswegen eine feste Installation benötigten. Außerdem waren sie teuer und dadurch nur für große Werkstätten und Betriebe mit viel Platz und Kapital geeignet.

Mobiler waren die in den 1920er- und 1930er-Jahren entwickelten elektrischen Schrauber. Diese waren über Kabel an ein Stromnetz angeschlossen. Dadurch waren sie in ihrer Reichweite eingeschränkt, unhandlich und zusätzlich recht schwer. Die kabelgebundenen Schrauber waren dennoch leistungsfähig und konnten dadurch für eine Vielzahl an Aufgaben verwendet werden.

Der erste kabellose Akkuschrauber wurde 1961 von der Firma Black & Decker entwickelt. Dieser Akkuschrauber war noch relativ schwer und teuer, aber er markierte den Beginn einer neuen Ära in der Werkzeugtechnik. In den 1970er- und 1980er-Jahren verbesserten sich die Akkutechnologien und Motoren, was zu leichteren, leistungsstärkeren und preisgünstigeren Akkuschraubern führte. Heute gibt es eine Vielzahl von Akkuschraubern auf dem Markt, von einfachen Modellen für den Hausgebrauch bis hin zu leistungsstarken Modellen für den Einsatz in der Industrie.

Bei unserem Modell handelt es sich um ein Produkt, das in verschiedenen Farben, mit verschiedenen Antrieben und modernen Akkumulatoren hergestellt wird. Die Gesamtbaugruppe ist in mehrere Ebenen strukturiert. Einzelne Teile werden aus Metall gefertigt, andere aus Kunststoff. Bei den Motoren handelt es sich um Zukaufteile. Beispielhaft werden mehrere Teile („Clips“) als Blechbiegeteile ausgeführt. Die beiden Gehäuseteile und die Gehäuseteile der Batteriepacks werden fremdgefertigt. Auch Normteile sind im Einsatz (z. B. Schrauben nach DIN). Alle Daten werden mit Siemens NX modelliert und in Teamcenter verwaltet. Zukünftig erhält die FixDurch GmbH Zukaufteile über das JT-Datenformat. So braucht sie diese nicht mehr selbst zu modellieren, um sie im CAD-System und nachfolgenden Prozessen zu berücksichtigen.

Im Rahmen der Produktweiterentwicklung sollen nicht nur Designentwürfe bereits in sehr frühen Phasen der Produktentwicklung revisionssicher abgelegt werden, sondern es sollen auch neue Verfahren für virtuelle Prototypen und die daraus abgeleiteten physischen Prototypen Einzug halten. Die Simulation von kinematischen Ketten und von der Belastungssituation sollen dabei genauso berücksichtigt werden wie additive Fertigungsverfahren. Mit Blick in die Zukunft werden mechatronische Konzepte erarbeitet, die z. B. die Erfassung und Anzeige spezifischer Informationen beinhalten. Dabei in Erwägung gezogen werden sollen z. B. die Andruckkontrolle, die Anzeige des aktuell eingesetzten Bits und eine NFC-Kopplung zur Datenübertragung. Zukünftige Modelle sollen in einem Baukastenprinzip verfügbar und von der Kundschaft individuell konfigurierbar sein. Das betrifft z. B. die unterschiedliche Leistung, Werkzeugaufnahmen, Handformen sowie Farb- und Designkombinationen. Erweitert wird auch die Verfügbarkeit von Displays in unterschiedlichen Qualitätsstufen. Ganz oben an steht die Tendenz zur Individualisierung. Der Kauf und die Nutzung eines Akkuschraubers sollen auf diese Weise zum Erlebnis werden.

Sicherlich sind nicht alle Punkte ganz ernst gemeint, aber gönnen wir uns diesen kurzen Exkurs, bevor wir in die Tiefe des Datenraums einsteigen ...

Für die Demonstration der Möglichkeiten wurde das Modell von Siemens zur Verfügung gestellt.

So umfangreiche Vorhaben lassen sich natürlich nicht ohne zuverlässige Zeitplanung und ein verlässliches System zur Verwaltung von Versionen und Varianten bewältigen. Ein grundlegendes Änderungsmanagement mithilfe von Teamcenter soll zu jederzeit verlässlichen Daten führen.

1.7 Wie Sie mit diesem Buch arbeiten

In diesem Buch werden Sie eine Vielzahl der Möglichkeiten des PLM-Systems Teamcenter kennenlernen. Wenn es uns dabei gelingt, dass Sie die Zusammenhänge zwischen bestimmten Prozessen erkennen, und wenn Sie die daraus resultierenden Möglichkeiten entdecken, die sich durch den Einsatz eines PLM-Systems ergeben, haben wir eines unserer Ziele bereits erreicht.

Stellen Sie sich Teamcenter als eine Art Baukasten vor. Geschickte Kombinationen einzelner Komponenten ergeben schnell ein geschlossenes Bild der Unternehmensabläufe. Sinnvoll kann dabei ein Vorgehen nach den drei von Siemens vorgeschlagenen „Ausbaustufen" einer PLM-Lösung sein:

- **Start** (Starten): Erste Schritte mit PLM
- **Extend** (Erweitern): Höhere Produktivität erzielen
- **Transform** (Verbessern): Wettbewerbsvorteile vergrößern

Bei einem so umfangreichen und komplexen System (gern vergleichen wir es mit einem Biotop) wie Teamcenter mussten wir hinsichtlich der vorgestellten Möglichkeiten eine Auswahl treffen. Deshalb reißen wir ein Thema manchmal nur an (z. B. in Form eines Beispiels). An anderen Stellen möchten wir aber auch erreichen, dass Sie die tief verborgenen Möglichkeiten des Systems entdecken und verstehen. Ob und wie gut uns das gelungen ist, können nur Sie als anwendende Person einschätzen. Wir würden uns freuen, dazu Rückmeldungen und Anregungen von Ihnen zu erhalten.

Jedes Kapitel folgt (fast) dem gleichen Aufbau

Real-World-Szenario

Nach einer kurzen Einführung in die Problematik erläutern wir eine mögliche Aufgabenstellung aus Sicht unseres Musterunternehmens. Es handelt sich dabei um ein sogenanntes **Real-World-Szenario**, das immer im hier verwendeten Kasten steht. An den Stellen, an denen es möglich ist, verwenden wir dazu unser fiktives Produkt, den Akkuschrauber, und ordnen die Aufgaben den Personen im Unternehmen zu.

Die meisten Inhalte des Buches stellen Basiswissen dar und sind für alle anwendenden Personen gedacht. An der einen oder anderen Stelle können Absätze oder ganze Kapitel übersprungen werden, weil z. B. die beschriebene Funktion nicht im eigenen Unternehmen bereitgestellt wird.

Das Buch enthält aber auch zusätzliche Informationen, die insbesondere für fortgeschrittene Nutzende (Key User) hilfreich sind, oder auch Anmerkungen, die einer informationstechnisch gut geschulten anwendenden Person oder einem IT-strategischen Entscheidenden Ansatzpunkte für den weiteren Ausbau von Teamcenter bieten sollen. Diese Tipps werden über den hier verwendeten Kasten hervorgehoben.

Überall dort, wo wir es für nötig oder sinnvoll erachtet haben, finden Sie zusätzliche Hinweise. Oft handelt es sich dabei um uns bekannte „Stolperfallen" oder Ähnliches. Diese Hinweise werden über den hier verwendeten Kasten hervorgehoben.

Fast Track

Am Schluss jeden Kapitels zeigt ein kurzes Beispiel noch einmal im Schnelldurchlauf, wie man die vorangegangenen, detailliert dargestellten Schritte auch zügig durchlaufen kann. Es handelt sich hierbei um den sogenannten **Fast Track**, der immer im hier verwendeten Kasten steht.

Nach diesen Vorbemerkungen, welche den Bogen von der großen PLM-Vision über die Nutzeffekte eines gut durchdachten Product Lifecycle Managements bis hin zu einem fiktiven Unternehmen und seinem fiktiven Produkt spannen, wünschen wir nun gutes Gelingen beim Einstieg in die reale Anwendung von Siemens Teamcenter!

Literatur

Bilello, P.A.: CIMdata on Siemens Teamcenter X: „Fully Embracing the Cloud". 26. November 2020. *https://www.engineering.com/cimdata-on-siemens-teamcenter-x-fully-embracing-the-cloud*

CIMdata, Inc.: Die einheitliche Umgebung von Teamcenter. Die PLM-Plattform der nächsten Generation von Siemens PLM Software. Whitepaper. Juni 2010 (*https://www.plm.automation.siemens.com/de_de/Images/21848_tcm73-100227.pdf*)

Finocchiaro, M.: A Short History of Siemens Digital Industries Software. LinkedIn-Beitrag. 2024. *https://www.linkedin.com/posts/mfinocchiaro_a-short-history-of-siemens-digital-industries-activity-7195800015418572801-2LRg*

Fischer, J.: Die Lösung für PLM & ERP. 11. Juli 2024. *https://stz-rim.com/die-loesung-fuer-plm-erp*

Fischer, J.: LinkedIn-Beitrag zum Konzept von Master Data. 2025. *https://www.linkedin.com/posts/proffischer_360-reference-model-of-product-structures-activity-7251856891784364032-dSNW?utm_source=share&utm_medium=member_desktop&rcm=ACoAAEYb-jABD1D_6KfyqxNc3Y_gPCeWWsRUyDk*

Göttsch, N./Hoffmann, A.: Mit CSM Stamm- und CAD-Daten im Unternehmen optimieren. In: MM Maschinenmarkt, Heft 24/2011, Vogel Verlag, Würzburg 2011

Grässle, P. et al.: UML 2 projektorientiert. 4. Auflage. Galileo Computing 2007

Grieves, M.: Product Lifecycle Management: Driving the Next Generation of Lean Thinking. McGrawHill Professional 2005

Hoffmann, A./Brylla, U./Awiszus, B./Bolick, S./Katzenberger, J./Pinner, S.: Integrated Process Chains for CAE Simulation in the Development of Vehicles Directly Supported by Teamcenter. European Conference: Simulation Process and Data Management (SDM), München 2011

Hoffmann, A./Meyer, C.: Optimierte Fertigungsplanung reduziert Durchlaufzeit und Kosten. In: MM Maschinenmarkt, Heft 15/2012. Vogel Verlag, Würzburg 2012

Müller, J.: Arbeitsmethoden der Technikwissenschaften: Systematik, Heuristik, Kreativität. Springer 1990

Rieckhof, R./ Hoffmann, A.: Instandhaltungsmanagement – Softwareeinsatz sorgt für minimiertes Haftungsrisiko und niedrigere Kosten. In: MM Maschinenmarkt, Heft 40/2008. Vogel Verlag, Würzburg 2008

Schichtel, M.: Produktdatenmodellierung in der Praxis. Carl Hanser Verlag 2002

Siemens PLM Software: Geschichte Siemens PLM Software. *http://www.plm.automation.siemens.com/de_de/about_us/facts_philosophy/timeline.shtml* (Stand: 14. 12. 2015)

2 Mein Teamcenter – die Basisanwendung

Wie bereits in Kapitel 1, „Einführung“, beschrieben, ist Teamcenter eine Datenbankanwendung für das Produktdaten- (PDM) bzw. Produktlebenszyklusmanagement (PLM). Im Unterschied zu früher typischen Anwendungen wird nicht mit zahlreichen Masken und Unterfenstern gearbeitet. Da auch in der Teamcenter-Softwareentwicklung moderne Werkzeuge eingesetzt werden, finden regelmäßig neue Bedienelemente Eingang in die Teamcenter-Oberfläche.

Viele Elemente werden in Java und .NET entwickelt. Als Werkzeug findet auch Eclipse (IDE) Verwendung. Die neuesten Frontend-Lösungen basieren unter anderem auf HTML5 (siehe Kapitel 3, „Active Workspace – Informationen an jedem Ort“).

Bezeichnend ist eine stark strukturierte Aufteilung der Anwendungsfenster. Diese können fast nach Belieben angepasst und so entsprechend den eigenen Aufgaben und Vorlieben optimiert werden (Bild 2.1).

Basis der Bedienung ist fast immer das aktuell ausgewählte/selektierte Objekt. Wir sprechen hier ausdrücklich von einem Objekt, weil sich in Teamcenter sehr viele verschiedene Objekttypen aufgehoben fühlen. Offiziell wird dabei vom Geschäftsobjekttyp gesprochen. Die Objekttypen selbst und deren Beziehungen untereinander sind die Basis der Informationsgewinnung. Das Verständnis dieser Zusammenhänge ist wichtig für das Verständnis zunehmend komplexer werdender Funktionen. Im Laufe des Buches werden Sie feststellen, dass in Teamcenter alles miteinander zusammenhängt und damit auch die Bedienung auf bekannte Art und Weise erfolgen kann. Ist diese erste Hürde überwunden, lässt es sich äußerst intuitiv arbeiten. Dieses Buch soll Ihnen helfen, die erforderliche Lernkurve so steil wie möglich zu gestalten, es enthält aber auch zahlreiche Anregungen für den weiteren Ausbau und nützliche Anpassungen.

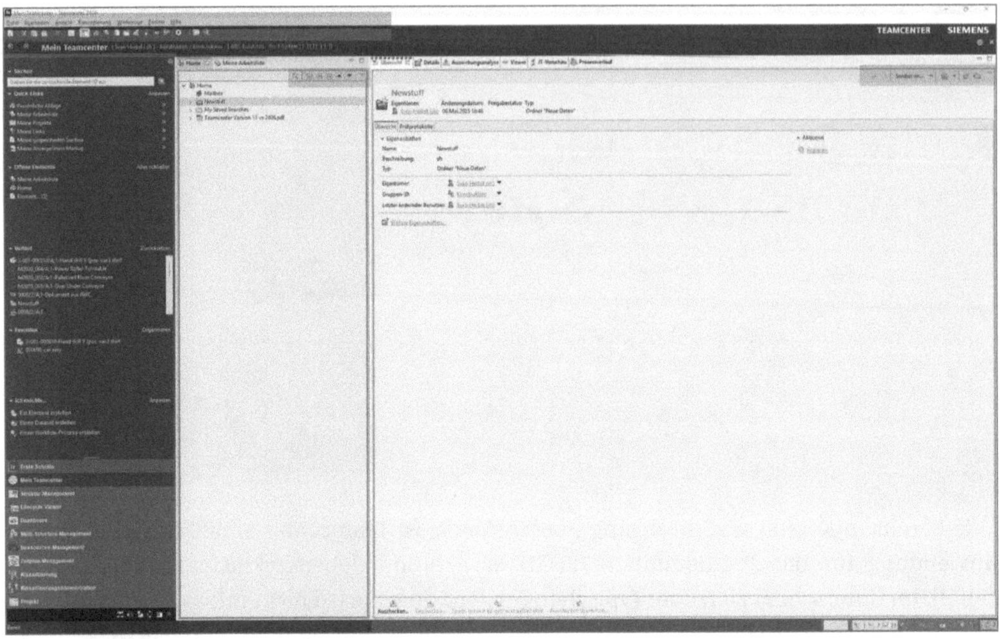

Bild 2.1 Aufteilung des Teamcenter-Bildschirms

So gut die Auswahl zwischen verschiedenen Vorgehensweisen auch ist – sie hat einen Nachteil: Eigentlich müssten Sie alles gleichzeitig erlernen, das Medium Buch und unsere Wahrnehmungsmöglichkeiten erfordern aber eine Sequenzierung. Die Gliederung des Buches und die Zuordnung der Themen haben wir dahingehend ausgerichtet. Es schadet deshalb nichts, beim Lesen immer mal wieder zu einem der angegebenen Kapitelverweise zu springen und die zusätzlichen Möglichkeiten zu studieren, oder einen Blick zurückzuwerfen und bereits Vergangenes noch einmal im neuen Kontext zu analysieren. Wenn Sie das Gelesene darüber hinaus direkt in Teamcenter nachvollziehen, sollte sich schnell ein Aha-Effekt einstellen.

Bevor wir ins Detail gehen, noch ein allgemeiner Hinweis vorab: In den meisten Fällen wird Teamcenter unter dem Betriebssystem Windows genutzt. Wir gehen davon aus, dass Sie die wesentlichen Grundkenntnisse in der Bedienung von Anwendungen in dieser Umgebung besitzen.

Real-World-Szenario

Die FixDurch GmbH hat neue Beschäftigte bekommen. Nick und Marie sollen sich so schnell wie möglich in die Möglichkeiten von Teamcenter einarbeiten und vor allem die Bedienphilosophie des PLM-Systems verstehen. Beide sind bereits mit Windows vertraut und wollen schnell und effektiv arbeiten.

Für Marie ist es wichtig, so früh wie möglich einen Blick auf neue Produktkonzepte werfen zu können. Sie soll hieraus die passende Vermarktungsstrategie entwickeln. Dabei arbeitet sie auch mit Werbeagenturen zusammen.

Nick ist für die Fertigungsdokumente zuständig. Er hat Zugriff auf die Stücklisten und die 2D-Zeichnungen in elektronischer Form. Er schaut sich die Modelle auch gerne dreidimensional an. Sollte es Reklamationen an gelieferten Serien geben, muss Nick den Entwicklungs- und Fertigungsstand zum Zeitpunkt der Lieferung nachvollziehen können.

2.1 Die Bedienoberfläche

Zunächst wollen wir die Bedienoberfläche, das sogenannte User Interface, von Teamcenter betrachten. Durch die stete Weiterentwicklung der Software können kleinere Unterschiede zu Ihrer Teamcenter-Umgebung erkennbar sein.

Anmeldung in Teamcenter

Das Startsymbol (Icon) oder Startmenü finden Sie in der Standardinstallation auf dem Desktop und im Startmenü. Die Anmeldung erfolgt über die Angabe Ihres Nutzernamens, verbunden mit einem Passwort. Teamcenter arbeitet prinzipiell gruppen- und rollenbasiert. Deshalb können Sie die Gruppe oder Rolle bei der Anmeldung angeben und bei Bedarf nach der Anmeldung ändern. Üblicherweise bleiben diese beiden Felder leer und Ihnen wird automatisch die wichtigste Gruppe und Rolle zugewiesen (siehe Kapitel 4, „Datensicherheit für alle“). Außerdem können Sie manchmal noch entscheiden, bei welcher Datenbank Sie sich anmelden (z. B. Test-, Trainings- und Produktivumgebungen). Teamcenter startet dann in der vorgewählten Sprache.

Teamcenter bietet Möglichkeiten, Single Sign-On (SSO) über Ihre IT-Infrastruktur zu nutzen. Sie ersparen der anwendenden Person damit einen expliziten Login. PKI-Lösungen (Public-Key-Infrastruktur) helfen auch bei Teamcenter, sichere Authentifizierungen zu ermöglichen.

Wenn die IT-Abteilung die entsprechenden Voraussetzungen geschaffen hat, entfällt der Anmeldevorgang (Single Sign-On, SSO).

Menüführung

Wie in jedem Desktop-Programm haben Sie die Möglichkeit, Befehle über eine Menüführung an das System zu geben. Für einige Menüpunkte gibt es Kurzwahltasten wie z. B. *Bearbeiten* > *Kopieren* (*Strg* + *C*). Anhand des Menüpunkts *Mein Teamcenter* > *Werkzeuge* können Sie schnell erkennen, dass Teamcenter sehr umfangreiche Möglichkeiten bietet.

Abhängig von Gruppen/Rollen können Menüpunkte unterdrückt werden. Dies erhöht die Übersichtlichkeit extrem. Aus Sicht der Anwenderfreundlichkeit sollten Sie alle nicht benötigten oder nicht vorgesehenen Befehle ausblenden. Prinzipiell können auch Anwendende selbst Menüpunkte unterdrücken, wenn ihnen von der IT diese Berechtigung eingeräumt wurde.

Werkzeugkästen

Als anwendende Person kennen und lieben Sie vermutlich die in vielen Systemen üblichen Werkzeugkästen. Auch in Teamcenter können Sie diese prinzipiell nach Ihren Vorlieben anpassen. Da man damit unserer Meinung nach aber auch viel durcheinanderbringen kann, stellen wir diese Möglichkeiten erst später vor (Kapitel 9, „User Interface – Teamcenter als elektronischer Schreibtisch").

Wählen Sie im ersten Schritt den Ordner *Neue Daten* (*Newstuff*) aus. Rechts werden nun Informationen zum Objektordner *Neue Daten* angezeigt. Fahren Sie über das Symbol *Ausgewähltes Objekt öffnen* aus dem Werkzeugkasten (Navigator Toolbar) und beachten Sie den Tool-Tipp (Bild 2.2).

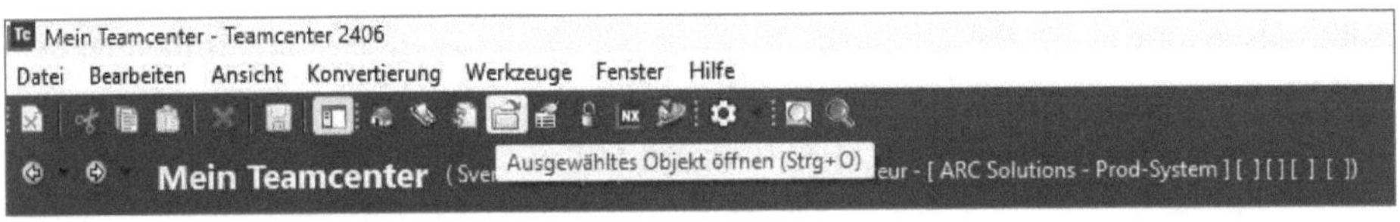

Bild 2.2 Navigator Toolbar mit Befehl *Ausgewähltes Objekt öffnen* und Tool-Tipp

Klicken Sie anschließend auf den Befehl *Ausgewähltes Objekt öffnen*. Nun öffnet sich ein neuer Reiter mit dem gewählten Ordner (Bild 2.3). Sie schließen diesen Reiter wieder, indem Sie das darauf befindliche Kreuz anklicken.

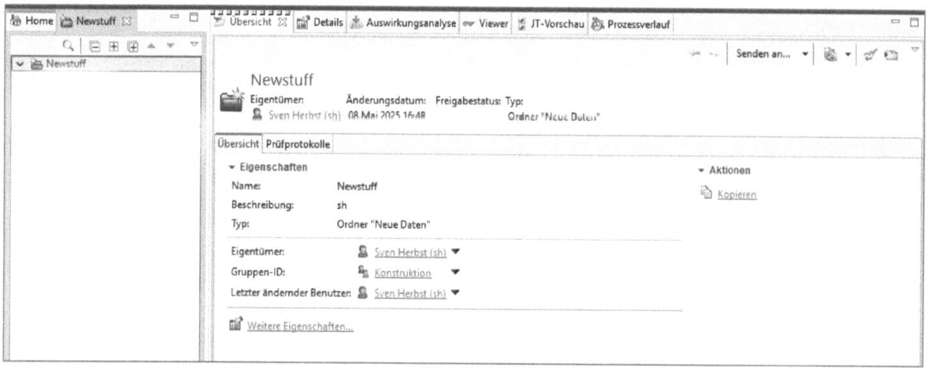

Bild 2.3 Informationen zum ausgewählten Ordner (oben) und geöffneter Ordner *Newstuff/Neue Daten* (unten)

Menüs wie Werkzeugkästen und Funktionstasten sind von der aktuellen Anwendung/Perspektive (z. B. Mein Teamcenter, Struktur-Management usw.) abhängig.

Kontextmenü

Das Kontextmenü hilft Ihnen, typische Funktionen/Befehle direkt aufzurufen. Da Teamcenter sehr stark objektzentriert arbeitet, kann es über diesen schnellen Zugriff die selektierten Objekte auswerten und passende Befehle direkt an der aktuellen (Objekt-)Position vorschlagen, allerdings können Sie auch hier auf lange Menüs treffen.

Doppelklick

Der Doppelklick ist aus aktuellen Windows-Umgebungen nicht mehr wegzudenken. Eventuell haben Sie jedoch beobachtet, dass versucht wird, Ihnen diese Virtuosität nicht mehr unbedingt abzuverlangen. Teamcenter unterstützt den zweifachen Klick auf die linke Maustaste, es liefert allerdings nicht immer das, was Personen ohne Vorkenntnisse erwarten. Der Grund: Teamcenter versteht unter dem Öffnen eines Objekts weit mehr, als eine (externe) Anwendung wie Microsoft Word oder Acrobat Reader zu starten. Geöffnet werden können auch Ordner und Items. Dazu dient z. B. die Anwendung **Mein Teamcenter**.

Wählen Sie z. B. den Ordner *Neue Daten* (*Newstuff*). Rechts werden Informationen zum Objektordner *Neue Daten* angezeigt. Nutzen Sie den Doppelklick, um den Ordner in einem neuen Reiter zu öffnen.

Funktionstasten

Zu einigen häufig verwendeten Befehlen ist in Teamcenter auch eine Funktionstaste bzw. Tastenkombination belegt. Diese wird Ihnen entweder im Menü neben dem jeweiligen Befehl oder bei den Tool-Tipps der Werkzeugkästen angezeigt.

Wählen Sie den Ordner *Neue Daten* (*Newstuff*). Drücken Sie anschließend *Strg* + *O*. Nun wird das gewählte Objekt wieder als neuer Reiter in **Mein Teamcenter** geöffnet.

Fenster

Aktuelle Betriebssysteme nutzen die Fenster-(Window-)Technik. In Teamcenter stehen Ihnen vielfältige Möglichkeiten zur Verfügung. Im Folgenden erfahren Sie, wie Sie die für Ihren Stil passenden Fenster auswählen. Sie erlernen die grundlegenden Bedienmöglichkeiten. Den Bildschirmaufbau sehen Sie in Bild 2.1. Kapitel 9, „User Interface – Teamcenter als elektronischer Schreibtisch“, enthält Bedienmöglichkeiten für fortgeschrittene Anwendende.

Verschiebung der Trennlinien: Die Aufteilung der Fenster verändern Sie auf den jeweiligen Trennlinien. Fahren Sie auf eine solche, verändert sich der Cursor des hier dargestellten Symbols. Verschieben Sie die Trennlinie durch Klicken und Halten mit der linken Maustaste und durch Verschieben der Maus. Wenn alles passt, lassen Sie wieder los. Diese Vorgehensweise ist Ihnen sicher bekannt, aber in Teamcenter existieren viele Trennlinien, und durch viele Informationen besteht auch häufig die Notwendigkeit, die passenden Details zur Anzeige zu bringen, ohne die restlichen ganz aus dem Auge zu verlieren.

Focus wechseln: In den beiden mittleren Bereichen finden Sie mehrere Reiter. Der jeweils gewählte ist dunkel hervorgehoben. Die Umrandungsfarbe hat auch eine Aufgabe (siehe Kapitel 9, „User Interface – Teamcenter als elektronischer Schreibtisch“). Selektieren Sie durch Klicken mit der linken Maustaste den Reiter *Details* im rechten Fenster. Nun ist dieser hervorgehoben. Manchmal müssen Sie Teamcenter etwas mehr Zeit lassen, z. B. weil Daten oder Anwendungen nachgeladen werden müssen. Beim ersten Start ist das z. B. für den Viewer der Fall. Beachten Sie bitte auch, dass der zuletzt betroffene Fensterbereich eine farbige Umrandung erhält. Darüber können Sie leichter identifizieren, wo Sie gerade arbeiten.

Auswahl von Objekten

Teamcenter zeigt Ihnen immer verschiedene Informationen zum zuletzt gewählten Objekt an (meist in der üblichen Leserichtung von links nach rechts). Sie können die Anordnung der Fenster auf Wunsch verändern. Damit ändert sich dann auch die „Leserichtung“.

Wählen Sie im linken Fenster den Ordner *Mailbox* und im rechten Fenster den Reiter *Übersicht* aus. Sie erhalten Informationen zu `Name`, `Beschreibung`, `Eigentümer`, `Eigentümergruppe` und zum `letzten ändernden Benutzer`. Selektieren Sie nun links den Ordner *Persönliche Ablage*. Beobachten Sie, dass sich die Informationen ändern. Gegebenenfalls müssen Sie untergeordnete Objekte erst einblenden. Dies wird in Abschnitt 2.2 genauer beschrieben.

Mehrfachauswahl

In vielen Fällen kann es sinnvoll sein, mehrere Objekte gleichzeitig auszuwählen. Auch in Teamcenter stehen Ihnen die mit Windows vergleichbaren Funktionen zur Verfügung. Mithilfe der *Strg*-Taste und durch einen Klick der linken Maustaste nehmen Sie weitere Objekte in die Auswahl auf oder entfernen diese wieder. Durch Klick mit gedrückter *Umschalt-/Shift*-Taste erweitern Sie die Auswahl bis zu dieser Stelle. Nutzen Sie die Mehrfachauswahl zum Vorbereiten des Kopierens, zur Aktualisierung (*F5*) oder sogar zum Einfügen von Daten. Auch in vielen Tabellen, z. B. der Ansicht *Details*, ist diese Funktion nutzbar.

Aktualisieren der Anzeige mit F5

Eine der Lieblingsfunktionen von Teamcenter-Nutzenden ist die *F5*-Taste (oder *Ansicht > Aktualisierung*). Hierzu sollte man wissen, dass Teamcenter in regelmäßigen Abständen als sogenannter Client mit dem Server/den Servern kommuniziert. Speziell bei eigenen Änderungen kann das bedeuten, dass nicht jede Änderung sofort angezeigt wird. Da gleichzeitig auch jemand anderes im System Veränderungen vorgenommen haben kann, wird jede Änderung im Intervall abgefragt. Mit der *F5*-Taste können Sie als anwendende Person eine Aktualisierung initiieren. Um effektiv zu arbeiten und keine unnötigen langen Anfragen an den Server auszulösen, sollten Sie allerdings überlegen, wo genau Sie eine Überprüfung und Aktualisierung anregen wollen. Selektieren Sie die gewünschten Stellen und drücken Sie *F5*. Ohne Auswahl wird nichts aktualisiert. Wie oft die automatsche Aktualisierung ohne ihr Zutun durchgeführt wird, entscheidet die IT. Hier wird oft versucht, ein Optimum zu finden, um das Netzwerk nicht unnötig mit Anfragen zu belasten.

Komponentenansicht/Navigationsfenster/-leiste

Ganz links finden Sie das Navigationsfenster. Dieses ist in mehrere Abschnitte eingeteilt (Bild 2.4). Dazu kommen wir gleich. Ein- und Ausblenden können Sie diesen Bereich über das Werkzeug *Navigationsfenster* . Schalten Sie das Navigationsfenster aus, falls Sie über einen längeren Zeitraum nur mit einer Anwendung arbeiten.

Ab Teamcenter-Version 10 können Sie jeden einzelnen Bereich (auch die Schnellsuche) über die kleinen Pfeile links auf- bzw. zuklappen (Bild 2.4). Jeder Bereich ist durch eine schmale Linie getrennt. Auf der rechten Seite haben Sie fast immer die Möglichkeit, den jeweiligen Bereich zu konfigurieren (*Organisieren*, *Anpassen*). Alle *Offenen Elemente* können Sie mit einem Mal schließen, falls Sie einmal gründlich auf Ihrem Schreibtisch aufräumen wollen. Der *Verlauf* dient der Information und bietet ohne großen Aufwand die Möglichkeit, bereits geschlossene Objekte wieder per Klick zu öffnen. Auf die Verwaltung der *Favoriten* gehen wir in Kapitel 11, „Das Finden ist entscheidend!“, weiter ein. Der Bereich *Ich möchte …* lässt sich um eigene Befehle erweitern und erlaubt es, immer wieder benötigte Werkzeuge per Klick aufzurufen. Meist wird hier der entsprechende Wizard für die Neuerstellung von Objekten aufgerufen.

In einem kleinen Symbol oben rechts im Navigationsfenster (Bild 2.4) können Sie die anzuzeigenden Bereiche verändern (Bild 2.5).

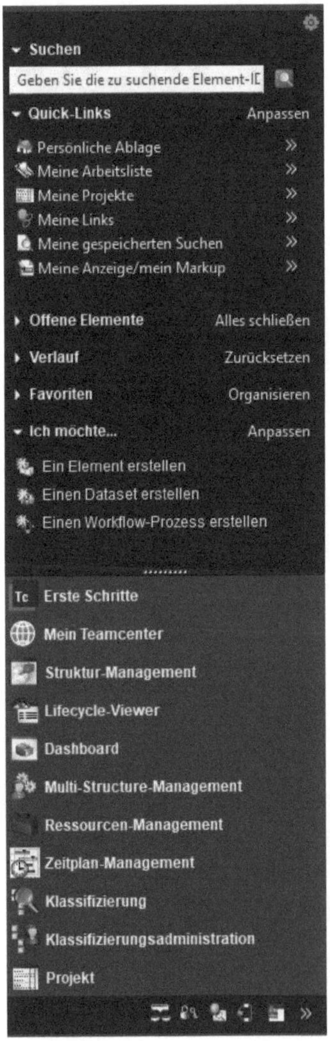

Bild 2.4
Navigationsfenster mit Abschnitten (einschließlich eingeblendeten Anwendungen)

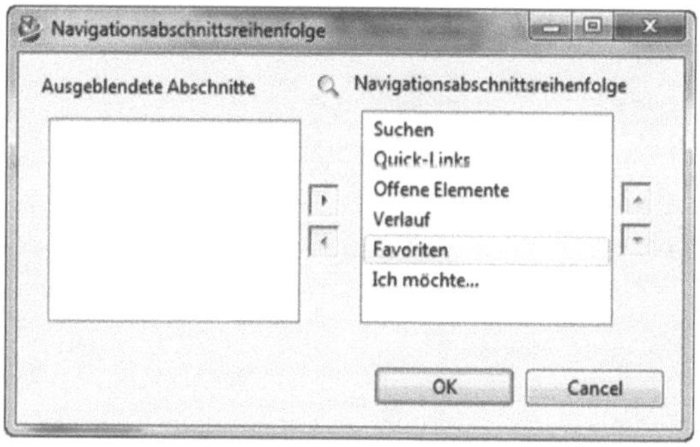

Bild 2.5 Anpassung der Navigationsabschnittsreihenfolge (ab Version 10)

Den Aufbau von Teamcenter verstehen Sie genauer anhand des untersten Abschnitts im *Navigationsfenster*, den Anwendungen (Bild 2.4). Hier finden Sie alle bereits für Sie eingeblendeten Anwendungen. Neben **Mein Teamcenter** finden Sie z. B. den Aufruf für das **Struktur-Management** oder die **Änderungsverwaltung**. Ihre IT bzw. Ihr Unternehmensmanagement hat entschieden, welche Anwendungen eingekauft wurden und welche davon für Sie, genauer gesagt, für die Gruppe und Rolle, in der Sie mit Teamcenter arbeiten, anwählbar ist.

Per Konfiguration kann die Liste für die anwendenden Personen so kurz wie möglich gemacht werden. Im Sinne einer leichten Einarbeitung und einer möglichst steilen Lernkurve sollten Sie davon Gebrauch machen. Unter Umständen macht es sogar Sinn, dies bei den Überlegungen zur Organisationsabbildung in Teamcenter mit einzubeziehen.

Eingeteilt werden die Anwendungen in primäre und sekundäre Anwendungen. Sie können ganz leicht entscheiden, wie viel Platz die primären Anwendungen einnehmen dürfen. Fahren Sie über die Trennlinie (in Bild 2.6 mit einem angedeuteten Griff dargestellt) und ziehen Sie diese etwas nach unten. Die Liste mit den ausgeschriebenen Namen wird dadurch kürzer. Dafür befinden sich nun unten mehr kleine Symbole.

Bild 2.6 Trennlinie/Griff (über dem Abschnitt für die Anwendungen)

In der unteren rechten Ecke finden Sie den in Teamcenter öfter verwendeten Doppelpfeil (Bild 2.4). Hier können Sie unter anderem Anwendungen aus der Liste hinzufügen. Viel übersichtlicher ist der Dialog über die *Navigationsfensteroptionen …* (Bild 2.7). In diesem können Sie aus der Liste der verfügbaren Anwendungen die gewünschten Anwendungen zu den primären oder sekundären hinzufügen (über +), umsortieren (über Pfeile ↓ ↑) oder wieder entfernen (über –).

Hinweis: In Teamcenter 10.1.4 ist die Einteilung in primäre und sekundäre Anwendungen entfallen.

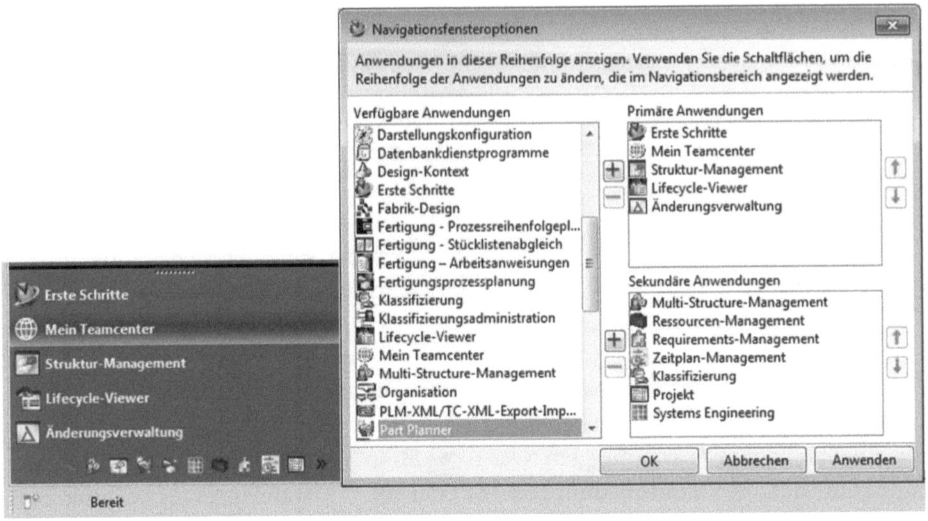

Bild 2.7 Navigationsfensteroptionen

Senden an ...

Selektierte Objekte können Sie mithilfe von *Kontextmenüs > Senden an ...* zur zugehörigen Anwendung übertragen. Dies ist ein sehr gebräuchlicher Weg, um sowohl die Anwendung zu starten als auch das Objekt dort zu öffnen. Beachten Sie, dass das Objekt für die Anwendung geeignet sein muss. Ansonsten erhalten Sie eine Fehlermeldung.

Wichtig ist auch die Besonderheit, dass Sie Objekte in die aktuelle Anwendung senden können. Dann wird dieses Objekt einfach geöffnet. Senden Sie z. B. eine Item-Revision an **Mein Teamcenter**, wird das gesamte Item angezeigt, einschließlich aller Revisionen. Im **Struktur-Management** können Sie auf diesem Weg eine Unterbaugruppe als eigenständige Baugruppe öffnen.

Alternativ zu *Senden an ...* ist es möglich, das Objekt per Drag and Drop auf die Applikation in der Komponentenansicht zu ziehen.

Allgemeine Fenster

Von Windows kennen Sie die Möglichkeit, Fenster in drei verschiedenen Status zu verwenden. Ähnlich ist es in Teamcenter. *Minimieren* verkleinert das Fenster, *Maximieren* vergrößert es und *Wiederherstellen* stellt die Originalgröße wieder her. Nutzen Sie *Minimieren*, erhalten Sie nicht nur mehr Platz für den Rest, sondern auch einen kleinen neuen Werkzeugkasten (Bild 2.8). In diesem Werkzeugkasten sind die passenden Symbole (Icons) vorhanden, um die Fenster zielgerichtet wieder zu öffnen – entweder jeden Reiter einzeln oder alle zusammen (*Wiederherstellen*).

Bild 2.8
Werkzeugkasten nach Minimieren

Dieser Werkzeugkasten befindet sich beim Öffnen von Teamcenter meist auf der linken Bildschirmseite, kann aber über das Kontextmenü an anderen Positionen angedockt werden (Anfang, Ende, links, rechts). Alternativ ziehen Sie diesen mit gedrückter linker Maustaste und lassen ihn in der Nähe der richtigen Position wieder los (Drag and Drop).

Bildlaufleisten

Die Bildlaufleisten kennen Sie sicher bereits von Windows. In Teamcenter teilt sich der Bildschirm nun gegebenenfalls in mehrere Fenster auf. Reicht der Platz nicht zur Anzeige, werden vertikale oder horizontale Bildlaufleisten eingeblendet. Testen Sie das bitte, indem Sie einmal das Programmfenster und zusätzlich auch die Aufteilung des Bildschirms verändern. Sie können die Bildlaufleisten auch dazu nutzen, sich anzeigen zu lassen, wie viele Daten im Fenster zu finden sind (Vergleich 0 bis 100 %).

Dialogfenster

In einigen Fällen öffnet sich bei der Befehlsausführung ein neues Dialogfenster, z. B. bei Nutzung der Schnellsuche, falls mehrere Ergebnisse gefunden wurden. Diese Fenster können, wie auch in Windows, in der Größe angepasst werden. Teamcenter merkt sich Lage und Größe, um diese beim nächsten Öffnen wieder zu verwenden. Auch hier sind häufig Bildlaufleisten angebracht.

Pfeiltasten

Häufig können Sie mithilfe von Pfeiltasten Objekte von einer Seite des Dialogfensters auf die andere verschieben oder in der Reihenfolge anpassen (Bild 2.9).

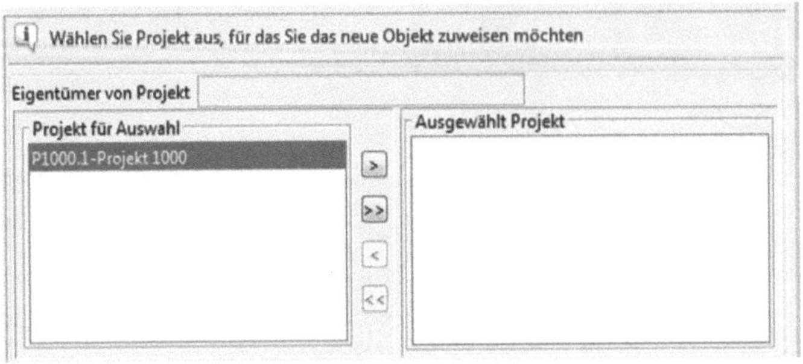

Bild 2.9 Beispiel für die Übernahme von Werten (hier: Zuweisung oder Entfernung von Projekten) mithilfe von Pfeiltasten

Reiter/Ansichten/Views

Reiter beinhalten die Formulare mit den Informationen. Davon haben Sie in Teamcenter eine Unmenge gespeichert. Über die passenden Reiter gelangen Sie schnell an die richtigen Informationen. Einige werden zu Beginn bereits angezeigt, andere können Sie sich selbst zur Anzeige hinzufügen. Die Lage kann per Drag and Drop variiert werden. Über das kleine Kreuz (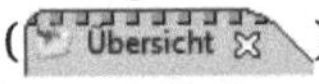

) können Sie jeden Reiter schließen. Aber Achtung! Wenn Sie den Reiter schließen, müssen Sie diesen selbst wieder zur Anzeige bringen und aus zahlreichen Ansichten wiederfinden. Exakterweise spricht man in Teamcenter bei vielen Reitern von sogenannten „Ansichten" oder „Views" welche zu „Perspektiven" zusammengesetzt werden. Dies der Notanker für alle Fälle: Über *Fenster > Perspektive zurücksetzen* stellen Sie den Ausgangszustand aller Reiter der aktuellen Perspektive wieder her (auch die geschlossenen werden wieder geöffnet).

Die einzelnen Reiter bzw. Ansichten sind in Teamcenter nicht an ihren Ausgangsbereich gebunden. Sie können *Details* auch neben die *Persönliche Ablage* legen. Dies erlaubt bei komplexen Informationen weitere Tricks und Kniffe (Stichwort „Perspektive", Kapitel 9, „User Interface – Teamcenter als elektronischer Schreibtisch").

Brauchen Sie für eine Liste der Ansicht *Details* sehr viel Platz? Dann können Sie durch einen Doppelklick auf den Reiter nur diese Ansicht einblenden und alle anderen Fenster verkleinern. Die Ausgangsgröße des Reiters kann durch einen weiteren Doppelklick auf die Ansicht wieder hergestellt werden. Zum Abschluss können Sie über *Fenster > Symbolleiste* und den *Vollbildmodus* (mit *F11* oder über das Menü *Fenster > Vollbild*) noch die Programm-Titelleiste ausblenden. Nun müssen Sie nur noch einen großen Monitor besitzen. Dann kommen Sie sich auch mit der Darstellung riesiger Tabellen gut zurecht (Bild 2.10).

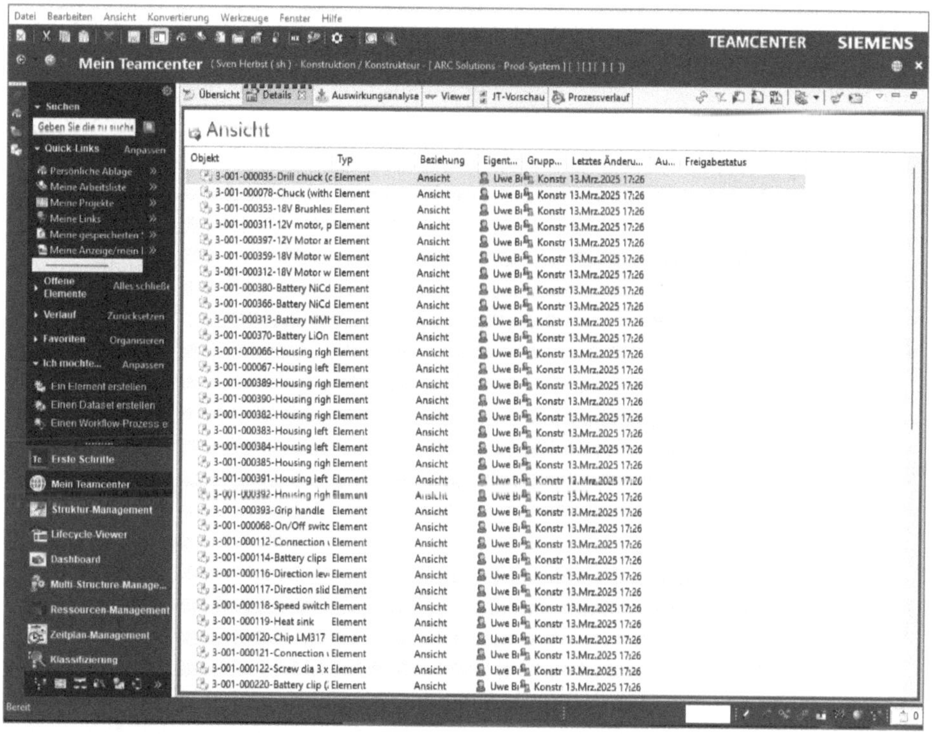

Bild 2.10 Darstellung nach den beschriebenen Veränderungen

Informationscenter

Unten rechts im Anwendungsfenster finden Sie wichtige Informationen zum Informationscenter. Üblicherweise werden hier zunächst alle Angaben zu den Zugriffsrechten auf das gewählte Objekt (siehe Kapitel 4, „Datensicherheit für alle") und zum Objektstatus (siehe Kapitel 8, „Workflows – definierte und nachvollziehbare Arbeitsabläufe") angezeigt. Auch diesen Bereich können Sie per Kontextmenü umgestalten (Bild 2.11).

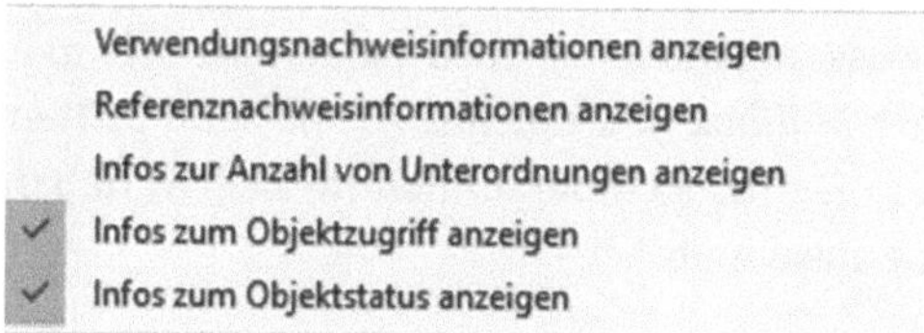

Bild 2.11 Kontextmenü im Informationscenter

Neben den genannten Informationsbereichen können Sie sich an dieser Stelle auch die Anzahl der Beziehungen (Referenz und Verwendung, siehe Abschnitt 2.2) oder die Unterordnungen zum gewählten Objekt (wie viele Objekte sind „unter“ dem gewählten Objekt zu finden) anzeigen lassen. Bitte bedenken Sie bei diesen Funktionen, dass für die Analyse vieler Beziehungen auch lange Wartezeiten anfallen können.

In Kapitel 4, „Datensicherheit für alle“, stellen wir Ihnen die integrierte Mailfunktion vor. Für diese ist unter *Bearbeiten > Optionen …* ein Abfrageintervall eingestellt. Kommt im Rahmen dieses Intervalls eine neue Mail in Ihr Postfach, wird dieser Vorgang auch dem Informationscenter signalisiert. Ganz rechts finden Sie die Zwischenablage (Bild 2.12). Diese Funktionalität wird in Abschnitt 2.4.3 näher erläutert.

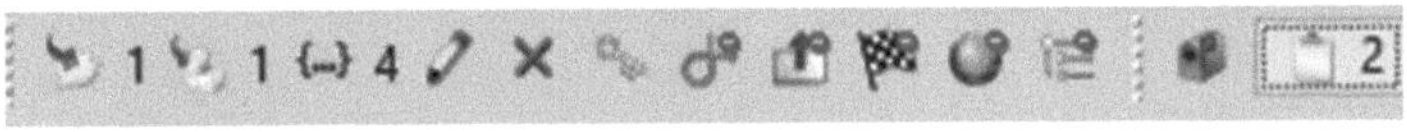

Bild 2.12 Alle Informationen eingeblendet

2.2 Die Komponentenansicht (Baumdarstellung)

Kommen wir nun zum wichtigsten Bereich der Teamcenter-Oberfläche – und zwar der Komponentenansicht (Baumdarstellung). Auf der linken Seite der Applikation **Mein Teamcenter** befindet sich die *Persönliche Ablage*. Ein wichtiges Objekt zur übersichtlichen Ablage auf dem eigenen „Schreibtisch“ sind Ordner. Die Ordner in Teamcenter verhalten sich in einigen Punkten ganz anders als im Betriebssystem. In Teamcenter gibt es verschiedene Typen von Ordnern. Von Ihnen selektierte Einträge werden hervorgehoben. Ein kleiner Pfeil (oder ein Plus) vor dem Namen verdeutlicht, dass hier (meist) noch mehr darin zu finden ist – oder verborgen werden kann (Bild 2.13). Später werden Sie sehen, dass die Pfeil-/Plus-Funktion für sehr viele verschiedene Objekte (Ordner, Items, Revisionen und sogar Datasets) zur Verfügung steht. Wir werden öfter darauf zurückkommen. Sollen die kürzlich durchgeführten Änderungen aktualisiert werden, nutzen Sie die *F5*-Taste für die selektierten Objekte.

Bei der Auswahl von Informationen haben Sie es meist mit der Komponentenansicht in Baumdarstellung zu tun (Bild 2.13). Ausgangspunkt ist ihre *Persönliche Ablage*. Hier werden zunächst der spezielle Ordner *Mailbox* und der fast so spezielle Ordner *Neue Daten* (*Newstuff*) angezeigt. Alles, was Sie für sich persönlich im Zugriff haben wollen, legen Sie in Zukunft sicher auch in diesem ab.

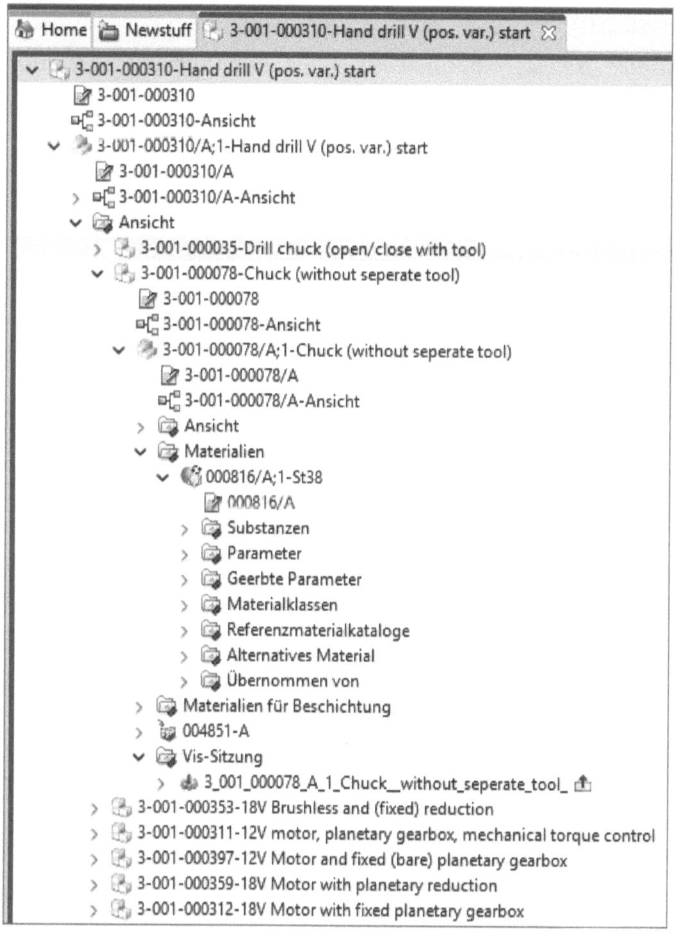

Bild 2.13 Aufgeklappte Baumdarstellung mit Pseudofolder *Ansicht/View*

Bedenken Sie, dass jederzeit detailliertere Informationen zum im Baum gewählten Objekt, z. B. auf der rechten Seite, angezeigt werden können (siehe Abschnitt 2.1).

Ordner *Mailbox*

Teamcenter verfügt über ein eigenes Mailsystem. Hier können Nachrichten mit den Beziehungen zu den verschiedensten Teamcenter-Objekten versandt werden. Ihren Posteingang finden Sie unter dem Ordner *Mailbox*. Beachten Sie, dass es sich bei der Mailbox um einen speziellen Ordnertyp mit extra dafür definierten Zugriffsrechten handelt (siehe Kapitel 4, „Datensicherheit für alle").

Ordner *Neue Daten* (*Newstuff*)

Auch beim Ordner *Neue Daten* (*Newstuff*) handelt es sich um einen speziellen Ordnertyp. Diesen Typ kann die IT für gesonderte Berechtigungen verwenden. Informieren Sie sich hierzu bei Ihren Sachverständigen. In den Grundeinstellungen werden hier alle Objekte abgelegt, von denen Teamcenter nicht weiß, wo diese erstellt werden sollen. Es lohnt sich also, diesen Ordner so übersichtlich wie möglich zu halten.

Über *Bearbeiten* > *Optionen* > *Allgemein* > *UI* > *Allgemein* können Sie dieses Verhalten modifizieren. Es gibt auch die Möglichkeit, das Verhalten bei ausgewählten Ordnern noch einmal speziell zu beeinflussen. Standardmäßig werden die Objekte der Zwischenablage in alle ausgewählten Ordner, also mehrfach, eingefügt.

Ordner im Allgemeinen

Ihre eigenen oder aber zentral festgelegten strukturierten Ablagen können leicht über Ordner erreicht werden. In Abschnitt 2.3 erfahren Sie mehr über diese Zusammenhänge und die damit verbundenen Möglichkeiten.

Den Inhalt aller Ordner blenden Sie per Pfeil/Plus-Zeichen ein oder aus. In Ordnern können weitere Ordner oder andere Objekte referenziert sein. Auch andere Objekte, wie z. B. Teile, Konstruktionen oder auch Änderungen, enthalten strukturierte Informationen, z. B. Datasets (Dokumente) oder über Beziehungen verknüpfte weitere Objekte. Alle Objekte mit einer speziellen Beziehung zum gewählten Objekt können zu Pseudofoldern (im Folgenden näher erläutert) zusammengefasst werden. In den meisten Fällen ist es möglich, die Informationen der untergeordneten Objekte ein- bzw. auszublenden. Auf diese Art und Weise entstehen tief gegliederte Baumdarstellungen, die Sie bereits aus dem Windows-Explorer kennen.

Wir möchten allen Anwendenden von Teamcenter empfehlen, sich besonders intensiv mit diesen Bedienmöglichkeiten vertraut zu machen, denn hier liegt eine große Stärke von Teamcenter. Man muss diese Möglichkeiten allerdings erst einmal kennen und lieben lernen.

Teamcenter ist auch in der Lage, Zirkelbezüge abzubilden. Sie brauchen sich also nicht zu wundern, wenn ein bereits eingeblendetes Objekt über weitere Beziehungen erneut in der Baumdarstellung (oder beim Referenznachweis) auftaucht. Deshalb sollte man im Normalfall auch Ebene für Ebene einblenden.

Auch unter Datasets können weitere Objekte verknüpft sein (Beispiel: *DirectModel* unter dem *UGMaster*). Ebenso können unter Objekten weitere Objekte verknüpft sein, für die Sie keine Leseberechtigung haben. In diesem Fall bekommen Sie einfach keinerlei Informationen dazu angezeigt – für Sie ist es also so, als ob sich dort kein Objekt befände.

Welche Beziehungen erlaubt und welche standardmäßig angezeigt werden sollen, ist von der IT zu definieren. Mit Ihren Entscheidungen können Sie es der anwendenden Person leichter oder schwerer machen. Nehmen Sie sich deshalb genügend Zeit, um über die Vorkonfiguration der Beziehungen und deren Anzeige zu entscheiden.

Für die Erweiterung der Anzeige haben Sie auch die Möglichkeit, die Icons am rechten oberen Rand zu nutzen: *Auf ausgewähltes Objekt reduzieren, Das Ausgewählte Objekt erweitern* und *Erweitert das ausgewählte Objekt für alle Ebenen* (Achtung! Das kann sehr lange dauern; im Normalfall ist dies in realen Systemen nicht zu empfehlen).

Beachten Sie, dass auch hier die Mehrfachauswahl genutzt werden kann. In Teamcenter 11 sind zwei weitere Pfeile zur direkten Manipulation hinzugekommen (siehe Bild 2.14).

Bild 2.14 Möglichkeiten der Suche, Erweiterung der Baumdarstellung und Änderung der Reihenfolge

Pseudofolder für fortgeschrittene anwendende Personen

Wir sprachen bereits über Pseudofolder für die Abbildung gleicher Relationen. Falls Ihre IT dies für Teamcenter zulässt, können Sie die Anzeige von Objekten mit speziellen Relationen selbst konfigurieren. Wir empfehlen dies jedoch nur fortgeschrittenen anwendenden Personen. Im Idealfall sollte Ihr System so vorbereitet sein, dass Sie hier keine Änderungen vornehmen müssen. Im Folgenden stellen wir für den Fall der Fälle die Herangehensweise vor.

Über **Mein Teamcenter** (oder eine andere Applikation) und die Funktion *Bearbeiten > Optionen* können Sie die aktuellen Einstellungen verändern. Wählen Sie dazu im Abschnitt *Allgemein* den Eintrag *Elementänderungsstand.* Seien Sie jedoch vorsichtig bei Änderungen, denn hier werden detaillierte Kenntnisse des Datenmodells vorausgesetzt.

Im Reiter *Allgemein* auf der rechten Seite beeinflussen Sie, welche Objekte angezeigt werden. Im Reiter *Abhängiges Objekt* definieren Sie, ob dafür auch ein Pseudofolder verwendet werden soll. Grundvoraussetzung ist die Wahl des richtigen Objekttyps (siehe Abschnitt 2.3). Wenn Sie sich hier nicht sicher sind, wenden Sie sich lieber an die IT.

Wir wollen für den Typ Konstruktionsänderungsstand die Änderungen vornehmen und selektieren diesen Typ deshalb als Erstes im Reiter *Allgemein*. In der Tabelle direkt darunter finden Sie auf der linken Seite alle verfügbaren und auf der rechten Seite alle angezeigten Relationen. Wählen Sie links die Funktion *Ansicht* aus, klicken Sie auf das Plus-Zeichen und bestätigen Sie mit *OK*. Nach kurzer Aktualisierung werden Ihnen nun die verbauten Komponenten in Baugruppen angezeigt.

Ob im Pseudofolder *Ansicht* die Revisionen oder die Items angezeigt werden, hängt von der jeweils verwendeten Struktur – präzise bzw. unpräzise – ab (siehe Kapitel 5, „Struktur-Management – Stücklisten und deren Verwendung").

Normalerweise führt das in diesem Fall zu einer etwas unübersichtlichen Darstellung in der aktuellen Revision. Wechseln Sie deshalb wieder zum gleichen Dialog, aber auf den Reiter *Abhängiges Objekt*. Dort wählen Sie erneut den Typ Konstruktionsänderungsstand und die gleiche Relation *Ansicht*. Übernehmen Sie diese auf die rechte Seite. Nach der Bestätigung werden die verbauten Komponenten in einem Pseudofolder mit dem Namen *Ansicht* zusammengefasst – und schon haben Sie eine Ebene mehr zu öffnen. Beachten Sie auch, dass nun bei allen Komponenten weitere Informationen eingeblendet werden können. Der Baum wird dadurch immer länger.

In einer Baugruppe verbaute Komponenten können wir auch im Struktur-Management, im Multi-Struktur-Management oder über den Verwendungsnachweis ermitteln (siehe Kapitel 5, „Struktur-Management – Stücklisten und deren Verwendung").

Leider kann man die Reihenfolge der Pseudofolder bislang nicht nachträglich modifizieren. Es hilft nur, alle Relationen zu entfernen und dann von Anfang an in der richtigen Reihenfolge einzufügen.

Auf diesem Wege können beliebig viele Informationen bzw. Informationen tragende Objekte eingeblendet werden. Voraussetzung ist, dass Sie die Relation kennen oder Ihre IT dies für Sie vorbereitet hat. Ein Beispiel aus der Konstruktion mit NX ist es, hier auch die Beziehungen zur WAVE-Geometrie oder Interpart-Expressions einzublenden.

- UG WAVE-Geometrie (Kapitel 16, „CAx-Integrationen")
- UG Expressions (Kapitel 16, „CAx-Integrationen")
- IMAN_based_on/Basierend auf (Kapitel 12, „Geändert wird immer! Effektives Änderungswesen")

Das Einblenden der Klassifizierungsinformationen in der Item-Revision zeigt eine weitere Möglichkeit für die Nutzung dieser Funktionen. Diese Funktionen können genutzt werden, um Beziehungen schnell wahrnehmen zu können und auch verknüpfte Objekte auswählen zu können, z. B. um über die Ansicht *Viewer* oder *Übersicht* die Klassifizierungseigenschaften direkt angezeigt zu bekommen. Dies könnte z. B. ein geeigneter Weg sein, wenn eine Mehrfachklassifikation zugelassen ist (siehe Kapitel 14, „Klassifikation – Ordnung im Datenbestand").

Ein weiteres Beispiel für die grundsätzliche Nutzung diese Möglichkeiten ist das Änderungsmanagement.

Automatische Sortierung versus selbstbestimmte Reihenfolge

An dieser Stelle wollen wir Sie darauf hinweisen, dass es sehr praktisch ist, mit der Grundeinstellung von Teamcenter zu arbeiten. Die Grundeinstellung bedeutet, dass die Items (oder z. B. Ordner) in der Baumdarstellung unsortiert verwendet werden. Diese Voreinstellung erlaubt es, Ihre eigene Reihenfolge überall dort zu verwenden, wo es der Übersichtlichkeit dient. Um Objekte schnell zu finden, haben Sie zusätzlich die Möglichkeit, im Baum zu suchen.

Sie haben in Ihrer Komponentenansicht mindestens zwei Ordner und gegebenenfalls noch den einen oder anderen selbst erstellten. Über einen kleinen unscheinbaren Pfeil rechts oben in der Komponentenansicht können Sie den oder die gewählten Ordner (oder z. B. Items) verschieben. Mit einiger Übung kann man die vier Optionen *Nach Oben*, *Nach Unten*, *Anfang* und *Ende* sehr geschickt einsetzen (Bild 2.15). Nicht umsonst haben wir Ihnen vorangehend die Mehrfachauswahl nahegelegt. So beginnen Sie z. B. auch bei umfangreichen Konstruktionen in einem Ordner mit den Änderungsbenachrichtigungen, gefolgt von den Änderungsanforderungen, den Produkt-Items, der Top-Baugruppe und allen weiteren Baugruppen. Am Ende können Sie, wenn gewünscht, alle Konstruktionen, also Unterkomponenten, der Baugruppen platzieren. So kann man gut und gerne von Ordnung sprechen, oder?

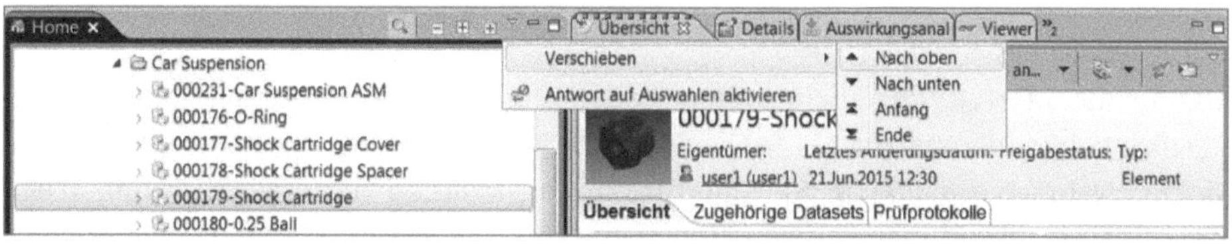

Bild 2.15 Verschieben der Items in der Baumdarstellung (Sortierung)

Die zusätzliche Option *Antwort auf Auswählen deaktivieren* (Bild 2.15) erläutern wir in Kapitel 9, „User Interface – Teamcenter als elektronischer Schreibtisch".

Dennoch wollen wir Ihnen die Möglichkeit der automatischen Sortierung nicht ganz verschweigen. Unter *Bearbeiten > Optionen > Reiter „Optionen" > Allgemein > UI* finden Sie unter dem Reiter *Allgemein* die Möglichkeit, die Sortierung in der Baumstrukturanzeigereihenfolge auf- oder absteigend zu aktivieren. Hier sollten Sie allerdings nach dem Test wieder auf *Keine Sortierung* wechseln. Es lohnt sich!

Die Sortierung in einem Ordner mithilfe des Feldtyps *Wertefelder* beschreiben wir in Abschnitt 2.4.7.

Lokale Suche ausführen

Die Bezeichnung des Befehls *Lokale Suche ausführen* ist etwas irreführend. Eigentlich haben Sie darüber die Möglichkeit, in umfangreichen eigenen Ablagen zu filtern. Die Eingabe eines Textes (ohne Platzhalter) filtert nur die Einträge heraus, die den Text enthalten und die zugehörigen darüber liegenden Informationen (z. B. Ordner). Zwei Dinge sind dabei zu beachten: Erstens werden gegenwärtig die Ebenen mit gefilterten Elementen nicht automatisch geöffnet, und zweitens müssen Sie den Filtereintrag löschen, wenn Sie wieder alle Objekte sehen möchten. Ein erneutes Anklicken des Lupensymbols deaktiviert ebenfalls die Filterfunktion (Bild 2.16).

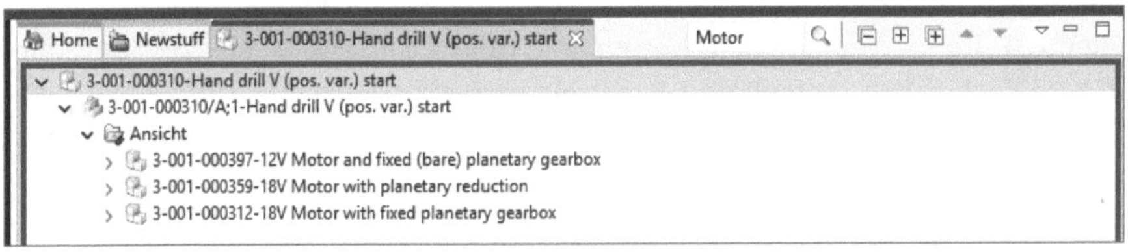

Bild 2.16 Gefilterte Objekte in der Baumdarstellung

2.3 Objekte und deren Beziehungen

Um Teamcenter zu verstehen, sollten Sie auch das sogenannte Datenmodell grundsätzlich verstanden haben. Als anwendende Person beschreiben Sie beliebige Informationen. Nehmen wir mal an, Sie sind für die Konstruktion verantwortlich und arbeiten mit einem dreidimensionalen Modell, das in Form einer CAD-Datei abgespeichert wird. Diese CAD-Datei wird mit ein paar zusätzlichen Informationen, z. B. einer Dateivorschau, in einer Box oder einem Container abgelegt. Diesen Container bezeichnet Teamcenter als Dataset.

Wie vorangehend beschrieben, verfahren wir nun auch mit den zugehörigen Zeichnungen, den als PDF-Datei zugesandten Spezifikationen usw. Alles was direkt zum bearbeiteten Einzelteil gehört, packen wir mithilfe einer Klammer zusammen. Später wollen wir wieder auf verschiedene Zwischenstände zugreifen, deshalb werden mehrere Zwischenstände in unterschiedlichen Revisionen zusammengefasst. Kommt ein Status hinzu, ist die betroffene Klammer revisionssicher abgelegt. Dies ist die Basis für die Überwachung des Produktlebenszyklus. Nun geht es aber erst einmal nicht um das ganze Produkt, sondern lediglich um ein winziges, vielleicht aber besonders wichtiges Einzelteil.

Revision für Revision wird genutzt, um den (meist wachsenden) Reifegrad zu dokumentieren und gegebenenfalls auch anderen Anwendenden die Informationen später wieder zur Verfügung zu stellen. Damit nichts aus dem Zusammenhang gerissen wird, fasst Teamcenter alles zu einem Element (Item) zusammen. Das Element (Item) ist das Atom, das alle weiteren Schritte im PLM-Kosmos von Teamcenter bestimmt. Es wäre sinnvoll, in erster Linie das gesamte Element (Item) zu betrachten. Häufig wird das Augenmerk aber auf einen speziellen Zeitpunkt gelegt, das heißt, man schaut auf genau eine Revision. Insbesondere in Kapitel 5, „Struktur-Management – Stücklisten und deren Verwendung", werden wir wieder auf diesen Sachverhalt zurückkommen.

Da es unterschiedliche Arten von Dokumenten gibt, nutzt Teamcenter auch verschiedene Objekttypen für Items. Meist können Sie diese anhand verschiedener Symbole oder Symbolfarben identifizieren. Oft ist definiert, welche Objekte mit diesen Typen assoziiert werden dürfen oder sollen. Gegebenenfalls kann man aus dem Typ auch Rückschlüsse auf das wichtigste Autorensystem (z. B. NX, Office usw.) ziehen.

Die im Buch vorgestellten Typen `Konstruktion` und `Artikel/Teil` sind so aufgebaut wie vorangehend beschrieben. Stellen Sie sich `Artikel/Teil` und `Konstruktion` erst einmal als getrennte Klammern vor. Als Nächstes stellt sich die Frage, auf welche Art die Beziehung zwischen beiden dargestellt werden soll. Hier nutzt Teamcenter verschiedene Typen von Relationen (z. B. Simon ist das Kind von Margit, Margit ist mit Michael verheiratet, Margits Mutter ist Clara usw.). Hat man erst einmal das Wissen über die Beziehungen zueinander vorliegen, kann man weitere Informationen daraus ableiten, z. B. Clara ist die Oma von Simon oder Simon der Enkel von Clara. Von diesem Gleichnis wird übrigens auch der Fachbegriff „Eltern-Kind-Beziehung" hergeleitet. Im Falle von `Artikel/Teil` und `Konstruktion` kann man definieren, dass z. B. *T1000A* von *K1000B* repräsentiert wird, oder dass *T1000A* die Repräsentation von *K1000B* ist. Auf diese Weise werden Objekte miteinander verbunden. Üblicherweise werden meist die Revisionen miteinander verbunden, da sich im Laufe der Zeit gelegentlich auch die Beziehungen ändern können. Objekte mit bestimmten Beziehungen können angezeigt oder von der Anzeige ausgeschlossen werden (Einblenden von Relationen, siehe Abschnitt 2.2). Sie sehen also nicht immer alles, was Teamcenter weiß. Manchmal dürfen Sie das auch nicht sehen (siehe Berechtigungskonzept, Kapitel 4, „Datensicherheit für alle"). Um mehr Ordnung in diesen Beziehungen zu schaffen, nutzt Teamcenter die Reiter in **Mein Teamcenter** (Abschnitt 2.1). Alternativ können Sie sich die zugehörigen Pseudofolder einblenden und sich die verknüpften Objekte direkt in der Baumdarstellung anzeigen lassen (siehe Abschnitt 2.2). Besteht die Notwendigkeit, komplexe Beziehungen zu analysieren (denken Sie z B. an einen Stammbaum), stehen Ihnen die Werkzeuge *Referenznachweis*, *Verwendungsnachweis* (*Auswirkungsanalyse*) und **Beziehungs-Browser** zur Verfügung (Kapitel 11, „Das Finden ist entscheidend!“ und Kapitel 10, „Alle Beziehungen im Griff“). An dieser Stelle können Sie gerne auch schon einmal einen Blick in Kapitel 3, „Active Workspace – Informationen an jedem Ort“, werfen. Mit dem Active Workspace-Client haben Sie die Möglichkeit, auf sehr schnelle Weise einzelne Beziehungstypen herauszufiltern. Auch wenn Sie *Suchen* in Teamcenter aufrufen, kann Ihre IT die Suchkriterien aus den verschiedenen miteinander in Beziehung stehenden Objekten zusammengetragen haben.

Das gleiche Prinzip wird z. B. auch bei den Änderungsobjekten (z. B. Change Request/Änderungsanforderung) angewendet. Hier gibt es für die Einordnung von Objekten gleichen Typs die Möglichkeit, diese über die Beziehung (Pseudofolder) zu bewerten. So kommen Sie z. B. zur Unterscheidung von betroffenen Objekten und Lösungselementen, obwohl es sich eventuell immer um Konstruktionen handelt (siehe Abschnitt 2.4.3 und Bild 2.20).

Auch Objekte, denen man es auf den ersten Blick nicht ansieht, werden in ein Hauptobjekt und die zugehörigen Revisionen (mit Relationen zu anderen Objekten) eingeteilt. Beispielhaft seien hier der `Zeitplan` und die zugehörigen Aufgaben genannt (Kapitel 13, „Schedule Manager – Zeitpläne in der Produktentstehung“).

Wir haben nun Objekte (von Dataset bis Item) und deren Beziehungen analysiert. Doch was wären diese ohne beschreibende Merkmale bzw. Eigenschaften (oft auch als Attribute bezeichnet)? Prinzipiell kann man jedes Objekt und jede Beziehung in Teamcenter mit Eigenschaften näher beschreiben. `Eigentümer` und `Erstellungsdatum` seien hier nur stellvertretend genannt. Entweder werden die Attribute direkt dem Objekt zugeordnet (siehe Abschnitt 2.6) oder man nutzt spezielle Objekte, nämlich Formulare, für die Ablage der Attribute (siehe Abschnitt 2.4.7). Ihre Hauptaufgabe als Teamcenter-Nutzender wird es sein, diese Eigenschaften anzuzeigen, zu verändern oder diese z. B. als Basis für eine Suche zu verwenden.

Über Eigenschaften können Sie Objekte klassifizieren. Sie können z. B. Teile in Eigenherstellung von solchen in Fremdfertigung abgrenzen. Eine saubere und viel leistungsfähigere Möglichkeit ist der Aufbau eines Klassifizierungssystems. Hier werden Eigenschaften zu ähnlichen Teilen zusammenfasst. Auch in Teamcenter gibt es diese Möglichkeit z. B. für beliebige Dokumente, für Zulieferteile oder aber auch für Fertigungsressourcen (Kapitel 14, „Klassifikation – Ordnung im Datenbestand“).

2.4 Anlegen von Objekten

Wie bereits erwähnt, haben Sie es im Rahmen des Product Lifecycle Managements mit sehr vielen verschiedenen Informationen zu tun. Hier wird häufig zwischen Massendaten und Metadaten unterschieden. Den Metadaten, also den Eigenschaften oder Attributen, werden wir uns später zuwenden. Produktdaten liegen heute häufig noch in Dateiform auf Datenträgern und müssen Anwendenden greifbar zur Verfügung gestellt werden.

Bevor wir mit dem Anlegen von Objekten in Teamcenter beginnen, möchten wir Ihnen an dieser Stelle eine kleine Unterstützung zur Anzeige von Informationen in der Baumdarstellung geben. Die meisten anwendenden Personen kennen die Möglichkeit, Informationen derart zu strukturieren, z. B. aus dem Datei Explorer im Betriebssystem Windows oder verschiedenen Programmen. In Teamcenter öffnen Sie die untergeordneten Informationen durch Anklicken des Zeichens vor den Objekten. Bis zur Version 10 war dies ein Plus, das zum Minus wechselte. Ab Version 11 sind es kleine Pfeile, die signalisieren, ob ein Objekt geöffnet ist oder nicht. In Abschnitt 2.6 und Abschnitt 2.7 gehen wir noch genauer auf die unterschiedlichen Möglichkeiten ein.

2.4.1 Das Datenobjekt – Dataset

Die kleinste sichtbare Einheit in Teamcenter ist das sogenannte Dataset. Als Person ohne Vorkenntnisse reicht es, wenn Sie sich dieses zunächst als Datei vorstellen.

Hinter einem Dataset liegen oft mehrere Dateien, die gemeinsam behandelt werden müssen. Die *Benannten Referenzen* sollten vom Anwendenden nur in wenigen Fällen überhaupt beachtet werden (Bild 2.17).

Benannte Referenzen müssen immer in ihrer Konsistenz erhalten bleiben. Dafür sorgen z. B. die Schnittstellen zum CAD-System. Sie sollten überlegen, ob Sie der anwendenden Person den Zugang und damit die versehentliche Manipulation der *Benannten Referenzen* grundsätzlich entziehen.

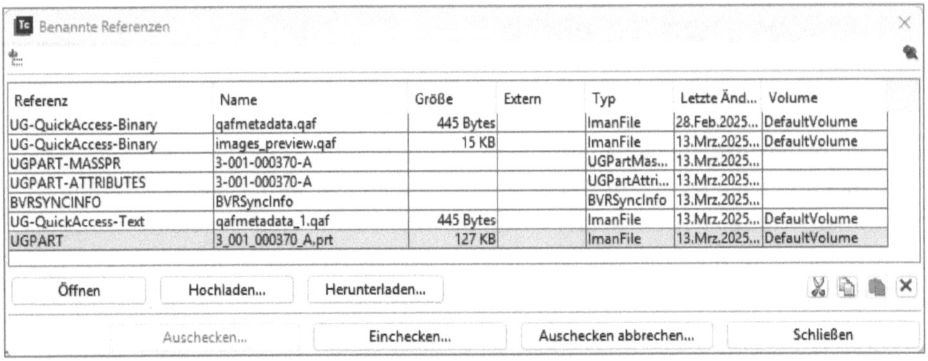

Bild 2.17 Beispiel für das Dataset `UGMaster` (NX 3D-Modell)

Über **Mein Teamcenter** > *Datei* > *Neu* haben Sie Zugriff auf die möglichen Objekte, in Teamcenter als Geschäftsobjekttypen bezeichnet, die Sie erstellen können. Positionieren Sie zunächst den Cursor auf den Ordner *Persönliche Ablage*. Beachten Sie auch in Zukunft, dass genau an der Stelle, an der sich Ihr Cursor befindet, die neuen Objekte erstellt werden. Das gilt für alle Stellen in Teamcenter und unabhängig davon, welche Objekte Sie ausgewählt haben.

Wählen Sie *Dataset* (oder *Strg + D*). Im folgenden Dialog stehen verschiedene Dataset-Typen zur Auswahl. Über die Schaltfläche *Mehr ...* erreichen Sie die entsprechende Liste (Bild 2.18). Ihre IT hat hier definiert, was alles in der Datenbank landen darf, welche Dateitypen genutzt werden dürfen und mit welchen Werkzeugen (Programmen) diese später bearbeitet werden sollen.

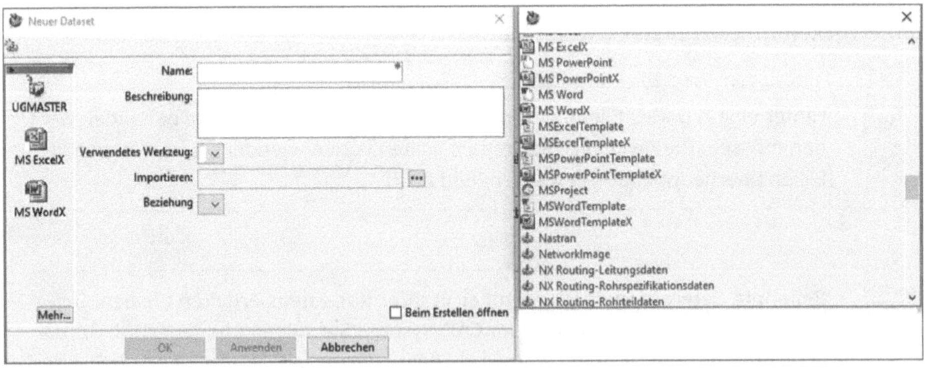

Bild 2.18 Dialog für die Erstellung eines Datasets nach dem Klick auf die Schaltfläche *Mehr ...*

Der `Name` ist ein Pflichtfeld, der aber beliebig (im Rahmen der Vorgaben der IT) gewählt werden kann. Er muss, anders als in einem Ordner im Betriebssystem, auch nicht eindeutig sein. Wie immer kann eine `Beschreibung` hinzugefügt werden. Importieren Sie nun die Datei, wobei das auch zu einem späteren Zeitpunkt erfolgen kann. Wählen Sie gegebenenfalls aus den möglichen Werkzeugen für diesen Typ und den möglichen Beziehungen aus. Im Folgenden erläutern wir die Beziehungen zwischen Objekten in Teamcenter noch genauer. Sind die Pflichtfelder ausgefüllt, betätigen Sie mit *OK*, und das Dataset wird an der Cursorposition erstellt. Beachten Sie, dass Sie keine Entscheidung treffen mussten, an welcher Stelle im Dateisystem die Datei abgelegt wird. Dies übernimmt Teamcenter in der Regel autonom für Sie.

Die Infrastruktur von Teamcenter kann viele eigenständige Datenträger beinhalten. Durch die Verteilung des Systems an vielen Standorten, auch weltweit, sorgt Teamcenter für die Ablage und den Abgleich der Daten an der passenden Stelle. Gegebenenfalls werden die Daten zwischen verschiedenen Speicherorten automatisch abgeglichen. Über die Angaben zur nutzenden Person in der Organisation wird das sogenannte Volume definiert. Sind mehrere Volumes selektierbar, finden Sie diese über den Wechsel Ihrer Benutzereinstellungen in den Sitzungseinstellungen. Hier können Sie dann über den Reiter *Anmeldung* das zu nutzende Standard-Volume ändern (siehe Kapitel 4, „Datensicherheit für alle").

Wir könnten nun auf diese Weise beliebig viele Dateien in unser System „schütten", doch selbstverständlich wollen wir unsere Daten besser strukturieren. Ein bekanntes Mittel sind Ordner. Auch Teamcenter stellt diese zur Verfügung und kann mit verschiedenen Typen von Ordnern umgehen. Über *Datei* > *Neu* > *Ordner* können Sie aus den verschiedenen Ordnertypen auswählen. Beachten Sie vor dem Aufruf des Befehls, an welcher Stelle sich Ihr Cursor befindet.

Das Dialogfenster *Ordner* wurde ab Version 10 geändert. Im oberen Bereich finden Sie nun die letzten verwendeten Objekttypen (Bild 2.19). Im Abschnitt darunter finden Sie alle Objekttypen einer bestimmten Kategorie (hier: *Ordner*). Bei Bedarf und sehr vielen Objekten können Sie den passenden Typ auch suchen. Wählen Sie einen Objekt-Typ aus und klicken Sie auf *Weiter*. Erst dann werden Sie nach den Attributen des neuen Objekts gefragt.

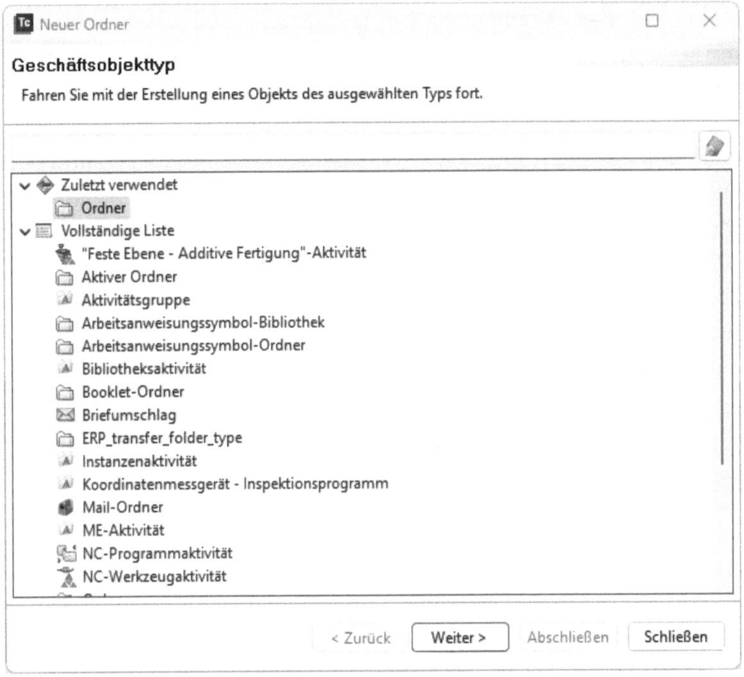

Bild 2.19 Erstellen von Ordnern (Geschäftsobjekttyp z. B. „Ordner")

2.4.2 Ordner in Teamcenter

`Persönliche Ablage`, `Neue Daten` und `Mail-Ordner` sind Typen, die Sie bereits in der Baumdarstellung vorfinden. Ihre IT kann für unterschiedliche Aufgaben weitere Typen definieren. Über die Typen kann der Zugriff geregelt werden, oder Sie haben die Möglichkeit, nach speziellen Ordnertypen, z. B. für Norm- oder Lieferteile, zu suchen.

Wählen Sie den gewünschten Ordnertyp aus der Liste aus und klicken Sie anschließend auf *Weiter*. Der `Name` des Ordners muss zwingend angegeben werden, ist aber beliebig wählbar.

Wie bei vielen Objekten haben Sie auch beim Ordner die Möglichkeit, *Beim Erstellen öffnen* auszuwählen. Nach *Abschließen/Finish* wird das Objekt, hier der Ordner, gleich in der Anwendung geöffnet – und zwar bei den Ordnern als neuer Reiter. Dies ist eine gute Möglichkeit, die angezeigte Informationsmenge zu reduzieren. Vergessen Sie nicht diesen Haken wieder zu entfernen, wenn Sie ihn nicht mehr benötigen.

Nach *Abschließen/Finish* wird der Ordner an der Cursorposition erstellt, und Sie können weitere gleichartige Objekte anlegen. Nutzen Sie diese Möglichkeit für den schnellen Aufbau einer Ablage. Auch später werden Sie sehen, dass diese Assistenten fast immer mit der Erstellung des nächsten gleichartigen Objekts fortfahren können.

Dies ermöglicht z. B. die sehr effiziente Erstellung von Baugruppenstrukturen im Struktur-Manager nach dem Top-down-Prinzip (siehe Kapitel 5, „Struktur-Management – Stücklisten und deren Verwendung").

Definieren Sie auch für Ordner bei Bedarf weitere Typen. Nutzen Sie die Möglichkeiten, unternehmensspezifische Symbole je Typ zu definieren. Häufig wird z. B. mit Ordern in verschiedenen Farben gearbeitet.

Sie können versehentliche Fehler der Anwendenden reduzieren, wenn Sie das Datenmodell möglichst exakt definieren. Dabei haben Sie die Möglichkeit, nur die Beziehungen zwischen Objekten zuzulassen, die wirklich möglich und sinnvoll sind.

Bitte denken Sie bei der Vorbereitung des Systems auch an die Möglichkeiten zur Befehlsunterdrückung (siehe Kapitel 4, „Datensicherheit für alle").

2.4.3 Erklärung des Referenzprinzips

An dieser Stelle möchten wir eine Besonderheit oder ein Highlight von Teamcenter einschieben. Alle Objekte, die Sie erstellen, landen in der Datenbank und könnten sodann unserem Blick entschwinden. Über die Suchmöglichkeiten können wir diese wieder ausfindig machen (Kapitel 11, „Das Finden ist entscheidend!"). Indem ein Verweis auf dieses Objekt erzeugt wird, macht uns Teamcenter den Zugang etwas leichter. In Ihrer Ordnerstruktur existiert ein Verweis auf das Datenbankobjekt und Sie können somit einfach damit arbeiten. Dieser Verweis kann auch entfernt werden (*Ausschneiden*). Das Objekt „lebt" dann in der Datenbank weiter. Umgekehrt können wir beliebig viele Verweise auf ein und dasselbe Objekt haben. Teamcenter ermöglicht es deshalb, diesen Verweis beliebig oft zu verwenden bzw. zu kopieren. Oft entscheidet auch Teamcenter selbst, dass ein weiterer Verweis (eine Beziehung) benötigt wird. Das gilt für die vorangehend erstellten Datasets, für die Ordner und für nahezu alle Objekte in Teamcenter.

Pseudofolder

Auch den Typ dieser Beziehung können wir (oder die IT) festlegen und verändern. Wir sprechen dann von den Relationen. Objekte mit gleichen Relationen können in Pseudofoldern zusammengefasst werden. Auf diese Weise haben Sie diese meist besser im Blick. Ein Beispiel sind alle in einer Baugruppe verbauten Komponenten, die im Pseudoordner `Ansicht/View` zusammengefasst und angezeigt werden können (Kapitel 5, „Struktur-Management – Stücklisten und deren Verwendung"). Auch bei Änderungsobjekten werden die betroffenen Objekte (Dokumente) in gleichartige Relationen zusammengefasst und damit ihre Bedeutung für die Änderung definiert (Bild 2.20). Beachten Sie deshalb, dass man in Teamcenter immer das Objekt und den Typ der Beziehung zu anderen Objekten gleichzeitig betrachten muss. Erst dann erschließt sich der Zusammenhang vollständig.

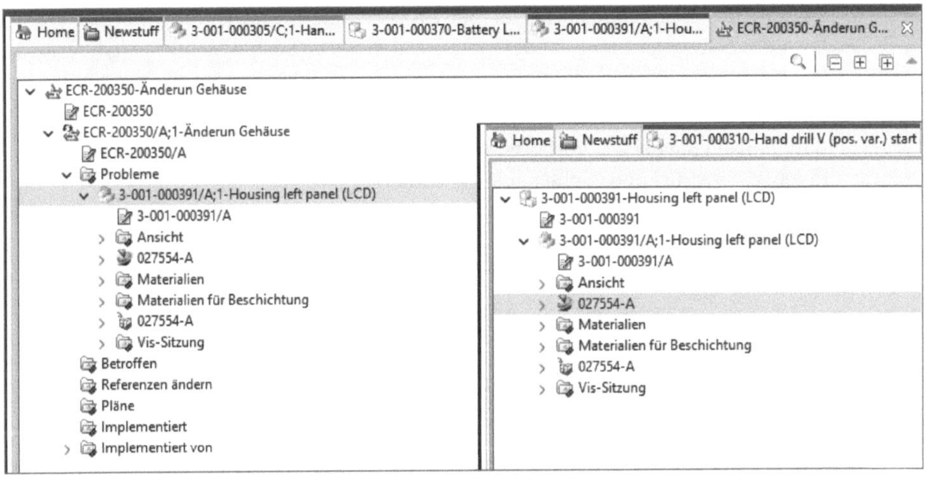

Bild 2.20 Pseudofolder des Änderungsobjekts und Pseudofolder `Ansicht/View` und andere

Kopieren

Prinzipiell können Sie in Teamcenter alle Objekte kopieren. Nur in wenigen Fällen wird das System das Kopieren sichtbarer Objekte verhindern. Es ist also egal, ob Sie ein Dataset, ein Formular, einen Ordner oder eine Item-Revision oder das Item selbst kopieren. Selektieren Sie alle Objekte, die Sie kopieren wollen und nutzen Sie *Bearbeiten > Kopieren.* Alle Objekte werden in der Teamcenter-eigenen Zwischenablage (Clipboard) aufbewahrt. Sie finden das Symbol für die Zwischenablage in der rechten unteren Ecke von **Mein Teamcenter** (Informationscenter, siehe Abschnitt 2.1). Hier sehen Sie auch die Anzahl der abgelegten Objekte. Üblicherweise wird der Inhalt sofort geleert, wenn ein weiteres Objekt kopiert oder ausgeschnitten wird.

Zwischenablage

Klicken Sie das Symbol für die Zwischenablage [4] an. Nun öffnet sich das zugehörige Dialogfenster (Bild 2.21). Das Fenster ist verschiebbar und lässt sich in der Größe anpassen. Alle kopierten oder ausgeschnittenen Objekte werden angezeigt. Über die Symbole am rechten Fensterrand können Sie einzelne Einträge wieder entfernen, das ganze Board leeren oder das/die selektieren Objekte direkt öffnen (beachten Sie die Bedeutung von „Öffnen" in Teamcenter). Für Personen, die die Konstruktionssoftware NX benutzen, besteht auch die Möglichkeit, CAD-Items oder Datasets direkt in NX zu öffnen (Kapitel 16, „CAx-Integrationen").

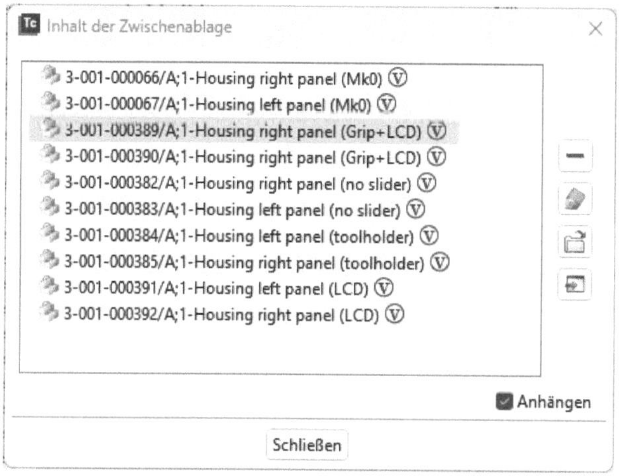

Bild 2.21 Zwischenablage mit Icons

Die aus unserer Sicht wichtigste Eigenschaft ist aber die Möglichkeit, die automatische Leerung zu deaktivieren (*Anhängen*). So können Sie in Ruhe durch die Baumstruktur oder beliebige Anwendungen von Teamcenter wechseln und dort die Daten auswählen (sammeln), bevor Sie alle zusammengestellten Objekte mit einem Mal einfügen. Vergessen Sie am Ende nicht den Haken bei *Anhängen* wieder zu deaktivieren.

Einfügen

Platzieren Sie den Cursor an die Stelle, an der das oder die Objekte der Zwischenablage eingefügt werden sollen und wählen Sie *Bearbeiten > Einfügen*. Teamcenter stellt nun je eine weitere Beziehung (Relation) zum gleichen Objekt an der gewählten Position her. Beachten Sie, dass das Referenzprinzip bedeutet, dass gerade kein weiteres Objekt erstellt wurde. Sie vermeiden also redundante Daten.

Beim *Einfügen* können Sie prinzipiell jedes beliebige Objekt selektieren. Teamcenter versucht die Relation hierzu herzustellen. Die IT kann aber sichergestellt haben, dass bestimmte Beziehungen nicht aufgebaut werden dürfen. Sie erhalten eine Fehlermeldung. Oft wird das Objekt dann im Ordner *Neue Daten* abgelegt (verlassen Sie sich aber nicht darauf). Kritischer ist es, wenn der Aufbau der Beziehung erlaubt wurde, aber dieser Typ nicht gleichzeitig auch zur Anzeige aktiviert wurde. Sie tappen dann sozusagen „im Dunklen". In diesem Fall sollten Sie die Ansicht *Auswirkungsanalyse* mit dem Referenznachweis nutzen, um das Objekt wiederzufinden. Eine *Rückgängig*-Funktion gibt es zum gegenwärtigen Zeitpunkt bei der Datenbankanwendung Teamcenter nicht.

Über das *Einfügen* können Objekte auf sehr gute Weise direkt mit den vorgesehenen Relationen untereinander verbunden werden. Hierzu ist die Anzeige von Pseudofoldern hilfreich. Über deren Selektion vor dem Einfügen legen Sie auch gleichzeitig die Art der Beziehung fest (Bild 2.22).

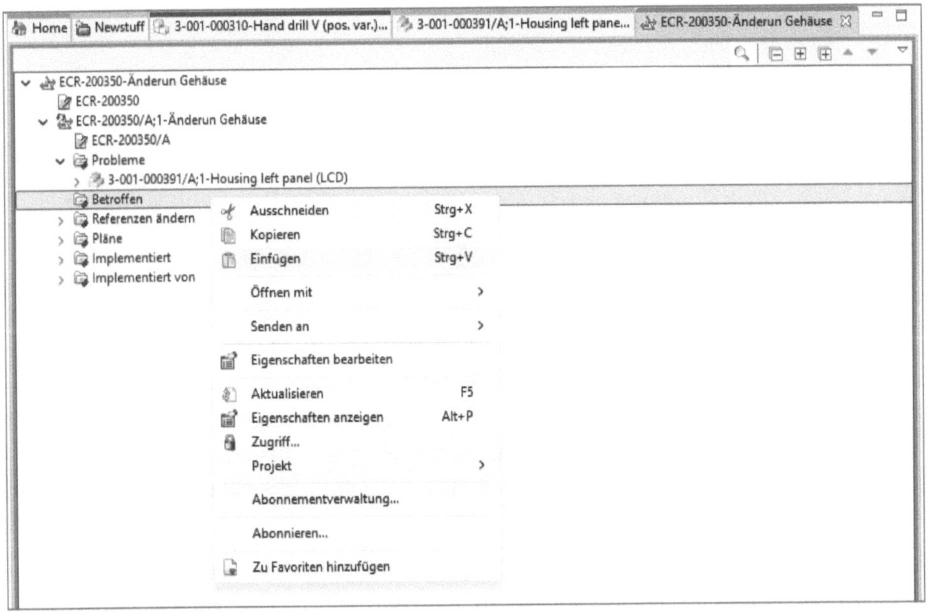

Bild 2.22 Selektion mit Kontextmenü

Inhalte einfügen

Deutlicher sieht man diese fortgeschrittene Möglichkeit beim Befehl *Kopieren > Inhalte einfügen* … Sofern beim gewählten Ziel die Möglichkeit vorgesehen ist, können Sie im Dialogfenster *Inhalte einfügen* … die Art der Relation festlegen. Anders als beim normalen *Einfügen*, bei dem Teamcenter dies anhand voreingestellter Informationen entscheidet, müssen Sie hier selbst wissen, was sinnvoll ist.

Teamcenter kennt immer für genau zwei Objekttypen die zulässigen Beziehungen und ob diese erstellt und gegebenenfalls wieder aufgehoben werden dürfen. Technisch kann sogar sichergestellt werden, dass zwar das Hinzufügen erlaubt wird, aber nie das Entfernen. Außerdem kann garantiert werden, dass nur eine gewisse Anzahl gleicher Objekte mit einer Relation erstellt wird. Beispielsweise darf meist nur ein 3D-Modell von NX je Revision enthalten sein (*UGMaster*). Zu guter Letzt kann verhindert werden, dass Objekttypen überhaupt mehrfach referenziert werden (für die Kopierregeln bei *Speichern unter ...* oder beim *Revisionieren ...* siehe Kapitel 12, „Geändert wird immer! Effektives Änderungswesen").

Ausschneiden

In Analogie zum Kopieren können Relationen zu Objekten über *Bearbeiten > Ausschneiden* beseitigt werden. Prinzipiell ist es möglich, auch die letzte Beziehung zu einem Objekt zu entfernen. Es geht trotzdem nichts verloren. In der Datenbank bleibt das Objekt erhalten und kann über Suchen wieder gefunden werden (Kapitel 11, „Das Finden ist entscheidend!"). Bis zum nächsten Kopieren oder Ausschneiden verbleibt es in der Zwischenablage. Sie können ausgeschnittene Objekte genauso sammeln und an der Stelle Ihrer Wahl wieder einfügen wie kopierte Objekte.

Wege zum Ausschneiden, Kopieren und Einfügen

Die Bedienung über die Menüpunkte wurde bereits vorgestellt. Alternativ können Sie die Symbolleiste (Icons) oder die aus Windows bekannten Kurzwahltasten *Strg + X*, *Strg + C* und *Strg + V* verwenden. Auch das Kontextmenü haben wir Ihnen bereits schmackhaft gemacht. Sie finden hier ebenfalls alle drei Befehle und können zum Einfügen, übrigens auch ohne erst mit der linken Taste zu klicken, den Befehl aus dem Kontextmenü aufrufen.

Drag and Drop

Die Funktion Drap and Drop kennen Sie aus Windows. In Teamcenter haben Sie die Möglichkeit, zu kopieren, d. h., Sie stellen per Drag and Drop weitere Referenzen auf das gewählte Objekt her. In Kapitel 9, „User Interface – Teamcenter als elektronischer Schreibtisch", erfahren Sie mehr dazu.

Prinzipiell haben Sie in vielen Systemen die Möglichkeit, Objekte mit der Maus an eine neue Position zu bewegen. Je nach Erfahrung und motorischen Fähigkeiten kann das zu Freude und hohen Geschwindigkeiten oder aber zu Frustration und verschwundenen Daten führen. In Teamcenter ist Drag and Drop ebenfalls implementiert. Sie können Objekte auch in der Baumdarstellung anfassen und an einer anderen Stelle wieder loslassen. Doch die Objekte hängen in vielen Fällen miteinander zusammen. Das Einfügen an eine Stelle bedeutet nicht nur, dass das Objekt nun dort zu finden ist, sondern dass damit auch eine neue Beziehung entstanden ist. Wie das Beziehungen so an sich haben, ist nicht jede glücklich gewählt. Wie kann man diese wieder lösen? In Teamcenter erlaubt es die IT manchmal überhaupt nicht mehr, oder aber die neue Beziehung wird einfach nur nicht angezeigt. Sie sollten also mit Drag and Drop sehr vorsichtig umgehen. Sie sollten auch die Besonderheiten kennen, z. B. können Sie eine *Konstruktion* oder einen *Zeitplan* auch von einem Ordner in einen anderen ziehen. Dabei entsteht aber immer eine Teamcenter-Kopie – also ein weiterer Bezug zum gleichen Objekt. In Windows wird das Objekt im Unterschied dazu nur verschoben.

Sie können sogar Objekte per Drag and Drop in die Datenbank importieren (Bild 2.23). Ziehen Sie dazu eine Datei aus dem Betriebssystem auf einen Ordner. Es öffnet sich ein Dialogfenster, in dem Sie `Dateinamen`, `Beschreibung`, `Dataset-Typ`, `Referenz/Relation` und das zu verwendetet Werkzeug wählen können. Vergleichen Sie diese Möglichkeiten mit der Erstellung der Datasets per Assistent/Wizard. Doch auch hier ist Vorsicht geboten. Sie sollten als Anwendende in diesem Fall mit den Dataset-Typen, den Referenztypen und der Bedeutung der Werkzeuge vertraut sein. Sie müssen diese gegebenenfalls für jedes Dataset (jede einzelne Datei) individuell anpassen.

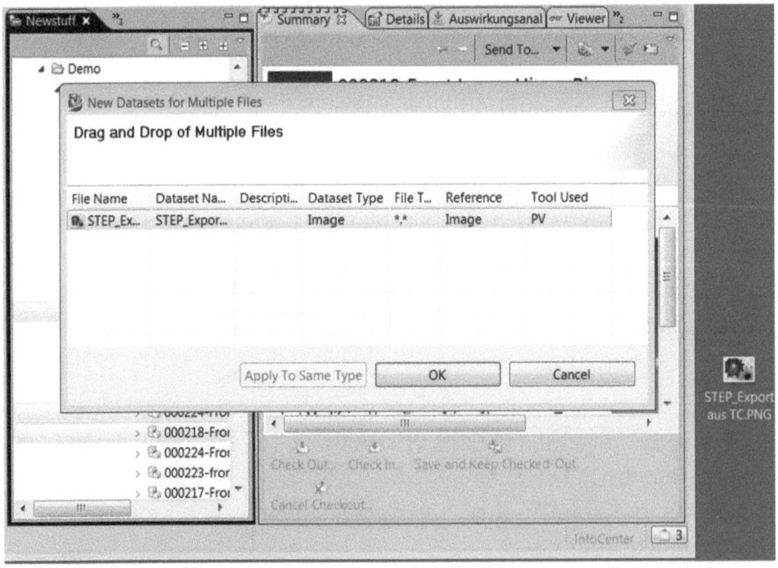

Bild 2.23 Objekte per Drag and Drop in Datenbank importieren

Beispiele für die Anwendung des Referenzprinzips

Beispiel: Verwendung des Briefumschlags

Teamcenter besitzt ein integriertes Mailsystem. Erhalten Sie über dieses einen Briefumschlag (Briefcase), sind auch dort die enthaltenen Objekte „nur" referenziert. Wollen Sie diese in Ihrem eigenen Arbeitsbereich strukturiert aufbewahren, müssen Sie einen Ordner anlegen und die empfangenen Objekte per Drag and Drop in diesen Ordner ziehen. Die Referenz zu den Objekten der Datenbank wird kopiert. Sie können deshalb, die entsprechende Berechtigung vorausgesetzt, die Mail löschen. Die in der Mail enthaltenen Objekte bleiben dann erhalten.

Beispiel: Workflow für freigegebene Objekte

Entwicklungsstände werden über Workflows freigegeben. In Ihrer *Arbeitsliste* unter *Auszuführende Aufgaben* (Inbox) finden Sie die an Sie übertragenen Aufgaben. Vor einer Freigabe sollten Sie die zu kontrollierenden Daten entsprechend den Vorgaben überprüfen. Sie selektieren dazu den entsprechenden Task und finden darunter die angehängten Objekte wie Revisionen und Datasets (z. B. Modelle, Zeichnungen und zugehörige Neutralfiles). Nach Ihrer Entscheidung steht der Task nicht mehr zur Verfügung. Häufig ist es deshalb sinnvoll, die angehängten Objekte, z. B. per Drag and Drop, in einen eigens dafür vorgesehenen Ordner zu kopieren. Achten Sie jedoch darauf, dass in den Revisionen meist auch die Datasets des Workflows enthalten sind. Diese brauchen Sie nicht doppelt abzulegen.

Beispiel: Änderungsmanagement

Im Änderungsmanagement werden Beziehungstypen wie *Betroffene Objekte* genutzt, um klar zu machen, welche Auswirkungen bei einer Änderung zu beachten sind. Haben Sie z. B. die bei einer Änderung eines Einzelteils betroffene Baugruppe über eine Suche oder einen Verwendungsnachweis identifiziert, kopieren Sie die gefundenen Baugruppenrevisionen per Drag and Drop in den Pseudofolder *Betroffene Objekte*.

2.4.4 Anlegen eines Items mit einer Item-Revision

Wir können nun mit weiteren Objekten fortfahren. Eigentlich dreht sich in Teamcenter alles um einen speziellen Objektaufbau – das Item oder Teil. In Abschnitt 2.4.2 hat sich gezeigt, dass wir oft den Wunsch haben, Zusammengehöriges in Gruppen zu strukturieren. In Teamcenter werden von Dingen, die in einem unmittelbaren Zusammenhang stehen, deshalb sogenannte Revisionen erstellt. Gehen wir einmal davon aus, dass wir für ein Angebot eine Berechnung durchführen möchten. Aus deren Ergebnis schreiben wir das Angebot. Wie das Angebot selbst soll auch der Rechenweg später revisionssicher erhalten bleiben. Die Kalkulation legen wir deshalb in ein Dataset des Typs `MSXLSX`. Das Textdokument liegen wir in ein Dataset des Typs `MSDOCX`. Von beiden wird eine Revision erstellt. Spätere Änderungen wollen wir in weiteren Revisionen dokumentieren. Als Klammer für all diese Revisionen dient das Item. Die IT hat für das vorliegende Beispiel meist einen speziellen Item-Typen definiert. Über *Datei > Neu > Neues Element* (*Strg + T*) können wir aus den bereitgestellten Geschäftsobjekttypen den passenden auswählen – in unserem Fall `Dokument`. Vergessen Sie nicht, vorher den Cursor an eine geeignete Stelle (z. B. Ordner) zu positionieren. Beachten Sie dabei, wie bei der vorangegangenen Erstellung von Ordnern, den ab Version 10 veränderten Dialog.

Welche Eigenschaften bzw. Attribute bei neuen Geschäftsobjekten abgefragt werden, hängt von der Definition der Typen durch die IT ab. Werden verschiedene Eigenschaften benötigt, sind häufig weitere Objekttypen definiert. So ist die lange Liste bei der Auswahl zu erklären. Der `Name`, eine eindeutige `ID` und eine zugehörige Revision (`Revision ID`) sind Pflicht. Wie immer ist der `Name` frei wählbar, die erlaubten Zeichen aber gegebenenfalls durch die IT eingeschränkt.

Besonders bei Items wird häufig auf eine unternehmensweit einheitliche Vergabe der Namen geachtet. Nutzen Sie deshalb gegebenenfalls die Anpassungs- und Programmiermöglichkeiten von Teamcenter, um hier Vorgaben umzusetzen. Beachten Sie auch die Fähigkeiten von Teamcenter hinsichtlich Mehrsprachigkeit.

Die `ID` sorgt für eineindeutige Objekte und wird grundsätzlich über einen häufig typspezifischen Nummerngenerator erzeugt. Nutzen Sie dazu die Schaltfläche *Zuweisen* (Hinweis für Version 11: Hier ist das Zuweisen nicht erforderlich. Wenn Sie auf *Weiter* gehen, wird die `ID` und die `Revision ID` automatisch zugewiesen). Über *Next* erreichen Sie den nächsten Schritt im Assistenten. Wir wollen uns an dieser Stelle zunächst nicht den hier enthaltenen Möglichkeiten und Bedienelementen widmen. Schließen Sie den Erstellungsprozess deshalb über *Finish* ab. Im Folgenden beschreiben wir die Eingabe von Attributen. Beachten Sie an dieser Stelle, dass in Ihrer konkreten Systemumgebung eventuell Pflichtfelder vorhanden sein können (gekennzeichnet durch einen kleinen roten Stern vor dem Feld). Ohne einen Wert in diesen Pflichtfeldern können Sie den Wizard nicht beenden (Bild 2.24). Ergebnis ist die Baumdarstellung in Bild 2.25.

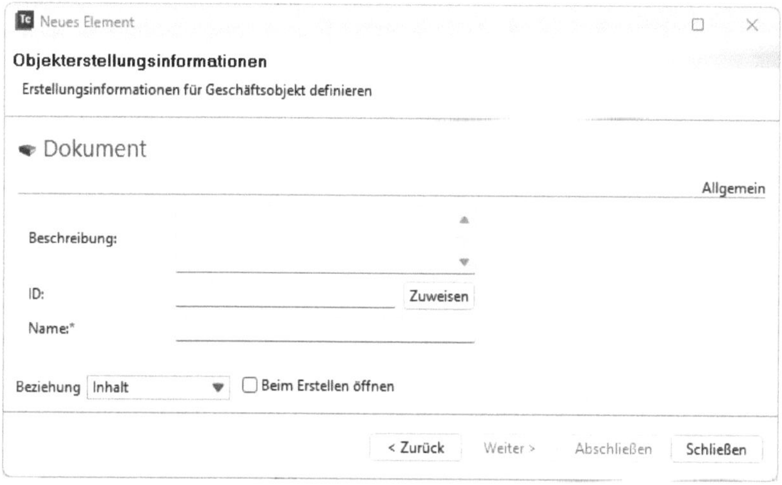

Bild 2.24 Wizard zur Erstellung mit Pflichtfeld „Name"

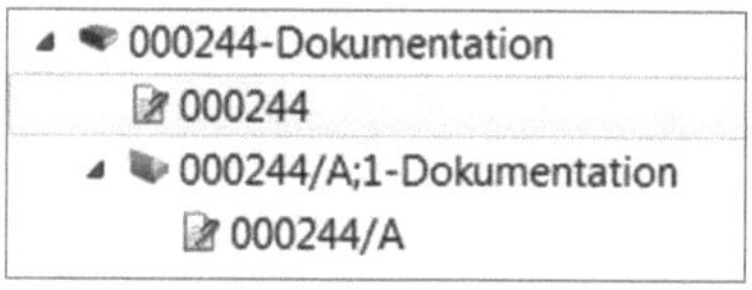

Bild 2.25
Ein Item des Typs `Dokument` ist geöffnet.

> Beachten Sie, dass jede Item-Revision immer ein übergeordnetes Item benötigt. Ein Item braucht mindestens eine Revision (für das Löschen von Revisionen siehe Abschnitt 2.8). Allerdings können Sie jede Revision kopieren und damit eine weitere Referenz zu dieser anlegen.

Wie bereits bei den Ordnern vorgestellt, können Sie jedes Item oder jede Revision an **Mein Teamcenter** senden. In beiden Fällen wird das Item geöffnet und die Darstellung in zwei Bereiche aufgeteilt (Bild 2.26).

Im oberen Bereich finden Sie wie bisher alle Informationen zum Item und zu den eingeblendeten untergeordneten Objekten (Bild 2.26). Im unteren Bereich wird Ihnen üblicherweise nur die letzte Revision mit deren Objekten dargestellt. Die Revision können Sie auch durch die Schaltfläche *Änderungsstandauswahl* in der oberen rechten Ecke ändern. Selektieren Sie eine Änderungsstandregel und wählen Sie gegebenenfalls aus den drei Schaltflächen rechts aus, ob Sie in der darunter stehenden Auswahlliste nur Revisionen mit dem Status , die sich in einem Workflow befinden oder die in Arbeit sind, anzeigen wollen (Kapitel 8, „Workflows – definierte und nachvollziehbare Arbeitsabläufe"). Selektieren Sie die gewünschte Revision und bestätigen Sie mit *OK*. Das untere Fenster zeigt nun genau diese Revision an.

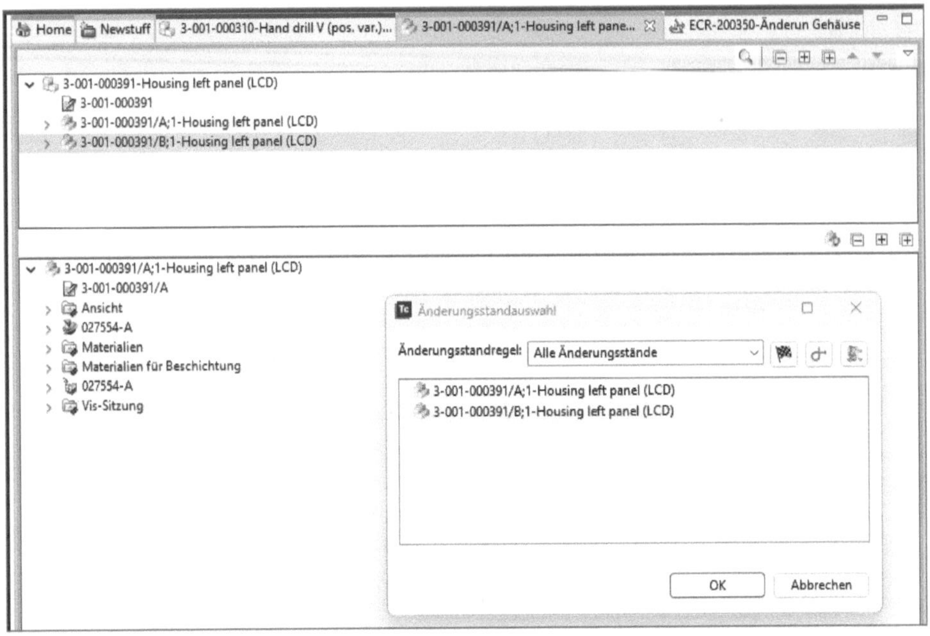

Bild 2.26 Geöffnetes Item in **Mein Teamcenter**

Reduzierung der Informationsmenge für spezielle Item-Typen

Im Laufe des Lebenszyklus eines Bauteils können viele Revisionen erforderlich werden. Um die Übersichtlichkeit zu erhöhen, haben Sie auch in der normalen Baumdarstellung die Möglichkeit, die Anzahl der angezeigten Revisionen zu beeinflussen. Die Vorgehensweise beschreiben wir im Folgenden.

Wählen Sie *Bearbeiten > Optionen* und im Abschnitt *Allgemein* den Eintrag *Element*. Unter dem Reiter *Anzeigen* können Sie sich für die verschiedenen Item-Typen entweder alle Änderungsstände oder nur die entsprechend Ihren Angaben in der Tabelle anzeigen lassen. Wählen Sie nun den Eintrag *Nur anzeigbare Änderungsstände anzeigen*. Anschließend fügen Sie über das Plus-Zeichen + mindestens eine Regel hinzu. In die Zellen gelangen Sie per Doppelklick.

In Arbeit: Wie bereits besprochen, gehören hierzu alle Objekte, die keinen Status haben.

In Verarbeitung: Hier werden nur Revisionen angezeigt, die sich in einem Prozess bzw. Workflow befinden.

Freigabestatus: Hierzu gehören nur Revisionen, die bereits einen Status zugewiesen bekommen haben (Kapitel 8, „Workflows – definierte und nachvollziehbare Arbeitsabläufe"). Wählen Sie dann die Bedingung und den `Status` (einschließlich beliebiger

Status) aus. In der Spalte Grenzwert tragen Sie ein, wie viele Revisionen maximal angezeigt werden sollen.

Konfiguriert durch: Hier definieren Sie, mit welcher Änderungsstandregel nach den Revisionen gesucht werden soll (Kapitel 5, „Struktur-Management – Stücklisten und deren Verwendung").

Wenn Sie die genannten Änderungen vornehmen, wird unabhängig von Status usw. genau eine Revision angezeigt (siehe Änderungsstandregel „Latest Working" in Bild 2.27).

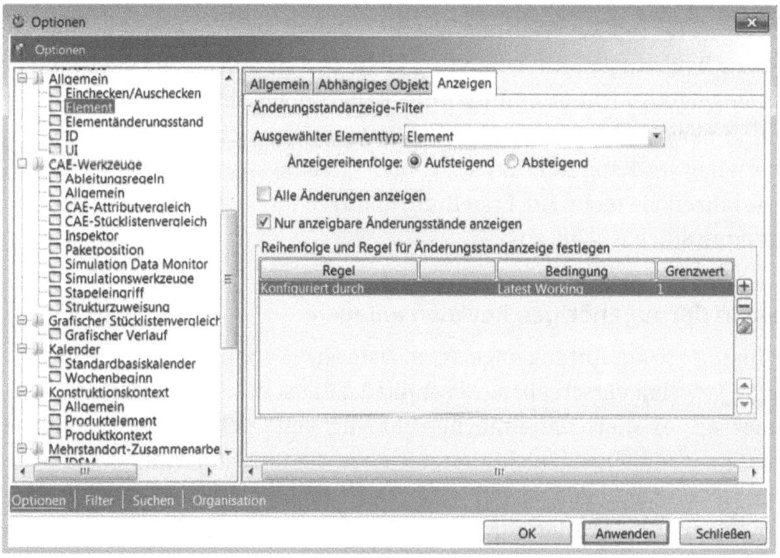

Bild 2.27 Einstellung der Anzeigeoptionen für Revisionen

Über den Eintrag *Mehr…* gelangen Sie weiterhin an alle Revisionen (Bild 2.28).

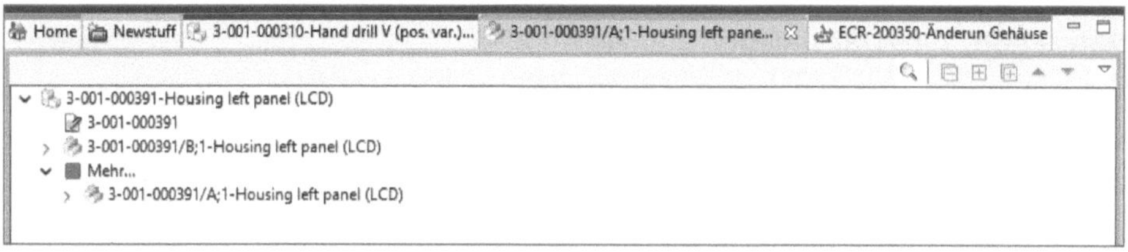

Bild 2.28 Weitere Revisionen über *Mehr…* erreichbar

Globale Alternative

In einigen Fällen ist bekannt, dass anstelle eines Teils auch immer ein anderes verwendet werden darf. In Teamcenter haben Sie die Möglichkeit, eine Globale Alternative zu definieren. Selektieren Sie dazu das Item und rufen Sie anschließend den Menüpunkt *Werkzeuge > Globale Alternative verwalten* auf. Sie erhalten eine, zunächst leere, Liste und gelangen über die Schaltfläche *Hinzufügen* auf ein kleines Suchfenster (Kapitel 11, „Das Finden ist entscheidend!"). Geben Sie dort `Name` bzw. `ID` unter Verwendung von Platzhaltern/Jokern ein. Aus den gefunden Objekten wählen Sie per Doppelklick das gewünschte aus. In **Mein Teamcenter** erhalten Sie am Item das Symbol für das Vorhandensein mindestens einer globalen Alternative. Änderungen an den Zuweisungen führen Sie über den gleichen Befehl aus. Sie können Einträge entfernen oder zur bevorzugten Alternative machen. In diesem Fall wird der Eintrag mit einem Haken gekennzeichnet und dann in Baugruppen bevorzugt. Die globale Alternative gilt immer für das ganze Item/Teil. Teile dürfen sich auch wechselseitig aufeinander beziehen. In Kapitel 5, „Struktur-Management – Stücklisten und deren Verwendung", erfahren Sie mehr zur Erstellung und Nutzung von globalen Alternativen aus der Struktur/Stückliste heraus.

Datasets direkt in der zugehörigen Revision anlegen

Wir könnten nun unsere am Anfang angelegten Datasets (Kalkulation und Textdokument) in die neue Revision verschieben (Abschnitt 2.4.3). Ist das Item mit seiner Revision bereits angelegt, existiert die einfachere Möglichkeit, gleich an der richtigen Stelle neue Datasets zu erstellen. Selektieren Sie dazu die Revision, wählen Sie dann *Datei > Neu > Dataset* und erstellen Sie ein weiteres Textdokument. Betrachten Sie das Ergebnis in der Baumstruktur. Hier wird noch einmal sehr deutlich, wie wichtig die Positionierung des Cursors vor der Erstellung von neuen Objekten ist.

Auf die gleiche Art und Weise können Sie unter anderem das gewöhnliche Item erstellen. Auch hier werden Sie per Assistent (Wizard) durch den Erstellungsprozess geführt.

Dataset des Typs URL anlegen und verwenden

Anhand des Objekttyps `URL` (steht für *Uniform Resource Locator*, z. B. eine Internetadresse) möchten wir Ihnen noch ein paar Möglichkeiten von Objekten in Teamcenter vorstellen. Positionieren Sie den Cursor und wählen Sie *Datei > Neu > URL*. Im Dialog geben Sie den `Namen`, einen `Kommentar` und natürlich eine Internet-Adresse (z. B. Seiten der Herstellenden von Teamcenter: *www.siemens.com/plm*) ein. Selektieren Sie nach Abschluss der Erstellung diese URL und wählen Sie rechts die Ansicht *Übersicht*. Beachten Sie im Kopf der Darstellung den `Namen`, die `Beschreibung` und den `Typ` des Objekts. Per Doppelklick öffnet sich der Browser und darin die angegebene Adresse. Sie haben aber auch die Möglichkeit, diese Adresse über die Ansicht *Viewer* direkt in

Teamcenter anzuzeigen. Über diesen Objekttyp können Sie sich z. B. eine ganze Link-Bibliothek in einem eigenen Ordner erstellen. Immer wenn dieser Link hilfreich für das Verständnis eines Objekts ist, kopieren Sie sich diesen z. B. in die zugehörige Revision. Sie kopieren damit lediglich die Referenz an beliebig viele Stellen. Sollten einmal Änderungen an der Adresse erforderlich sein, brauchen Sie dies nur über das Kontextmenü und den Menüpunkt *Ändern* vornehmen. Alle Stellen, an denen das Objekt referenziert wird, werden damit ebenfalls angepasst. Soll eine Änderung in Zukunft verhindert werden, kann die IT einen Workflow mit der entsprechenden Statusvergabe definieren. So lassen sich beliebige Objekte revisionssicher einfrieren.

2.4.5 Weitere Objekttypen in Teamcenter (Beispiele)

In Teamcenter sind viele eventuell benötigte Objekttypen bereits vordefiniert und müssen bei Benutzung gegebenenfalls präziser definiert und angepasst werden. Es folgt ein kurzer Überblick der aus unserer Sicht wichtigsten Objekte.

Weitere Elemente (Items)

Wir haben Ihnen bislang die Objekttypen `Dokument` und `Item` vorgestellt. Die Liste der Item-Typen ist aber wesentlich länger. Im Laufe des Buches werden wir noch auf folgende Typen eingehen: `Teil (Artikel)`, `Konstruktion`, `Ressource` (Fertigung) und `Briefumschlag` (interne E-Mail). Die gleichen Funktionalitäten werden aber auch in Anwendungen, die in diesem Buch nicht beschrieben werden, verwendet. So nutzt z. B. das Anforderungsmanagement die Typen `Anforderung`, `Anforderungsspezifikation` und `Absatz`, um strukturierte Office-Dokumente mit Teamcenter zu erstellen und zu verwalten.

Formular

Attribute/Eigenschaften werden in Teamcenter mithilfe von Formularen angezeigt und können darüber verändert werden. Diese Funktionalität beschreiben wir in Abschnitt 2.4.7. Beachten Sie, dass alle Objekte in Teamcenter Eigenschaften tragen können. In vielen Fällen ist ein Objekt des Typs `Formular` also nicht extra erforderlich.

Workflow-Prozess

Objekte können über sogenannte Workflows in Prozessen abgearbeitet werden. Wir beschreiben die genaue Vorgehensweise und die darin enthaltenen Möglichkeiten in Kapitel 8, „Workflows – definierte und nachvollziehbare Arbeitsabläufe“.

Änderung

In Teamcenter kann ein Änderungsmanagement integriert werden. Eigentlich gehört diese Möglichkeit zur Stufe 2 der vorgeschlagenen Ausbaustufen (**Extend** (Erweitern), siehe Abschnitt 1.7). Allerdings sind grundsätzliche Funktionen z. B. in den Basisfunktionalitäten von Teamcenter Rapid Start enthalten.

Briefumschlag

Briefumschläge entstehen beim Nutzen des internen Mailsystems von Teamcenter. Dieses werden wir Ihnen in Kapitel 4, „Datensicherheit für alle“, nahebringen.

Teil (Artikel)

Abgeleitet aus Item (siehe Abschnitt 2.4.6)

Konstruktion

Abgeleitet aus Item (siehe Abschnitt 2.4.6)

CAE-Elemente

CAE-Analyse, CAE-Modell, CAE-Geometrie, CAE-Result, Strukturzuweisung (siehe Abschnitt 16.5)

CAM-Elemente

Nicht als eigenständiger Menü-Punkt, sondern in Item mit enthalten: MEEquipment, MENCMaschine, MENCTool, Ressource (siehe Abschnitt 16.4)

Zeitplan und Programmansicht

In diesem Buch stellen wir Ihnen auch die Möglichkeiten zur Nutzung von Teamcenter für das Zeitplanmanagement vor. Sie finden diese in Kapitel 13, „Schedule Manager – Zeitpläne in der Produktentstehung“.

2.4.6 Artikel und zugehörige Konstruktionen

Weitgehend unbekannt ist die Möglichkeit, mit Teamcenter das Management von Artikeln und den ihnen zugrundeliegenden Konstruktionselementen zu betreiben. In vielen Fällen ist die Verwaltung der Artikel Aufgabe von ERP-Systemen (siehe Kapitel 1, „Einführung“), da man meist entsprechende Beziehungen über Schnittstellen und den Abgleich der Daten realisiert. Mit Bordmitteln ist jedoch auch Teamcenter in der Lage, diese Daten direkt selbst zu verwalten.

Beispielsweise haben wir für ein zu fertigendes Teil eine Geometrie definiert. Das Teil soll aber in zwei verschiedenen Farbausprägungen angeboten werden.

Beispiel: Artikel in verschiedenen Farben oder zusammengesetzt aus verschiedenen Werkstoffen

Das Teil existiert in mehreren Farbvarianten und deshalb gibt es mehrere Items des Typs *Teil* mit verschiedenen *IDs* (z. B. Artikelnummern). Beide nutzen aber das gleiche Geometriemodell und gegebenenfalls die zugehörige Zeichnung als Item des Typs *Konstruktion*.

Beispiel: Ein Artikel mit zwei geometrischen Ausprägungen

Es gibt nur ein verkaufbares Teil (Artikel). In Teamcenter werden aber zwei Modelle vorgehalten, beispielsweise eines mit der exakten Konstruktion (Typ *Konstruktion*) und eines mit einem vereinfachten Modell (ebenfalls Typ *Konstruktion*), z. B. zur Verwendung durch die Kundschaft. Hier kann die Funktionalität der primären Repräsentation genutzt werden.

In diesen Fällen nutzen Sie die Möglichkeit, verschiedene Item-Typen für das Modell sowie das Teil zu verwenden und die Beziehungen zwischen Modell und Teil in Teamcenter zu hinterlegen (Bild 2.29).

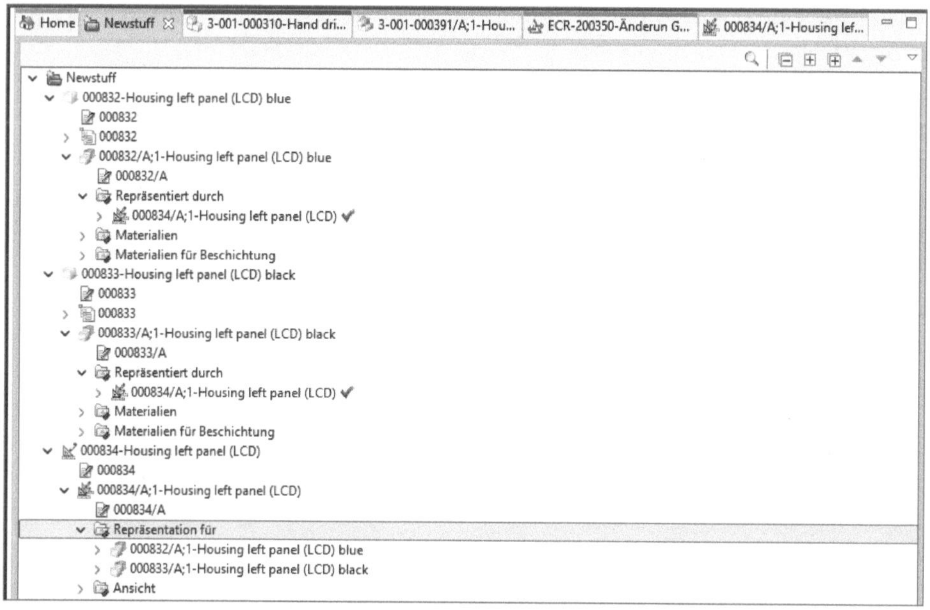

Bild 2.29 Beziehungen zwischen Artikel und Konstruktion

Beginnen wir mit dem Verkaufsteil/Artikel.

Datei > Neu > Teil ... ruft einen Assistenten für die Erstellung und die Eingabe der Attribute usw. auf. Auch hier hat Ihre IT eventuell verschiedene Typen definiert. Wählen Sie *Teil* aus und klicken dann weiter. Über die Zuweisung einer `ID`, eines `Änderungsstands` und eines `Namens` haben wir bereits beim Item gesprochen. `Beschreibung` und `Maßeinheit` sind optional bzw. richten sich nach den Vorgaben in Ihrem Unternehmen. Auch die Eingaben in den folgenden Formularen richten sich nach der Definition Ihres PLM-Systems und sind vom gewählten Typ abhängig (siehe Abschnitt 2.4.5). Ergebnis ist wieder ein Item mit der zugehörigen Revision. Beachten Sie den Pseudofolder *Repräsentiert durch*.

Nun folgt die Konstruktion.

Selektieren Sie einen geeigneten Ordner, um den nächsten Schritt vorzubereiten. Wählen Sie *Datei > Neu > Konstruktion ...*, wählen Sie dann den Typ *Konstruktion* und folgen Sie, wie bereits bekannt, den Schritten des Assistenten. Beachten Sie nach Abschluss der Erstellung die zusätzliche Relation *Repräsentation für*, die in Form eines Pseudofolders angezeigt wird.

Die beiden zusammengehörigen Revisionen können nun eine Beziehung eingehen. Wählen Sie dazu die Revision A der eben erstellten Konstruktion. Kopieren Sie diese, selektieren dann im vorangehend erstellten Teil den Pseudofolder *Repräsentiert durch* in der Revision A und fügen das kopierte Objekt dort ein (siehe Abschnitt 2.4.3). Beachten Sie sowohl diesen Pseudofolder als auch den in der Revision der Konstruktion. Zwischen beiden Objekten existiert nun eine Relation bzw. genauer gesagt existieren mehrere Relationen.

Sie können auf gleiche Weise eine weitere Konstruktion erzeugen und deren Revision A ebenfalls mit dem Teil verknüpfen. Beachten Sie, dass nur genau ein Objekt, nämlich das zuerst verknüpfte, einen Haken erhält. Das bedeutet, dieses Objekt stellt die *primäre Repräsentation* dar. Diese Art, übrigens ebenfalls eine Relation, ist wichtig, wenn es um die Anzeige der zugehörigen 3D-Daten (JT) (Kapitel 6, „Viewer und Lifecycle Viewer – ein Bild sagt mehr als Attribute“) geht.

Alternativ oder zusätzlich können Sie die Konstruktionsrevision auch mit weiteren Artikeln verknüpfen. Diese kann dort auch wieder die primäre Repräsentation werden. Eine Änderung der primären Repräsentation ist über den Menüpunkt *Werkzeuge > Teilekonstruktion > Primäre Repräsentation festlegen* oder *zurücksetzen* möglich. Gegebenenfalls finden Sie dies auch im Kontextmenü. Dass diese Beziehungen auch für die Anzeige der dreidimensionalen Daten verwendet werden können, stellen wir Ihnen in Kapitel 6, „Viewer und Lifecycle Viewer – ein Bild sagt mehr als Attribute“, noch ausführlicher vor (siehe Bild 6.5 und Bild 6.6).

Beachten Sie, dass die Methode, zunächst in Teamcenter ein Item zu erstellen und erst später mit der eigentlichen Modellierung zu beginnen, von einigen CAD-Systemen, so z. B. von NX, unterstützt wird. So lässt sich gut der methodische Ansatz „Top-down-Modellierung" umsetzen.

2.4.7 Von Formularen getragene Merkmale/Eigenschaften/ Attribute

Wir hatten bereits ausgeführt, dass Objekte und Beziehungen von Merkmalen näher beschrieben werden können. Eine bisher viel genutzte Möglichkeit, diese übersichtlich eingeben zu lassen und später wieder anzuzeigen, sind Formulare. Diese können in Teamcenter als eigenständige Objekte behandelt werden. Es ist möglich, beliebige Formulare zu definieren und dann z. B. mit Revisionen oder Items zu verknüpfen. Im Folgenden soll es ausschließlich um diese Formulare gehen. Viele Erläuterungen können Sie aber auch auf andere Stellen, bei denen Merkmale geändert werden, übertragen.

Alle Eigenschaften von Objekten werden in der Datenbank abgelegt. Im Normalfall sind diese deshalb vordefiniert und besitzen immer einen speziellen Typ. Dabei geht es darum, klar festzulegen, welche Art von Wert Teamcenter erwartet: `Text`, `Datum`, `numerische Werte`, `Wahr/Falsch` usw. Daneben gibt es typische Auswahlfelder, die in Teamcenter mit möglichen Werten vorbelegt werden (`LOV`, List of Values). Zusätzlich gibt es an verschiedenen Stellen die Möglichkeit, auf vorhandene Objekte in Teamcenter zuzugreifen.

Formulare werden entweder im Rahmen der Wizards angelegt und die Werte werden von Ihnen abgefragt, oder Sie ergänzen Objekte mit Formularen und den darin angeforderten Merkmalen wie im Folgenden beschrieben.

Platzieren Sie für die Erstellung von Formularen den Cursor auf einer Item-Revision (oder einem Item). Über *Datei > Neu > Formular ...* (*Strg + M*) gelangen Sie zum bekannten Dialog. Diesmal haben Sie die möglichen Formulare zur Auswahl. Welche Erstellung erlaubt ist, hängt vom gewählten Objekttyp und den Reglungen in Ihrem Unternehmen ab. Bevor Sie ein Formular nutzen, beachten Sie bitte, dass in Teamcenter auch grundsätzlich definiert werden kann, dass Objekte zwar angelegt (referenziert) werden können, die Referenz aber nie wieder entfernt werden darf. Dadurch können eventuelle Fehlbedienungen nicht so leicht rückgängig gemacht werden.

Feldtypen

Wie andere Datenbanksysteme unterscheidet auch Teamcenter zwischen verschiedenen Datentypen. Als Anwendende müssen Sie häufig beachten, ob in ein Feld (Attribut/Eigenschaft) ein `numerischer Wert`, ein `Text`, ein `Datum` oder ein `logischer`

Wert eingegeben werden darf. Bei allen Eingaben prüft Teamcenter die Eingabe entweder direkt oder spätestens beim Speichern auf Zulässigkeit. Wir wollen hier vorrangig auf das User Interface eingehen. Was können Sie aus der Darstellung der Eingabefelder entnehmen?

Grundsätzlich gibt es bei der Nutzung von Teamcenter nur wenige Pflichtfelder für das Anlegen eines Objekts. Die Vollständigkeit der Eingaben wird sinnvollerweise bei (oder vor) dem Starten eines Workflows geprüft (z. B. einer Freigabe, siehe Kapitel 8, „Workflows – definierte und nachvollziehbare Arbeitsabläufe"). Dieser Ansatz erlaubt es, im Laufe der Zeit bessere Informationen zu sammeln und erst später über die Fertigstellung zu entscheiden (siehe Kapitel 1, „Einführung"). Falls die Eingabe eines Wertes zwingend erforderlich ist, erkennen Sie dies üblicherweise an einem kleinen roten Stern vor dem Feld.

Einzeilige Textfelder

Die Größe der einzeiligen Textfelder hat Ihre IT definiert (Bild 2.30). Prinzipiell ist es möglich, dass mehr Zeichen eingegeben werden dürfen als in diesem Textfeld gleichzeitig angezeigt werden können. Besser ist es natürlich, wenn die angezeigten Zeichen mit dem zur Verfügung stehenden Platz übereinstimmen. Die maximal zulässige Länge und die erlaubten Zeichen können für jedes einzeilige Textfeld definiert werden. Außerdem ist es möglich, dass derartige Felder auf numerische Eingaben (für die IT: Integer, Double) beschränkt sind. Unter Umständen wurde für diese dann auch ein zulässiger Wertebereich definiert. Verlassen Sie diesen Wertebereich mit Ihrer Eingabe, erhalten Sie eine entsprechende Fehlermeldung.

Bild 2.30 Einzeiliges Textfeld im Formular

Mehrzeilige Textfelder

Immer dann, wenn mehr Text erforderlich ist, bietet sich ein mehrzeiliges Textfeld an (Bild 2.31). Hier können Sie fortlaufenden Text eingeben. Dieser bricht, wie in einer Textverarbeitung, am Ende der Zeile automatisch um. Ihre IT kümmert sich darum, dass das Feld in einer übersichtlichen Größe angezeigt wird. Für strukturierte Listen gibt es bessere Eingabemöglichkeiten, die im Folgenden erläutert werden.

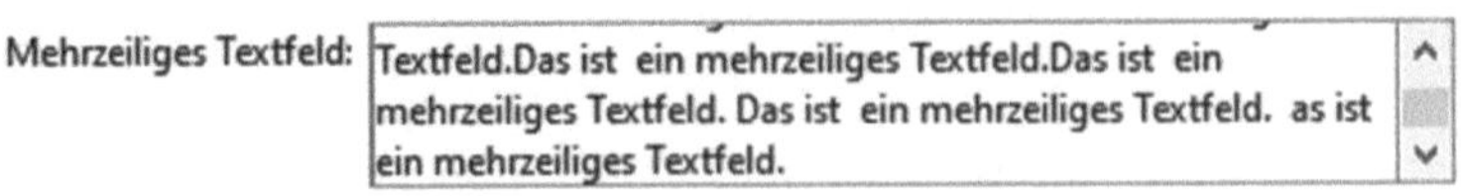

Bild 2.31 Mehrzeiliges Textfeld im Formular

Checkboxen und Optionsfelder (Boolean)

Immer dann, wenn Wahr/Falsch-Entscheidungen zu treffen sind, bieten sich Checkboxen oder Optionsfelder mit der der Wahl zwischen *„Wahr"* und *„Falsch"* an (Bild 2.32). In einigen Fällen wird der Wahrheitswert in Formularen dann nur als *y* (für „yes", „ja", „wahr") angezeigt (beispielsweise bei der Anzeige, ob ein Objekt reserviert ist).

Bild 2.32 Optionsfeld im Formular

Datum und Uhrzeit

Immer dann, wenn ein Datum erwartet wird, haben Sie die Möglichkeit, dieses über einen Kalender auszuwählen (Bild 2.33). Hier hat sich die Funktionalität mit Version 11 geändert. Datum und Uhrzeit können ab Version 11 getrennt voneinander ausgewählt werden. Neben der Auswahl über Kalender oder Uhrzeit (als List of Values oder durch Pfeile nach oben/unten) können Sie die Werte auch direkt eingeben. Dann müssen Sie allerdings auf die genaue Syntax achten.

Bild 2.33 Felder für die Eingabe von Datum und Uhrzeit

Auswahllisten (List of Values, LOV)

Dieses Eingabefeld werden Sie immer dann vorfinden, wenn bereits Vorgabewerte definiert wurden (Bild 2.34). Prinzipiell haben Sie hier auch die Möglichkeit, mithilfe der *Strg*-Taste mehrere Werte auszuwählen oder eigene Eingaben vorzunehmen. Ihre IT entscheidet, ob diese Möglichkeiten für die konkrete Eigenschaft genutzt werden darf oder nicht.

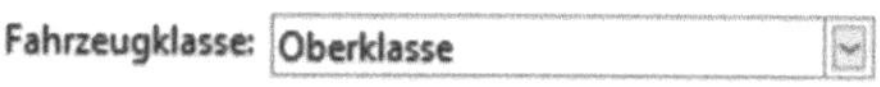

Bild 2.34 Auswahlliste in Formular

Kaskadenförmige bzw. ineinandergreifende Auswahllisten

In einigen Fällen sind Werte als Baum strukturiert bzw. die Eingabe in Feldern hängt vom Wert eines anderen Attributs ab. In beiden Fällen wählen Sie in Teamcenter den Wert aus einer Baumdarstellung aus. Bei kaskadenförmigen LOVs bekommen Sie nur den gewählten Wert der Kaskade angezeigt. Bei ineinandergreifenden LOVs werden gleichzeitig alle Attribute in die entsprechenden Eigenschaften übernommen (Bild 2.35).

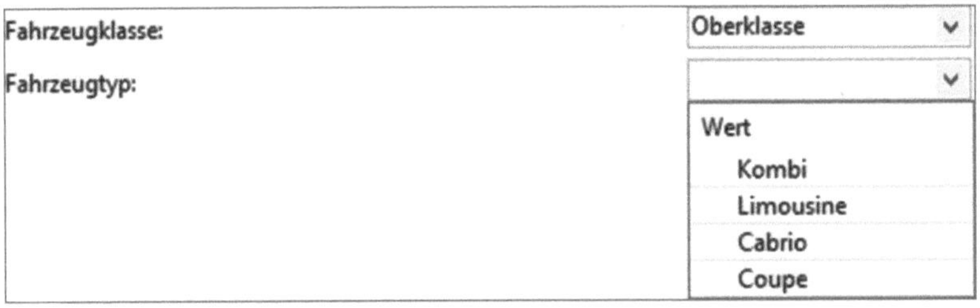

Bild 2.35 Ineinandergreifende Auswahlliste im Formular

Wertefelder

Die meisten Möglichkeiten haben Sie bei Wertefeldern. Meist müssen sie diese über den Stift aktivieren. Anschließend geben Sie Werte in der unteren Eingabezeile ein und bestätigen die Übernahme über das Plus-Zeichen. Auf diese Weise stellen Sie sich die komplette Werteliste zusammen. Bei Bedarf können Sie über die beiden Pfeile eine Änderung der Reihenfolge vornehmen. Nicht mehr benötigte Werte entfernen Sie mit dem Minus-Zeichen. Über das Schloss fügen Sie Objekte aus der Zwischenablage ein (sofern das hier gestattet ist, z. B. bei Ordnern) oder ersetzen den oben ausgewählten Wert durch die neue Eingabe.

Es gibt auch Anwendungsfälle, bei denen die Sortierung der Werte sinnvoll einzusetzen ist. So können Sie z. B. den Inhalt eines Ordners über dieses Feld neu sortieren lassen (Bild 2.36 und Bild 2.37).

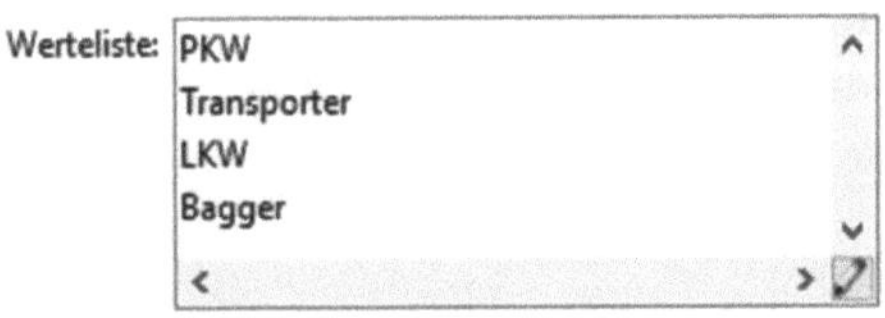

Bild 2.36
Wertefelder im Formular (nicht aktiviert)

Bild 2.37
Ausgecheckter Ordner mit Objekten in der Zwischenablage

2.5 Reservieren und Freigeben (Aus- und Einchecken)

Mit Teamcenter arbeiten Sie netzwerkweit und gegebenenfalls weltweit an identischen Daten. Anwendende aus der gesamten Organisation haben entsprechend der definierten Gruppen, Rollen und Projekte und den ermittelten Zugriffsrechten die Möglichkeit, Daten zu manipulieren. Im Sinne einer parallelen Arbeit an den gleichen Daten (Concurrent Engineering) und der damit verbundenen Verkürzung der Entwicklungszeiten für neue Produkte ist dies ein durchaus gewünschter Effekt (siehe auch Kapitel 1, „Einführung").

Auschecken

Um die versehentliche Änderung durch zwei verschiedene Nutzende zu verhindern, ist in Teamcenter eine Möglichkeit zur Reservierung und Freigabe von Daten enthalten. Egal welches Objekt Sie wählen – über *Werkzeuge > Einchecken/Auschecken > Auschecken ...* haben Sie die Möglichkeit, das oder die gewählten Objekte für sich zu reservieren. Änderungen, die genau dieses Objekt betreffen, sind ab diesem Zeitpunkt nur noch für Sie möglich (Bild 2.38).

Während des Dialogs können Sie eine `Änderungs-ID` und einen Grund für die Änderung im Feld `Kommentare` eingeben. Alle Vorgänge werden von Teamcenter mitgeschrieben und können später über verschiedene Werkzeuge nachvollzogen oder dokumentiert werden (Report, Prozessverlauf, Änderungsbericht). Über den Eintrag *Mehr ...* können Sie sich die gewählten Objekte im Dialog anzeigen lassen. Über die Weltkugel ist es möglich, verknüpfte Elemente ebenfalls auszuwählen. Prinzipiell können Sie die Anzeige dieses Bestätigungsfelds unterdrücken, wenn Sie dies wirklich nie benötigen werden.

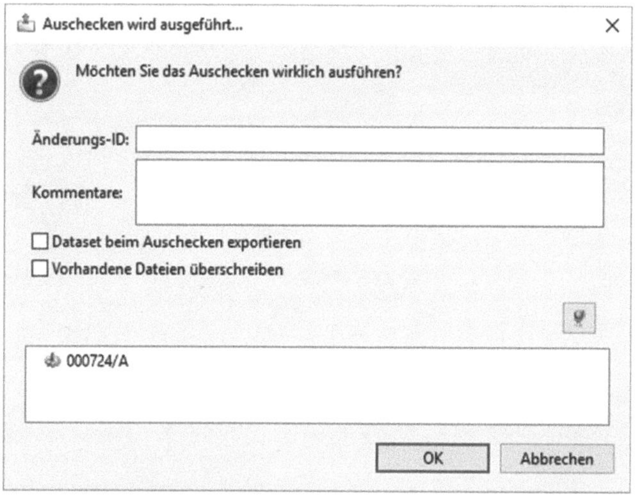

Bild 2.38 Dialog Auschecken

Eine weitere Funktion musste bei früheren Teamcenter-Versionen noch explizit in den Optionen voreingestellt werden. Über *Dataset beim Auschecken exportieren* legen Sie fest, dass die Dateien des Datasets an einem vordefinierten Ort und nicht nur temporär exportiert werden. Zusätzlich können Sie entscheiden, ob dabei gegebenenfalls bereits vorhandene Dateien überschrieben werden sollen. Sollten Sie diese Exportieren-Funktion nutzen, dann beachten Sie bitte, dass keinesfalls eine der so reservierten Dateien manuell gelöscht werden darf. Sonst verlieren Sie die Möglichkeit, die Daten wieder einzuchecken, bis dort die passende Datei wiedergefunden wird.

Das Verhalten kann auch über *Bearbeiten > Optionen* im Abschnitt *Allgemein > Einchecken/Auschecken* vordefiniert werden (Bild 2.39).

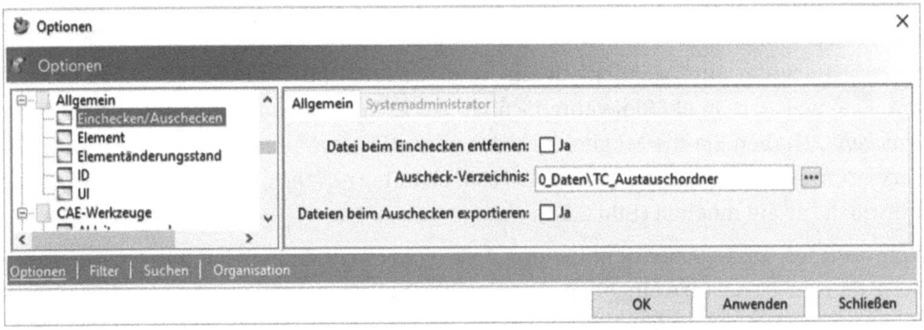

Bild 2.39 Festlegung des Verhaltens beim Ein- und Auschecken

Mit *OK* bestätigen Sie Ihren Wunsch, diese Daten zu reservieren. Eventuell erscheint kurzzeitig ein Vorgangs- oder Prozessfenster, in dem der Ablauf, z. B. bei vielen Objekten, dargestellt wird (Bild 2.40).

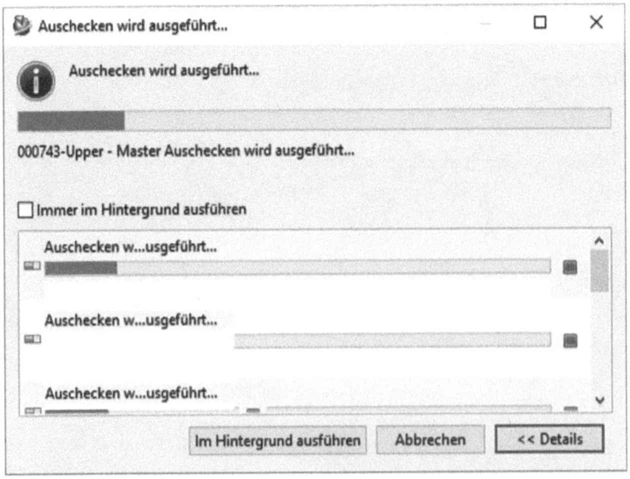

Bild 2.40 Prozessfenster mit Balken für die Ausführung einfügen

Ein ausgecechktes Objekt bekommt einen Eintrag im entsprechenden Datenbankfeld. Über die Ansicht *Übersicht* und den Reiter *Übersicht* im Abschnitt *Eigenschaften* können Sie über die Felder `Ausgecheckt` und `Ausgecheckt von` das `Auscheck-Datum` und die `Auscheck-Änderungs-ID` abrufen. Ebenso ist das an weiteren Stellen für alle Anwendenden sichtbar. In der Baumdarstellung erhalten Sie rechts neben dem Objekt ein Symbol (Bild 2.41).

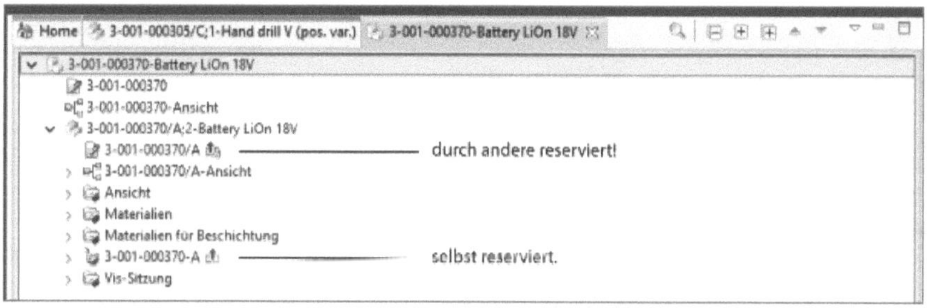

Bild 2.41 Ausgecheckt für Sie selbst und für andere Anwendenden

Beachten Sie, dass Sie selbst nun Änderungen vornehmen dürfen, anderen nutzenden Personen wird dies aber untersagt. Allerdings sind auch Ihnen häufig weitere Dinge nicht mehr gestattet. Üblicherweise darf ein solches Objekt z. B. nicht in einen Workflow/Prozess gebracht werden (Kapitel 8, „Workflows – definierte und nachvollziehbare Arbeitsabläufe"), denn Sie haben ja mit dem Auschecken zum Ausdruck gebracht, dass Sie noch an diesem Objekt arbeiten.

Die Reservierung gilt allerdings nur genau für dieses Objekt. Bei Ordnern können andere anwendende Personen also keine Elemente mehr hinzufügen oder entfernen. Die im Ordner enthaltenen Items, Revisionen und Datasets können aber sehr wohl weiterbearbeitet werden. Gegebenenfalls müssen Sie also mehrere Objekte gleichzeitig reservieren.

Das konkrete Verhalten kann modifiziert sein. Beachten Sie z. B., dass das Item des Typs *Dokument* bereits so eingestellt ist, dass beim Auschecken eines Datasets einer Revision alle Datasets der gleichen Revision mit reserviert werden.

Wird der Befehl *Auschecken* nicht angezeigt, hat sicher jemand anderes dieses Objekt bereits reserviert, oder Sie haben keine Berechtigung dieses Objekt auszuchecken (Kapitel 4, „Datensicherheit für alle").

Wenn Sie das ausgecheckte Objekt anschließend auswählen, können Sie über die Reiter *Übersicht* > *Übersicht* auf der rechten Seite angezeigt bekommen, von wem dieses reserviert wurde (Bild 2.42).

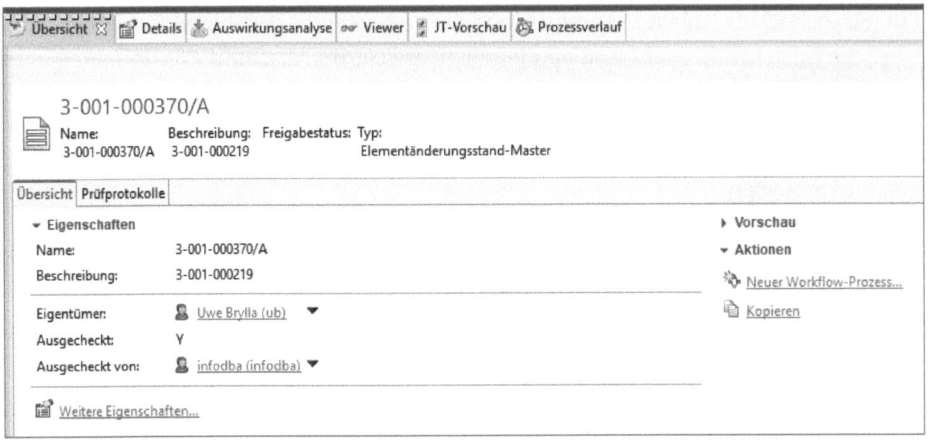

Bild 2.42 Anzeige, dass und von wem das Objekt reserviert wurde

---

Beispiel: Praktische Anwendung der Reservierungsmechanismen

Diese Art der Reservierung ermöglicht in Verbindung mit dem üblichen Master-Modell-Konzept, dass z. B. eine konstruierende Person die letzten Feinarbeiten am Modell vornehmen kann, während eine zeichnende Person bereits die Zeichnung vorbereitet. Versehentliche Änderungen sind jeweils durch die Reservierung des Datasets ausgeschlossen. Aktualisierungen des Modells können trotzdem automatisch auf die Zeichnung übertragen werden. Ebenso verfügen beide Anwendenden ganz normal über Leserrechte an den anderen Datasets. Jeder kann sich so weiter über den aktuellen Stand informieren. Es handelt sich dabei um Concurrent Engineering in der Praxis.

Auschecken transferieren

Soll in Zukunft jemand anderes die Änderungen fortführen, haben Sie die Möglichkeit, über *Werkzeuge > Einchecken/Auschecken > Auschecken transferieren …* diesen neuen Benutzenden festzulegen. Es entsteht dann kein Zeitfenster für eine dritte benutzende Person. Legen Sie hier über das Auswahlfeld die neue bearbeitende Person fest. Wie bereits beschrieben, können Sie die Anzahl der Objekte über *Mehr …* anzeigen und über die Weltkugel erweitern. Mit *Ja* wird die Änderung sofort wirksam. Sie haben dann selbst keine Berechtigung mehr, die Objekte zu ändern.

Einchecken

Nach Abschluss der Änderungen sollten alle Benutzenden die Objekte wieder freigeben. Nutzen Sie dazu *Werkzeuge > Einchecken/Auschecken > Einchecken …* Die Reservierung wird damit aufgehoben. Gegebenenfalls löschen Sie beim Auschecken exportierte Dateien hier nun wieder automatisch (Bild 2.39).

Gegebenenfalls müssen Sie sich intensiver mit dem exakten Verhalten beim Ein- und Auschecken beschäftigen. Änderungen werden in Teamcenter bei Speichern sofort wirksam und bei vielen Objekten in getrennten Speicherständen aufgehoben. Alle anwendenden Personen sehen den neuesten Stand sofort. Nur wenn *Auschecken abbrechen …* genutzt wird, stellt Teamcenter für das Objekt wieder den letzten Stand vor dem Auschecken her. Alle anderen Speicherstände werden aber trotzdem im System eine gewisse, eingestellte Anzahl von Speichervorgängen aufbewahrt (siehe Abschnitt 2.7).

Reservierte Daten können ein Problem für Folgeprozesse und/oder die Fortsetzung der Arbeit durch andere Firmenangehörige, z. B. bei Urlaub oder Krankheit, sein. Mehr über die Suche nach (durch Sie selbst) reservierten Daten erfahren Sie in Kapitel 11, „Das Finden ist entscheidend!". Teamcenter kann auch so konfiguriert sein, dass eine solche Suche beim Beenden des Programms ausgeführt wird und Sie gefragt werden, wie mit diesen Objekten verfahren werden soll (Bild 2.43). Hinter den drei Punkten im Dialog verbergen sich weitere Filter, die wir in Abschnitt 2.6 im Absatz „Details: Automatische Filter" beschreiben.

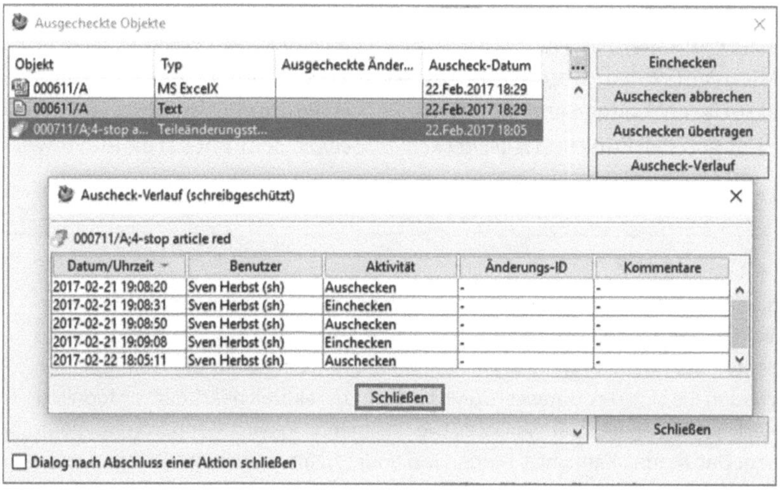

Bild 2.43 Dialogfenster *Ausgecheckte Objekte* beim Beenden mit Auscheckverlauf

Benachrichtigungsliste

Angenommen, Sie stellen fest, dass ein Objekt für andere Nutzende bereits reserviert ist. Dies stellt kein Problem dar, denn Sie können sich über *Werkzeuge > Einchecken/ Auschecken > Benachrichtigungsliste …* sozusagen in eine Warteliste eintragen. Wenn das Objekt eingecheckt wird, erhalten Sie über das interne Mailsystem (`Briefumschlag`) eine Benachrichtigung. Anschließend können Sie das Objekt z. B. direkt aus dem Briefumschlag reservieren. Eine Benachrichtigung lässt sich auch mithilfe von Abonnements realisieren (Kapitel 4, „Datensicherheit für alle").

Auscheckverlauf

Über *Werkzeuge > Einchecken/Auschecken > Auscheckverlauf…* können Sie alle Reservierungs- und Freigabevorgänge anzeigen. Hier finden Sie sowohl `Datum/Uhrzeit`, `Benutzer` und `Aktivität` als auch `Änderungs-ID` und `Kommentar` wieder. In diesen Verlauf werden automatische Reservierungsvorgänge wie z. B. durch Siemens NX mit aufgenommen (siehe Abschnitt 16.1).

Auschecken abbrechen

Wollen Sie alle Änderungen, die vor dem Auschecken erfolgt sind, verwerfen? Dann können Sie die Funktion *Werkzeuge > Einchecken/Auschecken > Auschecken abbrechen…* nutzen. Beachten Sie, dass dadurch alle Speicherungen, die vor dem Auschecken erfolgt sind, verloren gehen. Der letzte Stand wird nun wieder für alle Nutzenden aktiv geschaltet. Hierbei handelt es sich sicherlich um eine sehr nützliche Funktion. Richtig angewendet, werden damit gegebenenfalls auch unnötige Revisionen vermieden, doch die Anwendung birgt natürlich auch Gefahren. Nehmen Sie sich etwas Zeit, um die Funktion und ihre Auswirkungen aufs System zu analysieren.

Anhand von Microsoft Word (Kapitel 7, „Microsoft Office-Integration – Bürodokumente gut strukturieren") oder Siemens NX als CAD-Programm (Abschnitt 16.1) können die Auswirkungen der Funktion *Auschecken abbrechen* sehr gut verdeutlicht werden.

Beispiel: Siemens NX

Anhand des CAD-Systems NX können Sie den genauen Ablauf beim Ein- und Auschecken gut verfolgen. Erstellen Sie ein Einzelteil und speichern Sie dieses in Teamcenter ab. Suchen Sie in der Datenbank das Item sowie die Item-Revision und schauen Sie sich das Dataset (*UGMaster*) an. Das aktuell bearbeitete Modell ist reserviert. Schließen Sie nun die Datei. Die Reservierung wird standardmäßig aufgehoben. Das Modell kann jetzt wieder von anderen anwendenden Personen verändert werden (abhängig vom Berechtigungsmodell). Checken Sie dann das Dataset in Teamcenter aus und öffnen es anschließend in NX. Nehmen Sie Änderungen vor und speichern Sie diese ab. Erstellen Sie daraufhin eine Zeichnung vom Modell als separates Dataset (*UGPart*) und speichern Sie diese ebenfalls ab. Geben Sie die Reservierung für das Modell jetzt wieder frei. Nutzen Sie dazu auch das Kontextmenü. Nun können Sie selbst an der Zeichnung und jemand anderes am Modell Änderungen vornehmen. Haben Sie explizit ausgecheckt (das geht übrigens auch aus NX heraus), können Sie eventuell erfolgte Änderungen seit dem Auschecken über das Abbrechen der Reservierung verwerfen. Hierbei handelt es sich um eine häufig unbekannte, aber sehr nützliche Funktion. Vergessen Sie nicht, die Ergebnisse zu Beginn immer wieder zu kontrollieren, damit Sie selbst ein Gefühl für die Funktionsweise bekommen. So wissen Sie, dass Sie sich auf diese Funktion von Teamcenter verlassen können.

Beispiel: Microsoft Word

Die Microsoft Office-Programme sind an dieser Stelle sehr eng mit der Datenbank verknüpft. Für Reservierungen und deren Aufhebung brauchen Sie z. B. Word nicht zu verlassen. Auch hier wird üblicherweise automatisch reserviert. Sie ändern exklusiv und geben am Ende der Änderungen das Dataset wieder frei. Beachten Sie, dass in der ausgelieferten Variante Item-Revisionen des Typs *Dokument* alle Datasets und die Revision reservieren, sobald Sie ein Dataset sperren. Die gleichzeitige Bearbeitung von verschiedenen Datasets durch verschiedene Verfassende ist damit ausgeschlossen. Das Verhalten kann aber modifiziert werden. Beachten Sie, dass auch das Auschecken (und Einchecken) immer vom Berechtigungssystem zugelassen werden muss.

Der vorgestellte Mechanismus wird als explizites Aus- und Einchecken bezeichnet. Für verschiedene Systeme kann dieses Verhalten auch implizit und damit automatisch ablaufen.

2.6 Anzeigen und Verändern von Informationen

In den vorangegangenen Abschnitten haben wir ein Item und dessen Revision sowie eventuell in der Revision enthaltene Datasets und Formulare angelegt. Damit enthält unserer Informationsspeicher die entsprechenden Dateien/Files und bildet mithilfe der weiteren Struktur eine erste „Klammer“. Eine Datenbank lebt jedoch erst durch ihre Eigenschaften bzw. Attribute. Zu jedem Objekt haben Sie bereits die unbedingt erforderlichen Eigenschaften eingegeben. Die `ID` (egal ob sichtbar oder verborgen), die `Revision ID` (oder der meist verborgene `Speicherstand`) und ein `Name` sind dabei unabdingbar. Weitere Eigenschaften wie der `Objekttyp`, der `Ersteller` und die aus der Anmeldung resultierende `Eigentümergruppe` wurden automatisch hinterlegt. Ebenso registriert Teamcenter ungefragt den `letzten ändernden Nutzer` und für Erstellung und Änderung jeweils `Datum` und `Uhrzeit`. Für weitere Informationen nutzte man in Teamcenter bislang fast ausschließlich Formulare (siehe Abschnitt 2.4.7). Unternehmensspezifische Eigenschaften können auch direkt dem Item oder der Revision zugeordnet werden.

Eigenschaften anzeigen und bearbeiten

Die Eigenschaften eines Objekts können Sie jeweils über das Kontextmenü mit *Eigenschaften bearbeiten* oder *Eigenschaften anzeigen* (*Alt + Enter*) aufrufen (Bild 2.44). In diesem Fall öffnet sich ein neues Dialogfenster. Es ist möglich, sich alle Eigenschaften anzeigen zu lassen. Beachten Sie die Einteilung in Reiter, diesmal am unteren Fensterrand. Über *Auschecken und bearbeiten* beantragen Sie den exklusiven Zugriff auf das selektierte Objekt. Erlaubt Ihnen Teamcenter diesen Zugriff, wird das Objekt reserviert (ausgecheckt), und Sie können in den dafür vorgesehenen Feldern Werte eingeben und korrigieren. Beachten Sie, dass es immer auch ausgegraute Felder geben kann. Hier ist eine Eingabe dann nicht erlaubt. Felder wie die ID lassen sich normalerweise nicht wieder ändern.

Unter *Reservierung* finden Sie die Informationen von wem, wann und mit welcher Änderungs-ID etwas reserviert wurde (Abschnitt 2.5).

Bei *Projekt* können Sie gegebenenfalls nachsehen, welchen Projekten dieses Objekt zugewiesen wurde (technisch eigentlich andersherum) und wann die letzte Zuweisung geändert wurde (Kapitel 15, „Projekte – Produktdaten und Projektteams").

Über *Alle* bekommen Sie einen unstrukturierten Zugriff auf alles, was Teamcenter von dem Objekt weiß. Dies schließt auch die eventuell nicht gefüllten Eigenschaften ein (*Leere Eigenschaften anzeigen …*). Wenn alles gut für Sie zusammengestellt wurde, benötigt man diesen Reiter aber fast nie.

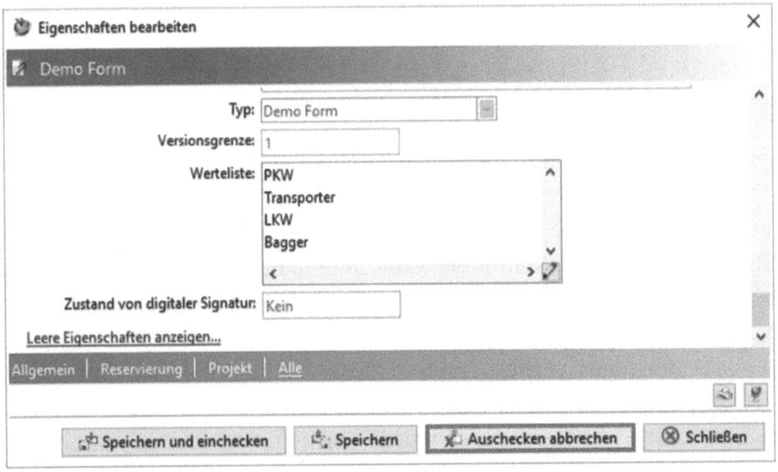

Bild 2.44 Eigenschaften in separatem Fenster bearbeiten

Manchmal muss man genau nach den Einstellungen für Speicherstände (Abschnitt 2.7) sehen. Hier finden Sie auch die aktuelle maximale Sequenzanzahl (Vorgabe: 1 bzw. 3) und die aktuelle *Sequenz-ID*. Bei Bedarf können Sie in den Formularen auch Objekte sowie Nutzende kopieren oder öffnen.

Dieses Vorgehen ist nahezu für jedes Objekt möglich. Seit einigen Teamcenter-Versionen wurde das User Interface (UI) einem Facelifting unterzogen. So können Sie nun z. B. auch über die Ansicht *Übersicht* und gegebenenfalls auch über die Ansicht *Viewer* alle Eigenschaften anzeigen und ändern. Die Schaltflächen zum *Auschecken* und *Einchecken*, zum *Speichern* sowie zum *Abbrechen* des Reservierungsvorgangs finden Sie am unteren Rand des Fensters. Die Reiter am oberen Rand werden als ganz normale Reiter dargestellt (Bild 2.45). Ansonsten bleibt alles beim vorangehend Gesagten.

Beachten Sie die möglichen Typen von Eingabefeldern wie in Abschnitt 2.4.7 beschrieben.

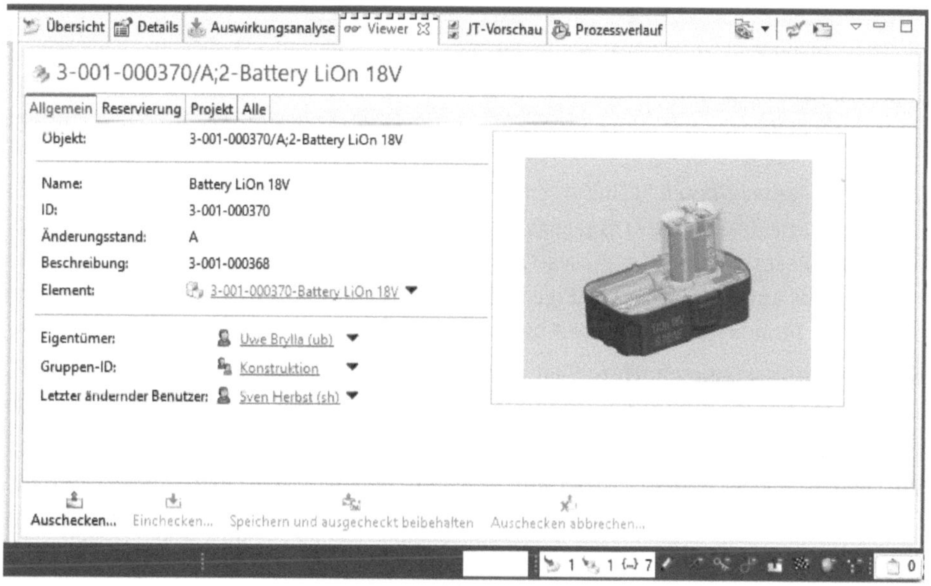

Bild 2.45 Viewer mit Ein- und Auschecken-Funktion

Ansicht *Übersicht*

Schauen wir uns nun einmal die Ansicht *Übersicht* genauer an (Bild 2.46). Das Prinzip lernt man am besten kennen, wenn wir diese Ansicht für ein Item (Element) und seine Revision(en) nutzen. Bei beiden haben Sie oben die wichtigsten Informationen in einem Kopfbereich stehen. `Eigentümer` und `letzte Änderung` haben wir bereits besprochen. Hinzu kommen noch der `Status` der Revision und die genaue Bezeichnung des `Typs` (den Sie prinzipiell auch aus den kleinen Icons ableiten können).

Darunter finden Sie mehrere Reiter. Diese können Sie nicht selbst anpassen. Was Sie dort vorfinden und in welcher Reihenfolge, wurde bereits definiert und wird Ihnen fertig vorgelegt. Das Formular unter jedem Reiter ist in verschiedene Abschnitte eingeteilt, die Sie ein- und ausblenden können.

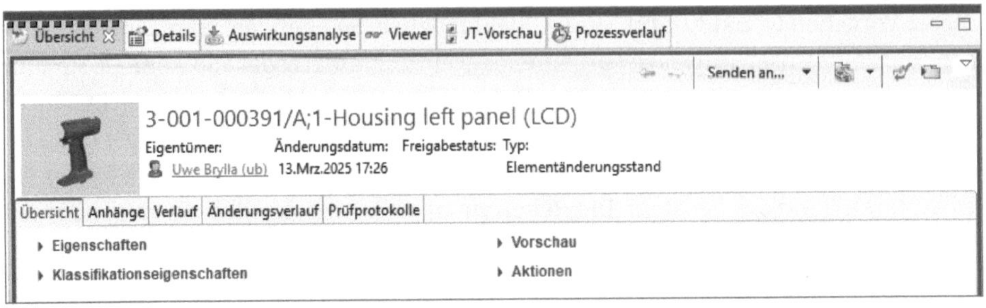

Bild 2.46 Ansicht *Übersicht*, Reiter *Übersicht* und ausgeblendete Abschnitte

Teamcenter merkt sich standardmäßig den Zustand jedes Abschnitts. Wechseln Sie später wieder zu diesem Objekt, sind die gleichen Abschnitte ein- bzw. ausgeblendet.

Unter dem Reiter *Übersicht* finden Sie weitere grundsätzliche Informationen wie den `Freigabestatus` (inklusive `Freigabedatum` und `Gültigkeit`). Sie sehen sofort, wer eventuell eine Reservierung für dieses Objekt vorgenommen hat, und Sie können sich von hier aus auch *Alle weiteren Eigenschaften …* anzeigen lassen. Üblicherweise gibt es darüber hinaus noch folgende Abschnitte (Bild 2.47):

Klassifikationseigenschaften: Hier finden Sie Angaben zur Klassifikation der Revision, wenn bereits eine solche erfolgt ist (Kapitel 14, „Klassifikation – Ordnung im Datenbestand").

Vorschau: Hierbei handelt es sich um ein Bild, das für dieses Objekt, meist automatisch, hinterlegt wurde. Üblicherweise wird es bei Teilen aus dem CAD-System erzeugt (Benannte Referenzen, siehe Kapitel 6, „Viewer und Lifecycle Viewer – ein Bild sagt mehr als Attribute" und Kapitel 16, „CAx-Integrationen").

Aktionen: Hierbei handelt es sich um alles, was Sie grundsätzlich mit dem gewählten Objekt anfangen können (z. B. Kopieren, Revisionieren, Öffnen, neuer Workflow Prozess, siehe Kapitel 8, „Workflows – definierte und nachvollziehbare Arbeitsabläufe").

Selbstverständlich kann dieses Formular fast nach Belieben für Ihr Unternehmen umgestaltet werden. Die Bedienelemente bleiben aber gleich.

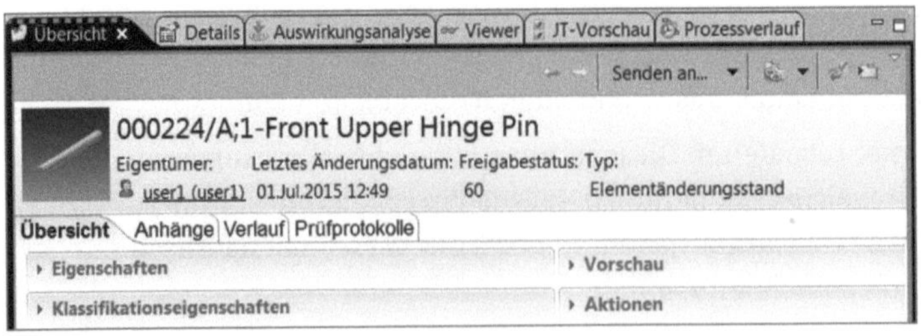

Bild 2.47 Item-Revision

Die nach *Übersicht* folgenden Reiter passt fast jedes Unternehmen an seine Erfordernisse an. Außerdem sind diese vom gewählten Objekttyp abhängig (Bild 2.48). Grundsätzlich werden über diese Reiter Informationen zu den mit dieser Revision verknüpften Objekten angezeigt. Im einfachsten Fall sind das Datasets, die über verschiedene Beziehungen als zur Revision gehörig definiert wurden (Abschnitt 2.2). Über den Reiter *Anhänge* finden Sie hier mehrere Abschnitte (Bild 2.48). Unter *Dateien* werden alle Datasets (wir hatten ja bereits besprochen, dass diese in etwa den Dateien entsprechen) angezeigt, die zur Revision gehören. Sie können zwischen vier verschiedenen Darstellungen der Tabelle () wählen.

Tabelle: vergleichbar mit der Ansicht *Details*, die im Folgenden beschrieben wird (zurzeit nicht von der anwendenden Person anpassbar)

Baumstruktur: Manchmal sind auch weitere Objekte mit Datasets verknüpft. Dann kann man die untergeordneten Objekte über die Baumstruktur anzeigen und auswählen.

Beispiel: `DirectModel` (JT) unter dem `UGMaster` (siehe Verwendung der Baumdarstellung in Abschnitt 2.2)

Miniaturansichten: Hier werden die Vorschaubilder der Revision angezeigt. Lassen Sie sich diese Option von ihrer IT einblenden.

Liste: Die Listenfunktion ähnelt der des Explorers in Ihrem Betriebssystem. Eine Sortierung per Klick auf die Tabellenüberschriften (*aufsteigend, absteigend, unsortiert*) sowie eine Änderung der Spaltenbreite sind selbstverständlich möglich.

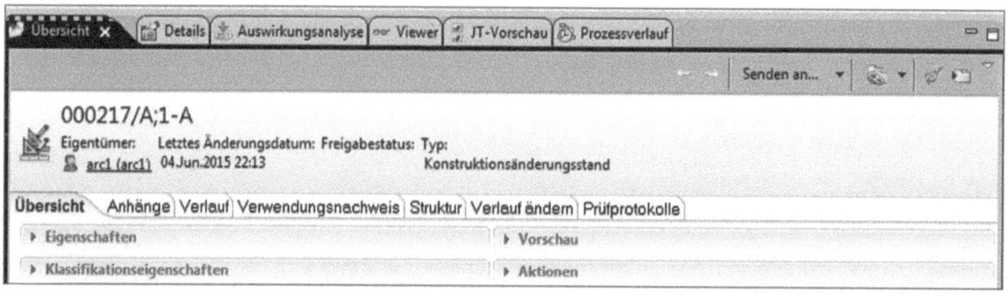

Bild 2.48 Revision Konstruktion

Über einen Doppelklick gelangen Sie zur Anzeige des gewählten Objekts. Da man von dort aus per Doppelklick zu weiteren Objekten gelangen kann, haben Sie in dieser Ansicht auch die Möglichkeit, ohne eine neue Selektion zu vorangegangenen Objekten zurückzukehren und dann wieder nach vorn zu wechseln. Nutzen Sie dazu die beiden Pfeil-Symbole in der oberen rechten Ecke der Ansicht *Übersicht* (Bild 2.49).

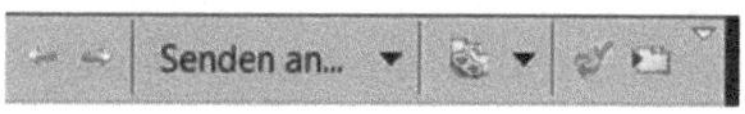

Bild 2.49 Ganz links: *Zurück* und *Vorwärts* in der Übersichtsdarstellung

In den einzelnen Abschnitten des Konstruktionsänderungsstands können Sie Objekte auch direkt wählen und kopieren, aus der Zwischenablage einfügen oder neu erstellen. Über *Neu hinzufügen ...* gelangen Sie ohne Umwege in den Dialog für neue Datasets. Nach Eingabe der Informationen wird das neue Dataset erneut an der gewählten Stelle erzeugt.

Etwas anders verhält es sich im Abschnitt *Dokumente*. Hier ist vordefiniert, dass neue Items erstellt werden können. Somit gelangen Sie automatisch in den entsprechenden Dialog. Neben dem eigentlichen Dokumenttyp finden Sie hier weitere mögliche Typen (Kapitel 7, „Microsoft Office-Integration – Bürodokumente gut strukturieren"). Nachdem der Wizard wie vorangehend beschrieben abgeschlossen wurde, können Sie direkt in dieses Dokument wechseln und dort die neuen Datasets erstellen. Sie benötigen in diesem Fall also keine Baumdarstellung mehr.

> **!** In diesem Fall stimmt die Auswahl in der Baumdarstellung nicht mehr mit dem rechts angezeigten Objekt überein.

Unter dem Reiter *Verlauf* finden Sie alle Revisionen zum zugehörigen Item (Bild 2.50). Sie müssen dazu nicht die Baumdarstellung oder das übergeordnete Element wählen. Nutzen Sie den Doppelklick, um sich Informationen zum angezeigten Objekt anzeigen zu lassen, sowie die *Zurück-* bzw. *Vor*-Funktion, die über die Pfeiltasten ausgeführt wird.

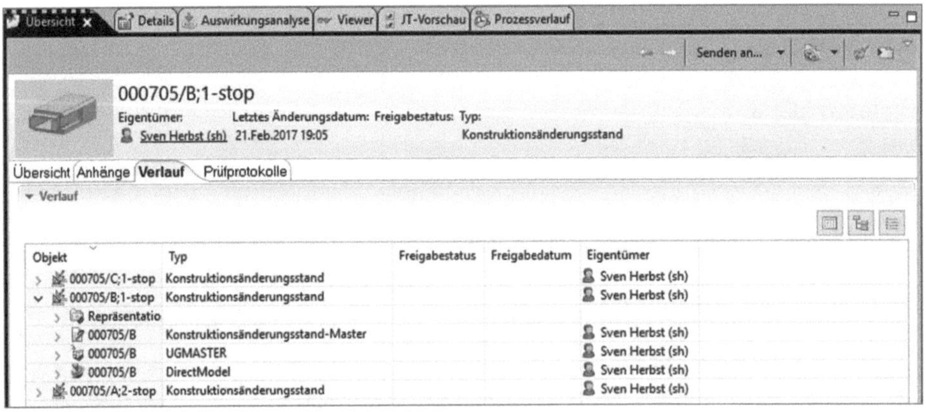

Bild 2.50 Verlaufsanzeige bei gewählter Revision

Reiter *Verwendungsnachweis* und Reiter *Struktur*

Die Reiter *Verwendungsnachweis* und *Struktur* hängen miteinander zusammen. In Teamcenter betrachten Sie nicht nur den Lebenszyklus von Einzelteilen. Sie verbinden diese auch zu Baugruppen bzw. beliebigen Strukturen. Diese schauen wir uns in

Kapitel 5, „Struktur-Management – Stücklisten und deren Verwendung“, noch genauer an. Die gewählte Revision kann entweder in einer oder mehreren Baugruppen verbaut/verwendet worden sein (der Ort ist unter dem Reiter *Verwendungsnachweis* angegeben) oder/und die gewählte Revision stellt selbst eine Struktur dar. Im zweiten Fall finden Sie die in der aktuellen Revision verbauten Komponenten (Einzelteile oder Baugruppen) unter dem Reiter *Struktur*. Hier macht übrigens die Möglichkeit der Umschaltung der Tabellen- in eine Baumstruktur sehr viel Sinn. Sie können dann auch unmittelbar Informationen zu den Datasets abrufen.

Zu guter Letzt haben Sie in beiden Fenstern die Möglichkeit, die in der Tabelle ausgewählten Elemente direkt zum Strukturmanagement zu senden (Bild 2.51).

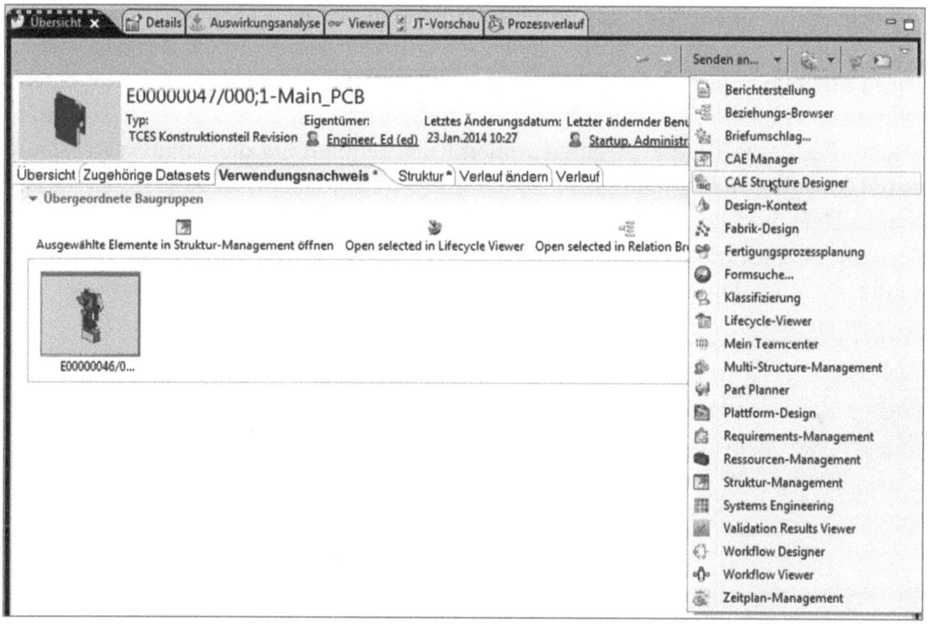

Bild 2.51 Zu Strukturmanagement senden

Weitere Möglichkeiten im Zusammenhang mit der Gestaltung der Anwendungsoberfläche finden Sie in Kapitel 9, „User Interface – Teamcenter als elektronischer Schreibtisch“.

Ansicht *Details*

In dieser Ansicht haben Sie die Möglichkeit, alle gewählten Objekte in Tabellenform anzuzeigen, die Tabelle zu sortieren oder zu filtern und gegebenenfalls für die Weiterverarbeitung mit Office vorzubereiten. Am übersichtlichsten wird die Darstellung, wenn Sie sich ausschließlich Objekte eines Typs anzeigen lassen. Nutzen Sie dazu die Mehrfachauswahl oder das Ergebnis einer Suche (Kapitel 11, „Das Finden ist entscheidend!“). Auch den Inhalt eines Ordners können Sie sich sehr gut anzeigen lassen.

Spaltenbreite anpassen: Fahren Sie mit der Maus auf die Trennlinien der Spaltenüberschriften und verschieben Sie diese durch Drag and Drop mit der linken Maustaste. Zusätzlich haben Sie die Möglichkeit, per Doppelklick die optimale Breite ermitteln zu lassen. So können Sie auch längeren Text sehr schnell vollständig anzeigen.

Spalten umsortieren: Fassen Sie eine Spaltenüberschrift mit der linken Maustaste an (Klicken und gedrückt Halten). Verschieben Sie nun die Spalte an die gewünschte Position. Ein kleines Symbol signalisiert die aktuell erreichte Position. Leider scrollt Teamcenter hier nicht weiter, falls Sie das Ende des Fensters erreicht haben. Lassen Sie deshalb los, scrollen Sie per Hand und verschieben Sie dann weiter. Alternativ können Sie die Spalten auch über den Befehl *Menü Ansicht* (kleiner Pfeil nach unten) > *Spalte …* anpassen. Im Dialogfenster *Spaltenverwaltung* finden Sie alle verfügbaren Attribute/Eigenschaften. Beachten Sie, dass jedes Objekt in Teamcenter eigene Eigenschaften mitbringen kann. Nutzen Sie deshalb die Spalte Typ, um genau zu klären, welche Eigenschaft Sie auswählen wollen. Übernehmen Sie die gewünschte Spalte durch Anwahl des kleinen Pfeils nach rechts. Die Reihenfolge können Sie in diesem Fall leicht durch Verwendung der oben/unten-Pfeile auf der rechten Seite verändern. Unter Umständen ist das leichter, als per Drag and Drop die Spaltenreihenfolge zu tauschen. Analog zum Übernehmen von Eigenschaften können Sie diese über den kleinen Pfeil nach links auch wieder entfernen.

Die Eigenschaftsnamen entsprechen üblicherweise den Anzeigenamen der aktuellen Sprachversion von Teamcenter. Die exakten Namen der Datenbankattribute können Sie sich auch anzeigen lassen (über *Optionen > Interne Namen für Eigenschaften anzeigen*).

Etwas versteckt finden Sie auch eine Möglichkeit zum Filtern der Eigenschaften. Klicken Sie auf die Lupe neben dem Text *Verfügbare Eigenschaften* (Bild 2.52). Es wird nun eine Eingabemöglichkeit für Filterwerte eingeblendet. Bitte verwenden Sie hier keine Platzhalter/Joker. Die Eigenschaften werden auch ohne diese sehr schnell gefiltert. Allerdings müssen Sie in etwa den Namen kennen.

Mit *Anwenden* übernehmen Sie die aktuellen Einstellungen in die Detaildarstellung (Bild 2.52).

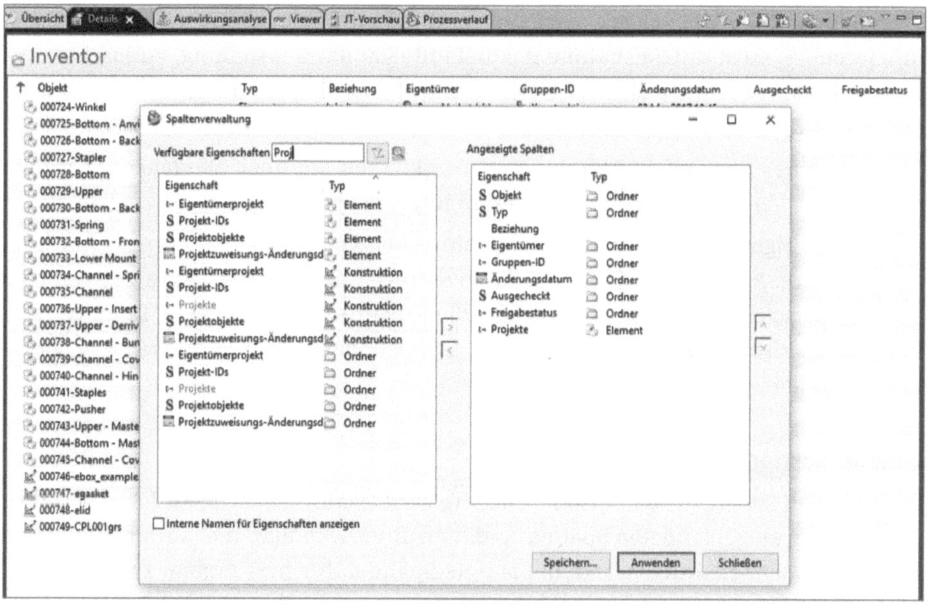

Bild 2.52 Anpassung der Spalten in der Detailansicht

Details: Spaltenkonfiguration speichern und anwenden

Haben Sie die für Ihre Aufgabe passende Spaltenanordnung gefunden, können Sie sich diese im gleichen Dialogfenster abspeichern (über *Speichern …*). Legen Sie dazu einen `Namen` und eine `Beschreibung` fest.

Nutzen Sie das Icon ▽ oder das Menü *Ansicht > Spaltenkonfiguration anwenden …*, um bereits gespeicherte Konfigurationen zu nutzen. Im Dialogfester werden alle Spaltenkonfigurationen, die Ihnen zur Verfügung stehen, angezeigt (Bild 2.53).

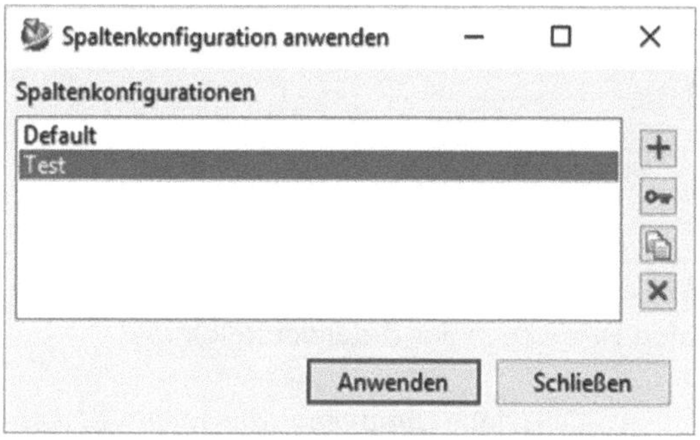

Bild 2.53 Spaltenkonfiguration anwenden

Sie haben nun die Möglichkeit, vorhandene Konfigurationen zu kopieren, zu modifizieren oder, mit Ausnahme der Default-/Standardeinstellung, zu löschen. Mit *Anwenden* wird die ausgewählte Einstellung aktiv. Über das Plus kommen Sie auch von hier zur Konfiguration einer neuen Spaltenanordnung (Bild 2.53).

Ebenfalls über den Befehl Menü *Ansicht* können Sie über *Spaltenkonfiguration speichern…* Veränderungen an ihrer Konfiguration ablegen.

Diese vielfältigen Wege zu gleichen oder ähnlichen Funktionen sind typisch für heutige Software. Auch Teamcenter macht davon rege Gebrauch. Im Laufe der Zeit sollten Sie also so etwas wie ein „Gefühl" für die Nutzerführung erlangen. Dann werden Ihnen auch kleinere Veränderungen oder Anpassungen an der Software keine große Mühe bereiten.

Details: Sortieren

Immer wenn Sie mit großen Listen arbeiten, wird es hilfreich sein, diese sortieren zu können. Alle eingeblendeten Spalten sind hierfür verwendbar. Die Sortierreihenfolge können Sie schnell ändern, indem Sie eine Spalte dafür bestimmen. Durch jeweils einen Klick auf die Spaltenüberschrift wird zwischen den drei Möglichkeiten *aufsteigend, absteigend* und *Standardreihenfolge* zirkuliert. Alternativ können Sie bis zu drei Sortierkriterien definieren. Rufen Sie dazu das Menü *Ansicht* > *Sortieren …* auf (Bild 2.54).

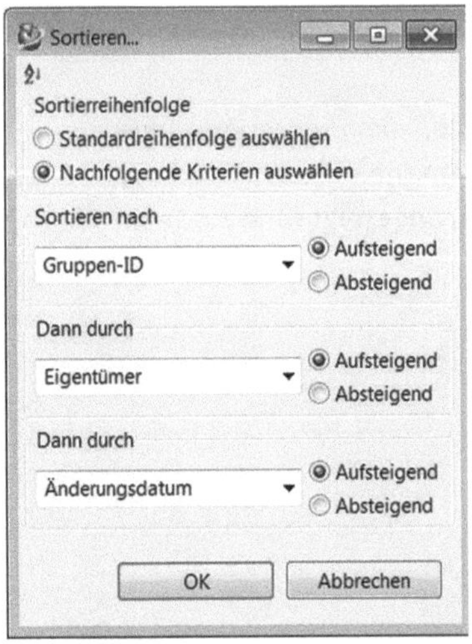

Bild 2.54
Dialog *Sortieren* in der Detaildarstellung

Wechseln Sie von *Standardreihenfolge auswählen* (siehe *Optionen* > *Allgemein* > *UI* > *Allgemein* > *Baumstruktur-Anzeigereihenfolge*) zu *Nachfolgende Kriterien auswählen*. Definieren Sie bis zu drei Eigenschaften und die aufsteigende oder absteigende Sortierung. Die Kriterien werden nacheinander berücksichtigt (Bild 2.54).

Details: Automatische Filter

Neben der Sortierung steht Ihnen ein leistungsfähiger und vor allem schneller Filter zur Verfügung. Über Menü *Ansicht* ▿ > *Filter …* kommen Sie in dessen Definitionsbereich (Bild 2.55).

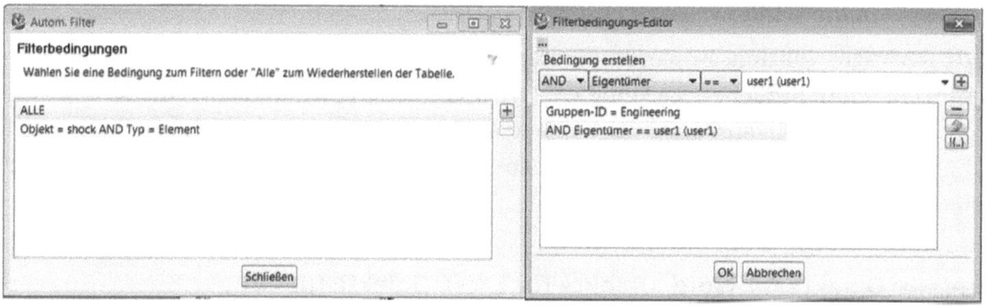

Bild 2.55 Dialog *Automatische Filter*

Alle (für die Anzeige aller Daten) ist hier immer verfügbar. Sie können eigene Filter mithilfe des Plus-Zeichens + anlegen. Derartige Filter kommen in Teamcenter an mehreren Stellen vor. Auch wenn es etwas (IT-)technisch wird, können Sie mit diesen Möglichkeiten auf schnelle Weise arbeiten. Erstellen Sie eigene Bedingungen, indem Sie das Feld auswählen. Legen Sie dann den Vergleich fest und geben Sie einen Wert vor.

```
Erlaubte Operatoren / Regular Expressions / reguläre Ausdrücke
== identisch
= gleich (enthält)
!= ungleich
<
>
<=
>=
```

Beachten Sie, dass bei den Werten keine Platzhalter/Joker verwendet werden dürfen. Zusätzlich haben Sie über !(..) die Möglichkeit, das Ergebnis zu negieren. Leider ist es zurzeit weder möglich, einmal eingegebene Bedingungen noch die Filter selbst zu ändern. Es bleibt Ihnen zunächst nichts weiter übrig, als gründlich zu planen und gegebenenfalls über das Minus-Zeichen − zu löschen und danach neu zu erstellen.

Sind die automatschen Filter erstellt, können Sie die Tabelle im Reiter *Details* per Auswahl der Filterbedingung einschränken. Einen aktivierten Filter erkennen Sie auch am angewählten Symbol . Hierüber können Sie direkt die Filter wechseln.

Details: Ausgewählte Daten kopieren

Trotz PLM-System kommt man häufig nicht drum herum, Daten in anderen Programmen weiterzubearbeiten. Deshalb können Sie in der Tabellendarstellung (*Details*) gewählte Zeilen in die Windows-Zwischenablage kopieren und in anderen Programmen wieder einfügen. Selektieren Sie dazu die gewünschten Zeilen oder sorgen Sie dafür, dass keine Zeile selektiert ist (letzte Auswahl durch Klick mit *Strg* abwählen).

Mit Überschriften: Die gewählten Daten werden tabulator-separiert in die Windows-Zwischenablage gelegt. Die Überschrift wird ebenfalls bereitgehalten.

Ohne Überschriften: Die gewählten Daten werden tabulator-separiert ohne Überschriften in die Windows-Zwischenablage gelegt.

Für Abfrage: Vor dem Kopieren können Sie die zu kopierenden Spalten weiter eingrenzen. Damit brauchen Sie keine weitere Spaltenkonfiguration anlegen. Sie müssen mindestens eine Eigenschaft wählen, bevor Sie mit *OK* bestätigen können. Hier wird ohne Überschriften kopiert. **Hinweis:** Damit der Befehl aktiv wird, müssen Sie vorher die zu exportierenden Zeilen selektieren.

Details: Objekte für Word, Objekte für Excel, Objekte für CSV

Hiermit können Sie Daten der Tabelle in Office-Programme exportieren.

Details: In Anzeige suchen

Die Nutzung des speziellen Suchfensters stellen wir Ihnen in Kapitel 11, „Das Finden ist entscheidend!“, vor.

Details: Tabelle drucken

Neben dem Tabellenexport in Office-Programme können Sie den Befehl *Tabelle drucken* an verschiedenen Stellen in Teamcenter nutzen, um direkt eine Dateiausgabe zu erzielen. Beim Ausleiten als *HTML/Text* erkennen Sie direkt in der Anzeige den Unterschied und können die Daten dann im Webbrowser öffnen, zum Drucker senden oder ebenfalls als Datei auslagern. Die Ausgabe als *Grafiken* ist aus unserer Sicht an dieser Stelle oft nicht sinnvoll.

Details: Aktualisieren

Normalerweise sollte eine Aktualisierung der Anzeigeergebnisse automatisch erfolgen. Über *Aktualisieren* können Sie dies für die Detaildarstellung forcieren.

Detaildarstellung unter Verwendung der erweiterten Möglichkeiten des User Interfaces

Die „hohe Schule“ der Bedienung mit Erläuterungen zu *Verbinden ...*, *Antwort auf Auswahl deaktivieren* und *Eingabe für kürzliche Auswahl festlegen* finden Sie in Kapitel 9, „User Interface – Teamcenter als elektronischer Schreibtisch“.

Ansicht „Properties/Eigenschaften“

Die Ansicht *Properties/Eigenschaften* ist normalerweise nicht eingeblendet. Eine Einblendung erfolgt wie in Abschnitt 2.1 und Kapitel 9, „User Interface – Teamcenter als elektronischer Schreibtisch“, beschrieben. Hier finden Sie dann alle Eigenschaften des gewählten Objekts in Tabellenform (Bild 2.56). In der rechten oberen Ecke dieser Ansicht haben Sie umfangreiche Möglichkeiten, die wir hier aber nicht näher erläutern wollen.

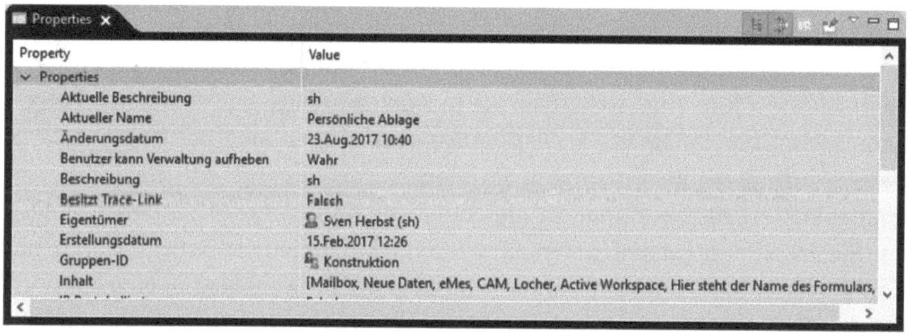

Bild 2.56 Ansicht *Properties/Eigenschaften*

2.7 Speicherstände/Sequences

Die in diesem Abschnitt vorgestellten Themen richten sich an sehr versierte Nutzende. In den meisten Fällen kommen Sie ohne das hier vermittelte Wissen aus. Da sich Teamcenter hinsichtlich der Speicherstände etwas anders verhält als viele andere Systeme, wollen wir den Umgang mit ihnen trotzdem näher erläutern.

Item, Item-Revision und Dataset haben wir Ihnen bereits genauer vorgestellt. In Kapitel 12, „Geändert wird immer! Effektives Änderungswesen“, werden wir speziell auf die Nutzung von Änderungsständen für den Nachweis von Änderungen und z. B. deren Revisionssicherheit eingehen. In Kapitel 1, „Einführung“, und auch in Kapitel 8, „Workflows – definierte und nachvollziehbare Arbeitsabläufe“, kommen wir auf diese Punkte zu sprechen. PDM und PLM leben von Änderungen. Diese Änderungen werden in Teamcenter auf Dauer abgelegt.

Als Erstes werden wir die Datasets betrachten. Hierbei handelt es sich in erste Linie um eine Datei, z. B. für ein Dokument, eine Kalkulationstabelle oder eine Konstruktion bzw. deren Zeichnung. Die Dateien werden auf den Datenträgern (Volumes) abgelegt. Bei jedem Speichervorgang wird eine neue Datei erzeugt. Die alten Dateien wirft Teamcenter nicht gleich weg. Eine voreingestellte Anzahl wird aufgehoben. Grundeinstellung ist hierbei immer, drei Speicherstände zu bewahren. Diesen Wert und die Nummer des aktuellen Speicherstands können Sie sich in Teamcenter anzeigen lassen (`Versionsgrenze` und `aktuelle Versionsnummer`, siehe Bild 2.58).

Bearbeiten > Bereinigen: entfernt alle Speicherstände außer dem Letzten

Bearbeiten > Immunisierung ausführen ...: Mithilfe dieses Befehls können ältere Speicherstände aus dem automatischen Löschen wie aus dem Bereinigen ausgeschlossen werden.

Bearbeiten > Immunisierung entfernen ...: gibt die immunisierten Daten wieder für eine Bereinigung frei

In den üblicherweise installierten Suchabfragen befindet sich auch ein Eintrag mit dem Namen *Dataset ...* Mit dieser Abfrage können Sie speziell nach Datasets im System suchen. Meist ist hier eingestellt, dass Sie nur den aktuellsten Speicherstand angezeigt bekommen. Über *Optionen > Suchen > Allgemein* können Sie über den Abschnitt *Suchoptionen* auch diese Begrenzung deaktivieren. Nachdem Sie *Aktuellste Dataset-Versionen* deaktiviert haben, findet die gleiche Suche nun mehrere Sequences. Diese erkennen Sie im Suchergebnisfenster daran, dass hinter jedem Dataset durch ein Semikolon getrennt die Sequenznummer angezeigt wird. Bei jedem Speichern wird diese Nummer hochgezählt. Das Dataset ohne eine entsprechende Nummer entspricht dem mit der höchsten Nummer. Dies ist zugegebenermaßen etwas IT-lastig. Gegebenenfalls nutzt man diese Vorgehensweise, um das Aus- und Einchecken zu prüfen oder um zielgerichtet ältere „Sicherheitskopien" zu finden.

Auch für verschiedene Autorensysteme, wie z. B. Siemens NX, können Sie präzise entscheiden, welchen Speicherstand Sie öffnen möchten. Nutzen Sie dazu den Befehl *Datei > Öffnen mit ...* Sie gelangen nun in einen Dialog, in dem oben der gewünschte Speicherstand ausgewählt werden kann (Bild 2.57). Weiter unten entscheiden Sie, mit welchem Werkzeug der Speicherstand geöffnet werden soll. Die erlaubten Werkzeuge hat die IT definiert. Diese werden anhand des selektierten Datasets ausgewählt. Gehen Sie im gewünschten Werkzeug nach unten bis zum Symbol der Diskette. Selektieren Sie diesen Eintrag und starten Sie das Öffnen mit *OK*. Manche Autorensysteme erkennen, dass es sich um einen eigentlich veralteten Speicherstand handelt und informieren Sie darüber. Mit dem Speichern dieses Teils erzeugen Sie dann den neuesten Speicherstand in Teamcenter.

Häufig unbekannt ist das genaue Verhalten bei Formularen und damit auch bei denen für Items oder Item-Revisionen. Hier geben Sie vorangehend beschrieben Werte in die verschiedenen Eigenschaften ein. Dazu reservieren Sie die Formulare und checken diese üblicherweise zur Fertigstellung wieder ein. In diesem Moment zählt Teamcenter auch hier den Speicherstand z. B. für die Revision hoch. In manchen Installationen wird dieser Speicherstand standardmäßig nach dem Namen, getrennt durch ein Semikolon, angezeigt.

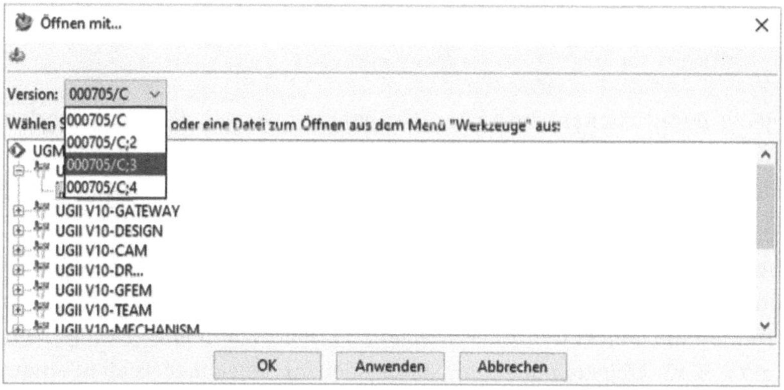

Bild 2.57 Beispiel für das Öffnen eines alten Speicherstands

Wir haben Ihnen die Möglichkeiten zur Eingabe und Veränderung von Eigenschaften der Objekte bereits ausführlich vorgestellt (siehe Abschnitt 2.4.7). Unter den Attributen befanden sich systeminterne, auf die Teamcenter nicht verzichten kann. Hinzu kommen nun z. B. noch Eigenschaften, über die man das Verhalten von Teamcenter beeinflussen kann. Für viele Objekte (vor allem für die Datasets) kann die Anzahl der aufbewahrten Versionen definiert werden. Nutzen Sie dazu die `Versionsgrenze`. Direkt darunter finden Sie beim Bearbeiten oder Anzeigen der Eigenschaften (z. B. des `UGMasters`) die `aktuelle Versionsnummer` (Bild 2.58).

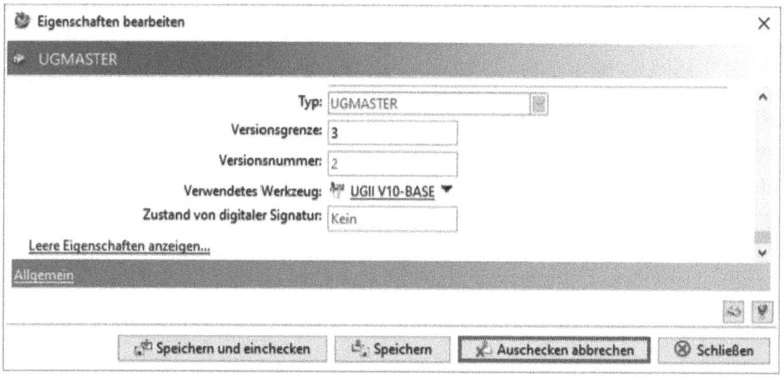

Bild 2.58 Aktuelle Versionsgrenze und Versionsnummer in den Eigenschaften

Denken Sie daran, dass sich hinter jedem Dataset meist mindestens eine Datei verbirgt. Soll Teamcenter mehrere Versionen archivieren, benötigen diese auch entsprechenden Speicherplatz. Deshalb wird diese Versionsgrenze im Normalfall von der IT vorgegeben und nicht verändert.

2.8 Ein Wort zum Löschen von Objekten

Natürlich will jeder Daten löschen, die nicht mehr benötigt werden. Es gibt dafür den Befehl *Bearbeiten > Löschen* bzw. das zugehörige Icon ✖. Trotzdem lohnt es sich, sich die Voraussetzungen, mit denen ein Löschen von Daten in einem PLM-System gelingen kann, genauer anzusehen.

Ein Berechtigungssystem sorgt dafür, dass nur berechtigte Anwendende einen Löschvorgang ausführen dürfen (Kapitel 4, „Datensicherheit für alle"). Zusätzlich sorgen einige Informationen am Objekt dafür, dass es ganz gezielt nicht mehr gelöscht werden darf. Dies gilt z. B. für Objekte mit einem Status oder für Objekte, die sich in einem Workflow befinden (Kapitel 8, „Workflows – definierte und nachvollziehbare Arbeitsabläufe").

Alle Teamcenter-Anwendenden bauen Beziehungen zwischen Objekten auf und tun dies auch regelmäßig, auch wenn ihnen das nicht immer bewusst ist. Was würden Sie davon halten, wenn eine andere anwendende Person eine Information, die Sie benötigen, einfach löscht, da sie ihm zugewiesen ist? Prinzipiell wacht Teamcenter darüber, dass keine Objekte gelöscht werden können, solange diese noch mit anderen in irgendeiner Beziehung stehen. Ein Einzelteil darf also logischerweise nicht gelöscht werden, solange es noch in irgendeiner Baugruppe verbaut ist. Ein Dokument darf nicht gelöscht werden, wenn es einmal durch einen Workflow abgearbeitet wurde (auch dieser Workflow ist in Teamcenter ein Objekt) usw. In der täglichen Arbeit entstehen ganz schnell Beziehungen zwischen den von Ihnen erstellten Objekten. Die betroffenen Objekte dürfen dann nicht mehr gelöscht werden. Erst wenn Sie die Beziehungen auflösen (dürfen), kann das dann beziehungslose Objekt gelöscht werden.

In der Praxis ist es deshalb besser, sich zu merken, dass nur in ganz seltenen Fällen ein Löschen von Objekten möglich ist. Das wiederum bedeutet, dass man vor jeder Neuanlage noch einmal überlegen sollte, ob dieses Objekt wirklich benötigt wird.

2.9 Anwendung

Fast Track

1. Starten Sie Teamcenter und melden Sie sich an.
2. Legen Sie einen neuen Ordner in Ihrer *Persönlichen Ablage* an.
3. Öffnen Sie diesen Ordner.
4. Legen Sie im Ordner ein neues Item des Typs *Konstruktion* an.

5. Legen Sie in der ersten Revision eine oder zwei neue Datasets, z. B. für Word und Excel an.
6. Blenden Sie die Informationen zu diesen Objekten in der Übersicht ein.
7. Lassen Sie sich die Datasets mithilfe der Ansicht *Details* in Tabellenform anzeigen.
8. Passen Sie die Spalten dieser Tabelle nach eigenen Vorstellungen an.
9. Kopieren Sie die Zeilen der Tabelle in eine andere Software, z. B. nach Word.

2.10 Die Online-Hilfe

Wie jede zeitgemäße Software bietet auch Teamcenter eine Hilfefunktion an. Die Hilfefunktion wird über einen Webserver zur Verfügung gestellt. Auf diesem Weg können die zugehörigen Inhalte von den Herstellenden und Ihrer IT leicht auf den aktuellen Stand gebracht werden.

2.10.1 Info

Über den Menüpunkt *Hilfe > Info* erhalten Sie sehr detaillierte Informationen zum aktuellen Softwarestand sowie technische Informationen. Bei Bedarf werden Sie vom Support aufgefordert, genauere Erläuterungen zu liefern. Ansonsten erfahren Sie über diesen Menüpunkt unter Umständen, welche Teamcenter-Version aktuell in Ihrem Unternehmen eingesetzt wird. Beachten Sie, dass Teamcenter beim Aufruf der Software prinzipiell automatisch aktualisiert werden kann.

2.10.2 Aktuelle Anwendung

Die Hilfefunktion von Teamcenter nutzt HTML-Dateien. Da auch spezielle Softwarepakte genutzt werden, muss Ihr System bestimmte Voraussetzungen erfüllen, um z. B. die Suchfunktion in der Hilfe zu nutzen. Über *Hilfe > Aktuelle Anwendung* gelangen Sie direkt zur Startseite für die aktuell aktivierte Anwendung (siehe Abschnitt 2.1 und Bild 2.59). Der Zugriff auf die Hilfe wurde von Siemens komplett neu gestaltet und dabei modernisiert. Machen Sie sich mit der jeweiligen Version in Ihrer Umgebung vertraut.

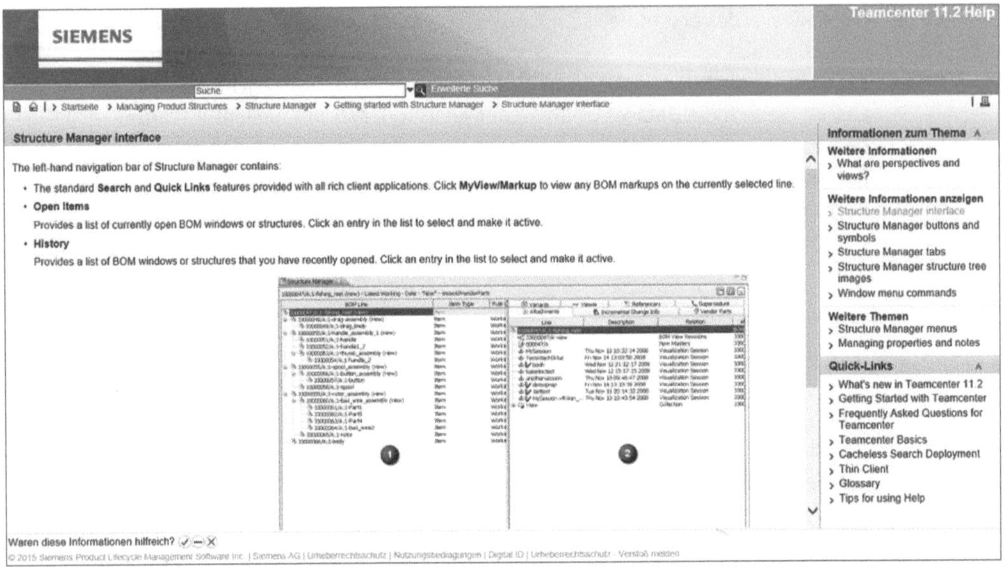

Bild 2.59 Die Hilfefunktion

2.10.3 Hilfebibliothek

Über den Menüpunkt *Hilfe > Hilfebibliothek* werden Sie ebenfalls auf die Startseite der Teamcenter-Hilfe geführt und können dann von dort aus suchen oder über die Menüpunkte zur gewünschten Anwendung oder zu weiteren Informationen gelangen (Bild 2.60). Auch diese Bibliothek ist vollständig überarbeitet worden und kann von Siemens oder einem Unternehmensserver individuell abgerufen werden (Bild 2.61). Es lohnt sich, hier detaillierte Informationen abzurufen.

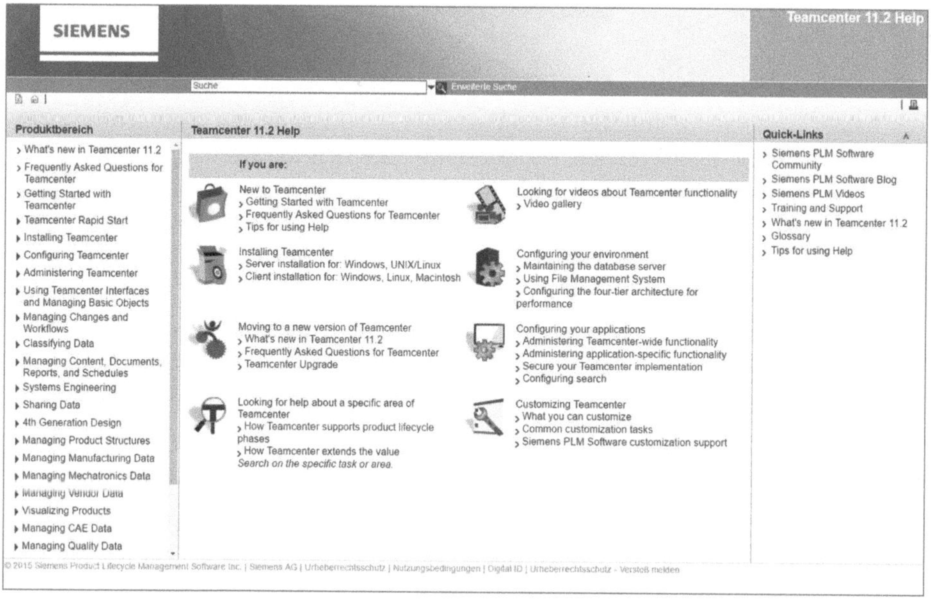

Bild 2.60 Die Hilfebibliothek

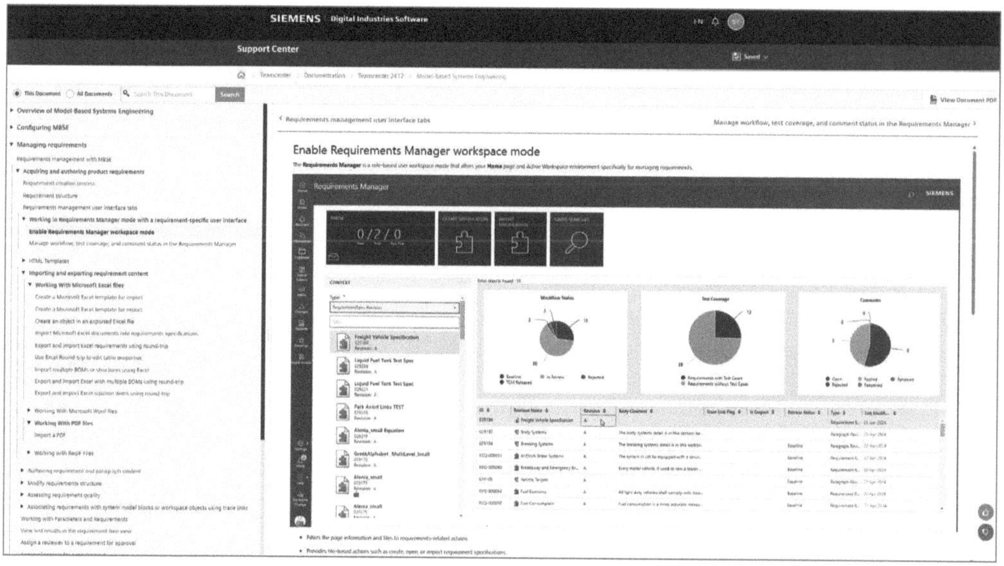

Bild 2.61 Aufbau der Onlinehilfe 2025

2.11 Fazit

Wir haben Ihnen die wichtigsten Grundlagen für die Nutzung von Teamcenter vorgestellt. Beim Lesen der folgenden Kapitel sollten Sie sich immer mal wieder auf die hier vorgestellten Themen besinnen und gelegentlich ruhig noch einmal in diesem Kapitel nachschlagen. Wir sind uns bewusst, dass vielfältige Möglichkeiten moderner Software auch ziemlich hohe Anforderungen an Fähigkeiten und Fertigkeiten der Anwendenden stellen. Richtig eingesetzt, sollten Ihnen diese dann aber die Werkzeuge in die Hand geben, mit der sehr großen Menge an Informationen in der Produktentwicklung und im gesamten Lifecycle Management effektiv umgehen zu können. Die größte Herausforderung stellt hierbei die Beherrschung der Komplexität dar.

3 Active Workspace – Informationen an jedem Ort

In Kapitel 1, „Einführung“, haben wir Ihnen die technischen Grundlagen und Rahmenbedingungen dieses Buches vorgestellt. Sie haben erfahren, dass es verschiedene Möglichkeiten gibt, auf die Datenbank von Teamcenter zuzugreifen. In Kapitel 2, „Mein Teamcenter“, ging es um den heutzutage am meisten verwendeten Client. In diesem Kapitel wollen wir Ihnen die neueste und modernste Möglichkeit des Zugriffs auf Ihre Daten vorstellen. Die eingesetzte Technologie eignet sich vor allem für den mobilen Zugriff auf Teamcenter. Im Vordergrund stehen hier berührungsempfindliche Geräte wie Tablets, Smartphones und Monitore der neuesten Generation. Inzwischen haben diese Displays auch Einzug in die Fertigungshallen gehalten.

Real-World-Szenario

Eric möchte als Vertriebsmitarbeitender jederzeit, auch wenn er bei der Kundschaft ist, schnell auf die aktuellen Dokumente für den kurz vor dem Abschluss stehenden Auftrag schauen. Dabei hat er Zugriff auf die Angebotsunterlagen und auch auf die bereits entwickelten 3D-Modelle, Produkte und Produktvarianten. Mit der Kundschaft werden die offenen Punkte besprochen. Die Ergebnisse der Besprechung hält Eric gleich im entsprechenden Dokument fest.

3.1 Anmeldung

Mithilfe eines Browsers greifen Sie auf die Internet-Adresse (genauer gesagt Intranet-Adresse) Ihres Teamcenter Active Workspace zu. Wie beim „großen Bruder“ müssen Sie sich am System anmelden, sofern Ihre IT keine zentrale Anmeldung (Single Sign-On, SSO) implementiert hat (Bild 3.1). Nach Eingabe Ihres Benutzernamens und Passworts kommen Sie auf den Startbildschirm des Active Workspace.

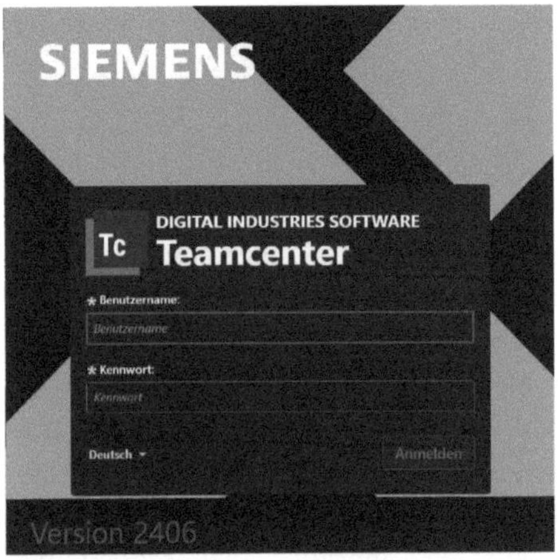

Bild 3.1 Anmeldebildschirm

3.2 Home-Bereich

Zurzeit gibt es einen starken Trend zu geradlinigen, übersichtlichen Elementen für mobile Geräte. Das Metro-Design (Microsoft Design Language), dessen Nachfolger Fluent Design von Microsoft und das Material Design von Google seien hier stellvertretend genannt. Dies spiegelt sich auch in der Gestaltung des User Interface vom Active Workspace wider. Sie finden hier neben den üblichen rechteckigen Kacheln im Vergleich zum klassischen Client auch große Icons für einzelne Befehle (Bild 3.2). So haben Sie auch ohne Werkzeuge wie Maus oder Stift die Möglichkeit, Teamcenter mit „bloßen Händen“ zu bedienen.

Selbstverständlich lässt sich diese Oberfläche individuell an Ihre Unternehmensanforderungen anpassen. Wir stellen deshalb nur die grundlegende Herangehensweise vor. Gleichzeitig bekommen Sie so einen Vorgeschmack auf weitere Kapitel in diesem Buch. Viele Möglichkeiten bzw. Applikationen haben wir ja bislang noch gar nicht beschrieben.

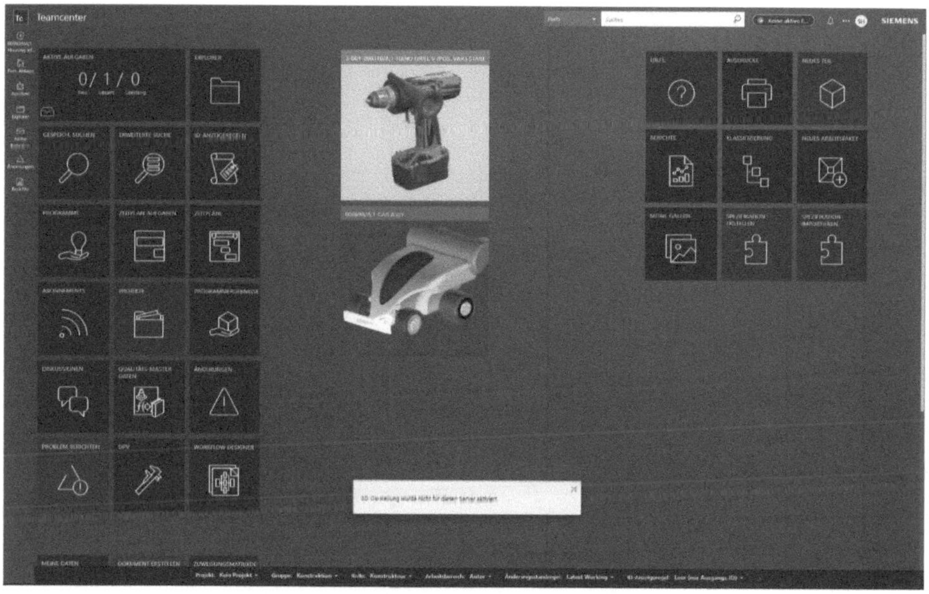

Bild 3.2 Startbildschirm des Active Workspace

Speziell diese Form der Anwendung wird seit einigen Jahren von Siemens intensiv weiterentwickelt. Während es bislang noch Funktionalitäten gibt, die ausschließlich dem „großen Bruder“ (Fachbegriff: „Rich Client“) vorbehalten sind, wird kontinuierlich an der Umsetzung neuer Funktionalitäten gearbeitet (z. B. für die Nutzung im Rahmen des Dokumenten- oder Anforderungsmanagements oder auch des Zeitplanmanagements, siehe Kapitel 13, „Schedule Manager – Zeitpläne in der Produktentstehung“, sowie für die Integration in die verschiedenen Autorensysteme besonders im CAD-Umfeld). Wir werden an dieser Stelle also nur einen ersten Blick in ein völlig neues Look and Feel werfen.

3.3 Persönliche Ablage/Explorer

Die *Persönliche Ablage* kennen Sie bereits. Unter der Bezeichnung *Explorer* kommen Sie in die von Ihnen zusammengestellten Ordner und die Objektstruktur. Dort haben Sie die Möglichkeit, zu navigieren, d. h., Sie können wie gewohnt auf der linken Seite alle Objekte der aktuellen Ebene auswählen. Auf der rechten Seite finden Sie eine Übersicht aller im gewählten Objekt enthaltenen Elemente (Bild 3.3).

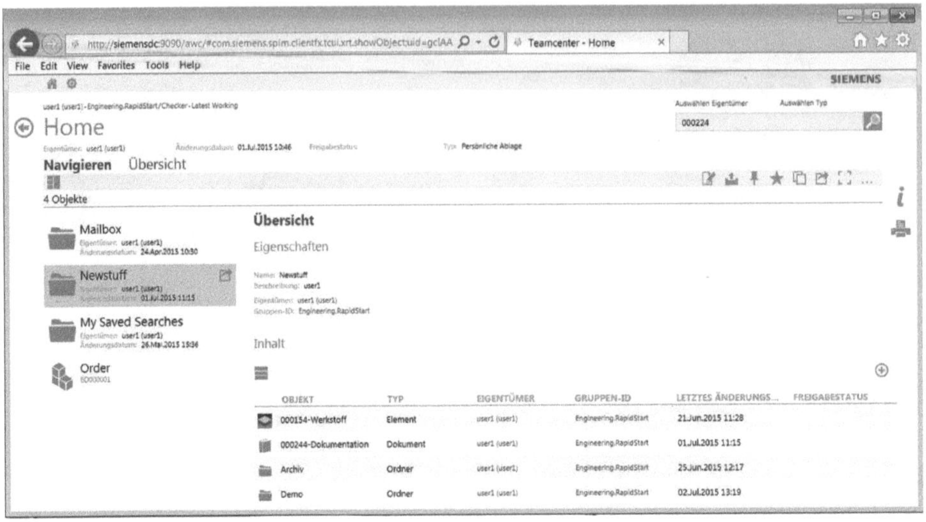

Bild 3.3 Home-Bereich zur Navigation

Über Symbole können Sie an vielen Stellen die Darstellungsart für Gruppen von Objekten ändern. Sie können zwischen *Tabelle* (wie in Bild 3.3 dargestellt) und *Liste* wechseln. Unter *Liste* werden die Vorschaubilder der enthaltenen Objekte vergrößert dargestellt und der `Name`, gegebenenfalls die `ID` sowie der `Eigentümer`, einschließlich `Änderungsdatum`, werden angezeigt. Wie bei Mobilgeräten üblich, wird durch Anklicken nicht sofort das Objekt geöffnet. Stattdessen selektieren Sie das Objekt damit im Active Workspace und erhalten die Möglichkeit, über Anklicken des Icons *Öffnen* das gewählte Objekt zu öffnen. Bei Mausbedienung reicht ein Überfahren des Objekts. Das Icon erscheint nun, Sie bewegen die Maus weiter auf das Icon und klicken erst dann. Auch hier versteht Teamcenter unter *Öffnen* die Anzeige im Browser-Fenster. Nur bei Datasets kann es sein, dass eine andere Anwendung (Autorensystem) auf Ihrem Gerät mit dem Objekt verknüpft ist.

Wählen Sie nun den Ordner *Neue Daten* (*Newstuff*) aus. Sie bekommen den Ordner angezeigt und können bei der Einstellung *Navigieren* zwischen vier Darstellungsarten wählen. Über das Icon unter *Navigieren* wechseln Sie zwischen *Liste mit Übersicht*, *Liste*, *Tabelle* oder *Tabelle mit Übersicht*. Bei der Darstellungsart *Liste mit Übersicht* finden Sie fast dieselbe Darstellung wie beim Rich-Client vor. Links selektierte Objekte werden auf der rechten Seite detailliert beschrieben. Die Reiter/Ansichten aus Kapitel 2, „Mein Teamcenter“, haben sich nun aber zu reinen Texteinträgen, die auswählbar sind, verändert. Den Abschnitt *Übersicht* mit den *Eigenschaften*, dem *Vorschaubild* und den *Änderungsständen* (Revisionen) haben Sie bereits kennengelernt.

3.4 Beziehungen und deren Analyse

Darüber hinaus werden Ihnen z. B. noch die Reiter *Anhänge*, eine *Auswirkungsanalyse* und die *Beziehungen* zur Ansicht angeboten.

Anhänge: meint die Datasets und Revisionen, die z. B. mit einer Revision über Beziehungen (Relationen) verknüpft sind

Beziehungen: In Kapitel 10, „Alle Beziehungen im Griff“, wird der Beziehungs-Browser des „normalen“ Teamcenter-Clients vorgestellt. Über den im Active Workspace integrierten Browser können vorliegende Beziehungen ebenfalls grafisch analysiert werden. Objekte in Teamcenter sind in ein komplexes Beziehungsgeflecht eingebunden. Über den Reiter *Beziehungen* haben Sie die Möglichkeit, diese auf sehr intuitive Weise zu analysieren (Bild 3.4). Sie können z. B. per Icon *Vorgänger* oder *Nachfolger* ein- und ausblenden. Sie können mit der Gestensteuerung (zwei Finger) den Zoomfaktor anpassen oder mit einem Finger die Position der Grafik verändern. Außerdem lässt sich über das Icon *Beziehungssteuerung* am rechten Rand eine interaktive Legende einblenden. Die selektierten Beziehungstypen werden dann explizit hervorgehoben. Hier wird sehr deutlich, was in Kapitel 2, „Mein Teamcenter“, mit den verschiedenen Typen von Relationen zwischen Objekten gemeint ist.

Bild 3.4 Anzeige der Beziehungen von einer Revision mit Legende

3.5 Ansichtssache – die Anpassung der Darstellung

Am oberen Fensterrand finden Sie auf der linken Seite die Möglichkeit, direkt zum *Home*-Bildschirm zurückzukehren. Außerdem können Sie das *Design ändern*. Es stehen Ihnen gegenwärtig zwei Varianten (hell und dunkel) zur Verfügung. Direkt darunter finden Sie die Anzeige des `aktuellen Benutzers`, des eingestellten `Projekts`, der eingestellten `Gruppe` und `Rolle` und der aktuellen Laderegel (Kapitel 5, „Struktur-Management – Stücklisten und deren Verwendung"). Alle Einträge sind aktive Links. So lassen sich darüber die Einstellungen für die Sitzung ändern. Über Ihren *Benutzernamen* können Sie sich vom System *abmelden* oder Ihr *Profil* anzeigen lassen.

3.6 Workflows und Vertretungen

Im Laufe des Buchs werden Sie noch die Möglichkeiten zur Weiterleitung von Aufgaben und zur Benennung von Stellvertretenden (Abwesenheitsassistent) kennenlernen (Kapitel 4, „Datensicherheit für alle"). Im Active Workspace finden Sie diese Informationen direkt in Ihren Profileinstellungen. Stellvertrende können Sie per *Plus*-Zeichen benennen. Sie selektieren dazu eine benutzende Person aus der Organisation (Kapitel 4, „Datensicherheit für alle"). Über das Icon am rechten Rand können Sie auch festlegen, an wen eventuelle Aufgaben weitergeleitet werden sollen, während Sie abwesend sind.

Nutzen Sie nun den großen, nach links gerichteten Pfeil neben Ihrem groß geschriebenen Nutzernamen. Über diesen Pfeil gelangen Sie zur vorherigen Seite zurück.

In derartigen Anwendungen sollten Sie möglichst nicht die browsereigenen Möglichkeiten nutzen. Die Steuerung bzw. Bedienung der Web-Anwendung sollte immer über die Befehle der Anwendung erfolgen.

Nachdem wir das Thema Stellvertretung und Abwesenheit kurz angeschnitten haben, soll es nun bei den aktiven Aufgaben weitergehen. Wie im klassischen Programm haben Sie über *Meine Arbeitsliste* die Möglichkeit, sich einen Überblick über Ihre Aufgaben zu verschaffen. Diese können sich einerseits aus Workflows/Prozessen ergeben (Kapitel 8, „Workflows – definierte und nachvollziehbare Arbeitsabläufe") und andererseits z. B. aus der Projektabwicklung (Kapitel 13, „Schedule Manager – Zeitpläne in der Produktentstehung").

In der Kachel *Aktive Aufgaben* werden die ungelesenen Aufgaben (*Neu*), die Gesamtanzahl der aktiven Aufgaben (*Gesamt*) und die überfälligen Aufgaben (*Überfällig*) getrennt gezählt. Wählen Sie diesen Punkt und betrachten Sie die Ihnen zugewiesenen

Aufgaben (Bild 3.5). Sie haben die Möglichkeit, die Darstellung zu modifizieren. In der Darstellung *Liste mit Übersicht* erhalten Sie neben den Aufgaben auch eine Grafik mit den wichtigsten Angaben angezeigt. Wählen Sie eine Aufgabe aus. Wie bereits erläutert, finden Sie auf der rechten Seite die zugehörigen Informationen.

Übersicht gibt Ihnen die wichtigsten Informationen zur Aufgabe. Unter *Alle Ziele* finden Sie alle Objekte, die dem Workflow zugewiesen wurden, und unter *Unterzeichnungen* erhalten Sie eine Liste mit den bereits abgeschlossenen und den noch zu erfolgenden Unterschriften. Unter *Workflow* finden Sie die gleiche Darstellung (Bild 3.5).

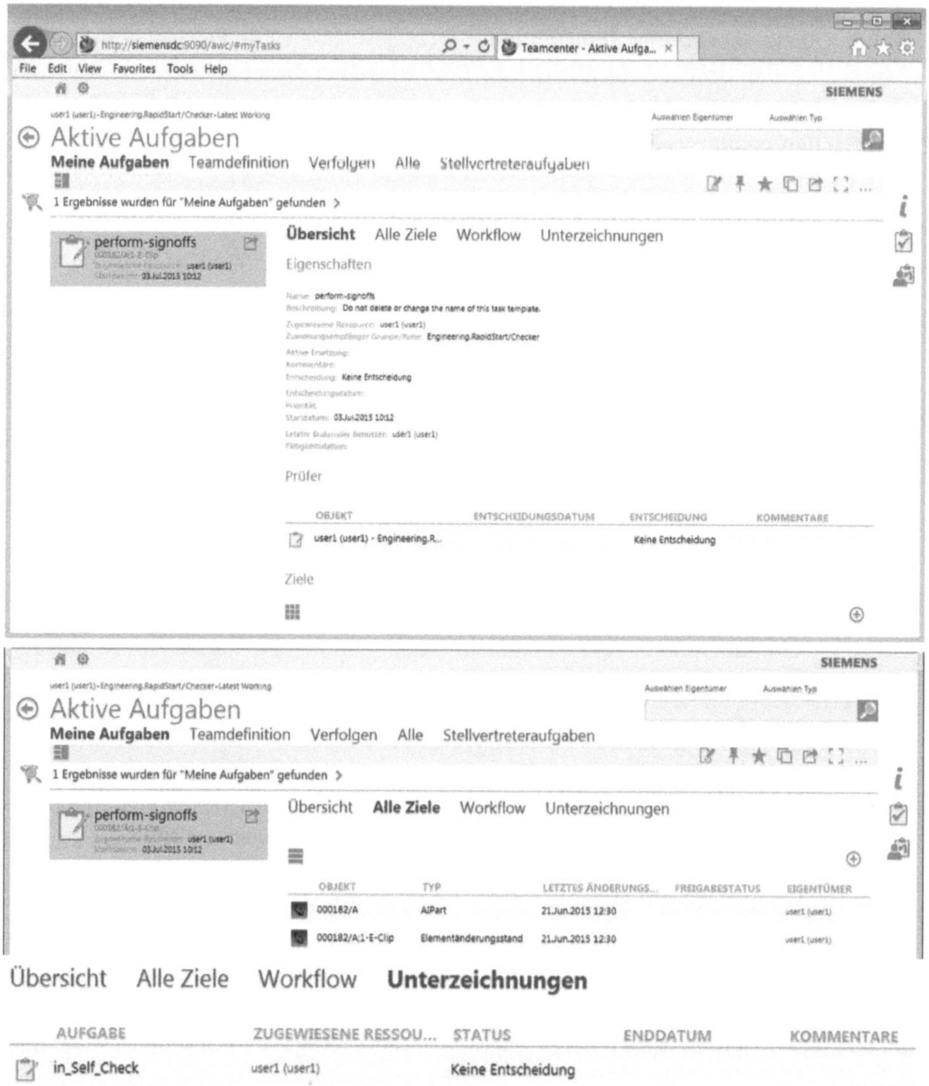

Bild 3.5 *Übersicht, Alle Ziele* und *Unterzeichnungen*

Öffnen Sie nun die Aufgabe. Die linke Seite mit allen Aufgaben entfällt dann. Sie konzentrieren Sich jetzt auf genau diese eine Aufgabe. Betrachten wir den Reiter *Workflow* einmal genauer (Bild 3.6). Hier finden Sie den gesamten Überblick über den Ablauf des Prozesses. Mit zwei Fingern (Geste) oder über das Scrollrad der Maus können Sie zoomen. Mit einem Finger (Geste) oder durch Ziehen mit gedrückter linker Maustaste können Sie den Ausschnitt verschieben. In Kapitel 8, „Workflows – definierte und nachvollziehbare Arbeitsabläufe“, stellen wir Ihnen die Nutzung von Workflows in Teamcenter noch genauer vor. An dieser Stelle haben Sie schon einmal einen Einblick in ein verändertes User Interface.

Rechts in Bild 3.6 finden Sie drei weitere Icons. Hier können Sie überall die zum gewählten Objekt gehörenden *Informationen* anzeigen lassen. Die vorliegende Aufgabe arbeiten Sie per *Aufgabe ausführen* ab. Der Bildschirmbereich wird dann geteilt. Rechts geben Sie Ihre *Kommentare* zur Aufgabe ein und können über die beiden Schaltflächen am unteren Rand *Genehmigen* oder *Zurückweisen*.

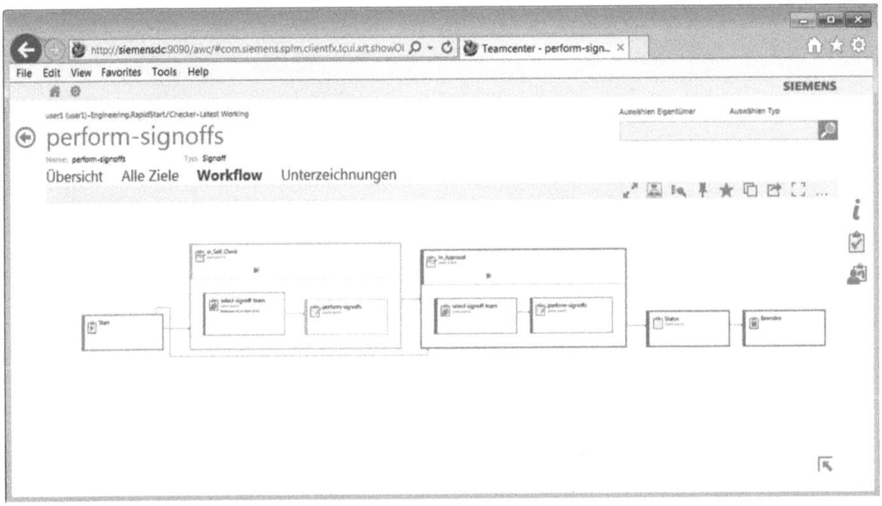

Bild 3.6 Blick auf den gesamten Prozess/Workflow

Prinzipiell sollten Sie die Genehmigung erst durchführen, wenn Sie die angehangenen Daten gründlich geprüft haben. Diese finden Sie unter *Alle Ziele*. Von hier aus können Sie auch die *Angehangenen Daten*, z. B. den Elementänderungsstand, öffnen und genauer betrachten. Denken Sie daran, dass Sie über den großen Pfeil links wieder zurück zur Aufgabengenehmigung kommen. Leider müssen Sie *Aufgabe ausführen* erneut anwählen. Hintergründe zur Nutzung von Workflows (speziell zur Freigabe von Daten) erläutern wir in Kapitel 8, „Workflows – definierte und nachvollziehbare Arbeitsabläufe“, und in Kapitel 12, „Geändert wird immer! Effektives Änderungswesen“.

3.7 Suchen

Auch Suchen können Sie über den Active Workspace Client ausführen. Für viele Anwendende ist dies sogar die innovativste Funktion in dieser Benutzeroberfläche. Rechts oben finden Sie die Sucheingabe. In der Schnellsuche können Sie entscheiden, ob der Eigentümer auf Sie eingegrenzt werden soll, oder ob unabhängig von diesem gesucht werden soll. Beachten Sie, dass immer nur Objekte gefunden werden, auf die Sie mindestens eine Leseberechtigung haben. Außerdem können Sie aus einer Liste noch den Objekttyp, auf den die Suche beschränkt werden soll, auswählen. Bei der Eingabe der Sucheigenschaft (ID) kann Ihnen eine Liste der bereits eingegebenen Muster vorgeschlagen werden. Joker/Platzhalter werden nicht berücksichtigt. Nachdem Sie die Lupe rechts neben dem Eingabefeld angeklickt haben wird die Suche ausgeführt, und die Ergebnisse werden angezeigt (Bild 3.7).

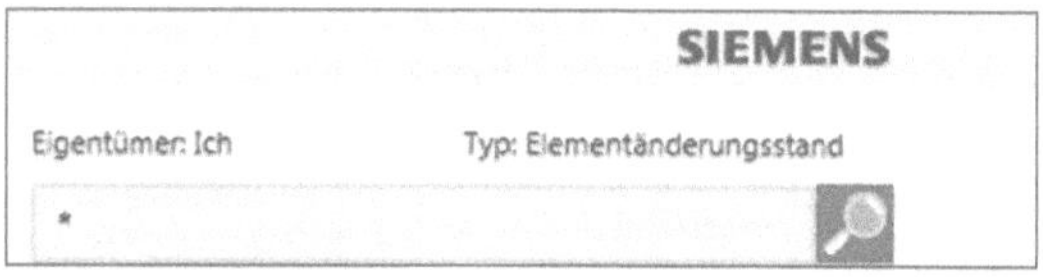

Bild 3.7 Eingabe der Suchkriterien

Hervorzuheben ist besonders die unmittelbare Auswertung der Suchergebnisse. Alle gefundenen Objekte werden analysiert und die weitere Eingrenzung der Suchergebnisse oder ein Wechsel des Fokus ist so sehr schnell möglich.

Am linken Rand finden Sie die Möglichkeit, die Suchfilter zu aktivieren. Bei Bedarf können Sie eine Farbfilterung (Pipette) aktivieren, um kleine farbliche Markierungen vor den Suchkriterien und gefundenen Objekten zu aktivieren (Bild 3.8).

Auch hier haben Sie die Möglichkeit, die Darstellung zu modifizieren und Detailinformationen abzurufen. Sie können sich kürzlich verwendete Suchvorgänge anzeigen lassen und diese entweder aus der Liste löschen oder erneut ausführen (Bild 3.9).

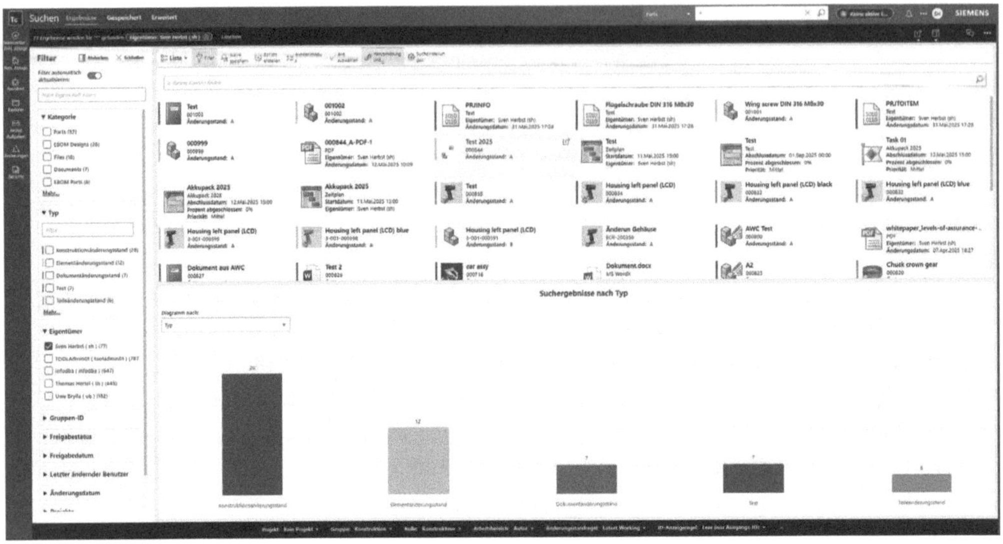

Bild 3.8 Suchergebnis mit eingeblendetem Filter und mit Statistik

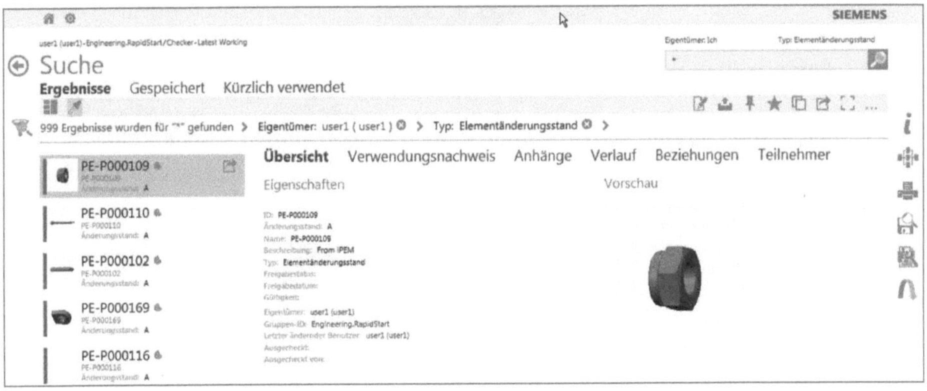

Bild 3.9 Anzeige der Suchergebnisse als Liste mit Übersicht (mit Farbmarkierungen und ohne Filter)

An der rechten Seite finden Sie zusätzlich die Möglichkeit, eine Suche zu speichern. Geben Sie einen `Namen` ein, kontrollieren Sie die Suchkriterien und entscheiden Sie, ob die Suche auf der Startseite angeheftet werden soll (Bild 3.10). Über den Reiter *Gespeichert* lassen Sich Ihre gespeicherten bzw. angehefteten Suchergebnisse anzeigen (Bild 3.9). Weitere Funktionen zum Thema Suche werden in Kapitel 11, „Das Finden ist entscheidend!“, vorgestellt.

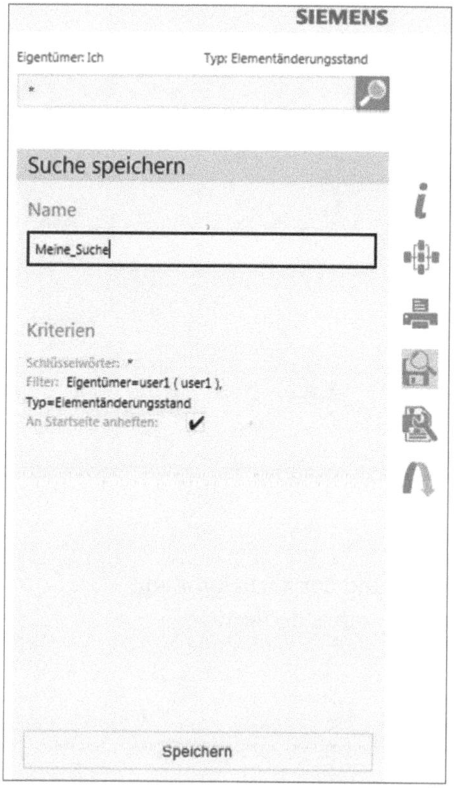

Bild 3.10
Suche speichern und an Startseite anheften

3.8 Startseite anpassen

Wechseln Sie nun wieder zur *Startseite*. Hier finden Sie eine Kachel mit der eben angehefteten Suche. Über einen Rechtsklick auf eine Kachel (Geste: lange drücken) haben Sie die Möglichkeit, die Kachel anzupassen. Verschieben Sie diese innerhalb eines gedachten Rasters auf beliebige Weise auf der Startseite und passen Sie die Größe der Kachel über das Symbol in der rechten unteren Ecke an. Die drei verschiedenen Größen erlauben eine individuelle Gestaltung des Startbildschirms. Über das Symbol in der rechten oberen Ecke können Sie die Anheftung wieder entfernen. Ein Klick auf einen freien Bereich deaktiviert den Änderungsmodus für die Kacheln, und Sie können normal weiterarbeiten (Bild 3.11).

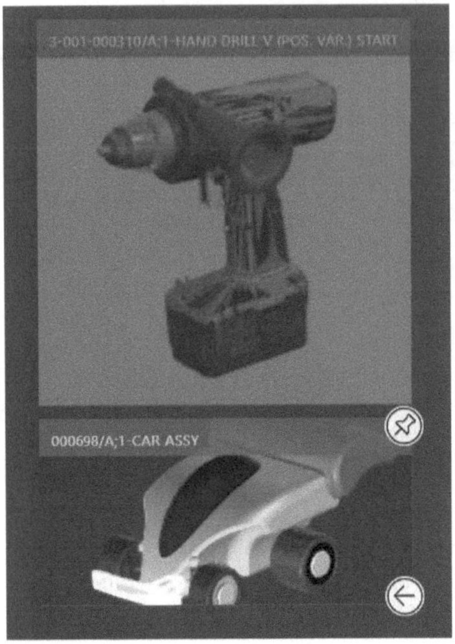

Bild 3.11
Anpassung der Kachelgrößen an den Startbildschirm

3.9 Nutzung von Favoriten

Auch im Active Workspace können Sie Favoriten definieren. In den meisten Fenstern finden Sie die Symbole rechts oben. Neben *Zu Favoriten hinzufügen* haben Sie die Möglichkeit, das Objekt an die Startseite *anzuheften* (Bild 3.12). Beide Symbole verwandeln sich nach der Verwendung. Sie können das Objekt auch von den *Favoriten entfernen* und es zu einem späteren Zeitpunkt erneut *anheften*.

Bild 3.12 Anheften oder als Favorit definieren

Die Kachel für die Anzeige aller *Favoriten* finden Sie auf der Startseite. Von dort kommen Sie zur Liste der Favoriten. Zusätzlich werden auch die *Kürzlich verwendeten Objekte* (quasi der Verlauf) angezeigt (Bild 3.13).

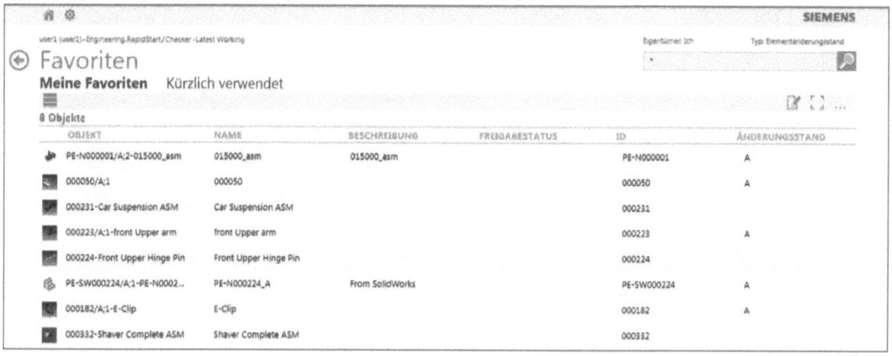

Bild 3.13 Anzeige der Favoriten als Ansicht „Tabelle"

Sie können Teamcenter auch für die Verwaltung Ihrer Projekte nutzen und sich die zugehörigen Teammitglieder eines Projekts anzeigen lassen (Bild 3.14). Weitere Informationen hierzu finden Sie in Kapitel 15, „Projekte – Produktdaten und Projektteams".

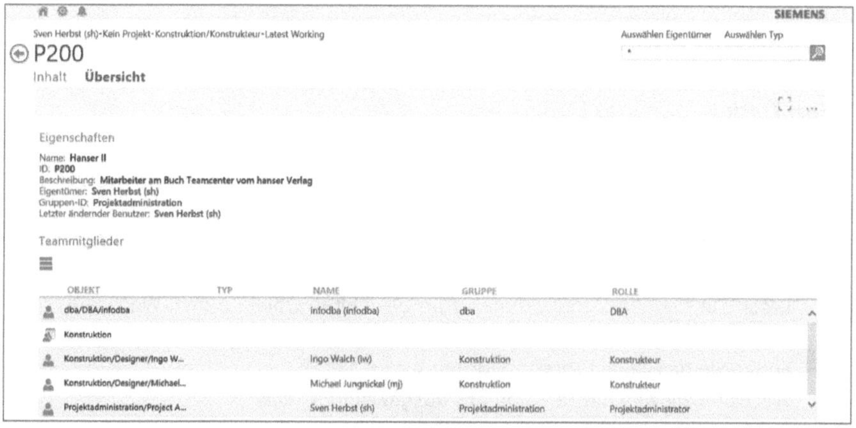

Bild 3.14 Anzeige der Teammitglieder eines Projekts

3.10 Hinzufügen und Erstellen von Objekten

Über einen Klick auf das Plus-Zeichen können Sie neue Objekte erstellen. Auf diesem Wege ist es möglich, Items (verschiedene Typen) und darin enthaltene Datasets (Typen wie in Kapitel 2, „Mein Teamcenter", vorgestellt) anzulegen. Bei den Datasets legen Sie eventuell eine Datei und die gewünschte Relation fest (Bild 3.15).

Bild 3.15
Dialog zum Erstellen eines Items

3.11 Anwendung

Fast Track

1. Melden Sie sich mit Ihrem Usernamen oder per Single Sign-on (SSO) am Teamcenter Active Workspace an.
2. Wechseln Sie in den Ordner *Neue Daten* (*Newstuff*).
3. Selektieren Sie dort ein Item, eine Konstruktion oder ein Teil und öffnen Sie das jeweilige Objekt.
4. Lesen Sie sich die Informationen zum gewählten Objekt durch. Wechseln Sie dabei auch die Reiter über den Informationen.
5. Fügen Sie das Objekt Ihren Favoriten hinzu.
6. Wechseln Sie zu einer Revision des ausgewählten Teils.
7. Selektieren Sie ein angehängtes Dataset und rufen Sie die zugehörigen Eigenschaften ab.
8. Legen Sie ein neues Dataset in der gleichen Revision an.
9. Wechseln Sie zum Home-Bereich. Prüfen Sie die Favoriten.
10. Machen Sie aus einem Favoriten ein an die Startseite angeheftetes Objekt.
11. Wechseln Sie erneut zur Startseite und verändern Sie die Größe und Anordnung dieses Symbols.
12. Nutzen Sie die Suche, um alle Revisionen des gleichen Typs, die von Ihnen oder allen Nutzenden im Teamcenter erstellt wurden, zu finden.
13. Speichern Sie die Suche ab und heften Sie diese Suche ebenfalls an eine von Ihnen gewählte Stelle.

---

4 Datensicherheit für alle

Als anwendende Person eines PLM-Systems erwarten Sie selbstverständlich, dass verschiedene Aspekte der Datensicherheit möglichst ohne Ihr eigenes Zutun sichergestellt sind. Alles was Sie im Zusammenhang mit Teamcenter anlegen und verändern wird automatisch in der Datenbank und auf Festplatten, die sich irgendwo auf der Welt befinden können, abgelegt (Kapitel 1, „Einführung"). Im Normalfall brauchen Sie sich um diese Dinge nicht zu kümmern. Den Aspekt der Sicherung des Systems gegen Hardware-Defekte und gegen eventuelle Netzwerkangriffe wollen wir in diesem Buch nicht weiter erörtern. Das ist Sache der IT-Sachverständigen. Stattdessen werden wir uns in diesem Kapitel die Abbildung der Organisation in Teamcenter, die sicherheitsrelevanten Attribute an den Objekten und das Zusammenspiel bei der Überprüfung der Zugriffsrechte genauer ansehen.

Real-World-Szenario

Fast die komplette FixDurch GmbH ist in Teamcenter abgebildet. Dies erlaubt den meisten Mitarbeitenden Zugriff auf die abgelegten Daten. Die Unternehmensabbildung ermöglicht die zielgerichtete Steuerung der Berechtigungen für Bestandsdaten und neue Produktentwicklungen. Außerdem wird sichergestellt, dass Informationen nur in die richtigen Hände gelangen. Dies liegt vor allem im Interesse der Geschäftsführung (Alexander) und in Verantwortung der IT (Chris).

4.1 Unternehmensorganisation

In Kapitel 1, „Einführung“, haben wir Ihnen unsere Musterfirma vorgestellt. Diese soll als Ausgangspunkt für die Erklärungen der Abbildung innerhalb von Teamcenter herangezogen werden. In Bild 1.1 finden Sie einen Vorschlag für die Aufgabenzuordnung.

An erster Stelle steht die Abbildung Ihrer Unternehmensorganisation in Teamcenter. Üblicherweise werden Abteilungen in Teamcenter als Gruppen abgebildet. Gruppen wiederum können in Untergruppen eingeteilt werden (Hierarchie). In den meisten Fällen wird der Unternehmensaufbau fast eins zu eins in der Organisation von Teamcenter abgebildet. Allerdings kann auch davon abgewichen werden und die Organisation innerhalb von Teamcenter für weitere Aufgaben kann hierdurch optimiert werden. Häufig wird z. B. die Möglichkeit genutzt, dass einzelne anwendende Personen in mehreren Gruppen tätig sind und dort auch verschiedene Rollen einnehmen können.

Rollen werden verwendet, um bestimmte Aufgaben von Mitarbeitenden getrennt betrachten zu können. Somit reiht sich Teamcenter in die Systeme ein, die gruppen- und rollenbasiert die Zugriffsrechte steuern. Zum Beispiel kann man unterschiedliche Rollen für alle mitarbeitenden Personen, die Autorenaufgaben (Erstellende) wahrnehmen, und für die freigabeverantwortlichen Personen (Freigebende) definieren.

Hinzu kommt die Möglichkeit, Fachgebiete zu verwenden und, wie wir später sehen werden, Projektteams zusammenzustellen (Kapitel 15, „Projekte – Produktdaten und Projektteams“). Beide werden zum Beispiel nicht nur für die Zugriffssteuerung verwendet, sondern auch für die Auswahl von Personen, z. B. im Zeitplan-Management (Kapitel 13, „Schedule Manager – Zeitpläne in der Produktentstehung“), oder aber für die Zuweisung von verantwortlichen Personen, z. B. für Freigaben in Workflows (Kapitel 8, „Workflows – definierte und nachvollziehbare Arbeitsabläufe“) genutzt.

Tabelle 4.1 Kategorien in der Applikation **Organisation**

Personen	Kontaktangaben zu den Personen, die in Teamcenter angelegt sind
Benutzer	Nutzerkennung und Verbindung zu den Personeninformationen, die für das PLM-System registriert sind
Gruppen	Gruppen, die sowohl für die Zuweisung der Benutzenden als auch für die Speicherung der Eigentümergruppe aller Objekte genutzt werden
Rollen	Den Rollen werden Benutzende zugewiesen. Diese werden für die Auswertung der Berechtigung und für die Auswahl geeigneter nutzender Personen, z. B. bei Workflows, genutzt.
Kalender	Arbeitszeitkalender, unter anderem eingesetzt vom **Zeitplan-Management** (Scheduler)

Fachgebiete	eine Gruppe von Benutzenden mit einem gemeinsamen Verhalten
Sites	Standorte in Bezug zur technischen Umsetzung: Große Systeme unterstützen mehrere Sites (Multisite)
Volumes	Festplattensysteme, auf denen die eigentlichen Dateien abgelegt sind
Sprache	Alle Attribute in Teamcenter können mehrsprachig genutzt werden.
Lizenzserver	Über die hier definierten Server wird die Vergabe von Lizenzen gesteuert.

4.1.1 Organisation anzeigen lassen

Im Folgenden werden wir, wenn nicht ausdrücklich anders erwähnt, auf die Anwendung **Mein Teamcenter** eingehen. Als anwendende Person haben Sie jederzeit die Möglichkeit, auf die *Organisation* zuzugreifen. Am einfachsten erfolgt dies in **Mein Teamcenter** über den Menüpunkt *Ansicht > Organisation*... Auch an dieser Stelle finden Sie eine Baumstruktur, in der Sie sich über das +-Zeichen die einzelnen Gruppen einblenden lassen können (Bild 4.1). Sind keine weiteren Gruppen untergeordnet, werden Ihnen die Rollen angezeigt. Blenden Sie auch diese ein, erscheinen Informationen über die einzelnen nutzenden Personen. Mehr Informationen erhalten Sie über Gruppen, Rollen und Nutzende, nachdem Sie diese selektiert haben. Speziell beim Nutzenden finden Sie auf der rechten Seite die bekannten Reiter. Im Reiter *Person* werden Ihnen die auch aus anderen Systemen bekannten Kontaktinformationen angezeigt.

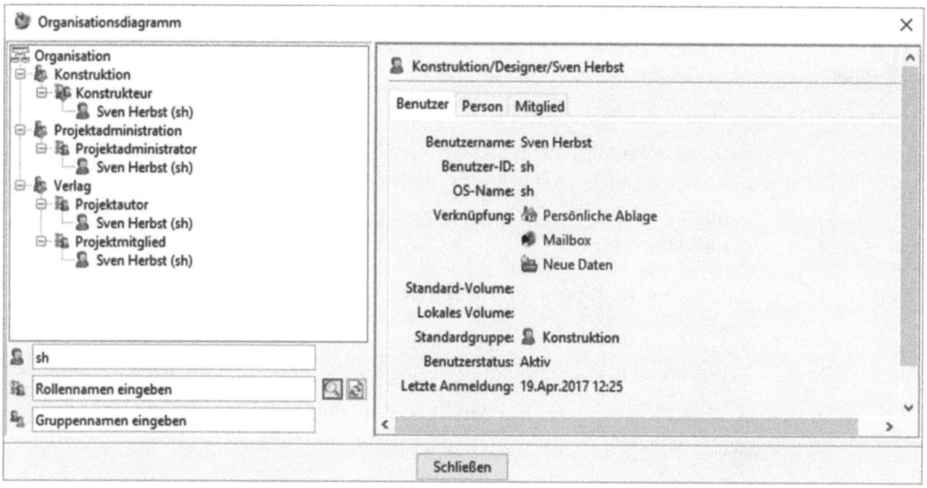

Bild 4.1 Organisationsdiagramm (gefiltert nach einer benutzenden Person)

Diese Informationen können bei Bedarf aus anderen Softwaresystemen synchronisiert werden (z. B. LDAP – Lightweight Directory Access Protocol).

Im Reiter *Mitglied* erhalten Sie Informationen über die aktuelle Zuordnung. Der wichtigste Reiter ist aber der Reiter *Benutzer*. Hier finden Sie neben allgemeinen Informationen spezielle Angaben zur Verknüpfung. Diese sind auswählbar und öffnen die Ordner dieser benutzenden Person direkt in der Baumdarstellung (Kapitel 2, „Mein Teamcenter"). Bereits an dieser Stelle können Sie erkennen, dass Daten unternehmensweit prinzipiell jedem zur Verfügung gestellt werden können.

Um sicherzustellen, dass nur diejenige Person die Daten sehen kann, die dazu berechtigt ist, wird im Hintergrund von Teamcenter ein Abgleich zwischen der aktuell von Ihnen eingestellten Gruppe und Rolle und dem ausgewählten Objekt durchgeführt. Nur wenn dieser Abgleich zu dem Ergebnis führt, dass Sie die Berechtigung haben, zum Beispiel das Objekt zu lesen (zu sehen), wird dieses auch angezeigt. Ansonsten erfolgt gegebenenfalls eine Fehlermeldung. In vielen Fällen wird auf eine Fehlermeldung vollständig verzichtet. Haben Sie z. B. keine Leseberechtigung, erhalten Sie einfach keine Information darüber, dass es dieses Objekt gibt.

Neben der Berechtigung, ein Objekt zu lesen, werden weitere Berechtigungen vergeben, zum Beispiel zum Schreiben, also Ändern eines Objekts oder aber, um es zu löschen oder die Projektzuweisung zu ändern (Tabelle 4.2).

Tabelle 4.2 Auswahl aus den verfügbaren Berechtigungsstufen

Berechtigung	Bedeutung	Kapitel
Lesen	Objekte können angezeigt und damit gelesen werden.	Kapitel 2, „Mein Teamcenter"
Schreiben	Objekte können angelegt und verändert werden.	Kapitel 2, „Mein Teamcenter"
Löschen	Objekte können aus der Datenbank entfernt werden (allerdings nur, wenn auch noch andere Bedingungen eingehalten werden).	Kapitel 2, „Mein Teamcenter"
Ändern	Die Berechtigungen für dieses Objekt können verändert werden.	Kapitel 4, „Datensicherheit für alle"
Weiterleiten (Promote)	Workflow-Task können übersprungen bzw. individuell weitergeleitet werden.	Kapitel 8, „Workflows – definierte und nachvollziehbare Arbeitsabläufe"

Berechtigung	Bedeutung	Kapitel
Zurücksetzen (Demote)	Workflow-Task können zurückgesetzt werden.	Kapitel 8, „Workflows – definierte und nachvollziehbare Arbeitsabläufe"
Kopieren	Objekte können über *Speichern unter …* kopiert werden.	Kapitel 12, „Geändert wird immer! Effektives Änderungswesen"
Eigentümer ändern	Dem Objekt kann ein neuer Eigentümer zugewiesen werden. **Hinweis:** Ab diesem Moment gelten die neuen Zugriffsrechte sofort.	Kapitel 4, „Datensicherheit für alle"
Abonnieren	Für dieses Objekt können Abonnements erstellt werden.	Kapitel 4, „Datensicherheit für alle"
Für Projekt zuweisen	Das Objekt kann eine Projektzuweisung erhalten.	Kapitel 15, „Projekte – Produktdaten und Projektteams"
Aus Projekt entfernen	Eine Projektzuweisung kann vom Objekt entfernt werden.	Kapitel 15, „Projekte – Produktdaten und Projektteams"

Neben den hier erwähnten Berechtigungen gibt es noch viele weitere, auf die wir aber in diesem Buch nicht weiter eingehen werden.

4.1.2 Ändern der aktuellen Benutzereinstellungen

Um eine Überprüfung durchzuführen, muss Teamcenter also immer wissen, in welcher Gruppe mit welcher Rolle Sie aktuell tätig sind. Die Informationen darüber finden Sie direkt neben dem Namen der aktuellen Perspektive. Fahren Sie mit der Maus über Ihren Namen und drücken Sie die linke Maustaste. Alternativ können Sie auch den Befehl *Bearbeiten > Benutzereinstellungen …* in **Mein Teamcenter** und den meisten anderen Anwendungen verwenden. Nun öffnet sich ein Dialogfenster, in dem sie Informationen über die aktuelle Sitzung erhalten (Bild 4.2).

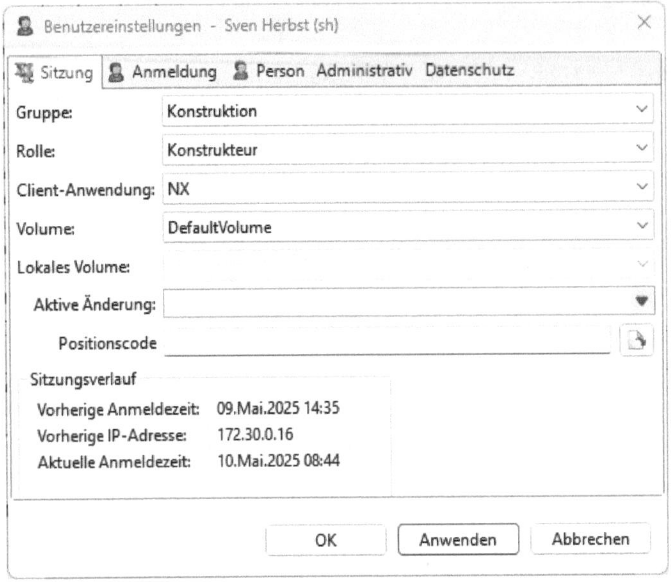

Bild 4.2 Benutzereinstellungen mit Sitzungsinformationen

Alternativ haben Sie hier die Möglichkeit, die eingestellte Gruppe zu ändern, sofern Sie mehreren Gruppen zugewiesen wurden, und abhängig von der gewählten Gruppe darunter die verfügbare Rolle auszuwählen. Prinzipiell können Sie an dieser Stelle auch das Projekt wechseln (Kapitel 15, „Projekte – Produktdaten und Projektteams") und, falls die IT dies vorgesehen hat, ist es möglich, dass Sie das `Volume` (das Speichermedium) wechseln. Zusätzlich erhalten Sie ein paar Informationen über den Sitzungsverlauf. Über den Reiter *Person* können Sie Informationen, die im System über Sie selbst hinterlegt sind, betrachten oder, wenn die IT dies nicht gesperrt hat, können Sie diese Informationen auch selbst pflegen (Bild 4.2).

Im Reiter *Anmeldung* legen Sie die *Standardgruppe* für die Anmeldung sowie das *Standardvolume* (wird meist nicht benötigt) fest, und Sie können für alle Gruppen, in denen Sie platziert wurden, die Standardrolle ändern. Diese Einstellungen wirken sich, wie erläutert, auf die Anmeldung im System aus. Wird die Anmeldung in Teamcenter individuell geregelt und nicht über ein zentrales System (Single Sign-On, SSO), haben Sie hier auch die Möglichkeit, Ihr *Anmeldekennwort* zu ändern. Zusätzlich haben Sie nun die Möglichkeit, der Verarbeitung Ihrer Daten für die Digital Product Experience (d. h. für die Weiterentwicklung des Benutzererlebnisses) durch Siemens zustimmen. Mit *OK* werden die neuen Einstellungen sofort aktiv und für das Berechtigungssystem unmittelbar verwendet.

Prinzipiell ist es in Teamcenter möglich, alle Berechtigungen zu addieren, d. h., ein Wechsel dieser Einstellung hat dann keine Auswirkungen mehr auf die Berechtigungen, gegebenenfalls aber weiterhin Auswirkung auf die jeweils angezeigten Menüpunkte.

Ein Teil der Auswertungsergebnisse bezüglich der Zugriffsberechtigung (Schreib-, Lösch- und Änderungszugriff) wird Ihnen für das aktuell selektierte Objekt in der rechten unteren Ecke im Informationscenter angezeigt. Hier können nun die in Kapitel 2, „Mein Teamcenter“, vorgestellten Möglichkeiten zum Einsatz kommen.

Genauere Erläuterungen finden Sie in Abschnitt 4.1.5.

4.1.3 Befehlsunterdrückung

In Teamcenter können Sie auch die Ihnen zur Verfügung stehenden Befehle von der Gruppe und Rolle abhängig zu machen (Bild 4.3). Wird diese Möglichkeit genutzt, hat das zur Folge, dass Sie beim Wechseln der Einstellungen, wie vorangehend beschrieben, eine andere Auswahl und mehr oder weniger Befehle zur Verfügung gestellt bekommen.

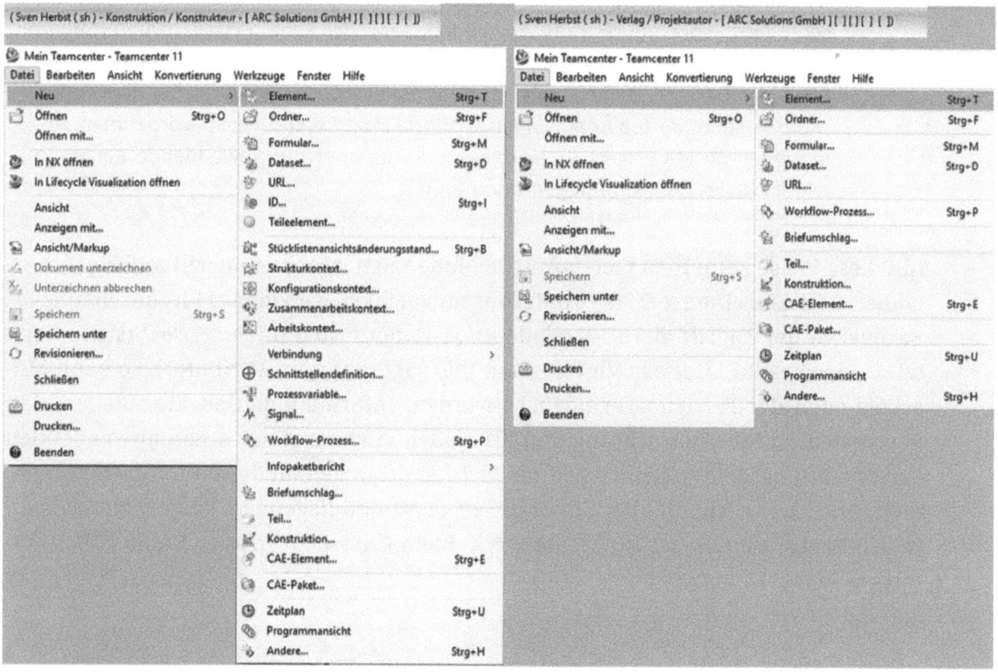

Bild 4.3 Anzahl der Befehle (abhängig von Gruppe/Rolle)

Die Nutzung der Befehlsunterdrückung ermöglicht es Ihnen, den Anwendenden die Arbeit leichter zu machen. Es ist empfehlenswert, dass Gruppen- und Rollenkonzept auch unter diesem Gesichtspunkt zu planen und umzusetzen.

4.1.4 Wie wird entschieden, wer was tun darf?

Wie Sie bereits erfahren haben, enthält jedes neu erstellte Objekt Informationen über die `Eigentümergruppe` und den `Eigentümer`. Beachten Sie, dass keinerlei Informationen über die Rolle im Objekt gespeichert werden. Sobald Teamcenter prüft, ob Sie eine bestimmte Berechtigung für ein Objekt haben, werden ihre aktuell eingestellte Gruppe und Rolle mit den Informationen im Objekt abgeglichen. Über einen ziemlich komplizierten Regelbaum erfolgt dann die Freigabe oder Sperrung der entsprechenden Berechtigungen.

Beispiel: Unterscheidung der Schreibberechtigung

Sven, als Leitung der Produktentwicklung, und die Konstrukteurin Michaela sind Mitglieder der Gruppe „Konstruktion“. Alle Mitglieder der Gruppe „Konstruktion“ haben vollständigen Lesezugriff auf alle Items dieser Eigentümergruppe. Unabhängig von der Rolle dürfen alle Mitglieder der Gruppe „Items“ des Typs *Dokument* verändern, jedoch dürfen nur Anwendende mit der Rolle „Ersteller“ Änderungen an Items des Typs *Konstruktion* vornehmen. In der Dokumentrevision gibt es verschiedene Datasets (siehe Kapitel 2, „Mein Teamcenter“). Alle Mitglieder der Gruppe „Konstruktion“ dürfen Änderungen an Word- oder Excel-Datasets vornehmen, Änderungen an MS Project Projektplänen dürfen aber nur anwendende Personen mit der Rolle „Projektmanager“ durchführen.

Auf diese Weise kann man vielen Anwendenden den lesenden Zugriff auf Objekte erlauben und Einzelnen z. B. die Änderungsmöglichkeit entziehen. Ein anschauliches Beispiel ist der Zugriff auf 3D-Modelle im JT-Datenformat (`DirectModel`) (siehe Kapitel 6, „Viewer und Lifecycle Viewer – ein Bild sagt mehr als Attribute“). So kann Mitarbeitenden der Fertigung ermöglicht werden, Informationen zu Einzelteilen, den Revisionen und die Betrachtung von 3D-Modellen abzurufen. Diesen anwendenden Personen ist es aber zu keiner Zeit möglich, Änderungen an diesen Daten vorzunehmen. Auch sehen sie die den 3D-Modellen zugrunde liegenden Konstruktionsdaten (z. B. `UGMaster` und `UGPart` für Siemens NX) nicht (Bild 4.4, vgl. auch Kapitel 16, „CAx-Integrationen“).

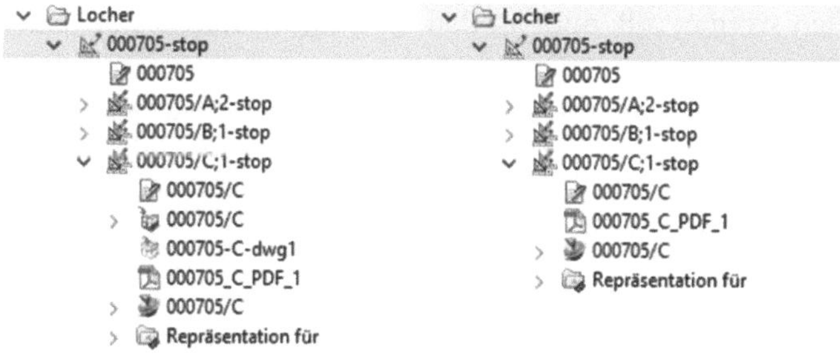

Bild 4.4
Beispiel für die Anzeige der Datasets für unterschiedliche Leseberechtigungen

---

In der Applikation **Zugriffs-Management** können Sie mit der entsprechenden Berechtigung Änderungen am Regelbaum vornehmen. Diese Änderungen sollten am „lebenden" System jedoch nur von Sachkundigen sowie nach umfangreichen Spezifikationen und Tests vorgenommen werden.

4.1.5 Anzeige der Eigentümerschaft

Für jedes Objekt in Teamcenter können Sie sich `Eigentümergruppe/Gruppen-ID`, `Eigentümer` und `Letzter ändernder Benutzer` anzeigen lassen. Nutzen Sie hierzu z. B. die Ansicht *Übersicht*. Wählen Sie dann den Reiter *Übersicht* und den Abschnitt *Teileeigenschaften* aus (Bild 4.5, vgl. auch Kapitel 2, „Mein Teamcenter").

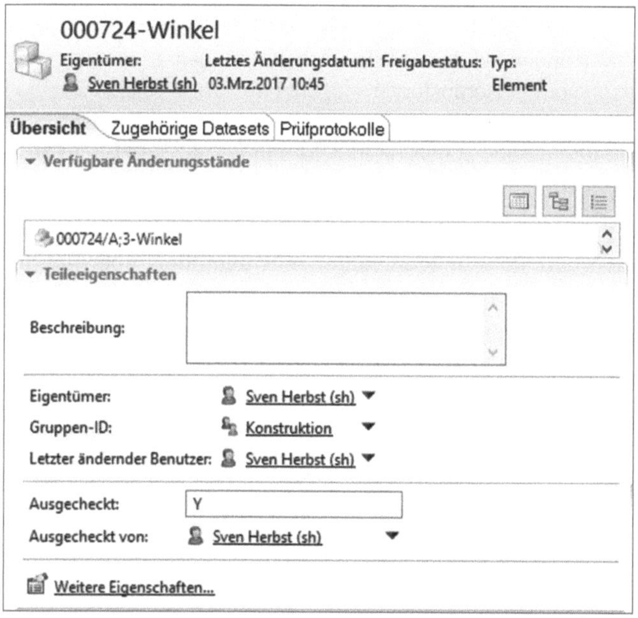

Bild 4.5
Teileigenschaften mit `Eigentümer`, `Eigentümergruppe` und `Letzter ändernder Benutzer`

Genau diese Eigenschaften werden z. B. auch in den Suchergebnissen ausgewertet (siehe Kapitel 11, „Das Finden ist entscheidend!"). Auf die Organisation greifen Sie auch beim Start von Workflows und der damit einhergehenden Zuweisung von verantwortlichen Personen (siehe Kapitel 8, „Workflows – definierte und nachvollziehbare Arbeitsabläufe") sowie bei der Zusammenstellung von Projektteams zu (siehe Kapitel 15, „Projekte – Produktdaten und Projektteams").

4.1.6 Anzeige der Berechtigung

Das Ergebnis der Auswertung der Zugriffsrechte finden Sie unten rechts im Informationscenter (Bild 4.6).

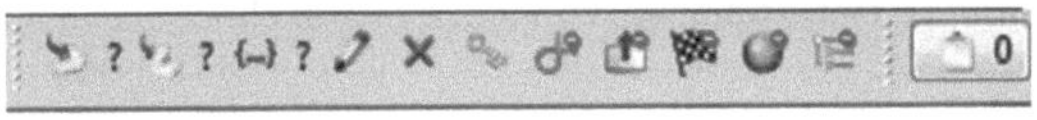

Bild 4.6 Informationscenter mit zusätzlichen Informationen

Über den Menüpunkt *Ansicht > Zugriff ...* kann sich prinzipiell jede anwendende Person die Berechtigungen für ein Objekt und die genaue Ursache anzeigen lassen. Da im Hintergrund über den Regelbaum (*Rule Tree*) komplexe Auswertungen abgearbeitet werden, ist es unserer Meinung nach jedoch nicht sinnvoll, dass Anwendende sich mit der Ursache für eventuelle Einschränkungen befassen. Umso wichtiger ist es, vor Einführung von Teamcenter detaillierte Überlegungen zu einem sinnvollen Berechtigungssystem anzustellen. Entscheidend ist dabei sicherlich, ein ausgewogenes Verhältnis zwischen berechtigten Sicherheitsinteressen und der Gefahr von Einschränkungen bei der täglichen Arbeit zu finden. Ebenso steht jede anwendende Person vor der Herausforderung, dass für kurze Projektlaufzeiten immer wieder das parallele Arbeiten an Objekten, wie z. B. Office-Dokumenten oder 3D-Modellen und den daraus abgeleiteten Zeichnungen, erforderlich wird (siehe „Concurrent Engineering" in Kapitel 1, „Einführung").

Aus Bild 4.7 können Sie entnehmen, dass in Teamcenter sehr detailliert über die Berechtigungen entschieden werden kann. Dies erfolgt übrigens jederzeit, d. h., Änderungen an der Berechtigung, z. B. durch Workflows oder einen Status, werden unmittelbar wirksam (unter Umständen noch während Sie das Objekt sehen, da keine Aktualisierung der Anzeige durchgeführt wurde). Auch wenn Sie die Gruppe oder Rolle bzw. das Projekt wechseln, hat das normalerweise sofortige Auswirkungen. Nutzen Sie die Funktion *Ansicht > Aktualisieren* (*F5*), um über Änderungen unmittelbar informiert zu werden.

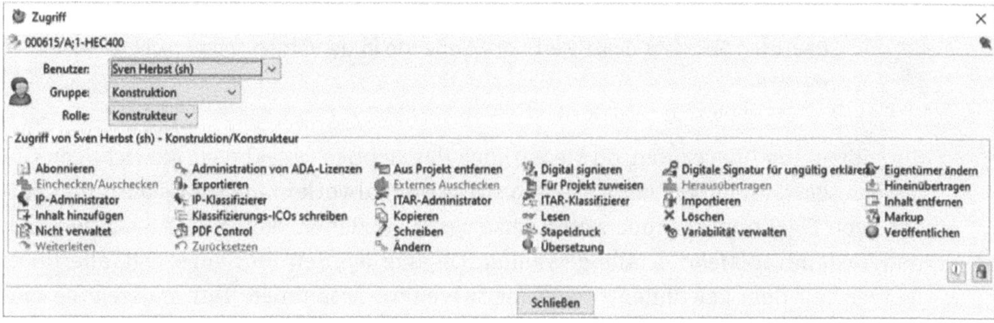

Bild 4.7 Anzeige der aktuellen Berechtigungen auf ein gewähltes Objekt

4.1.7 Eigentümer ändern

Den Einfluss der Anwendenden haben wir in den vorgegangenen Abschnitten nun näher betrachtet. Darüber hinaus ist zu erwähnen, dass jedes Objekt im Laufe der Zeit seinen Eigentümer und seine Eigentümergruppe wechseln kann. Hierzu steht Ihnen der Befehl *Bearbeiten > Eigentümer ändern* zur Verfügung. Sie sehen dann zunächst den aktuellen `Eigentümer` und dessen `Eigentümergruppe`. Klicken Sie diesen an, und wählen Sie im bereits vorgestellten Organisation-Auswahldialog einen neuen Eigentümer aus. Sie können Gruppen, Untergruppen und Rollen aufklappen und die anwendende Person selektieren. In großen Organisationen wird die dazugehörige Suche hilfreich sein. Es ist möglich, nach Gruppen, Rollen und Benutzenden zu suchen. Platzhalter sind erlaubt, aber beachten Sie, dass nach dem Muster `Mc*` gegebenenfalls sehr viele anwendende Personen gefunden werden könnten. Über das Aktualisierungssymbol können Sie die Organisationsbaumstruktur nach einer Suche gegebenenfalls erneut vollständig laden. Bestätigen Sie die Auswahl einer benutzenden Person mit *OK* (Bild 4.8).

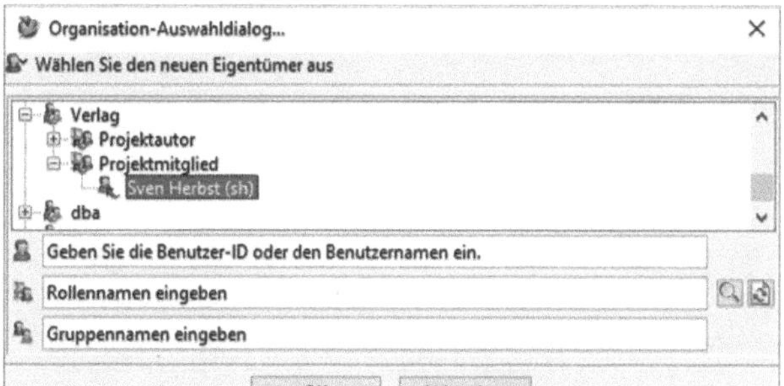

Bild 4.8 Organisation-Auswahldialog

Beachten Sie, dass deaktivierte Anwendende in der Organisation nicht gefunden werden.

Sie sollten nun überprüfen, ob Sie wirklich das richtige Objekt oder die richtigen Objekte ausgewählt haben, denn es kann schon einmal vorkommen, dass Sie sich durch die neue Eigentümergruppe selbst den Zugriff entziehen. Nutzen Sie dazu den kleinen Texteintrag *Mehr …* Alle gewählten Objekte werden nun angezeigt, allerdings hängen mit dem gewählten Objekt meist weitere zusammen. Nun müssen Sie entscheiden, ob für diese ebenfalls ein Eigentümerwechsel vorgenommen werden soll. Denken Sie an einen Konstruktionsänderungsstand und die darin verknüpften Datasets. Meist wird es so sein, dass auch diese neu zugeordnet werden sollen. Nutzen Sie für die zusätzliche Auswahl von Objekten mit bestimmten Beziehungen die kleine Weltkugel.

Im Dialogfenster werden Auswahlregeln angezeigt, die Sie erweitern oder entfernen können (Bild 4.9). Normalerweise sollten diese aber bereits richtig voreingestellt sein. Sie können nun nach dieser Auswahlregel untergeordnete Objekte automatisch auswählen lassen, oder Sie blenden über *Alle Komponenten auswählen* die Baumstruktur ein und selektieren bzw. deselektieren dann entsprechend Ihren Vorstellungen.

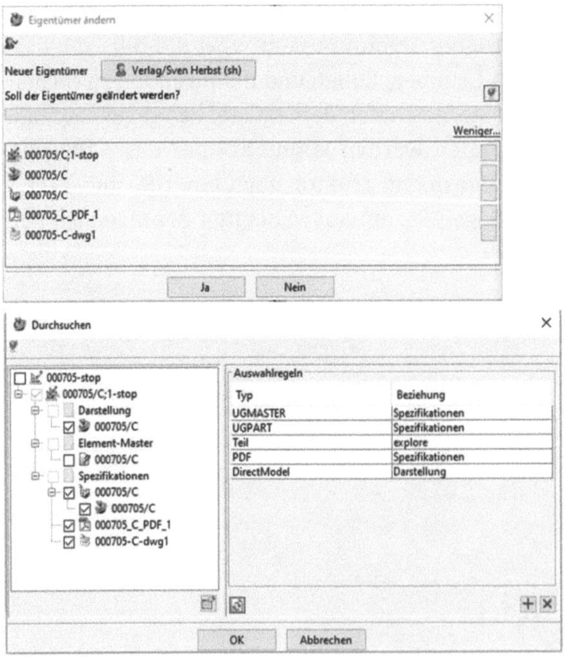

Bild 4.9 Auswahl der zu ändernden Objekte

Gehen Sie hier sehr umsichtig vor. Sie haben bereits erfahren, dass wir mit Teamcenter umfangreiche Beziehungsgeflechte verwalten. Schnell sind viele Objekte ausgewählt und „gehören" nach Befehlsabschluss anderen Anwendenden. Allerdings wird auch für die Übertragung der Berechtigung geprüft, ob Sie eine Berechtigung besitzen („Ändern" siehe Tabelle 4.2). Teamcenter prüft also nach dem Klick auf *OK* noch einmal, ob Sie dies überhaupt tun dürfen.

Eventuell gibt es bei Ihnen im Unternehmen Regeln, welche Objekte in zusammengehörigen Gruppen verwaltet werden müssen. In diesem Fall sollten Sie Ihre Regeln in eigene Software „gießen" lassen. Hier kann es auch sein, dass ein ganzes Dokument oder Konstruktionsteil immer nur von einer Gruppe verwaltet werden darf. Dann müssen Sie spezifizieren, bei welchem Objekt (Item), welche referenzierten Objekte ungefragt mit verschoben werden müssen.

4.1.8 Aktuelle Benutzer

Ein kleines Gimmick zeigt die „Weltoffenheit" von Teamcenter. Jede benutzende Person kann sich anzeigen lassen, welche anwendenden Personen momentan im System angemeldet sind. Über *Ansicht > Aktuelle Benutzer ...* sehen Sie eine Liste, die auch die Anmeldezeit enthält.

Administratoren (z. B. Gruppe „dba") haben dort standardmäßig die Möglichkeit, auch sogenannte tote Sitzungen ausfindig zu machen und gegebenenfalls administrativ zu beenden.

4.2 Kalender

Über die Applikation **Organisation** werden die in Teamcenter verwendeten Kalender verwaltet. Diese werden in erster Linie für das **Zeitplan-Management** verwendet bzw. dort ausgewertet. Auf diese Applikation gehen wir in Kapitel 13, „Schedule Manager – Zeitpläne in der Produktentstehung", noch genauer ein. Wie in anderen Systemen üblich, werden hier z. B. drei Kalender für *Standard, Nachtschicht* und *24 Stunden* vorgehalten. Weitere Kalender können erstellt werden (Bild 4.10).

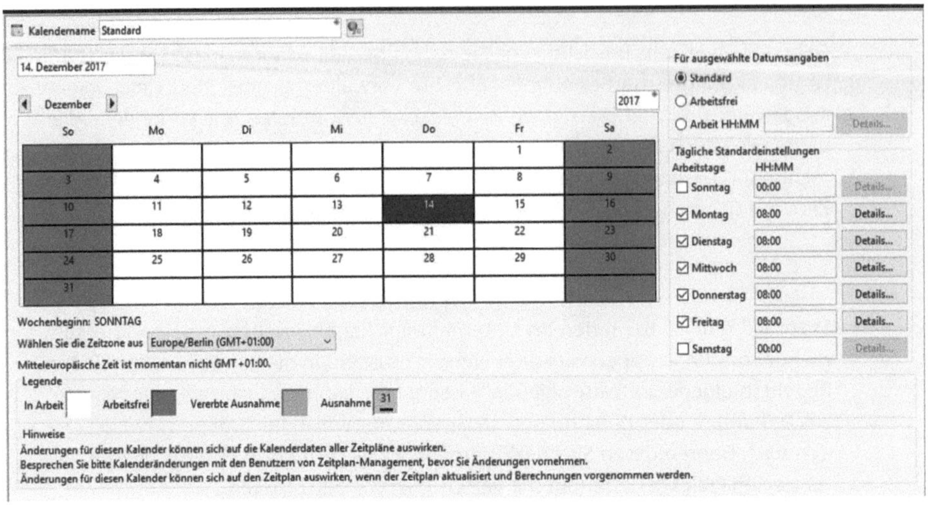

Bild 4.10 Beispiel für den Standardkalender

Über *Bearbeiten > Kalender > Kalender anzeigen* kann sich jede anwendende Person diese Kalender auch ohne die Applikation **Organisation** anzeigen lassen. Prinzipiell besteht über *Benutzerkalender erstellen* die Möglichkeit, einen ressourcenspezifischen Kalender zu erstellen und zu pflegen.

4.3 Integriertes Mail-System (Briefumschlag)

Teamcenter kann an externe Mail-Systeme, wie z. B. Microsoft Outlook/Exchange, angebunden werden. Für die einfache Kommunikation haben Sie aber auch innerhalb von Teamcenter die Möglichkeit, Informationen an Nutzende, die in der Organisation angelegt sind zu versenden (siehe Abschnitt 4.1).

Erstellen einer Adressliste

Beim Auswählen der Mail-Empfänger können Sie auch auf Adresslisten zugreifen. Diese dürfen Sie als anwendende Person selbst verwalten. Eine eigene Adressliste erstellen Sie über *Mein Teamcenter > Werkzeuge > Adressliste …* Geben Sie zunächst links unten im Dialog einen aussagefähigen Namen ein (Bild 4.11). Diese Liste wird über das Plus-Zeichen angelegt. Anschließend selektieren Sie über das Icon *Organigramm abrufen …* den Dialog zur Auswahl innerhalb der Organisation. Stellen Sie sich Ihre Adresslisten aus Anwendenden, Gruppen oder Rollen zusammen. Nutzen Sie gegebenenfalls die Suchmöglichkeiten. Über das rote Kreuz können Sie sowohl Mitglieder aus der Adressliste entfernen als auch ganze Listen löschen.

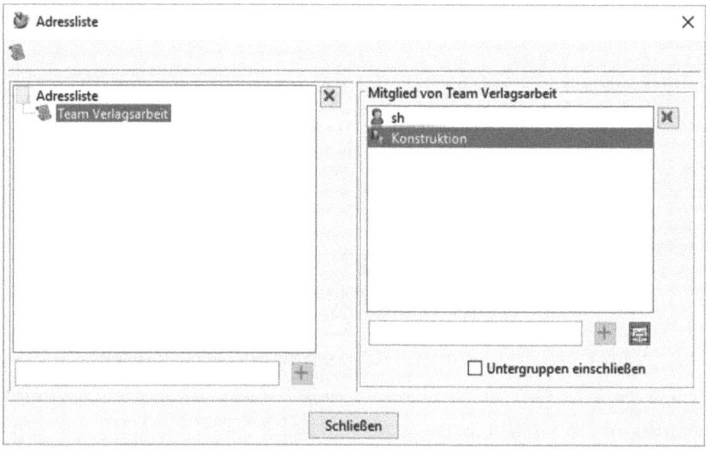

Bild 4.11 Dialogfester zur Erstellung oder Änderung einer Adressliste

Briefumschlag versenden

Für die Versendung eines Briefumschlags wird die in Abschnitt 2.2 vorgestellte Mailbox (Ordner *Mailbox* des Typs `Mail-Ordner`) genutzt. Auch das bereits vorgestellte Referenzprinzip kommt hierbei zum Einsatz.

Um mit Teamcenter eine Mail zu versenden, gehen Sie folgendermaßen vor: Selektieren Sie das Objekt, das gesendet werden soll. Sie können auch mehrere Objekte selektieren oder später weitere Objekte im Dialog der Mail hinzufügen. Erstellen Sie ein neues Objekt `Briefumschlag` (*Datei > Neu > Briefumschlag ...*) und referenzieren gegebenenfalls weitere Objekte (Item, Item Revision, Dataset usw.) mit dem Briefumschlag. Für das Einfügen weiterer Objekte können Sie die Zwischenablage nutzen (siehe Kapitel 2, „Mein Teamcenter"). Anstatt den Befehl aus dem Menü zu nutzen, können Sie auch das Kontextmenü verwenden. Dort finden Sie unter *Senden an* ebenfalls den *Briefumschlag ...*

Geben Sie nun den eigentlichen Nachrichtentext ein. Als kleinen Gimmick können Sie ein Textdataset (`Text`) nutzen, um Mailvorlagen zu verwenden. Ist ein solches im Anhang enthalten, können Sie dieses über das Icon rechts neben der Texteingabe verwenden, um den Text aus dem Dataset in die Mail zu kopieren.

Wählen Sie aus der Organisation die Empfänger aus. Bei Bedarf können Sie auch die Suche innerhalb der Organisation nutzen. Wie in Mail-Systemen üblich, können Sie gegebenenfalls Kopie-Empfänger ergänzen. Hierbei greifen Sie eventuell auch auf eine definierte Adressliste zu, oder Sie definieren ganz unten über das Icon neue Listen.

Schreiben Sie nun eine aussagefähige Betreffzeile. In Teamcenter ist diese sinnvollerweise auch ein Pflichtfeld. Klicken Sie auf *Senden*, um den Briefumschlag abzuschicken. Dieser wird nach dem Versenden im Ordner *Mailbox* der Empfänger der E-Mail referenziert (Bild 4.12).

Bild 4.12
Posteingang mit Briefumschlag und referenzierten Objekten

Da die Objekte aus Teamcenter referenziert sind, ist es möglich, alle weiteren Funktionen von Teamcenter, wie z. B. den Verwendungs- oder Referenznachweis (siehe Kapitel 10, „Alle Beziehungen im Griff"), *Senden an …* (siehe Kapitel 2, „Mein Teamcenter") und die Anzeigemöglichkeiten (siehe Kapitel 6, „Viewer und Lifecycle Viewer – ein Bild sagt mehr als Attribute"), direkt auf diese Objekte zu nutzen.

Eine wichtige Konsequenz ist, dass Sie jederzeit eine Mail löschen können, ohne dabei die darin referenzierten Objekte automatisch mit zu löschen. Im Umkehrschluss können Sie auch kein Objekt aus einem Briefumschlag löschen, da es ja mindestens dort referenziert wurde. Kopieren und Ausschneiden hingegen ist jederzeit, in Abhängigkeit von den Berechtigungen, möglich.

Beachten Sie, dass es keinen Ordner für den Postausgang gibt. Stattdessen können Sie über die Auswirkungsanalyse sehen, welche Objekte mit einer Mail versendet (referenziert) wurden. Um den Inhalt der Mail zu sehen, senden Sie den *Briefumschlag* an **Mein Teamcenter** und nutzen den Reiter *Übersicht* für die Anzeige. Alternativ erstellen Sie sich eine gespeicherte Suche, die nach Ihren eigenen Mails in Teamcenter sucht (siehe Kapitel 11, „Das Finden ist entscheidend!").

Auf gleichem Wege ist es möglich, jedes beliebige Objekt, also z. B. auch Ordner, per Mail zu versenden. Bei den Objekten handelt es sich aber immer nur um Referenzen. Dadurch entstehen nie redundante Daten.

Briefumschlag lesen/öffnen (Mailbox nutzen)

Als Nachrichtenempfänger wechseln Sie zur Nachrichtenanzeige in den Ordner *Mailbox* in der *Persönlichen Ablage*. Hier finden Sie Ihre Nachrichten (Typ: `Briefumschlag`) vor.

Nutzen Sie eventuell den Reiter *Details*. Wählen Sie dazu in der Baumdarstellung den Ordner *Mailbox* aus.

Die Mail selbst lesen Sie entweder über den Reiter *Übersicht*, über die Ansicht *Viewer* oder per Doppelklick. In diesem Falle wird der Briefumschlag fast genauso wie beim Versenden angezeigt.

Beachten Sie, dass auch andere Funktionen von Teamcenter das integrierte Mail-System mit dem Objekt `Briefumschlag` nutzen können.

4.4 Meine Arbeitsliste

Kernpunkt Ihrer täglichen Arbeit kann die in Teamcenter integrierte Arbeitsliste sein. Üblicherweise wird diese im Zusammenhang mit Workflows verwendet (siehe Kapitel 8, „Workflows – definierte und nachvollziehbare Arbeitsabläufe“). In Ihrer Arbeitsliste (*Quicklinks > Meine Arbeitsliste*) finden Sie mindestens die Ordner *Auszuführende Aufgaben* und *Zu verfolgende Aufgaben* vor. Auch das **Zeitplan-Management** (siehe Kapitel 13, „Schedule Manager – Zeitpläne in der Produktentstehung“) und die Abonnement-Nachrichten (siehe Abschnitt 4.5) sind unter Umständen hier zu erreichen.

Die Arbeitsliste kann um ein Ressourcenpool-Abonnement erweitert werden. Sie haben darüber die Möglichkeit, auf Aufgaben eines Teams zuzugreifen. Außerdem können Sie von anderen anwendenden Personen als Workflow-Ersatz benannt worden sein. In diesem Fall erscheint auch die Arbeitsliste dieser benutzenden Person unter Ihrer Arbeitsliste (Bild 4.13).

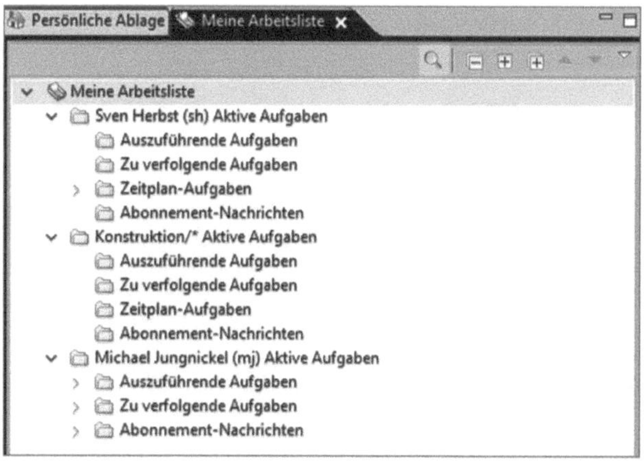

Bild 4.13 Arbeitsliste mit Ressourcenpool und Arbeitsliste einer anderen benutzenden Person

4.5 Abonnements/Subscription

Mit den Daten eines PLM-Systems passiert sehr viel. In einigen Fällen wollen Sie über bestimmte Aktionen informiert werden. Manuell ist dies möglich, indem von einer Person eine entsprechende Information, z. B. nach einer Änderung oder Freigabe von Daten, an Sie gesendet wird. Alternativ versendet das System diese Information automatisch. Hierzu könnten z. B. Workflows genutzt werden. Die Abonnements stellen eine weitere Möglichkeit dar. Für von Ihnen gewählte Objekte oder Objektgruppen können Sie bestimmte Ereignisse überwachen und sich beim Eintreffen eines solchen Ereignisses automatisch eine Benachrichtigung zustellen lassen.

Die Abonnementsfunktionen werden über die Standortvoreinstellungen aktiviert.

Abonnement erstellen

Nehmen wir einmal an, Sie wollen bei jeder Änderung an einer bestimmten Element-Revision informiert werden. Selektieren Sie dazu diese Revision und rufen Sie den Dialog *Werkzeuge > Abonnieren …* auf. Ein Assistent (Wizard) führt Sie durch die erforderlichen Schritte. In Schritt 1 entscheiden Sie sich, ob Sie die Benachrichtigung nur für genau dieses eine Objekt oder für die gleiche Klasse (`Typ`) wie das selektierte Objekt einrichten möchten. Wir beschränken uns hier auf genau dieses eine Objekt. Sie erkennen dies am Eintrag *Abonnement für das Objekt*: `Objektname` (Bild 4.14).

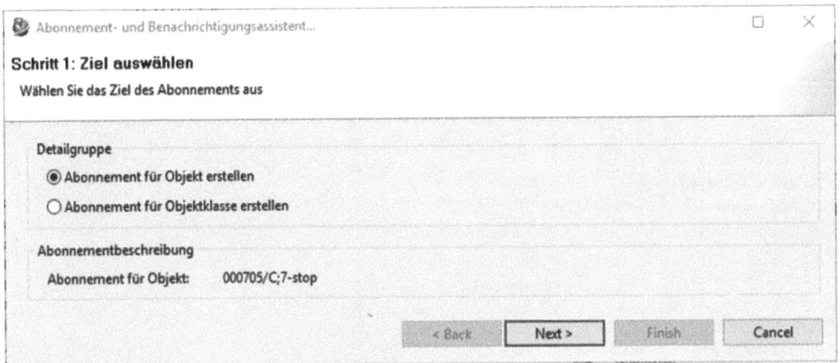

Bild 4.14 Wählen Sie den Objekttyp für das Abonnement

Nach dem Wechsel zu Schritt 2 definieren Sie selbst eine aussagekräftige Bezeichnung für Ihr Abonnement (Bild 4.15). Entscheidend und damit auch Pflichtfeld, ist die Auswahl des gewünschten Ereignistyps. Hier können Sie beispielsweise festlegen, dass Sie über jede Änderung an der ausgewählten Revision informiert werden möchten. Alternativen sind z. B. Informationen über die Reservierung oder Freigabe der Reservierung (Aus-/Einchecken). Denken Sie daran, dass damit nicht alle Objekte, sondern diejenigen gemeint sind, die sich in der Revision befinden. Unter *Häufigkeit* legen Sie fest, in welchen Abständen Sie über Ereignisse informiert werden möchten. Denkbar ist z. B., jeden Morgen die gewünschten Informationen zugestellt zu bekommen. Bei der Entscheidung, sofort benachrichtigt zu werden, sollten Sie berücksichtigen, dass im Hintergrund eine Software-Komponente die Vorgänge überwacht und dafür von der IT nur bestimmte Intervalle vorgesehen sind. Schalten Sie die Benachrichtigung aktiv und definieren Sie die Priorität (*Wichtigkeit*).

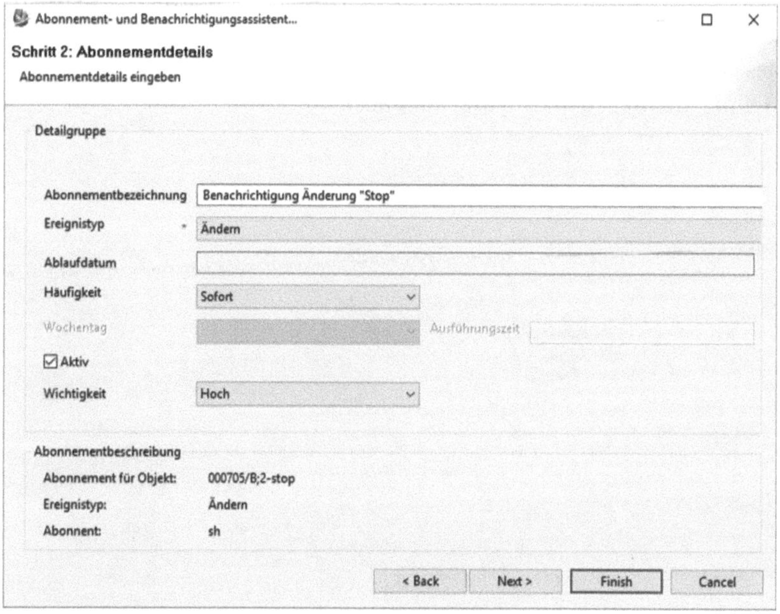

Bild 4.15 Geben Sie die Abonnementdetails ein.

In Schritt 3 kann bei Bedarf aus verschiedenen sogenannten Handlern ausgewählt werden (Bild 4.16). Hier wird technisch definiert, was genau passieren soll, wenn das gewählte Ereignis eintrifft. Unter anderem kann das interne Mail-System Ihnen eine Nachricht senden. Mehr zur Bedeutung der Handler erfahren Sie in Kapitel 8, „Workflows – definierte und nachvollziehbare Arbeitsabläufe“.

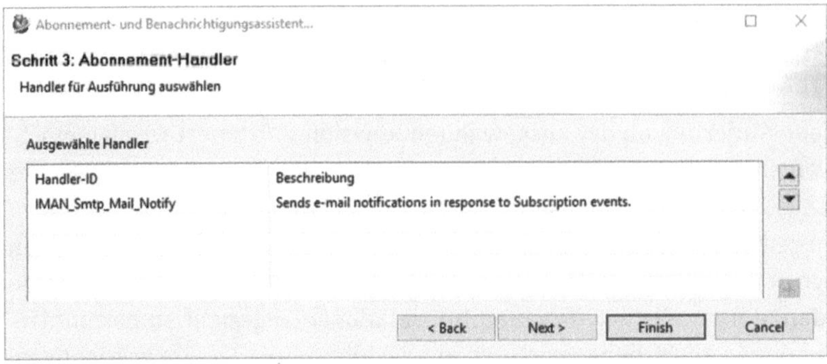

Bild 4.16 Über sogenannte Handler wird z. B. der Versand realisiert.

In Schritt 4 legen Sie die Benachrichtigungsdetails fest (Bild 4.17). Dazu gehört der genaue Nachrichtentext (*Betreff*), der Empfänger (*Nach*) der Benachrichtigung (vermutlich Sie selbst, siehe Auswahl aus der Organisation) und der eigentliche Nachrichtentext (*Zusätzliche Meldung*). Ergänzend passen Sie bei Bedarf im unteren Bereich die Attribute des Objekts an. Sobald Sie alle Eingaben vorgenommen haben, bestätigen Sie die Erstellung der Benachrichtigung mit *Finish*.

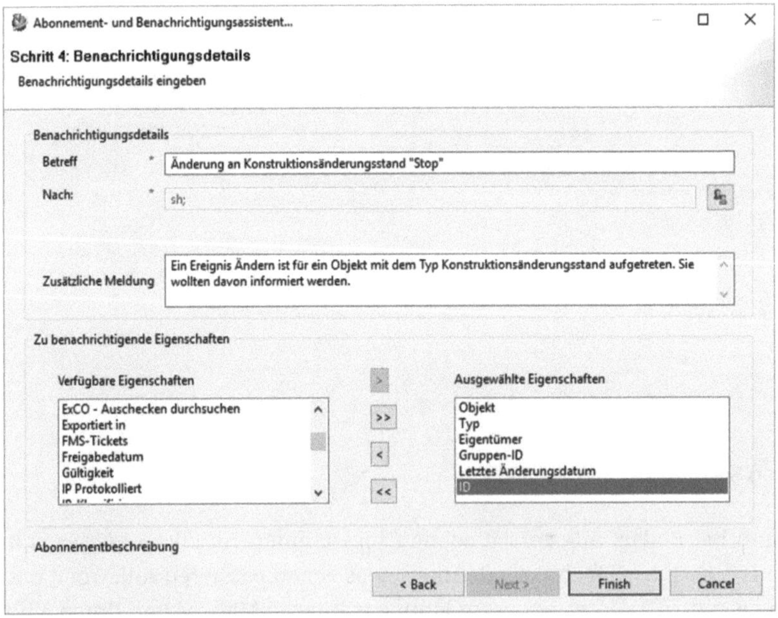

Bild 4.17 Nachricht des Abonnements festlegen

Nachricht erhalten

Führen Sie anschließend eine Änderung an der Revision aus. Diese sollte vom Überwachungsprozess erkannt werden. Nach einer vordefinierten Zeit wird Ihnen diese Abonnement-Nachricht zugestellt. Wechseln Sie in die Aufgabenliste, wie wir es vorangehend bereits vorgestellt haben. Bei aktivierter Abonnement-Funktion finden Sie in Ihrer Aufgabenliste den Ordner *Abonnement-Nachrichten*. Öffnen und selektieren Sie diesen und aktualisieren Sie gegebenenfalls per *F5*-Taste dessen Inhalt. Nach Ablauf der voreingestellten Zeit erscheint eine Mitteilung des Typs `Nachricht` in diesem Ordner.

Sie können die jeweilige Nachricht selektieren und über den Reiter *Übersicht* oder, wie immer, wenn Sie den Inhalt eines Objekts sehen möchten, über den Reiter *Viewer* betrachten. Alle eingestellten Informationen werden dargestellt. Ganz am unteren Ende finden Sie auch das Objekt, das von diesem Abonnement betroffen ist. Über den kleinen Pfeil nach unten können Sie dieses Objekt in **Mein Teamcenter** öffnen und dann damit weiter verfahren, wie es erforderlich sein sollte (Bild 4.18).

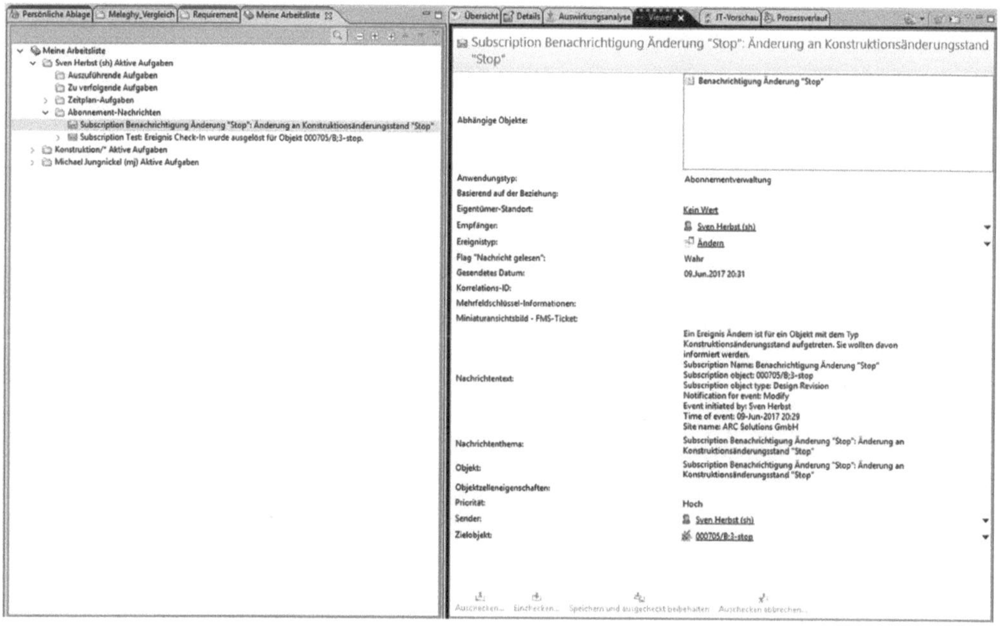

Bild 4.18 Anzeige der Abonnement-Nachricht in der Arbeitsliste

Abonnement verwalten

Im Laufe der Zeit können sich so einige Abonnements ansammeln. Deshalb steht Ihnen ein Werkzeug für die Verwaltung und Änderung aller Benachrichtigungen zur Verfügung. Am besten rufen Sie dieses auf, indem Sie kein Objekt selektieren und anschließend *Werkzeuge > Abonnementverwaltung …* aufrufen. So bleibt der Eintrag *Objekt* gleich leer.

Im unteren Abschnitt definieren Sie zunächst über die Reiter *Allgemein* oder *Erweitert* die Suchkriterien für Ihre Abonnements (Bild 4.19). Anschließend führen Sie über *Suche* die entsprechende Abfrage aus. Im oberen Teil werden Ihnen nun die passenden Einträge aufgelistet. Die Spalten der Tabelle können Sie über das Icon *Tabelle* ändern. Selektieren Sie den eben erstellten Eintrag und nutzen Sie das Icon *Schlüssel*, um den Wizard aufzurufen und wie bereits beschrieben die eine oder andere Änderung vorzunehmen, z. B. wenn Sie, nach dem Test, die Nachricht nur noch einmal am Tag bekommen wollen.

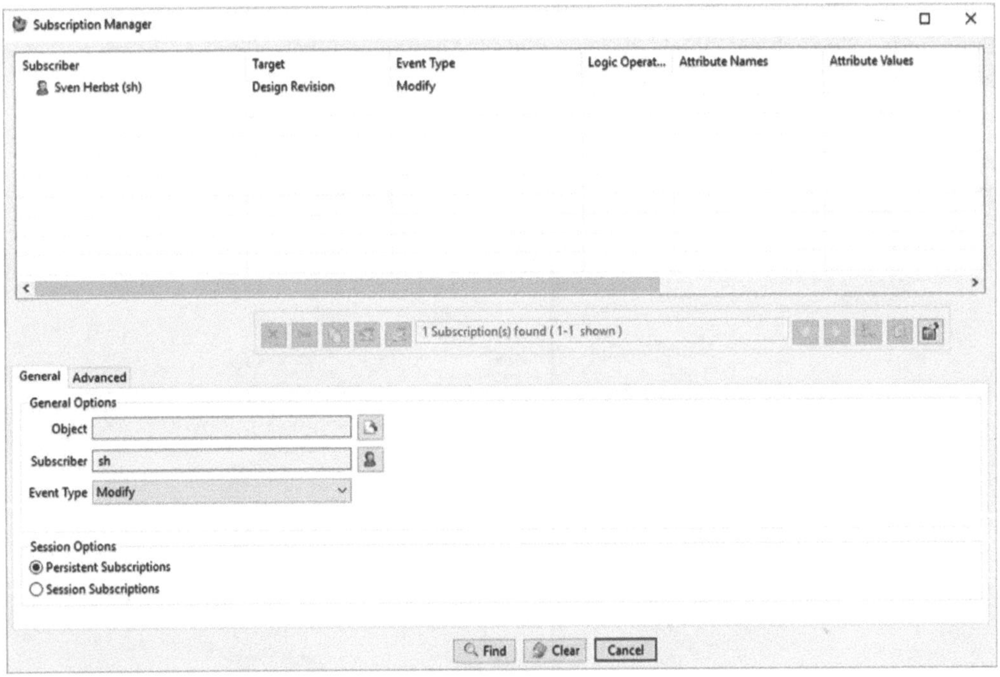

Bild 4.19 Abonnements verwalten

Falls Sie das Dialogfenster aufrufen und ein Objekt gewählt haben, werden die daraus ermittelten Informationen als Suchkriterien eingetragen. Ein Löschen dieser Begrenzung ist nur über den Button *Löschen* am unteren Rand des Dialogfensters möglich. Änderungen können Sie aber, wie bereits an verschiedenen anderen Stellen vorgestellt, durchführen.

4.6 Abwesenheitsassistent

Ähnlich wie in anderen Mail-Systemen haben Sie auch in Teamcenter die Möglichkeit, für die Dauer Ihrer Abwesenheit einen Stellvertreter zu benennen. Sie erreichen den dazu vorgesehenen Dialog nur, wenn die Arbeitsliste aktiviert ist. Nutzen Sie *Werkzeuge > Abwesenheitsassistent . . .*, um die erforderlichen Angaben zu definieren. Legen Sie fest, bis zu welchem Zeitpunkt diese Abwesenheit gelten soll und wählen Sie mithilfe der Gruppe und Rolle eine Person aus (Bild 4.20).

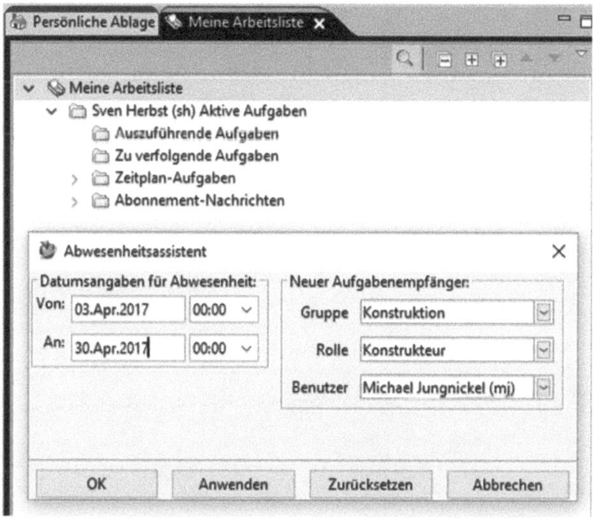

Bild 4.20 Abwesenheitsassistent für Meine Arbeitsliste

4.7 Instant Messaging/Sofortnachrichten/Diskussion

Prinzipiell kann in Teamcenter auch die Kommunikation über Sofortnachrichten genutzt werden. Ältere Installationen nutzen eventuell den Microsoft Office Communicator. Da dieser durch Microsoft Teams abgelöst wurde, können Sie diese Applikation gegebenenfalls gemeinsam mit Teamcenter nutzen. Wenden Sie sich dazu an Ihre IT. Im Active Workspace und z. B. in Siemens NX haben Sie darüber hinaus die Möglichkeit, zu gewählten Objekten Dialoge (sogenannte Diskussionen) zu führen (Bild 4.21).

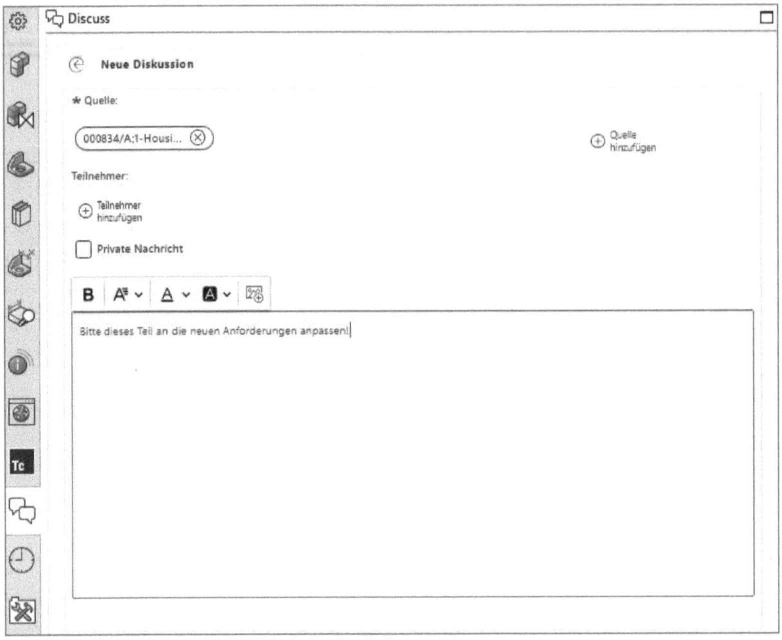

Bild 4.21 Beispiel für eine Diskussion in Siemens NX

4.8 Anwendung

Fast Track

1. Schauen Sie sich die Organisation Ihres Unternehmens in Teamcenter an.
2. Wählen Sie ein Item beliebigen Typs aus und ermitteln Sie den Eigentümer und dessen Gruppe.
3. Prüfen Sie Ihre Berechtigungen für ein Dataset in einer Revision genauer.
4. Rufen Sie den Dialog zum Wechseln Ihrer aktuellen Gruppe und Rolle auf, und ermitteln Sie, ob Ihnen mehrere Funktionen zugewiesen wurden.
5. Senden Sie einer Person über das integrierte Mail-System einen Briefumschlag mit der oben gewählten Revision zu.
6. Sehen Sie in Ihrer Arbeitsliste und der Mailbox nach, ob neue Aufgaben oder Nachrichten zu verarbeiten sind.

5 Struktur-Management – Stücklisten und deren Verwendung

In Kapitel 2, „Mein Teamcenter“, haben wir Ihnen vorgestellt, welche Möglichkeiten Sie durch das Herstellen von Beziehungen in Teamcenter haben. Ein spezieller Anwendungsfall sind Stücklisten bzw. Strukturen. Beginnen wir bei der Konstruktion.

Real-World-Szenario

Thomas möchte sich als Entwicklungsleitung die bislang vorhandene Baugruppenstruktur genauer ansehen. Dazu öffnet er die Stückliste des Akkuschraubers und stellt den aktuellen Auslieferungsstand dar. Nach Begutachtung der Geometrie kann er die passende Unterbaugruppe für weitere Untersuchungen öffnen. Den aktuellen Entwicklungsstand vergleicht er mit der freigegebenen Stückliste, nach der die Unterbaugruppe gegenwärtig gefertigt wird. Anschließend erstellt Sebastian mithilfe des Active Workspace aus der Konstruktionsstückliste (DBOM) eine Engineering-Stückliste (EBOM).

Hier werden über ein CAD-System im Regelfall Einzelteile zu Baugruppen strukturiert. Ergebnis ist ein zusammengebautes 3D-Modell und eine Konstruktionsstückliste. In jeder Baugruppe findet man die verbauten Einzelteile und gegebenenfalls Unterbaugruppen. In der Folge werden in vielen Fällen Teile ausmodelliert. Es gibt aber auch die Möglichkeit, geometrielose Teile zu integrieren (z. B. Füll- oder Schmierstoffe). Oft werden auch Alternativen ermöglicht und Produktvarianten abgebildet. In Teamcenter lassen sich beliebig viele Typen derartiger Strukturen abbilden. So kann im Engineering mit Produktstrukturen (Engineering BOM, EBOM) und in der Fertigung mit herstellungs- oder montagespezifischen Baugruppenstrukturen gearbeitet werden (Manufacturing BOM, MBOM, siehe Kapitel 1, „Einführung“).

An Teamcenter angebundene CAD-Systeme synchronisieren im Regelfall die Baugruppenstruktur mit der in Teamcenter. Im Fall von Siemens NX hat man sogar die Möglichkeit, eine Struktur (Top-down) zunächst in Teamcenter zu definieren und danach in NX weiter zu bearbeiten (Kapitel 16, „ CAx-Integrationen“).

Starten der Anwendung

Doch schauen wir uns das zunächst einmal genauer in Teamcenter an. Dazu verwenden wir ein Item des Typs `Konstruktion`. Diese Wahl ist willkürlich. Wenn von der IT nicht anders definiert, kann jedes Item für die Bildung von Strukturen genutzt werden. Legen Sie in **Mein Teamcenter** ein Konstruktions-Item an. Senden Sie dieses an die Anwendung **Struktur-Management** (z. B. über das *Kontextmenü* oder per Drag and Drop) in der Applikationsleiste (Kapitel 2, „Mein Teamcenter“). Beachten Sie nun, dass vom System genau eine Revision ausgewählt wurde. In diesem Fall ist es die letzte verfügbare und somit bei neu erstellten Items die erste Revision (Bild 5.1).

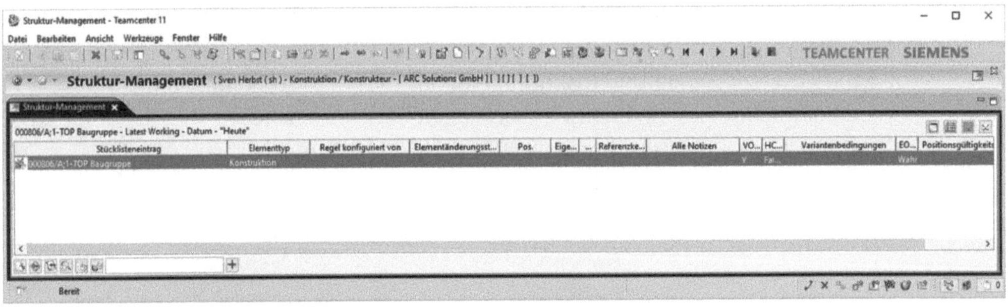

Bild 5.1 Struktur-Management mit geöffneter Baugruppe

Einfügen und Neuanlegen von Elementen

Wir können nun Teile/Konstruktionen in diese Baugruppe einbauen, indem wir die Teile hierher kopieren. Legen Sie dazu in **Mein Teamcenter** (für Wechsel der Applikation siehe Kapitel 2, „Mein Teamcenter“) eine weitere Konstruktion an und kopieren Sie das zugehörige Item. Wechseln Sie zurück ins **Struktur–Management** und fügen Sie das Item ein. **Wichtig:** Auch hier wird wieder genau eine Revision verwendet. Es ist abermals die Letzte. Speichern Sie die Änderung an der Struktur/Baugruppe ab und betrachten Sie das Ergebnis im Ausgangsteil in **Mein Teamcenter**.

Sowohl bei der Revision (manchmal wird auch definiert, dass dieses Objekt hier nicht angezeigt wird) als auch beim Item ist ein neuer Eintrag des Typs `Stücklistenansicht` entstanden (Bild 5.2). In diesem Objekt speichert Teamcenter die entstandene Struktur und alle Eigenschaften/Attribute, die positionsabhängig (siehe Abschnitt 5.3) sind. Um dies zu überprüfen, schließen Sie das **Struktur-Management** und öffnen es aus **Mein Teamcenter**, indem Sie einen Doppelklick auf die `Stücklistenansicht` ausführen.

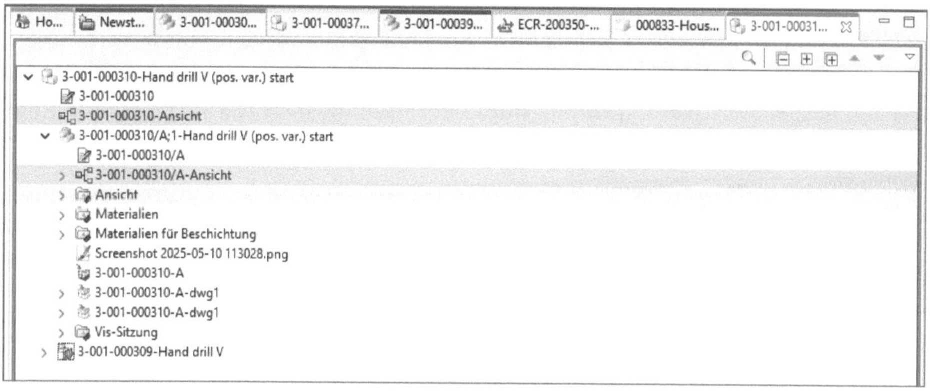

Bild 5.2 Baugruppe mit Objekt des Typs `Stücklistenansicht`

Um weitere Einzelteile oder Baugruppen zu erzeugen und zu verwenden, gibt es auch einen schnelleren Weg. Dieser ist vor allem für die Top-down-Entwurfsmethodik sehr gut geeignet. Selektieren Sie dazu den obersten Eintrag und wählen Sie *Datei > Neu > Konstruktion ...* wie Sie es aus **Mein Teamcenter** bereits kennen (Kapitel 2, „Mein Teamcenter"). Folgen Sie wie beschrieben dem Assistenten. Ergebnis ist ein neues Teil, bei dem die erste Revision sofort verbaut wird. Wie bereits vorgestellt, können Sie den Wizard für die Erstellung weiterer Items an gleicher Stelle weiterverwenden. Schließen Sie den Erstellungsvorgang nun ab. Vergessen Sie nicht, die Änderungen an der Struktur abzuspeichern.

Speichern von Strukturänderungen

Bitte beachten Sie, dass im **Struktur-Management** alle Änderungen erst dann wirksam werden, wenn Sie diese abspeichern. Nach jeder Änderung wird deshalb das zugehörige Icon (Diskette) aktiv. Falls Sie mit mehreren Strukturen gleichzeitig arbeiten, kann es auch sinnvoll sein, das Icon rechts oben im jeweiligen Fenster zu verwenden.

Im **Multi-Struktur-Management** ist kein Speichern erforderlich. Alle Änderungen werden sofort aktiv. Dies spart sicherlich einige Klicks, stellt aber unseres Erachtens auch höhere Anforderungen an die Verantwortung der anwendenden Person.

Bitte beachten Sie, dass Baugruppen (Strukturen) in anderen Komponenten verwendet sein können. Änderungen an der Struktur werden in diesem Fall auch dort aktiviert.

Falls Sie Änderungen vorgenommen haben, ohne diese abzuspeichern, werden Sie beim Schließen der Struktur oder beim Beenden der Applikation gefragt, ob die Änderungen gespeichert werden sollen. Bitte beachten Sie, dass die Voreinstellung mit Haken jede Änderung dauerhaft wirksam werden lässt (Bild 5.3).

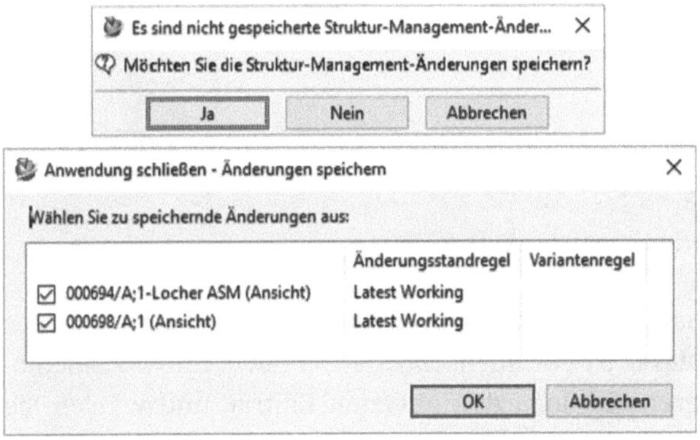

Bild 5.3 Hinweis beim Schließen eines Fensters oder der Anwendung

Ablageort für neu erstellte Elemente

Doch wo sind nun die neu erstellten Objekte zu finden? Sie sind zum einen über die Betrachtung der Struktur in der vorliegenden Applikation zu finden. Zum anderen legt Teamcenter alle Objekte, von denen es nicht weiß, wo es sie ablegen soll, im Ordner *Neue Daten* (*Newstuff*) ab. Wir hatten außerdem bereits eine weitere Stelle angesprochen, an der verbaute Komponenten zu finden sind. All diese haben zu ihrer Baugruppe die gleiche Beziehung und sind deshalb im Pseudofolder `Ansicht/View` zu finden. Blenden Sie diesen Ordner in **Mein Teamcenter** für Item-Revisionen des Typs `Konstruktion` ein. Hier finden Sie nun die verbauten Teile (Bild 5.4).

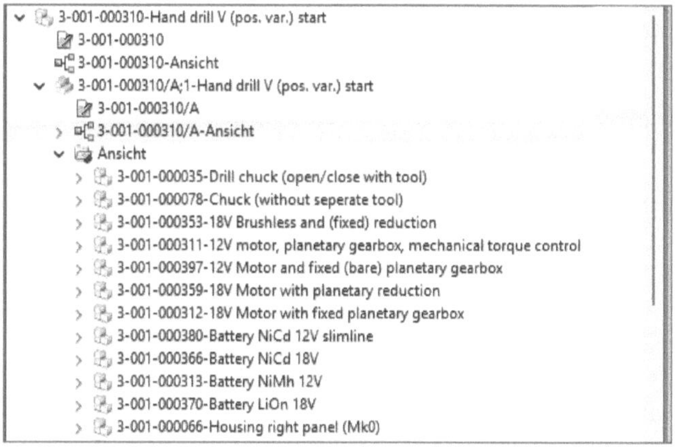

Bild 5.4 Verbaute Teile/Baugruppen im Pseudofolder `Ansicht/View`

Gegebenenfalls müssen dieser Pseudofolder und die verbauten Objekte erst, wie in Abschnitt 2.2 beschrieben, eingeblendet werden.

5.1 Präzise/unpräzise Strukturen

In Teamcenter können Strukturen auf zwei verschiedene Arten definiert werden. Wie vorangehend erläutert wurde, erfolgt zunächst eine Zuordnung von Teilen zur Baugruppe. Teamcenter sucht sich dann aus den verfügbaren Revisionen die zu verwendenden nach internen Laderegeln (Änderungsstandregeln) zusammen. Dabei wird eine zusätzliche Eigenschaft genutzt. Jede Ebene einer Baugruppe kann mitgeteilt bekommen, welche Revision bei einer präzisen Zuordnung zu verwenden ist. Auf diese Weise kann aus einer unpräzisen Zuordnung der Revisionen eine exakte, nämlich präzise Entsprechung definiert werden. Im Struktur-Management wechseln Sie über *Bearbeiten > Präzise/Unpräzise umschalten* (*Strg + Shift + F*) zwischen den beiden möglichen Zuständen. Präzise Strukturen sind standardmäßig durch die grünen Hinterlegungen identifizierbar (Bild 5.5).

Wenn Sie mehrstufige Strukturen aufbauen, können Sie für jede Stufe getrennt festlegen, ob die präzise Zuordnung bekannt gemacht werden soll (grün) oder nicht (farblos).

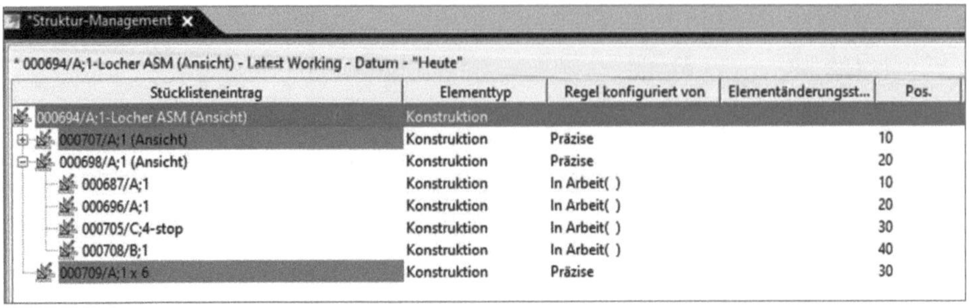

Bild 5.5 Präzise und unpräzise definierte Strukturen in einer Baugruppe

Beachten Sie, dass die genaue Entscheidung, welche Revision vom **Struktur-Management** gewählt bzw. angezeigt wird, von weiteren Bedingungen abhängig ist. Arbeiten Sie dazu Abschnitt 5.2 durch.

Ob neu eingefügte oder erstellte Revisionen als präzise oder unpräzise definiert werden, kann über *Bearbeiten > Optionen > Produktstruktur > Präzisionsoption für Stückliste* festgelegt werden.

5.2 Nutzung der Änderungsstandregeln

Innerhalb von Strukturen werden verschiedene Eigenschaften verwendet. Diese werden von Änderungsstandregeln (Laderegeln) ausgewertet. Mit deren Hilfe entscheidet Teamcenter, welche Revision eines Items Verwendung finden soll. Typische Eigenschaften, die über diese Regeln ausgewertet werden, sind folgende:

Präzise/Unpräzise: siehe Abschnitt 5.1

In Arbeit: Ausgangszustand für jede neue Revision, solange noch kein Status zugewiesen wurde

Has-Status: Wenn eine Revision nicht mehr in Arbeit befindlich ist, hat sie einen Status bekommen (siehe Kapitel 8, „Workflows – definierte und nachvollziehbare Arbeitsabläufe“). Hier kann z. B. auch exakt nach einem bestimmten Status zu einem genauen Zeitpunkt gesucht werden.

Eventuell wird bei Ihnen im Unternehmen auch mit Gültigkeiten (Effectivity) für einen Status gearbeitet. In diesem Fall können Sie für die Laderegel auch diese Gültigkeit heranziehen (Kapitel 8, „Workflows – definierte und nachvollziehbare Arbeitsabläufe“).

Eigentümergruppe: Informationen aus der Organisation (siehe Kapitel 4, „Datensicherheit für alle“)

Erstellungsdatum: siehe Eigenschaften von Objekten (Kapitel 2, „Mein Teamcenter“)

usw.

Über den Menüpunkt *Werkzeuge > Änderungsstandregel > Anzeigen/Aktuelle festlegen* können Sie wählen, welche der bereitgestellten Regeln für die Anzeige der Revisionen Verwendung finden soll. Beachten Sie, dass die Namen der Regeln beliebig gewählt werden können. Die beliebig wählbaren Namen legen nicht fest, welche Objekte genau gefunden werden. Diese Information erhalten Sie erst, wenn Sie auf der rechten Seite des Dialogfensters unter *Details* nachsehen. Hier finden Sie die genaue Reihenfolge, nach der Teamcenter sucht.

Beispiel für Änderungsstandregel: *Latest Working*

Latest Working ist meist die übliche Regel (Bild 5.6).

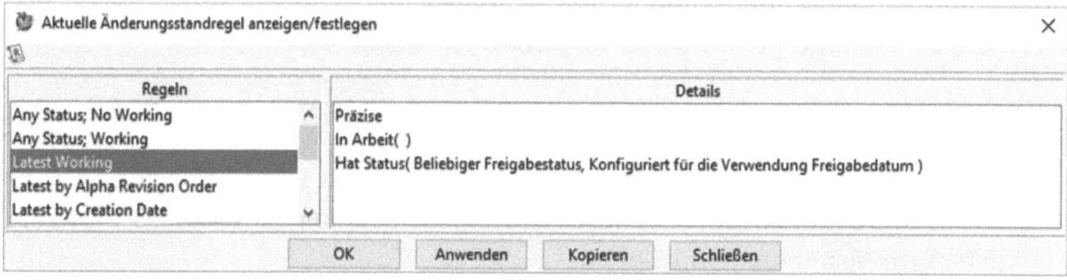

Bild 5.6 Details der Änderungsstandregel *Latest Working*

Zuerst wird nach präzisen Komponenten gesucht. Werden diese gefunden, ist die Suche für diese Zeile der Stückliste (BOM-Line) beendet. Wird keine präzise Komponente (siehe vorangegangene Erläuterungen) gefunden, wird mit der nächsten Bedingung weitergesucht. Im konkreten Fall wird geprüft, ob Komponenten ohne Status („In Arbeit“) gefunden werden. Erst wenn keine passende Revision gefunden wird, geht es mit der nächsten Zeile der Regel bis zum Schluss weiter. Hier wird z. B. noch nach einem Objekt mit beliebigen `Status` zu einem beliebigen `Datum` gesucht. Eine Regel kann manchmal so definiert sein, dass bis zum Schluss kein Objekt gefunden wird. Auch dies ist ohne Fehlermeldung möglich. In der Spalte `Regel konfiguriert von` wird dann angezeigt, dass keine Revision gewählt werden konnte („kein konfigurierter Änderungsstand“, Bild 5.7). In diesem Fall wird es sicher nicht möglich sein, weitere Autorensysteme, wie z. B. NX, für die Bearbeitung der Struktur zu nutzen. Wie genau die Spaltenanpassung hier vorgenommen wird beschreiben wir in Abschnitt 5.3.

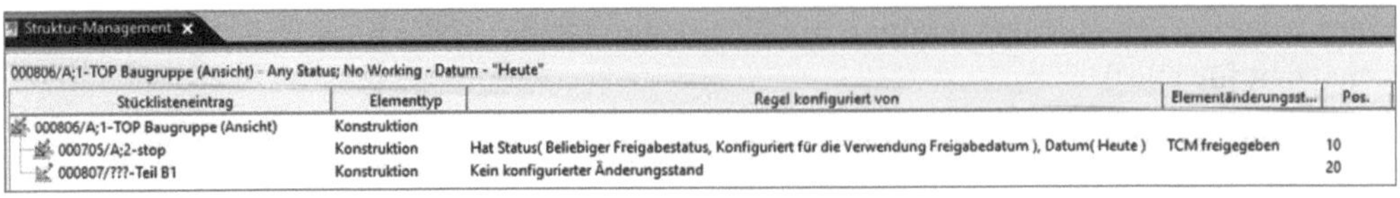

Bild 5.7 Laderegel, die keine passende Revision liefern kann

Änderungsstandregeln und CAD-Systeme

Mithilfe dieser Änderungsstandregeln (Laderegeln) lassen sich sehr flexible Strukturen aufbauen. Insbesondere die CAD-Systeme aus dem Hause Siemens (NX, Solid Edge) können Bauteile auch direkt nach diesen Regeln bearbeiten. Bis diese Regeln in Fleisch und Blut übergegangen sind, braucht es häufig eine ganze Weile. Deshalb ist es sehr hilfreich, sich ein eigenes Beispiel aufzubauen und an diesem auszuloten, welche Revision wann genutzt wird. Das kann man im **Struktur-Management** verfolgen, noch besser ist es aber, konkrete Modelle und Änderungen mit dem CAD-System umzusetzen und gegebenenfalls die resultierenden JT-Daten auch in dieser Anwendung zu betrachten (siehe Kapitel 6, „Viewer und Lifecycle Viewer – ein Bild sagt mehr als Attribute“ und Kapitel 16, „CAx-Integrationen“).

Weitere Funktionen für Änderungsstandregeln

Anwendende nutzen üblicherweise bereits vordefinierte Regeln ohne eigene Anpassungen. Für Sachkundige und ganz spezielle Aufgabenstellungen stehen aber weitere Funktionen zur Verfügung (Bild 5.8).

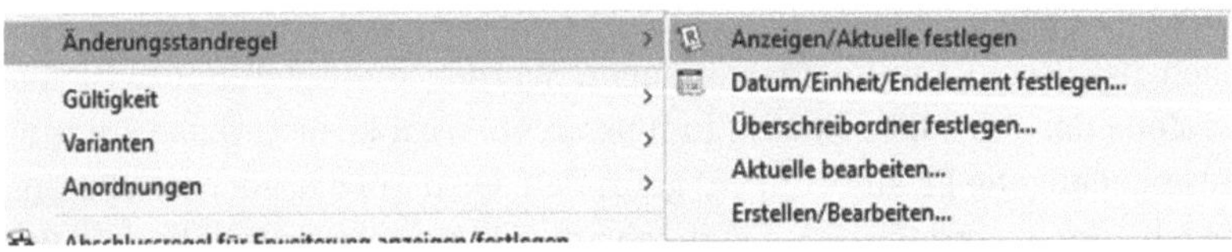

Bild 5.8 Untermenü *Werkzeuge > Änderungsstandregel*

Anzeigen/Aktuelle festlegen: wurde vorangehend bereits vorgestellt

Datum/Einheit/Endelement festlegen … und hier *Gültigkeitsdatum:* Für einen Status kann die Gültigkeit definiert werden. Hiermit lassen Sie diese Information in die Wahl der Revision einfließen. `Einheit` und `Endelement` werden im Rahmen dieses Buches nicht genutzt.

Überschreibordner festlegen …: Alle Revisionen werden aus dem hier festzulegenden Ordner genutzt. Dies ist z. B. nach der Nutzung der Funktion *Schnappschuss* (siehe Abschnitt 5.9) sinnvoll.

Aktuelle bearbeiten …: Diese Funktion wird für individuelle Änderungen an voreingestellten Laderegeln genutzt. Daraus wird dann meist eine neue Regel erstellt (Bild 5.9).

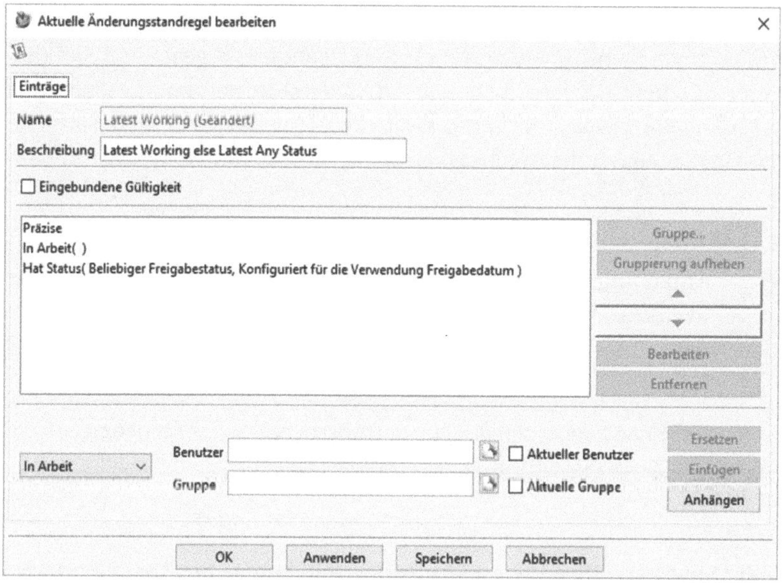

Bild 5.9 Dialog *Aktuelle Änderungsstandregel bearbeiten*

Erstellen/Bearbeiten ...: Hier können neue Regeln erstellt und zur Verfügung gestellt werden oder bestehende abgeändert werden. Prinzipiell gilt das Gleiche wie unter *Anzeigen/Aktuelle festlegen*, aber mit der Möglichkeit, auch zu *Aktuelle bearbeiten ...* zu wechseln.

Es kann sein, dass einzelne Befehle aktuell nicht zur Verfügung stehen. Beachten Sie gegebenenfalls die Möglichkeiten zur Befehlsunterdrückung in Kapitel 4, „Datensicherheit für alle“.

5.3 Eigenschaften von Strukturelementen (Occurrence)

Wie vorangehend beschrieben, können Sie in Teamcenter mehrstufige Baugruppen abbilden und erstellen. Üblicherweise erhalten Sie für jede Verwendung einer Revision genau eine Zeile in der Tabelle.

Eigenschaften der Stücklistenzeile (BOM-Line)

So ähnlich wie bereits in Kapitel 2, „Mein Teamcenter“, in der Ansicht *Details* beschrieben, können Sie auch diese Tabelle an Ihre eigenen Erfordernisse anpassen. Wir wollen zunächst nur auf einige wichtige Attribute eingehen.

In der Spalte `Stücklisteneintrag` sehen Sie die `ID`, die `Revision ID` und den `Namen`. Zusätzlich werden vor diesen Angaben das Symbol und die Ebene der Baugruppe angezeigt. Wie in vergleichbaren Baumstrukturen, können Sie hier Unterebenen ein- oder ausblenden. Wer gern die Menüs nutzt, kann die im Folgenden vorgestellten Funktionen auch darüber aufrufen. Weitere wichtige Attribute sind bereits angesprochen worden: `Regel konfiguriert von`, `Pos/FindNo`, `Menge`, `Absolute Transformationsmatrix`. Beachten Sie die Möglichkeiten der Spaltenanpassung, wie nachfolgend beschrieben.

Anpassen der Spalten

Ähnlich wie bei der Anpassung der Ansicht *Details*, verhält es sich mit der Anpassung der Spalten im **Struktur-Management**. Leider ist die Bedienung bislang nicht identisch, sondern weist einige Unterschiede auf.

> Softwareentwickelnde begründen dies mit der zwischenzeitlich veränderten Software-Entwicklungsbasis (Eclipse IDE), die noch nicht für diese Anwendung verwendet wird.

Die Anpassung der Spaltenbreiten, die Änderung der Reihenfolge der Spalten und die Sortierung innerhalb der Struktur erfolgt so, wie es bereits vorgestellt wurde.

Denken Sie bei den Änderungen daran, dass Eigenschaften/Attribute hier entweder von der jeweiligen aktuell verwendeten Revision genutzt werden oder stücklistenbezogen abgespeichert werden (Occurrence/BOM-Line-Attribute). In das dazugehörige Menü gelangen Sie nur über das Kontextmenü in einer der Spaltenüberschriften (Bild 5.10).

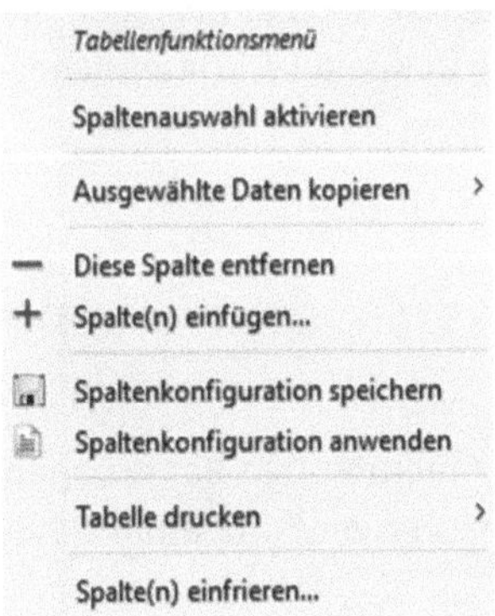

Bild 5.10
Kontextmenü Struktur-Management

Diese Spalte entfernen: Hiermit entfernen Sie die selektierte Spalte aus der Tabelle.

Spalte(n) einfügen …: Hierüber gelangen Sie in ein Dialogfenster, um die anzuzeigenden Spalten auszuwählen. Auch dieses erinnert stark an Bekanntes, ist aber nicht identisch dazu. Wählen Sie aus den verfügbaren Attributen die gewünschten aus, übernehmen Sie diese auf die rechte Seite mithilfe der Pfeile und legen Sie gleich an dieser Stelle die richtige Reihenfolge fest. Sachkundige Personen können sich die systeminternen Feldnamen anzeigen lassen (Bild 5.11).

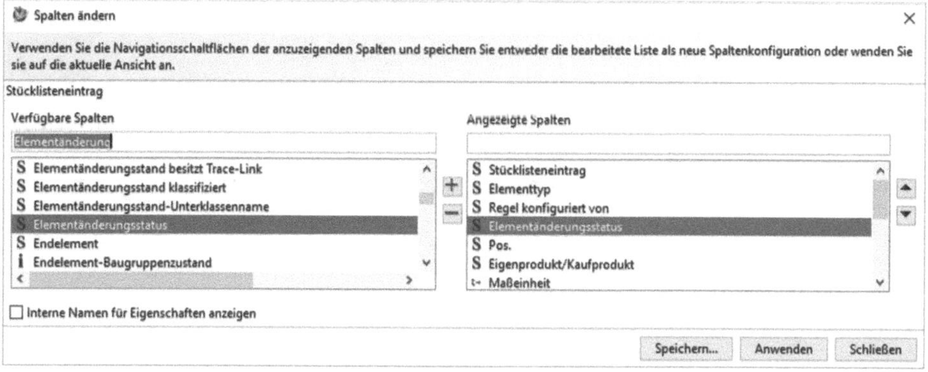

Bild 5.11 Übernahme von *Verfügbare Spalten* in *Angezeigte Spalten*

Ein Symbol vor dem Namen zeigt den Datentyp des Attributs an (siehe Abschnitt 2.4.7). Üblicherweise haben BOM-Line-Attribute einen Namen, der mit „bl_" beginnt.

Sicher ist es empfehlenswert, vor jeder Änderung mindestens eine sinnvolle Konfiguration für die Wiederverwendung abgespeichert zu haben. Falls die IT das nicht für Sie vorgesehen hat (schauen Sie einfach über *Spaltenkonfiguration anwenden* nach), sollten Sie dies selbst vor jeder Änderung tun.

Sie können direkt entscheiden, ob Sie die neue Konfiguration nur anwenden oder für die Zukunft abspeichern wollen.

Spaltenkonfiguration speichern: Die aktuell angezeigte Konfiguration kann direkt gespeichert werden (Bild 5.12).

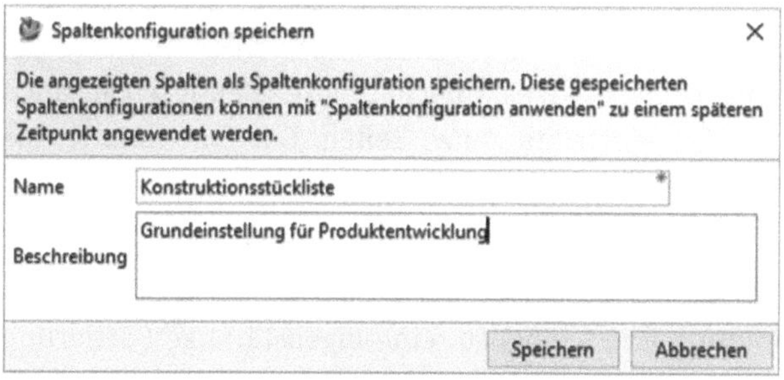

Bild 5.12 Speichern der Spaltenkonfiguration im Struktur-Management

Spaltenkonfiguration anwenden: Alle vorab gespeicherten Konfigurationen können hier wieder abgerufen und angewendet werden (Bild 5.13).

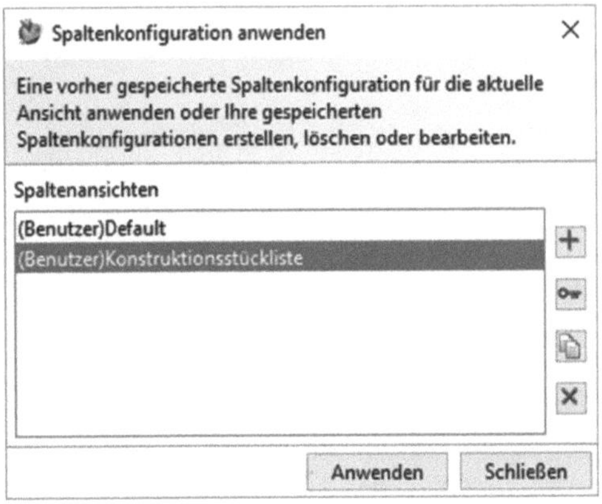

Bild 5.13 Spaltenkonfiguration anwenden im Struktur-Management

Auch von dieser Stelle aus können Änderungen vorgenommen oder nicht mehr benötigte Konfiguration gelöscht werden.

Die Spaltenkonfiguration wird gegebenenfalls über *Preferences* (z. B. *BOMLine_SavedColumnConfigurations*) definiert.

Spalte(n) einfrieren ...: Ähnlich wie in Microsoft Excel können Sie mithilfe dieses Befehls Spalten definieren, die nicht mit gescrollt werden sollen. Beachten Sie, dass Sie die Anzahl der Spalten von links beginnend festlegen. Gegebenenfalls müssen Sie die Applikation neu starten, um diese Änderung wirksam werden zu lassen. Sie sehen dies auch an der Bildlaufleiste am unteren Rand.

Tabelle drucken ...: vergleiche mit Kapitel 2, „Mein Teamcenter“

Ausgewählte Daten kopieren ...: vergleiche mit Kapitel 2, „Mein Teamcenter“

Spaltenauswahl aktivieren/Zeilenauswahl aktivieren: Üblicherweise selektieren Sie auch in der Tabelle des **Struktur-Managements** ganze Zeilen. Darüber können Sie auch auf die Auswahl der Zellen umschalten.

Sortierung der Zeilen

Auch im Rahmen dieser Anwendung ist es möglich, eine eigenständige Sortierung nach Werten in den Spalten durchzuführen. Hier ist dies durch Anklicken der Spaltenüberschriften möglich. Dabei wird zwischen den drei Zuständen *Unsortiert* (Standard), *Aufsteigend* und *Absteigend* rotiert. Beachten Sie, dass so selbstverständlich nicht der Zusammenhang der Baugruppen verloren geht. Es wird also innerhalb der jeweiligen Ebenen sortiert. Wenn Sie diese Zuordnung aufheben möchten, schauen Sie sich den folgenden Abschnitt an.

Detaildarstellung für alle Einzelteile

An dieser Stelle möchten wir noch eine kleine, in manchen Fällen aber sehr sinnvolle, Funktion vorstellen, die ziemlich gut „versteckt" wurde. In einigen Fällen haben Baugruppen eine tiefe Struktur mit vielen Ebenen. Wir wollen aber eine Tabelle mit allen Informationen zu den verbauten Komponenten (unabhängig von der Ebene) erhalten. Dann können Sie sich entweder „saubere" Berichte erstellen (lassen) oder auf eine Programmierung, die z. B. PDF-Dateien produziert, zurückgreifen. Der schnellste Weg ist aber, alle relevanten Komponenten zu markieren und dann per Kontextmenü *Öffnen mit > Details* ein neues Fenster mit allen Revisionen ohne eine Baugruppenstruktur zu öffnen. Hier geht es dann weiter wie in Kapitel 2, „Mein Teamcenter", für die Ansicht *Details* vorgestellt. Auch das Menü für die Konfiguration der Spalten usw. ist nun identisch.

> Gleiches lässt sich auch erzielen, wenn Sie zuerst die Ansicht *Details* einblenden und anschließend in der Struktur alle Teile (oder die gewünschten) auswählen.

Arbeit mit Stücklistenebenen

Reale Stücklisten sind in den meisten Fällen hierarchisch aufgebaut. Über das Plus- bzw. Minus-Zeichen können Sie einzelne Unterebenen ein- bzw. ausblenden. Nutzbar ist auch das Menü *Ansicht*. Alternativ finden Sie dazu im Kontextmenü die folgenden Befehle:

Einblenden: genau eine Ebene ab dem gewählten Eintrag einblenden

Unterhalb ausblenden: alle Ebenen unter dem gewählten Eintrag ausblenden

Weitere Ebenen nach unten einblenden ...: Geben Sie hier die Anzahl der Ebenen an und blenden Sie gegebenenfalls alle noch tiefer liegenden Ebenen aus.

Gesamte Struktur nach unten einblenden: Auf diesem Weg können Sie umfangreiche Strukturen vollständig einblenden lassen. Aber Achtung! Teamcenter holt sich erst in diesem Moment die Informationen zu den Stücklistenebenen aus der Datenbank. Das kann unter Umständen sehr lange dauern. Deshalb erhalten Sie eine entsprechende Warnung. Auch wenn die Möglichkeit besteht, empfehlen wir nicht, derartige Warnungen zukünftig zu unterdrücken.

> Haben Sie doch derartige Haken gesetzt und wollen in Zukunft wieder alle Warnungen von Teamcenter angezeigt bekommen, können Sie dies über *Optionen* wieder zurücksetzen.

Sehen Sie in der Spalte *Stücklisteneintrag* den Begriff „Ansicht" in Klammern, dann handelt es sich, nach Auffassung von Teamcenter, um eine Baugruppe. Sie erkennen das im zugehörigen Item und in der Revision am Eintrag *View* bzw. *Ansicht*. Sollte es sich hierbei nicht um eine Baugruppe handeln, dann ist dieses Objekt meist entstanden, weil es einmal eine Baugruppe war oder dieses Teil zumindest einmal im Struktur-Management gespeichert wurde. Sie können dann versuchen, das Objekt „View" zu löschen (Voraussetzungen zum Löschen von Objekten siehe Kapitel 2, „Mein Teamcenter").

Öffnen von Unterstrukturen in einem weiteren Fenster

Bei der Arbeit in mehrstufigen Strukturen ist es oft sinnvoll, eine Unterebene getrennt weiterzubearbeiten. Sie haben deshalb die Möglichkeit, diese Ebene ebenfalls im **Struktur-Management** zu öffnen. Wählen Sie dazu entweder den Eintrag *Ausgewählte Zeilen in einem neuen Fenster öffnen* (*Strg + O*) oder *Senden an ...* und wählen auch hier das Struktur-Management. Nun wird eine Unterstruktur geöffnet und Sie sehen auf der linken Seite unter *Offene Elemente* mehrere Einträge, über die Sie auch zwischen den Strukturen wechseln können.

Leider werden im **Struktur-Management** noch keine getrennten Reiter für die gleichzeitig geöffneten Strukturen angezeigt. Im **Multi-Struktur-Management** ist das bereits so.

Kopieren innerhalb von Strukturen

Innerhalb des **Struktur-Managements** können Sie ebenfalls kopieren und über *Einfügen* die Revisionen verbauen. Wählen Sie dazu aus einer Baugruppe eine Revision, kopieren Sie diese und selektieren anschließend die übergeordnete Baugruppe. Hier können Sie nun die Revision erneut einfügen. Gerne können Sie die gleiche Revision auch mehrfach an dieser Stelle einfügen. Dies entspricht dann z. B. Schrauben, die in der Baugruppe mehrmals verwendet werden.

Auch per Drag and Drop ist es möglich, Einträge in die Baugruppenstruktur zu kopieren. Vergleichen Sie dies mit den Funktionalitäten in **Mein Teamcenter** (siehe Kapitel 2, „Mein Teamcenter"). Gerne können Sie auch während des Kopierens die Struktur über *Offene Elemente* wechseln oder das Fenster dazu teilen (siehe Abschnitt 5.4).

Positionsnummern in Stücklisten

Standardmäßig erhält jede Verwendung eines Einzelteils in Teamcenter eine fortlaufende Positionsnummer (`Pos/FindNo`) in Zehnerschritten.

Dies kann – für jeden Strukturtyp getrennt – auch anders definiert werden.

Sie dürfen diese Positionsnummer verändern. Selektieren Sie dazu jeweils die Zelle, und geben Sie den gleichen Wert für alle gleichen Teile ein. Speichern Sie die Änderungen ab. Beachten Sie, dass diese Positionsnummern nur genau für die hier vorliegende Baugruppe gelten. Wird das gleiche Teil an anderer Stelle verwendet, kann es dort natürlich eine ganz andere Nummer erhalten.

Gepackte und ungepackte Darstellung von Stücklisten

Die Positionsnummer kann in Teamcenter für das Packen von Strukturen verwendet werden. Über den Menüpunkt *Ansicht > Alles packen* können Sie Teamcenter veranlassen, gleiche Nummern in einer Ebene zu einer Zeile zu packen. In der Spalte `Stücklisteneintrag` finden Sie nun auch die Angabe der Anzahl gleicher Positionen (Bild 5.14).

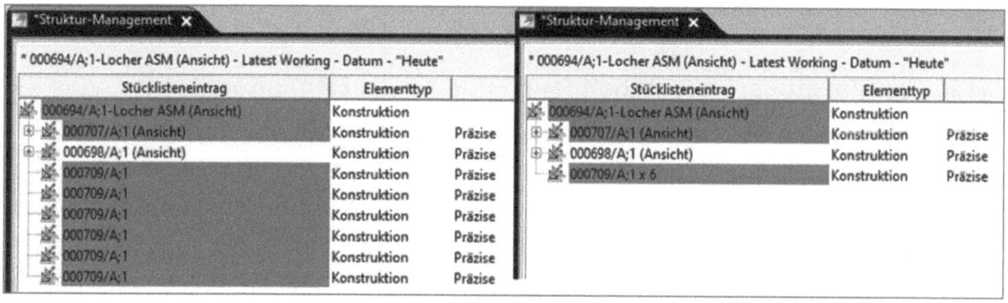

Bild 5.14 Ungepackte Struktur (links) und gepackte Struktur (rechts)

Bei Bedarf können Sie auch einzelne Einträge entpacken oder packen. Selektieren Sie dazu einen entsprechenden Eintrag und wählen Sie *Ansicht > Packen* (*Strg + Shift + M*) oder *Entpacken* (*Strg + Shift + N*). An den Möglichkeiten ist unschwer zu erkennen, dass diese Applikation die zentrale Stelle für die Arbeit mit sehr umfangreichen Strukturen sein kann. Alternativ steht dafür auch das **Multi-Struktur-Management** zur Verfügung. In Abschnitt 5.11 erhalten Sie dazu noch weitere Erläuterungen.

Ob die Darstellung beim Öffnen von Strukturen gepackt oder ungepackt ist, können Sie über Umgebungsvariablen bzw. über *Bearbeiten > Optionen > Produktstruktur > Präzisionsoption für Stückliste* definieren.

Stückzahlen in Strukturen

In gepackten Darstellungen finden Sie die Anzahl gleicher Elemente im Stücklisten-eintrag hinter dem Objektnamen. Um diese Anzahl direkt in der Tabelle sehen zu können, haben Sie die Möglichkeit, die Spalte Menge einzublenden. Dabei können Sie den Wert für die Menge auch gleich für ein anderes Teil überschreiben. Welche der beiden Möglichkeiten Sie verwenden, hängt von den vor- bzw. nachgelagerten Prozessen ab. Beachten Sie, dass beim Packen von Elementen immer die Werte des Attributs Menge aufaddiert werden und diese nicht in gepackten Darstellungen überschrieben werden kann.

Positionen aus Stücklisten entfernen

Nicht mehr benötige Komponenten entfernen Sie aus der Struktur nicht mit Ausschneiden, sondern über *Eine Zeile entfernen* (*Strg* + *R*) oder das Menü *Bearbeiten* > *Entfernen*. Eine gute Möglichkeit, auf effektive Weise Strukturänderungen zu realisieren, ist die Option *Unterbaumstruktur erhalten*. Ist diese gewählt, wird zwar die Baugruppe entfernt, es werden aber alle darin verbauten Komponenten wieder in die obere Ebene eingesetzt. So schaffen Sie es, die heutzutage üblichen Vorgaben einer möglichst flachen Baugruppenstruktur umzusetzen.

Schnelles Hinzufügen von vorhandenen und neuen Elementen

Umgekehrt können Sie noch nicht vorhandene Elemente in eine neu zu erstellende Komponente integrieren. Selektieren Sie dazu die Elemente und wählen *Bearbeiten* > *Ebene einfügen*. Wie bei der Neuerstellung in **Mein Teamcenter** oder im **Struktur-Management** werden Sie per Wizard durch den Erstellungsprozess geführt. Nach Abschluss erhalten Sie die neue Komponente, und die vorher selektierten Ebenen werden in dieser verbaut.

Selbstverständlich haben Sie auch die Möglichkeit, bereits in Teamcenter erzeugte Komponenten einzufügen. Sofern Sie die ID bereits kennen, können Sie die Eingabe am unteren Rand nutzen (Bild 5.15).

Bild 5.15 Unterer Eingabebereich im Struktur-Management

Selektieren Sie die Baugruppe und geben Sie die ID in das Eingabefeld ein. Über das Plus-Zeichen wird die letzte Revision an der selektierten Stelle eingefügt. Schneller geht es fast nicht. Haben Sie viele Bauteile einzufügen, können Sie auch die Zwischenablage und deren Sammelfunktion (Kapitel 2, „Mein Teamcenter") nutzen. Suchen Sie sich dazu Items oder Revisionen zusammen und fügen diese unter der gewählten Baugruppe mit einem Mal ein (*Bearbeiten* > *Einfügen* oder *Strg* + *V*). Beachten Sie, dass

Teamcenter immer entweder genau die Revision verwendet, die der Änderungsstandregel entspricht, oder, in präzisen Strukturen, genau die Revision, die Sie in der Zwischenablage haben (siehe Abschnitt 5.1).

Über das Dialogfenster *Bearbeiten > Hinzufügen …* haben Sie umfangreiche Möglichkeiten, Teile aus der Datenbank zu suchen und in die gewählte Struktur einzubauen. Geben Sie die `ID` ein und drücken Sie *Enter*. Danach können Sie sich für eine Revision entscheiden. Beachten Sie auch hier, dass die Änderungsstandregel Anwendung findet. Über diesen Weg können Sie die Anzahl der Positionen oder die Anzahl pro Position (siehe vorgegangene Erläuterungen) festlegen und auch gleich eine einheitliche Positionsnummer vorgeben (siehe Absatz „Gepackte und ungepackte Darstellung von Stücklisten" in Abschnitt 5.3). Der Vorgang kann über *Anwenden* abgeschlossen werden, ohne dass das Dialogfenster geschlossen wird. Weitere Elemente können so unmittelbar hinzugefügt werden. Kennen Sie die `ID` noch nicht? Dann nutzen Sie die im Dialog integrierte Suchmöglichkeit. `ID` und/oder `Name` unter Verwendung von Platzhaltern steht Ihnen hier zur Verfügung. Nutzen Sie die Schaltfläche *Alle gefundenen Komponenten laden* rechts unten im Fenster und fügen Sie per Doppelklick das gewünschte Item mit *Hinzufügen* im Dialogfenster hinzu. Ergänzen Sie gegebenenfalls `Revision`, `Anzahl` und Positionsnummer (`Pos`) vor dem Abschluss mit *OK* oder *Anwenden* (Bild 5.16).

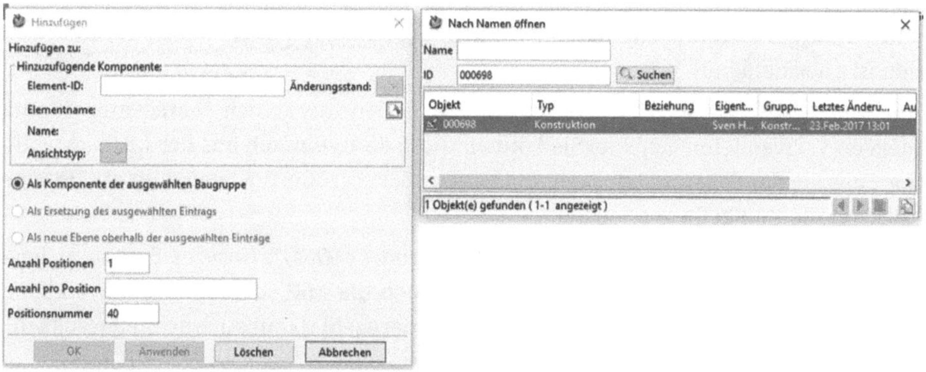

Bild 5.16 Hinzufügen von Komponenten (inklusive *Nach Namen öffnen*)

Nutzung des Informationscenters im Struktur-Management

In Abschnitt 2.1 (siehe Bild 2.11) wurde bereits das Informationscenter vorgestellt. Bei der Arbeit an Strukturen kann es hilfreich sein, die drei dort vorgestellten Informationen zusätzlich anzuzeigen. Nutzen Sie das Kontextmenü im Informationscenter, um die *Verwendungsnachweisinformationen*, die *Referenznachweisinformationen* und die *Infos zur Auswahl von Unterordnungen* einzublenden.

Teile ersetzen

In Baugruppen bzw. Strukturen besteht immer auch die Notwendigkeit, einzelne Komponenten gegen andere auszutauschen. Über den Menüpunkt *Bearbeiten* haben Sie zwei Möglichkeiten dies zu tun. Über *Bearbeiten > Ersetzen* wird der Inhalt der Zwischenablage statt der gewählten Komponente verwendet. Größere Wahlmöglichkeiten haben Sie über den Menüpunkt *Bearbeiten > Ersetzen …* Hier geben Sie entweder die ID des neuen Teils direkt ein, oder Sie nutzen wie beim Hinzufügen von Elementen die integrierte Suche (*Nach Namen öffnen*, siehe Kapitel 11, „Das Finden ist entscheidend!“). Wählen Sie anschließend einen Revisionstand aus (bitte Änderungsstandregel beachten) und entscheiden, ob Sie genau diese eine Verwendung des Ausgangsteils austauschen möchten oder alle Verwendungen in der übergeordneten Baugruppe. Anwendende des CAD-Systems NX kennen diese Möglichkeit sicherlich gut. Beachten Sie den Unterschied zu den Ersetzungskomponenten in Abschnitt 5.7.

Weitere Möglichkeiten über die Werkzeugleiste unten links im Fenster

Bild 5.15 zeigt weitere Möglichkeiten, die sich über die Werkzeugleiste unten links im Fenster realisieren lassen.

Schnelles Hinzufügen: bereits vorangehend vorgestellt (Voraussetzung: Sie kennen die ID.)

Objekt nach Name öffnen: Suche nach ID oder Name mit anschließender Auswahl aus den Suchergebnissen (siehe Kapitel 2, „Mein Teamcenter“, oder Kapitel 11, „Das Finden ist entscheidend!“)

Am häufigsten verwendet (MRU): An einigen Stellen merkt sich Teamcenter die am meisten verwendeten Objekte. Sie können diese dann einfach aus der Liste auswählen. Falls Sie das Fenster abdocken und dann z. B. vergrößern wollen, hilft ein Doppelklick auf die Kopfzeile des Fensters.

Konfigurationsregeln für „Am häufigsten verwendet (MRU)“: Unseres Erachtens liegt hier ein Übersetzungsfehler vor. Hier merkt sich die MRU die letzten verwendeten Laderegeln, und Sie können diese bei vielen Laderegeln damit auch schnell wechseln.

Komponenten in Anzeige suchen: Auf diesem Weg können Sie komplexe Bedingungen für die Suche in den Eigenschaften der Stückliste festlegen. Weitere Informationen dazu erhalten Sie in Kapitel 11, „Das Finden ist entscheidend!“.

Verwaltet die globalen Alternativen des Elementes: siehe Abschnitt 5.6

Listet die Ersetzungskomponenten für das Element auf: siehe Abschnitt 5.7

Struktur-Management-Suchfenster

Die Nutzung dieses speziellen Suchfensters, einschließlich des zugehörigen Ergebnisfensters, stellen wir Ihnen in Kapitel 11, „Das Finden ist entscheidend!“, vor.

5.4 Anpassen der Strukturdarstellung

Sie haben im **Struktur-Management** die Möglichkeit, mit mehreren Strukturen zu arbeiten. Es ist üblich, gleichzeitig mehrere Strukturen, quasi übereinander, zu verwenden. Im Navigationsfenster im Abschnitt *Offene Elemente* finden Sie alle geöffneten Strukturen und können dort auch zwischen diesen wechseln. Beachten Sie, dass das gegenwärtige User Interface keine zusätzlichen Reiter je Struktur erstellt. Das wäre sicher die konsequenteste Auslegung der kennengelernten Ansichten und des User Interfaces an anderen Stellen von Teamcenter. Doch auch in der aktuellen Fassung haben Sie die Möglichkeit, mehrere Strukturen gleichzeitig zu sehen.

Fenster/Reiter „Struktur-Management"

In jedem Fenster existieren rechts weitere vier Schaltflächen (Bild 5.17).

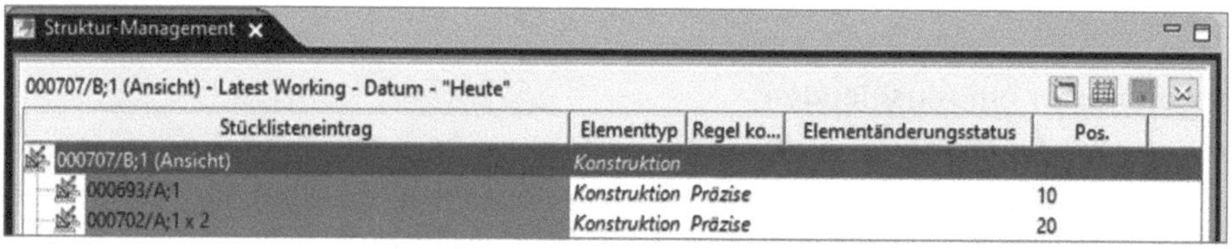

Bild 5.17 Symbolleiste im Fenster des **Struktur-Managements**

Erstellt ein neues leeres Fenster: Mit diesem neuen Fenster können Sie wie gewohnt arbeiten, also z. B. auch neue Strukturen erstellen.

Teilt das Fenster in zwei Unterfenster auf: Hierbei handelt es sich um den wichtigsten Menüpunkt. Im Ergebnis erhalten Sie zwei getrennte Fenster (Bild 5.18). An einem kleinen Rahmen um das Fenster erkennen Sie das jeweils aktive. Selektieren Sie das linke Fenster. Laden Sie nun über Anklicken eines Objekts aus dem *Verlauf* oder den *Favoriten* die erste Struktur in das aktive Fenster. Wechseln Sie anschließend durch einen Klick auf die rechte Seite das aktive Fenster. Selektieren Sie das neu entstandene, leere Fenster und wählen Sie im Abschnitt *Offene Elemente* links die zweite Baugruppe oder nutzen Sie die *Schnellsuche*. Nun haben Sie jederzeit beide Strukturen im Überblick. Bei Bedarf können Sie für das jeweils aktive Fenster z. B. weitere Informationen über das Datenpanel einblenden.

Damit können Sie zwischen beiden Strukturen selbst einen Vergleich durchführen, jeweils Änderungen vornehmen und gegebenenfalls auch via Drag and Drop Kopien von einer Struktur in die andere durchführen. Wie sich in Teamcenter Vergleiche durchführen lassen, erfahren Sie in Abschnitt 5.5. Wenn Sie darauf achten, welches Fenster im **Struktur-Management** aktiv ist, können Sie auch *Senden an* verwenden.

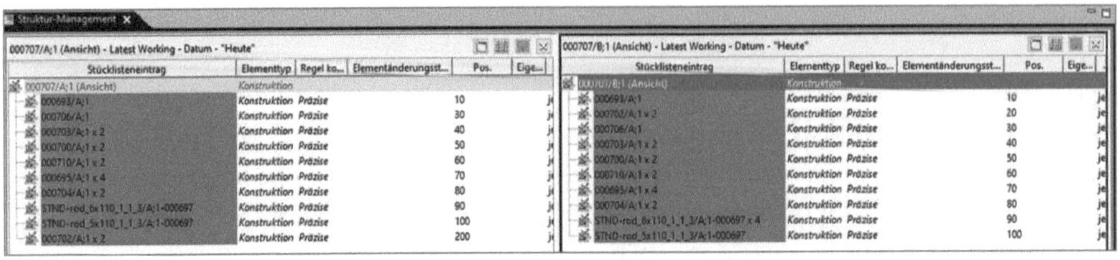

Bild 5.18 Geteiltes Fenster mit den Menüpunkten in der oberen rechten Ecke

Speichern: Auch an dieser Stelle sehen Sie, ob es eine Änderung an der Struktur gab, und ob diese somit abgespeichert werden muss (siehe vorangegangene Erläuterungen).

Schließt das Fenster: Hiermit wird nur das dazugehörige Fenster geschlossen. Weitere Fenster werden angezeigt. Auch diese können wieder geteilt dargestellt sein – je nachdem, was genau „darunter liegt". Die Applikation und eventuell weitere geöffnete Strukturen bleiben aktiv.

Datenfenster ein-/ausblenden

Auch wenn das **Struktur-Management** stark auf Stücklisteninformationen und Revisionen fokussiert ist, haben Sie die Möglichkeit, einen Blick auf mit der Revision verknüpfte Objekte zu werfen. Nutzen Sie hierfür das Icon *Datenfenster ein-/ausblenden*. Die Applikation wird nun senkrecht geteilt, und im Datenfenster erscheinen mehrere Ansichten, wie wir sie bereits in Kapitel 2, „Mein Teamcenter", vorgestellt haben.

Über den Reiter *Anhänge* „schauen" Sie unter die jeweils in der Struktur gewählte Revision (Bild 5.19). Entsprechend den Voreinstellungen und Zugriffsrechten erhalten Sie Zugriff auf Objekte (meist Datasets) und Pseudofolder, z. B. können Sie sich von hier die Eigenschaften der Objekte anzeigen lassen (z. B. per Kontextmenü) oder aber diese Objekte direkt im zugehörigen Autorensystem bearbeiten.

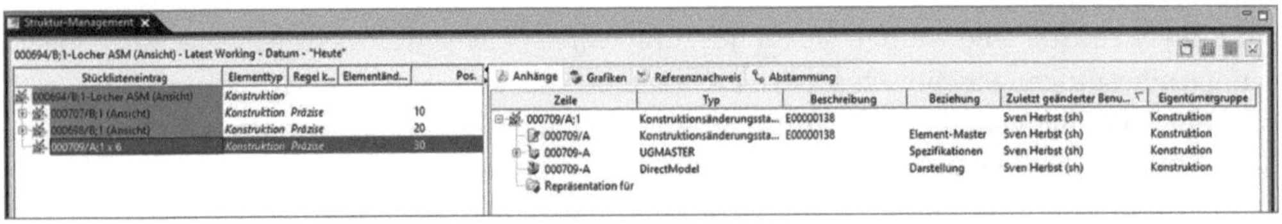

Bild 5.19 Ansichten des Datapanels

Wenn Sie ein Dataset (`UGMaster` oder `UGPart`) über die Anhänge öffnen, wird nur das einzelne Teil geöffnet. Öffnen Sie aus der Struktur heraus, wird auch die Baugruppenstruktur mit herangezogen (Kapitel 16, „CAx-Integrationen").

Auf die Ansicht *Grafiken* gehen wir in Kapitel 6, „Viewer und Lifecycle Viewer – ein Bild sagt mehr als Attribute“, noch genauer ein. Hierüber besteht die Möglichkeit, die Baugruppe oder deren Komponenten als 3D-Modell mithilfe des JT-Datenformats anzeigen zu lassen.

Die Ansicht *Referenznachweis* stellen wir ausführlich in Kapitel 10, „Alle Beziehungen im Griff“, vor. Beziehungen zwischen Revisionen und z. B. deren Verwendung können mit dessen Hilfe analysiert werden.

Die Ansicht *Abstammung oder Variantenbedingungen* wird im Rahmen dieses Buches nicht behandelt.

Im **Struktur-Management** können zwar auch weitere Ansichten eingeblendet werden können, zurzeit haben Sie aber nicht die gleichen Möglichkeiten wie in anderen Applikationen, diese Fenster zu positionieren und zu arrangieren (siehe Kapitel 2, „Mein Teamcenter“ und Kapitel 9, „User Interface – Teamcenter als elektronischer Schreibtisch“).

5.5 Vergleichen von Stücklisten

Beim Management umfangreicher Stücklisten steht man vor der Herausforderung, Unterschiede zwischen diesen zu erkennen. In Teamcenter stehen Ihnen hierzu, abhängig vom Lizenzlevel, mehrere Möglichkeiten zur Verfügung.

Vorbereitungsarbeiten

Suchen Sie zwei ähnliche Strukturen, z. B. unterschiedliche Revisionsstände einer Baugruppe. Teilen Sie das Fenster in zwei Unterfenster auf. Laden Sie in jedes der Fenster eine Struktur (siehe vorangegangene Erläuterungen). Wählen Sie eine passende Laderegel (siehe Abschnitt 5.1 und Abschnitt 5.2).

Vergleichen

Rufen Sie nun *Werkzeuge > Vergleichen …* auf. Es stehen Ihnen verschiedene Vergleiche zur Verfügung. Entscheiden Sie, über welche Ebenen abgeglichen werden soll und ob die Eigenschaft der Positionsnummer (Pos) mitberücksichtigt werden soll. Bei Bedarf aktivieren Sie das Kontrollkästchen, um für den Vergleich zusätzlich einen Bericht einzublenden. Der Bericht stellt sich dann als weiteres horizontales Fenster dar, in dem Sie die gefundenen Änderungen auswählen und damit in den Strukturen anzeigen lassen können. Auch ohne Bericht werden Änderungen farblich hervorgehoben. Wenn keine Veränderungen an den Voreinstellungen vorgenommen wurden, nutzt dieser Befehl die Farbe Grün für identische Einträge, Rot für zusätzliche Positionen, und mit Orange werden Sie darauf hingewiesen, dass es an den Positionen Änderungen, wie z. B. an der Menge usw., gab (Bild 5.20).

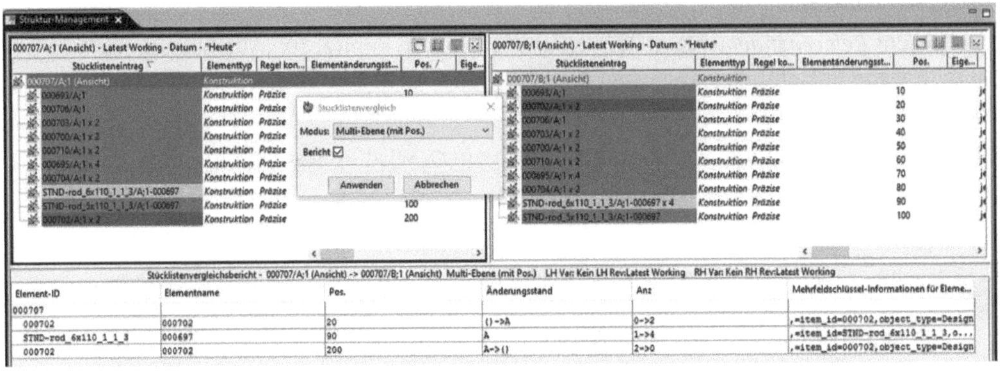

Bild 5.20 Stücklistenvergleich mit Positionsnummer und Berichtsfenster

---

Die Farben für den Vergleich können über *Preferences* geändert werden (Bild 5.21).

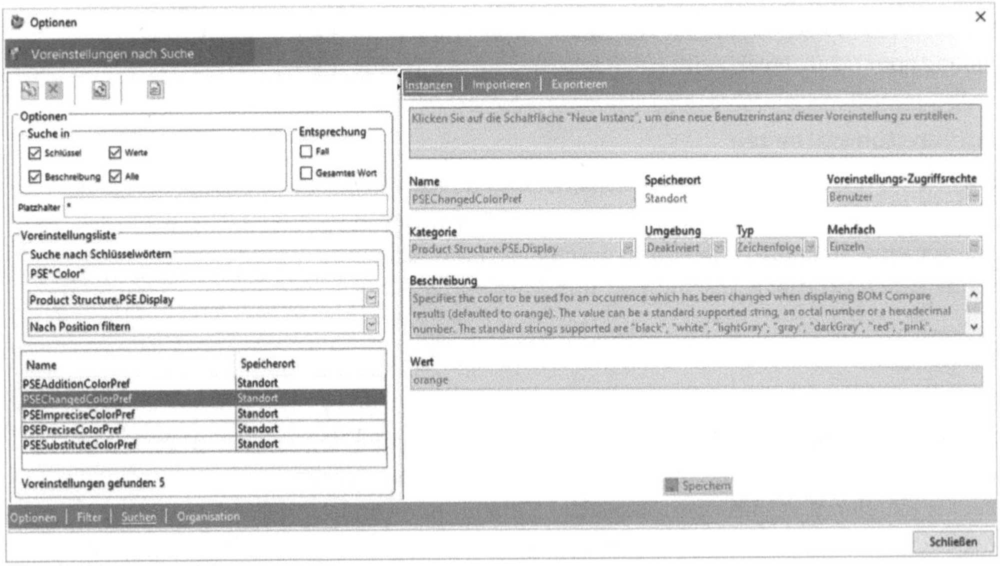

Bild 5.21 Veränderung der Vergleichsfarben für die IT

Vergleich löschen

Selektieren Sie eine der beiden Stücklisten und rufen Sie *Werkzeuge > Vergleich löschen* auf. Die Farben werden entfernt und ein eventuell eingeblendeter Bericht wieder geschlossen.

Grafischer Stücklistenvergleich

Mithilfe des grafischen Stücklistenvergleichs werden die in Teamcenter gespeicherten 3D-Daten im JT-Format genutzt, um Unterschiede an den Baugruppen als dreidimensionale Darstellung anzuzeigen. Wir stellen dies in Kapitel 6, „Viewer und Lifecycle Viewer – ein Bild sagt mehr als Attribute", noch genauer vor.

5.6 Globale Alternative

Für jedes Item können für das Gesamtsystem Alternativen verwaltet werden. Im **Struktur-Management** besteht die Möglichkeit, die jeweils zu verwendende Alternative zu konfigurieren. Wenn statt eines Teils grundsätzlich auch ein anderes Teil verwendet werden kann, sollten Sie dies über *Globale Alternativen* definieren. Ein Beispiel wäre die Schraube anderer Herstellender oder manchmal auch eine Schraube mit einer alternativen Kopfform.

Selektieren Sie die Zeile, für die Sie die *Globale Alternative* definieren oder ändern wollen. Nutzen Sie *Werkzeuge > Globale Alternative verwalten,* um den Dialog aufzurufen. Hier finden Sie eine Liste globaler Alternativen, falls bereits welche definiert wurden. Über *Suchen* bzw. das passende Icon gelangen Sie zum bereits vorgestellten Dialog *Nach Namen öffnen.* Ein hiermit gefundenes Objekt legen Sie global als Alternative fest. Markieren Sie bei mehreren Einträgen ein Objekt der Liste und nutzen Sie *Bevorzugen,* um das Vorzugsteil festzulegen. Dieses wird dann auch direkt in der Struktur angezeigt. Mit *Entfernen* können Teile wieder aus den Alternativen entnommen werden. *Schließen* Sie dann den Dialog. Beachten Sie, dass die definierten Alternativen nun überall (d. h. global) verwendet werden können.

Weitere Informationen hierzu finden Sie in Abschnitt 2.4.4 oder in Abschnitt 5.3.

5.7 Ersetzungskomponenten

Neben den globalen Alternativen können auch andere Komponenten als Ersatz für eine konkrete Stücklistenposition definiert werden. Anders als die globalen Alternativen gelten diese aber nur für die aktuelle Struktur und müssen bei neuen Strukturen entsprechend neu definiert werden. Ein Anwendungsfall kann z. B. eine mögliche Ersatzkomponente für die Montage sein. Erkennbar ist, dass auch hier die beliebige Austauschbarkeit gegeben sein muss, aber eben nur im Kontext der aktuellen Baugruppe. Ein Anwendungsfall könnte dann z. B. eine alternative Schraube sein, falls die geforderte nicht im Lager verfügbar ist.

Nutzen Sie den Dialog links unten im **Struktur-Management**, um die Ersetzungskomponenten aufzulisten, zu ändern oder neue hinzuzufügen. Haben Sie das Ersatzobjekt bereits in die Zwischenablage kopiert, können Sie auch *Bearbeiten* > *Ersetzung einfügen* nutzen (siehe Abschnitt 5.3).

5.8 Baseline

In anderen Systemen wird häufig von sogenannten Baselines gesprochen. Mit deren Hilfe soll in erster Linie ein reproduzierbarer Stand im Rahmen der Produktentwicklung wiederhergestellt werden können. Auch wenn es dafür in Teamcenter andere Möglichkeiten gibt (z. B. über Workflows mit Freigaben und verschiedenen Status und mithilfe der vorangehend vorgestellten Laderegeln), wollen wir den Befehl kurz vorstellen.

Eine Baseline wird in Teamcenter darüber hergestellt, dass in einer Struktur möglichst automatisiert Revisionen nach vordefinierten Regeln erstellt werden und diese über einen Workflow einen bestimmten Status erhalten. Dieser wiederum stellt im Normalfall sicher, dass an diesem Stand keine Änderungen mehr vorgenommen werden können. Rufen Sie den Befehl über *Werkzeuge* > *Baseline* auf (Bild 5.22). Baselines können auf gleichem Weg auch von einzelnen Item-Revisionen erstellt werden. Nutzen Sie dann **Mein Teamcenter**.

Der Befehl läuft die gesamte Baugruppe durch und revisioniert nach einer festgelegten Vorschrift (z. B. `Revision ID` hier A.001, d. h. die aktuelle Revision-ID mit dem Zusatz `.001` für die erste Baseline dieser Revision). Das Ergebnis kann direkt geöffnet werden und alle Revisionen können als präzise gekennzeichnet werden (siehe Abschnitt 5.1). Auch ein Testlauf ist möglich. Beachten Sie, dass Baselines nicht von bereits freigegebenen Item-Revisionen erstellt werden können.

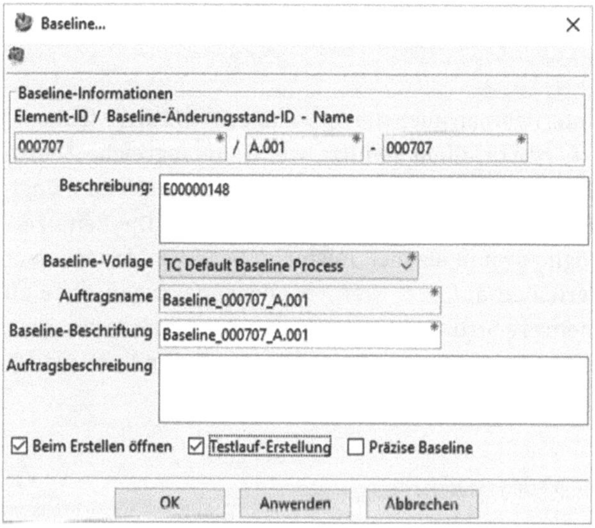

Bild 5.22 Dialogfenster *Baseline* aus dem Struktur-Manager

5.9 Schnappschuss

Abhängig vom beabsichtigten Zweck kann als Alternative zur Baseline auch ein Schnappschuss verwendet werden. Grundsätzlich wird in diesem Fall entsprechend der Laderegel die zu verwendende Revision gesucht und in einen speziellen Ordner für den Schnappschuss kopiert. Da es sich um eine Referenz handelt, ist dies normalerweise nur für unveränderbare, also z. B. freigegebene Revisionen sinnvoll.

Beachten Sie die Bedeutung von Schnappschüssen im Zusammenhang mit Laderegeln und Überschreibordnern (siehe Abschnitt 5.2).

5.10 Nutzung anderer Befehle im Struktur-Management

Befehle wie *Speichern unter …*, *Revisionieren …* und *Duplikat* (mit Letzterem kann man komplette Strukturen klonen) verhalten sich im **Struktur-Management** genauso wie an anderen Stellen in Teamcenter. Da sie sich unmittelbar auf den Produktlebenszyklus beziehen, wollen wir diesen Möglichkeiten ein eigenes Kapitel widmen. Weitere Informationen zu den genannten Befehlen erhalten Sie in Kapitel 12, „Geändert wird immer! Effektives Änderungswesen". Dort finden Sie auch den Befehl *Element aus Vorlage*, der genutzt werden kann, um beliebige Strukturen aus vorhandenen Items zu replizieren.

5.11 Multi-Struktur-Management

Gegebenenfalls wird in Ihrem Unternehmen auch die Applikation **Multi-Struktur-Management** eingesetzt. Diese wird vor allem genutzt, wenn umfangreiche Zuordnungen zwischen unterschiedlichen Strukturen (z. B. Konstruktionsstücklisten, Engineering BOM und Manufacturing BOM) genutzt und gepflegt werden. Die Benutzeroberfläche bietet noch mehr Möglichkeiten als das „normale" Struktur-Management und weist auch einige Besonderheiten auf, z. B. werden alle Änderungen ohne zu speichern sofort aktiv. Wenn mehrere Strukturen geöffnet sind, existieren die üblichen Reiter nebeneinander für jede Struktur. Diese Applikation wird im Buch jedoch nicht weiter behandelt.

5.12 Die Konstruktionsstückliste der Engineering-Stückliste zuweisen

Thomas Hertel

Dieser Abschnitt beschreibt den Prozess der Zuweisung der Konstruktionsstückliste (CAD-Struktur/DBOM) zur Engineering-Stückliste, auch bekannt als Engineering Bill of Materials (EBOM). In Teamcenter erfolgt die Zuweisung unter Verwendung der Teamcenter-Weboberfläche Active Workspace (siehe Kapitel 3, „Active Workspace – Informationen an jedem Ort"). Die browserbasierte Umgebung unterstützt intuitive Bedienung und schnelle Zusammenarbeit.

Für den Zugriff auf die Zuweisungsfunktionen im Active Workspace muss die Applikation **Product Master Automation for Active Workspace** im Deployment Center installiert werden.

Die Zuweisung eines einzelnen Teileänderungsstands zu einem Konstruktionsänderungsstand ohne Stückliste erfolgt im Tab *Übersicht* des Konstruktionsänderungsstands im Abschnitt *Zugewiesene Teile*. Dort kann über *Hinzufügen* entweder ein bestehendes Teil aus dem System gesucht und hinzugefügt oder ein neues Teil erstellt werden (Bild 5.23).

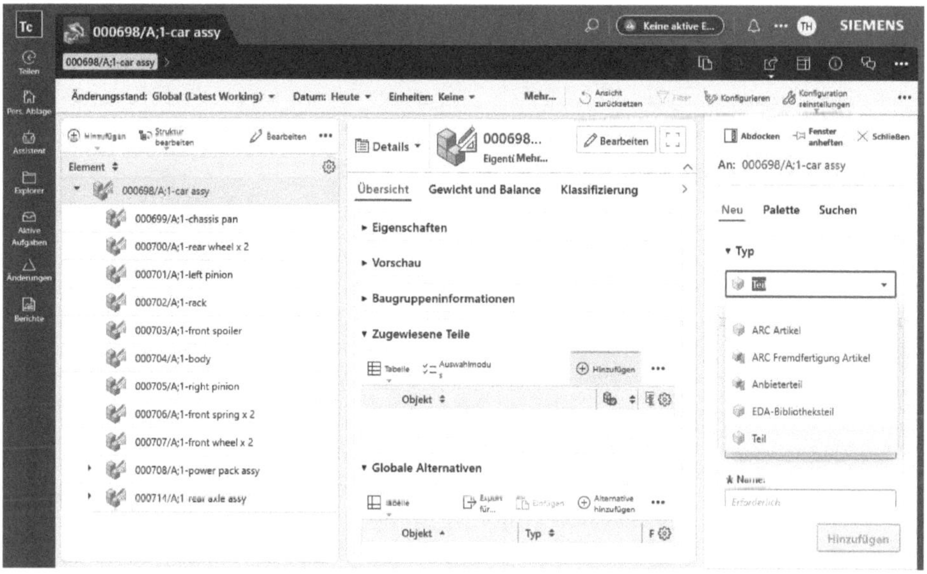

Bild 5.23 Zuweisen eines Teileänderungstands

Standardmäßig wird die erste zugewiesene Konstruktion als *Primäre Konstruktion* markiert. Die Zuweisung wird in der Tabelle mit dem Icon *Primär* in der Spalte *Ist primär* angezeigt (Bild 5.24).

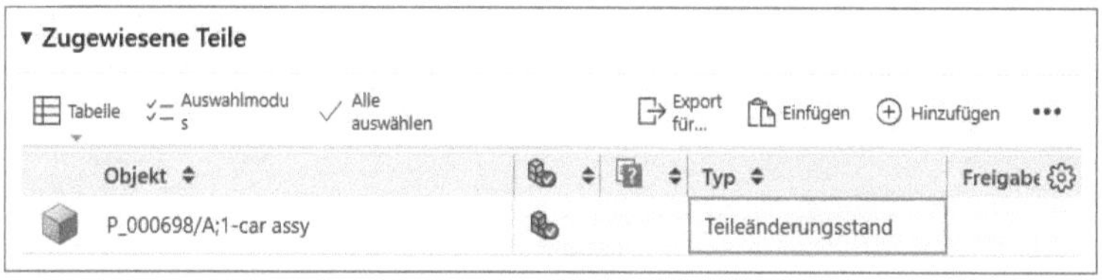

Bild 5.24 Verwendung als primäre Konstruktion

Alle Änderungen an einer Stückliste oder einer Baugruppe lassen sich im System besonders effizient nachvollziehen, wenn sie im Rahmen eines dokumentierten Änderungsprozesses erfolgen. Dadurch werden alle Aktionen wie das Erzeugen oder Aktualisieren einer Engineering-Stückliste automatisch mit den entsprechenden Änderungsinformationen verknüpft. So bleibt der Verlauf der technischen Änderungen transparent und nachvollziehbar.

Um einen Änderungskontext zu setzen, kann im globalen Kopfbereich auf *Keine aktive ECN* geklickt und die gewünschte Konstruktionsänderungsbenachrichtigung (Engineering Change Notice, ECN) ausgewählt werden (Bild 5.25). Dadurch werden alle Änderungen des Anwendenden automatisch in der ECN aufgezeichnet.

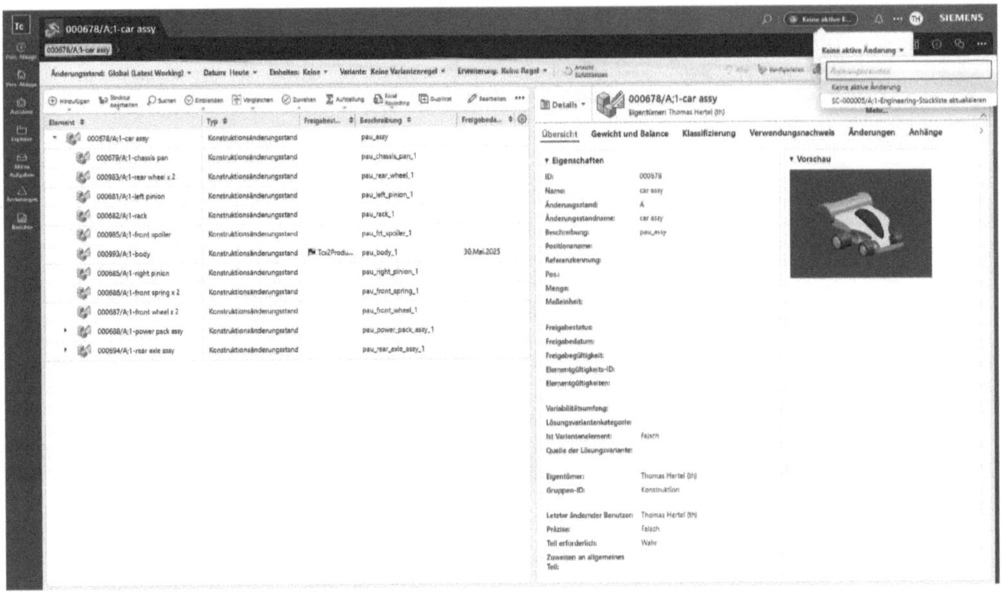

Bild 5.25 Auswahl der zu nutzenden Engineering Change Notice (ECN)

> Die im Folgenden aufgeführten Szenarien der Zuweisung basieren auf einer vorhandenen Konstruktionsstückliste als Ausgangspunkt. Der Prozess lässt sich jedoch auch in umgekehrter Richtung durchführen, also beginnend bei einer Engineering-Stückliste, aus der eine passende Konstruktionsstückliste abgeleitet wird. Die Vorgehensweise bleibt im Wesentlichen gleich. Lediglich die Richtung der Ausrichtung und die Auswahl des Ausgangsobjekts ändern sich.

Automatische Zuordnung der Konstruktionsstückliste (DBOM) und der Engineering-Stückliste (EBOM)

Im Active Workspace kann auf Basis der vorhandenen Konstruktionsstückliste automatisch eine konsistente Engineering-Stückliste generiert werden (Bild 5.26). Dabei werden die Voreinstellungen zu den Ableitungen des jeweiligen Konstruktionsänderungsstands oder des Teileänderungsstands berücksichtigt.

Zunächst wird für die oberste Konstruktionseinheit (= das übergeordnete Design) ein entsprechendes Teil (Parent Part) neu erzeugt. Im Anschluss wird das Design mit diesem erzeugten Teil ausgerichtet. Diese primäre Ausrichtung dient als Ausgangspunkt für die weitere automatische Ableitung der darunterliegenden Struktur.

Unterhalb des erzeugten Parent Parts erstellt das System automatisch die benötigten Teilepositionen (Part Occurrences) auf Basis der vorhandenen Konstruktionspositionen (Design Occurrences). Diese werden direkt mit den jeweiligen Konstruktionspositionen ausgerichtet. Wenn eine Designposition mehrfach verwendet wird oder wenn es sich um eine flexible, zugekaufte Baugruppe mit mehreren Instanzen und unterschiedlichen Kennungen handelt, erfolgt die Generierung gemäß den vom Administrator definierten Gruppierungsregeln.

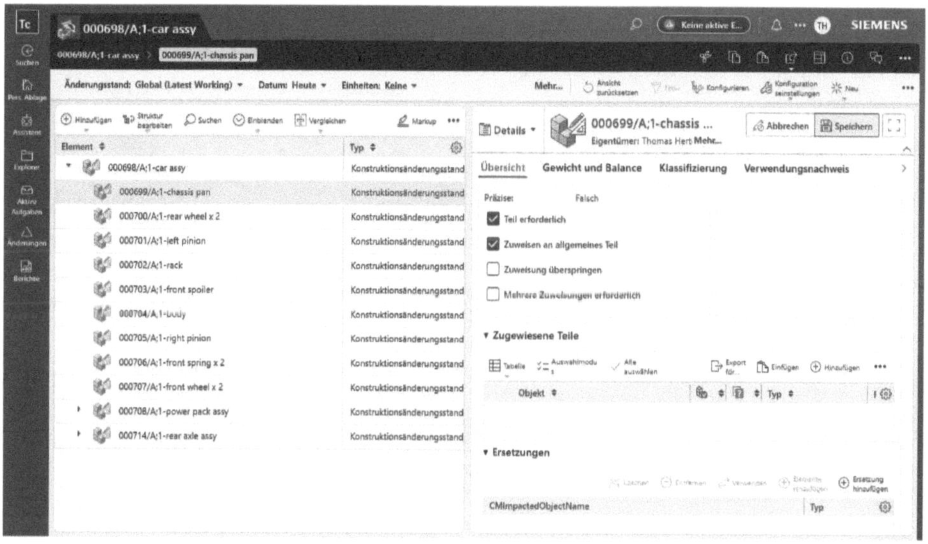

Bild 5.26 Automatische Zuordnung

Für jede erzeugte Teileposition wird ein Teil generiert und mit der jeweiligen Designposition verknüpft. Konstruktionspositionen, die in der Struktur als „Dual-Intent" gekennzeichnet sind – also sowohl als Design als auch als Teil verwendet werden können – werden im System direkt übernommen, ohne dass ein neues Part erzeugt wird. Die „Dual-Intent"-Elementtypen sind der Voreinstellung *FND0_MULTIDOMAINPARTORDESIGN_TYPES* zu entnehmen.

Existiert zu einem Design bereits eine Mehrfachzuweisung zu mehreren Teilen, so wird im Rahmen der Automatisierung nur eine einzelne Teileposition erzeugt. In diesem Fall erhält das zuerst zugewiesene Part – auf Basis des Datums der ursprünglichen Zuweisung – den Vorrang. Weitere Zuordnungen müssen manuell ergänzt werden.

Vor Beginn wird bei Bedarf die aktive Engineering Change Notice (ECN) in der Kopfzeile ausgewählt. Anschließend erfolgt die Suche nach der gewünschten Konstruktionsbaugruppe über die globale Suchleiste.

Nach Öffnen des Konstruktionsänderungsstands wird die Strukturansicht, in der die Baumstruktur der Baugruppe sichtbar ist, angezeigt. Dort kann die oberste Revision markiert werden, um mit weiteren Aktionen wie der Erzeugung der Engineering-Stückliste fortzufahren.

Es ist möglich, dass die Option *Zuweisen* auch nach der Installation der Applikation **Product Master Automation for Active Workspace** im Menü nicht angezeigt wird. Dann muss, wie zu Beginn des Abschnitts beschrieben, einmalig dem obersten Konstruktionsänderungsstand manuell ein Teil zugewiesen werden.

Durch Auswahl von *Zuweisen > Engineering-Stückliste erstellen* wird die neue Engineering-Stückliste automatisch erzeugt (Bild 5.27 und Bild 5.28).

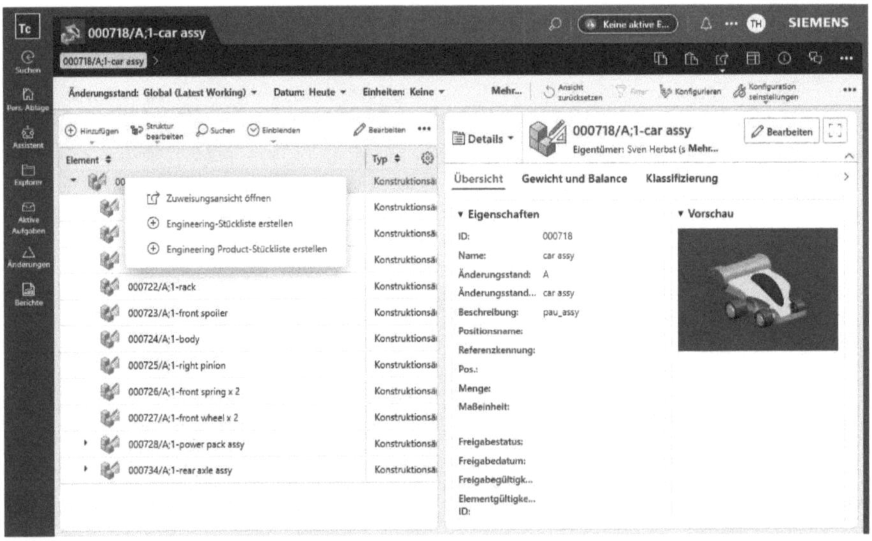

Bild 5.27 Engineering-Stückliste erstellen

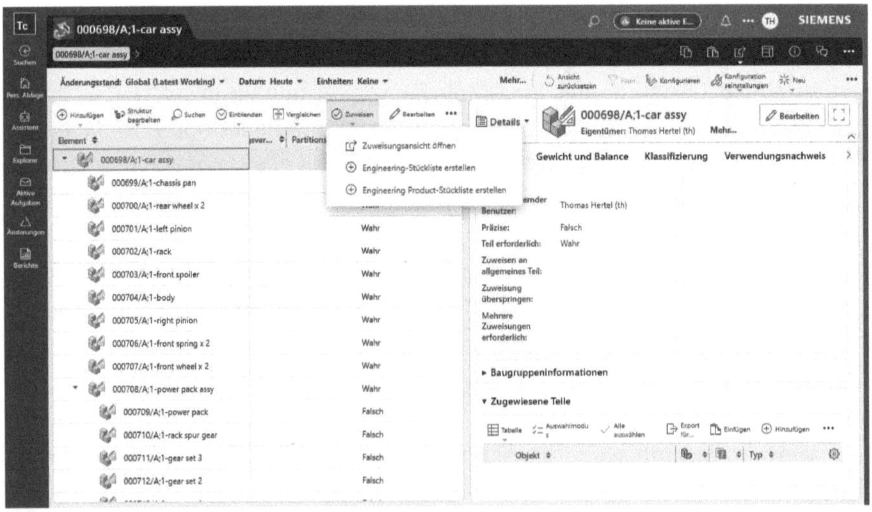

Bild 5.28 Ergebnis der Zuweisung

Die generierte Engineering-Stückliste folgt einer Namenskonvention, die vom Administrator vordefiniert wurde. Diese kann beispielsweise Präfixe, Suffixe oder eine neu generierte Element-ID enthalten und wird automatisch angewendet (siehe dazu die Teamcenter-Voreinstellungen *Pma0_EBOM_Prefix_Suffix* und *Pma0_DBOM_Prefix_Suffix*).

Die Generierung einer Engineering-Stückliste aus einer bestehenden Konstruktionsstückliste in Teamcenter kann auch ohne Benutzeroberfläche automatisiert erfolgen. Zu diesem Zweck ist in einer Teamcenter-Konsole das Dienstprogramm `generate_ebom_from_dbom` auszuführen. Die Zuweisung erfolgt auch in diesem Fall gemäß den Regeln der automatisierten Zuweisung (Bild 5.29).

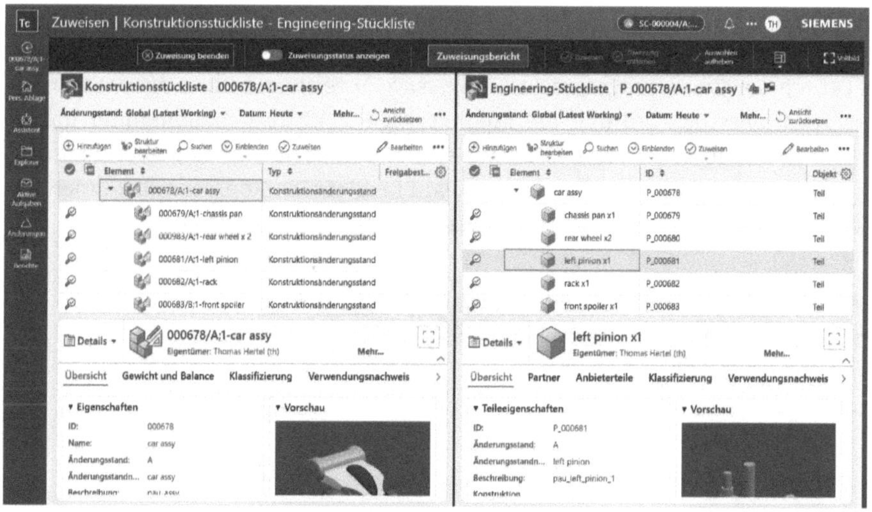

Bild 5.29 Gemeinsame Darstellung der Stücklisten

Aktualisieren der Zuordnung nach Änderung einer Stückliste

Im Active Workspace können Änderungen in der Konstruktionsstückliste (z. B. neue oder geänderte Positionen) in die Engineering-Stückliste übernommen werden. Die Aktualisierung der Stückliste erfolgt ebenfalls aus der Strukturansicht. Über *Zuweisen* können die verschiedenen Arten der Aktualisierung aufgerufen werden:

- **Manuelle Aktualisierung:** *Zuweisen > Zuweisungsansicht* öffnet die Zuweisungsansicht. Die Konstruktionsstückliste und die zugehörige Engineering-Stückliste werden nebeneinander dargestellt. Sind mehrere Stücklisten zugewiesen erfolgt die Auswahl über das angezeigte Fenster.

- **Automatische Aktualisierung:** Ein Klick auf *Zuweisen > Automatisierte Aktualisierung* stellt die Synchronisation her und markiert neue Elemente grün, geänderte Elemente orange und entfernte Elemente rot. Ein Kontextmenüeintrag ermöglicht den Zugriff auf einen detaillierten Update-Report.
- **Geführte Aktualisierung:** *Zuweisen > Geführte Aktualisierung* öffnet die Zuweisungsansicht mit einem zusätzlichen Fenster *Geführte Aktualisierung*. Je ausgewählter Ebene werden jeweils nur die modifizierten Elemente angezeigt.

> Die Richtung des automatischen oder geführten Updates wird dadurch bestimmt, auf welcher Seite der Zuweisungsansicht, Konstruktionsstückliste oder Engineering-Stückliste der Befehl erfolgte. Wird also der Befehl im Menü der Konstruktionsstückliste aktiviert, erfolgt die Zuweisung in Richtung der Engineering-Stückliste.

Manuelle Aktualisierung

Durch Öffnen der Zuweisungsansicht (*Zuweisen > Zuweisungsansicht öffnen*) werden die Konstruktionsstückliste und die Engineering-Stückliste nebeneinander dargestellt. Dabei wird die Konstruktionsstückliste immer links und die Engineering-Stückliste rechts angezeigt. Über die Layout-Auswahl im globalen Kopfbereich können die *Details* oder *3D* mit *Oben unten* angezeigt werden (Bild 5.30).

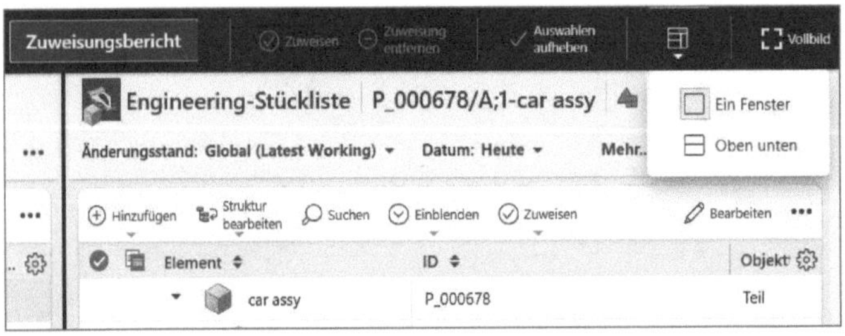

Bild 5.30 Umschalten zwischen verschiedenen Darstellungen

Die integrierte 3D-Vorschau dient der Kontrolle von Position und Orientierung. Die Funktionalität des Viewers im Active Workspace steht zur Verfügung. So können PMI-Daten (Product Manufacturing Information, z. B. Toleranzen, Bemaßungen) über *PMI* angezeigt werden (Bild 5.31).

PMI-Informationen setzen voraus, dass in der CAD-Integration (z. B. NX) die Option *Publish PMI* aktiviert ist.

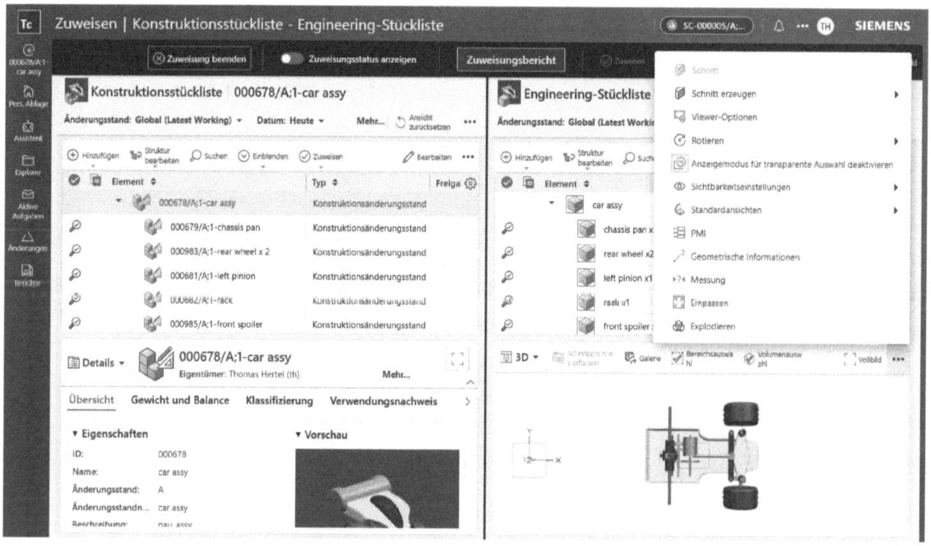

Bild 5.31 Anzeige der Product Manufacturing Information (PMI)

Der *Zuweisungsbericht* wird durch Klick auf das gleichnamige Icon erstellt und im Ordner *Neue Daten* (*Newstuff*) abgelegt. Die aktuellen Zuweisungsinformationen können über *Zuweisungsstatus anzeigen* eingeblendet werden (Bild 5.32).

Mit *Vollbild* werden für die Zuweisung nicht benötigte Elemente der Benutzeroberfläche ausgeblendet und damit der verfügbare Bildschirmplatz für die Zuweisung besser ausgenutzt.

In der Konstruktionsstückliste und Engineering-Stückliste lassen sich jeweils per Mausklick Stücklistenpositionen auswählen. Ein Klick auf *Zuweisen* oder *Zuweisung entfernen* in der Toolbar verbindet oder trennt die ausgewählten Elemente.

In den Werkzeugleisten kann im Menü *Zuweisen* auch hier die *Automatisierte Aktualisierung* durchgeführt werden oder das Fenster *Geführte Aktualisierung* angezeigt werden. Dabei ist entscheidend, auf welcher Seite (d. h. Konstruktionsstückliste oder Engineering-Stückliste) die Zuweisung gestartet wird, da dies die Richtung der Zuweisung bestimmt.

Zuweisung beenden schließt die Zuweisungsansicht und die zuvor dargestellte Stückliste wird wieder angezeigt.

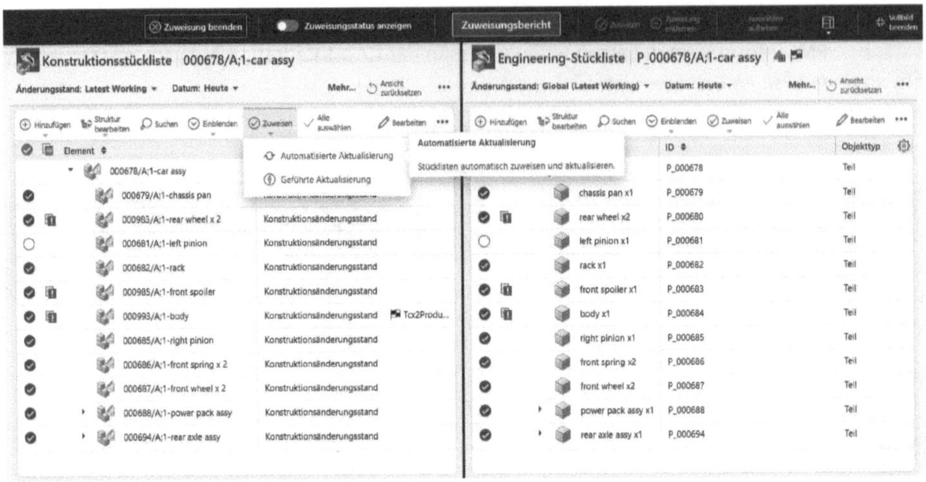

Bild 5.32 Anzeige des Zuweisungsberichts

Auch in der Zuweisungsansicht stehen die bekannten Befehle und Konfigurationen für die Stücklisten zur Verfügung (Bild 5.33).

Bild 5.33 Werkzeuge in der Zuweisungsansicht

Automatische Aktualisierung

Mit *Zuweisen > Automatisierte Aktualisierung* wird die Zuweisung sofort automatisch durchgeführt. Treten beim Aktualisieren Fehler auf, wird eine Fehlermeldung angezeigt und ein entsprechender Bericht im Ordner *Neue Daten > BOM-Generation* der anwendenden Person abgelegt (Bild 5.34 und Bild 5.35).

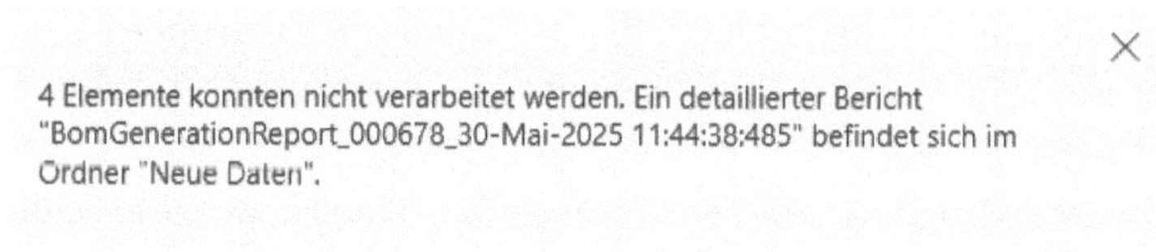

Bild 5.34 Bericht nach der Generierung der neuen Stückliste

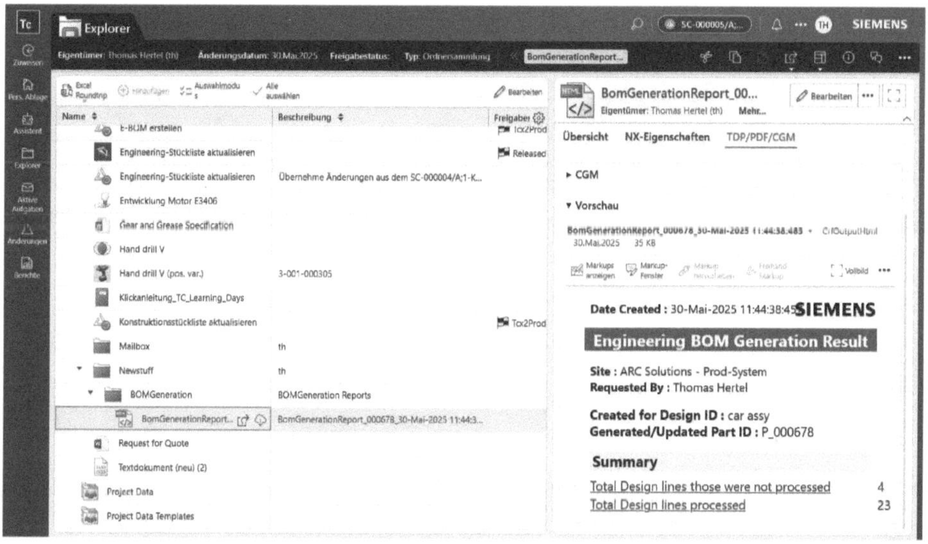

Bild 5.35 Details des Zuweisungsberichts

Geführte Aktualisierung

Dieses zusätzliche Fenster in der Zuweisungsansicht zeigt Kacheln für jede erkannte Änderung, wie zum Beispiel *Neu verwenden, Ersetzen, Löschen* und weitere, an. Filter-Tags erleichtern die Fokussierung auf bestimmte Aktionen. Die aktuellen Ausrichtungsinformationen können über *Zuweisungsstatus anzeigen* eingeblendet werden. Die Option *Im Hintergrund ausführen* aktualisiert die Änderungen in einem Serverprozess und die Oberfläche bleibt für andere Anwenderaktionen verfügbar. Der Button *Aktualisieren* übernimmt die selektierten Anpassungen.

Aktualisierung im Änderungs-(Change-)Kontext

Im Active Workspace kann eine bestehende Engineering-Stückliste im Rahmen eines Änderungsprozesses aktualisiert und korrekt zugewiesen werden. Zunächst wird die aktive Änderung über den Arbeitsbereich *Aktive Aufgaben* oder *Änderungen* geöffnet. Hier können nun die Änderungen an der Baugruppe überprüft und die Änderungen an der Engineering-Stückliste aktualisiert werden. Es empfiehlt sich, von unten nach oben zu arbeiten (Bottom-up): Es wird mit der inneren geänderten Baugruppe begonnen und die Aktualisierungen werden Ebene für Ebene bis zum obersten Teil durchgeführt.

In der *Änderungsübersicht* wird die betroffene Konstruktions-Baugruppe ausgewählt. Über *Zuweisen > Automatisierte Aktualisierung* wird die Zuweisung automatisch durchgeführt. Über *Zuweisen > Geführte Aktualisierung* wird der geführte Aktualisierungsmodus gestartet (Bild 5.36). Alles Weitere erfolgt wie vorangehend im Absatz „Aktualisieren der Zuordnung nach Änderung einer Stückliste" beschrieben.

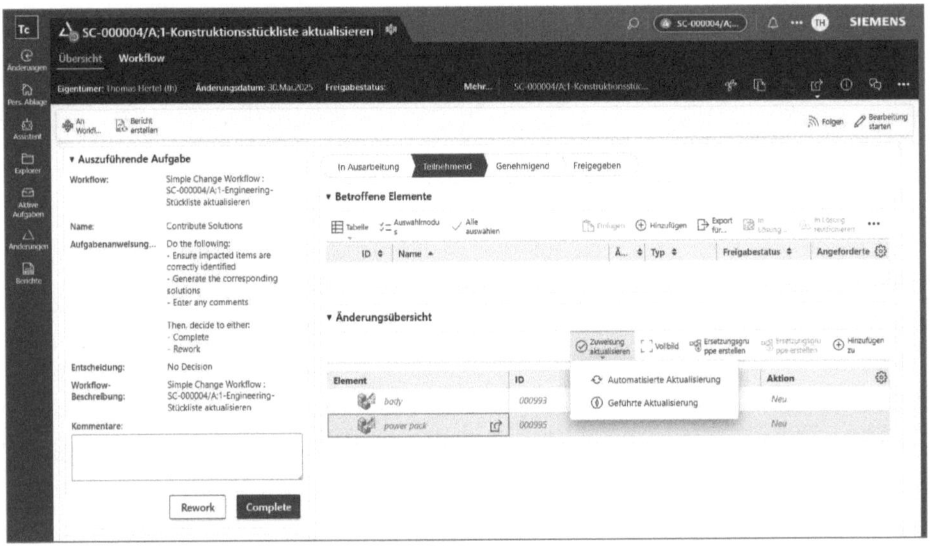

Bild 5.36 Geführter Aktualisierungsmodus

Validieren der Zuordnung

Im Active Workspace kann sichergestellt werden, dass alle relevanten Komponenten der Konstruktion korrekt mit der Engineering-Stückliste verknüpft sind:

- Im Tab *Übersicht* jedes Konstruktionsänderungsstands zeigt der Abschnitt *Zugewiesene Teile* welche Teil-Revisionen zugewiesen sind.
- Ein Zuweisungsbericht in der *Zuweisungsansicht* listet alle Konflikte, fehlende Maßeinheiten (UOMs) und Attributabweichungen auf.

Entfernen von Zuweisungen zwischen Konstruktions- und Teilepositionen

Im Active Workspace kann eine bestehende Ausrichtung zwischen Konstruktions- und Teilepositionen aufgehoben werden. Zum Start wird die betreffende Struktur geöffnet und über *Zuweisen > Zuweisungsansicht öffnen* der Ausrichtungsmodus aktiviert. Eine Konstruktionsposition wird auf der linken Seite und eine Teileposition auf der rechten Seite ausgewählt. Mit einem Klick auf *Zuweisung entfernen* wird nach einer zusätzlichen Bestätigung die Verbindung aufgehoben. Ein Indikatorsymbol in der Spalte *Zuweisungsstatus* zeigt an, dass die ausgewählten Elemente nicht mehr zueinander ausgerichtet sind.

Es ist zu beachten, dass eine Konstruktionsposition mehreren Teilepositionen zugewiesen sein kann. Ebenso kann eine Teileposition mehreren Konstruktionspositionen zugeordnet sein (m:n-Zuordnung, siehe Bild 5.37):

- Um alle Teilepositionen zu entfernen, die mit einer Konstruktionsposition verknüpft sind, wird die Konstruktionsposition ausgewählt und anschließend *Zuweisung entfernen* ausgeführt.
- Umgekehrt kann durch Auswahl einer Teileposition im rechten Bereich und den Befehl *Zuweisung entfernen* auch die Verbindung zu allen zugehörigen Konstruktionspositionen gelöst werden.

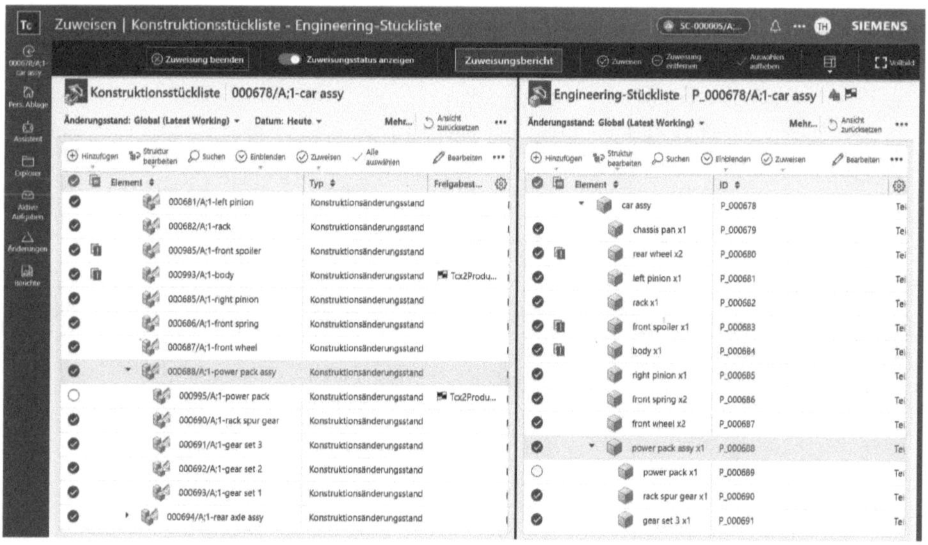

Bild 5.37 Detaillierte Darstellung der Zuweisungen

5.13 Anwendung

Fast Track

1. Laden Sie eine Stückliste eines Produkts in das Struktur-Management.
2. Expandieren Sie alle Baugruppenebenen, um die Struktur genauer betrachten zu können.
3. Passen Sie die anzuzeigenden Spalten an die heutigen Erfordernisse an.
4. Blenden Sie sich Grafiken über das Datenfenster ein.
5. Öffnen Sie eine Unterbaugruppe.
6. Teilen Sie das Fenster und öffnen Sie im neuen Fenster einen älteren oder zu vergleichenden Entwicklungsstand zur Unterbaugruppe.
7. Führen Sie einen grafischen Stücklistenvergleich durch.
8. Sofern in Ihrem Unternehmen die entsprechenden technischen Voraussetzungen erfüllt sind, erstellen Sie aus einer DBOM im Active Workspace eine EBOM.

6 Viewer und Lifecycle Viewer – ein Bild sagt mehr als Attribute

In den vorangegangenen Kapiteln haben Sie detaillierte Informationen über die An- und Ablage von Objekten in Teamcenter erhalten. Sie haben gelernt, wie man Items, Konstruktionen und Dokumente anlegt. Die Dateien werden in den zugehörigen Revisionen als Datasets abgelegt und können dann mit der jeweiligen Anwendung (Autorensystem) weiterbearbeitet werden. Eigenschaften bzw. Attribute beschreiben die Objekte näher und können für die Suche in der Datenbank genutzt werden. Objekte und deren Eigenschaften können in Tabellenform dargestellt und analysiert werden.

Real-World-Szenario

Die Überarbeitung unseres Akkuschraubers soll möglichst schnell von der Mitarbeitenden in der Fertigungsvorbereitung geprüft werden. Eventuell sind Änderungen am Transportsystem und an den Verpackungen erforderlich. Stefanie prüft die 3D-Modelle daraufhin – und zwar noch bevor die neue Konstruktion freigegeben wurde. Außerdem schaut sie sich die neue Spezifikation an und vergleicht die aktualisierte Zeichnung mit der für das alte Teil bereits vorhandenen. Von Sebastian werden die neuen Abmessungen des gesamten Modells geprüft, um eventuelle Auswirkungen auf die Verkaufsverpackung vorab zu erkennen.

In diesem Kapitel werden wir Ihnen die verschiedenen Möglichkeiten der Betrachtung von Bildern, Grafiken, dreidimensionalen Modellen und Office-Dokumenten näherbringen. Da die verfügbaren Werkzeuge und deren Möglichkeiten in vielen verschiedenen Applikationen zur Verfügung stehen, haben wir uns entschlossen, die vielfältigen Betrachtungs- und Visualisierungsmöglichkeiten an einer Stelle zusammenzufassen.

Grundsätzlich können Sie sich in Teamcenter die verschiedensten Dateiformate direkt anzeigen lassen. Sie benötigen also nicht unbedingt ein spezielles Zusatzprogramm wie z. B. den Acrobat Reader. Bilder und Vektorgrafiken lassen sich ebenso anzeigen wie Office-Dokumente und PDF-Dateien. Besonders hervorzuheben sind aber die umfassenden Fähigkeiten, dreidimensionale Daten darzustellen und zu analysieren. Hier wird das universelle und relativ junge Format JT (Jupiter Tesselation) verwendet. Ziel ist es, über Teamcenter alle Bereiche des Produktlebenszyklus mit einer einheitlichen „Ader“ zu verbinden und entlang der gesamten Prozesskette JT als Visualisierungsmöglichkeit zu nutzen.

Das JT-Datenformat ist ein offenes Datenformat für die Produktvisualisierung und den Datenaustausch. Im Vergleich zum STEP-Format ist es bislang leider weniger verbreitet, obwohl die meisten Anbieter dieses Format unterstützen. JT ist zertifiziert als ISO 14306:2012 („Industrial automation systems and integration – JT file format specification for 3D visualization“). Da dieses Format von den Produkten aus dem Hause Siemens favorisiert wird, um die Überprüfung im Rahmen der Unternehmensprozesse zu unterstützen, ist es auch in Teamcenter als PLM-System integriert. Die Möglichkeiten reichen vom einfachen Betrachten eines Einzelteils über die Anreicherung mit Fertigungsinformationen (Product and Manufacturing Information, PMI) oder die Darstellung von Simulationsergebnissen bis hin zu digitalen Prototypen (Digital Mock-Up, DMU).

Siehe auch: JT Open-Programm (*https://plm.sw.siemens.com/de-DE/plm-components/jt/jt-open-program*)

6.1 Die Anzeige von Vorschaubildern

Getreu dem geflügelten Spruch „Ein Bild sagt mehr als tausend Worte“ wird in vielen Bereichen versucht, den Anwendenden wichtige Informationen grafisch zu vermitteln. In Teamcenter werden z. B. zu Konstruktionsdaten, wie Modellen und Zeichnungen, Vorschaubilder automatisch hinterlegt und bei der Anzeige der entsprechenden Objekte verwendet. Am Beispiel von Konstruktions-Items mit NX-Daten soll dies hier verdeutlicht werden.

Die Zusammenhänge können Sie anhand dieser Daten sehr gut nachvollziehen. Wählen Sie zunächst das 3D-Modell (`UGMaster`) aus. Auf der rechten Seite wechseln Sie zur Ansicht *Übersicht* und dort auf den weiter unten befindlichen Reiter *Übersicht*. In diesem Bereich wird Ihnen die Vorschau auf das 3D-Teil, wie sie in NX gespeichert wurde, angezeigt. Der Konstruierende kann diese Darstellung genau so einstellen, wie diese in Teamcenter erscheinen soll. Ebenso verhält es sich bei der Zeichnung. Hier wählen Sie das `UGPart` aus und finden im Abschnitt *Vorschau* die verkleinerte Darstellung der gesamten Zeichnung. Die in Bild 6.1 und Bild 6.2 dargestellten Ergebnisse haben Sie sicherlich erwartet (siehe auch Kapitel 16, „CAx-Integrationen“).

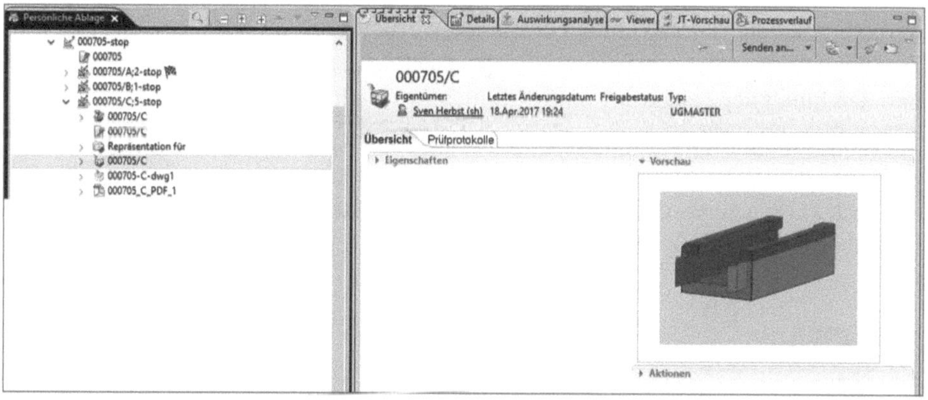

Bild 6.1 Modell-Vorschau bei selektiertem `UGMaster`-Dataset

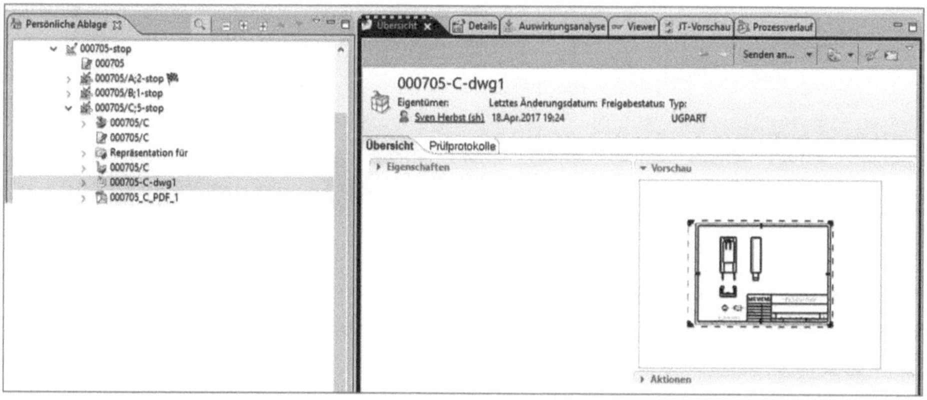

Bild 6.2 Zeichnungsvorschau bei selektiertem `UGPart`-Dataset

Die Vorschaubilder werden an `UGMaster` oder `UGPart` als QAF-Datei hinzugefügt. Bei diesen handelt es sich prinzipiell um Dateien im CGM-Format. Damit hat man bei Bedarf auch die Möglichkeit, derartige Vorschaubilder zu manipulieren oder diese z. B. bei einer Datenmigration anderweitig zu erzeugen und automatisiert hinzuzufügen.

Gehen wir nun beim Aufbau eines Teils in Teamcenter weiter in der Baumstruktur des Items nach oben. Selektieren Sie die Revision A (siehe auch Bild 6.4). Als Vorschau für diese Revision erhalten Sie, ebenso wie bei der Auswahl eines Datasets, ein Bild. Üblicherweise wird dieses aus dem zuerst erzeugten Dataset entnommen. Dies kann durch Ihre IT jedoch auch anders umgesetzt worden sein. Oft wird hier, in guter alter Tradition, noch „zeichnungsorientiert" gearbeitet, auch wenn man auf dem kleinen Bild den Inhalt der Zeichnung natürlich nicht wirklich erkennen kann.

Als Vorschaubild für Revisionen und Items kann auch ein Dataset des Typs `Bild/Image` (z. B. PNG, TIF, JPG, GIF usw.) verwendet werden. Beachten Sie, dass die Vorschaubilder auch angezeigt werden, wenn Sie mehrere Objekte selektieren. So bekommen Sie schnell einen Überblick über die enthaltenen Daten (Bild 6.3).

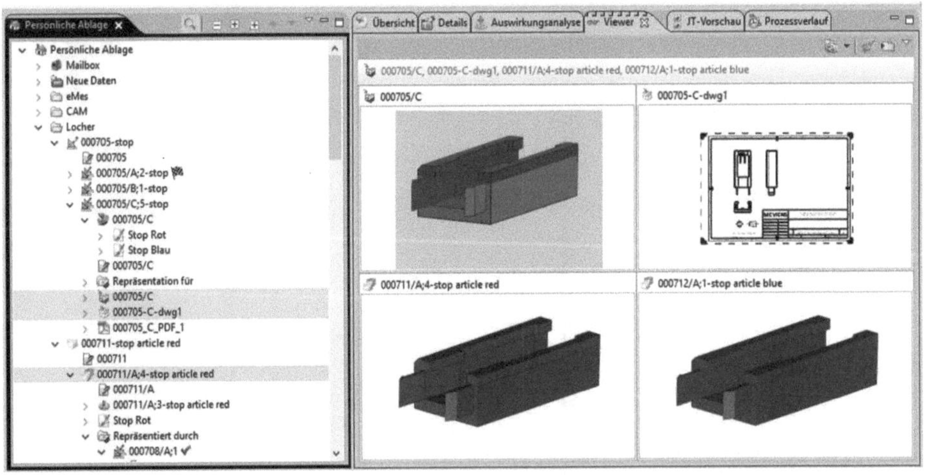

Bild 6.3 Mehrere Objekte (Datasets und Item-Revisions) ausgewählt

Beispiel für die Nutzung

Beispiel: Vorschaubilder gezielt einsetzen

- Öffnen Sie eine Baugruppe im Strukturmanager.
- Blenden Sie die gesamte Struktur der Baugruppe ein.

- Selektieren Sie alle Elemente.
- Wählen Sie im Kontextmenü *Öffnen mit > Details* aus.
- Filtern Sie über den automatischen Filter die Sie interessierenden Objekte.
- Selektieren Sie alle angezeigten Zeilen.
- Öffnen Sie die Ansicht *Viewer*.
- Das Ergebnis sind Miniaturvorschaubilder aller Modelle.

Gegebenenfalls muss die Anzahl der gleichzeitig darstellbaren Vorschaubilder angepasst werden:

Preference: *TC_max_display_thumbnails*

Beispiel in den Suchergebnissen

In Abschnitt 11.2.1 finden Sie einen Anwendungsfall für die Miniaturansichten im Suchergebnis nach Item oder Revision (Bild 11.8).

6.2 3D-Daten im JT-Format anzeigen

Wechseln Sie nun zum JT-Dataset (`DirectModel`) der zweiten Revision B. Gegebenenfalls muss diese, wie in Kapitel 16, „CAx-Integrationen“, beschrieben, erst erzeugt werden, oder aber es gibt unternehmensspezifische Abläufe zur Generierung der JT-Daten (z. B. über Workflows, siehe Kapitel 8, „Workflows – definierte und nachvollziehbare Arbeitsabläufe“). Meist liegt keine 2D-Vorschau vor (dies könnte aber konfiguriert werden). Dafür können Sie JT-Daten sogar dreidimensional betrachten.

Über die Ansicht *JT-Vorschau* auf der rechten Seite bekommen Sie die Geometrie für Einzelteile angezeigt und können diese z. B. mithilfe der gedrückten linken Maustaste drehen. Beim ersten Aufruf müssen Sie kurz warten, da das Programm erst nachgeladen wird.

Beachten Sie, dass diese Ansicht nicht nur als Standard für die Perspektive **Mein Teamcenter** verwendet wird. In Kapitel 9, „User Interface – Teamcenter als elektronischer Schreibtisch“, stellen wir Ihnen die umfangreichen Möglichkeiten der Nutzung von Ansichten und Perspektiven genauer vor.

Die Ansicht *JT-Vorschau* ist das einfachste und in jeder Teamcenter-Installation enthaltene Werkzeug. Umfangreichere Möglichkeiten haben Sie über die Ansicht *Viewer*. Diese wurde bereits in Kapitel 2, „Mein Teamcenter“, vorgestellt. Dort diente sie der Darstellung der Attribute eines gewählten Objekts. Je nach Konfiguration kann der Viewer aber auch den Inhalt von Datasets anzeigen oder deren Bearbeitung ermöglichen (siehe Kapitel 7, „Microsoft Office-Integration – Bürodokumente gut strukturieren").

Zunächst schauen wir uns jedoch mit der Ansicht *Viewer* unser JT-Dataset (`DirectModel`) an. Auch hier können Sie die Darstellung manipulieren. Nun stehen Ihnen aber wesentlich mehr Möglichkeiten zur Verfügung als in der Ansicht *JT-Vorschau*. Wie viele das sind, hängt von dem Ihnen zur Verfügung stehenden Lizenzlevel ab. Hier sind mindestens die vier Ausbaustufen *Base*, *Standard*, *Professional* und *Mock-Up* lizenzierbar. Am schnellsten können Sie den Umfang abschätzen, wenn Sie mit der rechten Maustaste auf einen grauen Bereich neben den Werkzeugkästen klicken. Ist das Menü nur kurz, deutet das auf *Base* hin. Bei *Mock-Up* haben Sie eine sehr lange Liste einblendbarer Werkzeugkästen. Genaueres erfahren Sie von Ihrer IT-Administration. Außerdem können verschiedene Versionsstände des *Lifecycle Viewers* mit Teamcenter verbunden werden (siehe Abschnitt 6.9).

Wir stellen im Folgenden den Funktionsumfang der standardmäßig mitgelieferten *Base*-Lizenz genauer vor. Doch nun kommen wir zunächst auf unser Item mit seinen Revisionen zurück. Wählen Sie die zweite Revision (nicht das Dataset) aus. Solange Sie auf der Ansicht *Viewer* bleiben, wird weiterhin das 3D-Modell angezeigt (Bild 6.4). Üblicherweise schaut Teamcenter hier also „weiter nach unten". Trifft es nun bei der Suche auf ein 3D-Modell (mit der richtigen Relation, `Darstellung/Rendering`), wird dieses angezeigt. Falls nicht, zeigt der Viewer wieder nur die Eigenschaften an.

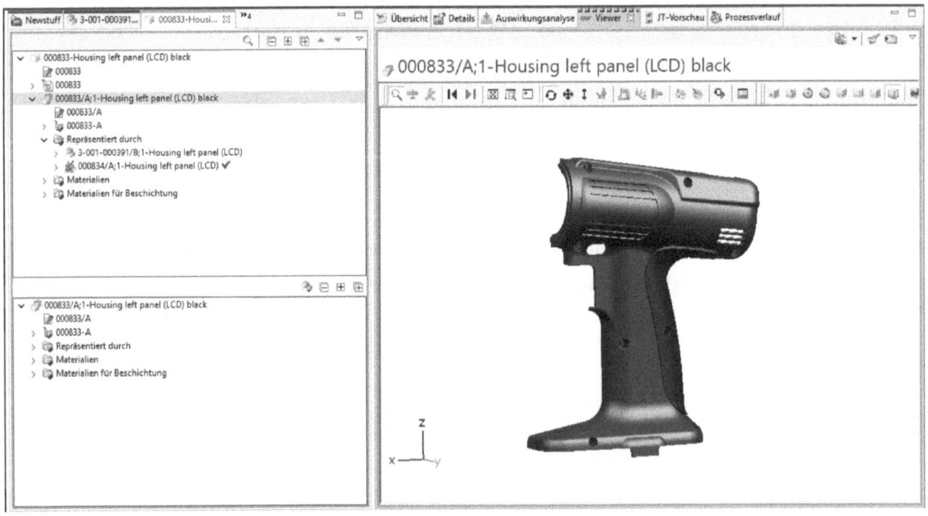

Bild 6.4 Eingebetteter *Viewer* mit Menü für *Base*-Lizenz

Auch in der letzten Revision (C) haben wir ein JT-Dataset. Dieses brauchen Sie aber nicht erst auszuwählen. Selektieren Sie einfach die letzte Revision. Im Viewer wird nun das 3D-Modell angezeigt. Beachten Sie die deutlich sichtbaren Änderungen gegenüber der Revision B.

Und was passiert, wenn Sie das Item/die Konstruktion direkt selektieren? In diesem Fall sucht sich der Viewer die letzte Revision. Dort sucht er nach dem JT-Dataset und zeigt Ihnen dann den letzten Stand dreidimensional an. Dieses Beispiel verdeutlicht sehr gut, dass man in Teamcenter nicht immer in die untergeordneten Elemente selbst hineinschauen muss.

Wenn Sie NX mit Teamcenter nutzen, ist es üblich, für die `DirectModel`-Datasets gleich zwei Beziehungen aufzubauen. Die eine bezieht sich auf die Revision, eine weitere auf den dazugehörigen `UGMaster`. Das führt dazu, dass bei Selektion eines `UGMasters` mit JT im Viewer das 3D-Modell angezeigt wird. Es handelt sich hierbei um die zugehörige JT-Geometrie (Bild 6.5 und Bild 16.5).

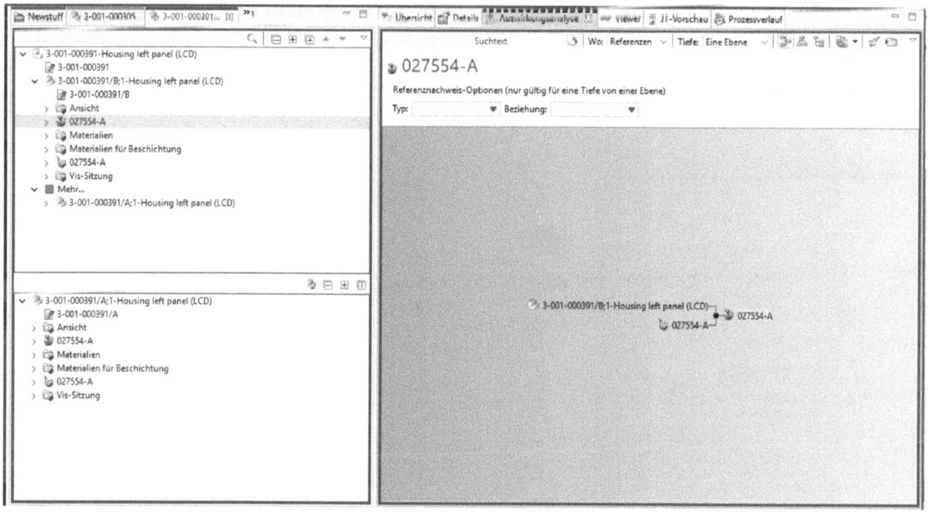

Bild 6.5 Das gleiche JT-Dataset unter Item-Revision und `UGMaster`

Der Ablauf sollte sich aus unserer Sicht wie vorangehend beschrieben darstellen. Allerdings greifen einige Unternehmen in den Ablauf ein. Bitte wundern Sie sich also nicht, wenn es leichte Abweichungen in Ihrem Unternehmen gibt.

Mit dem *Viewer* können Sie beliebige Datasets des Typs `DirectModel` anzeigen. Haben diese andere Relationen, muss das Dataset selbst ausgewählt werden. Nutzen können Sie dies also zum Beispiel, um zugelieferte Baugruppen in Teamcenter abzulegen und auch für anwendende Personen ohne CAD-System anschaulich bereitzuhalten.

6.3 Darstellung von Artikeln und deren Repräsentation als 3D-Modell

In Abschnitt 2.4.6 haben wir Ihnen die Möglichkeit vorgestellt, Teile mit Konstruktionsdaten zu verbinden. Hier werden Beziehungen des Typs `Repräsentiert durch` bzw. `Repräsentation für` verwendet, um den Zusammenhang zwischen Konstruktionsteil und Artikel zu dokumentieren. Ein Teil kann sich dabei auf mehrere Konstruktionen beziehen, deshalb hat man die Möglichkeit, eine der Konstruktionen hervorzuheben. Diese stellt dann die primäre Repräsentation dar. Verfügt eine Teilerevision über eine primäre Repräsentation, kann auch für ein zur Konstruktion zugeordnetes Teil die 3D-Grafik angezeigt werden. Wählen Sie ein derartiges Teil aus, und nutzen Sie die Ansicht *Viewer*, um die Geometrie der Konstruktion zu betrachten (siehe Bild 6.6 und Bild 6.7). Wechselt die primäre Repräsentation, wird die Geometrie der neu zugewiesenen Konstruktion angezeigt (*Werkzeuge* > *Teilekonstruktion* > *Primäre Repräsentation festlegen*).

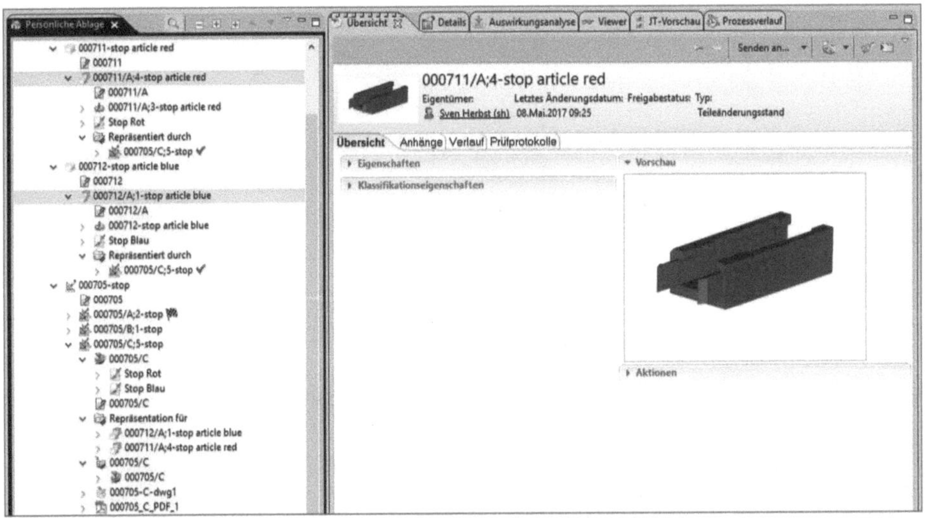

Bild 6.6 Anzeige des Bilds aus der Teilerevision (Artikel)

Bild 6.7 Anzeige der JT-Modelle aus der primären Repräsentation

6.4 Baugruppenmodelle CAD-systemneutral anzeigen

Die Geometriedaten im JT-Format erlauben es Ihnen, in Teamcenter mit mehreren CAD-Systemen innerhalb einer Baugruppe zu arbeiten. Siemens NX unterstützt sogenanntes Multi-CAD. Dazu greift es auf die in Teamcenter gespeicherten Baugruppeninformationen (siehe Kapitel 5, „Struktur-Management – Stücklisten und deren Verwendung“) und die gegebenenfalls in den Einzelteilen gespeicherten JT-Modelle zurück. Werden für alle Modelle entsprechende Datasets in den passenden Revisionen abgelegt, kann Teamcenter diese im **Struktur-Management** anzeigen und NX kann gemischte Baugruppen öffnen bzw. unter bestimmten Voraussetzungen weiterbearbeiten (siehe Kapitel 5, „Struktur-Management – Stücklisten und deren Verwendung“ und Kapitel 16, „CAx-Integrationen“).

Baugruppen besitzen in Teamcenter meist kein eigenes JT. In deren Konstruktions-Items (Revisionen) wird aber die gesamte Baugruppenstruktur gespeichert. Neben den verbauten Teilen usw. wird in der `Stücklistenansicht/BOM-View` auch die Position der einzelnen Teile abgespeichert (Attribut: `Absolute Transformationsmatrix`, Bild 6.11). Im **Struktur-Management** können Sie deshalb nicht nur die Geometrie der verbauten Teile ansehen, sondern diese sollten auch an der richtigen Position zu finden sein. Senden Sie eine Baugruppe an das **Struktur-Management** und blenden Sie dort das *Datenfenster* ein. Auch hier finden Sie den Reiter für die 3D-Anzeige (Ansicht *Grafiken* oder *Viewer*, je nach Teamcenter-Version). Sobald Sie diesen Reiter auswählen, wird in der Spalte `Stücklisteneintrag` ein Kasten für die Selektion jeder Zeile und ein Symbol für die Signalisierung des Ladezustands angezeigt (Bild 6.8). Durch Auswahl eines Eintrags haben Sie die Möglichkeit, genau das Teil oder die Baugruppe, die Sie auswählen, anzuzeigen. Sind die gewählten Teile noch nie geladen worden, wird nun der Ladevorgang ausgelöst. Je nach Komplexität der Geometrie (Datenmenge) kann dies etwas dauern. Teile, die einmal geladen wurden, werden nicht wieder entladen, wenn Sie die Sichtbarkeit umschalten. Beim erneuten Einblenden wird also keine Zeit mehr für das Laden, sondern nur noch für die Anzeige sehr komplexer Geometrie benötigt. Auch die oberste Baugruppe kann direkt ausgewählt werden. Da es sich aber auch um äußerst komplexe Baugruppen, wie Schiffe, Lkw oder komplette Maschinen, handeln kann, müssen Sie gegebenenfalls die Warnung bestätigen, um den Ladevorgang beginnen zu können. Bedenken Sie, dass eventuell veränderte Informationen über die zielgerichtete Anwendung der Funktionstaste *F5* abgerufen werden können.

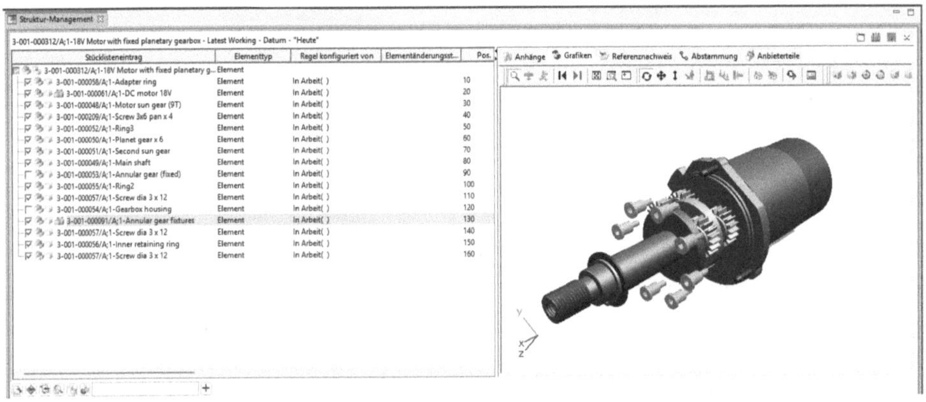

Bild 6.8 Datenfenster mit der Ansicht *Grafiken* sowie teilweise eingeblendeten Bauteilen

Teile ohne JT stellen kein Problem dar. Diese werden einfach ignoriert. Sie können erkennen, dass keine entsprechende Geometrie angezeigt werden kann. Auch wenn ein Fehler aufgetreten ist, wird Ihnen dies signalisiert. In beiden Fällen können Sie mit der restlichen Geometrie normal weiterarbeiten oder auch über weitere Werkzeuge die fehlenden JT-Datasets generieren und dann nachladen.

Funktionen von Base Viewer 3D: Kurzbeschreibung (Bild 6.9)

Ansehen, Standardansichten	Nutzen Sie Menü, Maus oder 3D-Controller, um die Betrachtungsrichtung für Ihre Geometrie anzupassen.
Selektieren	Sie können Teile sowohl in der Baumdarstellung als auch in der Geometrie selektieren.
Anzeigen/Ausschalten	Steuern Sie die Sichtbarkeit von Teilen und Baugruppen.
Hinfliegen	In großen Baugruppen ist es hilfreich, den passenden Ausschnitt einzustellen, um die selektierten Komponenten anzuzeigen.
Ansicht vor/nach	Wechseln Sie zwischen verschiedenen bereits genutzten Ansichten.

Schnitt	Analysieren Sie die Geometrie mithilfe von Schnitten durch die selektierten Objekte.
Markup	Erstellen Sie Anmerkungen und speichern diese im Zusammenhang mit den 3D-Daten in Teamcenter.
PMI	Nutzen Sie die Anzeige von Fertigungsinformationen (PMI) aus den 3D-Modellen.

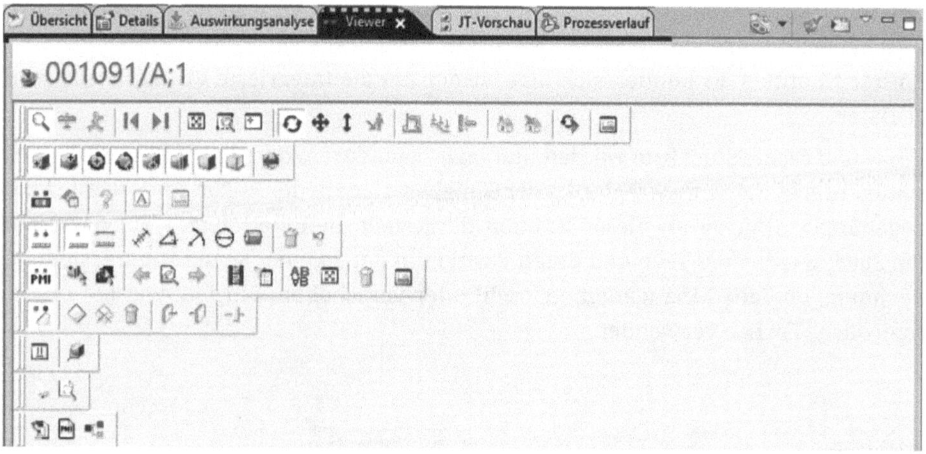

Bild 6.9 3D-Werkzeuge im eingebetteten Viewer im Lizenzlevel *Base*

Das **Multi-Struktur-Management** verhält sich in Bezug auf die Nutzung des Viewers genau wie das einfache **Struktur-Management** (siehe Abschnitt 5.11).

6.5 Grafischer Stücklistenvergleich

Wie bereits in Kapitel 5, „Struktur-Management – Stücklisten und deren Verwendung“, angekündigt, wollen wir nun genauer auf eine leistungsfähige Funktion (im Vergleich zum Stücklistenvergleich) eingehen. Dabei werden die Visualisierungsmöglichkeiten genutzt, um Unterschiede in Baugruppen hervorzuheben.

Für diese Funktion reicht das Lizenzlevel *Base* des eingebetteten Viewers **Lifecycle Viewer** nicht aus. Sie benötigen eine erweiterte Lizenz.

Über den Befehl *Werkzeuge > Grafischer Stücklistenvergleich* können Sie unter anderem Baugruppen miteinander vergleichen. Es ist damit z. B. leicht möglich, die Unterschiede zwischen zwei Revisionsständen von Baugruppen zu finden. Dabei ist es egal, ob diese als präzise Strukturen vorliegen oder aufgrund unterschiedlicher Laderegeln zu verschiedenen Konfigurationen führen (Kapitel 5, „Struktur-Management – Stücklisten und deren Verwendung").

Im ersten Schritt ist es erforderlich, die zu vergleichenden Strukturen in jeweils einem von zwei vertikal geteilten Fenstern zu öffnen. Dieses Vorgehen haben wir bereits in Kapitel 5, „Struktur-Management – Stücklisten und deren Verwendung", beschrieben. Anschließend nutzen Sie *Werkzeuge > Grafischer Stücklistenvergleich*, um ein Grafikfenster zu öffnen. Es handelt sich hier wieder um die integrierte Visualisierung von JT-Daten.

Linke und rechte Stückliste werden nun quasi gemeinsam dargestellt (Bild 6.10). Dies symbolisieren die Schieberegler. Ist der Schieberegler auf der linken Seite, werden die zugehörigen Objekte an dieser Position dargestellt. Befindet er sich auf der rechten Seite, werden die Teile und deren Position in der zweiten Struktur dargestellt. Je nachdem, ob Teile hinzugefügt, gelöscht oder verschoben wurden, werden unterschiedliche Farben verwendet.

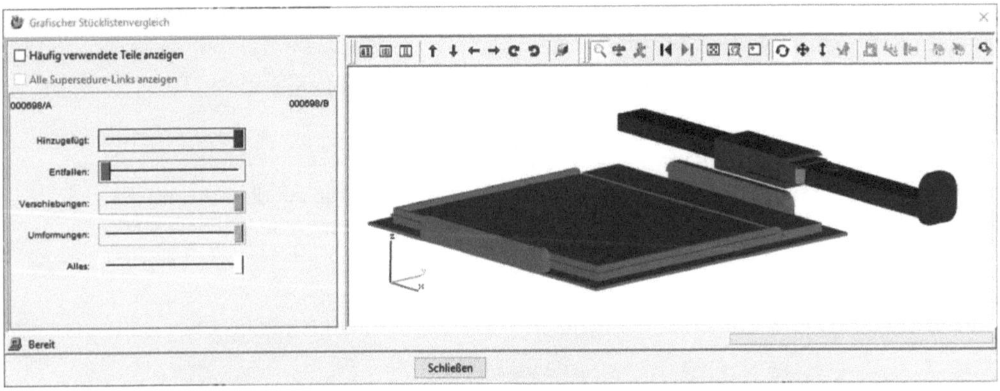

Bild 6.10 Beispiel für den grafischer Stücklistenvergleich mit Unterschieden

Unter *Grafischer Stücklistenvergleich* können Sie folgende Einstellungen vornehmen:

Hinzugefügt: Objekte, die sich in der rechten Baugruppe, nicht jedoch in der linken befinden

Entfallen: Objekte, die sich in der linken Baugruppe befunden haben, sich aber nicht mehr in der rechten Baugruppe befinden

Verschiebungen: Zeigt Objekte an, deren Ausgangsposition sich in der rechten Struktur verändert hat. Diese Informationen werden in der Stücklisteninformation im Attribut `Absolute Transformationsmatrix` gespeichert und z. B. von den CAD-Systemen bei der Generierung der JT-Daten aktualisiert (Bild 6.11).

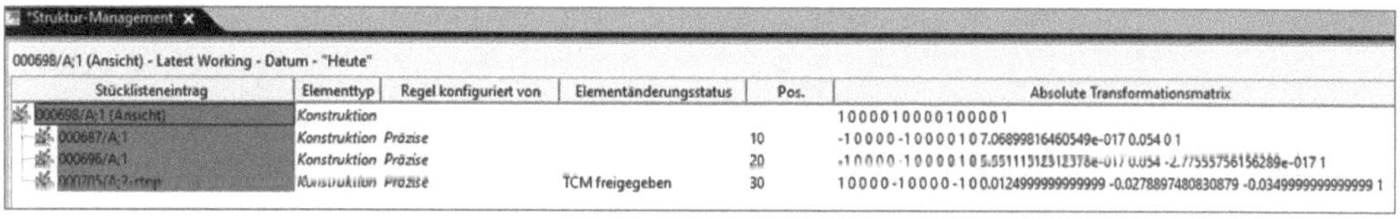

Bild 6.11 Anzeige des BOM-Line-Attributs *Absolute Transformationsmatrix* im Struktur-Management

Umformungen: Mit NX können alternative Repräsentationen konfiguriert werden. Die Übersetzung ist hier sicher nicht aussagefähig genug.

Bei Bedarf können Sie über den Schalter *Häufig verwendete Teile anzeigen* (auch hier ist die Übersetzung vermutlich nicht richtig) auch unveränderte Teile anzeigen. Beachten Sie, dass diese Funktion eventuell nur dann verwendet werden kann, wenn Sie zwei Änderungsstände der gleichen Baugruppe vergleichen.

6.6 Grafische Darstellungen im Beziehungs-Browser

Nachdem Sie nun zwei Applikationen kennengelernt haben, in denen über die Ansichten *JT-Vorschau* oder *Viewer/Grafik* die dreidimensionalen JT-Daten angezeigt werden können, ist sicher erkennbar geworden, dass diese Option immer besteht, wenn einer der Reiter verfügbar ist. In Kapitel 9, „User Interface – Teamcenter als elektronischer Schreibtisch“, erfahren Sie noch mehr zu diesen Möglichkeiten. Der **Beziehungs-Browser** wird in Kapitel 10, „Alle Beziehungen im Griff“, noch ausführlicher vorgestellt (Bild 6.12).

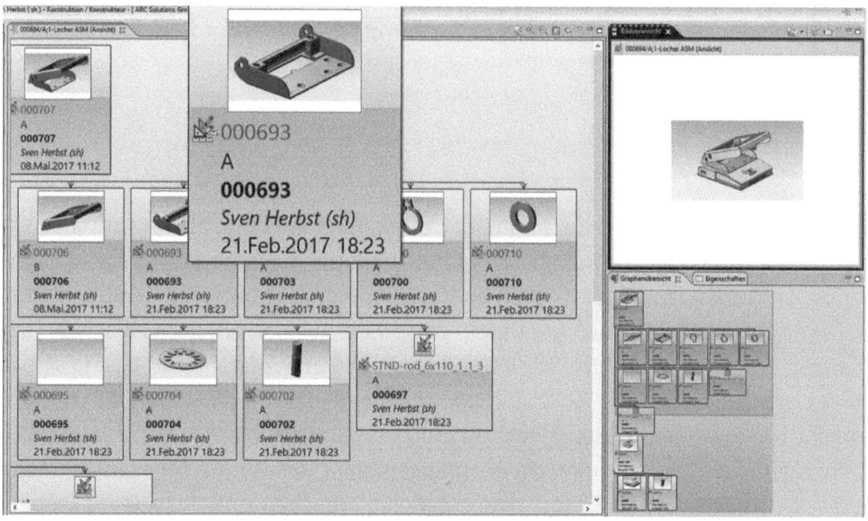

Bild 6.12 Beziehungs-Browser mit Miniaturvorschau und Bildanzeige

6.7 Klassifizierung und Werkzeugverwaltung (CAM)

Wie hilfreich zwei- und dreidimensionale Daten entlang der gesamten Prozesskette sein können, ist auch anhand der Applikation **Klassifikation** gut nachzuvollziehen (Bild 6.13). Durch Bildinformationen und 3D-Modelle wird die Auswahl der passenden Elemente sicher in vielen Fällen stark vereinfacht. Mehr dazu erfahren Sie in Kapitel 14, „Klassifikation – Ordnung im Datenbestand“.

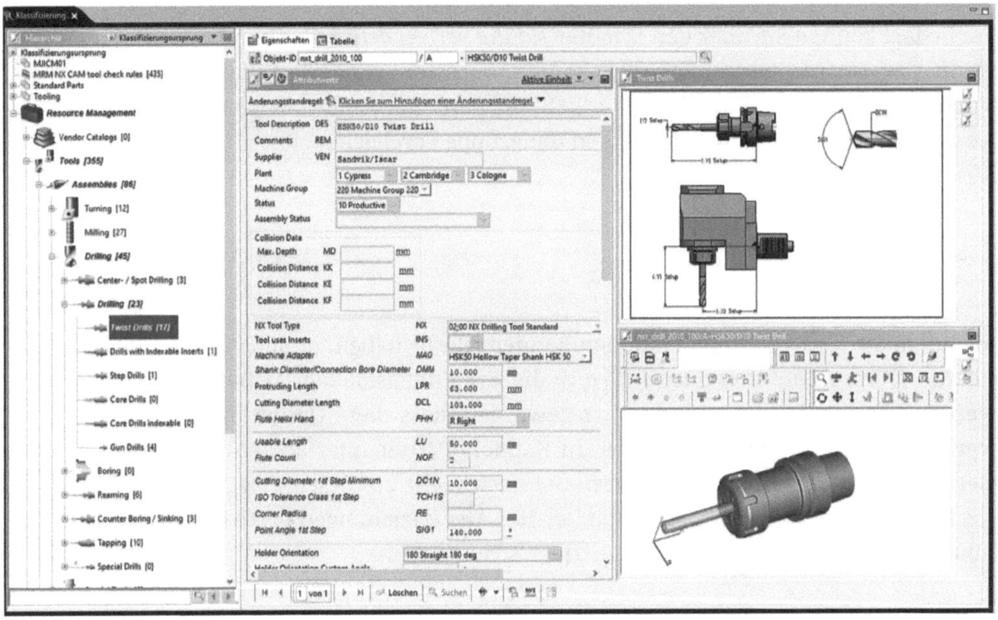

Bild 6.13 Grafische Darstellung (2D und 3D) von Werkzeugen in der Klassifikation

6.8 2D-Formate anzeigen

Nachdem wir uns bislang auf die automatisch erstellten Vorschaubilder und die modernen 3D-Daten konzentriert haben, soll es nun auch um die anderen Formate gehen. Im Produktdatenmanagement hat man es häufig mit sogenannten Neutralformaten zu tun. Bei diesen handelt es sich um Dateiformate, die aus herstellerspezifischen Formaten abgeleitet wurden und (meist) herstellerneutral bzw. offen sind. JT ist ja selbst ein offenes Neutralformat. Für Zeichnungen werden aber in erster Linie TIFF (bereits seit langem für die Langzeitarchivierung eingesetzt) als auch PDF (in der Version PDF/A ebenfalls für die Langzeitarchivierung geeignet) verwendet. Um das Betrachten dieser Neutralformate so einfach wie möglich zu machen und vor allem zusätzliche externe Software zu vermeiden, kann dafür auch der vorgestellte Viewer genutzt werden. Selektieren Sie ein Dataset des Typs TIF und aktivieren Sie die Ansicht *Viewer* (Bild 6.14). Automatisch wird nun der 2D-Viewer-Modus aktiviert. Dieser beinhaltet die Darstellung einer Baumstruktur mit Basisdokument und einen Abschnitt für die Seiten. Im TIFF- sowie im PDF-Format können mehrseitige Dokumente betrachtet werden. Per Doppelklick ist es möglich, zwischen den Seiten zu wechseln. 2D-Baumstrukturen werden gegebenenfalls bei 2D-Vektorgrafiken relevant (z. B. Layer beim Format DXF oder DWG).

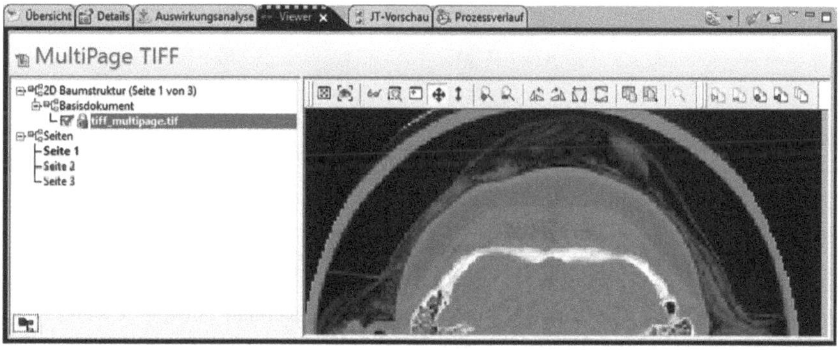

Bild 6.14 Multipage TIFF (Dataset) im Viewer

Funktionen von Viewer 2D: Kurzbeschreibung (Bild 6.15)

Anzeigen	Betrachten Sie sowohl Pixel- als auch Vektorgrafiken.
Mehrseitig	Bei Dateiformaten, die mehrere Seiten unterstützen, können Sie zwischen diesen wechseln.
Markup	Auch hier stehen Ihnen Anmerkungsfunktionen zur Verfügung.
Messen	Über die Möglichkeit, eine gewisse Kalibrierung herbeizuführen, können Sie sowohl in Vektor- als auch in Pixelgrafiken einfache Messungen durchführen.
Drucken	Drucken Sie direkt aus der Applikation.

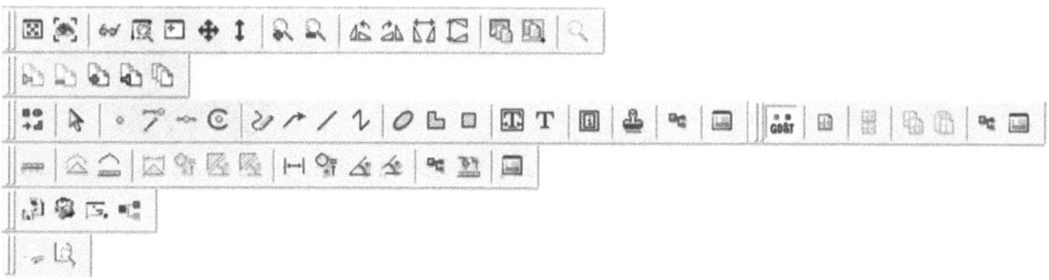

Bild 6.15 2D-Werkzeuge im eingebetteten Viewer

PDF-Datasets (PDF) können Sie sich auf die gleiche Art und Weise anzeigen lassen. Dabei können Sie auch zwischen den Seiten wechseln (Bild 6.16).

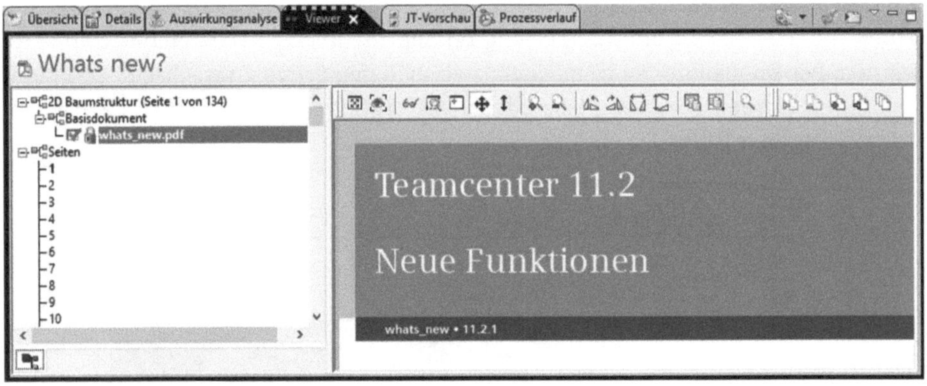

Bild 6.16 PDF-Dokumente im eingebetteten Viewer

Bislang können auf diesem Weg nur „normale" PDF-Dateien angezeigt werden. JavaScript, 3D-Elemente und andere eingebettete Elemente wie Filme können mit der jeweiligen Acrobat- oder Acrobat Reader-Version von Adobe extern genutzt werden.

Weitere übliche Bildformte wie PNG, JPEG und GIF können in Datasets abgelegt und im Viewer direkt angezeigt werden (Bild 6.17).

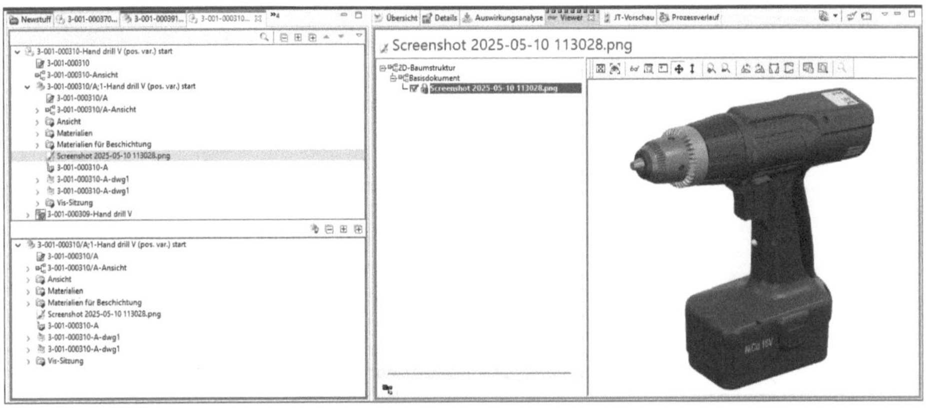

Bild 6.17 Anzeige von Bildern im Viewer

Beachten Sie, dass ein derartiges Bild eventuell auch als Vorschau verwendet wird (siehe Bild 6.6).

Auch für die 2D-Vektorgrafik lässt sich der Viewer gut verwenden (Bild 6.18). HPGL (verschiedene Formate), CGM und DXF können direkt angezeigt werden. Voraussetzung ist, dass alle Formate von der IT richtig konfiguriert wurden. Die Nutzung ist ähnlich zu den 2D-Bildformaten. Allerdings können Sie Messungen hier verständlicherweise genauer als bei Fotos durchführen. Außerdem können bei einem höheren Lizenzlevel z. B. Vergleiche zwischen verschiedenen Ständen (wie bei 3D-Daten) durchgeführt werden. Im DXF-Format können Layer genutzt und ein- bzw. ausgeschaltet werden.

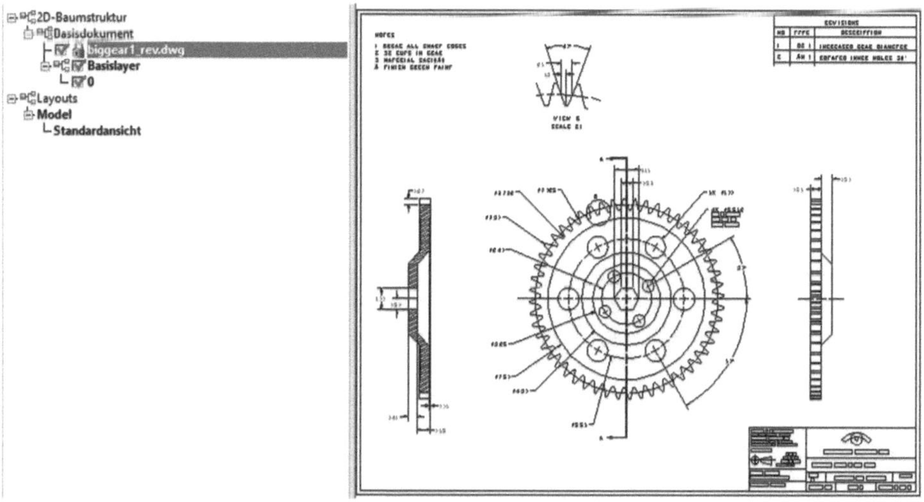

Bild 6.18 Darstellung einer DWG-Datei

6.9 Die Applikation Lifecycle Viewer

Sie benötigen weitere Funktionen? Dann steht Ihnen gegebenenfalls auch der **Lifecycle Viewer** als Applikation direkt in Teamcenter zur Verfügung (Bild 6.19). Hier nutzen Sie den Viewer als getrennte Applikation, jedoch weiterhin in der Teamcenter-Umgebung. Wie bereits bekannt, wird eine vorbereitete Perspektive geöffnet. Die Baugruppendarstellung auf der linken Seite macht deutlich, dass Sie nun auch ganze Baugruppen betrachten können. Je nach Lizenzlevel können zusätzlich zu den bereits vorgestellten Funktionalitäten weitere sehr leistungsfähige verwendet werden.

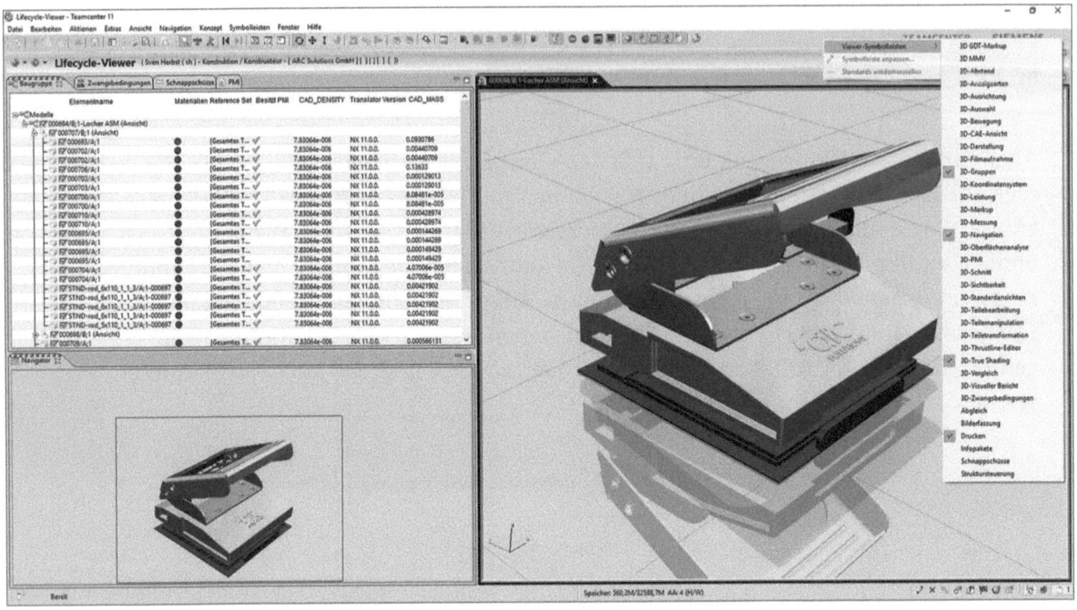

Bild 6.19 Lifecycle Viewer im True Shading-Modus

Den **Lifecycle Viewer** können Sie gegebenenfalls auch als eigenständiges Programm nutzen. Mit Teamcenter Visualisation (Lizenzlevel *Base* bis *Mock-Up*) besitzen Sie ein Werkzeug, das einen etwas größeren Funktionsumfang aufweist als der integrierte Lifecycle Viewer. Dabei können Sie die Ressourcen Ihres Rechners voll ausnutzen. Sie verwenden die Informationen aus Teamcenter und können, auch ohne Teamcenter direkt geöffnet zu haben, die Sitzungsdatei, den Layer usw. in Teamcenter abspeichern.

Bitte beachten Sie, dass in allen Viewer-Modi umfangreiche Geometrien angezeigt werden können. Die Anforderungen an die Hardware liegen deshalb normalerweise weit über denen für einfache Office-PCs. Speziell die Grafikfähigkeiten sollten sich an denen moderner CAD-Systeme orientieren. Teamcenter Visualisation erwartet deshalb eine gute OpenGL-Unterstützung. Die Anforderungen erhöhen sich noch einmal, wenn man die enthaltenen modernen Echtzeit-Rendering-Fähigkeiten der Software nutzen möchte. Hierzu zählen z. B. Antialiasing, Schattenberechnungen und die True Shading-Funktion.

6.10 Office-Dokumente im Viewer anzeigen und bearbeiten

In Kapitel 7, „Microsoft Office-Integration – Bürodokumente gut strukturieren“, werden wir die Möglichkeiten eines leistungsfähigen Dokumentenmanagements direkt in der PLM-Umgebung behandeln. Der bereits vorgestellte Viewer eignet sich auch dazu, Office-Dokumente aus der Microsoft Suite direkt in Teamcenter zu betrachten oder sogar zu bearbeiten (ein großer Monitor ist dabei hilfreich). Wie in Kapitel 7, „Microsoft Office-Integration – Bürodokumente gut strukturieren“, beschrieben, stehen Ihnen vorkonfigurierte Datasets für Word, Excel, PowerPoint und Outlook zur Verfügung. Je nach Konfiguration kann dies auch Visio und Project einschließen.

Sind alle technischen Voraussetzungen vorhanden, können Sie Office-Dokumente aus Word oder Excel direkt in der vorgestellten Ansicht *Viewer* ansehen und bearbeiten. Selektieren Sie dazu z. B. ein Dataset des Typs `MSWordX` und anschließend die Ansicht *Viewer*. Im Hintergrund wird Microsoft Word gestartet und kann nun in der Ansicht direkt für die Bearbeitung genutzt werden (Bild 6.20). Speichern Sie eventuelle Änderungen und wechseln Sie anschließend zum nächsten Dokument, das bearbeitet werden soll. Gegebenenfalls werden Sie beim Wechsel auf Änderungen und einen eventuell notwendigen Speichervorgang hingewiesen.

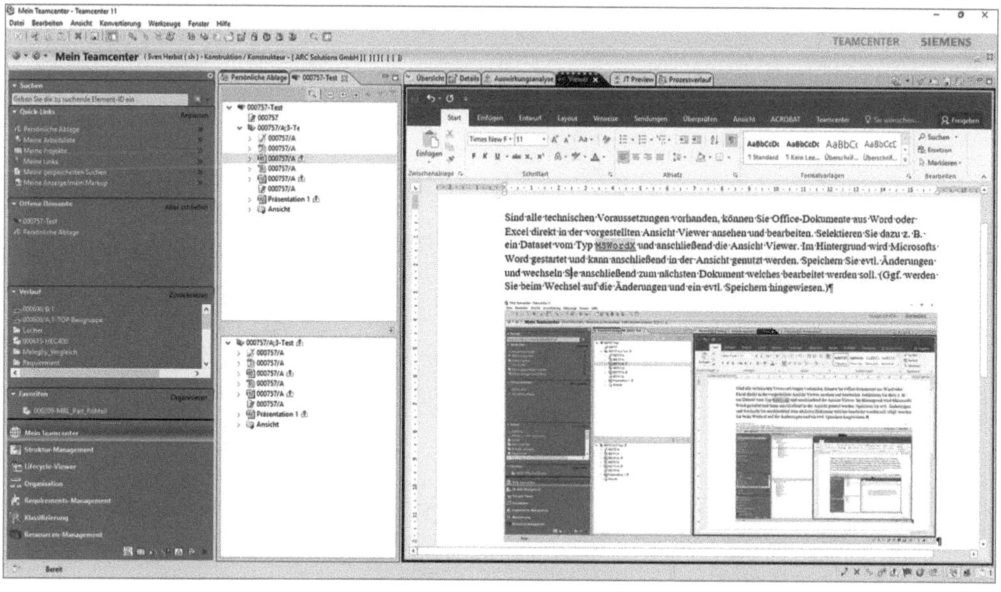

Bild 6.20 Nutzung des Viewers für die Bearbeitung von Office-Dokumenten

Diese Möglichkeit wird unter anderem im Anforderungsmanagement intensiv genutzt (dort mit dem speziellen Dataset `Volltext` und der Ansicht *MS Word*). Diese Applikation ist Bestandteil der Ebene *Extend/Erweitern* (siehe Kapitel 1, „Einführung“) und wird im Rahmen dieses Buches nicht beschrieben.

6.11 Anwendung

Fast Track

1. Legen Sie ein Item des Typs *Element* oder *Konstruktion* an.
2. Nutzen Sie Ihr CAD-System, z. B. NX, für die Modellierung der Geometrie und die Generierung der JT-Daten.
3. Nutzen Sie die Ansicht *Viewer* oder *Grafiken*, um Einzelteile oder Baugruppen zu betrachten.
4. Suchen Sie sich aus Ihrem PLM-System zwei ähnliche Stücklisten und vergleichen diese mithilfe des grafischen Stücklistenvergleichs.

7 Microsoft Office-Integration – Bürodokumente gut strukturieren

Die bereits vorgestellten „Rezepte“ in diesem Buch können auch für die Ablage von gewöhnlichen Dokumenten aus dem Büroumfeld in Teamcenter genutzt werden. Dies reicht von der Dateiablage in Datasets über die Nutzung der Item-Typen für die Zusammenfassung von Informationen und die Kontrolle des Lebenszyklus von wichtigen Unterlagen bis hin zur Abbildung von Dokumentenstrukturen, wie dies z. B. bei der Nutzung des Anforderungsmanagements in Teamcenter möglich ist. In diesem Kapitel widmen wir uns der Integration der Microsoft Office-Werkzeuge (Autorensysteme) in Teamcenter.

Sie haben die Möglichkeit, Office-Dokumente grundsätzlich ohne weitere spezielle Voraussetzungen zu nutzen. Datasets für Word, Excel, PowerPoint und Outlook (E-Mails) können erstellt, modifiziert und freigegeben werden. Dabei öffnen Sie die Datasets per Doppelklick und speichern Änderungen direkt zurück. Zusätzlich ermöglicht eine erweiterte Office-Integration (sofern diese in Ihrem Unternehmen eingesetzt wird) die direkte Nutzung von Teamcenter als Datenbank, ohne dass extra ein Teamcenter-Client gestartet werden muss. Diese Office-Integration werden wir im Folgenden vorstellen.

Real-World-Szenario

Marie hat den Auftrag übernommen, eine Marktanalyse durchzuführen, auf deren Grundlage künftige Produktvarianten des Akkuschraubers, z. B. mit neuen Batteriekonzepten, entwickelt werden sollen. Als Erstes sammelt sie Information im Internet und legt PDF-Dokumente ab. Im nächsten Schritt schreibt sie unter Nutzung eines vordefinierten Word-Templates die konsolidierten Anforderungen nieder und kalkuliert Zeit- und Kostenaufwand erster Lösungsvarianten grob in einer Kalkulationstabelle. Zum Schluss fasst sie die wichtigsten Ergebnisse für die interne Abstimmung sowie für die Abstimmung mit Pilotkunden in einer Präsentation zusammen. Alle Dokumente werden im PLM-System an einer einheitlichen Stelle abgelegt, um sie nach der Abstimmung freigeben und um sie später finden und gegebenenfalls revisionieren zu können.

7.1 Start sowie An- und Abmeldung bei Teamcenter

Sobald die Office-Schnittstelle für Sie installiert und konfiguriert worden ist, brauchen Sie nur Word, Excel und Co. zu starten. In der Ribbon-Leiste (im Menüband) finden Sie nun den Eintrag *Teamcenter*, über welchen die Verknüpfung mit Teamcenter erfolgt (Bild 7.1).

Bild 7.1 Teamcenter-Menüband in Microsoft Office: Die Gestaltung ist abhängig von der Teamcenter-Version und dem Betriebssystem.

> Für die jeweilige Anwendung müssen die zugehörigen Add-ins installiert und aktiviert sein (z. B. Add-in *Teamcenter Word*).

Nutzen Sie den Menüpunkt *Einstellungen* > *Aktuelle Einstellungen*, um sich über *Anmelden* im System einzuloggen. Wie bislang auch, kann dieser Schritt gegebenenfalls in Ihrem Unternehmen entfallen, falls das SSO-Verfahren (Single Sign-On, Teamcenter Security Services) genutzt wird. Die Eingabe von `Benutzer-ID` und `Kennwort`, gegebenenfalls gefolgt von einer auszuwählenden `Gruppe` und `Rolle`, kennen Sie mittlerweile schon (Bild 7.2).

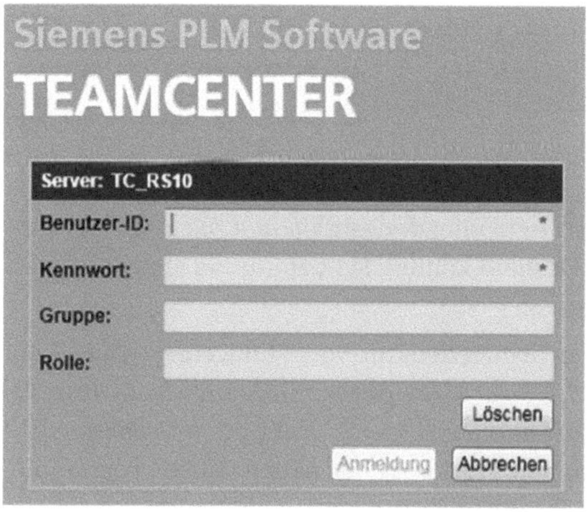

Bild 7.2 Anmeldefenster für die Office-Integration

Auch innerhalb von Office können Sie über den Menüpunkt *Einstellungen > Sitzung* jederzeit Ihre aktuelle Gruppe oder Rolle ändern (Bild 7.3). Anders als in bereits vorgestellten Umgebungen finden Sie in früheren Versionen je Eintrag die Gruppe und Rolle gemeinsam in einer Zeile. In Version 2412 wurde das vereinheitlicht. Denken Sie unbedingt daran, dass sich mit der Gruppe und Rolle Ihre Berechtigungen in Teamcenter ändern (Kapitel 4, „Datensicherheit für alle").

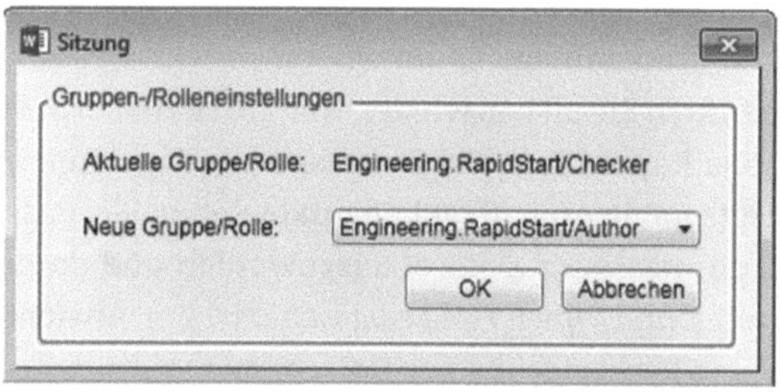

Bild 7.3 Wechsel der Gruppe (inklusive Rolle)

Nach den Anmeldedaten werden Sie auch gefragt, sobald Sie versuchen, ein neues Objekt (Item oder Dataset) zu erstellen und bislang noch nicht angemeldet sind. Prinzipiell kann man also auf den Schritt der expliziten Anmeldung verzichten.

Die Abmeldung von der Schnittstelle führen Sie bei Bedarf über den entsprechenden Menüpunkt *Einstellungen > Aktuelle Einstellungen > Abmelden* durch.

7.2 Öffnen und Anlegen von Dataset, Item und Item-Revision

Zugriff auf Teamcenter für das Öffnen oder Speichern von Dokumenten erhalten Sie über die beiden Abschnitte *Datenverwaltung* oder *Navigation und Ansicht*. Hier führen mehrere Wege zum gleichen Ziel. Deshalb können Sie den für Sie angenehmsten Weg für die einzelnen Vorgänge wählen.

Werfen wir zunächst einen Blick in die Ordnerstruktur von Teamcenter. Nutzen Sie dazu den Menüpunkt *Navigation und Ansicht > Navigieren > Ordneransicht*. Nun öffnet sich auf der linken Seite der Office-Arbeitsbereich *Navigation-Ordneransicht* (Bild 7.4). Arbeitsbereiche sind ein übliches Werkzeug der neuen Office-Programme. Eventuell kennen Sie dies von der Gliederung oder ähnlichen Funktionen.

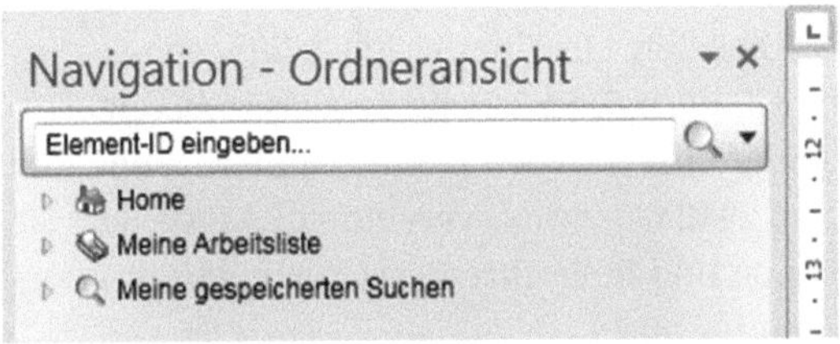

Bild 7.4 Navigation in der *Ordneransicht*

Sie haben hier die Möglichkeit, durch die Datenablage zu navigieren, wie Sie es von Teamcenter gewohnt sind. Unter *Home* finden Sie all das wieder, was Sie sich in Teamcenter sorgfältig bereitgelegt haben (siehe Kapitel 2, „Mein Teamcenter"). Sie können in Ordner, Items, Revisionen oder Datasets navigieren. Gegebenenfalls sehen Sie, dass Objekte reserviert sind. Es ist sinnvoll, das passende Dataset auszuwählen und dann per Kontextmenü entweder die Datei mit *Datei öffnen (schreibgeschützt)* zur Ansicht zu laden oder aber beim Öffnen gleich eine Reservierung per *Datei öffnen und auschecken* für die Bearbeitung herbeizuführen (Bild 7.5).

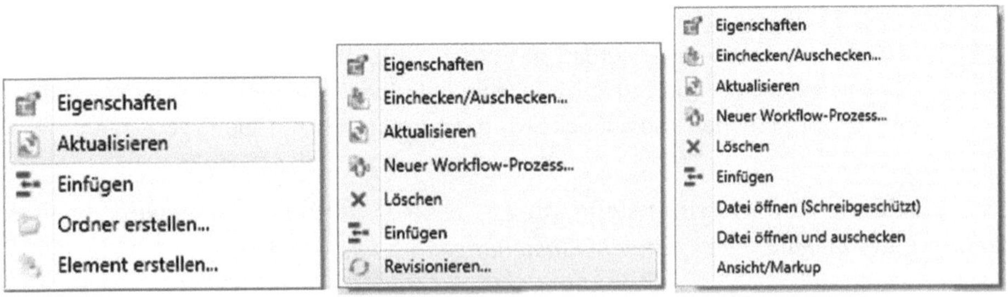

Bild 7.5 Kontextmenü in der Navigation *Ordneransicht* (Auswahl von Ordner, Item, Revision oder Dataset)

Beachten Sie, dass sich der Inhalt des Kontextmenüs in Abhängigkeit des gewählten Objekttyps ändert. Bei Bedarf haben Sie auch die Möglichkeit, sich *Eigenschaften* anzeigen zu lassen oder die Informationen aus Teamcenter per *Aktualisieren* neu zu laden. Ebenso haben Sie die Option, direkt aus der Schnittstelle bereits die Reservierung oder Rückgabe über *Einchecken/Auschecken ...* durchzuführen (Bild 7.5). In diesem Fall wird ein zusätzlicher Arbeitsbereich am rechten Rand geöffnet. Hier finden Sie die aus Teamcenter bekannten Funktionen einschließlich des Auscheck-Verlaufs (Bild 7.6). Alternativ nutzen Sie dort *Eigenschaften > Prüfprotokolle > Allgemeine Protokolle*, falls dies in Ihrem System so verfügbar ist.

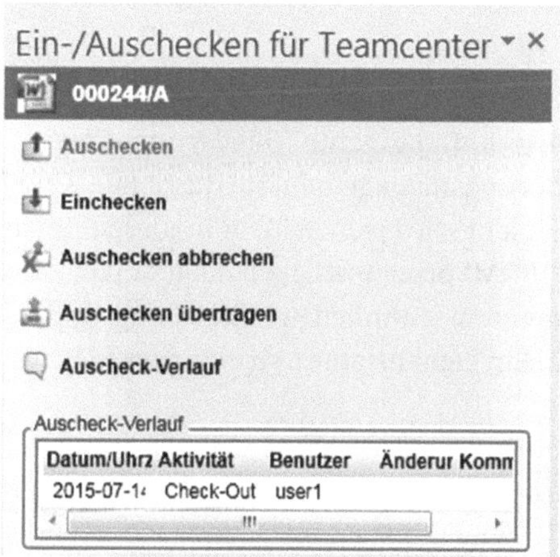

Bild 7.6 *Ein-/Auschecken für Teamcenter*

Den direkten Start eines Workflows/Prozesses erläutern wir in Abschnitt 7.8.

Nachdem Sie die Datei geöffnet haben, können Sie die Arbeit mit den Office-Programmen ganz normal fortsetzen. Alternativ können Sie über *Navigation und Ansicht > Navigieren > Durchsuchen* nicht nur das *Home*-Verzeichnis, sondern auch *Meine Arbeitsliste* (siehe Abschnitt 7.8) und *Meine gespeicherten Suchen* (siehe Abschnitt 7.7) auswählen.

Hier genügt jeweils ein Klick auf den entsprechenden Eintrag. Dann wird zu dieser Struktur gewechselt – ungewohnt, aber schnell. Ein Klick auf ein Dataset öffnet dieses zunächst schreibgeschützt. Sie können es sich dann über *Aufgaben > Einchecken/Auschecken ... > Auschecken* für die Bearbeitung reservieren. Der sicherste und schnellste Weg führt jedoch über das Kontextmenü, in dem Sie direkt entscheiden können, was Sie als Nächstes mit dem Dataset machen wollen (siehe Bild 7.5). Zu den darüber liegenden Objekten wechseln Sie über die Einträge direkt unter der Schnellsuche (Bild 7.7).

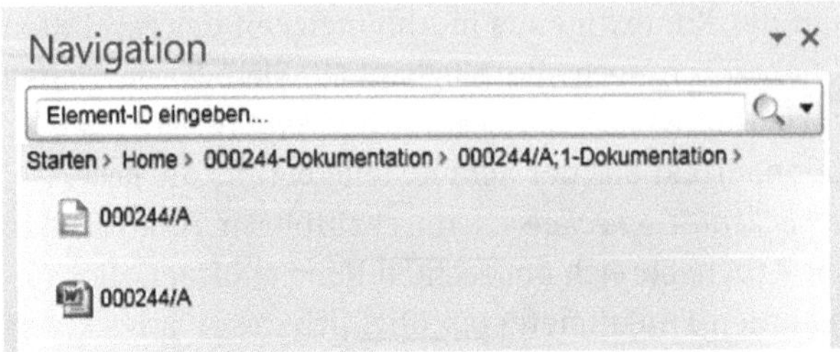

Bild 7.7 Navigation mit Schnellsuche und Pfad aus der Ablage **Mein Teamcenter**

7.3 Nutzung von Strukturen

Prinzipiell können Sie z. B. mit Word strukturierte Dokumente (Gliederung) anlegen und pflegen. Diese werden speziell im Anforderungsmanagement (Requirements Management) genutzt. Das Anforderungsmanagement wird jedoch nicht in diesem Buch behandelt. Allerdings können Sie Strukturen (BOM) prinzipiell auch dazu nutzen, um den Zusammenhang zwischen Office-Dokumenten – ähnlich wie bei Baugruppen- oder Fertigungsstrukturen – zu verdeutlichen. Ein gemeinsames, strukturiertes Dokument entsteht dabei allerdings nicht.

7.4 Anlegen und Speichern der Dokumente

Neue Dokumente erstellen Sie über den Befehl *Datei > Neu ...* Erst wenn Sie diese Datei nach Teamcenter bringen wollen, entscheiden Sie, ob nur ein Dataset in bereits vorhandene Revisionen beliebiger Items angelegt werden soll, oder ob Sie ein eigenes Item erstellen wollen. Im Folgenden wenden wir uns dem zweiten Fall zu.

Anlegen eines Items

Über *Datenverwaltung > Neu ...* können Sie mithilfe des Menüpunkts *Ordner* zunächst einen neuen Ablageort einrichten. Über *Datenverwaltung > Neu > Element* gelangen Sie in einen Assistenten für die Erstellung neuer Items. Wählen Sie den gewünschten Ablageort und den erforderlichen Item-Typ (beispielsweise `Dokument`, Bild 7.8). Die nachfolgenden Schritte hängen dann, wie in Teamcenter selbst, vom gewählten Typ und den dort festgelegten Eigenschaften ab. Erforderlich ist immer die Zuweisung einer `ID`, einschließlich der für die `Revision ID`, und die Eingabe eines `Namens` (Bild 7.9). Dann folgen über *Weiter* die definierten Formulare für die Vervollständigung der Informationen (wie für diesen Typ gefordert, Bild 7.10 und Bild 7.11). Denken Sie daran, dass Sie in Teamcenter auch später noch Informationen ergänzen können (siehe Kapitel 2, „Mein Teamcenter“).

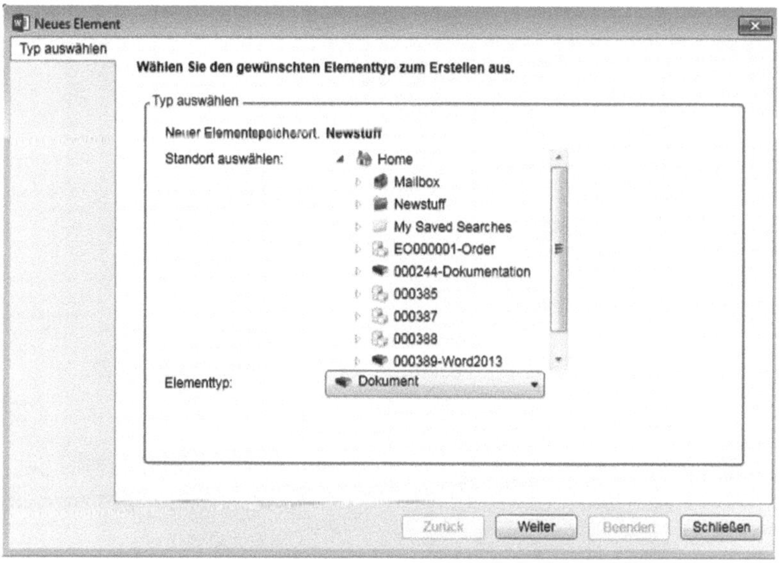

Bild 7.8 Entscheidung für Ablageort und Item-Typ

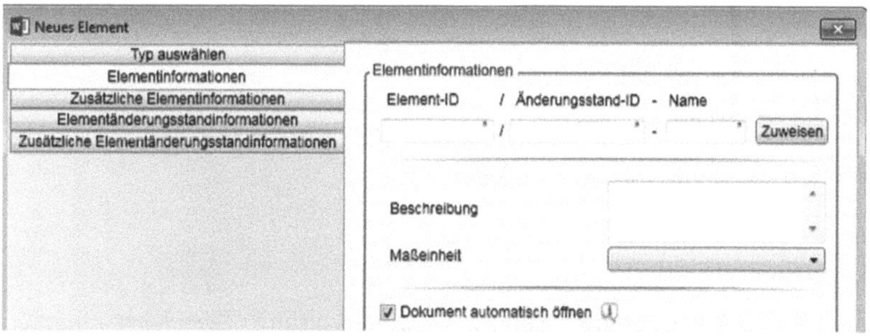

Bild 7.9 Zuweisung und Eingabe der Pflichtangaben für jedes Item

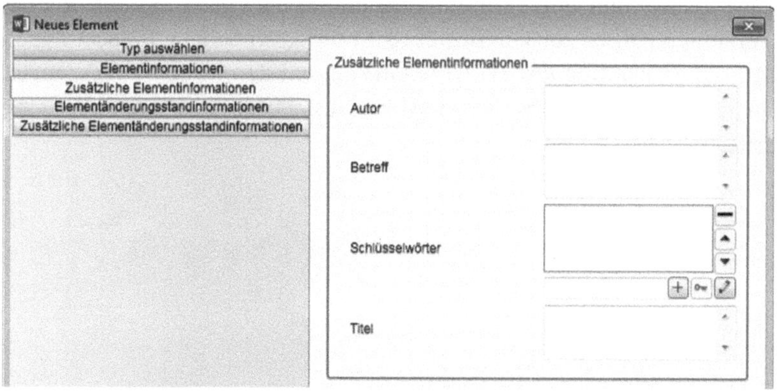

Bild 7.10 Attribute für den Typ `Dokument`

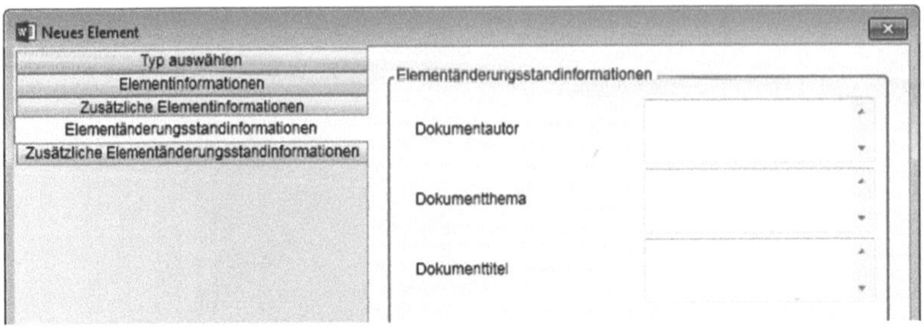

Bild 7.11 Attribute für die erste Revision

Ergebnis ist dann ein neues Item des Typs `Dokument` in Teamcenter (Bild 7.12).

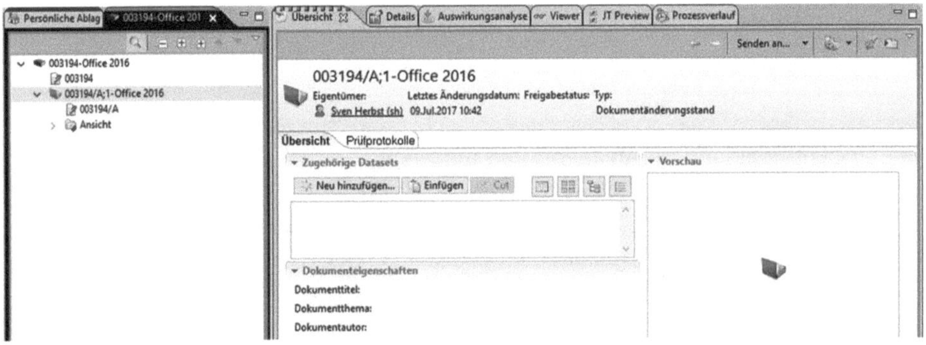

Bild 7.12 Neues Item des Typs `Dokument` in Teamcenter

Anlegen eines Datasets

Anschließend erzeugen Sie über den Befehl *Datenverwaltung* > *Speichern unter ...* > *Dataset* in einer bereits angelegten Revision (theoretisch auch unter einem Item) ein neues Dataset. Vergessen Sie nicht den genauen Dateityp von Word, Excel usw. auszuwählen (Bild 7.13). Teamcenter nutzt z. B. für Dateien mit oder ohne Makros und für verschiedene Versionen (Office 2003, Office 2010 ff.) unterschiedliche Dataset-Typen (siehe Bild 7.14). Die Zuordnung der Dateierweiterung zu den Autorenwerkzeugen können Sie gegebenenfalls auch selbst ändern (Bild 7.15). Meist sollte hier aber keine Änderung erforderlich sein.

Bild 7.13
Dataset-Typen im Office-Umfeld

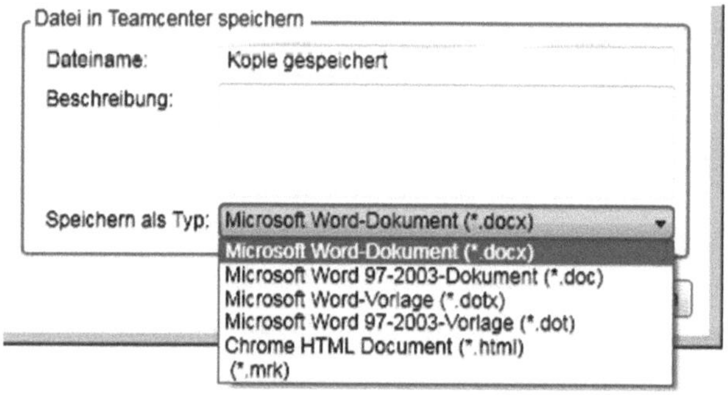

Bild 7.14 Dateierweiterungen für die unterschiedlichen Office-Formate

Beim Speichern werden Sie gefragt, ob Sie das Dataset (und beim Item-Typ `Dokument` auch die Revision!) für sich reservieren möchten. Normalerweise sollten Sie dies mit *Ja* bestätigen und nach Eingabe von `Änderungs-ID` und `Grund` die Arbeit am Dokument exklusiv fortsetzen.

Sollten Sie ein neues Item und die Word-Datei auf einmal erstellen wollen, ist dies auch direkt über den Befehl *Datenverwaltung > Datei neu > Element* möglich. Hier gibt es die Möglichkeit, im Dialog ein neues Item zu erstellen.

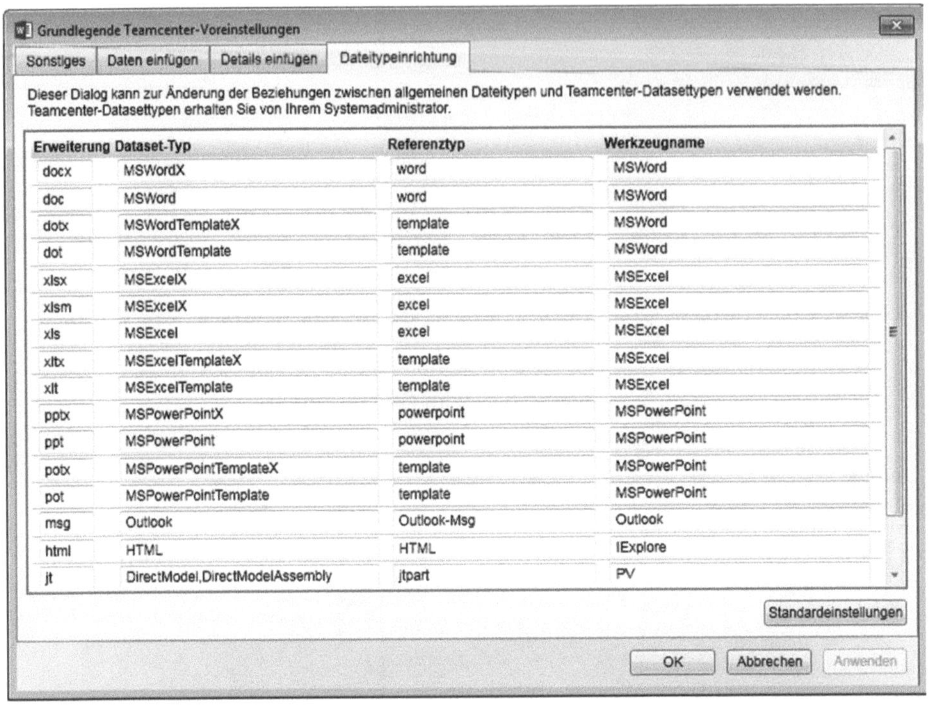

Bild 7.15 Einrichtung der Werkzeuge in der Office-Integration (in Version 2412 nicht mehr hier enthalten)

7.5 Dokumente öffnen

Wenn Sie Ihre Dokumente bereits in Teamcenter abgelegt haben, ist es sinnvoll, den in der *Datenverwaltung* enthaltenen *Öffnen*-Dialog zu nutzen. Hier greifen Sie über die dritte Variante auf Ihre Teamcenter-Ordnerstruktur, einschließlich der darin enthaltenen Items und Datasets, zu. Öffnen Sie die Ordner, Items und Revisionen über den kleinen Pfeil vor den Namen der Objekte. Nutzen Sie sinnvollerweise vor allem die Revisionen. Sobald Sie einen Eintrag selektieren, werden Ihnen die Datasets entsprechend dem eingestellten Typ-Filter angezeigt. Dieser entspricht in etwa dem, was Sie aus Office ohne Teamcenter kennen.

In der uns vorliegenden Version der Schnittstelle können Sie alle Datasets erst nach einem Wechsel des Typ-Filters und der anschließenden Auswahl von *Alle Anwendungstypen* sehen. Vorher sind es nur die Office-Typen.

Die Tabelle mit den Datasets lässt sich sortieren und sogar filtern. Vermutlich benötigen Sie diese Funktion nur, wenn in einer Revision sehr viele Datasets abgelegt sind. Selektieren Sie anschließend das gewünschte Dataset in der Tabelle, und nutzen Sie für die Entscheidung, ob Sie die Datei beim Öffnen reservieren wollen oder nicht, den kleinen Pfeil neben *Öffnen* (Bild 7.16). Wenn Sie nur *Öffnen* betätigen, wird das Dataset reserviert (und beim Typ `Dokument` die ganze Revision und alle enthaltenen Datasets). Deshalb werden Sie wie in Teamcenter nach den entsprechenden Informationen gefragt.

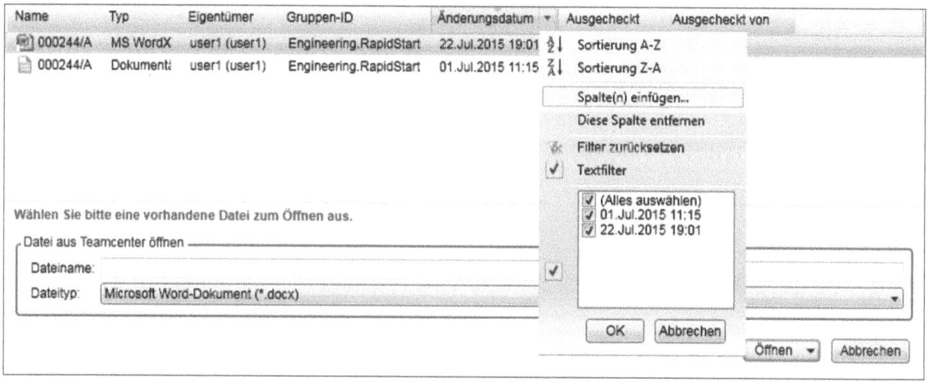

Bild 7.16 Die Filtermöglichkeiten erinnern an die in einer Excel-Tabelle.

7.6 Schließen eines Dokuments

Sie schließen das aktuell bearbeitete Dokument über die Word-Funktion *Datei > Schließen*. Eventuelle Änderungen nach dem letzten Speichern des Dokuments werden erkannt, und Sie werden gegebenenfalls aufgefordert, diese ebenfalls in Teamcenter zu speichern. Sollte es sich um das letzte geöffnete Dokument handeln, beendet Microsoft die Nutzung von Word.

7.7 Suchen und Finden von Dokumenten

Selbstverständlich können Sie auch direkt aus der Schnittstelle heraus nach den gewünschten Objekten suchen. In den Dialogen *Navigieren > Durchsuchen* und *Ordneransicht* steht Ihnen jeweils eine Schnellsuche zur Verfügung, bei der Sie wie im „großen" Teamcenter beachten müssen, nach welchem Objekttyp Sie suchen möchten. Den Wechsel zwischen `Element-ID`, `Elementname`, `Dataset Name` und `Schlüsselwort` finden Sie direkt unter dem Pfeil und *Suchen nach …* Mehr zur Bedeutung der einzelnen Einträge finden Sie in Kapitel 11, „Das Finden ist entscheidend!“.

Über den Eintrag *Erweiterte Suche …* oder in der Werkzeugleiste über *Suchen* gelangen Sie zur Auswahl der passenden Suche aus allen in Teamcenter als System-Suchen hinterlegten Abfragen (Bild 7.17). Nach Auswahl der Suche haben Sie die Möglichkeit, die Attribute einzugeben. Wir gehen hier nicht auf die Details ein. Nur noch eine Besonderheit: Über *Speichern* können Sie nach Eingabe von Kriterien Ihre Abfrage direkt zu den gespeicherten Suchen hinzufügen.

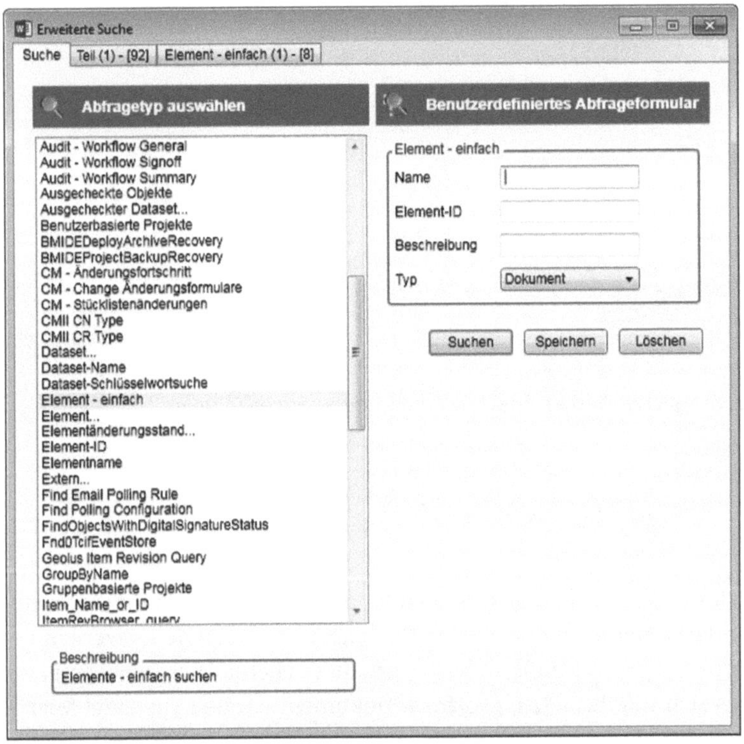

Bild 7.17 Zugriff auf die System-Suchen von Teamcenter

Außerdem haben Sie Zugriff auf Ihre in Teamcenter gespeicherten Suchen (Kapitel 11, „Das Finden ist entscheidend!“). Nutzen Sie dazu *Navigation und Ansicht* > *Navigieren* > *Ordneransicht* oder *Durchsuchen* und hier den Eintrag *Meine gespeicherten Suchen*. Zusätzlich haben Sie im gleichen Abschnitt direkt die Möglichkeit, eine Suche aufzurufen (siehe Bild 7.18).

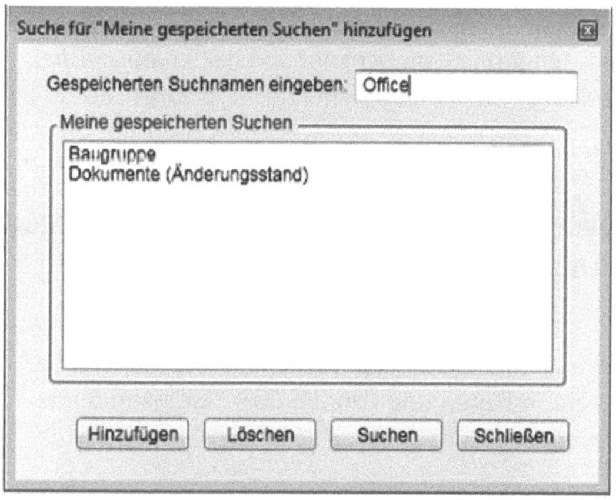

Bild 7.18 Anlegen und Suchen mit einer gespeicherten Suche

Ein kleines Highlight ist das Fenster für die Ergebnisanzeige, das eigentlich mit in der Definition der Suche integriert ist. Hier finden Sie neben dem Reiter *Suche* (Auswahl und Kriterien) alle durchgeführten Suchen in den Reitern und darunter in gewohnter Tabellenform die zugehörigen Ergebnisse (siehe Bild 7.19).

Auch hier haben Sie wieder die Möglichkeit, Spalten zu verändern und zu filtern.

Sie können jeden Reiter über die Registerkarte *Abfragen* neu ausführen lassen oder aber, wenn die Suche nicht mehr benötigt wird, über die Registerkarte *Löschen* schließen. So kommen Sie während der Nutzung von Office sehr schnell an die gewünschten Informationen, auch wenn neue Daten, z. B. von anderen Nutzenden, abgelegt wurden (Bild 7.19).

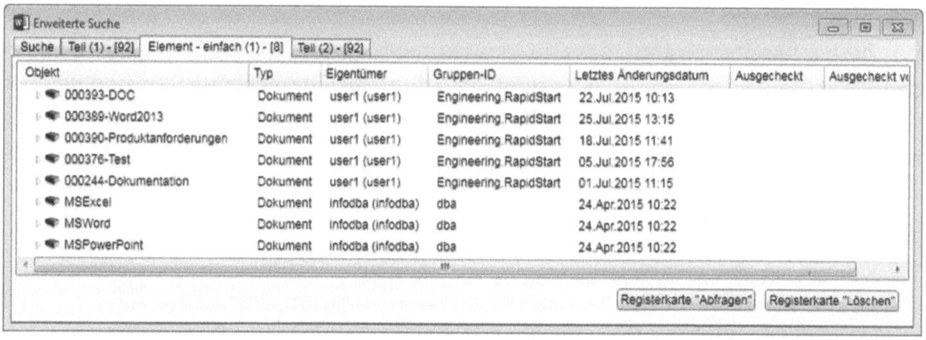

Bild 7.19 Definition und Ergebnisse der Suchen in einem Dialogfenster

In aktuellen Versionen wurden die Menüpunkte umbenannt und heißen nun *Suche, Speichern, Löschen*. *Suche* wechselt erst zur Abfragedefinition und führt die Abfrage nicht sofort neu aus.

Um an die gewünschten Datasets zu gelangen, können Sie wieder die bekannten Möglichkeiten und am Ende das Kontextmenü nutzen, um die Datasets zu öffnen usw.

Sie können dieses Dialogfenster auch schließen. Die Suche und die Ergebnisse bleiben, solange die Sitzung besteht, erhalten und können über den Menüpunkt *Navigation und Ansicht > Suchen* jederzeit wieder aufgerufen werden.

7.8 Arbeit mit Prozessen/Workflows

In Kapitel 8, „Workflows – definierte und nachvollziehbare Arbeitsabläufe", stellen wir Ihnen vor, wie Sie Prozesse in Teamcenter automatisieren und vor allem Objekte (speziell Revisionen, Formulare und Datasets) in einen definierten Status versetzen können. Sind diese Prozesse in Teamcenter vordefiniert, stehen Sie nach den hinterlegten Zuweisungsregeln (siehe Kapitel 4, „Datensicherheit für alle", und Kapitel 8, „Workflows – definierte und nachvollziehbare Arbeitsabläufe") auch in der Office-Integration zur Verfügung. Sie müssen also nicht zum Teamcenter-Client wechseln, um einen Workflow zu starten oder Genehmigungen durchzuführen. Diesen Luxus genießen die Anwendenden zurzeit nicht in vielen Schnittstellen. Erst mit der Nutzung des Active Workspace Clients ist dies z. B. auch in den CAD-Integrationen möglich.

Workflow starten

Wir hatten bereits erwähnt, dass im Kontextmenü auch ein Workflow gestartet werden kann. Denken Sie daran, dass dafür üblicherweise immer eine Revision genutzt wird. Egal ob über *Durchsuchen* oder *Ordneransicht*, im Kontextmenü können Sie nach Auswahl einer Revision über *Neuer Workflow-Prozess ...* den Dialog zur Auswahl öffnen. Alternativ nutzen Sie in der Box *Workflow* den Menüpunkt *Neuer Workflow-Prozess* (Bild 7.20).

Verwenden Sie den vorgeschlagenen `Namen` oder geben Sie einen eigenen aussagefähigen ein. Ergänzen Sie die Angaben um eine `Beschreibung` und wählen Sie aus den Ihnen zur Verfügung gestellten `Prozessvorlagen` die gewünschte aus. Starten Sie anschließend die Abarbeitung mit *OK*.

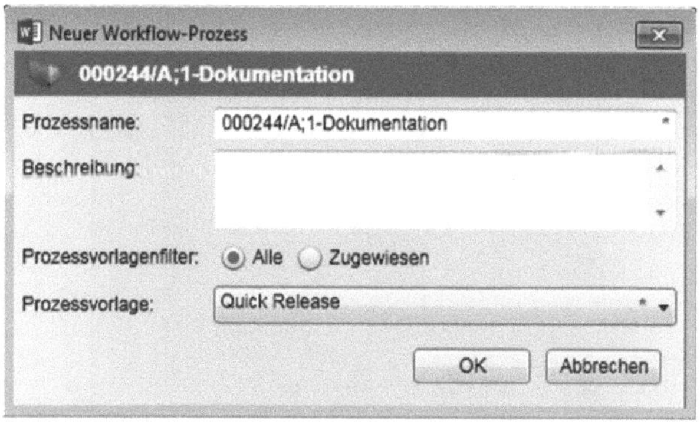

Bild 7.20 Dialog für einen neuen Workflow/Prozess

Auch hier sollten Sie beachten, dass der Start eines Workflows, z. B. einer Freigabe, ein gründlich überlegter Schritt sein sollte. In vielen Installationen wird auf eine Eigenkontrolle verzichtet und bereits das Senden in einen Workflow als elektronische Unterschrift in Teamcenter gewertet.

Das weitere Vorgehen und die Ergebnisse richten sich nach den hinterlegten Prozessen. Weiteres dazu erfahren Sie in Kapitel 8, „Workflows – definierte und nachvollziehbare Arbeitsabläufe".

Zugriff auf Ihre Arbeitsliste

Auch beim Zugriff auf Ihre Arbeitsliste können Sie verschiedene Wege nutzen. Beginnen wir mit dem Zugriff über *Workflow > Meine Arbeitsliste* (siehe auch Kapitel 4, „Datensicherheit für alle"). Hier öffnet sich auf der linken Seite ein Abschnitt für die Navigation. Dort finden Sie alle *Aktiven Aufgaben* aus Teamcenter. Das können also auch Ablagen von anderen Nutzenden oder Teams sein. Mit einem Klick wechseln Sie in den gewünschten „Ablagekorb". Interessant sind für uns nur die *Auszuführenden Aufgaben*. Darin finden Sie alle Tasks, die auf eine Antwort von Ihnen warten.

Sobald Sie den Pfeil nach rechts wählen, wird ein weiterer Aufgabenbereich auf der rechten Bildschirmseite eingeblendet (alternativ finden Sie das Menü *Aufgaben anzeigen/ausführen ...* über das Kontextmenü). Hier werden Ihnen alle Angaben zum Task und die Verknüpfungen zu den Objekten, Eigenschaften, Zielen und Referenzen dargestellt. Wie bereits erwähnt, hängt die genaue Aufgabe von den bereitgestellten Prozessvorlagen ab.

Das Zuweisen einer prüfenden Person aus der Organisation oder die Freigabe seien hier nur stellvertretend erwähnt (Bild 7.21).

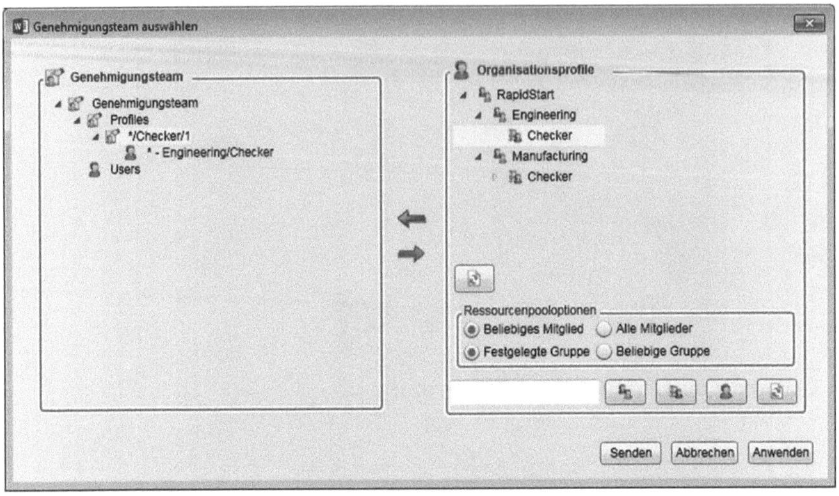

Bild 7.21 Beispiel: Zuweisen einer prüfenden Person

Eventuell finden Sie die Aufgaben nach einer Bestätigung auch unter *Zu verfolgende Aufgaben*, wie wir es in Kapitel 8, „Workflows – definierte und nachvollziehbare Arbeitsabläufe“, vorstellen.

Bei Bedarf haben Sie auch direkt aus dem Office-Client heraus die Möglichkeit, Freigaben/Genehmigungen durchzuführen (Bild 7.22). Alternativ dazu können Sie *Navigation > Durchsuchen* oder *Ordneransicht* nutzen. Die Bedienungsunterschiede haben wir Ihnen bereits vorgestellt.

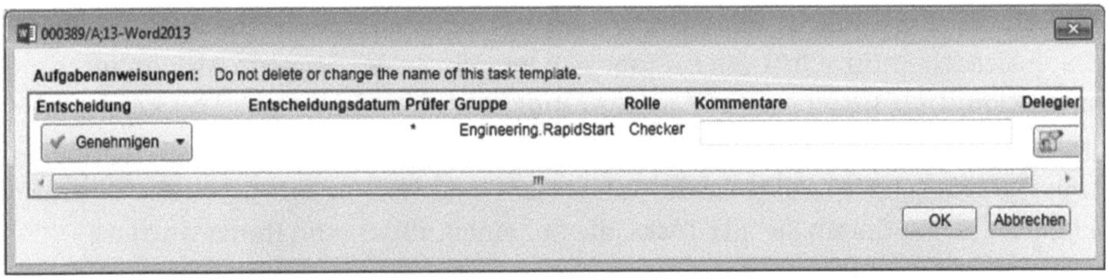

Bild 7.22 Genehmigung direkt aus Office heraus

7.9 Neue Revision erstellen

Um eine neue Revision zu erstellen, nutzen Sie den Dialog *Speichern unter*. Im Dialogfenster haben Sie die Möglichkeit, jede selektierte Revision über *Einen Änderungsstand in Teamcenter revisionieren* als Basis für den Vorgang zu verwenden. Alternativ ist dies auch über das Kontextmenü mit *Revisionieren …* möglich (Bild 7.23). Dabei werden im Hintergrund Kopierregeln angewendet, die unter anderem darüber entscheiden, was mit den Office-Datasets in der gewählten Revision passiert. Üblicherweise sollten diese als „echte“ Kopie, also nicht als Referenz, in die neue Revision kopiert werden (Kapitel 12, „Geändert wird immer! Effektives Änderungswesen“). Beachten Sie, dass die Kopierregeln zurzeit nicht wie direkt in Teamcenter durch Sie als Anwendende interaktiv angepasst werden können.

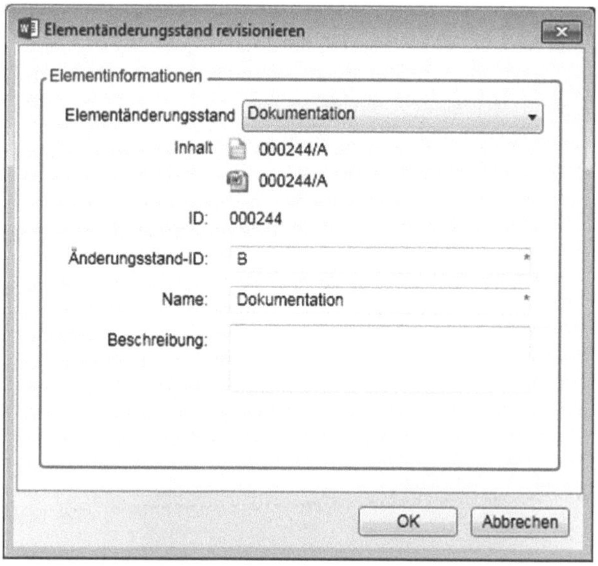

Bild 7.23 Elementänderungsstand revisionieren

7.10 Dokumente duplizieren: Speichern unter ...

Sie können auch aus bereits vorhandenen Dokumenten weitere ableiten. Nutzen Sie dazu direkt den Befehl *Datenverwaltung > Speichern unter > Dataset*, um über die Icons am oberen Rand des Dialogfensters bei Bedarf ein neues Item und anschließend eine Kopie des Dokuments (Dataset) in dessen Revision abzulegen. Beachten Sie, dass bei *Speichern unter ...* immer eine „echte“ Kopie der Datei (Dataset) und keine Referenz entsteht. Meist ist der Entstehungsprozess auch über die Relation `Basiert auf` nachzuvollziehen (Kapitel 12, „Geändert wird immer! Effektives Änderungswesen“).

7.11 Anwendung

Fast Track

1. Starten Sie Microsoft Word.
2. Melden Sie sich in Teamcenter an.
3. Schreiben Sie einen kurzen Text.
4. Legen Sie direkt aus Word ein neues Item inklusive der ersten Revision an.
5. Speichern Sie den Text als neues Dataset direkt in die eben angelegte Revision. Legen Sie mit Excel eine zugehörige Kalkulation an und speichern Sie diese als neues Dataset in der oben erstellten Revision ab.
6. Suchen Sie in Teamcenter das neue Item und lassen Sie sich die beiden Dateien mit dem eingebetteten Office Viewer anzeigen.
7. Schließen Sie die beiden Office-Programme und prüfen Sie, ob die Datasets eingecheckt wurden. Falls nicht, checken Sie die Revision explizit aus Teamcenter ein.

8 Workflows – definierte und nachvollziehbare Arbeitsabläufe

Kommen wir nun zu einem weiteren wichtigen Punkt bei der Arbeit mit PLM-Systemen. Ziel einer solchen Anwendung ist unter anderem, wiederkehrende Prozesse zu vereinheitlichen und so einfach wie möglich auszuführen. Prinzipiell kann es sich dabei um grundsätzlich verschiedene Schritte handeln, die immer wieder und für eine breite Benutzergruppe anfallen. In diesem Buch wollen wir uns nur einem ganz besonders wichtigem Thema widmen. Oft steht die Dokumentation des Reifegrads eines Produkts oder auch einzelner Bauteile bzw. anderer Dokumente bei der Einführung des PLM-Systems im Fokus der Betrachtungen. Dazu wird ein Netz aus Statusinformationen verwendet. Diese Informationen werden über bereitgestellte Prozess-Workflows hinzugefügt. Dabei wird sehr oft die Qualität der Daten zu einem definierten Zeitpunkt, dem Statuswechsel, überprüft. In Teamcenter kann dies das Vorhandensein von Attributen, Datasets bzw. ganz allgemein von Objekten mit bestimmten Relationen sein. Erst wenn alle Voraussetzungen erfüllt sind, wird der Statuswechsel durchgeführt.

> *„Ziel des Konfigurationsmanagements ist es, den Grad der Erfüllung physischer und funktionaler Anforderungen an eine Konfigurationseinheit zu dokumentieren und diesbezüglich volle Transparenz herzustellen. Diese soll zudem dazu führen, dass jede an einer Konfigurationseinheit beteiligte Partei die richtigen und zutreffenden Informationen verwendet."*[1]

Ein Ansatz von Teamcenter ist hier, alle Phasen des Entwicklungsprozesses über dokumentierte und reproduzierbare Revisionen/Änderungsstände abzubilden.

Sie wissen bereits, dass Teamcenter Items, deren Revisionen und die zugehörigen Datasets zur Strukturierung der Datenablage heranzieht. Jedes Item kann mehrere Änderungsstände verwalten. In diesen Revisionen besteht die Möglichkeit, die Entwick-

---

1 *https://de.wikipedia.org/wiki/Konfigurationsmanagement* (abgerufen 04/2025)

lung von Informationen ganz allgemein zu verwalten. Üblicherweise werden dabei Informationen über Attribute/Eigenschaften und/oder über spezifische Dateiformate für die unterschiedlichen Autorensysteme abgelegt. Im Laufe der Zeit werden die Daten dadurch immer weiter vervollständigt und reifen eventuell zu einem ausgewachsenen Produkt heran. Neue Informationen gelangen z. B. über Beziehungen zum jeweils aktuellen Entwicklungstand. Hier landen sicher auch Informationen zur Nutzung des Produkts (oder eines Teils des Produkts). Der Reifegrad wächst in diesem Fall mit der Revisionsnummer (`Revision ID`) und gipfelt dann in einem herstellbaren Teil. Nun werden während des weiteren Lebensalters des Teils erneut Änderungen erforderlich sein. Diese werden ebenfalls in Revisionen aufgehoben/gesichert. Gegebenenfalls kann die konstruierende Person auch einzelne Schritte verwerfen und ausgehend von einer älteren Revision den neusten Stand ableiten.

Mit Teamcenter kann man auch einen alternativen Ansatz abbilden. In diesem Fall werden grundsätzliche Weiterentwicklungen eines Teils in den Revisionen abgelegt. Jede Revision durchläuft aber auch einen Lebenszyklus. Das heißt, sie befindet sich anfänglich z. B. in der maßgeblichen Gestaltung des Modells, wird anschließend weiter detailliert, und am Ende werden Ausführungs- und Nutzungsangaben festgelegt (z. B. Werkstoffe, Fertigungsverfahren, Fertigungsschritte). Irgendwann kommt es zur Herstellung und Auslieferung einer Revision. Weitere Änderungen im Lebensprozess wie Optimierungen usw. werden dann in neuen Revisionen dokumentiert, die erneut einen wachsenden Reifegrad aufweisen. Hier kann es dann z. B. gleichzeitig mehrere „lebende“ Revisionen (Versionen) eines Teils geben.

Da diese Änderungen gegebenenfalls mit vielen daraus folgenden Änderungen (z. B. an Baugruppen) verbunden sein können, werden gelegentlich aber auch andere Wege eingeschlagen. Ein Workflow kann z. B. auch einen *Status* wieder entfernen, jedoch wird auch das im System dokumentiert und lässt sich z. B. über Reports wieder sichtbar machen.

Andere Implementierungen erlauben Änderungen, wie z. B. die Anreicherung mit weiteren Informationen, solange ein Workflow noch abgearbeitet wird. Erst wenn dieser abgeschlossen wurde, lässt sich nichts mehr korrigieren. Dies kann beispielsweise im Änderungsmanagement (z. B. bei dem Change-Objekt) so sein. An diesem Objekt lassen sich dann Änderungen durchführen (z. B. Lösungselemente hinzufügen), bis die Änderung als abgeschlossen genehmigt wurde.

Das Vorgehen für die Ableitung neuer Revisionen aus bereits vorhandenen Revisionen wird in Kapitel 12, „Geändert wird immer! Effektives Änderungswesen“, behandelt. Das vorliegende Kapitel konzentriert sich auf die Möglichkeiten, in Teamcenter sogenannte Prozesse oder Workflows zu nutzen. Üblicherweise wurden die Prozesse im Vorfeld der Einführung von Teamcenter speziell für Ihr Unternehmen analysiert. Wiederkehrende Schritte mit hohem Nutzen für Sie als anwendende Person wurden dabei im System implementiert und stehen anschließend als sogenannte `Prozess-`

`templates` zur Verfügung. Beispielsweise kann die Generierung von JT-Daten auch automatisiert innerhalb derartiger Workflows genutzt werden. Neben der Entlastung der Arbeitsstationen führt dieses Vorgehen auch zu einer sehr hohen Datenqualität.

Real-World-Szenario

Michaela hat ihren Entwurf der neuen Gehäuseteile fertiggestellt und von den an der Produktion beteiligten Anwender Nick und Sebastian überprüfen lassen. Deshalb gibt sie nun den aktuellen Stand frei. Anschließend kontrolliert Sven, welche weiteren Bauteile bereits freigegeben sind und an welchen aktuell gearbeitet wird.

Teamcenter Rapid Start enthält einen Grundvorrat an Workflows. So kann man bereits die Möglichkeiten testen, ohne spezifischen Implementierungsaufwand zu betreiben.

In Kapitel 4, „Datensicherheit für alle“, haben Sie einen tiefen Einblick in die Abbildung der Organisation eines Unternehmens in Teamcenter erhalten. Sie haben festgestellt, dass Gruppen, Rollen und Projekte sowie die Objekttypen sich für die Steuerung der Berechtigung verantwortlich zeichnen. Bis dahin wurde der Produktlebenszyklus bei der Betrachtung der Berechtigungen weitestgehend ausgeklammert. Dies soll sich nun ändern. Werden die Revisionen einschließlich der darin abgelegten Informationen als abgeschlossene Entwicklungsphasen eines Dokuments oder z. B. eines Bauteils betrachtet, wird es erforderlich, jeden Zwischenstand so im PLM-System abzulegen, dass spätere Änderungen ausgeschlossen sind. Man spricht hier auch von Revisionssicherheit. In vielen Fällen ist diese sogar aus Gründen der Produkthaftung erforderlich. In Teamcenter wird hierfür der `Status` genutzt. Besitzt ein Objekt, z. B. ein Änderungsstand, Formular oder Dataset, einen bestimmten `Status`, kann es nicht mehr verändert werden. Workflow-Prozesse werden angewendet, um diesen Status zu „vergeben“.

In den meisten Fällen werden Workflows genutzt, um einen kontrollierten Wechsel von einem Zustand (Status) in einen anderen herbeizuführen. Im Folgenden schauen wir uns einen solchen Ablauf einmal genauer an.

8.1 Objekt/Revision auswählen

Im einfachsten Fall arbeiten Sie an der Revision eines Teils (Typ `Item/Konstruktion`). Wenn Sie sicher sind, fertig zu sein, selektieren Sie diesen Änderungsstand. Sie wissen bereits, dass die Änderungsstände mit weiteren Objekten zusammenhängen (Relationen).

Um Fehler zu vermeiden, sollten Sie hier ein System aufbauen, das Fehlbedienungen so gut wie unmöglich macht. Beispielsweise sollten der Objekttyp oder die Revision und z. B. Berechtigungsfragen so schnell wie möglich geprüft werden. Eine Überprüfung nach der Bestätigung mit *OK* ist meist für den Anwendenden sehr unbefriedigend. Ein sehr praktikabler Weg, den einige Unternehmen gehen, ist auch, eine Vorprüfung für einen oder mehrere mögliche Workflows zu implementieren und den Start des Workflows erst nach erfolgreicher Prüfung zu gestatten.

Meist ist es erlaubt, gleichzeitig mehrere Objekte in einem Workflow zu senden. Beachten Sie, dass dies nicht immer ein Vorteil ist. Sollte z. B. die zugewiesene prüfende Person in einem der Objekte einen Fehler feststellen, muss sie die Freigabe komplett ablehnen. Auch die Objekte, welche die Vorgaben erfüllen, können nicht weiter abgearbeitet werden.

8.2 Neuen Workflow/Prozess anlegen

Wählen Sie die Revision eines Items aus und rufen Sie über *Datei > Neu > Workflow-Prozess …* (*Strg + P*) den Dialog auf (Bild 8.1). Hierfür stehen Ihnen verschiedene Prozessvorlagen (Templates) zur Verfügung.

Für die Erstellung der Prozess-Templates wird in Teamcenter die Applikation **Workflow Designer** verwendet.

Nun beginnt die Arbeit von Teamcenter. Das gewählte Objekt wird analysiert. Abhängig vom Objekttyp werden die Prozessschritte abgearbeitet und meist gleich geprüft, ob für dieses Objekt und für Sie (Gruppe/Rolle) Prozesse zur Verfügung stehen, und ob Sie berechtigt sind, diese zu nutzen. Geben Sie auch für dieses neu zu erstellende Objekt die zugehörigen Informationen ein.

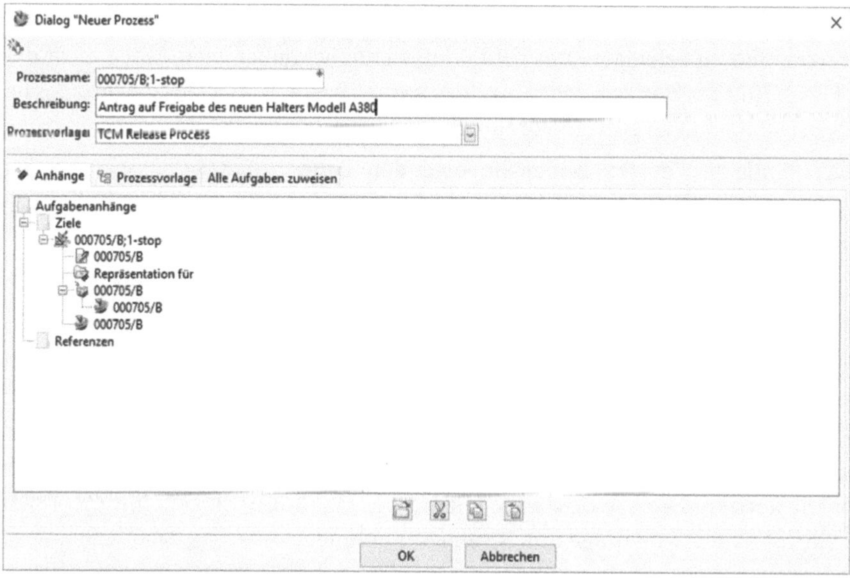

Bild 8.1 Dialog *Neuer Prozess*

Prozessname: Geben Sie hier einen aussagefähigen Namen für den Prozess selbst ein. Meist wird die Vorgabe verwendet (Bild 8.1). In einigen Installationen gibt es auch unternehmensspezifische Vorgaben für den Prozessnamen.

Beschreibung: Diese Beschreibung erhält der „Empfänger“ des Auftrags in jedem Abschnitt (Task). Wie bei allen Attributen dieser Art sollten Sie diese grundsätzlich nutzen.

Prozessvorlage: Abhängig von der Gruppe und Rolle und dem gewählten Objekt werden hier mögliche Prozessvorlagen angezeigt. Im Idealfall werden nur diejenigen angezeigt, die auf das gewählte Objekt angewendet werden dürfen. Die folgenden Reiter hängen also zum Teil von der hier gewählten Vorlage ab. Die Bedeutung der Task-Symbole stellen wir Ihnen in Abschnitt 8.3.2 vor.

Reiter *Anhänge:* An dieser Stelle können Sie sich noch einmal genau ansehen, welches Objekt bzw. welche Objekte im Workflow bearbeitet werden. Denken Sie auch an die verknüpften Elemente, und öffnen Sie gegebenenfalls die zugehörigen Unterelemente. Außerdem stehen Ihnen hier grundsätzlich alle Möglichkeiten für die Nutzung anderer Applikationen offen.

Reiter *Prozessvorlage:* Sie erhalten eine grafische Repräsentation des Prozesses mit allen seinen Prozessschritten. Über diesen Weg können Sie bereits vor dem Absenden noch einmal prüfen, ob Sie die richtige Vorlage gewählt haben. Natürlich erfordert das eine gewisse Kenntnis der Darstellung und deren Bedeutung (siehe Abschnitt 8.3.1).

Reiter *Alle Aufgaben zuweisen:* Der Workflow kann Tasks beinhalten, die von einer speziellen Person oder einer speziellen Gruppe abgearbeitet werden müssen. Die Zuweisung der verantwortlichen Person kann über die auszuführenden Aufgaben erfolgen. Alternativ ist es möglich, alle bereits beim Starten des Workflows bekannten Zuweisungen hier zu erledigen. Das geht dann sicher schneller, bietet aber nicht die gleiche Flexibilität bei der Entscheidung, wer verantwortlich sein soll. Nachträgliche Änderungen sind nicht so einfach vorzunehmen (siehe Abschnitt 8.4).

Am unteren Ende des Fensters finden Sie folgenden Icons:

Öffnen: öffnet das gewählte Objekt so wie es in Teamcenter definiert ist (eine Revision also z. B. in **Mein Teamcenter**)

Ausschneiden, Kopieren, Einfügen: Hierüber haben Sie die Möglichkeit, die Anhänge zu modifizieren. Da diese Funktionen im Workflow sehr oft angeboten, aber von vielen anwendenden Personen nicht genutzt werden, möchten wir darauf noch einmal explizit hinweisen. Auch bei der Entscheidung in einem Task oder beim nachträglichen Betrachten des Prozesses wird diese Funktion oft angeboten.

Für unser Beispiel wollen wir an dieser Stelle zunächst keine verantwortliche Person festlegen. Bestätigen Sie deshalb die Erstellung des Workflow-Objekts mit *OK*. Doch denken Sie daran, dass die Dinge nun ihren Lauf nehmen.

Dass sich ein Objekt in einem Workflow befindet, erkennen Sie am Workflow-Symbol, wenn dieser nicht schneller wieder beendet wurde als die Aktualisierung erfolgt (Bild 8.2).

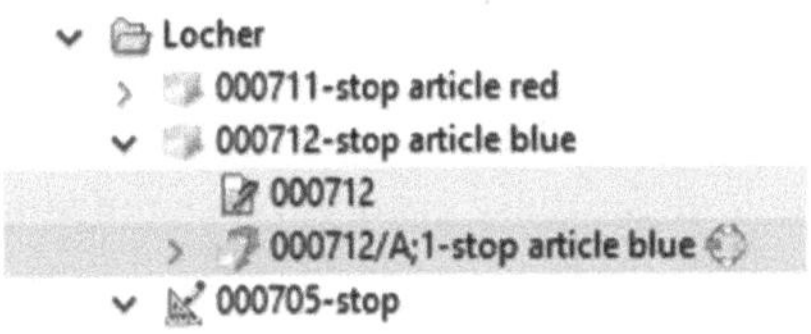

Bild 8.2
00712/A befindet sich in einem Workflow.

8.3 Ein tiefer Blick in einen Workflow

Was passiert, nachdem ein Workflow gestartet ist? Jeder Workflow besteht aus mehreren Prozessschritten und diese wiederum aus weiteren Teilschritten. Diese sogenannten Tasks werden vom System abgearbeitet. Bevor wir die konkrete Abarbeitung weiterverfolgen, schauen wir uns die Zusammenhänge etwas genauer an.

8.3.1 Workflow-Viewer

Workflows, egal ob abgeschlossen oder noch in der Abarbeitung, lassen sich an den **Workflow Viewer** senden. Dieser bietet die Möglichkeit, alle hinterlegten Informationen zu den einzelnen Prozessschritten abzurufen (Bild 8.3).

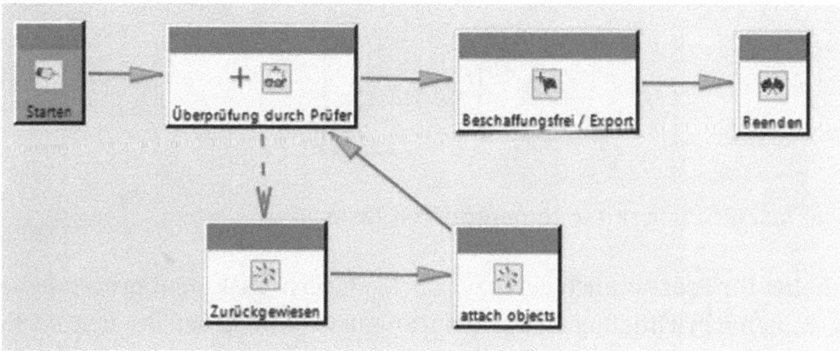

Bild 8.3 Beispiel eines Workflow-Prozesses

Damit sind wir bei den Möglichkeiten innerhalb von Workflows angelangt. Hier werden Aufgaben automatisch abgearbeitet, Bedingungen geprüft, entsprechend verzweigt, und es werden Prüfungen bzw. Genehmigungen vorgenommen.

Über den **Workflow Viewer** besteht nicht nur die Möglichkeit den aktuellen Task in einem Workflow zu ermitteln (dieser ist Gelb hervorgehoben), sondern auch nach Beendigung des Prozesses (Grün dargestellt) die einzelnen Schritte zu analysieren. Die Freigabedaten und die verantwortlichen Personen sind dafür nur ein Beispiel. Gegebenenfalls werden diese Informationen in einem wohl strukturierten Bericht zusammenfasst und den Nutzenden zur Verfügung gestellt.

Auch wenn vieles bei Workflows im Verborgenen abläuft – über den **Workflow Viewer** können Sie jederzeit für jedes für Sie sichtbare Objekt (Leserecht) analysieren, wo es sich gerade im Ablauf befindet. Inwieweit dies im Alltag erforderlich ist, zeigt die tägliche Praxis.

8.3.2 Aufbau eines Workflows

Bei einem Workflow haben wir es in Teamcenter mit einer Art von Objekt zu tun, das wir ja bereits aus anderen Zusammenhängen kennen. Prozesse werden aus Tasks aufgebaut. Dieser Zusammenbau ist in Teamcenter jedoch nie Aufgabe des Anwendenden. Zum Lesen der Prozesse ist es allerdings hilfreich, die Bedeutung zu kennen.

Einige Aufgaben bestehen aus Unteraufgaben. Um z. B. eine Freigabe durchzuführen (`perform-signoffs`), muss zunächst eine ausführende Person zugewiesen werden (`select-signoff-team`, Bild 8.4). Hier ist definiert, dass die verantwortliche Person über die *Auszuführenden Aufgaben* ein Signoff-Team zuzuweisen ist. Welche Gruppe und/oder Rolle im Dialog angezeigt bzw. vorgeschlagen wird, wird von der IT vordefiniert und erleichtert besonders bei größeren Organisationen die Zuweisung erheblich (siehe Abschnitt 8.4 und Abschnitt 8.5).

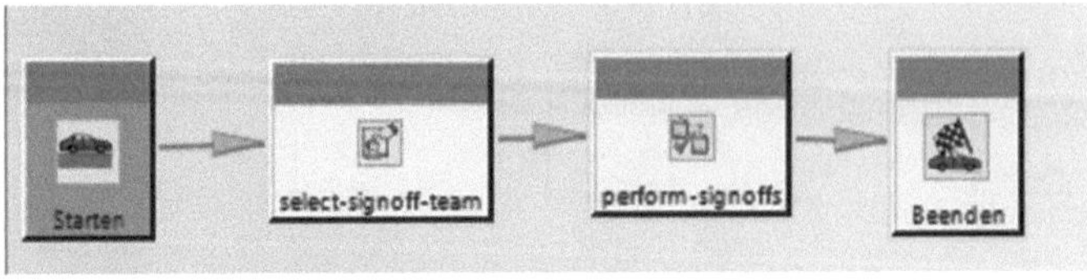

Bild 8.4 Beispiel: Task-Prüfung mit untergeordneten Tasks

Eventuell beinhaltet Ihr Prozess auch ein- bzw. nachgelagerte Tasks (Subprocess) wie Konvertierungen, Benachrichtigungen, Archivierung usw. Bitte geben Sie den Rechnern im Hintergrund etwas Zeit, die anstehenden Aufgaben für Sie zu erledigen.

Workflow-Aufgabenvorlagen (Auszug)

Do Task (Ausführungsaufgabe): Hier können Sie sich zurücklehnen. Teamcenter übernimmt die Aufgaben automatisch. Das können Schritte zur Überprüfung oder Generierung von Informationen sein. Häufig findet hier auch die Kommunikation mit weiteren Systemen statt, z. B. wird eine Mail versendet.

Review Task (Prüfaufgabe): Dies beinhaltet die beiden Subtasks `select-signoff-team` und `perform-signoffs` zur Auswahl der Prüfenden (siehe Abschnitt 8.4) und der Abfrage der Entscheidungen der zugewiesenen Prüfenden (siehe Abschnitt 8.5). Beachten Sie, dass Sie die Daten an dieser Stelle auch wirklich prüfen (siehe Abschnitt 8.3.3).

Acknowledge Task (Bestätigungsaufgabe): in die beiden Abschnitte *Acknowledged (Bestätigt)* und *Not Acknowledged (Nicht bestätigt)* unterteilt

Condition Task (Bedingungsaufgabe): Überprüfung von Bedingungen, z. B. ob ein bestimmtes Attribut gesetzt wurde, das angehangene Objekt in eine speziellen Eigentümergruppe angelegt wurde, usw.

Or Task: Vorher über einen *Condition Task* verzweigte Wege werden hier wieder zusammengeführt.

Add Status Task: Festgelegten Objekten wird ein spezieller Status zugewiesen oder dieser wird wieder entfernt.

Subprocess: Hierüber werden Unterprozesse aufgerufen. Nach der Abarbeitung kehren diese wieder zur gleichen Stelle zurück, und der aufrufende Prozess wird weiter abgearbeitet.

Aufgabenzustände (Auszug)

Die Aufgabenzustände werden bei jedem Task in der linken oberen Ecke angezeigt und über die Farbe kenntlich gemacht.

Not Started (Offen): Die Aufgabe wurde noch nicht gestartet (keine Farbe/Weiß).

Active Task (Gestartet): Die Aufgabe ist aktiv (Gelb).

Successfully completed (Abgeschlossen): Alle Aktionen wurden durchgeführt (Grün).

Failure Condition (Fehlgeschlagen): Es wurde ein konfigurierter Fehler erkannt (Rot).

8.3.3 Zustände und Handler

Für diejenigen, die es ganz genau wissen wollen, soll hier ein kurzer Blick auf die interne Abbildung solch eines Tasks gestattet sein. Jeder Task hat die Möglichkeit, auf bestimmte Zustände zu reagieren. Jede Aufgabe unterteilt sich in eine Reihe möglicher Zustände, in der sich der jeweilige Task befinden kann. Für jeden Zustand kommen verschiedene Programme zum Einsatz, welche quasi auf den Zustand „reagieren". Dies wird über sogenannte Handler realisiert. Einige Programme werden in den verschiedenen Ausbaustufen von Teamcenter bereits zur Verfügung gestellt, andere müssen bzw. können programmiert werden. Oft erkennt man an dieser Stelle die hohe Leistungsfähigkeit der Implementierung von Teamcenter als PLM-System. Ist solch ein Handler erst einmal erstellt, kann er an weiteren Stellen der verschiedenen Workflows wiederverwendet werden (Bild 8.5).

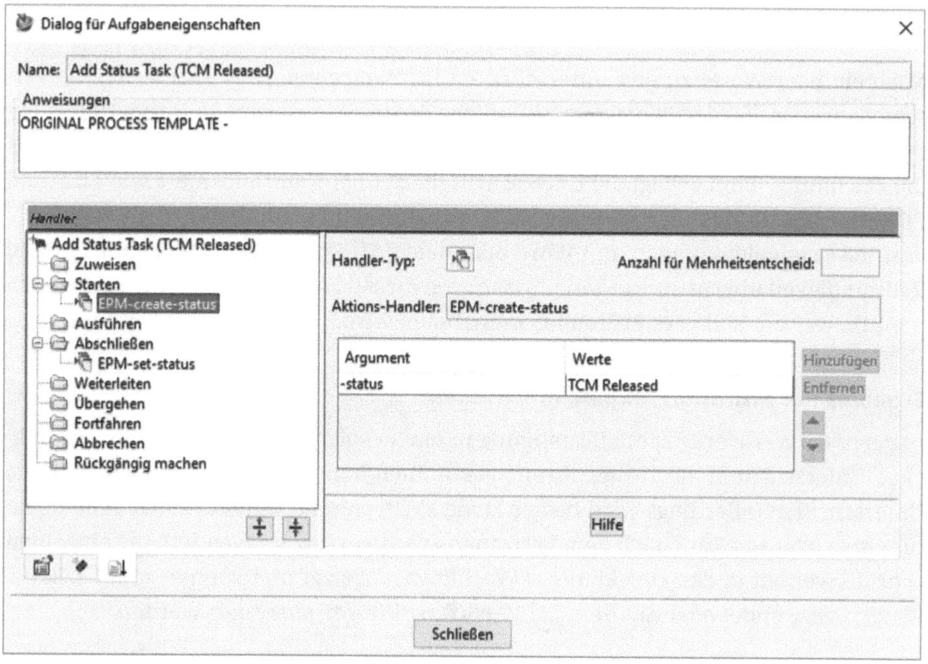

Bild 8.5 Handler für verschiedene Zustände

8.3.4 Beispiel: Elektronische Unterschrift

Wie zu Beginn dieses Kapitels angesprochen, ist es in vielen Fällen wichtig, einen aktuellen Entwicklungsstand revisionssicher zu dokumentieren. Dazu werden die aktuellen Informationen begutachtet und die Richtigkeit anschließend elektronisch dokumentiert. In vielen Workflows sind deshalb Zwischenstopps für sogenannte Freigebende vorgesehen. Wie bereits dargelegt, erfolgt zunächst die Zuweisung eines Prüfenden, um diesen dann die Entscheidung ausführen zu lassen. Nach einer Unterschrift wird der Workflow wie im Prozess vorgesehen weiter abgearbeitet.

Sollten immer wieder die gleichen Zuweisungen erforderlich sein, können Sie sich Ihre eigenen Zuweisungsregeln erstellen. Über den Menüpunkt *Werkzeuge > Zuweisungsliste verarbeiten > Erstellen/Bearbeiten* können Sie eigene Listen erstellen und bearbeiten sowie auf Gruppenlisten usw. zugreifen. Die Zuweisung der Verantwortlichen speziell bei mehrstufigen Workflows lässt sich damit erheblich beschleunigen. Zuweisungslisten können über das PLMXML-Format ausgetauscht werden.

Wer soll unterschreiben? Die Sache mit den elektronischen Unterschriften

Noch ein paar Worte zu den Unterschriften in Teamcenter. Hier lassen sich die verschiedensten Anforderungen an verbindliche Prozesse umsetzen. In Ihrem Unternehmen sollte spezifiziert worden sein, was geprüft und genehmigt werden muss. Ist es die Zeichnung, dann erfolgt die Unterschrift meist über Neutralformate wie TIFF und PDF oder bei 3D-Modellen über die JT-Daten. Alternativ kann es natürlich auch sein, dass die Originaldokumente mit Word oder dem CAD-System auf ihre Richtigkeit und Vollständigkeit überprüft werden müssen. Von diesen Festlegungen hängt dann eventuell ab, wer die Rolle des Prüfenden einnehmen wird.

Ergebnis der Prüfung/Freigabe hinzufügen

In gewisser Weise ersetzt die Bestätigung in einem solchen Abschnitt die bisher üblichen Unterschriften auf Papier. Streng genommen handelt es sich um elektronische Unterschriften (allerdings wird bisher keine elektronische Signatur nach dem Signaturgesetz bzw. seit 2017 nach dem Vertrauensdienstegesetz verwendet). Die einzelnen Schritte werden in den Objekten des Workflows abgelegt und können somit z. B. für Reports verwendet oder mit dem **Workflow Viewer** analysiert werden.

Das Vier-Augen-Prinzip

Häufig wird ein sogenanntes Vier-Augen-Prinzip umgesetzt. Das bedeutet, dass mindestens zwei Personen die Richtigkeit der Unterlagen bestätigen. In Teamcenter kann dies durch zwei `Acknowledge-Tasks` erfolgen (siehe Abschnitt 8.3.2). Die eine Unterschrift kommt von der konstruierenden Person, die andere von einer prüfenden Person. Da dabei eine verfassende Person meist erst den Workflow starten muss und sogleich zu Unterschrift aufgefordert wird, sparen sich viele Unternehmen aus Zeitgründen diesen Schritt. Die Eigenfreigabe stellt dabei eigentlich der Start des Workflows dar. Wer diesen initiiert hat, ist auch für die Richtigkeit der Daten verantwortlich und hat dies bereits bestätigt. Bedenken Sie also beim Start eines Workflows, dass Teamcenter sich alles merkt.

8.3.5 Auswirkungsanalyse nutzen

Eine Alternative zum **Workflow Viewer** stellt die Auswirkungsanalyse dar (siehe Kapitel 10, „Alle Beziehungen im Griff"). Hier finden Sie alle Workflow-Objekte, die mit einer Revision oder anderen Objekten verbunden sind. So ist es nicht nur möglich, die einzelnen Prozessschritte zu betrachten, sondern Sie erhalten sehr schnell Informationen über alle Workflows, die das gewählte Objekt als Anhang hatten oder haben (Bild 8.6).

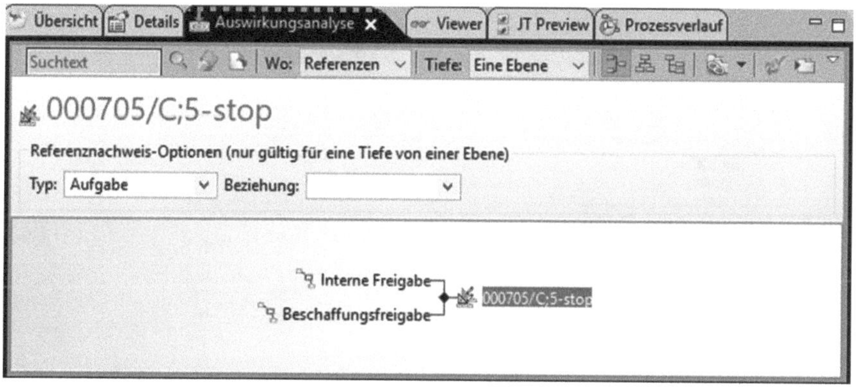

Bild 8.6 Referenznachweis mit mehreren Workflows

8.3.6 Typen von Workflow-Anwendenden

Für einige Sachverhalte ist es wichtig zu wissen, zwischen welchen Typen von Anwendenden Teamcenter in Prozessen unterscheidet.

Prozesseigentümer: anwendende Person, die den Prozess gestartet hat oder der später diese Eigenschaft zugewiesen wurde (siehe Kapitel 4, „Datensicherheit für alle")

Verantwortliche: Hierbei handelt es sich um die ausführende Person für einen Task. Diese kann meist auch im Task verändert werden, z. B. wenn er oder sie doch nicht für diese Aufgabe zuständig ist (siehe Abschnitt 8.5).

Bevorzugter User: verantwortliche Person, Prozessinhabende, Systemadministrierende

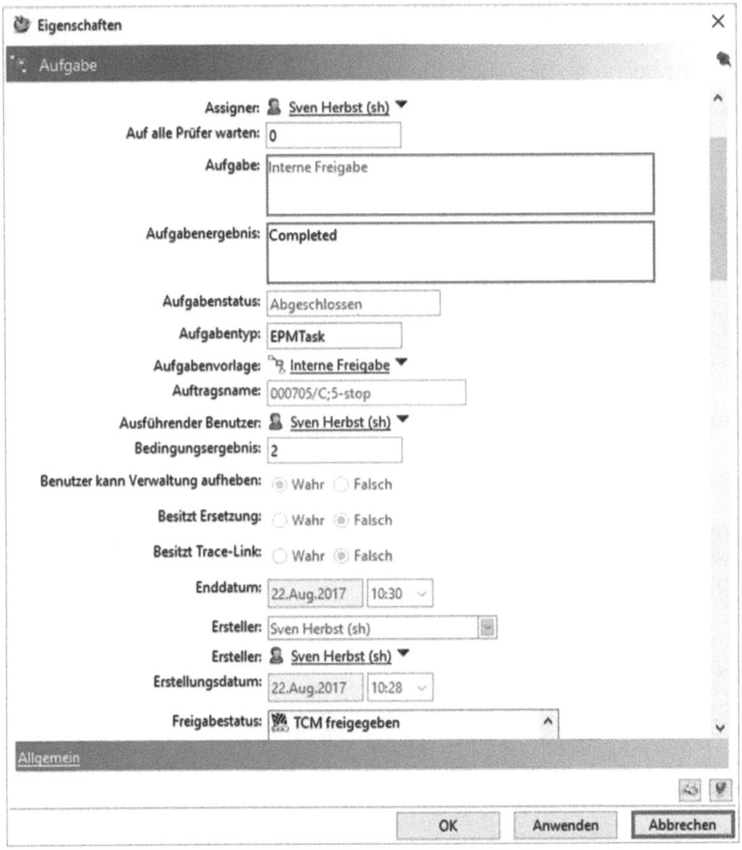

Bild 8.7 Eigenschaften des Workflows/der Aufgabe

8.3.7 Meine Arbeitsliste

In der Applikationsleiste unter *Quick-Links* finden Sie den Eintrag *Meine Arbeitsliste* (siehe Kapitel 4, „Datensicherheit für alle“). In dieser Arbeitsliste ist mindestens die *Inbox* für Sie vorhanden. Aufgaben, bei denen Sie selbst etwas tun müssen, finden Sie im Ordner *Auszuführende Aufgaben*. Aufgaben, deren Fortschritt Sie beobachten können, finden Sie im Ordner *Zu verfolgende Aufgaben* (Bild 8.8).

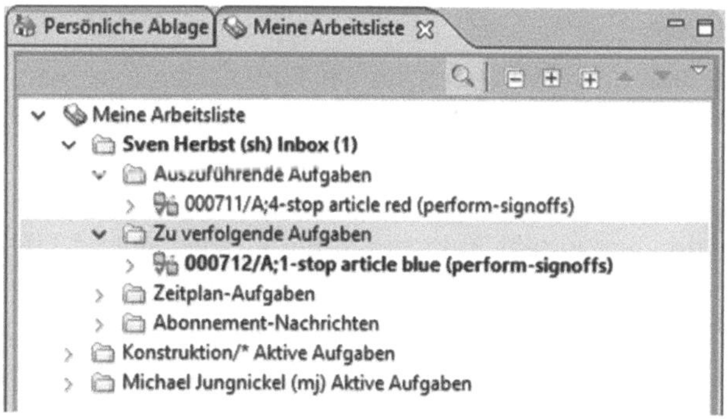

Bild 8.8 Arbeitsliste mit verschiedenen Aufgaben

Auszuführende Aufgaben

Trifft das System auf eine verantwortliche bearbeitende Person, sendet (referenziert) es dieser Person die Aufgabe in seine oder ihre Arbeitsliste. Der Ordner *Auszuführende Aufgaben* ist der Ersatz für den guten alten Ablagekorb. Wurden Sie als verantwortliche Person für einen Prozessschritt festgelegt, stellt Ihnen Teamcenter diese Aufgabe hier zu. Es liegt nun an Ihnen, diese abzuarbeiten. Neue, ungelesene Aufgaben erkennen Sie am fett formatierten Eintrag. Außerdem sollte Ihre *Inbox* fett hervorgehoben sein und in Klammern die Anzahl der neuen, ungelesenen, Aufgaben anzeigen.

Jeder Prozessschritt, der Ihnen zugeteilt wurde, stellt einen Eintrag in der Liste dar. Hier ist die Aufgabe mit dem `Namen` aus dem Prozessschritt zu erkennen. Diesen Eintrag können Sie aufklappen und finden dort Ziele und gegebenenfalls Referenzen. Vergleichen Sie diese mit Ihren Eingaben beim Start des Workflows.

Wenn Sie direkt etwas testen wollen, können Sie eine Aktualisierung mithilfe der Taste *F5* erzwingen. Sonst besteht die Gefahr, dass Sie eventuell lange auf die automatische Aktualisierung des Auftragseingangs warten müssen.

Zu verfolgende Aufgaben

Wenn für den folgenden Prozessschritt andere anwendende Personen zuständig sind oder automatisierte Zwischenschritte ausgeführt werden, finden Sie diese Tasks in Ihrer Arbeitsliste im Abschnitt *Zu verfolgende Aufgaben*. So haben Sie jederzeit den Überblick, ob der gerade anstehende Schritt noch auf seine Bearbeitung wartet. Was genau dort erscheint, hat Ihre IT festgelegt. Umfangreichere Informationen über den Abarbeitungsstand des gesamten Workflows erhalten Sie über den **Workflow Viewer** (siehe Abschnitt 8.3.1).

Analyse der Daten/Informationen

Beachten Sie, dass an beiden Stellen das volle Spektrum der Funktionen von Teamcenter zur Verfügung steht. Betrachten Sie z. B. ein 3D-Modell über die Ansicht *Viewer*. Sie wissen ja bereits, dass Teamcenter sich in diesem Fall aus der Revision die vorhandenen JT-Daten (`DirectModel`) selbst sucht und zur Anzeige bringt. Weitere Möglichkeiten, wie z. B. das Messen, hatten wir bereits kurz in Kapitel 6, „Viewer und Lifecycle Viewer – ein Bild sagt mehr als Attribute“, vorgestellt. Brauchen Sie umfangreichere Informationen zu eventuell vorhandenen alten Revisionen oder zu den Beziehungen zu anderen Objekten, wie den Verwendungsnachweis, senden Sie die Revision z. B. an **Mein Teamcenter**, das **Struktur-Management** oder an den **Beziehungs-Browser**.

Eine weitere sinnvolle Möglichkeit ist es, die Ziele in einen eigenen Ordner zu kopieren (Referenzieren). Bedenken Sie hier aber, dass Sie meist nur die Revision kopieren und nicht das ganze Item, da sich nur diese Revision im Workflow befindet.

Das Kopieren ist auch aus einem anderen Grund empfehlenswert. Haben Sie erst einmal unterschrieben, läuft der Workflow weiter, und es ist dann nicht so einfach, alle Objekte zu finden, die durch Ihre Hände gelaufen sind. Alternativ können Sie auch eine eigene Suche für die Workflows erzeugen.

Nun wird der Workflow entsprechend den in den Tasks definierten Handlern abgearbeitet. Für unser Beispiel soll die Freigabe nach dem Vier-Augen-Prinzip mit der Frage nach der ersten verantwortlichen Person (die ersten beiden Augen ...) beginnen.

8.4 Verantwortliche für eine Aufgabe festlegen

Um für einen Prozessschritt die verantwortliche Person festzulegen, landet der entsprechende Prozessschritt meist in der Arbeitsliste der erstellenden Person des Workflows (im Bereich *Auszuführende Aufgaben*). Selektieren Sie die Aufgabe und wechseln Sie gegebenenfalls auf die Ansicht *Viewer*. Ist die Option *Aufgabenansicht* aktiviert, erhalten Sie ein mehrfach geteiltes Ansichtsfenster. Auf der linken Seite erkennen Sie die zuzuweisenden Schritte. Auf der rechten Seite finden Sie die bekannte Darstellung der Organisation (siehe Kapitel 4, „Datensicherheit für alle“). Alternativ können Sie eventuell auch auf definierte Projektteams zugreifen (siehe Kapitel 15, „Projekte – Produktdaten und Projektteams“). Grundsätzlich sollte bereits die passende Gruppe bzw. Rolle aufgeklappt sein. Selektieren Sie eine anwendende Person oder eine Gruppe/Rolle und wählen Sie *Zuweisen*. Der selektierte Eintrag wird somit für die Aufgabe verantwortlich gemacht. Über *Ändern* oder *Entfernen* können Sie an dieser Stelle noch Änderungen an der Zuweisung vornehmen. Beachten Sie, dass ihre

IT im Hintergrund Vorgaben gemacht haben kann, wer nicht für diese Aufgabe vorgesehen werden darf. Sie bekommen dann eine entsprechende Fehlermeldung. In manchen Fällen können mehrere Prüfende definiert werden. Hier stehen Optionen für Mehrheitsentscheide zur Verfügung. Prüfen Sie, ob *Ad-hoc-fertig* aktiviert ist.

Sind Sie unsicher, um welche Prozessschritte es sich im vorliegenden Prozess handelt, dann nutzen Sie die Option *Prozessansicht*. Diese entspricht grafisch der Darstellung des **Workflow Viewers** (Abschnitt 8.3.1).

Sind alle erforderlichen Zuweisungen erfolgt, wird die *OK*-Schaltfläche aktiv, und Sie können diesen Schritt abschließen. Der Prozess bzw. Task wird dann weiter abgearbeitet.

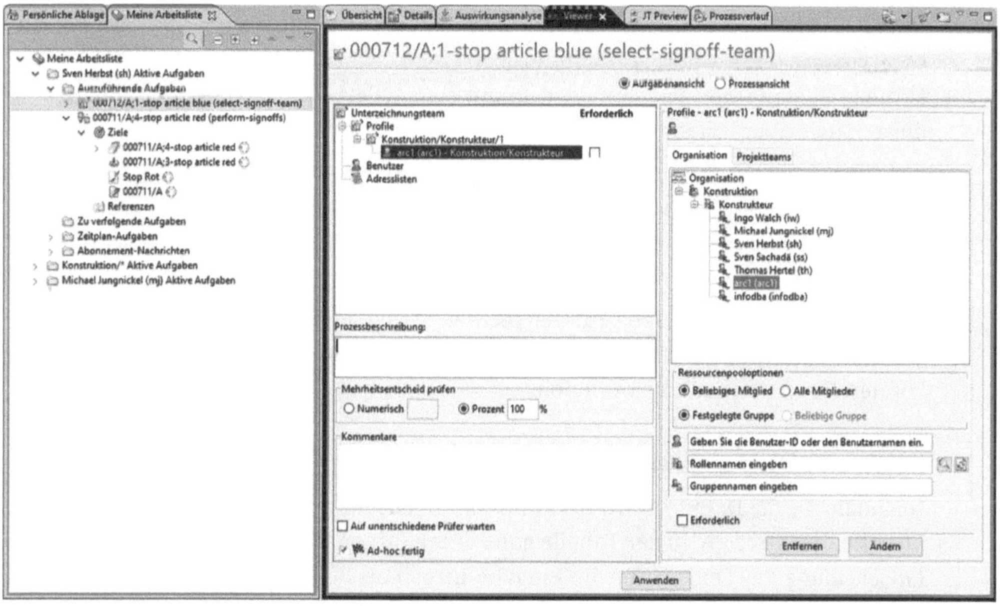

Bild 8.9 Task `select-signoff-team` in der Ansicht *Viewer*

8.5 Eine Entscheidung treffen

Wie geht es mit dem Prozess bzw. den darin enthaltenen Revisionen nun weiter? In unserem Beispiel ist bekannt, wer die Prüfung vornehmen soll. Da wir zunächst von einer Eigenfreigabe ausgehen, könnten wir das also auch selbst sein. In diesem Fall landet diese Aufgabe in unserer Liste der *Auszuführenden Aufgaben*, jetzt mit den Angaben zur Freigabeanforderung (`perform-signoffs`). Selektieren Sie den zu bearbeitenden Prozessschritt (Task). Nutzen Sie die Ansicht *Viewer*, um die wichtigsten Informationen als Formular abrufen zu können (Bild 8.10).

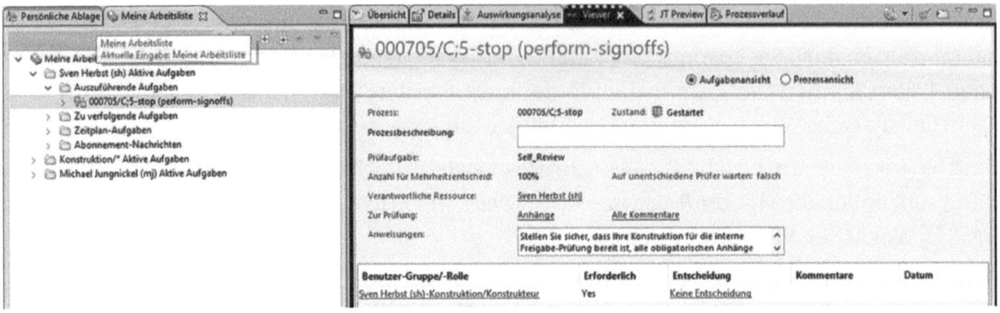

Bild 8.10 Aufgabenansicht mit benutzender Person und Entscheidung

Neben dem Prozessnamen finden Sie an dieser Stelle auch die Prozessbeschreibung der Aufgabe, die vor Ihnen liegt. Ergänzt wird das unter anderem um ein Feld mit den Anweisungen. Diese sind bereits im Prozess-Template vordefiniert worden. Auch der aktuelle Zustand der Aufgabe wird Ihnen signalisiert. Normalerweise sollte das an dieser Stelle aber immer Gestartet sein.

Auf jeden Fall sollten Sie bedenken, dass genau zu diesem Zeitpunkt die Überprüfung der Unterlagen auf Richtigkeit und Vollständigkeit von Ihnen erwartet wird. Gehen Sie also über diesen Punkt nicht leichtfertig hinweg. Beachten Sie die in Abschnitt 8.3.7 angegebenen Hinweise zu den Analysemöglichkeiten.

Wechseln Sie gegebenenfalls auf der rechten Seite von der *Prozessansicht* in die *Aufgabenansicht*. Hier finden Sie Erläuterungen für die durchzuführende Aufgabe und können Ihre Entscheidung mitteilen.

Entscheidungen dokumentieren

Nachdem Sie die Daten kontrolliert und für gut befunden haben, können Sie nun Ihre Entscheidung treffen. In der Tabelle ganz unten öffnen Sie durch Anklicken von *Keine Entscheidung* das Fenster für die Eingabe Ihrer Entscheidung. Beachten Sie, dass Sie nicht zustimmen müssen (*Genehmigen*). Selbstverständlich können Sie den Antrag auch ablehnen (*Zurückweisen*). Sind Sie noch unentschlossen, wählen Sie den Wert *Keine Entscheidung* aus. Üblicherweise wird in den ersten beiden Fällen der Workflow ohne weitere Aktionen fortgeführt oder beendet (Bild 8.11).

Beachten Sie, dass Entscheidungen auch in Teamcenter als Team getroffen werden können. Die verfassende Person des Prozesses bzw. Tasks hat in diesem Fall definiert, dass die Entscheidungen von mehreren Anwendenden getroffen werden müssen. Im Detail kann dann festgelegt werden, unter welchen Voraussetzungen der Antrag als genehmigt weiterverarbeitet wird.

Sind die Bedingungen erfüllt, wird dieser Task beendet und der nachfolgende automatisch ausgeführt. Hier kann dann z. B. die Entscheidung ausgewertet und entsprechend verzweigt werden. Bedenken Sie, dass die abgeschlossene Aufgabe nicht mehr in den auszuführenden Aufgaben steht, eventuell aber eine neue Aufgabe.

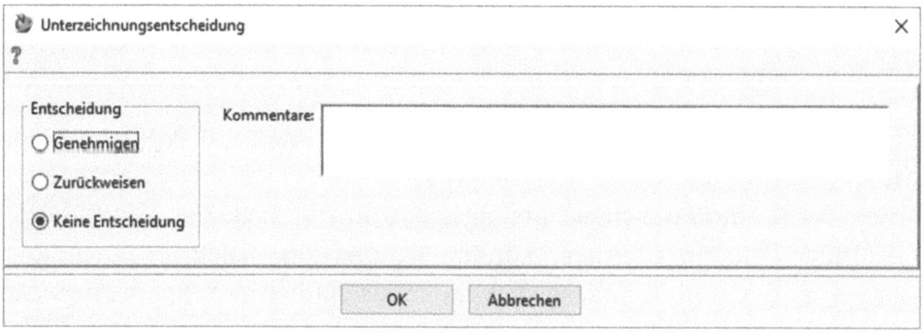

Bild 8.11 Dialog Unterzeichnungsentscheidung

Alternative Interaktionsmöglichkeiten

Im aktuellen User Interface haben Sie auch die Möglichkeit, die Genehmigung über den Reiter *Übersicht* im Abschnitt *Aktionen* mithilfe *Aufgabe ausführen* durchzuführen (Bild 8.12). Zu guter Letzt können Sie auch hier das gute alte Menü nutzen.

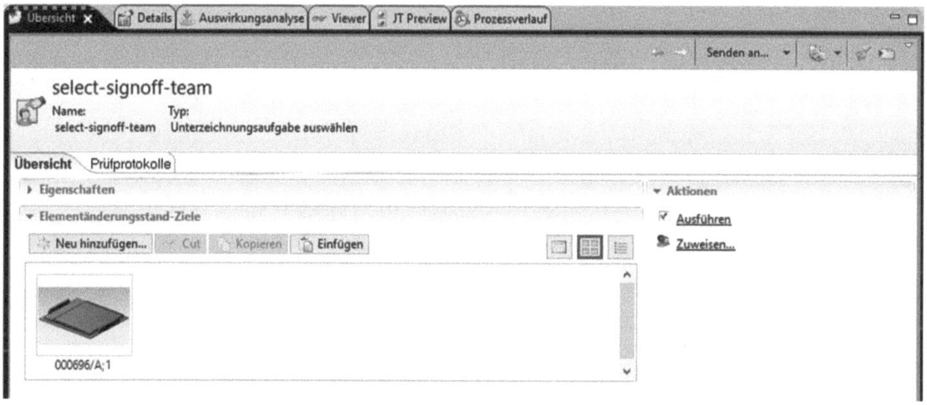

Bild 8.12 Verfügbare Aktionen in der Übersicht

Im Falle des Vier-Augen-Prinzips folgt nun z. B. die Zuweisung der zweiten anwendenden Person. In vielen Fällen ist das jemand mit der Rolle der prüfenden Person, der freigebenden Person oder Ähnlichen. Der Ablauf ist der gleiche wie bei der von uns angenommenen Eigenfreigabe. In Abschnitt 8.2 haben wir einen neuen Prozess angelegt. Nun ist eventuell auch erkennbar, warum bereits beim Starten des Workflows über den Reiter *Alle Aufgaben zuweisen* alle vorgesehenen Zuweisungen vorgenommen werden können. Noch weiter vereinfachen lässt sich dies über Zuweisungslisten, die erstellt und daraufhin eingesetzt werden können.

8.6 Das Ergebnis eines Workflows/Prozesses

Im Falle einer Freigabe wird das Ende so kenntlich gemacht, dass ein Symbol für den Status an die betroffenen Elemente (Revision, Formular, Datasets usw.) angehängt wird. Außerdem wird ein Statusobjekt der Revision hinzugefügt. Der Status selbst trägt ebenfalls Informationen. Gleichzeit können Sie über die Ansicht *Übersicht* den Status ablesen – zum einen im Kopfbereich, zum anderen über den Reiter *Übersicht* im Abschnitt *Eigenschaften* (Bild 8.13). Hier sehen Sie auch das `Freigabedatum`. In vielen Listen bzw. Tabellendarstellungen finden Sie nun in den Spalten `Freigabestatus` und `Freigabedatum` die entsprechenden Informationen (Bild 8.14). Normalerweise signalisiert dies ein entsprechendes Symbol hinter dem Objektnamen. Sind mehrere Revisionen zu analysieren, bietet sich auch hier die Tabelle in der Ansicht *Details* an. In Kapitel 2, „Mein Teamcenter“, haben Sie bereits einiges zur Tabellendarstellung, den Anpassungsmöglichkeiten und auch dem Export der Daten für Office erfahren.

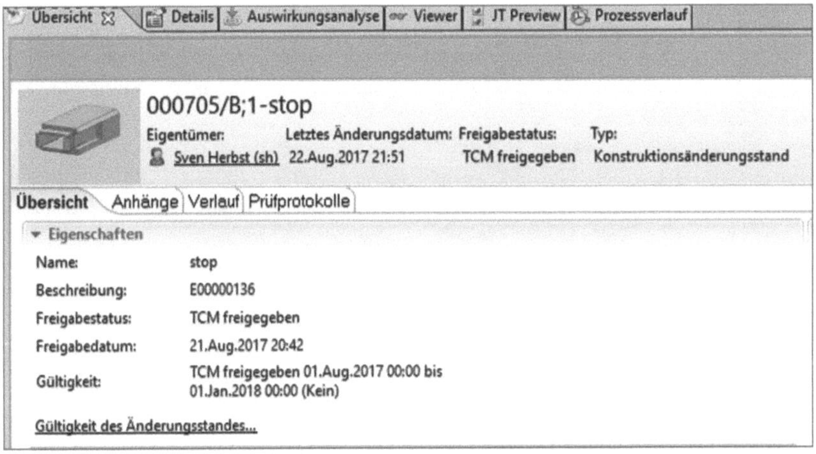

Bild 8.13 Statusinformation (inklusive Gültigkeit im Reiter Übersicht)

Bild 8.14 Tabelle der Änderungsstände (inklusive Statusinformation)

Wie bereits in Kapitel 2, „Mein Teamcenter", vorgestellt, haben Sie auch die Möglichkeit, den *Status* als Objekt in der Revision anzuzeigen. Falls dieser bei Ihnen ausgeblendet ist, dann können Sie ihn auch über *Bearbeiten > Optionen > Allgemein > Elementänderungsstand* im Reiter *Allgemein* für den Objekttyp einblenden (z. B. für den Konstruktionsänderungsstand die Beziehung *Freigabestatus* einblenden). Selektieren Sie dieses Objekt nun selbst, können Sie sich alle Attribute über die Ansicht *Übersicht* oder aber die Gültigkeit dieser Freigabe über die Ansicht *Viewer* anzeigen lassen (siehe Bild 8.15 und Kapitel 2, „Mein Teamcenter").

Bild 8.15 Viewer mit Gültigkeit

Um sicherzustellen, dass an Objekten mit einem bestimmten Status keine Änderungen mehr durchgeführt werden können (Revisionssicherheit), kann mithilfe der Statusinformationen im Informationscenter die Berechtigung geprüft werden (siehe Kapitel 4, „Datensicherheit für alle").

Meist sind damit weitere Information hinzugekommen. Der *Status* sorgt dafür, dass mithilfe des Berechtigungssystems von Teamcenter üblicherweise keine Änderungen mehr vorgenommen werden dürfen. Gelegentlich wird aber auch ein etwas komplexeres Berechtigungssystem über ein Statusnetzwerk umgesetzt, das einer abgeschlossenen Benutzergruppe weitere Änderungen erlaubt. Auch kann einer solchen Gruppe erlaubt werden, innerhalb der Abarbeitung der Prozesse oder einzelner Tasks Änderungen vorzunehmen.

8.7 Anwendung

Fast Track

1. Schließen Sie die Arbeiten an einem Einzelteil ab.
2. Überprüfen Sie alle Angaben zum Teil sowie das Modell und gegebenenfalls die zugehörige Zeichnung.
3. Senden Sie die Revision an einen Freigabe-Workflow.
4. Prüfen Sie die an den Prozess angehängten Daten auf Vollständigkeit und weisen Sie diesen Prozess einer prüfenden Person zu.
5. Kontrollieren Sie möglichst gemeinsam mit der prüfenden Person Ihre Daten. Nutzen Sie dazu verschiedene Applikationen.
6. Lassen Sie die Daten von der beauftragten Person freigeben.
7. Kontrollieren Sie die Statusvergabe und prüfen Sie, dass keine Daten mehr verändert werden können.

9 User Interface – Teamcenter als elektronischer Schreibtisch

In Kapitel 2, „Mein Teamcenter“, haben wir Ihnen die grundlegenden Bedienmöglichkeiten und -elemente in Teamcenter vorgestellt. In den darauf folgenden Kapiteln hatten Sie die Möglichkeit, diese bereits an der einen oder anderen Stelle erfolgreich anzuwenden. In diesem Kapitel wollen wir erweiterte Funktionalitäten hinsichtlich der Benutzerschnittstelle (UI – User Interface bzw. GUI – Graphical User Interface) vorstellen.

Real-World-Szenario

Thomas und Sven arbeiten bereits seit längerem mit PLM-Systemen. Oft haben sie sehr umfangreiche Informationen gegenüberzustellen. Deshalb nutzen sie eine Mehrschirmlösung an ihrem Arbeitsplatz.

9.1 Perspektiven und Ansichten nutzen

Vermutlich nutzen Sie bereits verschiedene eingeblendete Reiter (Ansichten). Außerdem haben Sie mittlerweile gelernt, dass Sie über die Applikationsleiste die aktivierten Anwendungen starten können und per *Vor* und *Zurück* zwischen diesen hin und her wechseln.

In Teamcenter stehen Ihnen sehr viele Ansichten bzw. Views zur Verfügung. Über den Menüpunkt *Fenster > Ansicht anzeigen* können Sie direkt eine Ansicht auswählen. Zusätzlich gelangen Sie über *Andere …* ins dazugehörige Dialogfeld (Bild 9.1). Darin sehen Sie in Ordnern strukturierte Ansichten. Die Ordner entsprechen in etwa den einzelnen Applikationen von Teamcenter.

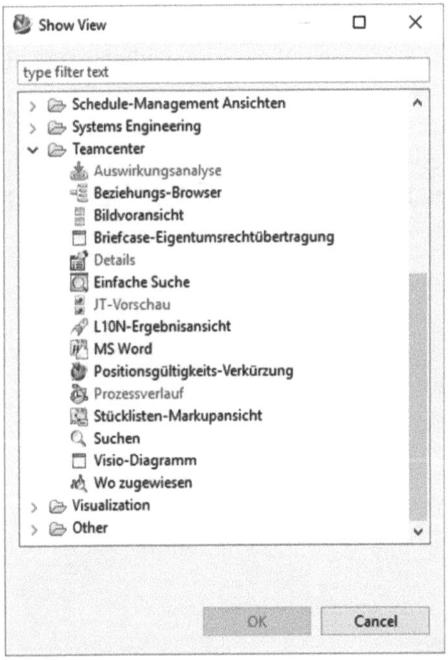

Bild 9.1
Auswahl der gewünschten Ansicht

Bei den Ansichten selbst sollten Sie prinzipiell wissen, welche Information für welchen Objekttyp sich jeweils dahinter verbirgt. Da dies nicht so einfach ist, geben wir Ihnen in Tabelle 9.1 eine kurze Übersicht der im Buch verwendeten Ansichten und von einigen wenigen, die wir zusätzlich noch für wichtig halten.

Tabelle 9.1 Die wichtigsten Ansichten im Überblick

View	Applikation/Perspektive	Bedeutung/Verwendung
Übersicht	**Mein Teamcenter**	grundlegende Informationen zum selektierten Objekt
Details	**Mein Teamcenter**	Darstellung der Informationen zu mehreren Objekten in konfigurierbarer Tabellenform
Viewer	**Mein Teamcenter**	Anzeige der Eigenschaften oder des Objekts selbst
JT-Vorschau	**Mein Teamcenter**	Anzeige der 3D-Geometrie (JT-Datenformat)
Auswirkungsanalyse	**Mein Teamcenter**	Anzeige der referenzierten Objekte oder speziell der Verwendung
Prozessverlauf	**Mein Teamcenter**	Anzeige der bereits abgearbeiteten Schritte eines Prozesses/Workflows
Eigenschaften/ Properties	**Mein Teamcenter** **Beziehungs-Browser**	einfaches Formular für die Anzeige umfangreicher Eigenschaften
Grafiken	**Struktur-Management**	siehe *Viewer*
Anhänge	**Struktur-Management**	Zeigt die mit dem Objekt referenzierten Objekte an, z. B. die Datasets
Beziehungs-Browser	**Beziehungs-Browser**	zeigt sowohl über- als auch untergeordnete Beziehungen zwischen den Objekten an
Bildansicht	**Beziehungs-Browser**	Anzeige von Pixelbildern in verschiedenen Dateiformaten
Graphenübersicht	**Beziehungs-Browser**	vollständige Übersicht der Beziehungen, die aktuell eingeblendet sind
Zeitplan-Management	**Zeitplan-Management**	Anzeige der Tabelle und des Gantt-Diagramms
Zeitplanaufgabenausführung	**Zeitplan-Management**	Anzeige der Eigenschaften einer Zeitplanaufgabe
Einfache Suche		Werkzeug zur Definition von Abfragekriterien für Anwendende
Suchen		Auswahl einer vordefinierten Suche und Eingabe der Abfragekriterien
Suchergebnisse		Anzeige der Ergebnisse der Suche und Werkzeuge zur Ablage der Suche oder Suchergebnisse

Tabelle 9.1 Die wichtigsten Ansichten im Überblick *(Fortsetzung)*

View	Applikation/Perspektive	Bedeutung/Verwendung
Web-Browser		Anzeige eines Web-Browsers zum direkten Zugriff auf Intranet- oder Internet-Seiten
Fortschritt		gibt dem Support die Möglichkeit, genauere Informationen zu den ausgeführten Aufgaben zu erhalten
Organisation	**Organisation**	Anzeige der Unternehmensorganisation oder Zugriff auf die Applikation **Organisation**
Klassifikation	**Klassifikation**	Anzeige der Klassifizierungsdaten
Dokumentbilder	**Klassifikation**	unter anderem Anzeige von JT-Daten
Projekt	**Projekt**	Anzeige der Informationen zu einem Projekt
Definition	**Projekt**	Festlegung der Attribute eines Projekts

Die verschiedenen Ansichten können Sie selbst beliebig zusammenstellen. Sobald Sie eine Ansicht auswählen, wird diese zusätzlich zu den bisherigen angezeigt. Jede Ansicht (jeden Reiter) verschieben Sie anschließend per Drag and Drop an die gewünschte Position. Beachten Sie dabei die kleine Umrandung, welche die neue Position noch vor dem Loslassen wiedergibt. Auf diese Weise können Sie z. B. ganz einfach die Reihenfolge der Ansichten auf der rechten Seite in **Mein Teamcenter** ändern.

Auch die Reiter für die geöffneten Daten auf der linken Seite lassen sich so beliebig verschieben. Die Lage ist an fast keine Vorgaben gebunden. Sie können die Reiter beliebig zwischen den üblichen Zuordnungen verschieben. Sie sind dann allerdings selbst dafür zuständig, darin den Überblick zu wahren. Denken Sie daran, dass Sie jederzeit die Aufteilung des Bildschirms wieder auf die in der Perspektive gespeicherten Einstellungen zurücksetzen können.

Das Verschieben können Sie auch über das Kontextmenü ausführen. Nutzen Sie hier *Move* > *View* oder *Move* > *Tab Group* (Ansicht oder Tabulator-Gruppe).

Beispielsweise nutzen Sie in Kapitel 11, „Das Finden ist entscheidend!“, die Anzeige der Suchergebnisse, indem Sie standardmäßig eine weitere Teilung des rechten Fensters vornehmen. Sie können die Ansicht der Suchergebnisse auch in den oberen rechten Teil verschieben und so die Teilung wieder aufheben. Umgekehrt ist es möglich, jede Ansicht an die Ränder zu ziehen. Beachten Sie die Anzeige eines Rahmens gegebenenfalls mit weiteren Pfeilen. So lässt sich ein Reiter dauerhaft anzeigen, wenn weitere Informationen abgerufen werden sollen.

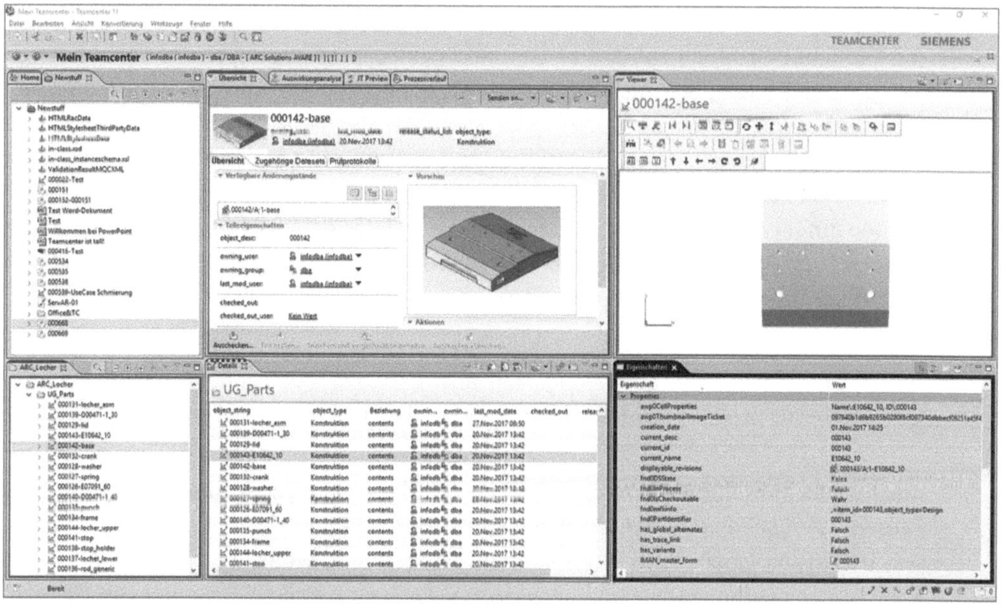

Bild 9.2 Beispiel für einen geänderten Bildschirmaufbau

Falls Sie über einen Mehrschirmarbeitsplatz verfügen, haben Sie zusätzlichen Platz zur Verfügung, um die Ansichten auch auf dem zweiten (oder dritten) Monitor abzulegen und so immer im Blick zu behalten (Bild 9.3).

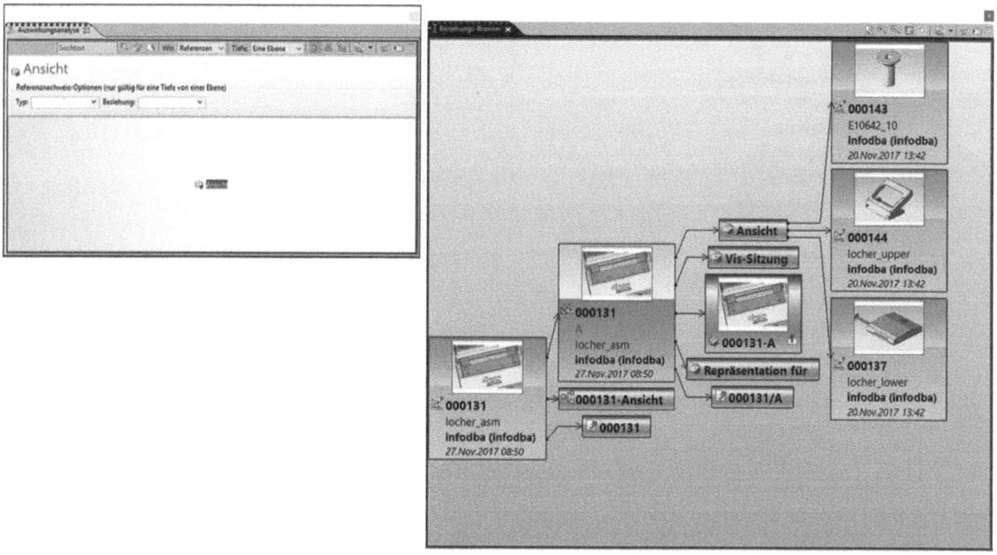

Bild 9.3 Beispiel für Inhalte eines zweiten Monitors

Mehrere Ansichten werden zu Tabulator-Gruppen verbunden. Alle Ansichten bzw. die Tabulator-Gruppen werden zu Perspektiven zusammengefasst. Die vorbereiteten Perspektiven haben Sie auch die ganze Zeit genutzt. Diese werden wir auch in den folgenden Kapiteln fast ausschließlich verwenden. Bei der Auswahl einer Applikation in der Applikationsleiste wird genau diese zugeordnete Applikation als Perspektive geladen. Im Prinzip werden eigentlich die Perspektive und die darin festgelegten Ansichten aufgerufen. Diese nutzen dann die zugewiesenen Applikationen. Dies ist auch über den Aufruf des Menüs *Fenster > Perspektive öffnen* möglich. Unter *Zusätzliche …* finden Sie alle verfügbaren Perspektiven.

> Sollten Sie bereits Änderungen an einer Perspektive vorgenommen haben, wird bei beiden Möglichkeiten die aktuelle Konfiguration weiter verwendet.

Möchten Sie Ihre Änderungen an einer Perspektive verwerfen, so können Sie das Menü *Fenster > Perspektive zurücksetzen* nutzen. *Fenster > Perspektive schließen* schließt – wie das Kreuz ganz rechts – die aktuelle Perspektive. Wollen Sie Ihre Änderungen auch später nutzen, haben Sie über *Fenster > Perspektive speichern unter* die Möglichkeit, eigene Perspektiven dauerhaft zu speichern und über *Fenster > Perspektive öffnen* wie gehabt weiter zu nutzen (Bild 9.4).

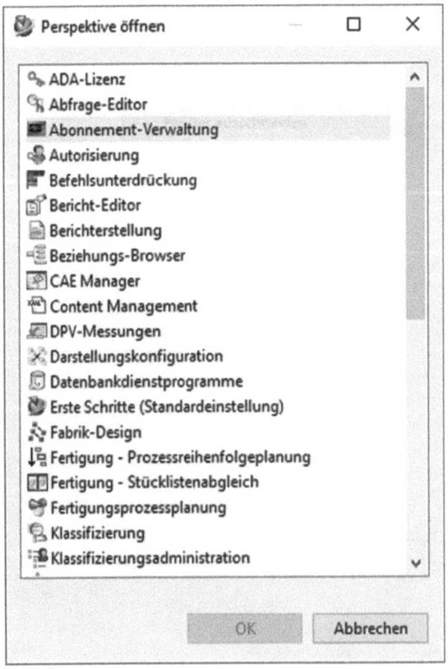

Bild 9.4
Auswahl einer Perspektive

Verwenden Sie am besten einen Namen, aus dem sich erkennen lässt, dass es sich um eine eigene Definition handelt. Außerdem sollten Sie beachten, dass der Name ganz normal alphabetisch einsortiert wird (*0_Project* oder *1_Mein Teamcenter* stehen z. B. ganz oben).

9.2 Farbcodierung der Verbindung zwischen den Ansichten

Schauen wir uns nun einmal die Reiter bzw. Ansichten genauer an.

Farbkennzeichnung

Sie erkennen zunächst eine Farbkennzeichnung. Gekennzeichnet werden sowohl der Reiter als auch der Rahmen um die zugehörigen Fenster. Die farblich unterschiedenen Linien über der Beschriftung der Reiter sind entweder durchgezogen dargestellt oder unterbrochen. Wechseln Sie in der rechten Tabulator-Gruppe die Ansichten, wechselt auch deren Farbkennzeichnung. Ein Zusammenhang ist zu vermuten. Exakt handelt es sich hier um eine Assoziation. Die Bedeutung haben Sie bereits kennengelernt: Wechseln Sie die Objekte, z. B. innerhalb eines Ordners, werden Ihnen z. B. in der Ansicht *Übersicht* die jeweils zugehörigen Informationen angezeigt. Bei jedem Wechsel werden die passenden Informationen eingeblendet. Beachten Sie, dass das jeweils aktive Fenster durch einen dunklen Rahmen gekennzeichnet wird. Denken Sie daran, dass üblicherweise in anderen Ansichten genau zu diesem aktivierten Fenster die Informationen angezeigt werden.

Response ausschalten

Ab und zu ist dieser Wechsel der Informationen eher ärgerlich. Dies gilt besonders dann, wenn man die Ansichten extra angeordnet hat, um wichtige Informationen permanent im Blick zu haben. In diesem Fall können Sie für jede einzelne Ansicht die Antwort auf eine (neue) Auswahl deaktivieren. Nutzen Sie dazu die Schaltfläche *Antwort auf Auswahl deaktivieren* rechts oben in jedem Fenster. Das Gleiche erreichen Sie über den kleinen Pfeil. Hier erkennen Sie auch, dass dabei umgeschaltet wird. Einmal aktiviert, nennt sich das Menü nun *Antwort auf Auswahl aktivieren*. Damit ist dann wieder die Grundeinstellung aktiv.

Netzwerkrepräsentationen nutzen

Bei der Nutzung der Netzwerkrepräsentationen, die eine Verbindung zwischen mehreren Ansichten (sekundäre und primäre Ansicht) herstellen, gehen Sie einen Schritt weiter. Verwenden Sie dazu den kleinen Pfeil in der rechten oberen Ecke der zu verbindenden Ansicht. Im Menü *Verbinden ...* werden neben dem Eintrag *Keine* die einzelnen Ansichten, zu denen eine Netzwerkrepräsentation aufgebaut und verbunden werden kann, angezeigt. Wählen Sie dort z. B. *Home* aus. Beachten Sie, dass die kennzeichnende Linie über dem Reiter der Ansicht nun durchgezogen dargestellt wird.

Um schnell die Funktionsweise zu erkennen, wechseln Sie nun innerhalb der Tabulator-Gruppe, in der Sie eben die Verbindung hergestellt haben, zu einer anderen Ansicht. Damit wird die bisherige Information quasi verdeckt. Sie können diese nun wieder „aufklappen", indem Sie auf dem *Home*-Reiter im Kontextmenü den Menüpunkt *Verbundene Ansichten darstellen* auswählen. Jetzt erscheint dieser Punkt in der anderen Tabulator-Gruppe. Änderungen der Auswahl von Objekten in der Hauptansicht führen nun zur Änderung der Darstellung in der assoziierten Ansicht. Alle Selektionen in anderen Ansichten verändern die Darstellung der assoziierten Ansicht jedoch nicht mehr.

Diese Zuweisung zwischen den Ansichten können Sie auch mithilfe des Menüpunkts *Eingabe für kürzliche Auswahl festlegen* erledigen.

Die Nutzeffekte vergrößern sich nochmals, wenn Sie die bereits in Abschnitt 9.1 vorgestellten Möglichkeiten zum Aufteilen des Bildschirms in mehrere Bereiche nutzen (siehe Bild 9.2).

Übrigens können Sie die Farben bei Bedarf an Ihre Vorlieben anpassen. Nutzen Sie dazu im Menü *Fenster > Voreinstellungen* im Abschnitt *Teamcenter > Netzwerkrepräsentationen anzeigen* die Zuweisungen der bereits vordefinierten Farbwerte (Bild 9.5).

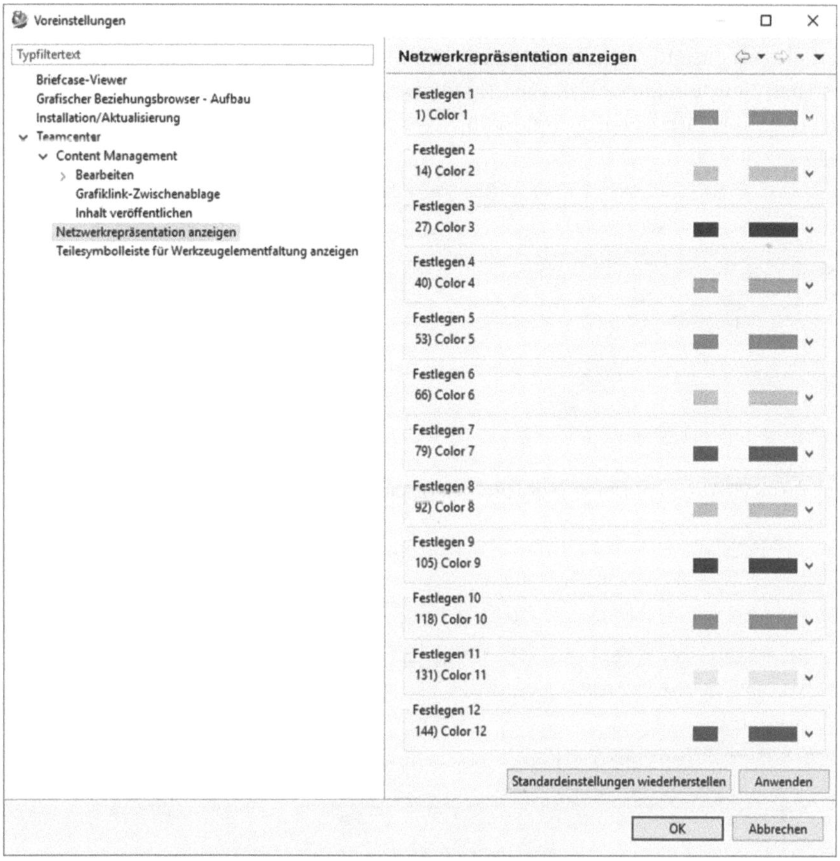

Bild 9.5 Netzwerkrepräsentationen anzeigen und verändern

9.3 Fast Views nutzen

Bei einigen Ansichten ist es hilfreich, wenn Sie viel Platz des Bildschirms nutzen können. Die Ansichten *Details, Auswirkungsanalyse* und *Beziehungs-Browser* seien hier stellvertretend erwähnt. Die Möglichkeit, Ansichten zu maximieren und später wieder zur normalen Fenstergröße zurückzusetzen, haben wir bereits in Kapitel 2, „Mein Teamcenter“, vorgestellt. Eine weitere Variante, mit den Ansichtsfenstern zu jonglieren, ist der sogenannte Fast View (Bild 9.6).

Nutzen Sie das Kontextmenü, um eine bereits vorhandene Ansicht als Fast View bereitzuhalten. Diese wird dann in der linken unteren Ecke des Anwendungsfensters abgelegt. Ein Klick auf den *Fast View* platziert ihn wieder in der üblichen Form. Leider haben wir keine Möglichkeit gefunden, die per Fast View aktivierten Ansichten immer wieder an der gleichen, selbst definierten Position anzeigen zu lassen. Alternativ können Sie durch Auswahl von *Show View as Fast View* eine beliebige, bisher noch nicht eingeblendete Ansicht aufrufen. Beachten Sie auch die Option im Kontextmenü des Fast View, wo Sie sich unter Umständen für eine horizontale oder vertikale Aufteilung des Bildschirms entscheiden können.

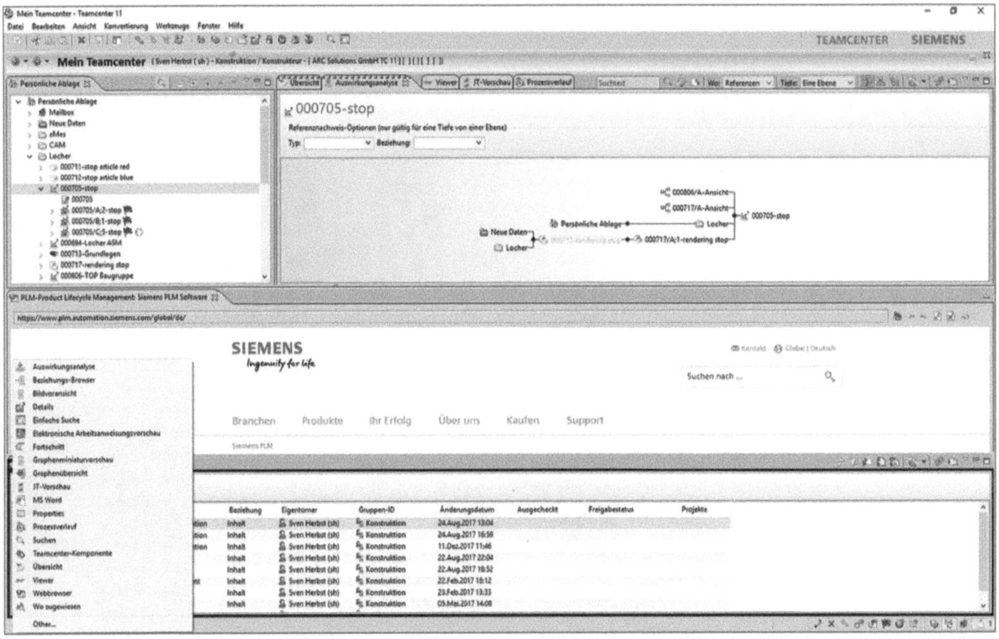

Bild 9.6 Fast View und daraus resultierende Fenster

9.4 Anpassen der Werkzeugkästen

Selbstverständlich ist es auch möglich, Anpassungen an den Werkzeugkästen vorzunehmen (Bild 9.7). Sicher haben einige von Ihnen diese Funktion bereits getestet oder sehnsüchtig erwartet. Bitte beachten Sie, dass wir im Buch immer von der grundsätzlich ausgelieferten Anordnung ausgehen. Sie können diese jederzeit wiederherstellen, indem Sie die Perspektive zurücksetzen oder aber über das Kontextmenü neben den Werkzeugkästen und *Standards wiederherstellen* auf den Zustand in Ihrem Unternehmen zugreifen.

Jeder Werkzeugkasten lässt sich im oberen Bereich verschieben. Gegenwärtig ist es nicht möglich, diesen aus der Verankerung zu lösen und freischwebend zu platzieren. Damit ist unserer Meinung nach auch in Zukunft nicht zu rechnen.

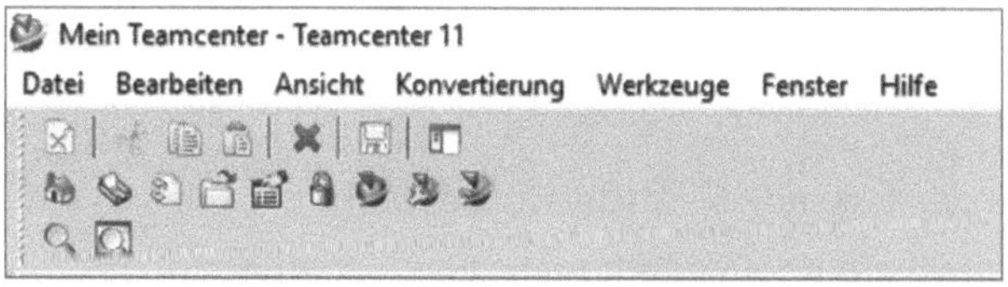

Bild 9.7 Mehrzeilige Anordnung der Werkzeugkästen

Befehle lassen sich über das Kontextmenü *Symbolleiste anpassen* im Bereich der Werkzeugkästen konfigurieren (Bild 9.8).

Beachten Sie, dass jede Applikation über ihre eigene Konfiguration der Werkzeuge verfügt.

Die Anpassung der Inhalte des Informationsfensters, welche in der rechten unteren Ecke erfolgt, haben wir Ihnen bereits vorgestellt. Das Informationsfenster lässt sich auch verschieben. Beispielsweise können Sie es unten mittig oder links anordnen.

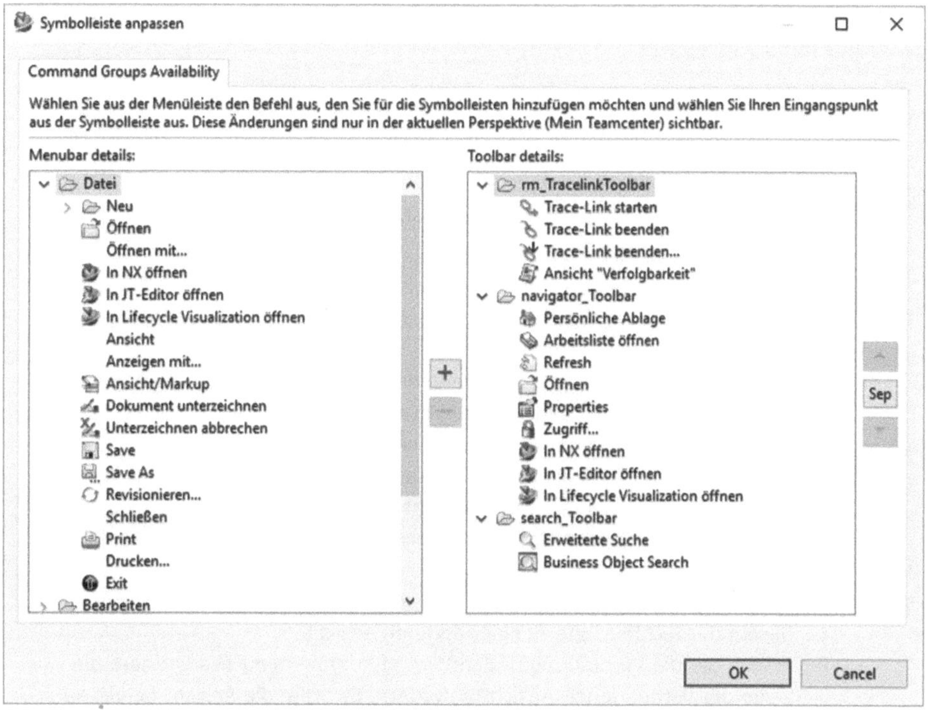

Bild 9.8 Anpassung der Werkzeugkästen

9.5 Sonstiges

Bereits an anderer Stelle haben wir folgende Möglichkeiten erwähnt:

Navigationsfenster: Ein- bzw. Ausschalten und damit mehr Platz schaffen

Persönliche Ablage: Auch der Reiter mit der geöffneten *Persönlichen Ablage* lässt sich schließen. Entweder Sie rufen diese bei Bedarf wieder auf, indem Sie bei den *Quick-Links* diesen Ordner öffnen und dabei auch den Bildschirmbereich passend teilen, oder Sie nehmen ein Rücksetzen der Perspektive „Mein Teamcenter", wie in Abschnitt 9.1 vorgestellt, vor.

Vollbildmodus: Mit dem Menü *Fenster* > *Vollbildmodus* (*F11*) aktivieren bzw. deaktivieren Sie den Vollbildmodus. Leider blendet der Vollbildmodus im Wesentlichen nur die Programmleiste aus. Außerdem wird die Windows Taskleiste dadurch verdeckt.

9.6 Anwendung

Fast Track

1. Verwenden Sie für die verschiedenen Aufgaben die Anwendung **Mein Teamcenter**.
2. Öffnen Sie mindestens einen Ordner und ein Item.
3. Verschieben Sie den Reiter für das Item in die untere Hälfte des Fensters, sodass die linke Seite horizontal geteilt wird.
4. Verschieben Sie die Ansicht *Viewer* ebenfalls nach unten. Hier sollte die Teilung auf der rechten Seite stattfinden.
5. Selektieren Sie das Item (links unten) und anschließend die rechts danebenliegende Ansicht *Viewer*. Sind JT-Daten in der letzten Revision enthalten, sollten Sie nun die 3D-Daten betrachten können.
6. Deaktivieren Sie die Antwort auf das Auswählen für diesen Viewer und prüfen das Ergebnis. Aktivieren Sie die Antwort dann wieder.
7. Selektieren Sie nun den Ordner auf der linken oberen Seite und anschließend die Ansicht *Details* rechts daneben.
8. Verbinden Sie die Ansichten und kontrollieren Sie die Darstellung. Wechseln Sie auf der rechten Seite zu einer anderen Ansicht.
9. Prüfen Sie die Verbindung, indem Sie im Kontextmenü des Ordners die Anzeige der verbundenen Ansicht anfordern. Es sollte die Ansicht *Details* angezeigt werden.
10. Speichern Sie die Einstellungen in einer eigenen Perspektive ab und testen Sie die Funktion.

10 Alle Beziehungen im Griff

Bereits in Kapitel 2, „Mein Teamcenter“, konnten wir aufzeigen, wie wichtig Objekte und deren Beziehungen in Teamcenter sind. Außerdem haben Sie gelernt, dass wichtige Beziehungen über Pseudofolder abgebildet werden können. Darin finden Sie alle Objekte mit einer gleichnamigen Beziehung zu dem von Ihnen betrachteten Objekt. Auch über die Reiter können analysierte Beziehungen für den Anwendenden deutlich und nachvollziehbar abgebildet werden. Denken Sie z. B. an ein Teil und die verschiedenen zugehörigen Änderungsstände oder an Ordner und die darin enthaltenen Teile. Wie Sie beliebige Objekte finden, sei es `Konstruktion`, `Konstruktionsänderungsstand`, `Dataset`, `Zeitpläne` oder `Änderungsaufträge`, stellen wir in Kapitel 11, „Das Finden ist entscheidend!“, vor.

Die ganze Vielfalt der Beziehungen zwischen den verschiedenen Objekten in Teamcenter können Sie mit den im Folgenden vorgestellten Werkzeugen analysieren. Zum Ersten steht Ihnen die Ansicht *Auswirkungsanalyse* zur Verfügung (siehe Abschnitt 10.1). In erster Linie wird diese als übliche Ansicht in **Mein Teamcenter** verwendet. In Kapitel 9, „User Interface – Teamcenter als elektronischer Schreibtisch“, haben wir viele weitere Möglichkeiten im Umgang mit Perspektiven und Ansichten beschrieben. Zum Zweiten werden wir Ihnen die Perspektive **Beziehungs-Browser** zur grafischen Analyse der Beziehungen vorstellen (siehe Abschnitt 10.2).

Real-World-Szenario

Bei den Überlegungen, Änderungen am Akkuschrauber vorzunehmen, muss Konstrukteurin Michaela zunächst klären, in welchen Modellen das zu ändernde Teil verwendet wird. Zusätzlich besteht die Frage, welche Anforderungen es für die früheren Modelle gab. Über den Verwendungsnachweis erfährt sie, in welchen Baugruppen und Produkten das Teil „Direction Slider“ genutzt wird. Die etwas komplexeren Beziehungen zwischen den Objekten kann sie dann mit einem grafischen Werkzeug analysieren.

10.1 Auswirkungsanalyse

In der Ansicht *Auswirkungsanalyse* haben Sie einige Auswahlmöglichkeiten. Beginnen wir bei der Entscheidung *Wo*, genauer gesagt wonach, Sie suchen bzw. was Sie analysieren möchten (Bild 10.1).

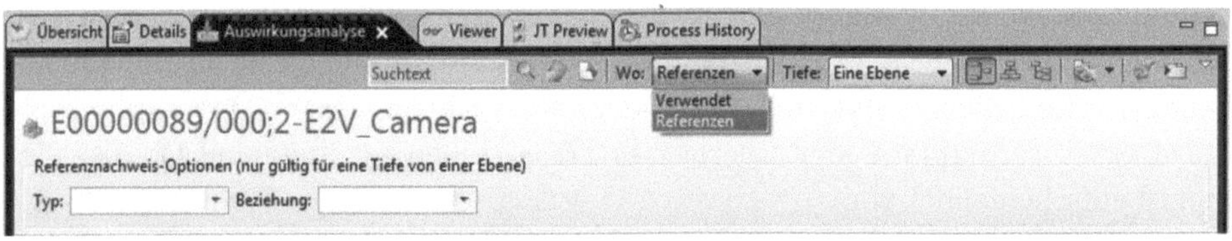

Bild 10.1 Entscheidung zur Suche von Referenzen oder Verwendungen der Revision

In Abschnitt 2.2 haben wir versucht, die Bedeutung der Beziehungen über familiäre Verwandtschaftsbeziehungen zu veranschaulich. Nutzen Sie dieses Bild auch hier, um den Nutzen zu verinnerlichen. Sie wollen wissen, wer die Eltern und Großeltern von Simon sind? Dann finden Sie Margit als Mutter und Clara als Oma (da sie die Mutter von Margit ist). In der Auswirkungsanalyse von Teamcenter finden Sie aber keine Kinder von Simon. Um diese angezeigt zu bekommen, müssen Sie den **Beziehungs-Browser** nutzen.

10.1.1 Referenzen analysieren

Über die Auswahl von *Referenzen* legen Sie fest, dass Sie alle Relationen zwischen dem von Ihnen gewählten Objekt und deren Überordnungen finden wollen, d.h., eigentlich suchen Sie nach den Objekten, von welchen aus eine Beziehung zu dem von Ihnen selektierten Objekt besteht (Bild 10.2).

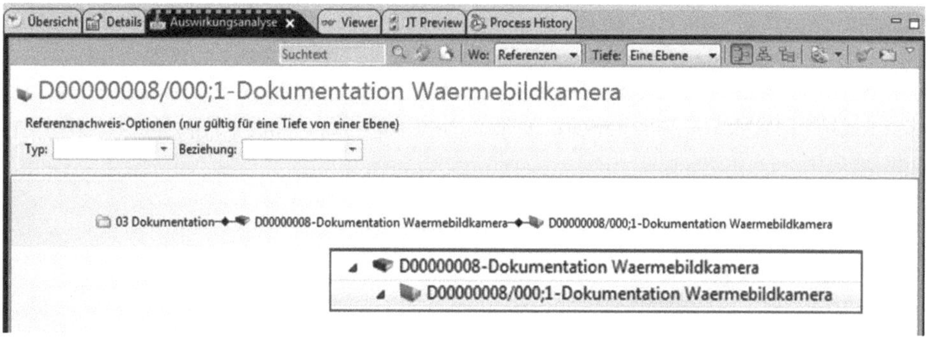

Bild 10.2 Referenznachweis im Vergleich zur Darstellung im Baum

Datasets haben z. B. im Normalfall mindestens eine Beziehung von einer Revision zu diesem Dataset. Um den Vorgänger anzuzeigen, führen Sie zunächst einen Doppelklick auf ein Objekt in der Anzeige aus. Die Entsprechung für die Anzeige in **Mein Teamcenter** liest sich dann im Referenznachweis wie in Bild 10.3 dargestellt.

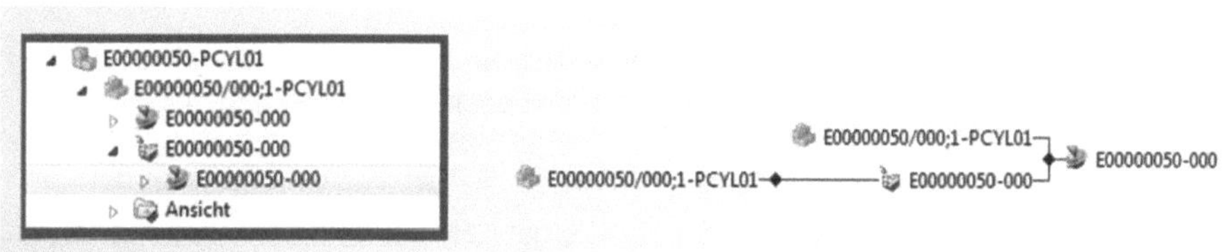

Bild 10.3 JT `DirectModel`() mehrfach referenziert zu Dataset `UGMaster`() und Revision

Beachten Sie, dass prinzipiell auch Objekte mehrfach referenziert sein können. Das ist z. B. der Fall, wenn Objekte bei mehreren anwendenden Personen in deren Ordnern referenziert sind (also z. B. dorthin kopiert wurden). Dies betrifft auch Ordner selbst (Bild 10.4).

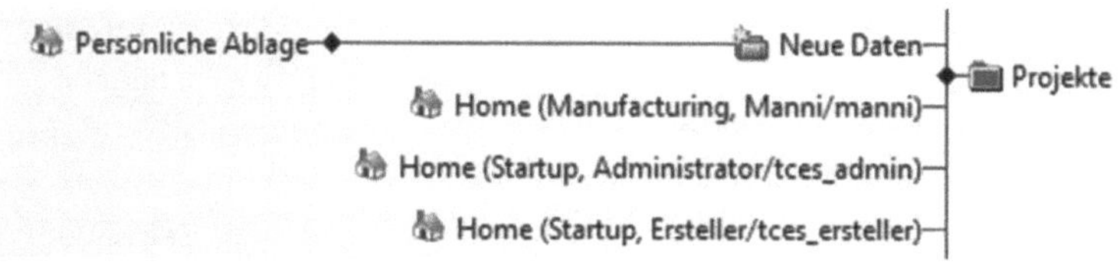

Bild 10.4 Verknüpfung eines Ordners in mehrere *Home*-Folder der Anwendenden

In Teamcenter wird im Laufe der Zeit ein ganzes Beziehungsgeflecht aufgebaut. Revisionen sind Bestandteil von Änderungsobjekten. Sie wurden über Workflows mit einem Status versehen usw. Auch in diesen Fällen „merkt" sich Teamcenter diese Situation, indem es Objekte mit weiteren Objekten in Beziehung setzt und diese Beziehungen dauerhaft speichert. Beispielsweise finden Sie bei freigegebenen Objekten, egal ob Änderungsstand oder Dataset, üblicherweise einen Bezug zum Workflow und den darin enthaltenen Tasks (siehe Bild 10.5 und Kapitel 8, „Workflows – definierte und nachvollziehbare Arbeitsabläufe“).

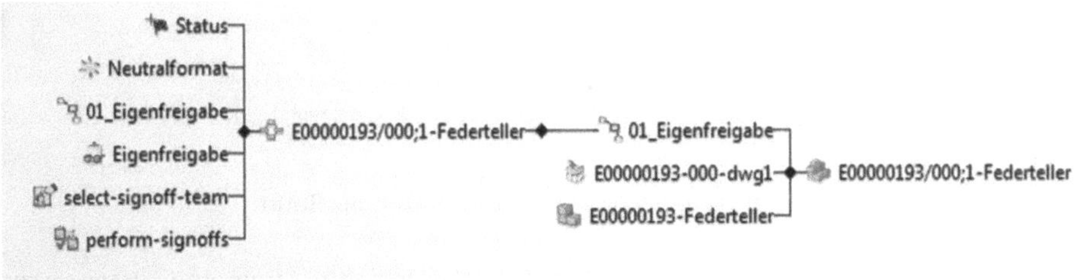

Bild 10.5 Revision, die durch den Workflow *01_Eigenfreigabe* gelaufen ist und dabei verschiedene Tasks durchlaufen hat

Beispiel: Konstruktionen und Artikel

In Kapitel 2, „Mein Teamcenter“, haben wir Ihnen unter anderem die Möglichkeit vorgestellt, Artikel und zugehörige Konstruktionen über Beziehungen miteinander zu verknüpfen. Mit den Funktionen in diesem Kapitel können Sie die Beziehungen genauer analysieren. Wählen Sie z. B. die Revision einer Konstruktion und starten Sie die Referenzanalyse für die übergeordnete Ebene. Sie sollten nun den oder die verknüpften Artikel angezeigt bekommen. In diesem Fall funktioniert das standardmäßig übrigens auch umgekehrt. Das liegt daran, dass für diese Beziehung in jeder Richtung je eine Relation erzeugt wurde.

Spannend werden die vorgestellten Funktionen, wenn man diese zusammen mit leistungsfähigen Werkzeugen der Modellierung verwendet. In Siemens NX kann die konstruierende Person teileübergreifende Beziehungen für assoziative Kopplungen von Parametern oder Geometrie aufbauen. In Teamcenter werden diese WAVE Links oder/und Interpart Expressions in eigenen Beziehungstypen abgebildet und können damit z. B. im Referenznachweis analysiert werden (siehe Bild 10.6 und Kapitel 16, „CAx-Integrationen“).

In anderen CAD-Systemen (z. B. Inventor) lassen sich so die passenden Zeichnungen zu den Modellen finden.

Beachten Sie auch, dass in manchen Autorensystemen eigene Funktionalitäten für die Analyse der Beziehungen zur Verfügung stehen, so zum Beispiel im Teamcenter Navigator von Autodesk Inventor (siehe Abschnitt 16.3, „Autodesk Inventor“).

Bild 10.6
NX Wave Links und Interpart-Beziehungen in Teamcenter

10.1.2 Verwendung analysieren

Sind Teile oder andere Objekte (üblicherweise Revisionen) in Strukturen bzw. Baugruppen verbaut, nutzt Teamcenter eine spezielle Referenz (siehe Kapitel 5, „Struktur-Management – Stücklisten und deren Verwendung"). Mithilfe der Wahl von *Verwendet* in der Option *Wo* begrenzen Sie die Suche der Beziehungen auf diesen speziellen Relationstyp. Dies entspricht prinzipiell der umgekehrten Darstellung der Baugruppe über den Pseudofolder `View/Ansicht`, wie wir Ihnen bereits in Kapitel 2, „Mein Teamcenter", vorgestellt haben. Wählen Sie ein verbautes Teil bzw. dessen Änderungsstand, so finden Sie nun alle Baugruppen, in denen diese Revision verbaut ist (Bild 10.7).

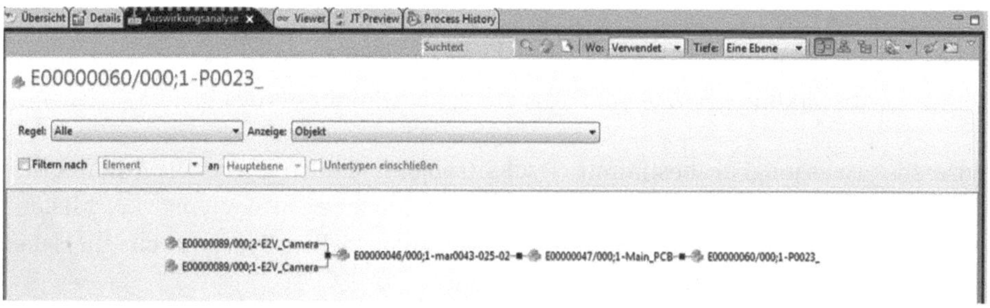

Bild 10.7 Verwendung eines Einzelteils über verschiedene Baugruppen hinweg (bis hin zu zwei Änderungsständen in der Top-Baugruppe)

In Kapitel 5, „Struktur-Management – Stücklisten und deren Verwendung", haben Sie erfahren, dass bei der Zusammenstellung der benötigten Revisionen für eine Baugruppe (oder andere Strukturen) immer die Laderegel berücksichtigt werden muss. In dieser wird durch das Abprüfen von Bedingungen, wie z. B. der präzisen Struktur, des Status oder der Gültigkeit, die passende Revision ausgewählt und zur Anzeige gebracht oder z. B. im CAD-System geöffnet. Auch bei der Analyse der Verwendung werden Änderungsstandregeln (Laderegeln) berücksichtigt. Sie können deshalb Ihre Suche über den Wert bei *Regel* präzisieren. Hier lohnt sich noch einmal ein Blick in Abschnitt 5.2, in dem wir auf die Benennung und die internen Vorschriften der Änderungsstandregel eingegangen sind.

Über die Auswahl der Eigenschaft in der Auswahlliste bei *Anzeige* können Sie gegebenenfalls andere Informationen als den Objektnamen anzeigen lassen. Mit `Objekt` sind Sie aber in den meisten Fällen auf der sicheren Seite.

Wenn Sie Projektzuweisungen in Teamcenter nutzen (siehe Kapitel 15, „Projekte – Produktdaten und Projektteams"), können Sie sich über die Einstellung der Anzeige auf Projektobjekte schnell einen Überblick verschaffen (Bild 10.8).

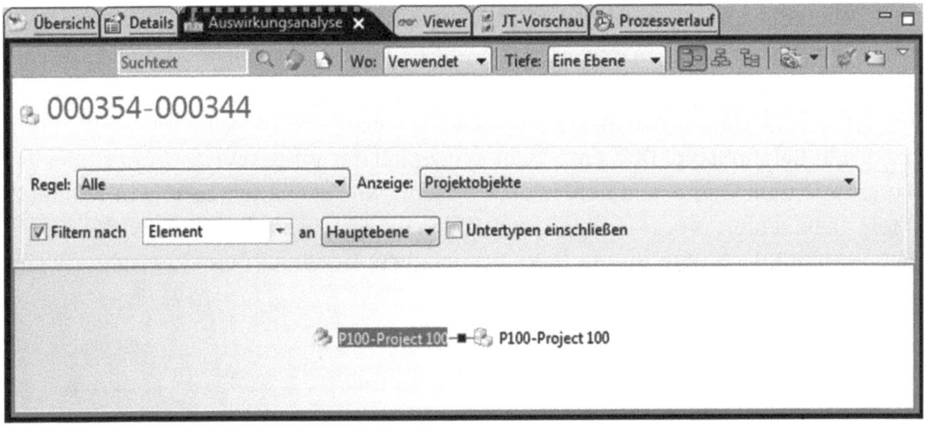

Bild 10.8 Auswirkungsanalyse mit Fokus auf ein bestimmtes Projekt

Zusätzlich ist es möglich, bestimmte Geschäftsobjekttypen zu filtern. Die Nutzung von *Filtern nach* macht z. B. dann Sinn, wenn für verschiedene CAD-Systeme verschiedene Item-Typen definiert wurden und Sie nur einen speziellen Typ (z. B. ein spezielles CAD-System) angezeigt bekommen wollen (Bild 10.9).

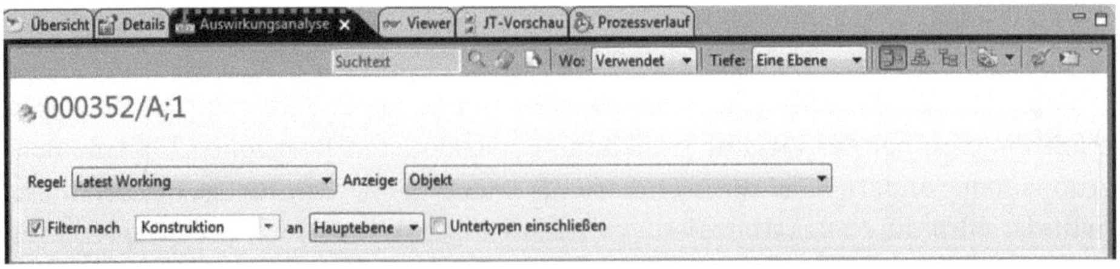

Bild 10.9 Beispiel für die Nutzung eines Filters auf den Item-Typ `Konstruktion`

10.1.3 Benutzeroberfläche im Detail

Alle Objekte, die in der Grafik angezeigt werden, können Sie auswählen und damit auf bekannte Art und Weise weiterarbeiten. Beachten Sie z. B. die Zugriffsrechte im Informationscenter in der unteren rechten Ecke. Nutzen Sie das Kontextmenü, um sich die Eigenschaften des gewählten Objekts anzeigen zu lassen oder um diese zu ändern. Alternativ können Sie das selektierte Objekt direkt zur passenden Applikation senden.

Beachten Sie, dass hier gefundene Objekte, obwohl Sie gerade in **Mein Teamcenter** arbeiten, auch zur aktuell geöffneten Anwendung, z. B. **Mein Teamcenter**, gesendet werden können. Bei einem Änderungsstand bekommen Sie sofort alle Informationen zum gesamten Item angezeigt.

Sollten Sie den Referenz- bzw. Verwendungsnachweis oft nutzen, lohnt es sich, die Benutzeroberfläche so anzupassen, dass Sie nicht immer zwischen den Ansichten *Übersicht* und *Auswirkungsanalyse* hin- und herwechseln müssen. Platzieren Sie dazu z. B. die Analyse im unteren Bereich oder auf einem zweiten Monitor (Kapitel 9, „User Interface – Teamcenter als elektronischer Schreibtisch").

Anzeige des Relationstyps

Etwas im Verborgenen steht eine weitere nützliche Funktion zu Verfügung. Wenn Sie auf ein Objekt zeigen, ohne es zu selektieren, wird nach kurzer Wartezeit der Typ der Beziehung als Tool-Tipp angezeigt (Bild 10.10). Zurzeit können Sie nur auf diese Weise verschiedene Relationen voneinander unterscheiden und dann gegebenenfalls den Filter modifizieren. Verwendung findet dies z. B., wenn Sie nach Objekten suchen, die vom gewählten Objekt abstammen. Nachdem ein Objekt per *Speichern unter …* entstanden ist, merkt dieses Objekt sich das Original über die Relation `IMAN_based_on` (oder einfach `Basiert auf`).

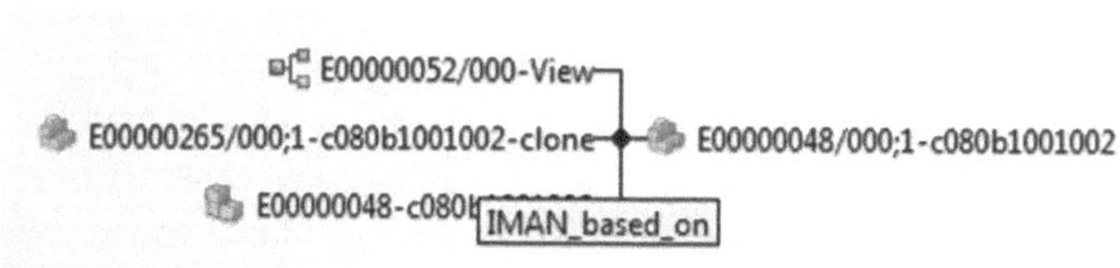

Bild 10.10 Anzeige der Relation per Tool-Tipp

Analysestufen ein-/ausblenden

Beim Analysieren der Beziehungen können Sie die darüber liegenden Ebenen um jeweils eine Ebene mit jedem Doppelklick einblenden. Diese Option finden Sie hinter der Einstellung von *Tiefe* am oberen Rand der Ansicht. Hier haben Sie weitere Möglichkeiten. Doch denken Sie bei einem Wechsel der Optionen zu *Alle Ebenen* oder *Hauptebene* daran, dass in Teamcenter sehr viele Beziehungen existieren können. Die Analyse dauert damit eventuell lange, und sie führt auch zu einer sehr großen Grafik, die sich dann wiederum schlechter interpretieren lässt.

Schon das Umschalten der Option führt dazu, dass die Suche ausgeführt wird. Also überlegen Sie sich bitte gut, ob Ihnen diese Möglichkeit wirklich schneller Informationen liefern kann als das gezielte Einblenden jeder einzelne Ebene per Doppelklick.

Ungeachtet des Risikos bezüglich der Wartezeit lassen sich so z. B. über die Einstellung *Wo: Verwendet* und *Tiefe: Hauptebene* zu jedem Einzelteil unter Beachtung der eingestellten Laderegel die Top-Baugruppen finden (Bild 10.7).

Beispiel: Lebenszyklus eines Einzelteils nachvollziehen

Gehen wir davon aus, dass Ihnen ein Bauteil namens „Direction Slider" vorliegt. Aus diesem wurden später Änderungen abgeleitet. Über die Beziehung *Basiert auf* finden Sie die neuen Teile. Ist in Ihrem Unternehmen ein Änderungsmanagement in Teamcenter implementiert, finden Sie den Änderungsantrag, der zu diesem neuen Teil geführt hat, ebenfalls über den Referenznachweis. In der Änderung können Sie in diesem Fall das Bauteil „Direction Slider" als betroffenes Teil finden und das Bauteil „Direction Slider-neu" mit einer neuen *ID* als Lösungselement finden. Gegebenenfalls sind über Office-Datasets oder in eigenständigen Items und den Revisionen die Gründe und Entscheidungskriterien abgelegt.

Nachdem Sie sich über Gründe und Auswirkungen über die Analyse der Beziehungen informiert haben, können Sie in einer weiteren Baugruppe genau dieses neue Teil verwenden.

Darstellung modifizieren

In der Ansicht *Auswirkungsanalyse* haben Sie die Möglichkeit, nach eigenem Geschmack zwischen drei verschiedenen Darstellungen ( ) zu wechseln. Üblich ist *Horizontales Layout umkehren*, wobei die verknüpften Objekte dann von rechts nach links eingeblendet werden.

Beachten Sie, dass sich die Beziehungen mit diesem Werkzeug immer nur in einer Richtung analysieren lassen. Wollen Sie sowohl Vorgänger als auch Nachfolger für die gewünschten Objekte erkennen, sollten Sie sich den **Beziehungs-Browser** in Abschnitt 10.2 näher ansehen.

Weitere Funktionen

Suchen in Darstellung: Dieser Funktion findet zunächst ein Objekt in der Darstellung. Gut versteckt sind die Funktionen für das Wechseln zu davor- oder dahinterliegenden Ergebnissen. Nutzen Sie hierzu die Befehle *Pos1, Ende, Seite-nach-unten, Seite-nach-oben* auf der Tastatur.

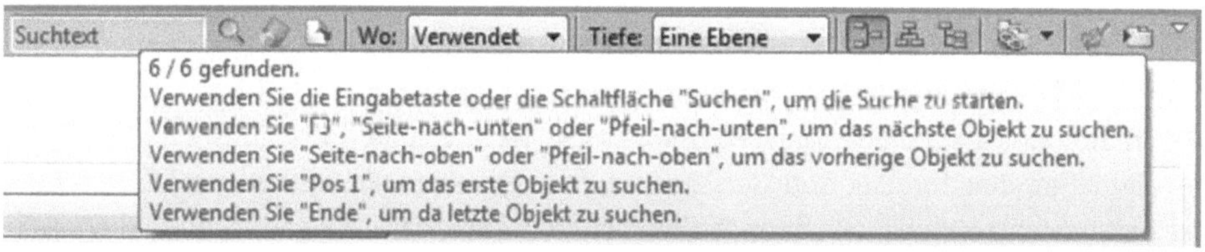

Bild 10.11 Der Tool-Tipp beim Suchtext gibt wichtige Hinweise.

Objekt nach Namen öffnen (siehe Kapitel 2, „Mein Teamcenter“): Wählen Sie mithilfe der Suchmöglichkeit ein Objekt aus und analysieren Sie die Beziehungen. Beachten Sie, dass normalerweise jede neue Auswahl in der Baumdarstellung das neu gewählte Objekt analysiert. Nutzen Sie deshalb die Möglichkeit, *Antwort auf Auswahl* zu deaktivieren (Kapitel 9, „User Interface – Teamcenter als elektronischer Schreibtisch“).

Referenznachweis/Verwendungsnachweis-Bericht generieren

Hinter dem kleinen Pfeil auf der rechten Seite ▽ sind weitere Möglichkeiten verborgen. Die meisten stellen wir Ihnen in Kapitel 9, „User Interface – Teamcenter als elektronischer Schreibtisch“, genauer vor. Über den *Referenznachweis/Verwendungsnachweis-Bericht* haben Sie die Möglichkeit, mithilfe eines Assistenten einen einfachen Bericht zu erstellen.

Entscheiden Sie in Schritt 1, ob Sie die Referenzen im Allgemeinen oder die Verwendung drucken möchten (Bild 10.12). Wie bei der interaktiven Analyse wird in Schritt 2 abgefragt, welche Ebenen ab dem aktuellen Objekt ermittelt werden sollen. Achtung: Nach *Weiter* erfolgt sofort die Suche nach den gewünschten Referenzen. Die Suche kann also wieder einige Zeit in Anspruch nehmen.

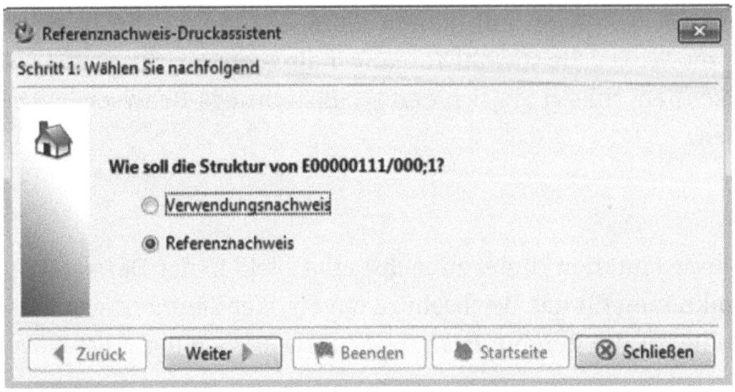

Bild 10.12 Schritt 1 im Referenznachweis-Druckassistenten

In Schritt 3 entscheiden Sie, ähnlich wie bereits in Kapitel 2, „Mein Teamcenter“, beim Thema Drucken vorgestellt, wie Sie den Ausdruck erstellen wollen – als HTML- oder Textdatei oder als Strukturbericht (Bild 10.13). **Achtung:** Die Erstellung des Berichts erfolgt über den Eintrag *Soll der Bericht erstellt werden?* Wählen Sie *Ja*. Ergebnis ist ein Berichtsfenster, bei dem Sie zwischen *HTML* und *Text* umschalten können (Bild 10.13). Bei einer zu großen HTML-Datei erhalten Sie einen entsprechenden Hinweis und das Ergebnis wird außerhalb dieses Fensters in Ihrem Standard-Browser geöffnet (Bild 10.14).

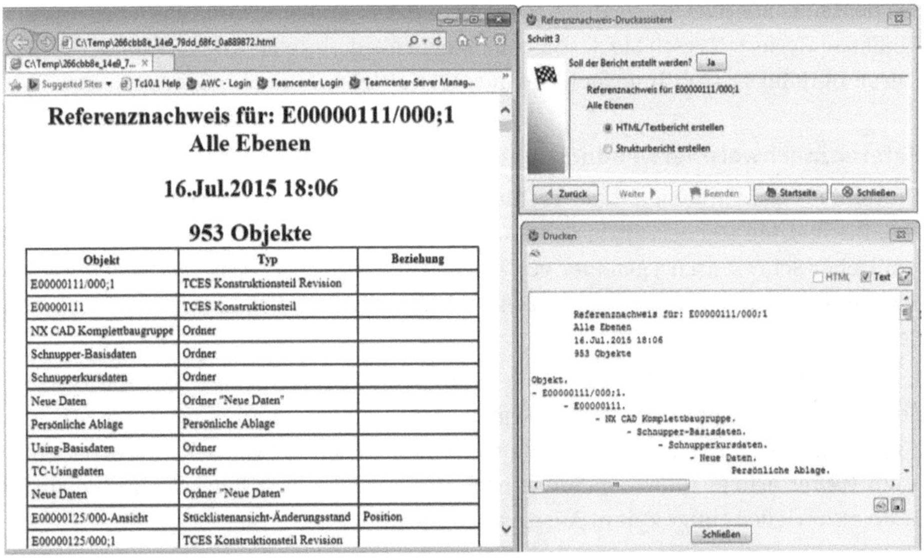

Bild 10.13 Möglichkeiten der Ausgabe des Referenznachweises

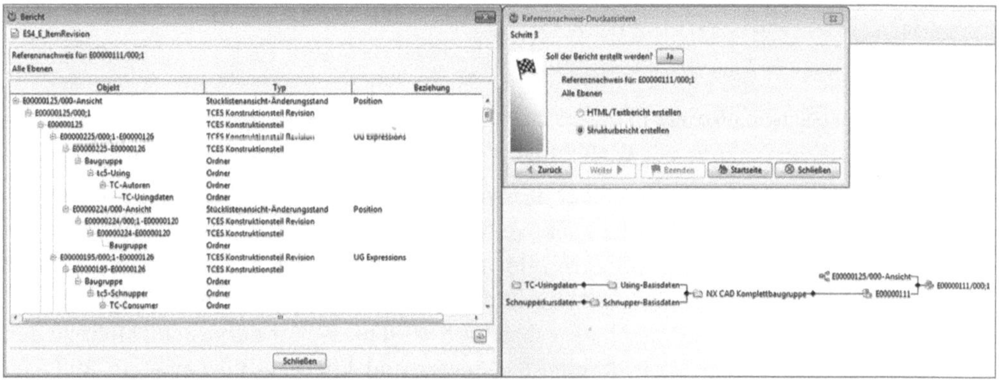

Bild 10.14 Der Strukturbericht liefert das Ergebnis in einer interaktiven Tabelle.

Beim Verwendungsnachweis wählen Sie die zu analysierenden Ebenen, die Verwendungsnachweisregel (Laderegel), den Objekttyp (gegebenenfalls alle Unterobjekttypen, siehe Datenmodell) und die anzuzeigenden Attribute/Eigenschaften. Am Ende entscheiden Sie sich wieder für die Objektstrukturansicht oder die HTML-/Text-Datei.

Bitte beachten Sie bei allen Suchen bzw. Referenznachweisen, dass gegebenenfalls Objekte nicht gefunden werden, da Sie für diese keine Leseberechtigung haben. Teamcenter kann auch so konfiguriert sein, dass Sie nicht einmal einen Hinweis auf diese fehlenden Objekte erhalten (Kapitel 4, „Datensicherheit für alle“).

10.1.4 Anzeige im Informationscenter

In Kapitel 2, „Mein Teamcenter“, haben wir Ihnen das Informationscenter in der rechten unteren Ecke von **Mein Teamcenter** vorgestellt. In diesem besteht die Möglichkeit, sich Informationen zur Referenzierung anzeigen zu lassen. Im Kontextmenü des Informationscenters finden Sie auch die Option, die Referenz- und Verwendungsnachweis-Informationen einzublenden. Bei der Anzeige der Unterordnungen wird die Anzahl der Objekte in der nächsten untergeordneten Ebene der Baumdarstellung angezeigt. Diese Anzeigen sind sicherlich hilfreich, um vorher zu wissen, inwieweit weitere Analysen Sinn ergeben. Beachten Sie aber, dass hier auch die entsprechenden Beziehungen analysiert werden müssen und dies etwas Wartezeit kosten kann.

10.2 Beziehungs-Browser

Mit dem **Beziehungs-Browser** steht Ihnen sowohl eine Ansicht als auch eine vordefinierte Perspektive zur Verfügung.

Senden Sie z. B. eine Revision über das Kontextmenü an den **Beziehungs-Browser**. Über die danach geladene Perspektive werden neben der Ansicht *Beziehungs-Browser* auf der rechten Seite weitere Informationen bereitgehalten. Im oberen Bereich wird die Ansicht *Bildvoransicht* eingeblendet (Bild 10.15). Ist hinter dem im Browser gewählten Objekt eine Vorschau gespeichert, wird diese hier dargestellt. Mehr zu den Voransichten finden Sie in Kapitel 6, „Viewer und Lifecycle Viewer – ein Bild sagt mehr als Attribute", und in Kapitel 16, „CAx-Integrationen".

Im unteren rechten Teil sehen Sie üblicherweise eine sogenannte *Graphenansicht*, also das Übersichtsbild über alle geladenen Objekte, und die Ansicht *Eigenschaften*, über die Sie sehr detaillierte Informationen zum gewählten Objekt abrufen können (Kapitel 2, „Mein Teamcenter").

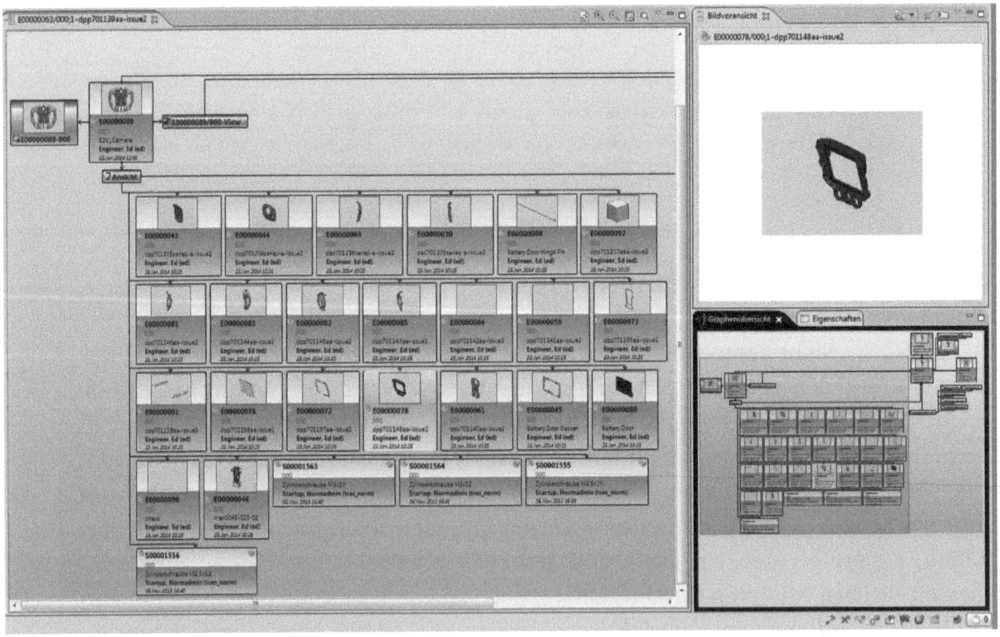

Bild 10.15 Darstellung einer Baugruppe im Beziehungs-Manager

Die jeweiligen Menü-Möglichkeiten finden Sie in der rechten oberen Ecke jeder Ansicht. Wichtiger als die dort enthaltenen Befehle sind aber die Befehle, die im Kontextmenü hinterlegt sind (Bild 10.16). Sie finden diese zurzeit in keinem weiteren Menü oder Werkzeugkasten. Klicken Sie mit der rechten Maustaste auf das geöffnete Objekt. Sie haben mehrere Möglichkeiten, den Vorgänger einzublenden (und suchen zu lassen!). Das entspricht dann der Suchrichtung der Auswirkungsanalyse. Zusätzlich können Sie von einer Position beginnend den jeweiligen Nachfolger anzeigen. Bei einer Baugruppe entspricht das z. B. den in der Baugruppe verbauten Komponenten. Standardmäßig sind im Browser gegebenenfalls sehr viele Objekttypen (und Relationen) aktiv, sodass Sie in diesem konkreten Beispiel zunächst den Pseudofolder `Ansicht` oder das Objekt `BOM-View` einblenden müssen. Das erneute Auswählen und Einblenden des Vorgängers bringt zusätzlich die entsprechenden Objekte der verbauten Komponenten zur Anzeige.

Über die verschiedenen Befehle haben Sie, ähnlich wie bei der Auswirkungsanalyse, jeweils die Option, eine Ebene ein- oder auszublenden (die gleiche Funktion hat auch ein Doppelklick auf das Objekt) oder aber, Sie entscheiden sich gleich, mehrere Ebenen ein- oder auszublenden.

Vorgänger anzeigen ... > 1 Ebene/2 Ebenen/5 Ebenen/Alle Ebenen

Nachfolger anzeigen ... > 1 Ebene/2 Ebenen/5 Ebenen/Alle Ebenen

Mit *Vorgänger ausblenden* oder *Nachfolger ausblenden* legen Sie durch vorhergehende Auswahl die letzte anzuzeigende Ebene in der jeweiligen Richtung fest.

Denken Sie vor der Wahl von *Alle Ebenen* daran, dass das gewählte Objekt mit sehr vielen Objekten in Beziehung stehen kann und die Suche und abschließende Anzeige eventuell viel Zeit in Anspruch nimmt.

Über das Kontextmenü oder das Menü am oberen Rand haben Sie weitere Möglichkeiten, die Darstellung anzupassen. Sie können *Hineinzoomen* (Vergrößern) oder *Herauszoomen* (Verkleinern, Übersicht). Dies ist bislang in der Auswirkungsanalyse leider nicht möglich. Für jedes gewählte Objekt oder aber mehrere ausgewählte Objekte können Sie sich die Vorschaubilder anzeigen oder die Eigenschaften einblenden lassen. Wenn Sie mehrere Objekte auswählen, kann der Zoom auf diese angepasst werden. Die gleichen Möglichkeiten finden Sie hinter dem Pfeil nach unten ▽ in der rechten oberen Ecke der Ansicht *Beziehungs-Browser*.

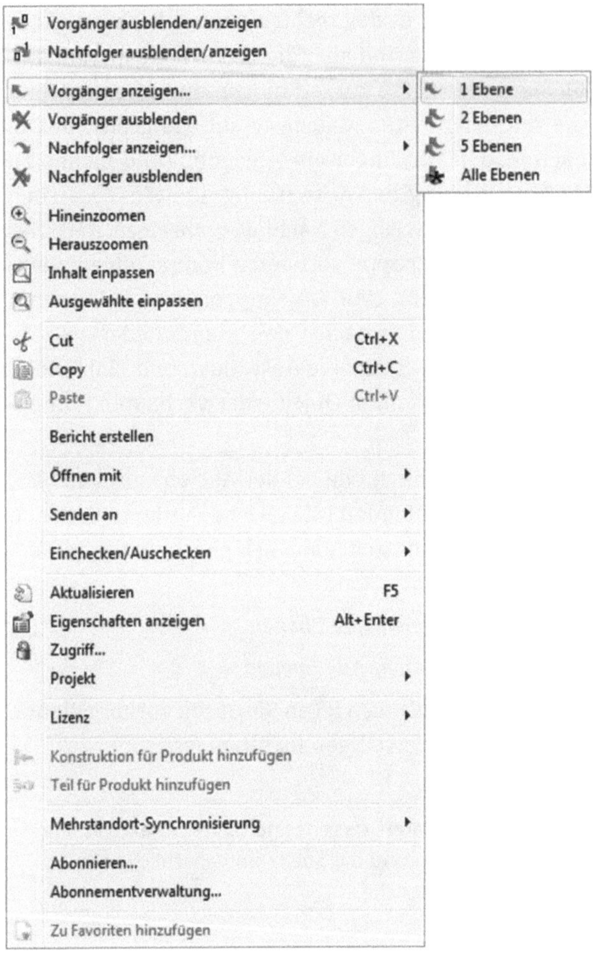

Bild 10.16 Kontextmenü des Beziehungs-Browsers

Ähnlich wie in der Auswirkungsanalyse können Sie das Layout nach Ihren Vorstellungen anpassen. Hervorzuheben sind *Hierarchisches Layout mit Untervarianten*, *Kreisförmiges Layout*, *Organisches Layout* und *Ballon-Layout* (Bild 10.17).

Falls Sie diese unterschiedlichen Darstellungen intensiv nutzen sollten, finden Sie über den Menüpunkt *Fenster>Voreinstellungen* im Abschnitt *Grafischer Beziehungs-Browser – Aufbau* umfangreiche Parameter zum Feinjustieren der Anzeige (Bild 10.18). Leider lassen sich bislang weitere Anpassungen wie bei der Auswirkungsanalyse nicht von der anwendenden Person direkt durchführen. Wir würden uns z. B. den Wechsel der angezeigten Informationen direkt in der Grafik (und nicht bei den *Optionen*) wünschen.

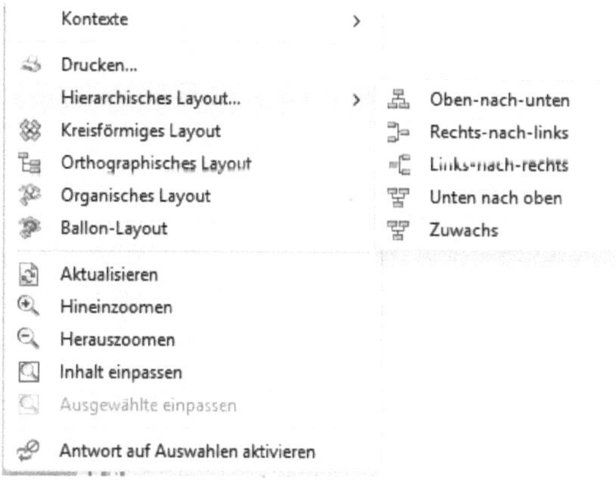

Bild 10.17 Layout-Möglichkeiten im Beziehungs-Browser

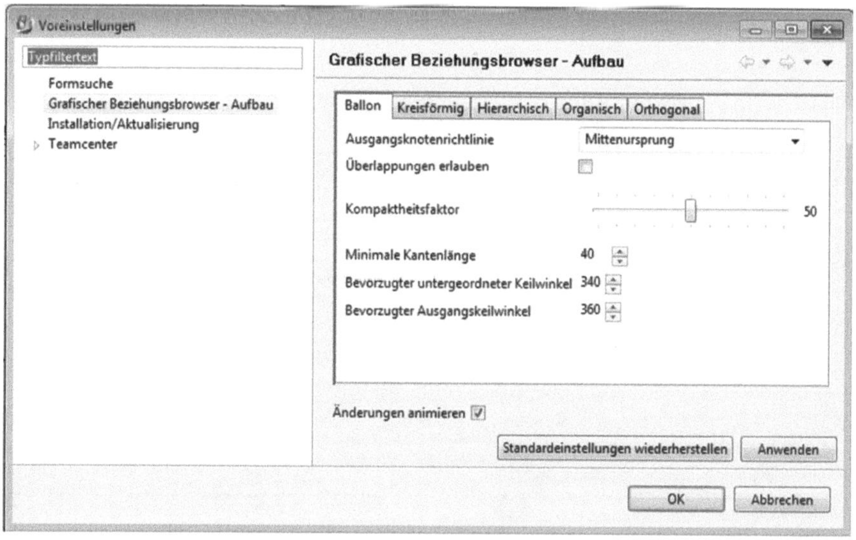

Bild 10.18 Voreinstellungen im Beziehungs-Browser

Beachten Sie auch die Möglichkeiten, detaillierte Grafiken in dieser Applikation einzublenden. Diese haben wir in Kapitel 6, „Viewer und Lifecycle Viewer – ein Bild sagt mehr als Attribute“, bereits angesprochen.

10.3 Anpassungen der Benutzeroberfläche

Wenn Sie die hier vorgestellten Optionen in Kombination mit den Fähigkeiten des User Interface bis in die Tiefe nutzen (Kapitel 9, „User Interface – Teamcenter als elektronischer Schreibtisch"), können Sie z. B. eine größere Übersicht von Einzelteilen einer Komponente auf einer vollen Bildschirmfläche darstellen (Bild 10.19). Alternativ verlagern Sie diese Ansicht auf einen zweiten Monitor und deaktivieren die Antwort auf eine neue Auswahl für dieses Fenster.

In etwa die gleichen Optimierungen können Sie auch bei der Referenz-/Verwendungsanalyse nutzen.

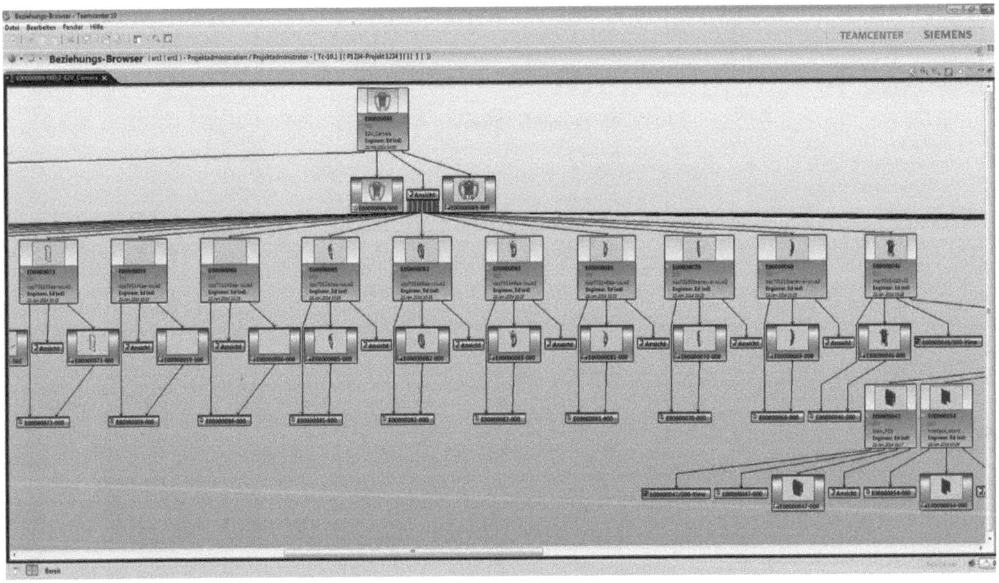

Bild 10.19 Beziehungs-Browser in maximaler Größe

10.4 Beziehungen im Active Workspace

Auch in den neuesten Benutzeroberflächen können Sie sich die Verwendung bzw. die Referenzen anzeigen lassen. Hier kommen völlig neuartige Bedienelemente zum Einsatz. Näheres zu den Grundlagen dieser auf den Internetfunktionalitäten basierenden Applikation finden Sie in Kapitel 3, „Active Workspace – Informationen an jedem Ort" (siehe Bild 3.4).

10.5 Referenznachweis in CAD-Integrationen

Einige Autorensysteme haben die Möglichkeit der Analyse der Beziehungen direkt in die Schnittstelle integriert. Dies stellen wir in Kapitel 16, „CAx-Integrationen“, genauer vor. An dieser Stelle erfolgt nur ein kurzer Ausblick. Im CAD-System NX lässt sich die Analyse der Beziehungen über die Integration des Active Workspace realisieren. Bild 10.20 zeigt die Referenzanalyse in Autodesk Inventor.

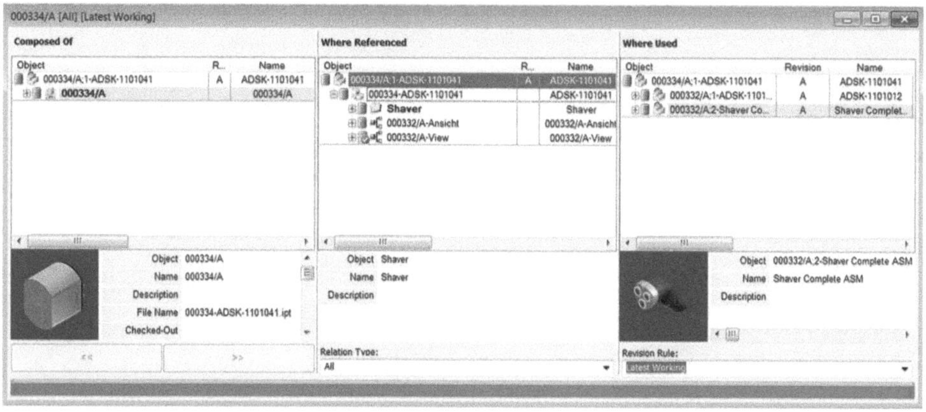

Bild 10.20 Referenzanalyse in Autodesk Inventor

10.6 Anwendung

Fast Track

1. Wählen Sie in **Mein Teamcenter** ein Item aus.
2. Senden Sie dieses an die gleiche Applikation, damit nur dieses Item und seine Revisionen in einem Reiter angezeigt werden.
3. Selektieren Sie eine der Revisionen. Wählen Sie aus den Ansichten den Referenznachweis aus.
4. Analysieren Sie die nächste übergeordnete Beziehung.
5. Ändern Sie die Darstellung des Referenznachweises.
6. Ändern Sie die Einstellungen so ab, dass nur noch die Verwendung analysiert wird.
7. Senden Sie die gleiche Revision nun in den Beziehungs-Browser.
8. Blenden Sie die untergeordneten Datasets ein (Vorgänger).
9. Selektieren Sie die Datasets und kontrollieren Sie das Vorschaubild und die Eigenschaften in den jeweiligen Ansichten.

11 Das Finden ist entscheidend!

Wie bereits dargestellt, landen die verschiedensten Informationen und deren Beziehungen in der Datenbank. In Kapitel 2, „Mein Teamcenter“, haben wir Ihnen gezeigt, wie Sie Ihre Daten in übersichtlicher Form aufbewahren können. Das ist aber nicht unbedingt erforderlich.

Real-World-Szenario

Alexander überprüft wöchentlich die neu freigegebenen Konstruktionen im PLM-System. Chris aus der IT hat ihm dazu eine Suche verfügbar gemacht, mit der er schnell nach neuen freigegebenen Revisionen suchen kann. Ganz besonders interessiert er sich für den Entwicklungstand des neuen Produkts mit einem völlig neuen Antriebskonzept. Er nutzt dazu eine von ihm selbst angepasste Suche, in der er die passenden Attribute bereits in einer gespeicherten Suche vorbelegt hat.

Sven überprüft den Zustand der Daten von Mitarbeitenden der Produktentwicklung, die in Urlaub gehen. Dazu schaut er vor allem mithilfe einer vordefinierten Suche, ob Daten ausgecheckt wurden und klärt z. B. mit einer Rückfrage per E-Mail, ob diese wirklich für den abwesenden Mitarbeitenden reserviert bleiben sollen.

Zunächst unstrukturiert gewonnene Informationen können anfangs auch beliebig gesammelt bzw. abgelegt werden. Erst später kristallisieren sich diese zu Wissensinseln heraus (Kapitel 1, „Einführung“). Außerdem sind Sie nicht die einzige Person, die mit dem System arbeitet. Mehr oder weniger auf Ordnung bedachte anwendende Personen, aber auch Automaten und gegebenenfalls auch Systeme der künstlichen Intelligenz nutzen Teamcenter für die Ablage und Analyse verschiedenster Informationen. Deshalb stehen Ihnen mit Teamcenter sehr effektive Möglichkeiten zur Verfügung, um im Datenbestand zu suchen. Wir wollen den Schwerpunkt auf das Finden legen.

11.1 Die Schnellsuche

Wie der Name suggeriert, soll es über die Schnellsuche besonders schnell gehen, ein Objekt zu finden. Links oben in der Anwendungsleiste finden Sie das Eingabefeld. Die *Schnellsuche* ist meist das beliebteste Mittel zum Auffinden gesuchter Daten. Doch viele Nutzende wissen leider (noch) nicht, dass Sie selbst vorab entscheiden müssen, nach welchem Typ von Information Sie suchen.

Neben dem Feld für die direkte Eingabe von Werten finden Sie jedoch zunächst die Möglichkeit, aus definierten Suchroutinen auszuwählen: `Element-ID`, `Schlüsselwort` (suche), `Elementname` und `Dataset Name` sind die Grundeinstellungen. Über *Erweitert* gelangen Sie in die erweiterte Suche (siehe Abschnitt 11.2). `Element-ID`, `Elementname` und `Dataset Name` kennen Sie bereits aus Kapitel 2, „Mein Teamcenter“. Beachten Sie, dass nur genau diese Attribute geprüft werden – und dies bezogen auf alle Item-Typen. Geeignet ist die *Schnellsuche* deshalb immer dann, wenn Sie den Wert wirklich exakt (oder fast exakt) wissen. Es kann natürlich mit Platzhaltern (***** oder **?**) gearbeitet werden. Auch Mehrfacheinträge sind möglich (*Optionen > Suchen > Allgemein > Mehrfacheinträge*, Bild 11.1). Trennen Sie dazu die Einträge über ein Semikolon.

Bild 11.1 Suchmaske mit Mehrfacheinträgen

Bei der Schlüsselwortsuche handelt es sich um eine sogenannte Volltextsuche. Hierzu muss Ihre IT die Voraussetzungen geschaffen haben.

Für die Volltext- bzw. Schlüsselwortsuche muss die Teamcenter-Datenbank konfiguriert werden. Sie müssen festlegen, welche Objekte indiziert werden sollen und wann das erfolgt. Den Nutzenden sollten dann Informationen vorliegen, was warum zu finden bzw. (noch) nicht zu finden ist.

Starten Sie die Suche mithilfe der Enter-Taste. Ist das Objekt eindeutig, wird es in Teamcenter in der aktuellen Anwendung geöffnet. Ist Ihnen die ID bekannt, können Sie so auf sehr schnelle Weise die Informationen zum Item abrufen.

Ist das Ergebnis nicht eindeutig, wird ein Dialogfenster geöffnet, in dem alle Ergebnisse in Tabellenform dargestellt werden (Bild 11.2). Nutzen Sie den Doppelklick oder die Schaltfläche *Öffnen*, um das selektierte Objekt in der aktuell aktiven Anwendung zu öffnen. Nutzen Sie alternativ dazu die Schaltfläche oder kopieren Sie das oder die selektierten Objekte in die Zwischenablage (siehe „Zwischenablage, Tabellen, Auswahl" in Kapitel 2, „Mein Teamcenter"). Bitte beachten Sie die Besonderheit von Teamcenter, dass bei Tabellen immer nur ein Teil der Daten sofort angezeigt wird. Nutzen Sie die Pfeile in der rechten unteren Ecke, um weitere (oder vorhergehende) Seiten anzuzeigen, oder laden Sie alle Ergebnisse.

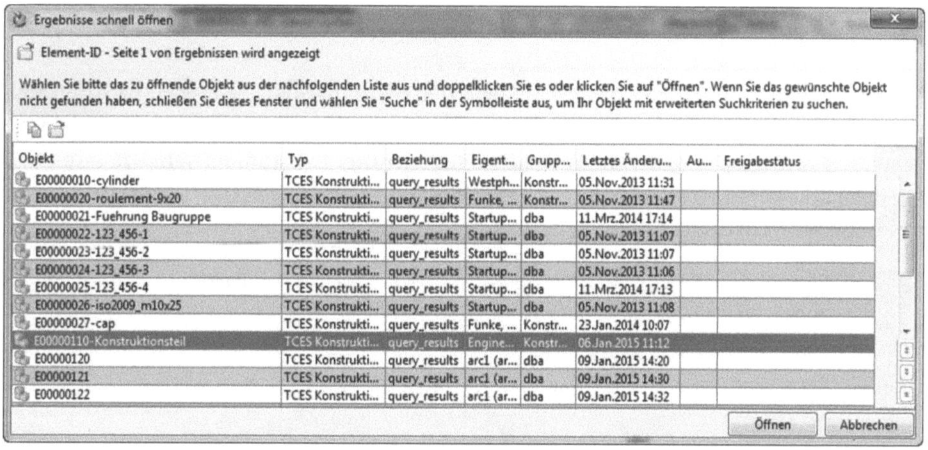

Bild 11.2 Ergebnisse der Schnellsuche

Ein Lupensymbol existiert auch rechts oben in der Baumdarstellung. Dieses dient nur zur Suche in der Liste der Objekte in diesem Baum (siehe Kapitel 2, „Mein Teamcenter").

11.2 Suchen mithilfe der Suchansicht

Teamcenter verfügt über eine Sammlung vordefinierter Suchabfragen. Diese verwenden Sie in erster Linie unter Nutzung der im Folgenden vorgestellten Möglichkeiten.

11.2.1 Suchansicht

In der Such-Toolbar haben Sie die Möglichkeit, einen neuen Reiter mit der Suchansicht zu öffnen. Nach Auswahl der Ansicht *Suchansicht* erscheint rechts daneben eine eigens dafür vorgesehenen Toolbar (Bild 11.3).

Bild 11.3 Toolbar der Suche

Die aktuell eingestellte Suche wird anstelle der Baumdarstellung angezeigt. Über das Symbol haben Sie nun die Möglichkeit, aus den im System für Sie zur Verfügung gestellten Abfragen auszuwählen (Bild 11.3). **Achtung:** Das können sehr viele sein. In einer Liste werden zunächst alle als Favoriten definierten Abfragen vorgeschlagen.

Sowohl die erste angezeigte Suche als auch die Liste der Favoriten können Sie anpassen (siehe Abschnitt 11.7).

Weitere Abfragen können Sie über *Mehr ...* auswählen. Hier finden Sie zwei Ordner (Bild 11.4):

- *Meine gespeicherten Suchen/My Saved Searches* enthält Ihre gespeicherten Suchen oder veröffentlichte, gespeicherte Suchen.
- *Systemdefinierte Suchen* enthält von der Administration oder eventuell von Ihnen vorbereitete Abfragen.

Beispiel: Ausgecheckte Daten

Nutzen Sie die Suche, um eventuell reservierte Objekte zu finden. Hier definieren Sie die anwendende Person (z. B. Sie selbst) und gegebenenfalls eine Eingrenzung auf eine bestimmte Zeitspanne. Ergebnis ist eine Liste mit allen Daten beliebigen Typs. Beachten Sie in diesem Fall, dass verschiedene Objekttypen ausgecheckt sein können und diese sich gegebenenfalls beim Einchecken unterschiedlich verhalten. Gewünschte Objekte können Sie nun gleich in der Suchergebnisliste (z. B. mithilfe des Kontextmenüs) einchecken.

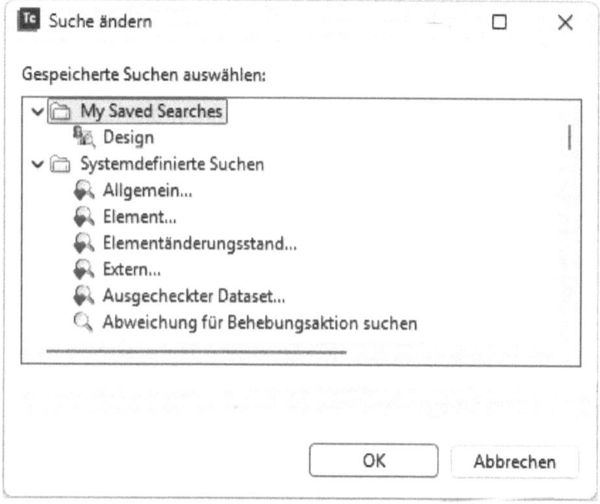

Bild 11.4 Auswahl einer Suche

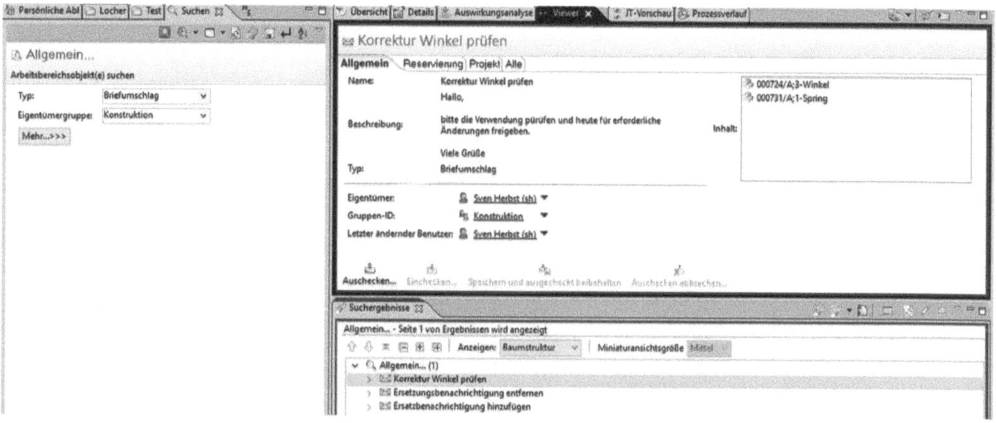

Bild 11.5 Beispiel für die Suche nach Briefumschlägen der Gruppe `Konstruktion`

Üblicherweise erhalten Sie für unternehmensspezifische Aufgaben vordefinierte Abfragen und dazu auch die entsprechenden Erläuterungen. Dies soll im Folgenden mithilfe der Suche nach Elementen erläutert werden. Am Beispiel der Suche `Elemente` können Sie den Ablauf und die Zusammenhänge gut verstehen (Bild 11.6). Alle Geschäftsobjekte verfügen über Attribute (Kapitel 2, „Mein Teamcenter"). Nach den Werten dieser Attribute können Sie in der Datenbank suchen. Teamcenter erkennt bei Suchen den jeweiligen Datentyp des Attributs und unterstützt Sie bei der Eingabe. Dies erkennen Sie auf leichte Weise an Datumsfeldern oder Listen (`LOV`). Wie bei der Eingabe von Werten werden Sie auch hier bei der Auswahl unterstützt. Wenn hierzu Fragen auftauchen, schauen Sie sich ruhig noch einmal Abschnitt 2.4.7 genauer an.

Bei der Definition von Suchen können auch Attribute aus verbundenen Objekten verwendet werden. Hier ist die IT auf die Unterstützung der Anwendenden angewiesen. Erstellen Sie eine Liste der regelmäßigen Suchaufgaben. Beschreiben Sie exakt, welche Informationen Sie eingeben wollen und welche Objekte gefunden werden sollen. Beachten Sie, dass in Teamcenter meist nicht die Datei o. Ä. im Vordergrund steht, sondern das Item (z. B. ein Teil inklusive des kompletten Lebenszyklus). Häufig wird bislang allerdings z. B. auf die Zeichnungsnummer bezogen (und damit meist revisionsbezogen) gesucht. In der Praxis bedeutet das häufig, dass die anwendende Person eine Revision findet und dann z. B. per Senden an **Mein Teamcenter** das gesamte Item betrachten muss.

Bild 11.6 Suche nach Elementen (Items)

Nachdem Sie die Suchansicht geöffnet haben, wird rechts neben dem neuen Reiter ein weiteres kleines Menü aktiv (Bild 11.7). Neben den bisher vorgestellten Möglichkeiten finden Sie dort weitere:

- *Suche sperren*
- *Suchkriteriendefinition anzeigen ...*
- *Suchkriteriendefinition ändern ...*
- *Erweiterte Mehranwendungssuche ...*

Bild 11.7 Menü *Suchansicht*

Geben Sie nun die Ihnen bekannten Werte in die Suchfelder ein. Starten Sie die Ausführung der Suche über die Schaltfläche .

Die Suche erfolgt auf dem Server und kann dort, je nach eingegebenen Kriterien, etwas Zeit in Anspruch nehmen. Deshalb sollten Sie der Suchmaschine bereits alles, was Sie wissen, mitgeben. So liefert sie Ihnen schneller das Ergebnis. Im Falle einer zu großen Einschränkung erhalten Sie gegebenenfalls sofort das Ergebnis, dass nichts gefunden wurde. Löschen Sie dann einzelne Eingaben und wiederholen Sie die Suche.

Das Ergebnis der Suche wird auf einem neuen Reiter (Ansicht) ausgegeben (üblicherweise in einem neu unterteilten Fenster rechts unten). Sie können nun wie gewohnt Objekte selektieren, untergeordnete Informationen einblenden und/oder die Daten an Applikationen senden oder kopieren. Zusätzlich können Sie per Icon Unterebenen ein- bzw. ausblenden.

Prinzipiell ist es möglich, die Ergebnisse in der Ergebnisliste sortieren lassen. Über das Icon haben Sie, wie bei jeder Datenbank, die Möglichkeit die Sortierreihenfolge selbst zu bestimmen. Aktualisieren Sie gegebenenfalls Ihre Suchergebnisse über das Icon .

Wenn Teamcenter viele Ergebnisse findet, sind noch ein paar kleine versteckte Features zu beachten. Direkt unter der Ansicht *Suchergebnisse* finden Sie eine Zeile, in der die aktuelle Seite der Suchergebnisliste angezeigt wird (Bild 11.8). Gleichzeitig wird der kleine gelbe Pfeil nach unten aktiv. Mit dessen Hilfe können Sie nun weiterblättern und wieder nach oben blättern. Der schwarze Pfeil nach unten lädt alle gefundenen Ergebnisse. Beachten Sie, dass für das Laden etwas Zeit benötigt wird. Sinnvoll ist das Laden aber auf jeden Fall, wenn Sie anschließend unter der Ansicht *Details* die Ergebnisse filtern oder ausgeben wollen.

Bitte beachten Sie auch, dass Ihnen nur die Objekte angezeigt werden, auf die Sie mindestens Leserechte besitzen (Kapitel 4, „Datensicherheit für alle"). Früher wurde übrigens mit ausgegeben, wie viele Objekte insgesamt gefunden wurden, sodass man Rückschlüsse auf die Anzahl der Objekte ohne Leseberechtigung ziehen konnte.

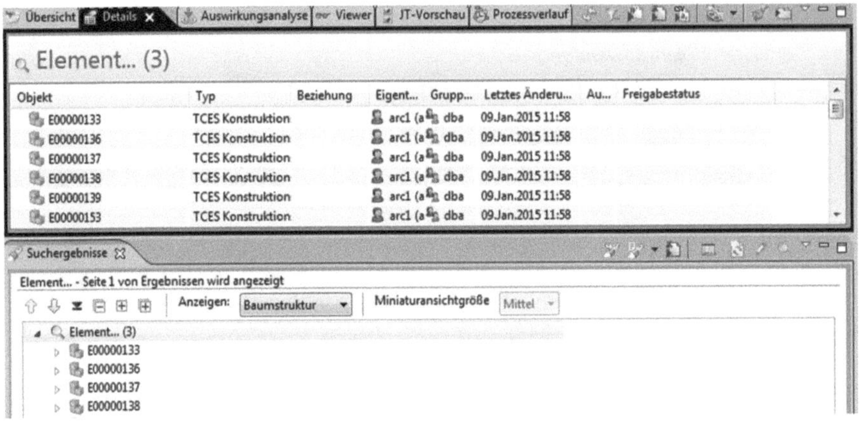

Bild 11.8 Ergebnisfenster und Tabellendarstellung der Ergebnisse

Sie arbeiten lieber visuell? Dann können Sie bei gefundenen Items oder deren Revisionen auf die Anzeige *Miniaturansicht* umschalten (Bild 11.9). Bei Bedarf passen Sie die Größe der Darstellung der Vorschaubilder an (siehe Kapitel 6, „Viewer und Lifecycle Viewer – ein Bild sagt mehr als Attribute": Beachten Sie insbesondere die Erläuterungen zu den Vorschaudaten).

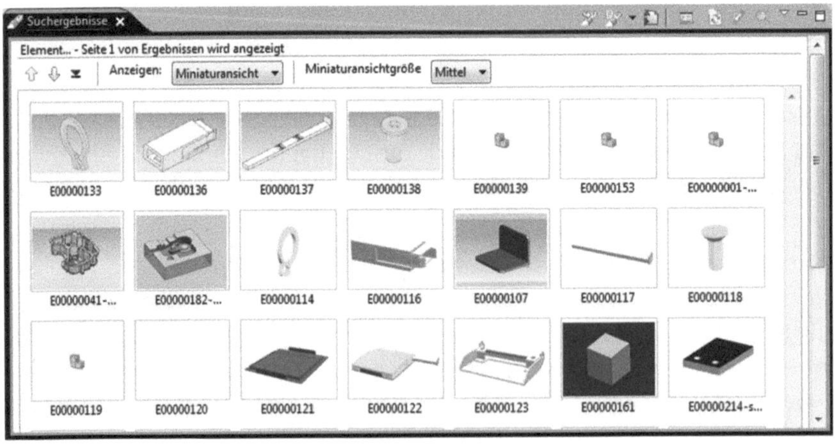

Bild 11.9 Miniaturansichten im Suchergebnis

Die häufigste Nutzung ist die Anzeige aller Ergebnisse in der Tabelle der Ansicht *Details* darüber. Selektieren Sie dazu den obersten Eintrag der Suche (das ist der automatisch vergebene Name der Suche) und im darüber liegenden Fenster die Ansicht *Details*. Wie Sie mit den Daten in der Ansicht *Details* umgehen müssen, haben Sie bereits in Kapitel 2, „Mein Teamcenter", erfahren.

Die Ergebnisse werden eventuell nur zu einem Teil (nämlich eine einzelne Seite) angezeigt. Über die Pfeile links oben im Suchfenster können Sie vor- und zurückblättern (siehe „Einstellungen Optionen" in Abschnitt 11.7). Sie haben auch die Möglichkeit, alle Ergebnisse zu laden. Diese werden dann erst vom Server nachgeladen (siehe Bild 11.7 oben links).

11.2.2 Kontextmenü auf dem Namen der Suchergebnisse nutzen

Die hervorragenden Möglichkeiten, die sich mithilfe der Kontextmenüs eröffnen, haben Sie bereits mehrfach kennengelernt. In diesem Falle können Sie das Kontextmenü nach Rechtsklick auf den Namen der Suche nutzen. Neben dem *Schließen* der ausgewählten Suche (oder aller ausgeführten Suchen) können Sie auf diesem Wege auch einen aussagefähigen Namen für die Suche vergeben (*Umbenennen*). *Aktualisieren* holt sich den aktuellen Stand der gefundenen Objekte (auch für eventuell modifizierte Werte).

Die Möglichkeiten möchten wir in den folgenden Abschnitten genauer erläutern.

11.2.3 Suchergebnisse speichern

Suchergebnisse speichern legt einen Ordner an, in den alle gefundenen Objekte kopiert werden (Referenzen!). Wählen Sie den Ordnertyp (z. B. `Ordner`), `Name` und `Beschreibung` und entscheiden Sie, ob nur die aktuelle Seite oder alle gefundenen Objekte dorthin referenziert werden sollen. Danach können Sie, wie bereits beschrieben, mit dem Ordner und den darin enthaltenen Daten arbeiten. Denken Sie daran, dass das Ergebnis der Suche eventuell die Revision eines Objekts und nicht das Item selbst ist. Es werden dann nur die Revisionen im gewählten Ordner referenziert.

11.2.4 Zu „Meine gespeicherten Suchen" hinzufügen

Speichern Sie die Suchvorschrift einschließlich der eingegebenen Kriterien als *Gespeicherte Suche* ab. Vergeben Sie dazu einen `Namen` und gegebenenfalls einen Ordnernamen für die Erhöhung der Übersichtlichkeit. Diese Ordner können Sie auch in diesem Dialog erstellen. Über *Ist freigegeben* veröffentlichen Sie die Suche unter allen Teamcenter-Nutzenden. Überlegen Sie jedoch, ob dies wirklich sinnvoll ist.

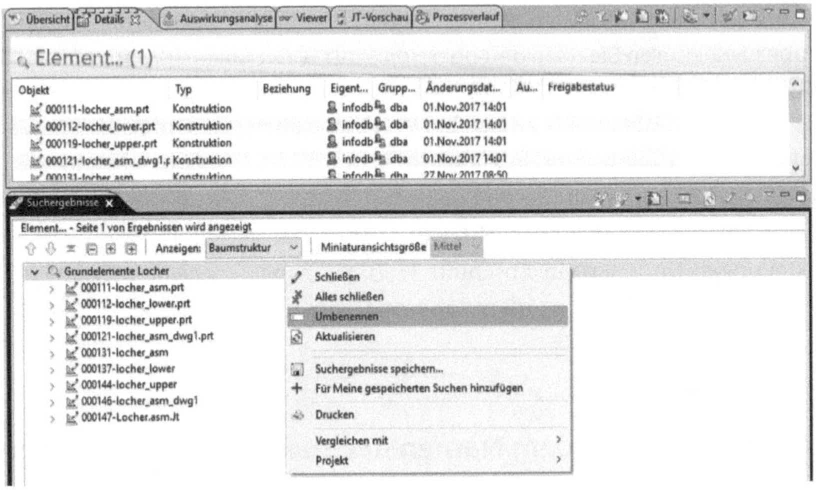

Bild 11.10 Kontextmenü auf dem Namen der Suche

Beispiel: Suche nach Speicherständen (Sequences)

In einigen Fällen (z. B. für Supportaufgaben) ist es erforderlich, die in Teamcenter aufbewahrten Speicherstände gezielt zu suchen. Nutzen Sie hierfür die vordefinierte Suche und geben Sie folgende Daten ein: *Konstruktionsänderungsstand, Eigentümer, Eigentümergruppe* sowie die Anzeige aller Revisionen und deren Speicherstände. Ergebnis ist eine Liste aller Speicherstände des Datasets, die noch im System zu finden sind (Beispiel: 0001234/C;3-Name).

11.3 Vergleichen der Suchergebnisse

Die aktuelle Suche bzw. deren Ergebnisse können Sie mit einer von Ihnen bereits vorher ausgeführten Suche vergleichen.

11.3.1 Suchen vergleichen

Rufen Sie dazu über das Kontextmenü den Menüpunkt *Vergleichen mit* auf. Wählen Sie dort entweder eine Suche direkt aus der Liste aus oder rufen Sie über das Dialogfenster *Mit Suchergebnissen vergleichen ...* auf. Nun öffnet sich der Vergleichsbericht. Grün hinterlegte Objekte sind nur in der jeweiligen Suche gefunden worden, Blau hinterlegte sind momentan ausgewählt (Bild 11.11).

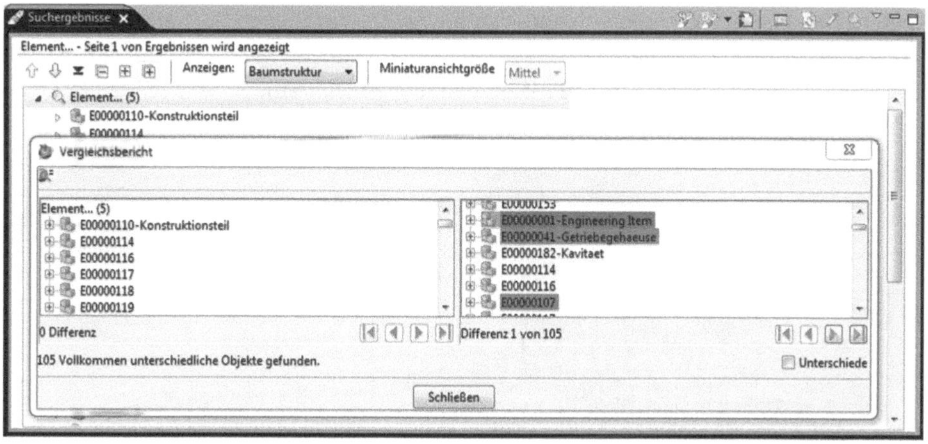

Bild 11.11 Dialog *Vergleichsbericht*

11.3.2 Drucken

Nähere Informationen zum Drucken finden Sie in Kapitel 2, „Mein Teamcenter“.

11.3.3 Projekt

Alles rund um Projekte erfahren Sie in Kapitel 15, „Projekte – Produktdaten und Projektteams“.

11.4 Gespeicherte Suchen nutzen

Effiziente Werkzeuge zum Auffinden von Informationen bewirken auch eine gute Wiederverwendung derselben. Ein hierfür aus unserer Sicht sehr hilfreiches Mittel, auch wegen seiner Integration in die Autorenwerkzeuge, stellen die gespeicherten Suchen dar.

11.4.1 Meine gespeicherten Suchen

In Abschnitt 11.2.4 haben Sie eine eigene gespeicherte Suche erstellt. Diese ist über die Navigationsleiste verfügbar. Über *Quick Links* erhalten Sie über den Doppelpfeil neben dem Text Zugriff auf die gespeicherten Suchen (Bild 11.12). Im sich öffnenden Dialogfenster finden Sie gegebenenfalls die erstellten Ordner und alle von Ihnen gespeicherten Suchen oder die von anderen für Sie freigegebenen Suchen. Durch einen Klick auf den Text *Meine gespeicherte Suche* können Sie diese selbst organisieren (z. B. *Löschen, Umbenennen, Öffnen* und direkt von hier *Ausführen*).

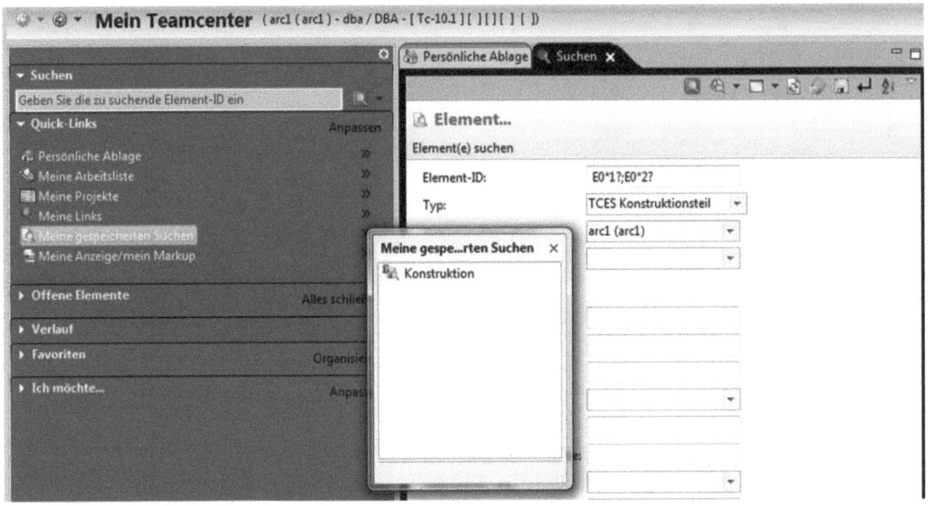

Bild 11.12 Aufruf der gespeicherten Suche über den Doppelpfeil

Zusätzlich haben Sie die Möglichkeit, über einen Ordner im Reiter *Persönliche Ablage* per Doppelklick auf die gespeicherten Suchen zuzugreifen (Bild 11.13). Näheres zur Konfiguration wird in Abschnitt 11.7 erläutert.

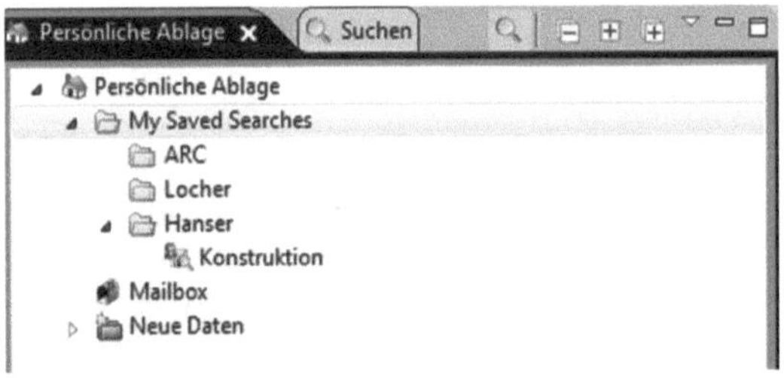

Bild 11.13 Gespeicherte Suchen als Ordner

11.4.2 Verwenden und Ändern einer gespeicherten Suche

Öffnen Sie den Ordner und die eventuell darin enthaltenen Unterordner. Wählen Sie die gewünschte Suche aus und öffnen Sie diese durch einen Doppelklick oder über das Kontextmenü. Nun wird, wenn noch nicht erfolgt, die Ansicht *Suchen* eingeblendet und die Suche mit allen eingegebenen Werten wird geöffnet. Sie brauchen die Suche jetzt nur noch auszuführen (gegebenenfalls verändern Sie vorher noch die Kriterien).

In älteren Versionen von Teamcenter verhält sich die Wiederverwendung und Anpassung einer gespeicherten Suche etwas anders.

In einigen Integrationen stehen gespeicherte Suchen direkt im Autorensystem zur Verfügung (Kapitel 7, „Microsoft Office-Integration – Bürodokumente gut strukturieren" und Kapitel 16, „CAx-Integrationen").

11.4.3 Organisieren der gespeicherten Suchen

Nutzen Sie die gespeicherten Suchen häufig? Dann lohnt es sich, diese gut zu organisieren. Der Text *Gespeicherte Suchen* ist als Dialogaufruf ausgelegt. Wenn Sie diesen anklicken, erscheint das Dialogfester, und Sie können Ordner anlegen, Suchen in die Ordner verschieben und gegebenenfalls auch wieder löschen. Führen Sie auch die Suche direkt von hier aus (Bild 11.14).

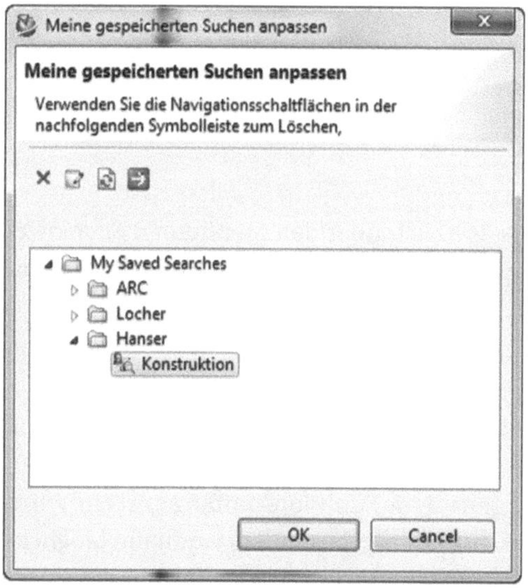

Bild 11.14 Meine gespeicherten Suchen anpassen

11.4.4 Zusätzliche Funktionen im Suchergebnisfenster

Um effektiv mit der Suche arbeiten zu können, beachten Sie bitte die folgenden Menüs in der rechten oberen Ecke der Ansicht (Bild 11.15).

Aktuelle Suche erneut ausführen: nutzt die gegebenenfalls modifizierten Werte aus der verwendeten Suche

Vorherige Suche anzeigen: In diesem Menü können Sie alle bereits ausgeführten Suchen aus einer Liste auswählen. *Weitere geöffnete Suchergebnisse …* zeigt die Abfragen in einem neuen Dialogfenster an. Sauber benannte Suchen erleichtern natürlich in beiden Dialogen die Auswahl. Wenn Sie gründlich aufräumen wollen, nutzen Sie den Eintrag *Alle schließen.*

Objekte für Excel exportieren: exportiert die Werte nach Excel

Für umfangreichere Auswertungen der Suchergebnisse steht in manchen Umgebungen ein sogenannter „Property Formater“ zur Verfügung. Die folgenden Werkzeuge sind diesem gewidmet. Von uns wird er aber nicht weiter behandelt.

Auch hier gibt es wieder einen kleinen Pfeil nach unten.

Optionen: Hier gelangen Sie direkt zu den Einstellmöglichkeiten für die Suche im *Optionen*-Dialog (siehe Abschnitt 11.7).

Bild 11.15 Menüpunkte im Suchergebnisfenster

11.5 Einfache Suche

Versierte Datenbanknutzende können grundsätzlich über den Menüpunkt *Suchkriteriendefinition ändern …* oder den **Abfrage-Editor** in die verborgenen Tiefen der Datenbank eintauchen.

Seit der Teamcenter-Version 9 gibt es eine zusätzliche Suchmöglichkeit. Wählen Sie dazu aus dem Suchwerkzeugkasten das Icon *Einfache Suchansicht öffnen* aus. Diesmal wird auf der rechten Seite ein neuer Reiter (neben den bereits geöffneten) angezeigt. Bislang wird dieses Werkzeug scheinbar in der Praxis kaum eingesetzt. Vielleicht liegt es daran, dass der Name nicht ganz dem Funktionsumfang gerecht wird. Selbstverständlich ist diese Ansicht sehr leistungsfähig, besonders wenn die Möglichkeiten zur Anpassung der Benutzeroberfläche genutzt werden (Kapitel 9, „User Interface – Teamcenter als elektronischer Schreibtisch“). Die *Schnellsuche* (Abschnitt 11.1) ist zweifelsfrei einfacher, aber man stößt schnell an deren Grenzen.

Von den Anforderungen her ist die *Einfache Suchansicht* die leichtere der beiden Herangehensweisen (Bild 11.16). Der Zugriff auf das teamcentereigene Datenmodell und die Erstellung von Abfrageverknüpfungen ist hier intuitiver zu erledigen als im **Abfrage-Editor**.

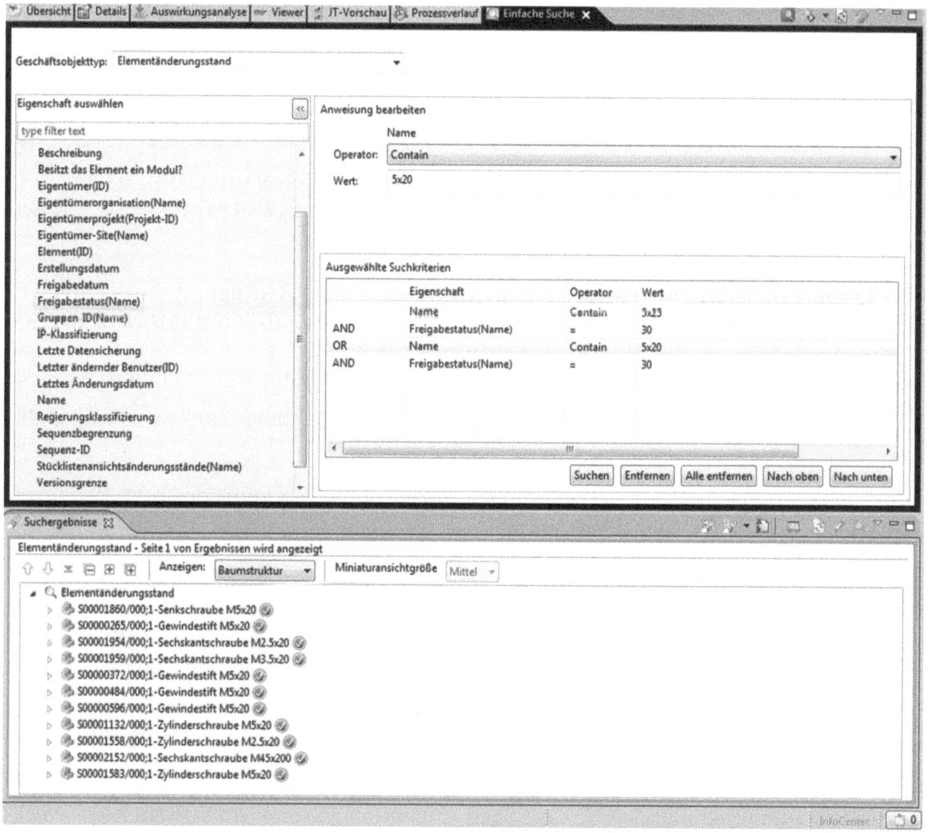

Bild 11.16 Ansicht *Einfache Suche*

Wählen Sie zunächst den Geschäftsobjekttyp aus, z. B. den `Elementänderungsstand` (vgl. Datenmodell oder z. B. die Schnellsuche). Wählen Sie dann die gesuchte Eigenschaft aus der linken Liste aus. Beachten Sie, dass sich die Eigenschaften beim Wechsel des Geschäftsobjekttyps an diesen anpassen. Auf der rechten Seite neben der Eigenschaft können Sie nun den gewünschten Operator und den zugehörigen Wert wählen bzw. eingeben. Beachten Sie, dass die möglichen Operatoren vom definierten Datentyp der gewählten Eigenschaft abhängig sind (siehe Datenmodell bzw. Formulare). Bei Bedarf werden hier auch sofort die im Hintergrund definierten `LOV` (List of Values) zur Verfügung gestellt. Nun wird es doch noch etwas (datenbank-)technisch. Neben `UND` bzw. `ODER` gibt es weitere Operatoren (Regular Expressions):

```
Erlaubte Operatoren / Regular Expressions

= (gleich)
!= (ungleich)
Contain (enthält)
IS_NULL (kein Wert zugewiesen)
IS_NOT_NULL (irgendein Wert zugewiesen)
< (kleiner)
> (größer)
<= (kleiner gleich)
>= (größer gleich)
```

Falls möglich, können Sie nun weitere Eigenschaften mit den zugehörigen Operatoren und Werten ergänzen. Etwas versteckt in der ersten Spalte finden Sie die Möglichkeit, den Operator zwischen den Kriterien zu ändern. Folgende Operatoren stehen Ihnen zur Verfügung:

- `AND`: Die obenstehende sowie die darunter befindliche Bedingung muss eingehalten werden.
- `OR`: Entweder die obige Zeile oder die darunterliegende muss eingehalten werden.

In Bild 11.16 finden Sie ein Beispiel für die Definition der Suchkriterien und Operatoren.

Führen Sie nun die Suche aus. Das gewünschte Ergebnis erscheint in einem Reiter mit den Suchergebnissen. Damit kennen Sie sich inzwischen ja schon aus. Wenn Sie mit der Ergebnisliste noch nicht zufrieden sind, können Sie die Abfrage korrigieren, indem Sie jeweils die entsprechenden Einträge modifizieren und die Suche danach erneut ausführen. Einzelne Einträge aus der Liste der Suchkriterien löschen Sie über *Entfernen* oder Sie beginnen die Definition über *Alle entfernen* von vorn. Über *Nach oben* oder *Nach unten* können Sie die Reihenfolge der Kriterien zusätzlich ändern. Beachten Sie, dass über diesen Dialog nicht jedes Mal eine neue Ergebnisliste erzeugt wird.

Falls Sie die Benutzeroberfläche mit Ansichten nun noch zu einer individuellen Perspektive zusammenstellen, steht Ihnen ein ungemein effektiv zu bedienendes Werkzeug zur Verfügung. Die gefundenen Objekte können Sie sich dann mit der individuellen Eigenschaftsformatierung (PPF) ganz schnell zusammenstellen.

11.6 Nutzung von Favoriten

Mithilfe von Favoriten können Sie an einigen Stellen auf eine Suche verzichten. Sie kennen Favoriten sicherlich durch die Nutzung von Internet-Browsern. Alles, was man öfter braucht, lässt sich hier strukturiert für den schnellen Zugriff ablegen. Die Nutzung über das Kontextmenü ist sehr einfach. Klicken Sie mit der rechten Maustaste auf das Objekt. Im Kontextmenü finden Sie fast ganz unten den Eintrag *Zu Favoriten hinzufügen*. Ein Klick darauf ruft das Dialogfenster auf. Wählen Sie einen Ordner aus und bestätigen Sie die Wahl mit *OK* (Bild 11.17).

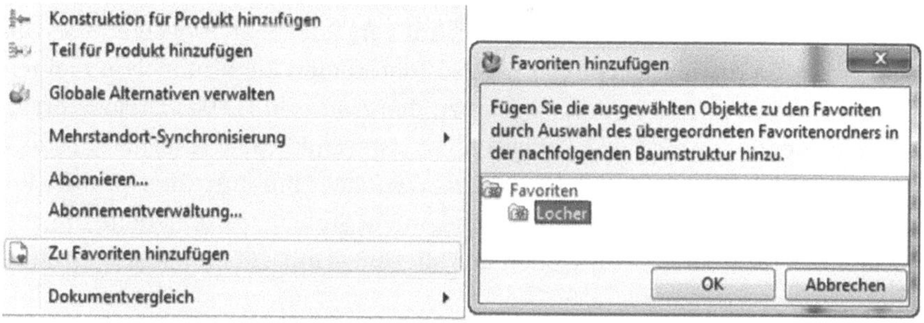

Bild 11.17 Objekt als Favoriten hinzufügen

Über den Navigationsabschnitt für Favoriten können Sie diese auch nachträglich (um-)organisieren. Im Dialogfenster finden Sie die Menüpunkte zum Anlegen neuer Favoritenordner sowie zum Umbenennen, Löschen und Verschieben der Ordner (Bild 11.18). Beim Verschieben öffnet sich ein zusätzliches Dialogfenster, in dem Sie nun die neue Position des gewählten Favoriten oder Favoritenordners festlegen können.

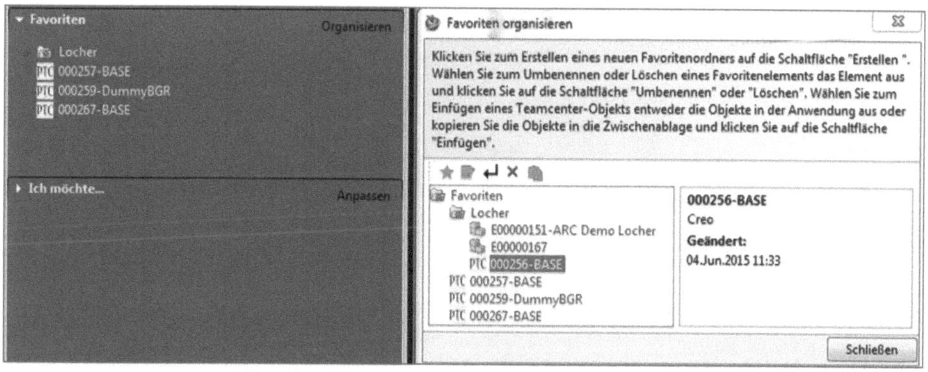

Bild 11.18 Favoriten organisieren

Zusätzlich besteht hier die Möglichkeit, alle in der Zwischenablage gesammelten Objekte mit einem Mal den Favoriten hinzuzufügen (siehe Bild 11.18, Icon *Einfügen*).

Die abgelegten Favoriten nutzen Sie durch das Anklicken im entsprechenden Abschnitt. Das Objekt, egal welcher Art, wird dann mit den teamcentereigenen Mitteln geöffnet. Favoriten stehen Ihnen auch in anderen Applikationen, wie z. B. dem **Struktur-Management**, zur Verfügung (Kapitel 5, „Struktur-Management – Stücklisten und deren Verwendung").

11.7 Suchoptionen

Die Funktionsweise der Suche kann über die üblichen Optionen in einigen Punkten verändert bzw. angepasst werden. Sie gelangen auf verschiedenen Wegen zu den Optionen. Haben Sie die Ansicht *Suche* bereits geöffnet, finden Sie hinter dem kleinen Pfeil nach unten unter anderem den Zugang zu den *Optionen ...* Das Gleiche erreichen Sie, indem Sie diesen Pfeil im Suchergebnisfenster anklicken. Alternativ erfolgt der Zugang über *Mein Teamcenter > Bearbeiten > Optionen* und dort über den Reiter *Suchen* am unteren Rand. Im Abschnitt *Suchen* können Sie nun verschiedene Einstellungen vornehmen (Bild 11.19). Wir wollen uns allerdings nur auf einige ausgewählte Einstellungen konzentrieren.

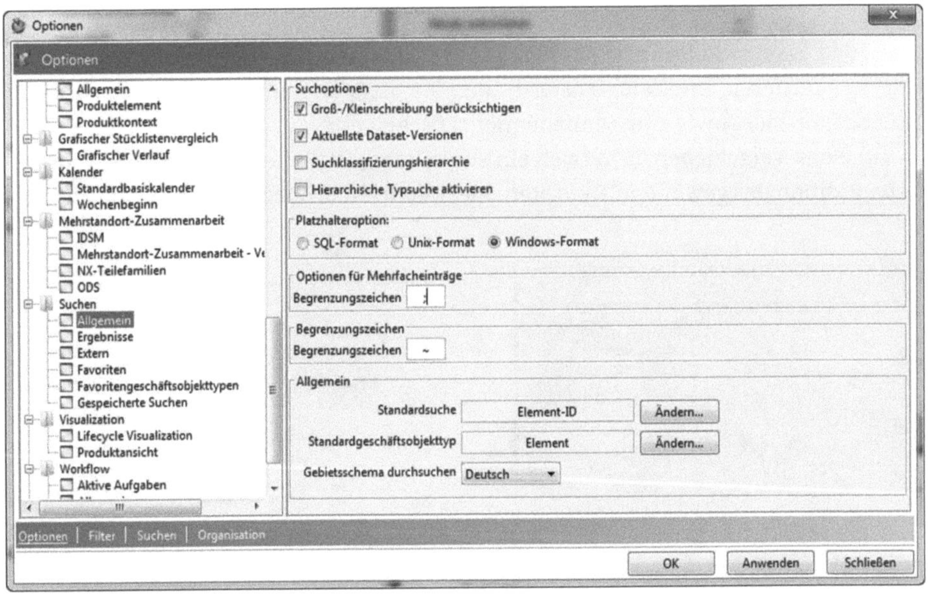

Bild 11.19 Allgemeine Suchoptionen

Unter *Suchen > Allgemein* (Bild 11.19) finden Sie folgende Einstellmöglichkeiten:

Groß-/Kleinschreibung berücksichtigen: Durch Setzen des Hakens wird die Groß-/Kleinschreibung berücksichtigt (case sensitiv). Ansonsten spielt diese bei den Kriterien keine Rolle.

Aktuellste Dataset-Version: Durch Setzen des Hakens wird die aktuellste Dataset-Version berücksichtigt. Ansonsten werden alle verfügbaren Versionen (Sequences) angezeigt.

Platzhalteroptionen: Unter Windows werden der Stern * und das Fragezeichen **?** als Platzhalteroptionen genutzt.

Begrenzungszeichen für Mehrfacheinträge (siehe Abschnitt 11.1): Wir empfehlen dies nur in seltenen Fällen zu modifizieren.

Allgemein > Standardsuche: Was soll als erste Suche beim Öffnen der Suchansicht angezeigt werden?

Allgemein > Gebietsschema durchsuchen: siehe Mehrsprachigkeit von Teamcenter, nicht im Buch berücksichtigt

Unter *Suchen > Ergebnisse* (Bild 11.20) finden Sie folgenden Einstellmöglichkeiten:

Suchverlaufsgröße konfigurieren: Anzahl der maximalen Elemente im Suchergebnisfenster und in der Suche

Suchverlauf löschen: Der Verlauf wird geleert.

Größe der zu ladenden Seite festlegen: Anzahl der Elemente, die in der Suchergebnisliste sofort angezeigt oder nachgeladen werden

Grenzwert für „Alle Laden“: Beachten Sie, dass im Suchergebnisfenster nur bis zu dieser Anzahl nachgeladen wird.

Suchen > Favoriten: Wählen Sie hier aus, welche Suchfavoriten ihnen beim Aufklappen des Dialogs vorgeschlagen werden sollen und legen Sie mit den Pfeiltasten deren Reihenfolge fest.

Suchen > Favoritengeschäftsobjekttypen: Definition der in der einfachen Suche zur Verfügung stehenden Objekttypen

Suchen > Gespeicherte Suchen: Ordner `Meine gespeicherten Suchen` im Ordner `Persönliche Ablage` anzeigen

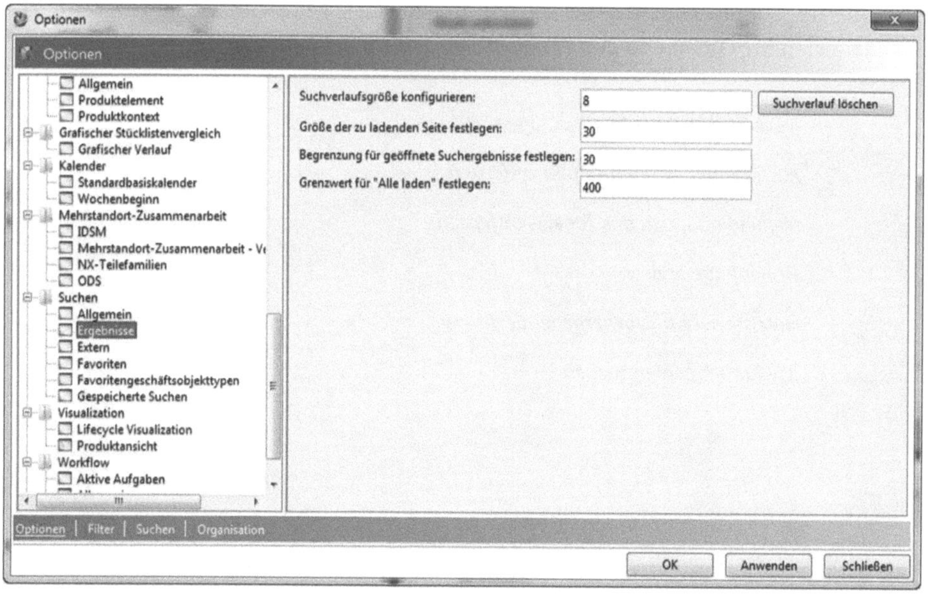

Bild 11.20 Suchergebnisse über *Optionen* anpassen

Um lokale Metadatensuchen zu vereinfachen, kann die administrierende Person die Standortvoreinstellung so konfigurieren, dass den Suchkriterien für alle Zeichenfolgenattribute automatisch ein Sternchen (*) als Präfix bzw. Suffix (oder beides) hinzugefügt wird (*search_automatic_wildcard*). Auf externe Suchen, Klassifikationssuchen und sonstige spezielle Suchen wirkt sich diese Standortvoreinstellung nicht aus.

11.8 Suchen in anderen Applikationen

Suchmöglichkeiten stehen Ihnen nicht nur in **Mein Teamcenter** zur Verfügung. Die Schnellsuche können Sie in den meisten Applikationen direkt nutzen. Das oder die Objekte werden dann gegebenenfalls nach Ihrer Auswahl in der entsprechenden Anwendung geöffnet. Auch die gespeicherten Suchen können Sie an anderen Stellen verwenden. Sie sollten dann allerdings gut mit den Möglichkeiten der Fenster und Reiter umgehen können. Hinzu kommen weitere spezifische Möglichkeiten zur Suche von Einträgen bzw. Objekten in Applikationen wie z. B. dem **Struktur-Management**. Hier verweisen wir auf die jeweiligen Kapitel in diesem Buch.

11.8.1 Suche in Ansicht „Detail"

Über die folgenden Icons finden Sie z. B. in **Mein Teamcenter** sehr detaillierte Suchkriterien für Objekte in der Tabelle (Bild 11.21):

+	*Neue Suchbedingung hinzufügen*
–	*Ausgewählte Bedingung(en) entfernen*
	Alle Bedingungen aus Tabelle entfernen
▲ ▼	*Reihenfolge ändern*
	Nächste suchen, vorhergehende suchen
	Alle Komponenten suchen

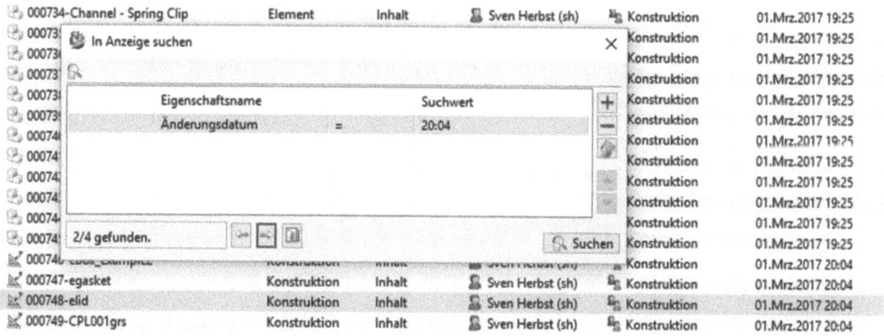

Bild 11.21 Dialog zum Suchen in der Detaildarstellung

11.8.2 Objekt nach Namen öffnen

Innerhalb verschiedener Dialoge in den Applikationen können Sie Daten mithilfe des Dialogs *Nach Namen öffnen* finden und auswählen. Grundsätzlich stehen zwei Attribute (`Name` und `ID`) für die Suche zur Verfügung. An dieser Stelle werden auch Platzhalter akzeptiert. Die gefundenen Items werden tabellarisch dargestellt. In der rechten unteren Ecke des Dialogfensters können Sie zwischen mehreren Seiten blättern und die selektierten Objekte in die Zwischenablage kopieren. Mit einem Doppelklick wird das gewählte Objekt in den aufrufenden Dialog zurückgegeben (Bild 11.22).

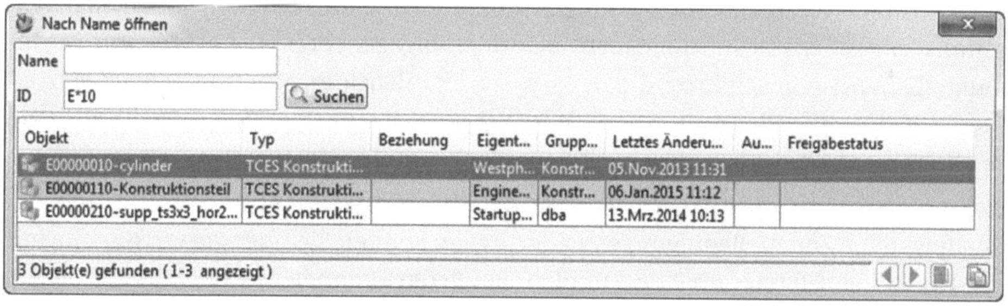

Bild 11.22 *Nach Name/ID öffnen* (z. B. im Struktur-Management)

11.8.3 Suchen im Struktur-Management/Stücklisten

An verschiedenen Stellen im **Struktur-Management** finden Sie den Dialog *Nach Namen öffnen* (siehe Kapitel 5, „Struktur-Management – Stücklisten und deren Verwendung“, Stichwort: Hinzufügen, Ersetzen, globale Alternativen oder Ersetzungskomponenten).

Eine weitere sehr leistungsfähige Suchfunktion ist *Komponenten in Anzeige suchen*. Auf diesem Wege können Sie komplexe Bedingungen für die Suche in den Eigenschaften der Stückliste (BOM-Line) festlegen. Dies ist vor allem für sehr große Stücklisten geeignet. Nutzen Sie dazu das Lupensymbol am unteren Rand des Struktur-Managements. Es öffnet sich ein angedocktes Fenster für die Suche (Bild 11.23).

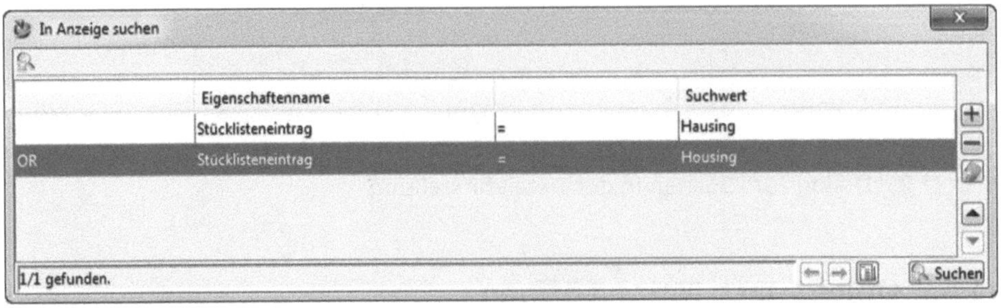

Bild 11.23 *In Anzeige suchen* im Struktur-Management

Doppelklicken Sie auf die Titelzeile des Dialogs, um das Fenster abzudocken. Nun können Sie auch die Größe nach Ihren Vorstellungen anpassen und das Fenster auch an eine andere Position verschieben. Durch einen Doppelklick in das zugehörige Feld gelangen Sie in die Auswahl der zu vergleichenden Eigenschaft (`Eigenschaftenname`). In der Liste finden Sie alle Attribute der Stückliste, die momentan eingeblendet sind. Eventuell müssen Sie also vorher noch weitere Spalten, wie in Kapitel 5, „Struktur-Management – Stücklisten und deren Verwendung", beschrieben, einblenden, bevor Sie nach den Werten suchen können. Wählen Sie einen `Operator` aus (siehe Abschnitt 11.5, allerdings stehen nicht alle dort angegebenen Operatoren zur Verfügung). Geben Sie anschließend den `Suchwert` ein. Beachten Sie, dass Teamcenter an dieser Stelle keine Platzhalter berücksichtigt. Auch beim Operator „Gleich" wird geprüft, ob die Werte in der Zeichenkette enthalten sind.

Definieren Sie über das Plus-Zeichen gegebenenfalls weitere Abfragebedingungen in den folgenden Zeilen. Bedingungen in den Zeilen können Sie über die erste Spalte mit der Operation `UND` oder `ODER` verknüpfen. Bei Bedarf können Sie die Reihenfolge der Zeilen über die Pfeile auf der rechten Seite sortieren. Einige Kenntnisse zu Datenbankabfragen sind also Voraussetzung für eine zielgerichtete Suche.

Führen Sie die Suche durch Anklicken der Schaltfläche *Suchen* aus. Die Suche wird nun in der Struktur durchgeführt, gegebenenfalls werden noch Komponenten nachgeladen. Als Ergebnis wird das erste gefundene Element hervorgehoben. Entsprechen mehrere Ergebnisse den Vorgaben, können Sie über die Pfeile am unteren Rand zwischen diesen wechseln. Beachten Sie auch die Möglichkeit, alle gefundenen Elemente mit dem dritten Symbol an dieser Stelle gleichzeitig auszuwählen. Danach schließen Sie das Fenster und können z. B. alle gefunden Revisionen mit Kopieren in der Zwischenablage ablegen.

Außerdem steht Ihnen in der Applikation das Struktur-Management-Suchfenster zur Verfügung, das wir ebenfalls genauer erläutern wollen. In der Symbolleiste finden Sie zwei ähnliche Lupensymbole. Über das rechte Symbol (*Struktur-Management-Suchfenster anzeigen/ausblenden ...*) wird die aktuelle Strukturansicht horizontal unterteilt. Im neuen Fenster wird der oberste Stücklisteneintrag als *Suchumfang* definiert (Bild 11.24).

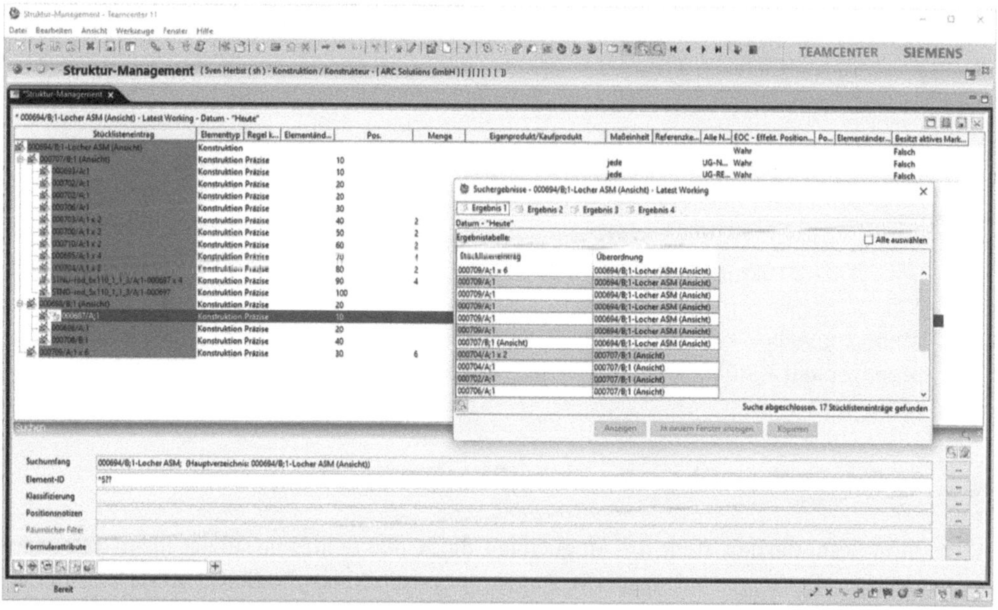

Bild 11.24 Struktur-Management-Suchfenster und -Suchergebnisfenster

Sie können nun eine ID vorgeben oder über die Punkte auf der rechten Seite dieser Zeile in der gesamten Datenbank suchen. Nutzen Sie die Klassifikation Ihrer Daten im Unternehmen, steht Ihnen auch die Suche in der Klassifikation zur Verfügung (siehe Abschnitt 11.8.4 und Kapitel 14, „Klassifikation – Ordnung im Datenbestand"). Positionsnotizen behandeln wir nicht in diesem Buch. In der letzten Zeile können Sie auch auf Attribute aus den Formularen zu Ihren Objekten zurückgreifen. Hierzu benötigen Sie unseres Erachtens sehr tiefgreifende Kenntnisse des den Objekten zugrunde liegenden Datenmodells.

Die Suche starten Sie über das kleine Lupensymbol auf der rechten Seite. Hier finden Sie auch die Möglichkeit, die Eingaben per „Radiergummi" zu löschen (Bild 11.25). Das Ergebnis Ihrer Suche wird in einem separaten *Struktur-Management-Suchergebnisfenster* angezeigt (beachten Sie auch das Icon *Struktur-Management-Suchergebnisfenster anzeigen/ausblenden ...* in der Symbolleiste). Mehrere Suchergebnisse werden nun in verschiedenen Reitern eingeblendet (vergleiche gegebenenfalls auch mit der

Ergebnisanzeige im CAD-System Inventor und in den Office-Schnittstellen). Unter anderem können Sie dort Einträge auswählen, in einem neuen Fenster öffnen oder in die Zwischenablage kopieren.

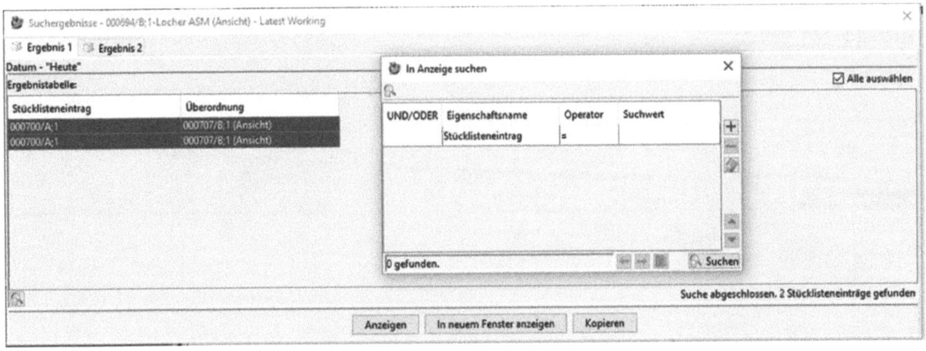

Bild 11.25 Struktur-Management-Suchergebnisfenster

Mehr zur Arbeit mit Stücklisten bzw. Strukturen finden Sie in Kapitel 5, „Struktur-Management – Stücklisten und deren Verwendung“.

11.8.4 Suchen über die Klassifikation

Eine Besonderheit stellt die Möglichkeit dar, Objekte zu klassifizieren. In Teamcenter ist es in diesem Fall möglich, Objekte über die Klassifikationskriterien zu finden (Bild 11.26). Da dies eine ganz andere Art und Weise des Auffindens der gewünschten Information ist, verweisen wir an dieser Stelle auf Kapitel 14, „Klassifikation – Ordnung im Datenbestand“.

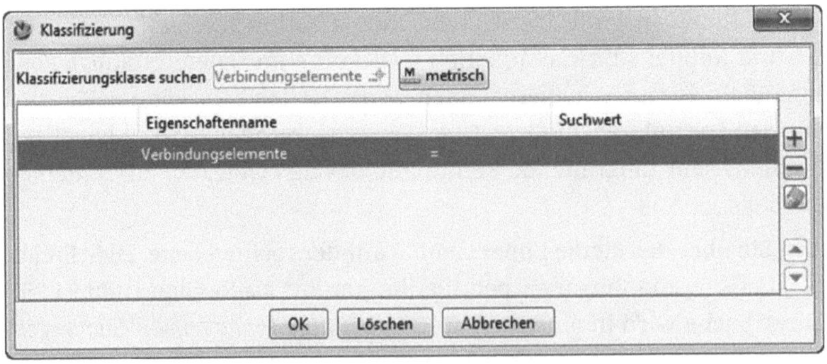

Bild 11.26 Suche in der Klassifikation aus anderen Applikationen

11.8.5 Suchen in Autorensystemen

Auch in Autorensystemen sind die Suchmöglichkeiten von Teamcenter integriert. So haben Sie z. B. im CAD-System NX die Möglichkeit, definierte Suchen direkt aus NX auszuführen. Auch stehen Ihnen dort Ihre gespeicherten Suchen vollumfänglich zur Verfügung (siehe Abschnitt 16.1, „Siemens NX"). Außerdem können gegebenenfalls umfangreiche Möglichkeiten für ein visuelles Reporting, z. B. in Teamcenter Visualisation oder im NX, genutzt werden.

11.9 Geometrische Ähnlichkeitssuche

In den letzten Jahren haben sich die Suchstrategien in umfangreichen Datenmengen in großem Stil verändert. Das Suchen wird einfacher und intuitiver. Fehleingaben werden über unscharfe Suchmöglichkeiten reduziert oder ausgeglichen. Im Engineering-Umfeld stehen Verfahren der geometrischen Ähnlichkeitssuche zur Verfügung. In diesem Fall wird eine Vergleichsgeometrie (z. B. als bereits konstruiertes Teil oder als schnelle Skizze) genutzt. Eine vorab indexierte Datenbank mit geometrischen Informationen wird unter Zuhilfenahme der Vergleichsgeometrie auf Ähnlichkeiten untersucht. Die anwendende Person muss dazu mindestens ein Kriterium definieren, in dem die Ähnlichkeit (Genauigkeit) ausgedrückt wird. Als Ergebnis werden visuell ähnliche Geometrien geliefert. In Teamcenter kann dazu Geolus Shape Search (ehemals Geolus Search) integriert sein. Basis sind aufbereitete JT-Daten und grundsätzlich auch STL- und VRML-Dateien. Diese werden auf einem eigenständigen Server katalogisiert. Die Suche steht entweder in **Mein Teamcenter**, direkt im CAD-System NX oder über einen Browser zur Verfügung. Die Beschreibung dieser Funktion würde allerdings den Rahmen dieses Buches sprengen.

11.10 Weitere Möglichkeiten zum Finden von Objekten

Sie haben nun vielfältige Möglichkeiten kennengelernt, wie Sie in „Datensenken" nach wichtigen Informationen suchen können. Das Auffinden von Informationen ist einer der wichtigsten Gründe für die Einführung und Nutzung eines PLM-Systems. Die für das Finden der passenden Information aufgewendete Zeit, möglichst auch mithilfe unscharfer Informationen, soll so gering wie möglich sein. Dass dies nicht unbedingt heißt, dass das Finden von Informationen einfach ist, zeigen die bislang vorgestellten Suchwerkzeuge. Weitere Hilfsmittel, wie Referenz- bzw. Verwendungsnachweis und **Beziehungs-Browser**, haben Sie bereits in Kapitel 10, „Alle Beziehungen im Griff", kennengelernt. In Zukunft können Sie sicher auch Methoden der künstlichen Intelligenz für die Auswertung Ihrer Daten einsetzen. In Teamcenter X werden dann Microsoft Teams und Azure OpenAI zur Verfügung stehen.

11.11 Abfrage-Editor

Um Abfragen bzw. Suchen zu erstellen, anzupassen oder zu korrigieren, steht prinzipiell allen Anwendenden der Abfrage-Editor zur Verfügung. Das Berechtigungssystem wacht darüber, dass keine Systemabfragen von unbefugten Nutzenden modifiziert werden. Um hier Suchen zu erstellen, sind allerdings Kenntnisse des individuellen Datenmodells unabdingbar. Die Nutzung vorzustellen, würde den Rahmen dieses Buches sprengen. Ein Blick in den Editor – mit ausgewählter Abfrage und eingeblendeten Hinweisen – soll Ihnen aber nicht vorenthalten bleiben (Bild 11.27).

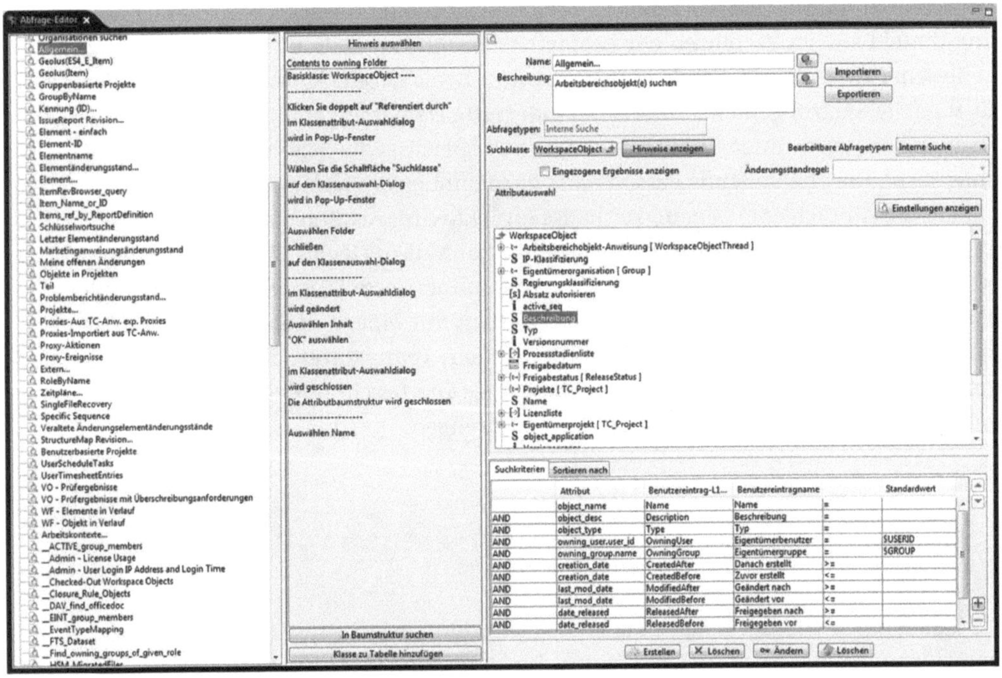

Bild 11.27 Der Abfrage-Editor

Abfragen können per PLM XML ausgetauscht werden. Dieser Standard wird im PLM-Umfeld inzwischen häufig statt den früher üblichen textbasierten Formaten genutzt (Bild 11.28).

Abfrage_PLMXML.txt

```
<?xml version="1.0" encoding="utf-8"?>
<!-- GENERATED BY: PLM XML SDK 7.0.3.296 -->
<plmxml_bus:PLMXMLBusinessTypes xmlns="http://www.plmxml.org/Schemas/PLMXMLSchema"
 xmlns:plmxml_bus="http://www.plmxml.org/Schemas/PLMXMLBusinessSchema"
 schemaVersion="6" language="de-de" date="2016-05-12" languages="en-us fr-fr de-de it-it es-es pt-br" time="12:43:51" autho
<plmxml_bus:SavedQueryDef id="id1" nameRef="#id2" descriptionTextRef="#id3" name="General..." queryFlag="0" queryClass="Wa
<Description>Find workspace object(s)</Description>
<ApplicationRef version="QEPAAAwo4JAueC" application="Teamcenter" label="QEPAAAwo4JAueC"></ApplicationRef>
<plmxml_bus:QueryClause id="id4" stringValue="SELECT qid FROM WorkspaceObject WHERE &quot;object_name&quot; = &quot;${Name
<plmxml_bus:Text id="id2" primary="en-us">
<Item language="fr-fr">Général...</Item>
<Item language="de-de">Allgemein...</Item>
<Item language="it-it">Generali...</Item>
<Item language="es-es">General...</Item>
<Item language="pt-br">Geral...</Item></plmxml_bus:Text>
<plmxml_bus:Text id="id3" primary="en-us">
<Item language="fr-fr">Rechercher le(s) objets de l'espace de travail</Item>
<Item language="de-de">Arbeitsbereichsobjekt(e) suchen</Item>
<Item language="it-it">Trova oggetti Area di lavoro</Item>
<Item language="es-es">Buscar objetos Área de trabajo</Item>
<Item language="pt-br">Localizar objeto(s) da área de trabalho</Item></plmxml_bus:Text></plmxml_bus:PLMXMLBusinessTypes>
```

Bild 11.28 PLM XML als Format für die Definition der Abfragen

11.12 Anwendung

Fast Track

1. Suchen Sie per Schnellsuche nach einer bekannten Teilenummer.
2. Suchen Sie nach Teilen (Elementen) des gleichen Typs (mit der gleichen anwendenden Person und der gleichen Gruppe), die im laufenden Jahr neu angelegt wurden.
3. Welche davon wurden im letzten Monat modifiziert?
4. Wie viele Teile wurden im vergangenen Monat freigegeben (Status)?
5. Suchen Sie alle Teile mit „Motor" im Namen.
6. Eventuell vergleichen Sie dann die Art des Vorgehens mit den in Kapitel 3, „Active Workspace – Informationen an jedem Ort", vorgestellten Möglichkeiten.

12 Geändert wird immer! Effektives Änderungswesen

Produktentwicklungen sind in jeder Phase von Änderungen und Präzisierungen geprägt. Mit Teamcenter als gemeinsamer Datenbasis verwalten Sie alle Änderungen in einem einheitlichen technischen System und können dadurch Entwicklungsschritte transparent und nachvollziehbar ablegen.

Real-World-Szenario

Nun geht es an die Umsetzung weiterer Varianten des Akkuschraubers. Dabei soll jederzeit der Zusammenhang mit vorhergehenden Modellen und den zugehörigen Informationen (einschließlich der Marktanalysen) erhalten bleiben. Alexander, Sven und Thomas überprüfen in der Datenbank die neuesten Entwicklungen und vergleichen diese mit früheren Entwürfen. Ganz entscheidend ist, dass alle Informationen zu den Gründen für die Änderungen und der Bezug zu den vorausgegangenen Entwicklungsschritten für alle Beteiligten nachvollziehbar bleiben.

Zunächst einmal wollen wir die einfachsten Änderungsabläufe betrachten. Dokumente sind in Datasets abgelegt. Mithilfe verschiedener Autorentools können Sie die Dokumente öffnen, ändern und wieder abspeichern. Die dabei entstehenden Speicherstände verwaltet Teamcenter entsprechend definierter Voreinstellungen (Kapitel 2, „Mein Teamcenter"). Bei Bedarf können Sie auf eine bestimmte Anzahl früherer Speicherstände erneut zugreifen.

Wer Daten lesen oder ändern darf, wird durch ein fest definiertes Konzept im Hintergrund vorgegeben und jederzeit sichergestellt (Kapitel 4, „Datensicherheit für alle").

Alle Datasets werden üblicherweise in Beziehung zu Revisionen (oder direkt in Bezug zum Item) abgelegt und über diese Revisionen verwaltet. Je zugehörigem Item gibt es eine oder mehrere Revisionen. Damit bildet dieses Item quasi ein Klammer um die einzelnen Revisionsstände.

12.1 Änderungsstände/Revisionen erzeugen

Selektieren Sie als Erstes die Revision eines beliebigen Items, z. B. des Typs `Konstruktion`. Teamcenter unterstützt den Prozess der Erzeugung neuer Revisionen aus bereits vorhandenen. Die Revision wird in erster Linie über den Befehl *Datei > Revisionieren …* zur Verfügung gestellt. Ähnlich wie bei der Erzeugung neuer Objekte wird ein Assistent gestartet. Dieser führt Sie in mehreren Schritten durch den Erstellungsprozess. Oft ist nicht bekannt, dass grundsätzlich jede Revision als Ausgangspunkt für den Kopierprozess verwendet werden kann. Dieser muss also nicht die letzte erstellte Revision bzw. die mit dem höchsten Zähler sein.

Um wie viele Schritte es sich im Assistenten handelt, wird unter Umständen bei der Realisierung Ihres spezifischen Systems festgelegt. Dies kann auch vom Objekttyp abhängig sein.

Im ersten Schritt wird ein Teil der Eigenschaften der selektierten Revision übernommen, andere hingegen müssen neu definiert werden. Sie benötigen immer eine neue `Revision ID`. Meist wird deren Schrittfolge im Hintergrund vordefiniert. Sie können nicht jeden beliebigen Wert vorgeben. Bei einigen Attributen, wie z. B. dem `Namen` der Revision, erhalten Sie Vorschläge, die Sie aber entsprechend eventuell hinterlegter Regeln ändern können.

Im Dialogfenster in Bild 12.1 sehen Sie auf der linken Seite die einzelnen durchlaufbaren Schritte des Assistenten. Es ist ratsam, über *Weiter* Schritt für Schritt vorzugehen. Beachten Sie, dass Sie fast jeden Schritt auch direkt anklicken und dann an dieser Stelle des Wizards weitermachen können. Auf die einzelnen Attribute werden wir an dieser Stelle nicht erneut eingehen. Lesen Sie dazu gegebenenfalls noch einmal in Kapitel 2, „Mein Teamcenter", nach.

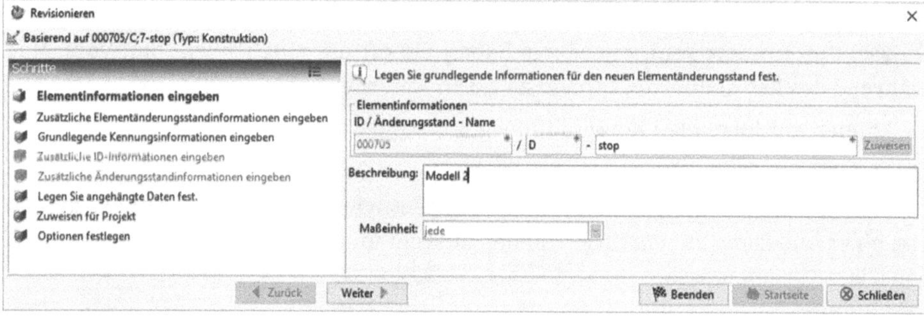

Bild 12.1 Festlegung neuer Attribute beim Revisionieren

Kopierregeln beim Revisionieren

Ein häufig vernachlässigter, aber aus unserer Sicht sehr wichtiger Schritt, ist *Legen Sie angehängte Daten fest* (Bild 12.2). Dazu müssen wir etwas ausholen. Mit jeder Revision sind verschiedene Daten (meist Datasets) verknüpft. Eine entsprechende Leseberechtigung vorausgesetzt, sehen Sie diese, wenn Sie die Revision in der Baumdarstellung aufklappen. Wird eine neue Revision erzeugt, analysiert Teamcenter die verknüpften Daten und bietet Ihnen die Möglichkeit zu entscheiden, wie mit diesen Daten beim Kopiervorgang von einer gewählten Revision zur neuen Revision verfahren werden soll.

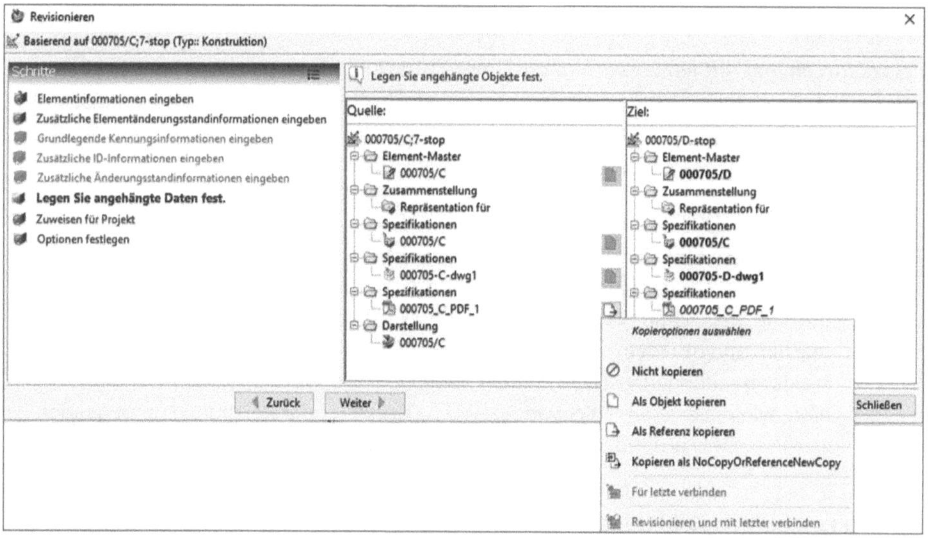

Bild 12.2 Festlegungen zu den anzuhängenden Objekten

Grundsätzlich sollten diese Kopierregeln für den jeweiligen Typ von Beziehung und Dataset vordefiniert sein. Allerdings haben Sie oft die Möglichkeit, den Vorschlag während des Revisionierungsprozesses Ihren Anforderungen anzupassen.

Sie können aus folgenden Kopieroptionen auswählen:

Nicht Kopieren: Diese Objekte werden in der neuen Revision nicht mehr benötigt und deshalb nicht kopiert. Dies ist z. B. für Neutralfiles wie TIF, PDF und JT üblich, da man von einer Änderung an den Originaldaten ausgeht und diese Typen dann sowieso neu generiert werden müssen.

Als Objekt kopieren: Das Dataset (die zugehörigen Dateien) werden direkt, also physisch, kopiert, wie man es z. B. aus Word (*Speichern unter ...*) kennt. Altes und neues Dataset können prinzipiell ohne Umbenennung der Dateinamen in den benannten Referenzen der Datasets unabhängig voneinander weiterbearbeitet werden. Oft erfolgt bei diesem Vorgang aber auch eine Modifikation des Dataset- bzw. Dateinamens.

Als Referenz kopieren: Hier werden Datasets so kopiert wie über den ganz normalen Kopierbefehl in Teamcenter. Es wird lediglich eine weitere Referenz auf das gleiche Dataset (oder andere Objekte) erzeugt. Die Bearbeitung erfolgt dann nicht unabhängig voneinander, sondern eine Änderung des Datasets in der neuen Revision entspricht auch einer Änderung in der alten Revision.

Für letzte verbinden: Diese Funktion wird dann verfügbar, wenn Relationen zwischen Artikel und Konstruktionsdaten (sogenanntes „Part Design Alignment") genutzt werden (Abschnitt 2.4.6 und Abschnitt 5.12). In diesem Fall wird nur die aktuell gewählte Revision revisioniert und eine Verbindung mit der letzten vorhandenen Revision der verknüpften Items hergestellt.

Revisionieren und mit letzter verbinden: Diese Funktion gilt ebenfalls für das Part Design Alignment. In diesem Falle wird auch im verknüpften Item eine neue Revision erzeugt. Diese neu entstandene Revision wird dann in Beziehung zur neuen Revision des gewählten Elements gesetzt.

Im Business Modeler (BMIDE) oder im Deployment Center legen Sie fest, welche Kopierregeln in der jeweiligen Situation greifen sollen. Sie sollten diese möglichst gut und weitsichtig planen, um es den Anwendenden so einfach wie möglich zu machen und trotzdem die erforderliche Flexibilität sicherzustellen. Fragen der Vermeidung redundanter Daten sollten dabei beachtet werden. Außerdem wird definiert, wie mit eventuell nicht angezeigten Objekten oder Relationen umgegangen werden und was mit den Attributen beim Kopiervorgang geschehen soll.

Für den kompletten Kopiervorgang sind im Hintergrund Standardvorgänge definiert. Sie dürfen diesen Schritt deshalb überspringen und damit das Revisionieren meist gleich nach dem ersten Schritt abschließen. Wir empfehlen jedoch, am Anfang möglichst mehrere Male jeden Schritt des Assistenten zu durchlaufen und dabei auf die

Grundeinstellungen beim Kopieren zu achten. Die Regeln sind je Objekttyp fix. Nach einiger Zeit durchlaufen Sie nur noch alle Schritte, wenn Sie an einer Stelle abweichend entscheiden wollen.

Im vorletzten Schritt finden Sie meist die Möglichkeit, Projektzuweisungen vorzunehmen, wie dies auch bei der Neuerstellung von Objekten der Fall ist. Allerdings sollte man beachten, dass für diesen Punkt gegebenenfalls auch andere Kopierregeln, z. B. für bereits zugewiesene Projekte, herangezogen werden. Zurzeit werden die bereits zugewiesenen Projekte in diesem Dialog leider nicht angezeigt.

Im letzten Schritt stehen Ihnen verschiedene Optionen zur Auswahl, die in etwa mit denen bei der Erstellung neuer Items vergleichbar sind (Bild 12.3):

Öffnungsoptionen – Als neuen Ursprung anzeigen: Diese Funktion entspricht dem direkten Öffnen des Objekts. Da es sich um eine Revision handelt, wird das gesamte Item als neuer Reiter in **Mein Teamcenter** geöffnet.

Auscheckoptionen – Elementänderungsstand beim Ändern auschecken: Diese Option führt unmittelbar dazu, dass die neue Revision für Sie reserviert wird. Beachten Sie, dass eventuell auch Regeln für die in der Revision enthaltenen Datasets greifen. Ansonsten wird nur die Revision reserviert, nicht die darin referenzierten Objekte.

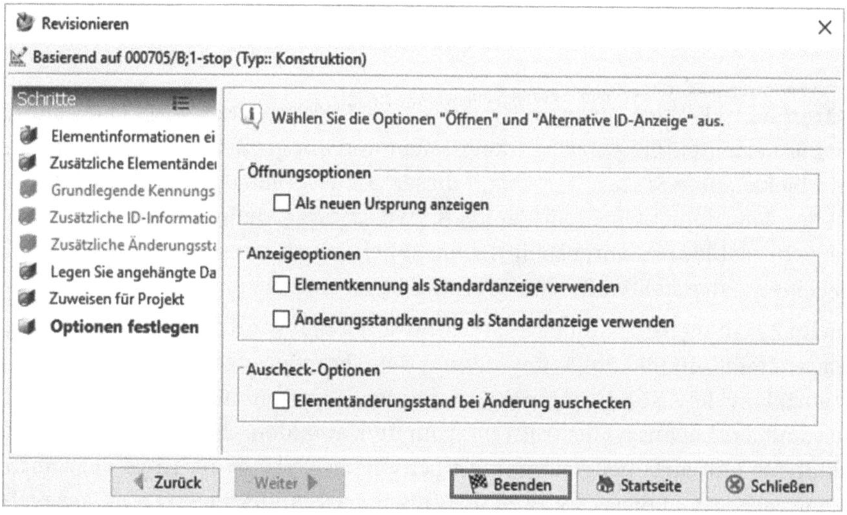

Bild 12.3 Optionen beim Revisionieren festlegen

Schließen Sie den Assistenten nun über *Beenden.* Die eigentlichen Operationen werden jetzt ausgeführt und können auch eine gewisse Zeit in Anspruch nehmen. Der Assistent zeigt Ihnen die jeweiligen Schritte an und wird dann geschlossen.

> In früheren Teamcenter-Versionen startete dieser Assistent dann wieder von vorn. Das ist aber im Normalfall nicht sinnvoll.

Sollten Sie sich sicher sein, dass eventuell folgende Schritte übersprungen werden dürfen, können Sie den Befehl *Beenden* nutzen, sobald dieser aktiviert wurde.

> Beachten Sie, dass das Erzeugen von neuen Revisionen in Ihrem Unternehmen von verschiedenen Vorbedingungen abhängig sein kann. Teamcenter prüft diese im Prozess definierten Bedingungen und erzeugt bei Verstößen keine neue Revision. In einigen Unternehmen wurde definiert, dass nur eine sogenannte Working-Revision (d. h. Revision ohne einen Status) je Item existieren darf. Damit ist deren Erstellung auch bei komplexeren Befehlen (wie z. B. *Duplikat ...*) nicht erlaubt. In diesem Fall würde der Revisionsprozess so lange verhindert werden bis Sie der vorhergehenden Revision einen Status „verpasst" haben.

12.2 Zusammenhang zwischen Änderungsständen und Status

Wir besitzen nun ein Item eines bestimmten Typs inklusive mehrerer Revisionen. Üblicherweise erhalten die einzelnen Revisionen und ein großer Teil der darin enthaltenen Objekte einen `Status`. Der Ablauf dieser Statusvergabe und der Zusammenhang mit den Revisionen wurde in Kapitel 8, „Workflows – definierte und nachvollziehbare Arbeitsabläufe", vorgestellt. Es ist üblich, einen eventuell vorhandenen Status bei einer neu erstellten Revision vollständig zu entfernen.

Vor allem im Zusammenspiel mit den Statusinformationen kann nun bei Betrachtung des gesamten Items ein Bild des Reifegrads aus den Veränderungen bzw. Entwicklungen der einzelnen Revisionen entnommen werden. Bezogen auf ein einzelnes Teil lässt sich somit der Lebenszyklus vollständig im Item abbilden. Üblicherweise wächst die Qualität des Entwurfs bei gleichzeitig wachsender `Revision ID`. Es ist aber auch möglich, Rückschritte in dieser Kette zu dokumentieren. Änderungen – egal aus welchem Grund diese stattfinden – lassen sich auf diese Weise gut strukturieren und dokumentieren. Jeder Berechtigte kann auf frühere Informationen zurückgreifen und aus dem Entwicklungsprozess „lernen".

12.3 Ein neues Item aus einem bereits vorhandenen ableiten

Irgendwann ist im Lebenszyklus der Punkt erreicht, an dem die Änderungen, oder genauer gesagt deren Auswirkungen auf das Produkt, so groß sind, dass ein neues Teil/Item aus dem besten vorhandenen Teil/Item abgeleitet werden muss. Dies wird mithilfe von *Datei > Speichern unter ...* durchgeführt. Im Gegensatz zum Befehl *Revisionieren ...* können Sie bei *Speichern unter ...* entweder ein Item oder auch gleich die passende Revision als Quelle auswählen. Im ersten Fall wird die letzte Revision (`Datum der Erstellung`) für den Kopierprozess genutzt. Im zweiten Fall legen Sie selbst fest, welche Revision genutzt werden soll. Auch hier wird ein Assistent ausgeführt. In aktuellen Teamcenter-Versionen wurden die einzelnen Schritte (und speziell die Auswahl der Kopierregeln) überarbeitet, deshalb wir wollen diese noch einmal genauer vorstellen. Der erste Schritt mit `ID` oder `Revision ID`, `Name` und `Beschreibung` usw. sollte Ihnen inzwischen bekannt sein (Bild 12.4). Bei neueren Versionen brauchen Sie die `ID` oder `Revision ID` nicht explizit zuzuweisen.

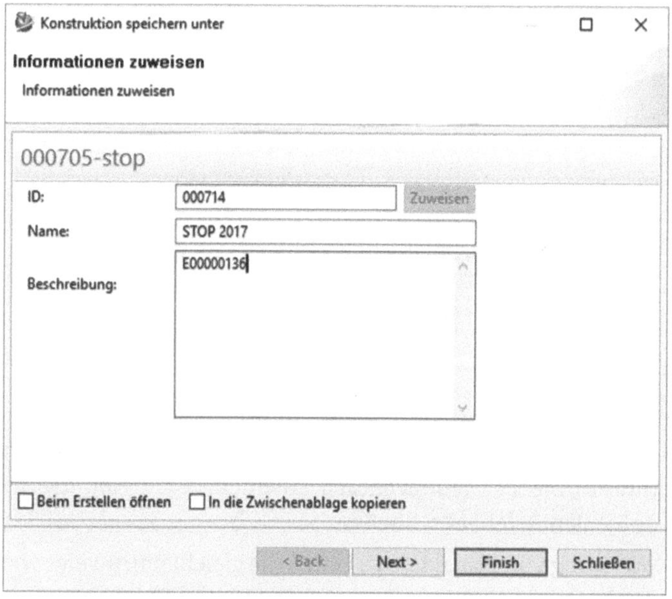

Bild 12.4 Attribute bei *Speichern unter ...*

Kopierregeln bei *Speichern unter …*

Im zweiten Schritt werden die Kopierregeln in veränderter Form angezeigt. Auch hier haben Sie gegebenenfalls die Möglichkeit, diese entsprechend Ihren Erfordernissen anzupassen. Die Bedeutung der verschiedenen Optionen haben wir bereits beim Revisionieren vorgestellt. Es entfallen jedoch die Optionen für das Part Design Alignment (Bild 12.5).

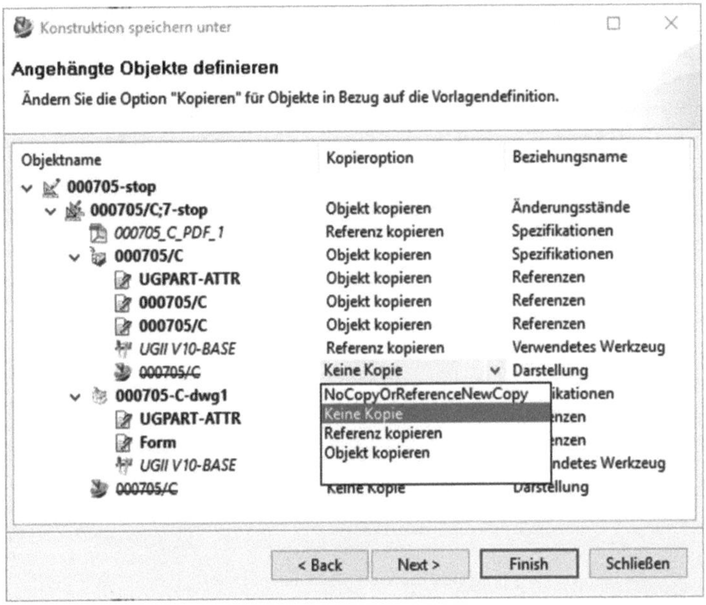

Bild 12.5 Festlegungen hinsichtlich der anzuhängenden Objekte bei *Speichern unter …*

Attribute modifizieren

Im nächsten Schritt erhalten Sie die Möglichkeit, weitere Informationen, wie z. B. die zugewiesenen Attribute, einzugeben bzw. zu verändern (Bild 12.6). Beachten Sie an dieser Stelle, dass es in Ihrem Unternehmen eventuell Pflichteingaben gibt, die Sie vornehmen müssen, bevor Sie den Befehl abschließen.

Der letzte Schritt ist die Zuweisung von Projekten. Es gelten die gleichen Hinweise wie bei der Neuerstellung oder beim Revisionieren. Schließen Sie den Befehl nun mit *Finish* ab.

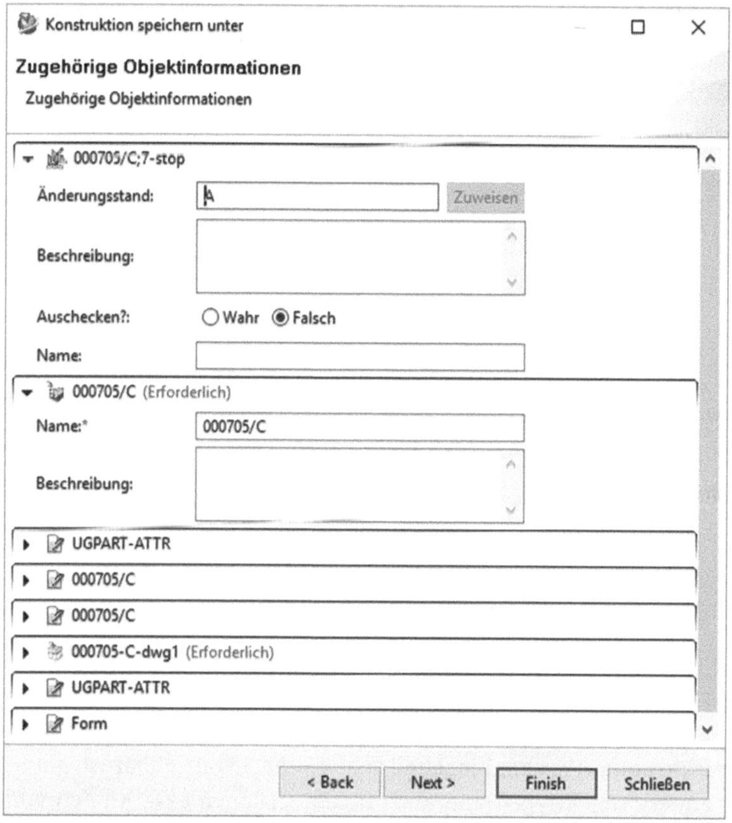

Bild 12.6 Eingabe und Überprüfung zusätzlicher Attribute

12.4 Die Relation „Basierend auf"

Mithilfe der Beziehung/Relation `Based on` (`Basierend auf`) wird die Weiterentwicklung dokumentiert und über die Beziehungsanalyse (oder über Pseudofolder) nachvollziehbar. Damit erweitert sich der Gedanke des Lebenszyklus auf mehrere Items/Teile.

Über die Beziehungsanalyse erhalten Sie ausgehend vom „alten" Item oder der Revision die Information, welches „neue" Item daraus erstellt wurde (Bild 12.7).

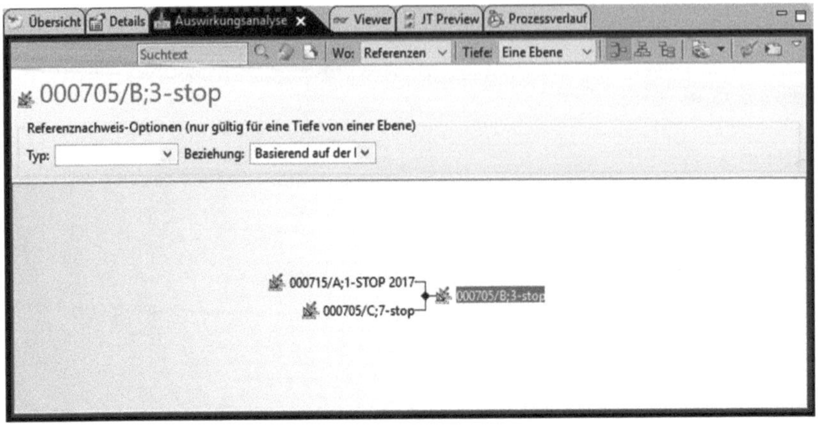

Bild 12.7 Auswirkungsanalyse für basierende Objekte

12.5 Anwendung auf Baugruppen und Strukturen allgemein

Jedes Unternehmen steht vor der Herausforderung, diese Möglichkeiten mit Leben zu erfüllen und ein möglichst präzises Abbild der Unternehmensprozesse zu erschaffen (siehe Kapitel 1, „Einführung"). Was am Einzelteil sehr gut nachvollziehbar ist, gilt in gleichem Maße für andere Objekttypen und auch für Baugruppen bzw. Knoten von beliebigen Strukturen. In diesem Fall ist es allerdings ungleich schwerer, die Auswirkungen schnell zu erfassen und zu verinnerlichen. In Baugruppen bzw. Strukturen kommt die in Kapitel 5, „Struktur-Management – Stücklisten und deren Verwendung", vorgestellte Funktionalität der Laderegeln hinzu, über die die Entscheidung von zu verwendenden Revisionen innerhalb der Baugruppe getroffen wird.

12.6 Erzeugen eines Duplikats einer vorhandenen Struktur

Sind ganze Baugruppen zu duplizieren, steht man schnell vor einer weiteren Frage: Soll die neue Baugruppe alle alten Unterkomponenten weiter verwenden? In diesem Falle nutzen Sie *Speichern unter ...* Sollen gleichzeitig auch Unterkomponenten modifiziert werden? In diesem weitaus komplexeren Fall muss für jede einzelne Komponente entschieden werden, ob die Änderungen in einer neuen Revision fortgeführt werden können oder ob aus dieser Komponente eine neue abgeleitet werden muss (*Speichern unter ...*). Für diesen Fall steht versierten Anwendenden in der Anwendung **Struktur-Management** der Befehl *Datei > Duplikat ...* zur Verfügung (Bild 12.8).

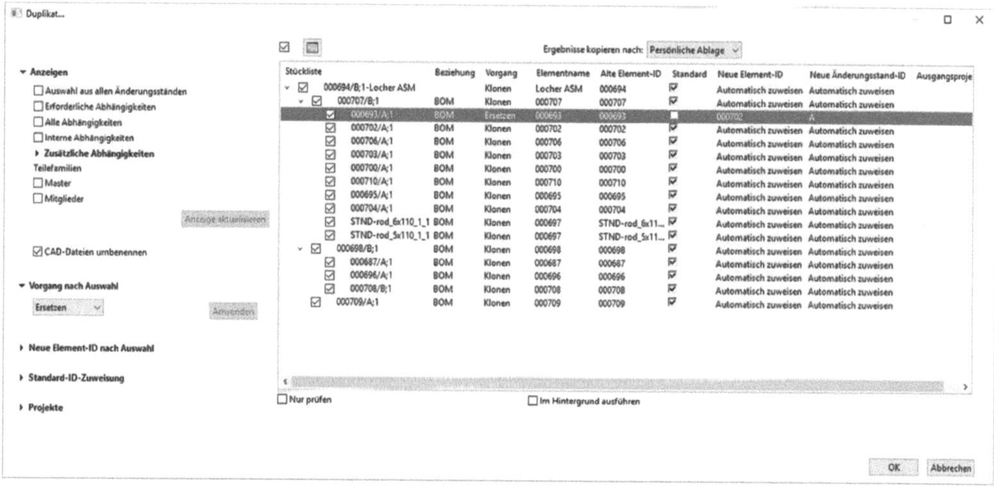

Bild 12.8 Dialog *Duplikat ...*

Die vollständige Beschreibung der Möglichkeiten, die in diesem sehr leistungsfähigen Werkzeug stecken, würden den Rahmen des Buches sprengen. Deshalb führen wir im Folgenden nur die wichtigsten Punkte auf.

Senden Sie eine Struktur zur Applikation **Struktur-Management**. Öffnen Sie bei Bedarf die Unterebenen, um den Inhalt der Stückliste vollständig zu sehen. Für erste Versuche sollte die Baugruppe nicht zu komplex sein. Selektieren Sie die oberste Ebene der zu duplizierenden Struktur. Rufen Sie anschließend den Befehl *Datei > Duplikat ...* auf. Im Dialog wird auf der rechten Seite die Baugruppenstruktur dargestellt. Auch hier sollten Sie die Unterkomponenten aufklappen. Auf der linken Seite des Dialogs kann die Auswahl der Komponenten (einschließlich bestimmter Relationen) und z. B. das Ergebnis spezifiziert werden. In der Tabelle mit der Struktur finden Sie die wesentlichen Informationen anhand eingestellter Aktionen. Ist die Checkbox aktiviert, wird die Standardaktion (*Klonen*) ausgeführt. Sie können aber für jede Komponente andere Entscheidungen treffen. Nutzen Sie dazu für die jeweils selektierten Komponenten auf der linken Seite den Abschnitt *Vorgang nach Auswahl* und selektieren Sie aus der Auswahlliste die gewünschte Aktion.

Referenz: Die gleiche Komponente wird auch in der neuen Struktur verwendet.

Klonen: Für diese Ebene wird *Speichern unter ...* ausgeführt. Sie müssen eine neue ID zuweisen bzw. diese automatisch vom Nummerngenerator generieren lassen.

Revisionieren: Es wird, wie bereits beschrieben, die aktuell genutzte Revision verwendet, um daraus eine neue zu generieren. Hier haben Sie keine Möglichkeit, die vorgegebenen Kopierregeln anzupassen. Es wird der Standard verwendet.

Ersetzen: Eine weitere Möglichkeit ist es, die aktuelle Komponente (Revision) durch eine andere zu ersetzten. Die manuelle Vorgehensweise haben wir in Kapitel 5, „Struktur-Management – Stücklisten und deren Verwendung", vorgestellt. In Spalte `Neue Element ID` müssen Sie die zu verwendende ID direkt eingeben. Gegenwärtig gibt es die sonst übliche Möglichkeit, nach Objekten in Teamcenter zu suchen, an dieser Stelle nicht.

Mit dem Erzeugen von Duplikaten steht Ihnen ein mächtiges Werkzeug zur Verfügung, das in vielen Fällen leistungsfähiger ist als z. B. die integrierten Fähigkeiten von CAD-Systemen. Allerdings ist es nicht gerade einfach, die Konsequenzen seiner eigenen Vorgaben sicher vorauszusehen. Gehen Sie also in produktiven Systemen behutsam beim Erzeugen von Duplikaten vor. Denken Sie daran, dass es nicht so einfach ist, einmal angelegte Daten wieder zu löschen, da automatisch vielfältige Beziehungen aufgebaut oder weitergeführt werden. Um zunächst zu prüfen, ob die Vorgaben so realisierbar sind, steht Ihnen die Option *Nur prüfen* zur Verfügung. Wenn dann etwas wirklich ausgeführt werden soll, können Sie den Vorgang *Im Hintergrund ausführen* lassen. Sie wissen ja inzwischen, dass der Server im Hintergrund meist die Hauptarbeit erledigen muss.

12.7 Neue Elemente auf Basis einer Vorlage erstellen

An dieser Stelle sei noch ein weiterer Hinweis auf eine oft unterschätzte Funktion in der Applikation **Struktur-Management** erlaubt. Mit *Datei > Neu > Element aus Vorlage* haben Sie die Möglichkeit, vorhandene Strukturen (oder einzelne Elemente) aus einem bereits vorhandenen Objekt zu generieren (Bild 12.9). Auch dieser Befehl bietet sehr viele Möglichkeiten. Im Gegensatz zum Duplizieren wird aus jedem Element der Struktur über *Speichern unter...* ein neues generiert. Aus anderen Programmen kennen Sie sicherlich sogenannte Templates. Hier haben wir es mit etwas ganz Ähnlichem zu tun.

Wenn Sie die beiden Reiter *Vorlage auswählen* und *Konfiguration* näher ansehen, werden Sie sicher viele der bereits in diesem Buch vorgestellten Funktionalitäten richtig zuordnen können (Bild 12.10).

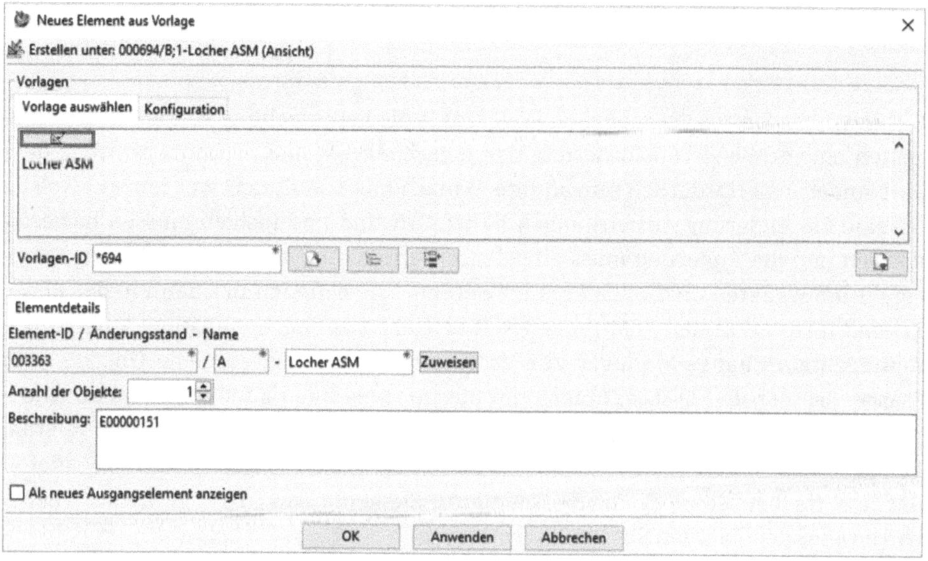

Bild 12.9 *Neues Element aus Vorlage*: Auswählen der Vorlage

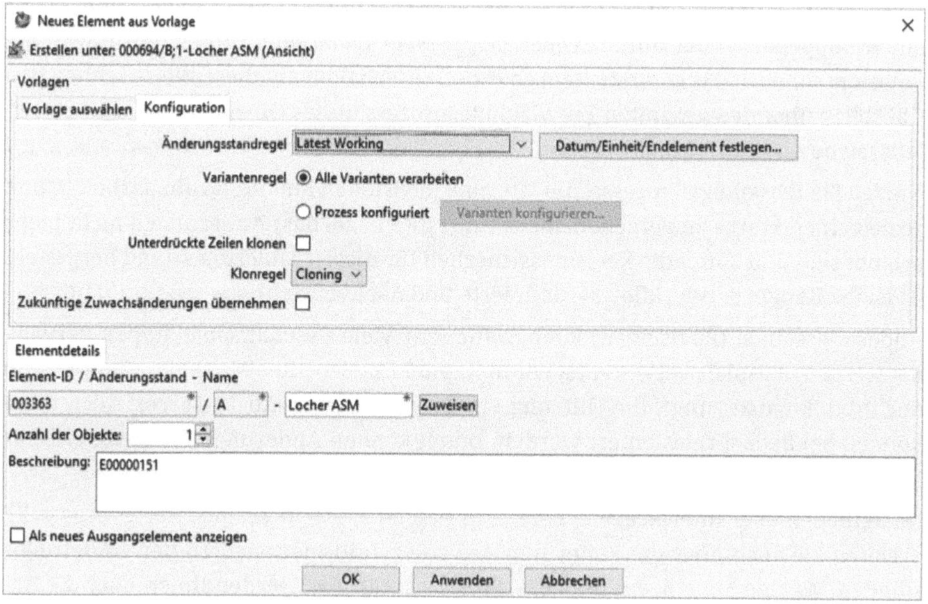

Bild 12.10 *Neues Element aus Vorlage*: Konfigurationsregeln

12.8 Weitere Funktionen für erforderliche Änderungen

Sicher wissen Sie aus der täglichen Praxis, dass die Beherrschung von Änderungsprozessen eine große Herausforderung darstellt. Zunächst muss erkannt werden, dass eine Änderung erforderlich sein könnte. Danach muss analysiert werden, auf welche Objekte die Änderung Auswirkungen hätte. Aufwand und Risiken müssen bewertet werden und die Änderung muss eingeleitet werden. Aus diesem Grund kann Teamcenter um weitere Funktionen ergänzt werden. Wir befinden uns dann in der Phase *Expand* (*Erweitern*) der PLM-Prozesse. Hier steht z. B. die Applikation **Änderungsmanagement/Change-Manager** zur Verfügung. Diese nutzt spezielle Objekte (z. B. `Change Request` und `Change Order`), um die Informationen zum anstehenden Änderungsprozess gezielt abzulegen und jede Änderung entsprechend zu dokumentieren. Beispielsweise liefert Teamcenter Rapid Start ein Objekt `Change`, das über Pseudofolder, z. B. für betroffene Elemente, geänderte Elemente usw., verfügt. Dieses Thema würde aber den Rahmen des Buches sprengen.

Wir möchten an dieser Stelle stattdessen noch einmal kurz auf die eine oder andere bereits vorgestellte Funktion hinweisen.

Ihnen liegen nun Items mit mehreren Revisionen vor. Sobald Sie eine Revision durch einen Doppelklick oder durch *Senden an* *Mein Teamcenter* öffnen, wird nicht die Revision, sondern das gesamte Item geöffnet. Sie erhalten auf diese Weise schnell den Überblick über den gesamten Entwicklungsprozess dieses Objekts, z. B. eines Einzelteils (siehe Abschnitt 2.4.4).

Nutzen Sie *Workflows/Prozesse*, um einzelne Revisionen mit diesen abzuarbeiten und gezielt einen `Status` zu vergeben. Meist führt dies dazu, dass Änderungen nicht mehr erlaubt sind und damit die Revisionssicherheit für diesen Änderungsstand hergestellt ist (siehe Kapitel 8, „Workflows – definierte und nachvollziehbare Arbeitsabläufe“).

Änderungsstände (Revisionen) können für sehr viele Geschäftsobjekttypen verwendet werden. Beispielsweise stellen wir in Kapitel 13, „Schedule Manager – Zeitpläne in der Produktentstehung“, die Nutzung von `Projektplänen` und `Tasks` vor. Auch diese können bei Bedarf revisioniert werden. Damit können Änderungen nachvollziehbar dokumentiert werden.

Im aktuellen User Interface, wie bereits in Kapitel 2, „Mein Teamcenter“, vorgestellt, erhalten Sie auch über die Reiter und Ansichten Informationen zu den Änderungsständen. Wählen Sie z. B. ein Item des Typs `Konstruktion`, werden Ihnen über die Ansicht *Übersicht* im Reiter *Übersicht* (Abschnitt *Verfügbare Änderungsstände*) alle Revisionen, auf die Sie lesenden Zugriff haben, angezeigt (Bild 12.11). Nutzen Sie die Möglichkeiten zur Veränderung der Darstellung dieser Tabelle und die in Kapitel 2, „Mein Teamcenter“, vorgestellten Möglichkeiten des User Interfaces, um die zugehörigen Informationen effektiv abzurufen.

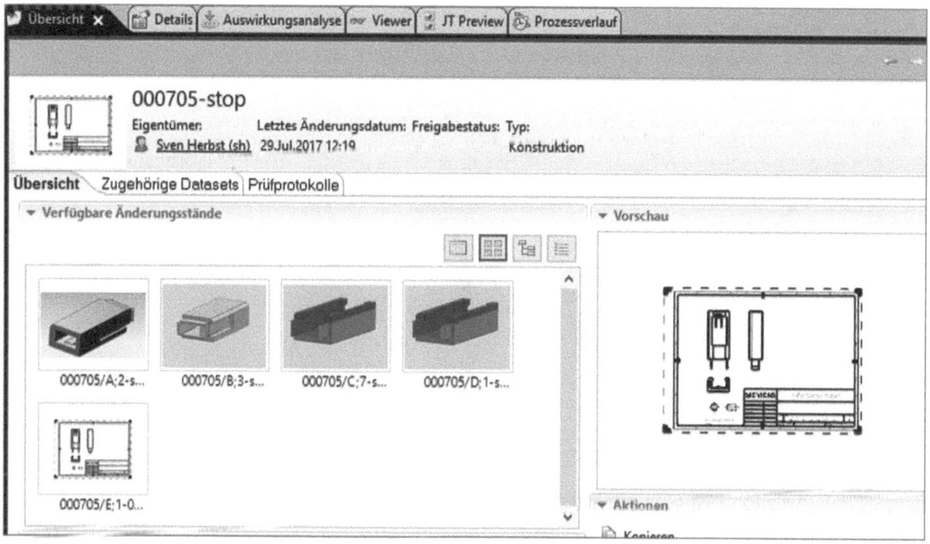

Bild 12.11 Verfügbare Änderungsstände als Miniaturansichten

Wenn Sie einen Änderungstand auswählen, bekommen Sie über *Übersicht > Verlauf* alle in der gleichen Konstruktion enthaltenen Revisionen angezeigt (Bild 12.12).

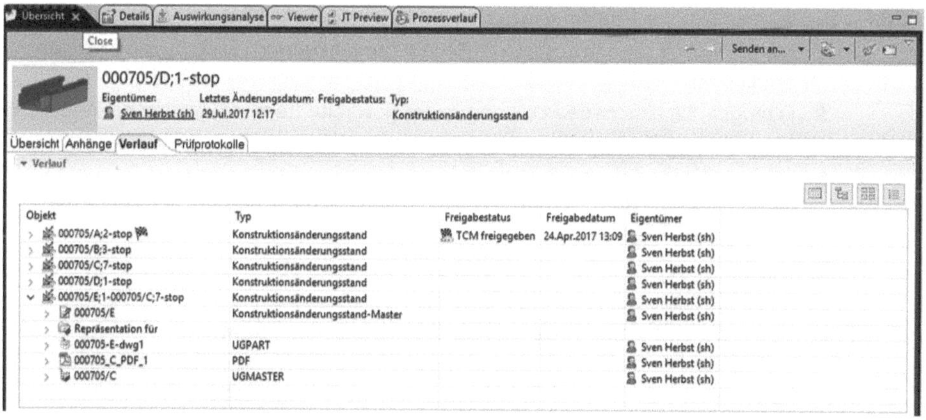

Bild 12.12 Weitere Änderungsstände über den Verlauf erkennbar

In Kapitel 2, „Mein Teamcenter", hatten wir unter *Übersicht > Übersicht* den Abschnitt *Aktionen* erwähnt. Neben *Kopieren* finden Sie in den meisten Installationen in diesem Abschnitt den direkten Aufruf von *Revisionieren …*, *Speichern unter* sowie den Start eines Workflows (*Neuer Workflow-Prozess …*).

Für Poweruser kann auch der Abschnitt *Ich möchte …* im Navigationsfenster angepasst und z. B. um das Revisionieren ergänzt werden (Bild 12.13).

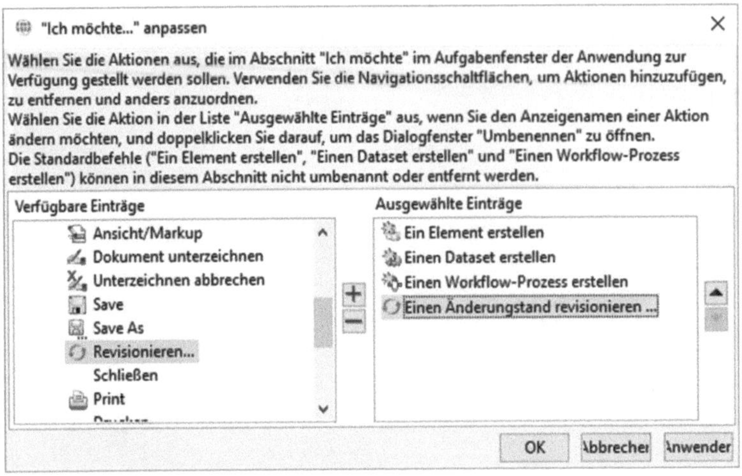

Bild 12.13 Anpassung von *Ich möchte ...*

12.9 Anwendung

Fast Track

1. Wählen Sie eine Revision eines Items des Typs *Dokument* aus.
2. Klären Sie, ob die Voraussetzungen für die Erzeugung einer neuen Revision erfüllt sind.
3. Erzeugen Sie eine neue Revision für das gewählte Item und prüfen die neuen Namen und Attributwerte.
4. Selektieren Sie das obige Item und speichern Sie dieses als neues Dokument ab. Nutzen Sie dafür die eben erstellte neue Revision. Prüfen Sie auch die Eigenschaften des neuen Items.
5. Nutzen Sie die Beziehungsanalyse, um zu prüfen, ob die Beziehung zwischen altem Item und neuem Objekt bei Ihnen genutzt wird.
6. Bauen Sie eine kleine Baugruppenstruktur (Stückliste/BOM) auf.
7. Nutzen Sie den Befehl *Duplikat*, um aus dieser Struktur eine neue zu erzeugen. Verwenden Sie dabei verschiedene Optionen für die Wiederverwendung, für das Revisionieren und für das Erzeugen neuer Items innerhalb des Befehls.
8. Erzeugen Sie eine neue Baugruppe auf Basis ihrer Stückliste mithilfe des Befehls *Element aus Vorlage*.
9. Vergleichen Sie die verschiedenen Ergebnisse.

13 Schedule Manager – Zeitpläne in der Produktentstehung

Mit dem **Zeitplan-Management** haben Sie die Möglichkeit, Projektpläne mit den entsprechenden Aufgaben zu erstellen und zu verwalten. Einige von Ihnen nutzen dafür sicherlich Programme wie Microsoft Project oder andere Cloudlösungen. In Teamcenter steht für Projektmanagementverantwortliche ein ähnlicher Funktionsumfang bereit. Im Gegensatz zu Microsoft Project können Projektpläne in Teamcenter jedoch ohne spezielles Wissen genutzt werden. Die Pläne können – quasi eigenständig im Hintergrund – verschiedene Vorgänge wie die Benachrichtigung von zugewiesenen Ressourcen (Kapitel 4, „Datensicherheit für alle") oder den Start von Workflows (Kapitel 8, „Workflows – definierte und nachvollziehbare Arbeitsabläufe") steuern. Wir beschreiben die Grundfunktionalitäten und einige andere, aus unserer Sicht wichtige, Funktionen für Projektmanagementverantwortliche. Um die Feinheiten des Aufbaus von Projektplänen für die Unterstützung der Zeitplanung und der Ressourcenauslastung darzustellen, fehlt in diesem Buch der benötigte Platz, weshalb das Thema nur angerissen wird.

Beachten Sie, dass der Begriff „Ressourcen" in Teamcenter in unterschiedlichem Kontext verwendet werden kann. In puncto Zeitmanagement geht es in erster Linie um Personen. Im Zusammenhang mit der Fertigung haben die Ressourcen in Teamcenter eine andere Bedeutung.

Real-World-Szenario

Im Rahmen der Produktpflege soll für den bereits erfolgreich verkauften Akkuschrauber das Akkupack neu gestaltet werden. Die Konstruktionsabteilung hat schon festgelegt, dass zunächst mehrere Teile überarbeitet werden sollen. Michaela ist als verantwortliche Konstrukteurin auch für die Erarbeitung des Projektplans zuständig. Vier Schritte sind bereits bekannt:

1. Definition der Zielgruppe und der daraus resultierenden Anforderungen an die Neugestaltung (verantwortlich: Michaela)
2. Veränderung des Unterteils nach den Vorgaben: Verantwortlich ist Selma (Engineering/Simulation).
3. Ableitung der Änderungen für das Akkupack: Hierfür ist Sebastian (Vertriebsabteilung und andere Abteilungen) verantwortlich.
4. Zum Abschluss muss für die Vorbereitung des Verkaufs ein neuer Artikel definiert werden, der alle benötigten Bauteile enthält (verantwortlich: Michaela).

13.1 Neuen Zeitplan erstellen

Wie bereits in Kapitel 5, „Struktur-Management – Stücklisten und deren Verwendung", vorgestellt, können Sie neue Objekte entweder in **Mein Teamcenter** oder direkt in der Applikation (hier: **Zeitplan-Management**) erstellen. Wählen Sie in **Mein Teamcenter** die Stelle, an der das neue Objekt angelegt werden soll. Sofern dies von Ihrer IT vorgesehen ist, können Sie einen Pseudofolder in einem Objekt wählen. Die Zeitpläne werden dann gleich über die richtige Beziehung mit dem gewählten Objekt verknüpft. Ansonsten wählen Sie einen normalen Ordner und realisieren alle Relationen später.

Rufen Sie *Datei > Neu > Zeitplan* (*Strg + U*) auf. Es kann hier theoretisch mehrere derartige Typen geben. Wählen Sie *Zeitplan* und *Weiter* (Bild 13.1). Wie Sie bereits wissen, benötigt jedes Objekt in Teamcenter eine `ID`, eine `Revision ID` und einen `Namen` (Bild 13.2). Geben Sie alle Angaben ein und wählen Sie dann *Weiter*. Es folgen gegebenenfalls unternehmensspezifische Formulare mit den entsprechenden Merkmalen.

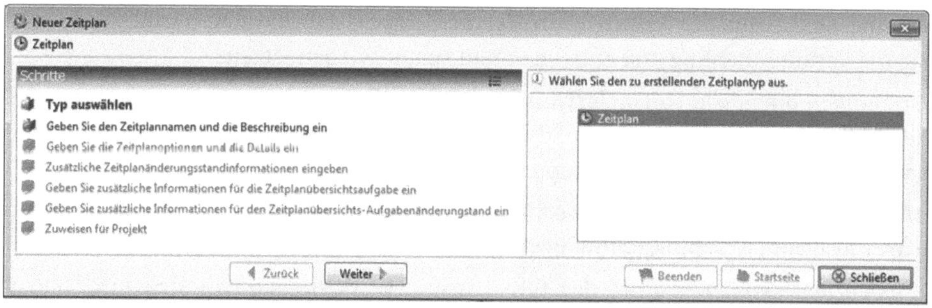

Bild 13.1 Auswahl des Objekttyps

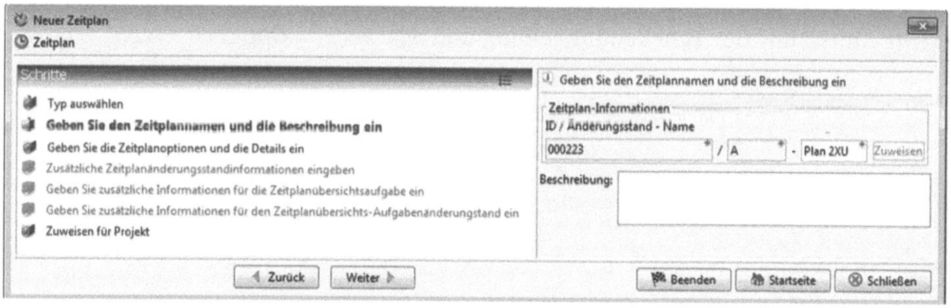

Bild 13.2 Eingabe der Pflichtfelder und Beschreibung

Zeitpläne können auf Basis einer Vorlage erstellt werden (Bild 13.3). Aktivieren Sie dazu das Optionsfeld und suchen Sie sich aus den bereitgestellten Vorlagen die passende heraus. Voraussetzung dafür ist, dass Sie bei der Erstellung eines Zeitplans über die Zeitplanoptionen (oder später über die Eigenschaften) definiert haben, dass dieser auch als Vorlage zur Verfügung stehen soll (`Ist Zeitplanvorlage`).

Bei `Kunde` und `Kundennummer` handelt es sich ausschließlich um Attribute (Bild 13.3). Später können Sie nach diesen Werten suchen.

Selektieren Sie bei Bedarf eine andere Zeitzone für die Eingaben. Im Hintergrund von Teamcenter wird mindestens ein Kalender bereitgestellt. Weitere Informationen hierzu finden Sie in Abschnitt 13.10. Beachten Sie, dass alle Aufgaben innerhalb des von Ihnen vorgegebenen Start- und Abschlussdatums liegen müssen (Bild 13.3). Das ist besonders wichtig, falls Sie Zeitpläne zusammenfügen möchten (siehe *Zeitplan > Zeitplan einfügen*). Natürlich können Sie alles später noch über die Eigenschaften anpassen.

Ist Zeitplanvorlage: Haben Sie diese Option gewählt, können Sie später auf dieser Basis neue Zeitpläne erstellen. Beachten Sie, dass es leichte Unterschiede bei der Darstellung der zugehörigen Symbole gibt (siehe Abschnitt 13.7).

Ist Zeitplan öffentlich zugänglich: Durch die Aktivierung dieser Option haben andere Anwendende Zugriff auf den Zeitplan. Beachten Sie, dass einige Änderungen nicht möglich sind, wenn der Zeitplan veröffentlicht wurde. Für diese Änderungen müssen Sie die Veröffentlichung erst entfernen und später wieder setzen.

Ist Zeitplan öffentlich: Normalerweise haben nur zugewiesene Ressourcen (Anwendende oder Teams) Leserechte auf den Plan. Ist der Zeitplan öffentlich, hat jeder (entsprechend den Reglungen für Gruppen/Rollen/Projekte) lesenden Zugriff.

Abschlussdatumzeitplanung verwenden: Alle Aufgaben werden in diesem Fall rückwärts, also vom Abschlussdatum beginnend, kalkuliert.

WBS-Format definieren: Über das WBS-Format (Work Breakdown Structure) haben Sie die Möglichkeit, einen einheitlichen und verbindlichen Schlüssel für die Nummerierung Ihres Zeitplans zu verwenden. Um die Werte direkt in der Tabellendarstellung zu sehen, blenden Sie dort die Spalte WBS-Code ein (siehe die im Hinweis vorgestellte Anpassung der Tabellendarstellung und *Bearbeiten* > *Optionen* > *WBS*).

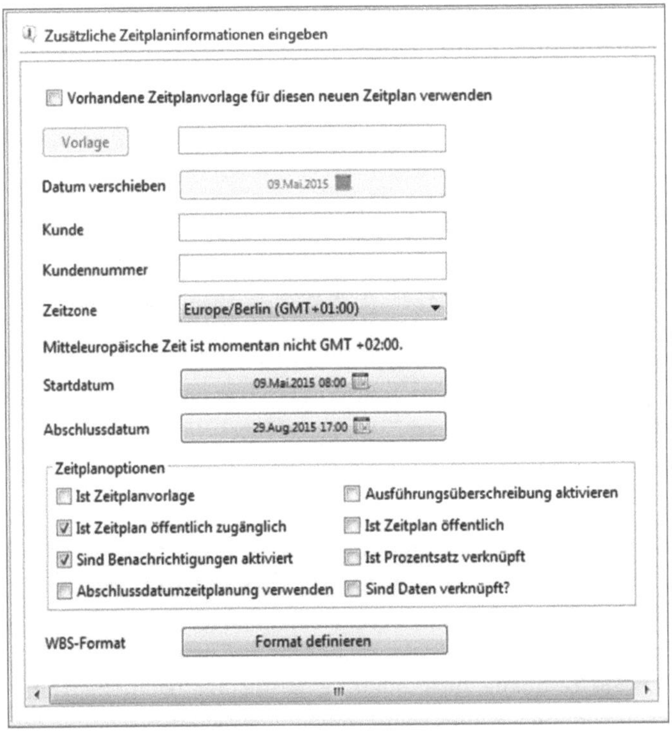

Bild 13.3 Zeitplaninformationen eingeben

Für die Work Breakdown Structure gibt es noch viele weitere Einstellmöglichkeiten. Über *Zeitplan* > *WBS* können Sie folgende Einstellungen vornehmen: *Format definieren*, *Neu erstellen* oder *Alle neu erstellen*.

Optional kann die Zuweisung zu einem Projekt so erfolgen wie in Kapitel 15, „Projekte – Produktdaten und Projektteams“, beschrieben. Falls Sie diese Projektzuweisung verwenden, können Sie bei der Zuweisung der Aufgaben unter den Ressourcen auf das zugehörige Projektteam direkt zugreifen.

Ergebnis ist ein Zeitplan und die erforderliche erste Revision. Senden Sie nun das Item (oder die Revision) zur passenden Anwendung (Bild 13.4). Dann arbeiten Sie in der Applikation **Zeitplan-Management** weiter.

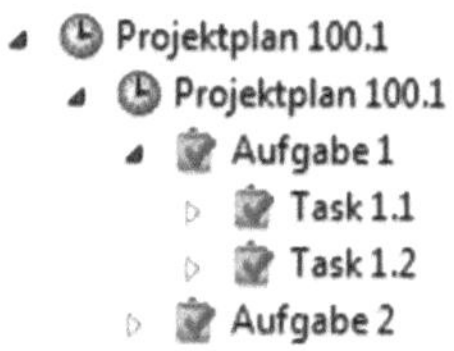

Bild 13.4
Projektplan mit Revision und Aufgaben in **Mein Teamcenter**

13.2 Aufgaben definieren

Jeder Zeitplan kann über mehrere Aufgaben (tasks) verfügen. Über *Datei* > *Neu* können Sie z. B. eine *Aufgabe* … oder einen *Meilenstein* … (Aufgabe ohne Dauer) erstellen. Nun öffnet sich ein Assistent, der die definierten Attribute abfragt (Bild 13.5 und Bild 13.6).

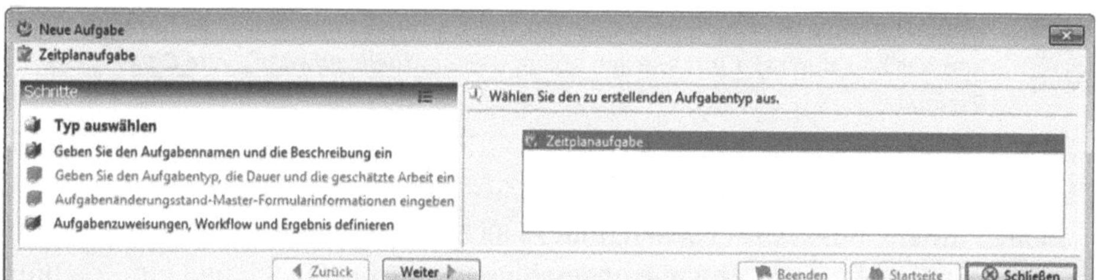

Bild 13.5 Aufgabentyp auswählen

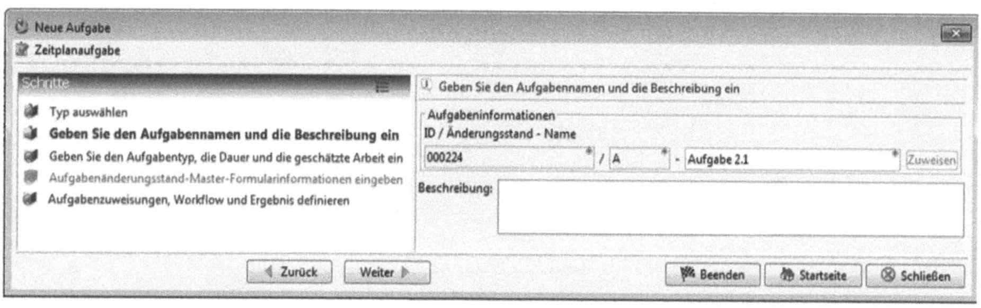

Bild 13.6 Pflichtangaben und Beschreibung

Geben Sie nur dann ein Start- bzw. Abschlussdatum ein, wenn Sie dieses exakt definieren wollen (Bild 13.7). Normalerweise werden diese Termine anhand der Aufgabenzwangsbedingungen und Abhängigkeiten, anhand der geschätzten Arbeit und anhand der zugewiesenen Ressourcen berechnet. Sollten Sie bereits bei der Dokumentation des Projektfortschritts sein, geben Sie auch die schon abgeschlossene Arbeit ein (siehe Statusinformationen).

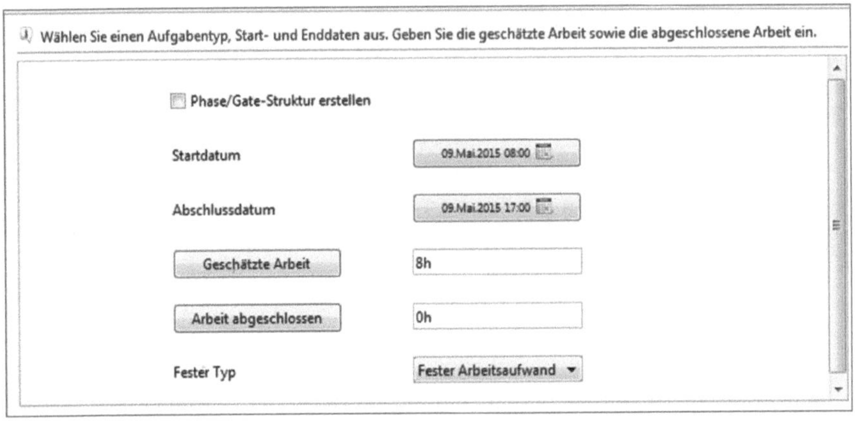

Bild 13.7 Aufgabeninformationen

Unter *Fester Typ* (Bild 13.7) geben Sie ein, auf welche Art und Weise die Berechnungen der Zeit durchgeführt werden sollen (*Fester Arbeitsaufwand*, *Feste Dauer*; *Feste Ressource*).

Über die Eigenschaften der Aufgabe können Sie weitere Attribute und Zustandsinformationen für die Aufgabe bearbeiten (Bild 13.8). Hier definieren Sie, was Teamcenter ausführen soll, sobald die Aufgabe abgeschlossen wurde. Sie können ein Ergebnis festlegen oder einen Workflow starten lassen (siehe Kapitel 8, „Workflows – definierte und nachvollziehbare Arbeitsabläufe"). Die für die Aufgabe zuständigen Ressourcen können Sie aus der Organisation auswählen und bereits bei der Erstellung zuweisen. Alternativ ist dies auch später möglich (siehe Abschnitt 13.8).

Bild 13.8 Aufgabenergebnisse

	Objekt	Startdatum	Abschlussdatum	Dauer	Geschätzte Arbeit	Aufgabentyp
	Projektplan 100.1	06.Mai.2015 08:00	08.Mai.2015 17:00	24h	24h	Zeitplanübersichtsaufgabe
1	Aufgabe 1	06.Mai.2015 08:00	08.Mai.2015 17:00	24h	16h	Übersichtsaufgabe
2	Task 1.1	08.Mai.2015 08:00	08.Mai.2015 17:00	8h	8h	Standard
3	Task 1.2	06.Mai.2015 08:00	06.Mai.2015 17:00	8h	8h	Standard
4	Aufgabe 2	07.Mai.2015 08:00	07.Mai.2015 17:00	8h	8h	Standard

Bild 13.9 Zeitplan im Zeitplan-Management

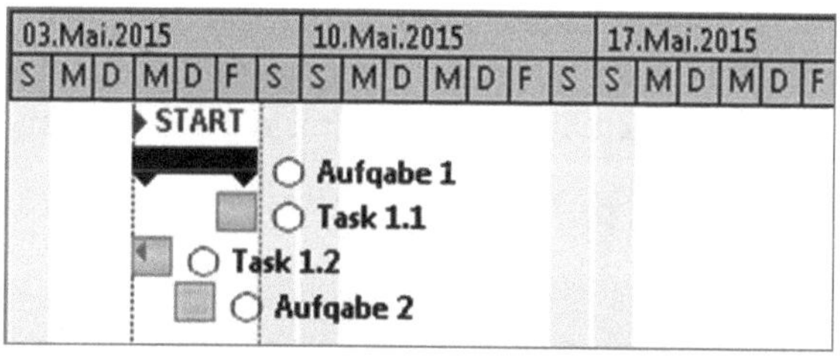

Bild 13.10 GANT-Darstellung des Zeitplans

Aufgaben sowie das Zeitplan-Objekt selbst können in **Mein Teamcenter** über die bereits für andere Objekte vorgestellte Ansicht *Viewer* angezeigt werden (Bild 13.11). Hier finden Sie alle definierten Attribute im entsprechenden Formular dargestellt. Bei Bedarf können Sie einige Angaben auch ohne die Applikation modifizieren.

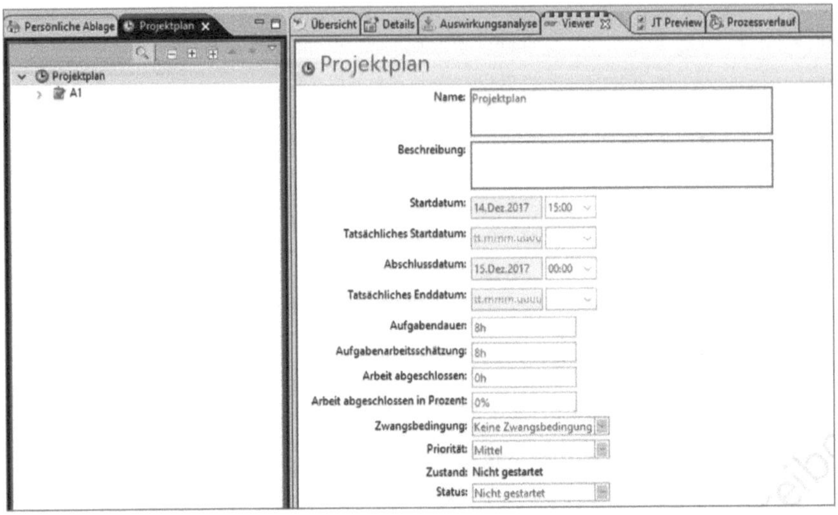

Bild 13.11 Anzeige der Eigenschaften von Zeitplan und Aufgabe im *Viewer*

13.3 Aufgaben strukturieren

Auch Aufgaben können Hierarchien bilden. Sie haben die Möglichkeit, Aufgaben ein- oder wieder auszurücken. Nutzen Sie dazu entweder die Menüpunkte unter *Zeitplan > Aufgabe einrücken/Aufgabe ausrücken* oder die Symbole aus dem Werkzeugkasten (Bild 13.12). Alle Aufgaben werden in der Ebene erstellt, in der sich gerade der Cursor befindet. Wurden Aufgaben eingerückt, bildet die übergeordnete Aufgabe eine Sammelaufgabe, d. h., die Dauer ergibt sich aus dem Ergebnis der Auswertung aller untergeordneten Aufgaben.

Bild 13.12 *Aufgabe einrücken, Aufgabe ausrücken* und *Für Aufgabe zuweisen*

Eine neue Aufgabe unter Angabe der zugewiesenen Arbeit können Sie auch direkt über die Zeile oberhalb Ihres Zeitplans erstellen. Geben Sie den `Namen` der Aufgabe und die `Arbeit` vor. Schließen Sie die Eingabe mit *Erstellen* ab (Bild 13.13).

Bild 13.13 Schnelleingabe über `Aufgabe (Name)` und `Arbeit`

13.4 Aufgabenabhängigkeiten

Zwischen Aufgaben können Abhängigkeiten aufgebaut werden. Diese erstellen Sie per Drag and Drop, d. h., Sie markieren den Vorgänger und ziehen ihn mit gedrückter linker Maustaste nach unten aus dem Balken heraus. Dann bewegen Sie den Mauszeiger auf den Nachfolger und lassen die Taste wieder los. Abhängigkeiten können Sie jederzeit über *Zeitplan > Verknüpfung > Abhängigkeiten* modifizieren. Kenner anderer Zeit- bzw. Projektplanungssoftware finden hier auch die Möglichkeit, den Typ der Verknüpfung zu kontrollieren. Wählen Sie den Vorgänger oder Nachfolger aus und ändern Sie über *Bearbeiten* z. B. den Typ der Abhängigkeit (*Ende-bis-Anfang* = Vorgabe, *Ende-bis-Ende, Anfang-bis-Anfang, Anfang-bis-Ende*). Der Eintrag *Kein* (bzw. der Menüpunkt *Löschen* im vorhergehenden Dialogfester) löscht die Abhängigkeit. Als Projektplaner sollten Sie Aufgabenabhängigkeiten nur dann erstellen, wenn die Reihenfolge der Aufgaben auf keinen Fall anders realisiert werden kann oder darf.

13.5 Aufgabenzwangsbedingungen

Die im Folgenden vorgestellte Funktionalität sollten Sie nur dann nutzen, wenn Sie ganz genau wissen, zu welchem Termin etwas stattfinden soll. Per Drag and Drop können Sie einen Vorgang auf ein anderes Anfangsdatum ziehen. Nach dieser Entscheidung gestaltet es sich schwierig, das **Zeitplan-Management** von Teamcenter davon zu überzeugen, den Termin nun doch wieder zum frühestmöglichen Zeitpunkt einzuplanen. Über Aufgabenzwangsbedingungen können Sie Teamcenter jedoch dazu bewegen, automatisch den frühesten Termin, den spätesten Termin oder einen von Ihnen vordefinierten Termin zu nutzen. Rufen Sie dazu *Zeitplan > Aufgabenzwangsbedingungen* auf (alternativ per Symbol oder Doppelklick). Nun entscheiden Sie, welchen Termin Teamcenter ermitteln soll. Über einmaliges Wechseln und wieder Zurückwechseln zur Vorgabe *Keine Zwangsbedingung* wird Ihr eigenhändig positionierter Termin zurückverschoben.

13.6 Meilensteine verwenden

Wie auch aus anderen Systemen bekannt, haben Sie im **Zeitplan-Management** von Teamcenter die Möglichkeit, Meilensteine in Ihrem Projekt zu definieren. Bei diesen handelt es sich um Aufgaben mit einer Dauer von null. Auch bei Meilensteinen können Sie die Eigenschaften ändern. Sobald die Dauer ungleich null ist, haben Sie es mit einer ganz normalen Aufgabe zu tun. Umgekehrt ist das übrigens genauso.

13.7 Zeitplan aus Vorlage erstellen

Voraussetzung, um einen neuen Zeitplan aus einer vorhandenen Vorlage zu erstellen, ist es, dass Sie bei der Erstellung des Zeitplans definiert haben, dass dieser auch als Vorlage zur Verfügung stehen soll (siehe Abschnitt 13.1 und Bild 13.14).

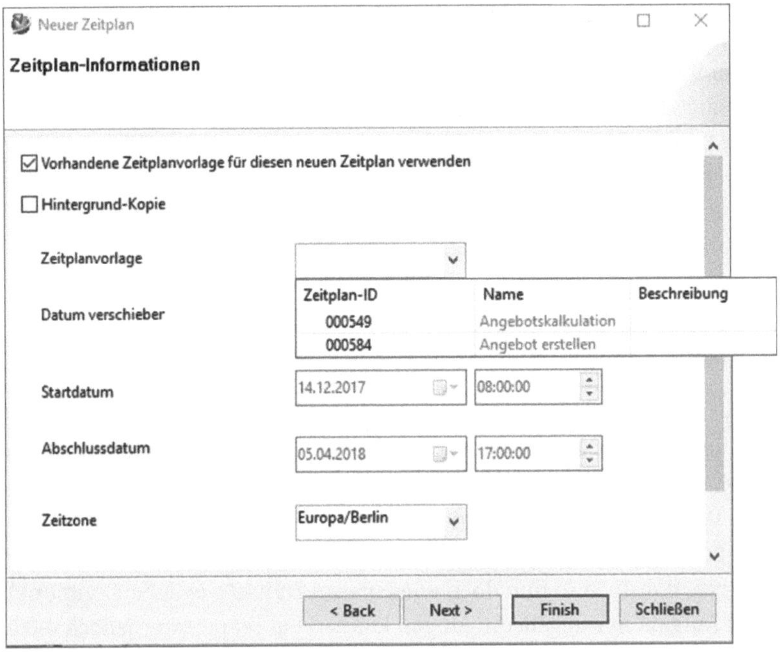

Bild 13.14 Neuen Zeitplan auf Basis eines Templates erstellen

In Kapitel 12, „Geändert wird immer! Effektives Änderungswesen", haben wir Ihnen die Möglichkeiten zur Erstellung von Kopien aus Items vorgestellt (*Speichern unter ...*). Beachten Sie, dass Sie diese Möglichkeit bei Zeitplänen nicht haben. Nutzen Sie stattdessen die vorangehend beschriebene Variante, neue Zeitpläne auf Basis eines als Vorlage definierten Plans zu erstellen (siehe auch *Struktur-Management > Datei > Neu Element aus Vorlage* und Kapitel 5, „Struktur-Management – Stücklisten und deren Verwendung").

In den meisten Anwendungen dürfen Sie gleichzeitig mit mehreren gleichartigen Objekten arbeiten (z. B. mit mehreren Stücklisten im **Struktur-Management**). Leider ist dies im **Zeitplan-Management** zurzeit nicht möglich. Das Öffnen eines neuen Zeitplans, auch aus dem Verlauf heraus, öffnet genau diesen. Über die NRU-Liste (unten links im Zeitplan-Fenster) können Sie aber trotzdem schnell zwischen den letzten Zeitplänen wechseln.

13.8 Team definieren

Ganz entscheidend für eine effektive Projektplanung sind die Ressourcen. Je nach Aufgabenstellung kann der Projektmanagementverantwortliche hier von der PLM-Software unterstützt werden – beginnend bei der Hinterlegung der Verantwortlichkeiten über die Zugriffsrechte bis hin zur Steuerung der Zeitplanung durch die Ressourcenauslastung.

In Teamcenter haben alle zugewiesenen Ressourcen mindestens lesenden Zugriff. Es gibt verschiedene Wege, anwendende Personen als verantwortliche Personen einer Aufgabe zu bestimmen. Um ein Team zusammenzustellen, wird dieses über *Zeitplan > Team definieren* aus der Organisation gewählt (Bild 13.15). Sie können direkt auf die Gruppen und Rollen, auf die definierten Fachgebiete oder auf die einzelnen Benutzenden zugreifen (siehe Kapitel 4, „Datensicherheit für alle“). Zusätzlich haben Sie die Möglichkeit, einen Ressourcenpool zu verwenden. In der Tabelle der Teammitglieder vergeben Sie anschließend die Rolle *Koordinator*, *Teilnehmer* oder *Betrachter*. Falls Sie mit der Projektplanung die Projektkosten planen bzw. dokumentieren wollen, sollten Sie einen Kostensatz mit entsprechender Währung verwenden. Eine kurze Erklärung, wie mit Zeitplan-Kalendern umgegangen werden kann, finden Sie in Abschnitt 13.10.

Bild 13.15 Dialog zum Definieren des Teams

13.9 Zuweisungen

Über den Menüpunkt *Zeitplan > Zuweisungen > Für Aufgabe zuweisen ...* gelangen Sie zum Dialogfenster, in dem Sie für alle Aufgaben die Zuweisungen vornehmen können (Bild 13.16). Auch hier steht wieder die gesamte Organisation zur Verfügung. Auf separaten Reitern finden Sie die definierten Fachgebiete und die gegebenenfalls zugewiesenen Projekte.

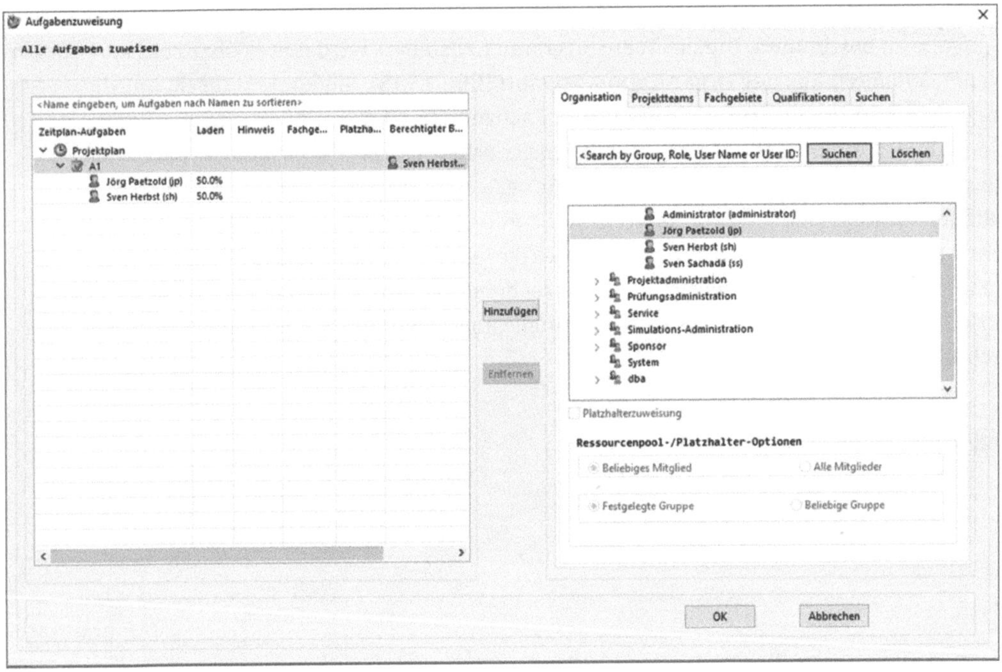

Bild 13.16 Zuweisung der Ressourcen zur Aufgabe

Die Zuweisungen werden gemeinsam mit den Kalendern für die Kalkulation der Aufgabenzeiten genutzt. Diese Vorgehensweise, auf die wir im Buch leider nicht weiter eingehen können, entspricht in vielen Punkten der anderer Softwarepakete. Der große Vorteil von integrierter Zeitplanung ist die vollständige Integration in Teamcenter. Damit können auf einfache Weise Verbindungen zu den gespeicherten Daten und verfügbaren Prozessen (Workflow) aufgebaut werden. Typische Arbeitsschritte werden so durch die Zeitplanung „getriggert“.

13.10 Kalender nutzen

Kalender werden in der Applikation **Organisation** gepflegt oder zusätzliche angelegt. Im Rahmen des **Zeitplan-Managements** können Sie einzelnen Ressourcen die im System definierten Kalender zuweisen. Beachten Sie, dass die Arbeitszeiten aus den Kalendern Einfluss auf die Kalkulation der Zeitpläne haben (Bild 13.17).

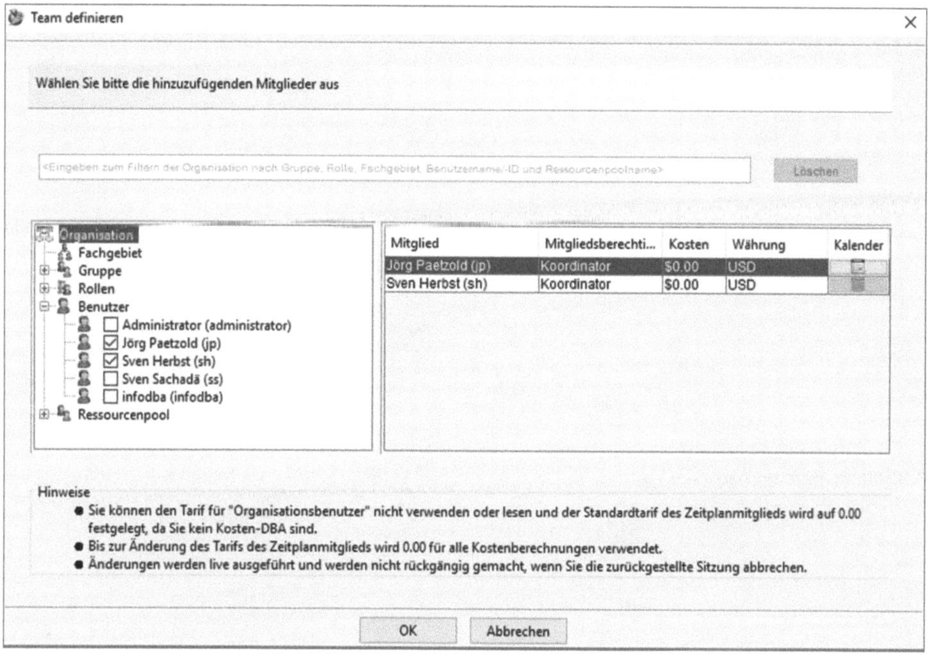

Bild 13.17 Zuweisung der Kalender bei der Teamdefinition

13.11 Anwendung

Fast Track

1. Legen Sie in **Mein Teamcenter** einen Zeitplan an.
2. Senden Sie den neuen Zeitplan an das Zeitplan-Management.
3. Erstellen Sie zwei neue Aufgaben mit fester Dauer.
4. Weisen Sie jeder Aufgabe eine Ressource zu.
5. Legen Sie eine passende Aufgabenabhängigkeit zwischen beiden Aufgaben an.

14 Klassifikation – Ordnung im Datenbestand

Wie in jeder Datenbank können Sie in Teamcenter Eigenschaften definieren und die Werte so vorbereiten, dass Sie in der Lage sind, Objekte (z. B. Dokumentrevisionen) in verschiedene „Schubladen" zu schieben. Über die Suchmöglichkeiten finden Sie die Objekte ohne großen Aufwand wieder und können diese weiter verwenden. Beispielsweise können Sie aus bereits vorhandenen Objekten neue Teile oder Artikel ableiten (*Speichern unter ...*) oder Sie bauen diese in Strukturen bzw. Baugruppen ein (z. B. Norm- oder Zulieferteile in Ihrer Konstruktion). Im Teile-Management spricht man in diesen und anderen Fällen von einer sogenannten Klassifikation. Hierbei werden Eigenschaften (genauer gesagt Merkmale) so aufgebaut, dass eine einfache und vor allem schnelle Auswahl geeigneter Teile möglich ist. Üblicherweise nutzt man dazu Sachmerkmale.

Beispiel: Verwendung von Normteilen

Gehen wir einmal davon aus, dass Sie Verbindungselemente nutzen wollen. Sie haben sich für eine Schraubverbindung entschieden, da bestimmte Zugkräfte und nur geringe (keine) Scherkräfte wirken. Ihre Berechnungen haben ergeben, dass ein Nenndurchmesser von 6 mm ausreichend ist. Sie suchen sich nun aus Ihren bereitliegenden Verbindungselementen die mit der gesuchten Nennweite heraus und finden mehrere Normreihen. Teamcenter erlaubt Ihnen eine Auswahl des Schraubentyps anhand von Merkmalen, 2D-Grafiken (GIF, JPG usw.) oder 3D-Grafiken (JT). Auf diese Weise legen Sie sich die eventuell benötigten Objekte in einem Ordner bereit.

Die Applikationen **Klassifikation** und **Klassifikations-Administration** waren in früheren Teamcenter-Versionen Bestandteil erweiterter Lizenzen. Ab Version 10 ist vorgesehen, dass jeder Anwendende klassifizierte Daten nutzen kann und nur noch Lizenzen für die Verwaltung der Hierarchie usw. benötigt werden.

Die Kombination von Teamcenter mit CAD-Systemen erlaubt unter Umständen auch die Auswahl von wiederverwendbaren Elementen aus einer Bibliothek. In Kapitel 16, „CAx-Integrationen“, stellen wir Ihnen für Siemens NX die Nutzung der Klassifikation für die Auswahl geeigneter Bauteile direkt im CAD-System vor.

Real-World-Szenario

Max sucht passende Schrauben für die Verwendung im Akkuschrauber. Er hat bereits Vorgaben für den Nenndurchmesser bekommen und möchte nun die verschiedenen Alternativen miteinander vergleichen. Dazu kann er zunächst auf ein CAD-System verzichten, um möglichst schnell zu einer Entscheidung zu kommen.

Einer der Hauptgründe für die Einführung von PLM-Lösungen ist die Vereinfachung der Wiederverwendung von Informationen. Der Schwerpunkt dieses Buchs liegt auf dem Dokumenten- und Design-Management. Speziell bei der Produktentwicklung kann eine Wiederverwendung zu enormen Einsparungen und Verkürzungen der Entwicklungszeiten beitragen. Die Klassifikation von Dokumenten oder Artikeln in Teamcenter trägt entscheidend dazu bei.

Jede Klassifikation ist allerdings nur so gut wie die in ihr enthaltenen Daten und abhängig von einer sinnvoll angelegten Klassenhierarchie. Einfach nur eine Schublade „3D-Teile“ anzulegen, in die alle Konstruktionsdaten abgelegt werden, ist zum Beispiel keine gute Klassifikation.

14.1 Aufrufen des Klassifikationsbaums

Nutzen Sie das Navigationsfenster, um im unteren Bereich die Anwendung (Perspektive) **Klassifikation** aufzurufen.

Beachten Sie, dass es primäre und sekundäre Applikationen gibt. Entsprechend sehen Sie entweder den ganzen Namen der Applikation oder nur ein kleines Symbol mit Tool-Tipp. Eventuell müssen Sie diese Anwendung vor der ersten Verwendung noch über *Navigationsfensteroptionen…* einblenden (Kapitel 2, „Mein Teamcenter“).

Nun wird die Perspektive **Klassifikation** gestartet. Sie erhalten einen mehrfach geteilten Bildschirm. Sie können wie gewohnt zwischen den geöffneten Anwendungen wechseln. Auf der linken Seite unter dem Reiter *Klassifizierung* wird Ihnen die Hierarchie angezeigt. Ähnlich wie bei der Baumdarstellung in **Mein Teamcenter** finden Sie eine baumartig aufgebaute Klassifizierungshierarchie vor. Allerdings müssen Sie diese zunächst laden, da nur die „Wurzel" angezeigt wird. Mit einem Doppelklick oder über das Kontextmenü *Einblenden* kommt die erste Ebene zum Vorschein.

Sollte keine Hierarchie angezeigt werden, ist in Ihrem Unternehmen noch keine Klassifizierung angelegt worden. Sie haben dann auch keine Möglichkeit, die nachfolgend beschriebenen Schritte nachzuvollziehen.

Mit der Anwendung **Klassifikations-Administration** besteht die Möglichkeit, eine unternehmensspezifische Klassifikation aufzubauen. Mit unterschiedlichen Modulen werden auch vorgefertigte Hierarchien installiert. Die betrifft z. B. die MRL (Manufacturing Ressource Library), in der Werkzeuge, Herstellerkataloge, Vorrichtungen oder Maschinen klassifiziert werden können oder vorkonfiguriert sind (siehe Kapitel 16, „CAx-Integrationen"). Alternativ lassen sich Klassifikationen per XML-Datei importieren und dann anpassen. Sie können auch Applikationen von Drittanbietern nutzen, um Ihre Klassifikation einschließlich der zugehörigen Geometrien anzulegen. Das Produkt REMARC® ist ein Beispiel hierfür (*www.arcsolutions.eu/remarc*).

14.2 Navigieren in der Klassifikation

Grundsätzlich wird im Klassifikationsbaum nach folgenden Typen unterschieden: Gruppen, Klassen und Speicherklassen. Die Gruppen dienen dabei der grundsätzlichen Einteilung (ähnlich wie Ordner). Klassen und Speicherklassen tragen Merkmale, die vererbt werden können.

Gruppen oder Klassen öffnen

Ausgehend von der Klassifizierungs-Root (Wurzel) können Sie die Verzweigungen über das Plus-Zeichen, per Doppelklick oder über das Kontextmenü *Einblenden* öffnen. Üblicherweise wird rechts nehmen dem Klassennamen die Anzahl der enthaltenen Elemente in Klammern angegeben. So wissen Sie z. B., ob es sich lohnt, die nächste Ebene einzublenden (Bild 14.1).

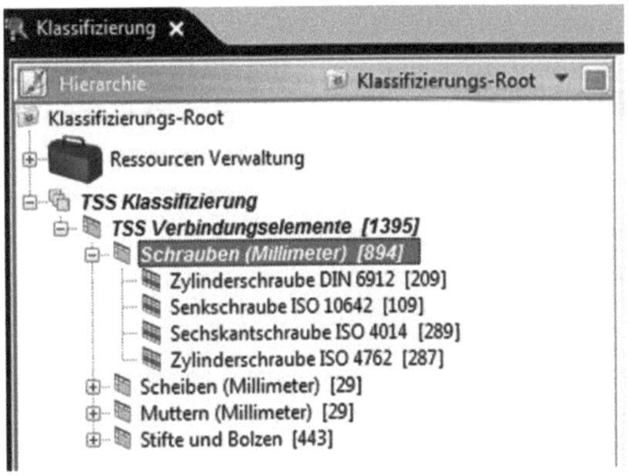

Bild 14.1
Beispiel für einen gefüllten Klassifikationsbaum für Verbindungselemente

Aktivieren Sie eine Klasse oder Speicherklasse per Kontextmenü *Auswählen* (oder per Doppelklick), um sich auf der rechten Seite in den drei Bereichen die zugehörigen Informationen anzeigen zu lassen (Bild 14.2). Hinter jeder Klasse können ein oder mehrere Vorschaubilder hinterlegt sein. Zusätzlich gibt es am unteren Ende des Fensters *Hierarchie* die Möglichkeit, in der Klassifikation zu suchen (siehe Abschnitt 14.2.1).

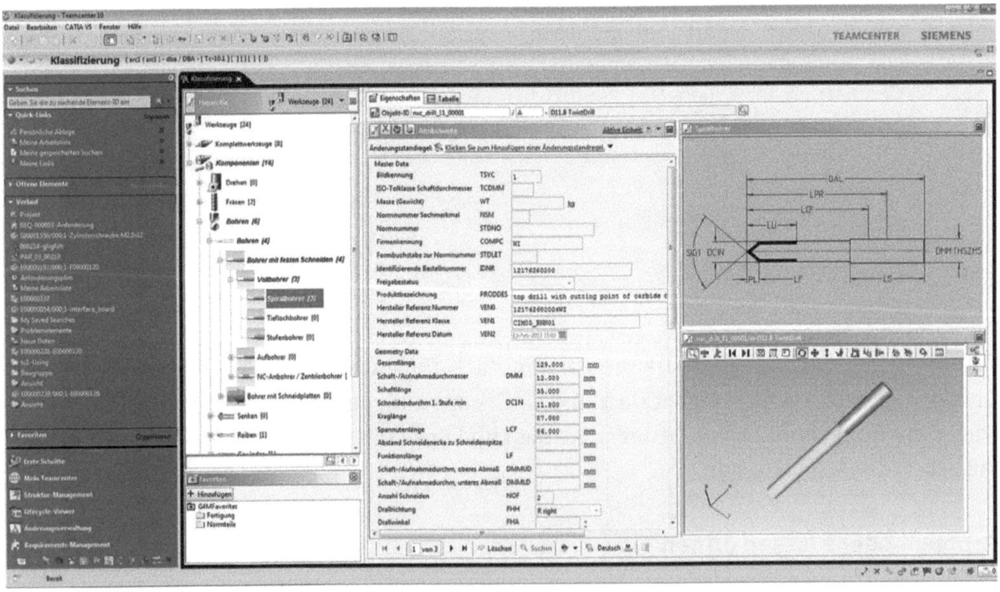

Bild 14.2 Die Applikation **Klassifikation** mit ausgewähltem Werkzeug

Ausgangsknoten verändern

Grundsätzlich beginnen Sie die Nutzung der Klassifikation an der Wurzel des Baums (Classification Root). Um die Übersicht zu erhöhen, können Sie aber auch eigene Ausgangspunkte spezifizieren. Der aktuell eingestellte Ausgangspunkt wird Ihnen rechts oben im Fenster *Hierarchie* angezeigt. Zu weiteren Einträgen der dort hinterlegten Liste kommen Sie entweder über das Kontextmenü (*Ausgangsknoten festlegen*) oder Sie nutzen das Menü hinter dem Ausgangspunkt und wählen *Aktuelle Klasse hinzufügen*, um auch diese später auf schnelle Weise zum erneuten Ausgangspunkt zu machen.

Vergessen Sie nicht, vorher die Klasse auszuwählen (Doppelklick oder Kontextmenü *Auswählen*). Die richtige Position des Cursors allein reicht nicht aus. Über *Aktuelle Klasse hinzufügen* können Sie einen eigenen Namen für diesen Ausgangspunkt vergeben.

Sie können solch einen hinterlegten Ausgangsknoten auch löschen. Klicken Sie mit der Maustaste zunächst auf den aktivierten Menüpunkt für den Ausgangsknoten, selektieren Sie dann mit der rechten Maustaste den zu entfernenden Eintrag und nutzen Sie abschließend das Kontextmenü *Entfernen*.

Die gespeicherten Ausgangsknoten bleiben auch nach dem Verlassen der Applikation oder von Teamcenter erhalten.

Grafik-Browser/Grafische Baumstrukturdarstellung

Sie können in der Hierarchie auch über einen Grafik-Browser navigieren. Die Nutzung dieser Möglichkeit muss aber von der IT vorgesehen sein. Wählen Sie in diesem Fall den Reiter *Grafik-Browser* direkt neben der Hierarchie. Nun werden Ihnen zu jeder Klasse die Vorschaubilder klein angezeigt und Sie können sich mit Grafikunterstützung durch die Hierarchie bewegen. Die Größe der Vorschaubilder beeinflussen Sie über einen Schieberegler (Bild 14.3).

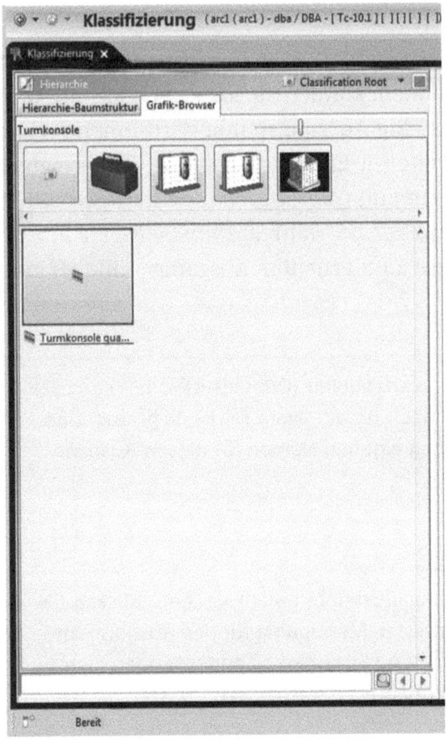

Bild 14.3
Grafik-Browser

14.2.1 Suche in der Klassifikation

Bitte unterscheiden Sie bei allen Suchen in der Klassifikation danach, ob Sie nach Gruppen bzw. Klassen (Baumdarstellung) oder nach speziellen Instanzen (= klassifizierten Objekten) suchen wollen.

Suche nach Klassen

Klassifikationsbäume können sehr umfangreich werden. Deshalb haben Sie die Möglichkeit, in Klassifikationsbäumen zu suchen. Hier wird eine eher minimalistische Variante verwendet. In Kapitel 11, „Das Finden ist entscheidend!“, haben wir tiefergehende Möglichkeiten beschrieben.

Geben Sie den gesuchten (bekannten) Teil des `Namens` der Klasse ein und nutzen Sie dabei Platzhalter/Joker. Drücken Sie zum Auslösen der Suche die Enter-Taste (alternativ *Suchen* am unteren Fensterrand). Der erste Eintrag nach dem Cursor wird gefunden und die Klasse ausgewählt. Über die Pfeile nach rechts ▶ und links ◀ können Sie nun vorwärts oder zurück suchen (Bild 14.4).

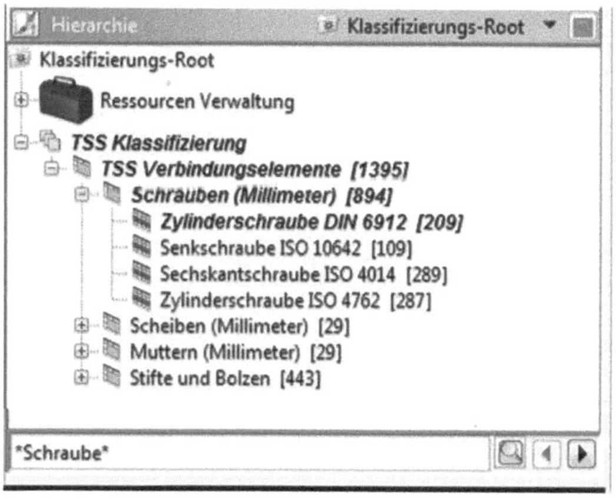

Bild 14.4 Suchmöglichkeit am unteren Rand der Hierarchie

Hinter der Lupe verbirgt sich eine weitere Möglichkeit, die Suchen zu spezifizieren oder aber aus den gefundenen Ergebnissen schnell den richtigen Eintrag auszuwählen (Bild 14.4). Ein Doppelklick auf den entsprechenden Eintrag genügt für den Aufruf der Suche. Dieses Suchfenster können Sie auch ohne vorher ausgeführte Suche nutzen (Bild 14.5). Hinter der Liste links oben können Sie in verschiedenen Klassenattributen suchen. Hier werden Sie feststellen, dass normalerweise im `Klassennamen` gesucht wird. Alternativ können Sie aber auch nach einen bekannten `Klassen-ID` oder einem `Attributnamen` suchen.

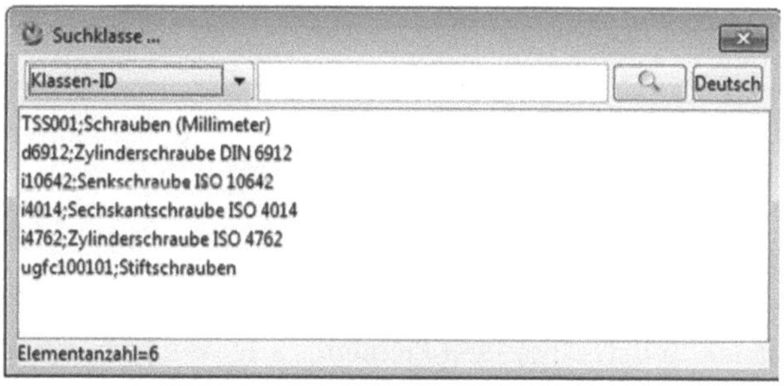

Bild 14.5 Auswahl der gefundenen Klasse

Beachten Sie die eingestellte Sprache bei dieser Suche (Bild 14.6). Durch das Ändern der Sprache wird auch der Wert für die Voreinstellung *TC_language_search* interaktiv geändert. Dies wirkt sich auf die gesamte Teamcenter-Lokalisierung aus.

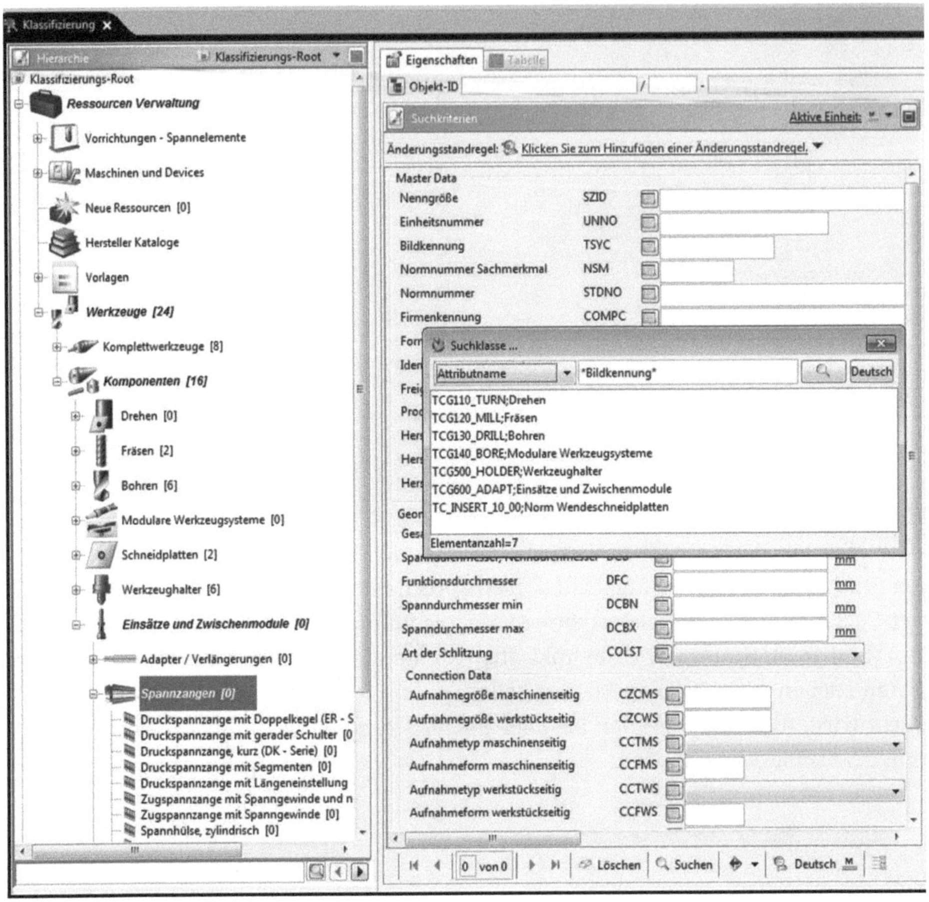

Bild 14.6 Beispiel für die Suche nach Klassen mit einem Attribut, das in der Sprache Deutsch „Bildkennung" im Namen trägt.

Suche nach Objekt-ID

Kennen Sie bereits die `ID` des näher zu betrachtenden Elements, z. B. weil es in einer bereits vorhandenen Baugruppe verwendet wird, können Sie in der Klassifikation direkt nach dieser Instanz suchen. Geben Sie dazu im Reiter *Eigenschaften* neben `Objekt-ID` eine solche ein und ergänzen Sie gegebenenfalls die `Revision ID` (Bild 14.7). Durch Auswahl der Lupe wird dieses Objekt in den klassifizierten Daten gesucht und direkt zur Anzeige gebracht. Analysieren Sie anschließend die Eigenschaften wie in Abschnitt 14.3.2 beschrieben. Das gefundene Objekt wird auch unter dem Reiter *Tabelle* angezeigt.

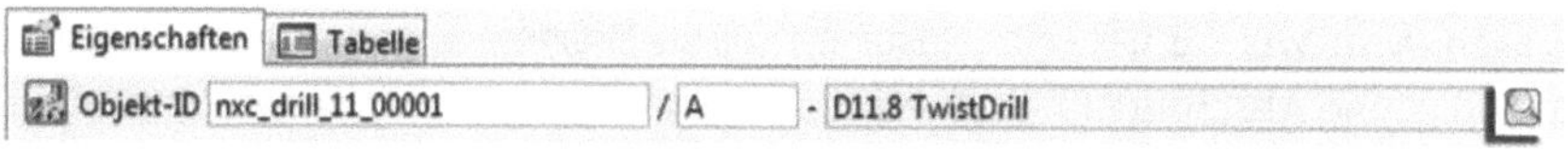

Bild 14.7 Reiter *Eigenschaften* und *Tabelle*, Suche nach ID und Typ

Auch Platzhalter sind möglich. Ergebnis ist dann eine Liste mit allen gefundenen Objekten unter dem Reiter *Tabelle*.

Grundsätzlich sucht Teamcenter nach allen klassifizierten Objekttypen. Sie können die Suche aber auch eingrenzen, indem Sie über das Icon vor der *Objekt-ID* den Typ für die Suche spezifizieren (siehe Bild 14.7).

Mithilfe von Merkmalen suchen

Nachdem Sie eine Klasse gewählt haben, finden Sie die wichtigsten Informationen direkt rechts neben der Darstellung des Klassifikationsbaums über den Reiter *Eigenschaften*. Hier werden die Merkmale/Eigenschaften, die zur gewählten Klasse hinterlegt sind, angezeigt (Bild 14.8).

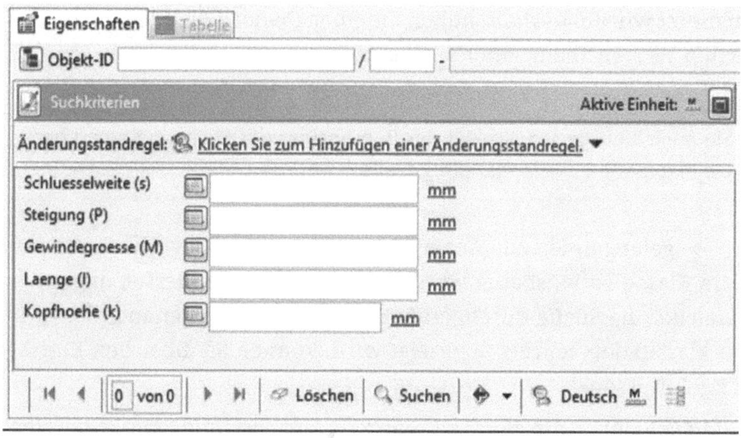

Bild 14.8 Anzeige der Merkmale/Eigenschaften für die Suche in den klassifizierten Objekten

Geben Sie die Ihnen bekannten Suchkriterien ein. Dabei haben Sie verschiedene Möglichkeiten. Entweder Sie kennen den Wert und geben diesen direkt in das zugehörige Feld ein oder Sie nutzen die Liste der verfügbaren (d. h. bisher verwendeten) Werte in der Datenbank. Selektieren Sie dazu das Tabellensymbol rechts neben dem Merkmal (Bild 14.8). Nun wird Ihnen eine Liste mit allen Werten angeboten, die bereits hinterlegt sind (siehe Abschnitt 14.4). Beachten Sie, dass die verschiedenen Merkmale voneinander abhängig sind. Eine Schraube mit einem bestimmten Gewindedurchmesser existiert nur in bestimmten Längen. Wählen Sie eine andere Gewindegröße, stehen Ihnen die dafür zugewiesenen Längen zur Verfügung. Gelegentlich müssen Sie also auch einmal einen Wert wieder entfernen, um für andere Merkmale alle Werte angeboten zu bekommen.

Für die Suche in der Datenbank ist auch die zu verwendende Einheit wichtig. In der oberen rechten Ecke dieser Ansicht haben Sie die Möglichkeit, die aktive Einheit grundsätzlich zu verändern (Bild 14.8). Außerdem können Sie neben jedem Merkmal, wenn dies von der IT so definiert wurde, auch die Einheit für die Suche wechseln. Dieser Eintrag ist direkt selektierbar und Sie bekommen eine Liste der verfügbaren Einheiten angezeigt.

Wie bei jeder Suche in Datenbanken sollte Ihnen klar sein, dass Sie so viel wie möglich von dem, was Sie wissen, eingeben sollten, um eine überschaubare Ergebnisliste zu erhalten. Machen Sie jedoch nicht zu viele Vorgaben, da das System dann keine Ergebnisse mehr liefern kann. Die Abhängigkeiten der Werte untereinander (wie vorangehend beschrieben) unterstützen Sie dabei.

Die Suche lösen Sie mit den Menüs am unteren Rand des Fensters *Eigenschaften* aus (Bild 14.8). Hier finden Sie auch ein paar wichtige Zusatzinformationen. Teamcenter kann mehrsprachig konfiguriert sein. Ebenso ist es möglich, dass die Klassifikation mehrsprachig umgesetzt wurde. Deshalb haben Sie über *Deutsch* die Möglichkeit, zu definieren, in welchen Werten Teamcenter suchen soll.

Beachten Sie auch hier die Möglichkeit der Begrenzung der Suche auf einen bestimmten Objekttyp wie es vorangehend bereits erwähnt wurde.

Über die Pfeile gelangen Sie zur Anzeige der Merkmale der gefundenen Instanzen (Bild 14.8). Im Klassifikationsbaum werden die zugehörigen Klassen angezeigt. Ob die Klasse, in welcher die Suche durchgeführt wurde, oder die genaue Klasse, in welcher das Objekt klassifiziert wurde, angezeigt wird, können Sie über den Eintrag *Anzeigemodus* beeinflussen.

Starten Sie dann die *Suche* über die gleichnamige Schaltfläche (Bild 14.8). Nun werden die klassifizierten Daten mit den von Ihnen eingegebenen Merkmalen verglichen. Die Ergebnisse werden über den Reiter *Tabelle* in einer geordneten Liste dargestellt. Sie bekommen die Anzahl der gefundenen Ergebnisse auch unter dem Reiter *Eigenschaften* links neben dem Menüpunkt *Löschen* angezeigt (Bild 14.8). Sie können in der Ergebnisliste vor- oder zurückblättern , auch ohne in der Tabelle *Instanzen* ausgewählt zu haben (siehe Abschnitt 14.3.1). Es werden Ihnen nun alle ausgefüllten Werte des jeweiligen Datensatzes angezeigt. Änderungen sind selbstverständlich nicht möglich.

Über *Löschen* können Sie mit einem Klick alle eigegebenen Werte verwerfen und neu beginnen.

14.2.2 Favoriten ablegen und nutzen

Auch direkt in der Klassifikation haben Sie die Möglichkeit, sich eigene Favoriten anzulegen und diese dort zu nutzen. Blenden Sie sich dazu zunächst die Ansicht über den Befehl *Favoriten anzeigen/ausblenden* in der Werkzeugleiste ein (Bild 14.9).

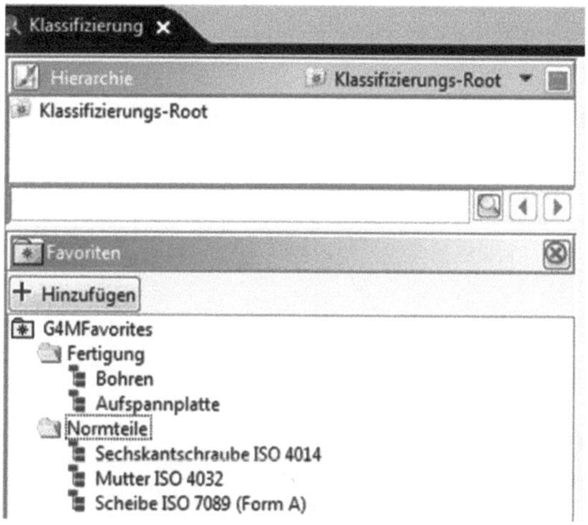

Bild 14.9
Favoriten in der Klassifizierung

Die linke Seite wird nun horizontal geteilt dargestellt. Die jeweils aktive Klasse können Sie den Klassifikations-Favoriten zuweisen. Erstellen Sie sich zunächst mithilfe der Ausführung des Kontextmenüs auf dem Eintrag *G4MFavoriten* über *Neuer Ordner ...* beliebige eigene Ordner. Im nächsten Schritt nutzen Sie *Hinzufügen*, um im Dialogfenster über *Erstellen in* den passenden Ordner auszuwählen und gegebenenfalls einen eigenen aussagefähigen Namen zu definieren. Auch hier können Sie über *Neuer Ordner ...* die Ablage weiter verfeinern (Bild 14.10).

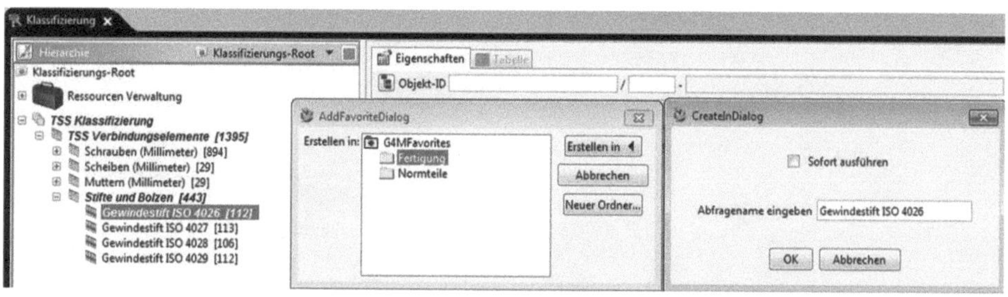

Bild 14.10 Anlegen von Favoriten in eigenen Unterordnern und mit beliebigem Namen

Falls Sie die Option *Sofort ausführen* aktivieren, wird bei der Nutzung des Favoriten eine Suche nach den klassifizierten Objekten durchgeführt. Da noch keine speziellen Werte eingegeben wurden, sollte dies nur bei Klassen mit wenigen Elementen genutzt werden. Leider haben wir noch keine Möglichkeit gefunden, diese Option in den bereits abgelegten Favoriten nachträglich zu aktivieren oder zu deaktivieren.

Sie nutzen Ihre Favoriten, indem Sie diese doppelt anklicken. Sie sparen sich damit die Suche im Baum und die Aktivierung der Klasse (gegebenenfalls auch das Starten der Suche nach allen Elementen). Auch hier haben Sie über das Kontextmenü die Möglichkeit, die Namen Ihrer Favoriten zu ändern oder diese wieder zu löschen. Ebenso ist das Umsortieren innerhalb der Favoriten mithilfe von *Ausschneiden, Kopieren* und *Einfügen* vorgesehen.

Falls Sie mehr Platz für die Anzeige der Hierarchie benötigen, können Sie die Favoriten per Werkzeugleiste oder über das rote Kreuz im Favoritenfester rechts oben wieder ausblenden. Die einmal gespeicherten Favoriten gehen dadurch natürlich nicht verloren.

14.3 Klassifizierte Objekte verwenden

Im Folgenden gehen wir davon aus, dass bereits zahlreiche Objekte in Ihrer Teamcenter-Umgebung klassifiziert wurden. Sie erfahren, wie Sie schnell die passenden Objekte (z. B. Konstruktionen) auswählen und dabei wichtige Merkmale vor einer Verwendung prüfen können.

14.3.1 Tabellendarstellung der gefundenen Objekte/Instanzen

Wechseln wir zum Reiter *Tabelle*. Sämtliche gefundenen Datensätze werden hier mit allen eingegebenen Werten angezeigt (Bild 14.11).

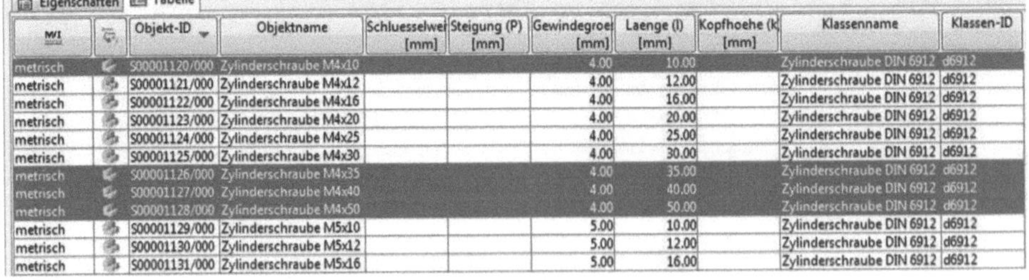
Eigenschaften | Tabelle

MWI		Objekt-ID	Objektname	Schluesselwer [mm]	Steigung (P) [mm]	Gewindegroe [mm]	Laenge (l) [mm]	Kopfhoehe (k [mm]	Klassenname	Klassen-ID
metrisch		S00001120/000	Zylinderschraube M4x10			4.00	10.00		Zylinderschraube DIN 6912	d6912
metrisch		S00001121/000	Zylinderschraube M4x12			4.00	12.00		Zylinderschraube DIN 6912	d6912
metrisch		S00001122/000	Zylinderschraube M4x16			4.00	16.00		Zylinderschraube DIN 6912	d6912
metrisch		S00001123/000	Zylinderschraube M4x20			4.00	20.00		Zylinderschraube DIN 6912	d6912
metrisch		S00001124/000	Zylinderschraube M4x25			4.00	25.00		Zylinderschraube DIN 6912	d6912
metrisch		S00001125/000	Zylinderschraube M4x30			4.00	30.00		Zylinderschraube DIN 6912	d6912
metrisch		S00001126/000	Zylinderschraube M4x35			4.00	35.00		Zylinderschraube DIN 6912	d6912
metrisch		S00001127/000	Zylinderschraube M4x40			4.00	40.00		Zylinderschraube DIN 6912	d6912
metrisch		S00001128/000	Zylinderschraube M4x50			4.00	50.00		Zylinderschraube DIN 6912	d6912
metrisch		S00001129/000	Zylinderschraube M5x10			5.00	10.00		Zylinderschraube DIN 6912	d6912
metrisch		S00001130/000	Zylinderschraube M5x12			5.00	12.00		Zylinderschraube DIN 6912	d6912
metrisch		S00001131/000	Zylinderschraube M5x16			5.00	16.00		Zylinderschraube DIN 6912	d6912

Bild 14.11 Gefundene Werte als Tabelle (mit ausgewählten Einträgen)

Die angezeigten Spalten in der Tabelle richten sich nach den dafür definierten Merkmalen. Änderungen an den eingeblendeten Spalten sind zurzeit nicht möglich. Wie Sie bereits erfahren haben, können Sie jedoch die Reihenfolge der Spalten per Drag and Drop verändern. Außerdem haben Sie die Möglichkeit, die Sortierung durch Anklicken der Spaltenüberschrift zu verändern. Auch in dieser Tabelle können Sie mehrere Zeilen markieren (über *Strg*, *Shift* usw.). Nutzen Sie dies zum Beispiel, um die selektierten Daten, wie in Kapitel 2, „Mein Teamcenter", beschrieben, in einer einfachen Darstellung zu drucken.

Weitergehende Möglichkeiten (z. B. Sortieren, Filtern, Exportieren, Formatieren) wie bei den Tabellen der Detaildarstellung (z. B. in **Mein Teamcenter**) stehen Ihnen hier nicht zur Verfügung.

14.3.2 Element auswählen und Merkmale analysieren

Um die Daten bereits in der Perspektive *Klassifikation* genauer zu analysieren, reicht ein Doppelklick auf die entsprechende Instanz/Zeile. Sie gelangen nun auf den Reiter *Eigenschaften*. Im Klassifikationsbaum wird die zugehörige Klasse ausgewählt/aktiviert. Da das Objekt aus Teamcenter bekannt ist, können weitere Informationen (wie das stellvertretende 3D-Modell (JT) `DirectModel`) im Vorschaufenster rechts unten angezeigt werden. Interagieren Sie hier ähnlich wie in der Ansicht *Viewer*, auch wenn es sich nicht exakt um die gleiche Ansicht handelt (siehe Bild 14.1 und Kapitel 6, „Viewer und Lifecycle Viewer – ein Bild sagt mehr als Attribute").

Hinter den Ansichten in der Klassifizierung können jeweils mehrere Informationen angezeigt werden. Sie finden dazu kleine Reiter an der rechten Seite jedes Fensters, falls mehrere verfügbar sind. Das können mehrere Vorschaubilder zu gleichen Objekten oder aber z. B. die Eigenschaften des Objekts sein. Bei Baugruppen wird die Struktur (BOM) auswählbar. Bislang entspricht diese Anwendung noch nicht dem neuen User Interface wie in Kapitel 2, „Mein Teamcenter", und Kapitel 9, „User Interface – Teamcenter als elektronischer Schreibtisch", beschrieben, sodass Sie einige Einschränkungen haben.

Sie können die gefundenen Objekte in einer anderen Anwendung weiterverwenden. Dazu nutzen Sie entweder *Senden an ...* oder die Funktion der Zwischenablage.

Senden an ...

Gehen wir davon aus, dass Sie eine Instanz ausgewählt haben. Die Objekt-ID und die Merkmale werden im Reiter *Eigenschaften* angezeigt. Links neben der ID gibt es die Möglichkeit, die Objekte an verschiedene Applikationen zu senden (wie ansonsten per Kontextmenü). In **Mein Teamcenter** wird dann das gesamte Item angezeigt, im **Struktur-Management** wird die Baugruppe geöffnet (wie z. B. ein komplettes Werkzeug oder die Maschine, siehe Abschnitt 14.6), und im **Ressourcen-Management** können Sie die Fertigungsressource analysieren oder gegebenenfalls weiterbearbeiten.

Zwischenablage

Auch in der **Klassifikation** können Sie die bereits vorgestellte und sehr nützliche Zwischenablage von Teamcenter verwenden. Allerdings funktioniert die Nutzung etwas anders als bislang beschrieben. Es besteht weder die Möglichkeit, den Befehl *Bearbeiten > Kopieren* zu nutzen noch *Strg + C* oder das Kontextmenü. Sie finden jedoch die Befehle *Klassifiziertes Teamcenter-Objekt in die Zwischenablage kopieren* sowie *Klassifiziertes Teamcenter-Objekt für die Zwischenablage anhängen* in der Werkzeugleiste. Am Symbol der Zwischenablage erkennen Sie, dass dies funktioniert. Wechseln Sie also nach Abschluss der Auswahl zur gewünschten Applikation und fügen Sie dort die Daten der Zwischenablage ein. Zusätzlich haben Sie die Möglichkeit, über die Schaltfläche am unteren Rand des Fensters die in der Tabelle ausgewählten Daten in die Windows-Zwischenablage zu kopieren und dann außerhalb von Teamcenter weiterzuverwenden.

14.4 Objekte klassifizieren

In den vorangegangenen Abschnitten haben wir Ihnen gezeigt, wie Sie bereits klassifizierte Objekte in Teamcenter verwenden können. Neben der Möglichkeit, diese Klassifikation zur Auswahl geeigneter Objekte zu nutzen, gibt es auch die Option, eigene Daten in ein bestehendes Klassifikationssystem zu integrieren.

Gehen wir davon aus, dass Sie eines der üblichen Items (z. B. Dokument, Konstruktion oder Teil) erstellt haben. Mindestens eine Revision mit den entsprechenden Datasets ist ebenso vorhanden. Diese Revision können Sie nun – die entsprechende Berechtigung vorausgesetzt (siehe Kapitel 4, „Datensicherheit für alle") – selbst klassifizieren. Damit erlauben Sie die unmittelbare Nachnutzung Ihrer Objekte durch Mitarbeitende des Unternehmens.

Selektieren Sie die zu klassifizierende Revision z. B. in **Mein Teamcenter** im **Struktur-Management** oder im **Beziehungs-Browser** und vergewissern Sie sich, dass diese Revision nicht bereits klassifiziert wurde (außer Mehrfachklassifikation). Senden Sie diese an die Applikation **Klassifikation**. Nutzen Sie dazu entweder das Kontextmenü oder ziehen Sie die Revision per Drag and Drop auf die Applikation.

Die Klassifikation wird nun gestartet und die Revision wird geladen. Ist diese noch nicht klassifiziert worden, erscheint der Hinweis, verbunden mit der Frage, ob Sie die Klassifikation nun durchführen möchten, was Sie mit *Ja* bestätigen. Sofern Sie dazu berechtigt sind, können Sie nun die Einordnung vornehmen (Bild 14.12).

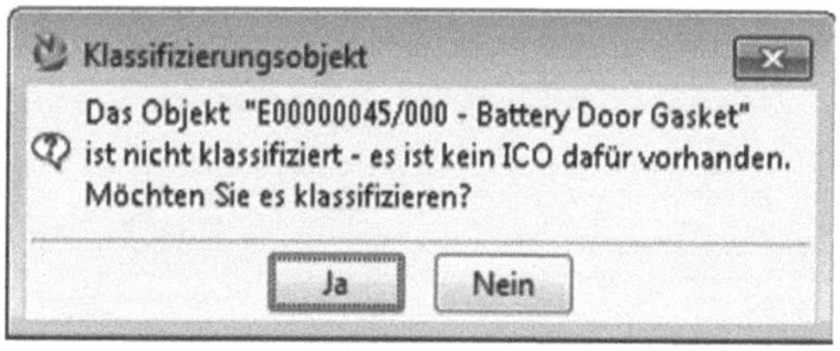

Bild 14.12 Unklassifiziertes Objekt (Revision) in der Klassifikation

Sofern 3D-Daten oder ein Vorschaubild existieren, werden diese im rechten unteren Fester angezeigt. Prüfen Sie noch einmal, ob Sie wirklich das richtige Objekt gesendet haben. Wählen Sie im nächsten Schritt, wie bereits in Abschnitt 14.2 vorgestellt, die passende Klasse aus. Beachten Sie, dass Sie zum Einordnen des Objekts über *Auswählen* bis auf die unterste Ebene des Astes wechseln müssen. Diesmal füllen Sie die Merkmale mit den Werten des Modells. Nutzen Sie hierbei ein bereits vorhandenes Vorschaubild der Klasse, um die Werte richtig zuzuordnen. Speichern Sie abschließend die Änderungen an der aktuellen Instanz über das Werkzeug in der Symbolleiste .

14.5 Anzeige der Klassifikationsinformationen

Nun sollten Sie Ihre Eingaben in **Mein Teamcenter** überprüfen.

Ansicht *Übersicht*

Sie finden sowohl die Klasse als auch die zugewiesenen Merkmale nach der Auswahl der Revision unter der Ansicht *Übersicht* und dem Reiter *Übersicht* im Abschnitt *Klassifikation* (siehe Bild 14.13 und Kapitel 2, „Mein Teamcenter").

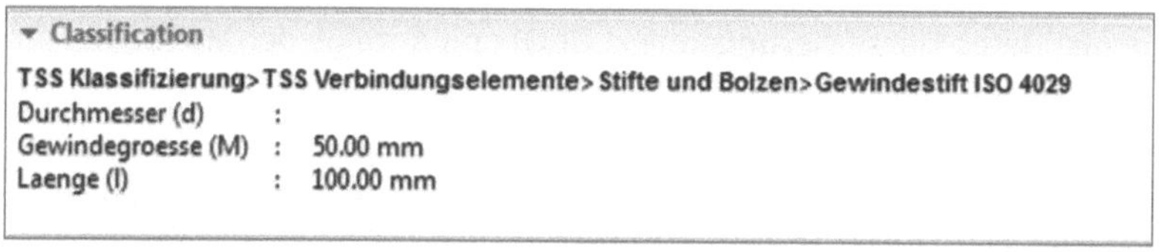

Bild 14.13 Anzeige der Klasse und der Merkmale in **Mein Teamcenter** (Übersicht)

Ansicht *Details*

Sie haben weitere Möglichkeiten, sich den Stand der Klassifizierung, z. B. für eine Liste aus Revisionen, anzeigen zu lassen. Selektieren Sie hierzu z. B. einen Ordner, Pseudofolder oder die Mitglieder einer Teilefamilie. Wechseln Sie zur Ansicht *Details* und blenden Sie die beiden Attribute `Klassifiziert` und `Klassifiziert unter` ein (siehe Kapitel 2, „Mein Teamcenter"). Sie erhalten eine Information, ob ein Teil (Revision) bereits klassifiziert wurde (yes) und in welcher Klasse dies geschehen ist (Bild 14.14).

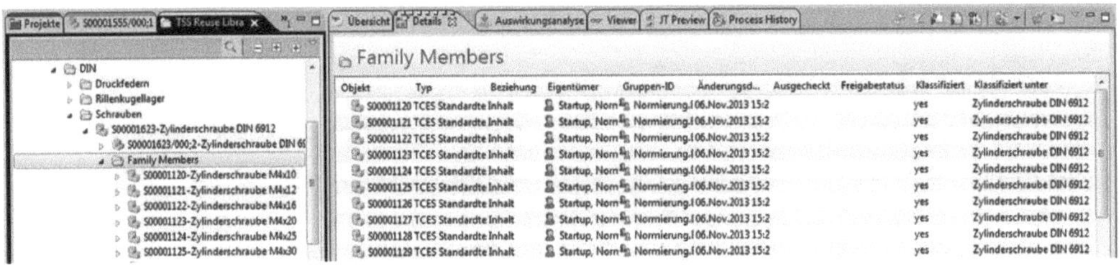

Bild 14.14 Anzeige der Informationen über eine erfolgte Klassifizierung in der Ansicht *Details*

Klassifikationsobjekt

Außerdem kann auch das Klassifikationsobjekt (ICO) eingeblendet sein (das Attribut `Klassifizierung` für den gewünschten Objekttyp einblenden wie im Abschnitt 2.3 beschrieben). Erstens erkennen Sie dann sofort eine eventuelle Klassifizierung, zweitens können Sie sich über die Ansicht *Viewer* direkt die Merkmale anzeigen lassen (Bild 14.15). Sie sehen, dass Sie die „Qual der Wahl" der für Sie passenden Mittel haben.

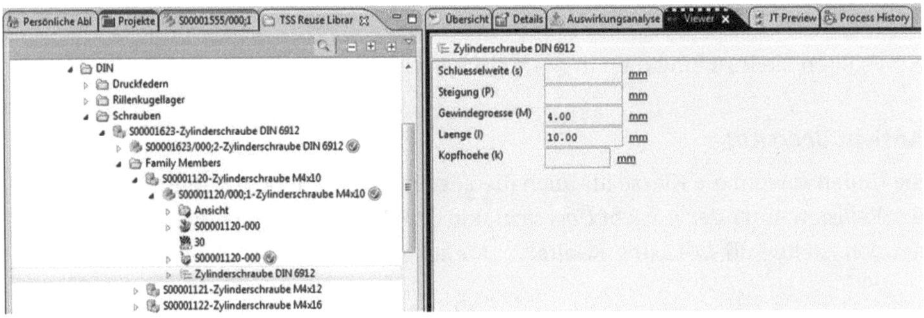

Bild 14.15 Eingeblendetes Klassifizierungsobjekt (ICO) und Anzeige der Merkmale

Die Grundeinstellung in Teamcenter ist die Möglichkeit, genau eine Klassifizierung vorzunehmen. Prinzipiell sind aber auch Mehrfachklassifikationen möglich. Wenden Sie sich dazu an Ihre IT.

14.6 Verwendung der Klassifikation für die Fertigungsvorbereitung (MRL)

Die Klassifikation in Teamcenter kann auch für die Aufbereitung fertigungsrelevanter Daten Verwendung finden. Ein gutes Beispiel ist die Klassifikation der Fertigungsressourcen. In NX CAM können so z. B. Vorrichtungen, Spannelemente oder Werkzeuge über die Klassifizierung sehr schnell gefunden und wiederverwendet werden (Bild 14.16). Speziell bei Werkzeugen ist die Klassifizierung wegen der zahlreichen Merkmale sehr hilfreich.

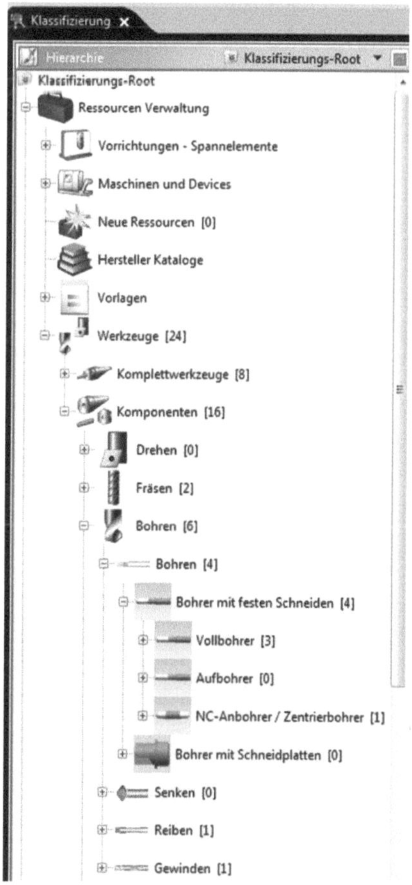

Bild 14.16
Beispiel für die Verwaltung der Fertigungsressourcen

Geben Sie dazu die erforderlichen Werte ein und wählen Sie diese möglichst aus der hinterlegten Liste der bereits klassifizierten Objekte. Suchen Sie dann die Elemente und lassen Sie sich die Informationen einschließlich der zugehörigen Grafiken anzeigen (Bild 14.17 und Bild 14.18).

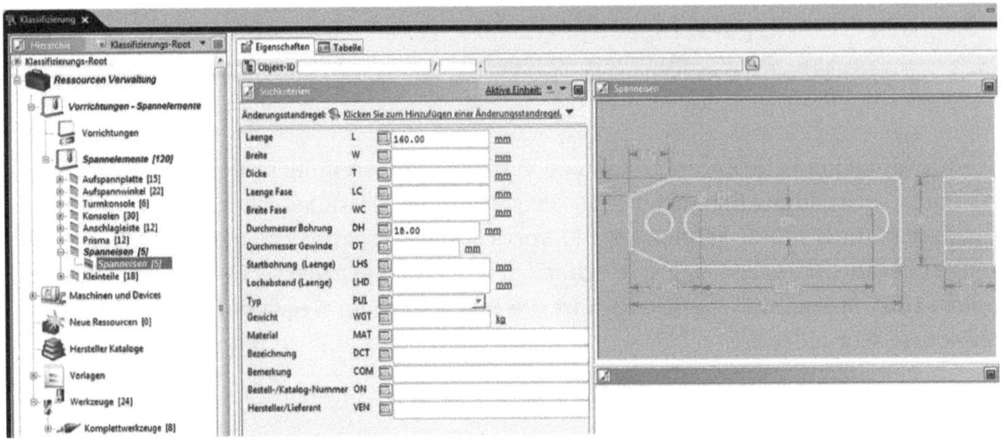

Bild 14.17 Beispiel für die Suche nach bestimmten Spannelementen

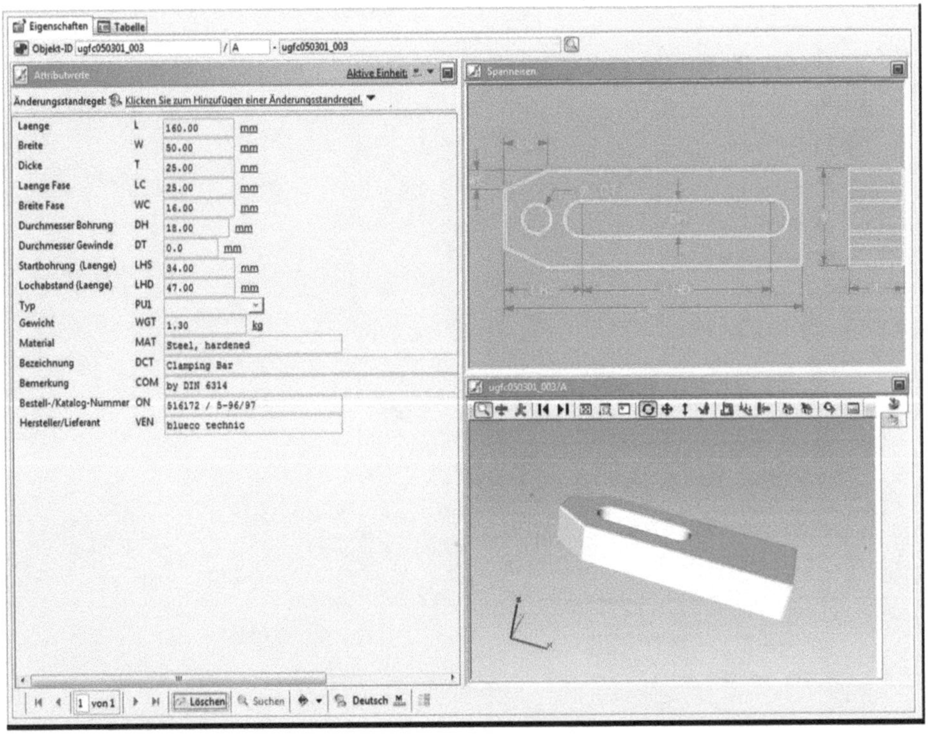

Bild 14.18 Gefundenes Element einschließlich dem zugehörigen 3D-Modell (JT)

Senden Sie nun das Element in die gewünschte Applikation oder kopieren Sie dieses in die Zwischenablage (*Klassifiziertes Teamcenter-Objekt in die Zwischenablage senden*).

Auch über die Zwischenablage können Sie das Teil z. B. in NX weiterverwenden (siehe Abschnitt 16.1).

Die Manufacturing Resource Library (MRL) kann zusätzlich ganze Werkzeuge (also Baugruppen bzw. Strukturen), ganze Maschinen oder ganze Roboter (z. B. für die Kollisionsanalyse) in NX CAM beinhalten (Bild 14.19 und Bild 14.20).

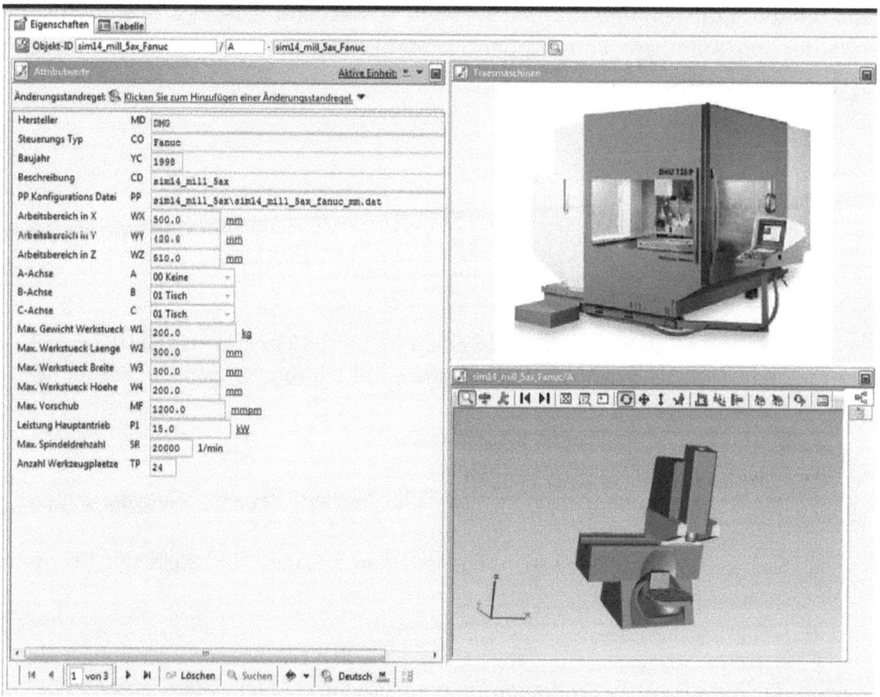

Bild 14.19 MRL mit Werkzeugmaschine (vereinfacht)

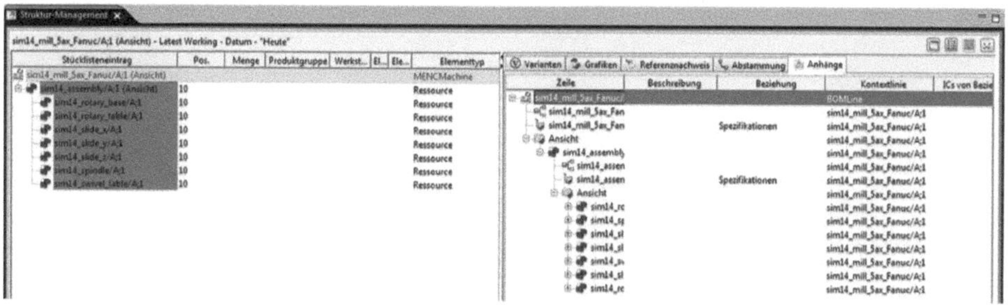

Bild 14.20 Baugruppenstruktur der gefundenen Maschine im Struktur-Management

Mehr zur Anbindung von NX CAM an Teamcenter erfahren Sie in Abschnitt 16.4.

14.7 Weitere Verwendungsmöglichkeiten der Klassifikation

Weitere Anwendungsfälle für eine Klassifikation sind z. B. im reinen Office-Dokumentenmanagement zu finden. Außerdem können Zeitpläne klassifiziert werden und damit z. B. Vorlagen für neue Projekt-/Zeitpläne schnell wiederverwendet werden. Ihre IT muss dies entsprechend vorbereiten. Arbeitet Ihr Unternehmen mit der Kombination aus Teil und Konstruktion (Kapitel 2, „Mein Teamcenter"), ist es z. B. sinnvoll, die zu verkaufenden Teile bzw. Baugruppen mit dem Blick auf eventuell angebundene ERP-Systeme zu klassifizieren.

14.8 Anwendung

Fast Track

1. Suchen Sie sich aus Ihrem PLM-System ein bereits klassifiziertes Teil (Revision) und lassen Sie sich in **Mein Teamcenter** die zugehörigen Klassifikationsdaten anzeigen.
2. Starten Sie die Applikation **Klassifikation**.
3. Öffnen Sie den Klassifikationsbaum.
4. Wählen Sie die übergeordnete Klasse entsprechend des am Anfang gesuchten Teils aus.
5. Suchen Sie nach Klassifikationseigenschaften, z. B. nach Nennweite und Durchmesser.
6. Legen Sie sich diese Klasse als Favoriten ab.
7. Kopieren Sie einen gefundenen Eintrag aus den Ergebnissen oder nutzen Sie direkt die Funktion *Senden an*, um das Objekt in **Mein Teamcenter** zu betrachten.
8. Bauen Sie das gefundene Teil (Revision) in eine Baugruppe ein. Nutzen Sie dazu das Struktur-Management.

15 Projekte – Produktdaten und Projektteams

In Kapitel 4, „Datensicherheit für alle“, haben wir Ihnen bereits grundlegende Möglichkeiten zur Abbildung Ihres Unternehmens (z. B. Gruppen und Rollen) vorgestellt. Dort haben Sie unter anderem erfahren, dass über das rollenbasierte Konzept auch die Zugriffsrechte auf Objekte gesteuert werden. In Kapitel 13, „Schedule Manager – Zeitpläne in der Produktentstehung“, wurden die Möglichkeiten der Arbeit mit Zeitplänen und das Zusammenspiel mit der Organisation, z. B. über die Ressourcenzuweisung, veranschaulicht.

Real-World-Szenario

Für die Neuentwicklung der nächsten Generation einer Akkuschrauber-Serie wird ein modernes Designteam zusammengestellt. Die ersten Entwürfe werden nur diesem Team bekannt sein. Das PLM-System soll teamfremden Mitgliedern deshalb selbst den lesenden Zugriff auf die Informationen verbieten. Über die Zuweisung aller Daten zum Projekt kann jedes Teammitglied sehr schnell auf diese Informationen zugreifen. Zunächst bilden Marie (Marketing), Nick (Arbeitsplanung) und Thomas (Konstruktion) gemeinsam mit Sven (Projektadministration) dieses Projektteam.

In diesem Kapitel erfahren Sie, welche Möglichkeiten der Zusammenstellung von Projektteams Sie in Teamcenter haben. Sobald Projektteams zusammengestellt wurden, können Sie Teamcenter nutzen, um diesen Teams beliebige Objekte zuzuweisen und auf diese Weise schnell Kontrolle über die Zugehörigkeiten zu diesen Projekten zu erlangen. Außerdem kann Ihre IT über diese Zuordnung die Berechtigung auf derartige Objekte steuern. Damit gibt es neben Gruppen und Rollen quasi eine zusätzliche Ebene für das Berechtigungskonzept. In einigen Integrationen (z. B. NX, Word, Excel usw.) steht Ihnen die Zuweisung der Daten auch direkt im System zur Verfügung.

15.1 Anlegen von Projekten

Projektmanagementverantwortliche können in Teamcenter Projekte anlegen, die zugehörigen Teams zusammenstellen und bei Bedarf die Berechtigungen modifizieren. Privilegierte Mitglieder des Projektteams können, die entsprechende Berechtigung im Regelbaum vorausgesetzt, Objekte zu Projekten zuweisen. Genau betrachtet, erhält das entsprechende Objekt die Zuweisung, dass die Daten zu einem Projekt gehören (Attribut und Beziehung).

Rufen Sie die Applikation **Projekt** auf. Gegebenenfalls müssen Sie diese über die Navigationsfensteroptionen noch zu den erreichbaren Applikationen hinzufügen (siehe Kapitel 2, „Mein Teamcenter“). In der linken Fensterhälfte bekommen Sie alle bereits existierenden Projekte angezeigt, in denen Sie Teammitglied sind. Die Reiter auf der rechten Seite dienen der Definition oder Änderung von Projekten (Bild 15.1).

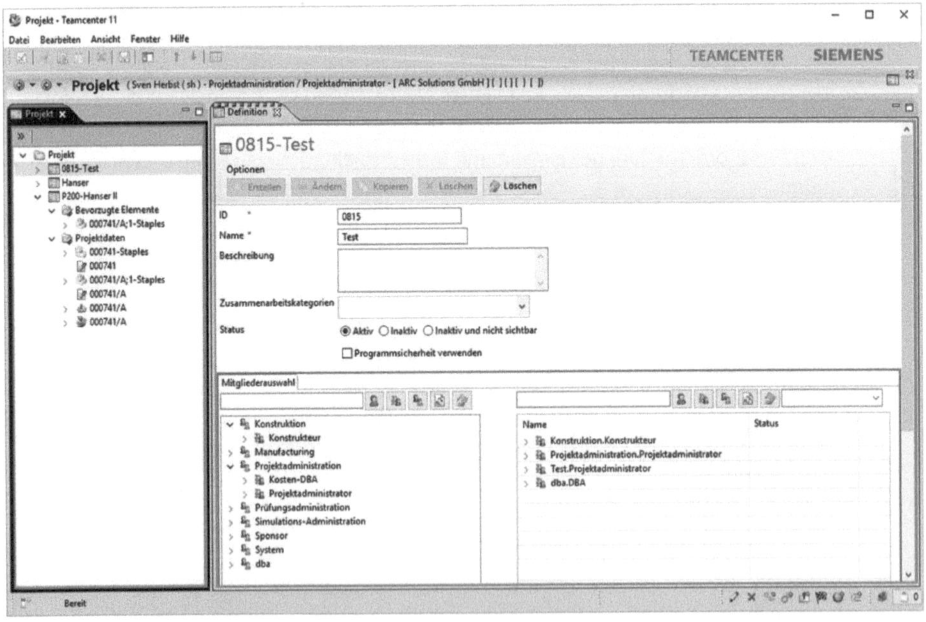

Bild 15.1 Benutzeroberfläche der Applikation **Projekt**

Nun wird die passende Zuweisung im Rahmen der Organisation wichtig. Beachten Sie, dass es nur Mitgliedern der Gruppe *Projektadministration* in der Rolle *Projektadministrator* erlaubt ist Projekte anzulegen. Wechseln Sie gegebenenfalls selbst die aktive Gruppe und Rolle.

Über die Preference *TC_show_all_user_projects* kann gesteuert werden, ob in Teamcenter alle Projekte, in denen der Anwendende ein Teammitglied ist, zur Auswahl angezeigt werden, oder ob dies abhängig von der aktuellen Gruppe und Rolle sein soll.

Über den Reiter *Definition* legen Sie ein neues Projekt an, indem Sie ID (`Projekt-ID`), `Name` und `Beschreibung` definieren. Sie können Projekte als *Aktiv*, *Inaktiv* oder *Inaktiv und unsichtbar* definieren. Außerdem ist es sinnvoll, gleich einen Projektteamadministrierenden zu definieren. Wenn Sie dies nicht tun, erhalten Sie einen Hinweis und werden selbst dafür eingesetzt (Bild 15.1).

15.2 Anlegen von Teams/Mitgliederauswahl

Im nächsten Schritt stellen Sie Ihr Team zusammen (über die Verwendung des Plus- und Minus-Zeichens). Dies geschieht im unteren Teil der Registerkarte *Definition* bei *Mitgliederauswahl*. Beachten Sie, dass bei der Auswahl einer anwendenden Person die Gruppe und Rolle zu einem Eintrag zusammengeführt werden. Sowohl in der Organisation als auch im Projektteam können Sie mithilfe der bekannten Werkzeuge suchen. Die Berechtigungsstufe legen Sie für alle Nutzenden über das Kontextmenü fest. Die Berechtigung erfolgt in drei Stufen (Bild 15.2):

- *Projektadministrator:* Die projektadministrierende Person darf am Projekt (z. B. am Team), Änderungen vornehmen. Die erstellende Person des Projekts wird zur projektadministrienden Person.
- *Teamadministrator* (siehe auch Rolle *Projektteamadministrator* in der Organisation): Die teamadministrierende Person darf Änderungen am Team vornehmen.
- *Privilegierte Nutzende* (siehe auch Rolle *Projektautor* in der Organisation): Es handelt sich hierbei um Mitglieder von Projekt- oder Programmteams mit der Berechtigung, Projekten oder Programmen Objekte zuzuweisen oder eine Zuweisung aufzuheben.
- *Nicht privilegierte Nutzende* (siehe auch Rolle *Projektmitglied* in der Organisation): Es handelt sich hierbei um Teammitglieder (Benutzende) ohne Berechtigung, ihren Projekten oder Programmen Objekte zuzuweisen oder Objekte aus ihnen zu entfernen.

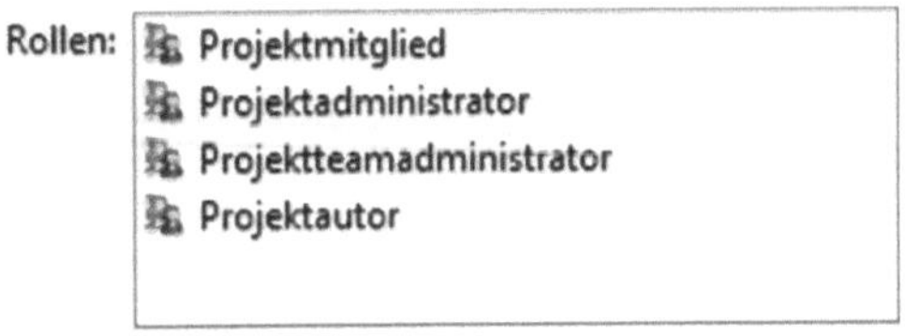

Bild 15.2
Mögliche Rollen im Projekt

Haben Sie alle erforderlichen Eingaben vorgenommen, können Sie das Projekt über *Erstellen* abspeichern. Änderungen an Projekten nehmen Sie vor, indem Sie das Projekt in der Übersicht aller Projekte selektieren und dann die erforderlichen Änderungen auf der rechten Seite vornehmen. Schließen Sie die Änderungen mit *Ändern* ab.

Über den rechten *Löschen*-Button löschen Sie die Eingaben und können diese dann neu vornehmen. Die linke Funktion *Löschen* dient dem Löschen des gesamten Projekts. Beachten Sie, dass Projekte nur gelöscht werden können, wenn dem Projekt keinen Daten mehr zugewiesen sind.

Wurden Projekten bereits Objekte zugewiesen, finden Sie unter dem Projekteintrag die Pseudofolder `Projektdaten` und `Bevorzugte Projekte` und in diesen die entsprechenden Objekte (siehe Abschnitt 15.3).

Ab dem Moment, in welchem eine benutzende Person einem Projekt zugewiesen wurde, kann diese über die aktuellen *Benutzereinstellungen* ein Standardprojekt definieren. Diese Zuweisung wird dann auch im Programmkopf zusätzlich angezeigt (Bild 15.3).

Bild 15.3 Definieren Sie, in welchem Projekt Sie aktuell arbeiten.

Projekt- oder Teamadministrierende können jederzeit Änderungen am Projekt und dem zugehörigen Team vornehmen. Für die folgenden Schritte sollten Sie aber zunächst kein Projektteam voreinstellen.

15.3 Zuweisen von Objekten zu Projekten

Wechseln Sie nun in **Mein Teamcenter**. Legen Sie ein neues Element an und achten Sie darauf, dass es keinem Projekt zugeordnet ist. Sobald das Element erstellt wurde, selektieren Sie dieses und weisen es über den Menüpunkt *Werkzeuge > Projekt > Zuweisen* einem oder mehreren Projekten zu. Wählen Sie das Projekt im Dialogfester aus und nutzen Sie den Pfeil, um die Zuweisung für das selektierte Objekt vorzubereiten. **Achtung:** Der Doppelpfeil überträgt all Ihre Projekte auf die rechte Seite.

Beachten Sie, dass die Projektzuweisung auch die Berechtigung steuert. Außerdem wird von der IT definiert, wer Projektzuweisungen durchführen darf.

Sie können die Projektzuweisung für verschiedene Aufgaben nutzen. Zum einen haben Sie die Möglichkeit, damit die Daten zusätzlich zu strukturieren. In erster Linie werden Projekte aber zur Zugriffssteuerung für die Teammitglieder verwendet. In diesem Fall hat Ihre IT festgelegt, welche Berechtigungen wirksam werden, sobald die Zuweisung erfolgt ist. Oft haben dann nur noch die Projektmitglieder Zugriffsrechte (z. B. Leserechte) und die Eigentümergruppe ist nicht mehr mit der entsprechenden Berechtigung ausgestattet.

In **Mein Teamcenter** haben Sie die Möglichkeit, die Projektzuweisung direkt bei der Erstellung neuer Objekte zu erledigen. Im Wizard werden Sie im vorletzten Schritt aufgefordert, ein oder mehrere Projekte auszuwählen und zuzuweisen (Bild 15.4). Diese Funktion steht Ihnen auch bei der Revisionierung und meist auch direkt in den Autorensystemen zur Verfügung.

Alternativ können Sie jederzeit zu einem späteren Zeitpunkt entscheiden, einem Projekt ein oder mehrere Objekte zuzuweisen oder die Zuweisung wieder zu entfernen. Selektieren Sie dazu die Objekte und nutzen entweder das Kontextmenü *Projekt > Zuweisen* oder den Menüpunkt *Werkzeuge > Projekt > Zuweisen ...* Bei beiden Möglichkeiten können Sie mithilfe des Menüpunkts *Entfernen* die Zuweisung wieder entziehen. Leider wird hier bei älteren Teamcenter-Versionen nicht angezeigt, welche Projekte aktuell zugewiesen sind. Das ist kein Problem, wenn Sie alle Projekte entfernen wollen, aber schwieriger, falls mehrere Zuweisungen existieren und sie diese einzeln entfernen möchten.

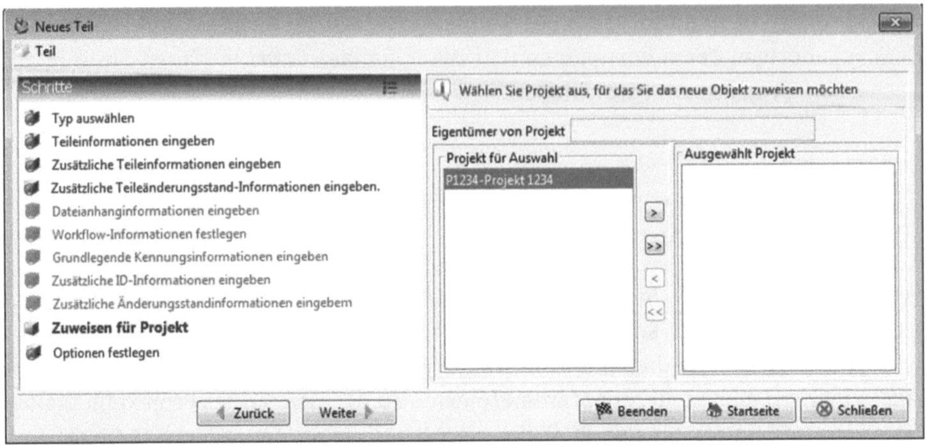

Bild 15.4 Auswahl der zuzuweisenden Projekte

Beachten Sie, dass üblicherweise nur für das gewählte Objekt eine Zuweisung des Projekts erfolgt, und dass Sie alle Objekte auswählen müssen, für die diese Zuweisung erfolgen soll. Dies ist besonders wichtig, da davon ja im Normalfall die Zugriffsberechtigung abhängig ist.

Bei der Zuweisung eines Projekts zu einem Objekt kann definiert sein, dass weitere Objekte automatisch mit in die Zuweisung einbezogen werden. Dies betrifft z. B. eventuell die Revision, wenn Sie ein neues Item erstellen. Ebenso kann automatisch auch das Objekt *View* (Stückliste, BOM View) mit zugewiesen werden.

15.4 Anzeige in der Detaildarstellung und den Eigenschaften

Welchen Projekten ein Objekt zugewiesen ist, erfahren Sie z. B. über die Eigenschaften. Nutzen Sie das Kontextmenü *Eigenschaften anzeigen* (*Alt* + *Enter*) und wechseln Sie zum Reiter *Projekt*. Hier finden Sie nicht nur alle Projekte, denen Sie zugewiesen wurden, sondern auch das Datum der (letzten) Zuweisung (Bild 15.5).

Alternativ haben Sie die Möglichkeit, sich die Projektzuordnung über die Tabelle in der Detaildarstellung anzeigen zu lassen. Nutzen Sie hierzu die in Bild 15.6 dargestellten Eigenschaften.

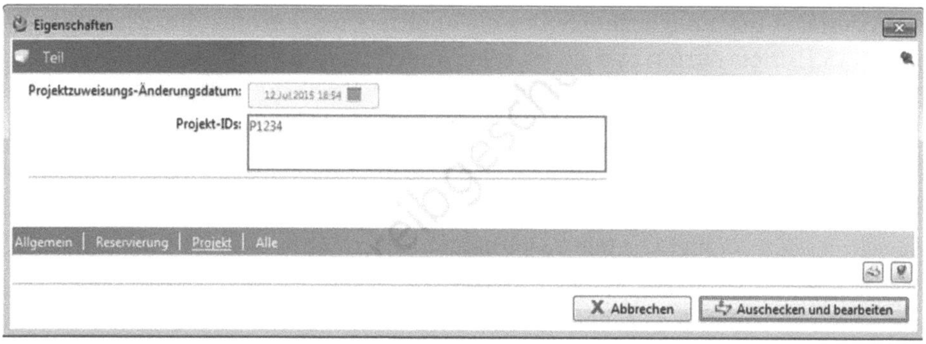

Bild 15.5 Eigenschaften im Reiter *Projekt*

Eigentümerprojekt	Projekt-IDs	Projektobjekte	Projektzuweisungs-Änderungsdatum
	P1234	P1234-Projekt 1234	12.Jul.2015 18:54

Bild 15.6 Anzeige der Projekteigenschaften in der Tabelle der *Detaildarstellung*

15.5 Reiter „Projekte“ und Applikation „Projekt“

Sie haben noch eine übersichtlichere Möglichkeit, sich die Objekte eines Projekts anzeigen zu lassen. Nutzen Sie dazu den Quick-Link *Meine Projekte*. Nun öffnet sich ein Reiter, der alle Projekte, denen Sie zugewiesen sind, anzeigt (Bild 15.7). Wie bei Ordnern können Sie diese Projekte nun aufklappen und die darin enthaltenen Elemente weiter analysieren. Nutzen Sie dazu die Reiter auf der rechten Seite (*Viewer*). Besonders nützlich an dieser Stelle ist, dass Sie Objekte direkt anderen Projekten zuweisen können oder die Zuweisung ändern können, sofern Sie die Berechtigung dazu besitzen. Nutzen Sie *Ausschneiden*, *Kopieren* und *Einfügen*, um dies durchzuführen. Auch Drag and Drop ist möglich. Denken Sie jedoch daran, dass dies in Teamcenter eine Kopie (= weitere Verknüpfung) erzeugt.

Bild 15.7 *Meine Projekte* mit zugewiesenen Objekten

Auch normale Teammitglieder können die Applikation **Projekt** nutzen (siehe Abschnitt 15.1). Diese dürfen hier jedoch keine Änderungen durchführen. Nutzen Sie die Pseudofolder für einen schnellen Blick auf die zugewiesenen Objekte.

Selektieren Sie an dieser Stelle ein Projekt und betrachten Sie die Ansicht *Übersicht* auf der rechten Seite. Hier finden Sie neben dem bekannten Reiter *Allgemein* auch die Reiter *Projektdaten, Team* und *Bibliothek.*

Allgemein: siehe Kapitel 2, „Mein Teamcenter“

Projektdaten: Alle Objekte, die dem Projekt zugewiesen wurden, werden angezeigt. Nutzen Sie die Änderung der Darstellung, um z. B. alle Objekte als detaillierte Tabelle anzuzeigen.

Team: Hier können Sie schnell nachschlagen, wer aus welcher Gruppe und mit welcher Rolle zum Team gehört.

Bibliothek: zeigt Datenwörterbücher und Bibliotheken an, die in der Anwendung **Klassifizierungs-Administration** definiert wurden, und stellt Werkzeuge für die Verbindung dieser Bibliotheken mit bestimmten Projekten oder Programmen bereit

---

Der kleine Doppelpfeil neben dem Quick-Link *Meine Projekte* wird nicht wie üblich verwendet. Hier kommt kein kleines Fenster mit allen Einträgen, sondern es wird das gleiche Fenster wie beim direkten Auswählen aufgerufen.

15.6 Suche nach Projekten, Suche nach Objekten in Projekten

Folgende vordefinierte Suchen stehen Ihnen zur Verfügung:

Projekte . . .: Diese Funktion listet alle Projekte auf. Beachten Sie, dass bei den gefundenen Projekten die beiden Pseudofolder *Bevorzugte Elemente* und *Projektdaten* genutzt werden können.

Gruppenbasierte Projekte: Legen Sie fest, für welche Gruppe Sie nach Projekten suchen möchten. Diese Abfrage wird auch für den Bericht „Gruppenbasierte Projekte“ verwendet.

Benutzerbasierte Projekte: Diese Funktion liefert die Projekte, an denen der angegebene Benutzende arbeitet. Auch dies wird für den entsprechenden Bericht genutzt.

Objekte in Projekten: Suchen Sie nach allen Objekten, denen bestimmte Projekte zugewiesen wurden. Hier können Sie z. B. die gefundenen Objekte auch auf einen Objekttyp eingrenzen (z. B. Element, Konstruktion bzw. die zugehörigen Revisionen).

Mehr über die Verwendung der Suchen einschließlich dem Hinzufügen eigener gespeicherter Suchen finden Sie in Kapitel 11, „Das Finden ist entscheidend!“.

15.7 Intelligente Ordner

Durch intelligente Ordner können Administrierende Ordnerhierarchien mittels Filterkriterien einrichten. Filterkriterien können z. B. Attributwerte oder Item-Typen sein.

15.7.1 Intelligente Ordner definieren

Damit Sie intelligente Ordner (auch „Smart Folders“ genannt) erstellen können, muss die Applikation **Projekt** aktiv sein und Sie müssen als administrierende Person angemeldet sein. Dadurch, dass der Reiter *Projekte* aktiv ist, wird Ihnen in den *Quick-Links* der Eintrag *Administration intelligenter Ordner* angezeigt. Starten Sie die Applikation und maximieren Sie den Reiter *Filterkonfiguration intelligenter Ordner*.

Links im Smart Folder Tree werden Ihnen alle Projekte aufgelistet, an denen Sie Mitgliedschaft besitzen. Rechts befinden sich die Filtertabellen, in denen die Filter und ihre Kriterien gelistet sind. Zum Erstellen eines Filters, selektieren Sie eines Ihrer Projekte und setzen den Haken bei *Wird der ausgewählte Knoten auch zur Angabe von Filterkriterien verwendet*. Der Filter ist nun in Ihrem Projekt gelistet, und Sie können in den Spalten *Ausgangstyp* sowie *Eigenschaft* zusätzliche Suchkriterien hinzufügen. Haben Sie alle Einstellungen getroffen, klicken Sie auf *Filtereinstellungen speichern*.

15.7.2 Intelligente Ordner als Teammitglied nutzen

Intelligente Ordner helfen Ihnen dabei, sich schnell in Projekten mit mehreren Item-Typen zurechtzufinden. So könnten Sie z. B. einen vordefinierten Ordner nutzen, der Ihnen nur JT-Daten oder Stücklisten aus Ihrem Projekt herausfiltert und anzeigt. Dies erspart Nutzenden Sucharbeit und Zeit.

15.8 Anwendung

Fast Track

1. Starten Sie Teamcenter und melden Sie sich an.
2. Erstellen Sie ein Projekt. Bestimmen Sie Ihre Mitglieder mit den jeweiligen Berechtigungen.
3. Legen Sie ein neues Element an, ohne dass es einem Projekt zugeordnet ist.
4. Weisen Sie Ihr Element Ihrem Projekt zu.
5. Prüfen Sie die Eigenschaften Ihres Elements.
6. Suchen Sie Ihr Element und Projekt mit der Teamcenter-Suche.
7. Nehmen Sie über die Pseudofolder Einblick in alle Projekte.
8. Entfernen Sie Ihr Element aus dem Projekt. Lassen Sie sich die erweiterten Eigenschaften anzeigen.

16 CAx-Integrationen

In Kapitel 1, „Einführung“, haben wir eines der Haupteinsatzgebiete für PLM-Systeme vorgestellt – und zwar die Produktdatenerstellung und -verwaltung. Daten werden mit verschiedenen Autorensystemen erstellt, manipuliert, verändert usw. In Kapitel 7, „Microsoft Office-Integration – Bürodokumente gut strukturieren“, haben Sie die Office-Produkte als Teamcenter-Autorensysteme kennengelernt. In diesem Kapitel soll es um konstruktionsspezifische Daten, also den Kern der Produktentwicklung, gehen.

In diesem Buch nutzen wir als Erstes das CAD-System Siemens NX als Beispiel, um die umfangreichen Möglichkeiten vorzustellen, mit denen Teamcenter den Konstruktionsprozess unterstützt. Viele dieser Funktionen lassen sich auch auf andere CAD-Systeme übertragen. Insbesondere Solid Edge bietet im Zusammenhang mit Teamcenter einen ähnlichen Funktionsumfang wie NX.

Teamcenter stellt eine Multi-CAD-Plattform dar. Zum einen heißt das, dass sich fast alle namhaften CAD-Systeme per Standard-Schnittstelle an Teamcenter anbinden lassen. Konkret bedeutet dies, dass man die Möglichkeit hat, CAD-spezifische Daten, wie 3D-Modelle und Zeichnungen usw., in der von Teamcenter gewohnten Ordnungsstruktur in Form von Items und Revisionen (einschließlich der zugehörigen Datasets) anzulegen, zu verändern und mit weiteren Informationen zu verknüpfen. Wir betrachten deshalb in den folgenden Abschnitten auch mehrere der gebräuchlichen CAD-Systeme. Einmal erstellt, verhält sich das Datenmodell dann so, wie wir es in den vorangegangenen Kapiteln bereits besprochen haben. Spezifische Eigenschaften können z. B. über verschiedene aus Items (oder Konstruktionen) abgeleitete Objekte abgebildet werden. Workflows werten dann gegebenenfalls systemspezifische Informationen aus. Dazu gehören z. B. die Ergebnisse einer Modellprüfung für NX-Modelle und Zeichnungen (NX Check-Mate).

Die angebotenen Schnittstellen können meist sehr umfangreich an individuelle Anforderungen angepasst werden. Die unterschiedlichen Anpassungen sind aber nicht Gegenstand des Buches.

In Abschnitt 16.1 werden wir auf einen zweiten Aspekt des Multi-CAD eingehen. NX ist in der Lage, die von Drittsystemen in Teamcenter abgelegten Daten z. B. in Baugruppen einzubeziehen. Es ist also möglich, in einer von Teamcenter verwalteten Baugruppe die verschiedensten CAD-Systeme parallel einzusetzen.

16.1 Siemens NX

Kommen wir nun zum für viele Konstruierende wichtigsten Teil des Buches. Im Rahmen der Produktentwicklung spielen die CAD-Systeme eine herausragende Rolle. Die Beherrschung der komplexen Modelle und der zugehörigen Zeichnungen wird immer schwieriger. Ein PLM-System kann Abhilfe schaffen. Siemens als Eigentümer der Teamcenter-Datenbank hat selbst mehrere CAD-Systeme in seinem Portfolio. Neben NX, das wir nun näher betrachten wollen, existieren auch Integrationen für Solid Edge und das inzwischen in NX integrierte I-DEAS.

Für die CAD-Systeme von Siemens kann logischerweise ein sehr hoher Integrationsgrad angeboten werden. Allerdings müssen wir uns auf die wichtigsten Funktionalitäten beschränken. Mit NX kann man auch spezielle Funktionen, wie z. B. Anordnungen, teileübergreifende Beziehungen und alternative Repräsentationen, in Teamcenter abgleichen. Auch die direkte Nutzung des Active Workspace aus NX heraus ist für viele Anwendungsfälle möglich (Kapitel 3, „Active Workspace – Informationen an jedem Ort").

Real-World-Szenario

In der FixDurch GmbH werden fast alle Einzelteile und Baugruppen mithilfe von NX modelliert. Michaela ist für die Konstruktion neuer Teile verantwortlich. Einige wenige Teile werden mithilfe von CATIA (Dassault Systèmes) von Uwe oder mithilfe von Autodesk Inventor von Sven modelliert. Michaela führt die Anpassung an die neue Modellgeneration gemäß den Vertriebsvorstellungen durch.

16.1.1 NX aus Teamcenter starten

Im Unterschied zu vielen anderen Systemen wird NX üblicherweise mit einer festen Bindung an Teamcenter genutzt. Damit meinen wir, dass es normalerweise nicht möglich ist, Konstruktionen außerhalb von Teamcenter abzulegen. Auch wenn nicht alle diese Meinung teilen, finden wir, dass dies eine sehr gute und sinnvolle Vorgehensweise ist.

Sie starten also zunächst Teamcenter und melden sich dort wie gewohnt mit einer Rolle in einer Gruppe an. Eventuell nutzen Sie auch Projekte. Das aktuelle Projekt wird dann ebenfalls vordefiniert (siehe Kapitel 15, „Projekte – Produktdaten und Projektteams“). Wie Sie vorgehen, wenn Sie bereits vorhandenen Modelle oder Zeichnungen aus Teamcenter öffnen wollen, beschreiben wir in Abschnitt 16.1.6.

Um NX ohne Daten zu starten, nutzen Sie das Icon *In NX starten/öffnen* oder das Menü *Datei > In NX öffnen*. Beachten Sie, dass kein Objekt ausgewählt ist. Nur der Ordner *Persönliche Ablage* bildet eine Ausnahme. Es wird nun eine Verbindung zu Teamcenter hergestellt, welche die Schnittstelle nutzt. Oft wird auch vom „NX-Manager“ gesprochen.

Auf den ersten Blick gibt es keine großen Änderungen zur NX-Anwendung ohne Teamcenter. In der Ressourcenleiste finden Sie allerdings einen *Teamcenter-Navigator*. Mit diesem haben Sie direkten Zugriff auf Ihre Daten in Teamcenter. Wir werden diesen in Abschnitt 16.1.8 vorstellen. Sollte Ihr Unternehmen auch den Active Workspace nutzen, gibt es einen weiteren Navigator für den direkten Zugriff auf diese webbasierte Benutzeroberfläche.

Im *Menü > Einstellungen > Teamcenter Integration > Benutzereinstellungen/Datenbank* kann die aktuelle Gruppe und Rolle angezeigt und gegebenenfalls geändert werden. Beachten Sie, dass die Änderung dann auch in Teamcenter selbst vorgenommen wird und sich damit Ihre aktuellen Rechte im System ändern.

16.1.2 3D-Modelle erstellen

Schon beim zweiten Blick werden Anpassungen offensichtlich. Um ein neues Teil zu erstellen, nutzen Sie in NX *Datei > Neu > Element ...* (Bild 16.1). Nun werden die Vorlagen aus der Teamcenter-Umgebung genutzt. Diese Templates (Seedparts) liegen in der Datenbank und können dort von der Administration verwaltet werden. Beachten Sie die Spalte *Elementtyp* in der Templates-Tabelle. Hier erkennen Sie, welcher Typ in Teamcenter für die aktuelle Vorlage angelegt wird. Wie immer entsteht bei jedem neuen Item auch eine dazugehörige erste Revision.

Im Abschnitt *Namen und Attribute* gibt es die Möglichkeit der Zuweisung der aus Teamcenter bekannten Eigenschaften `ID`, `Änderungsstand (Revision ID)` und `Name`. Sie wissen, dass es sich bei allen drei um Pflichtattribute handelt. Doppelklicken Sie auf einen Eintrag. Meist werden dann alle drei Attribute vorausgefüllt. Das Attribut `Name` können Sie per Doppelklick ändern. Auf der rechten Seite finden Sie weitere Attribute. Hier kann z. B. auch gleich bei der Erstellung des Items eine Projektzuweisung erfolgen, wie wir es in Kapitel 2, „Mein Teamcenter", und in Kapitel 15, „Projekte – Produktdaten und Projektteams", vorgestellt haben. Sie sollten immer den richtigen Ablageort in Teamcenter wählen. Nutzen Sie dazu das Icon *Ordner*, um den Ordner direkt zu wählen (Bild 16.1). Beachten Sie, dass Objekte bei anderen Anwendenden referenziert sein können und die Daten damit unmittelbar zur Verfügung stehen.

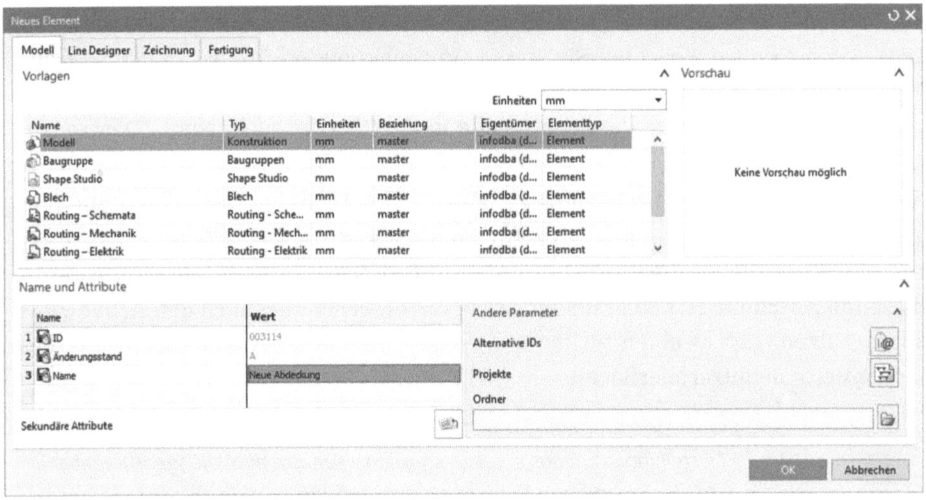

Bild 16.1 Dialog *Neues Element*

Weitere Attribute lassen sich direkt im Erstellungsprozess über das Icon *Sekundäre Attribute* eingeben (Bild 16.1). Beachten Sie im Dialogfeld vor allem die beiden Felder `Datenbankattribute` und `Schreibgeschützt` (Bild 16.2). Sie erkennen an der grünen Kugel, dass dieses Attribut mit Teamcenter synchronisiert wird. (siehe Abschnitt 16.1.11) An der Diskette erkennen Sie, dass Sie Änderungen vornehmen dürfen. Der Prozess des Attributaustauschs zwischen NX und Teamcenter ist für das Verständnis besonders wichtig (Abschnitt 16.1.11). Mit *OK* schließen Sie den Erstellungsprozess ab. Beachten Sie, dass NX auch mit Teamcenter-Anbindung erst dann etwas erzeugt, wenn Sie das erste Mal speichern. Nutzen Sie den normalen Speicherbefehl, um die Daten in Teamcenter zu generieren.

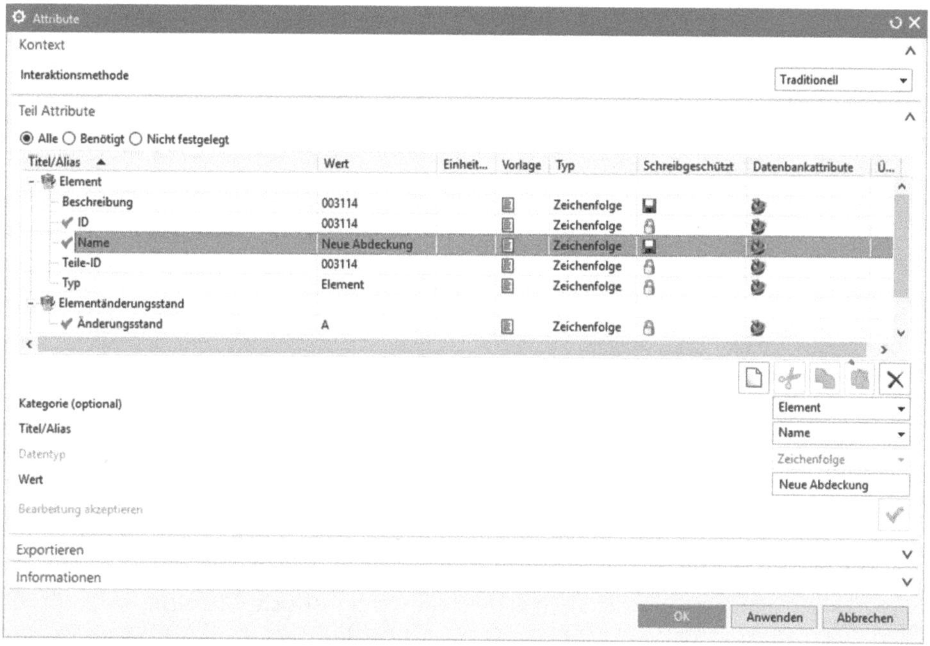

Bild 16.2 Eingabe der Attribute (NX 11, Modus *Traditionell*)

In der Datenbank wird nun das Item (inklusive zugehöriger Revision) und ein Dataset des Typs `UGMaster` angelegt. Wenn Sie dieses in Teamcenter suchen und öffnen, sehen Sie, dass das `UGMaster` ausgecheckt bleibt. Dies ist die Standardeinstellung, kann aber verändert werden. Die Attribute werden wie vordefiniert abgelegt und können über die entsprechenden Reiter analysiert werden. Auch hier werden grundsätzliche Informationen wie `Eigentümer`, `Gruppen-ID`, `Letzte Änderung` usw. automatisch befüllt (Bild 16.3). Den Vorgang, der auch als Mapping bezeichnet wird, beschreiben wir in Abschnitt 16.1.11 genauer.

Üblicherweise darf in jeder Revision nur genau einen `UGMaster` enthalten sein. Für die Zeichnung, also das `UGPart`, werden unterschiedliche Wege umgesetzt. Entweder ist auch nur eines erlaubt und in diesem sind dann alle Zeichnungsblätter enthalten, oder aber es sind mehrere Datasets dieses Typs erlaubt worden.

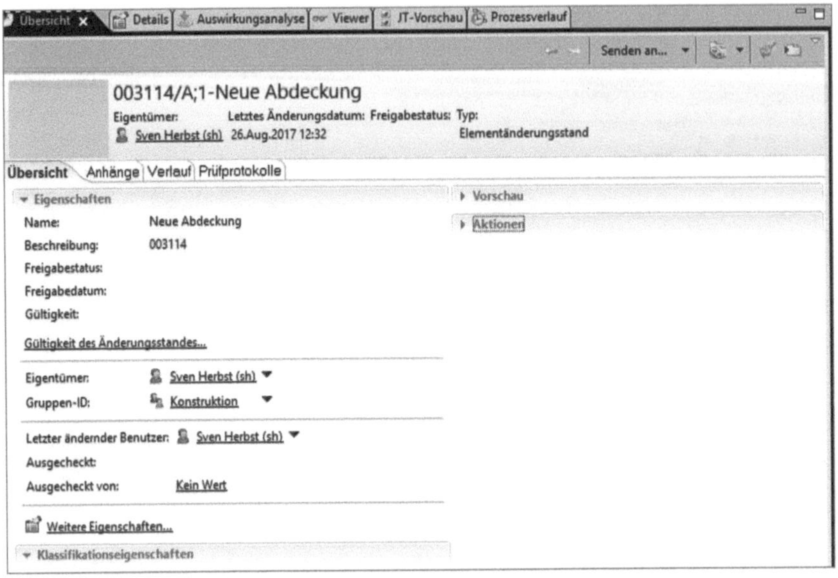

Bild 16.3 Anzeige der Eigenschaften in der Teamcenter-Ansicht *Übersicht*

Nehmen Sie nun einige Modellierungen vor. Falls möglich, sollten Sie über *Datei > Speichern > Speicheroptionen …* definieren, dass automatisch auch die JT-Daten mit generiert werden. Da dies etwas Zeit kostet und die Qualität der JT-Daten eventuell auf anderem Wege sichergestellt werden soll, kann es sein, dass diese Option deaktiviert ist (Bild 16.4). Die Generierung erfolgt dann z. B. über automatisierte Prozesse (siehe Kapitel 8, „Workflows – definierte und nachvollziehbare Arbeitsabläufe").

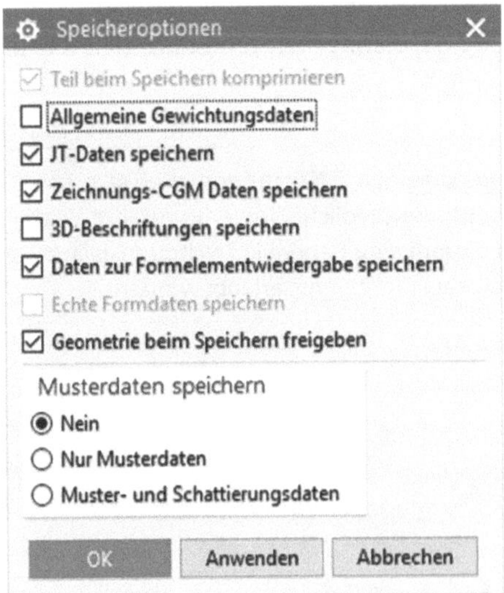

Bild 16.4
Speicheroptionen > JT-Daten speichern

Wenn Sie nun das geänderte Modell abspeichern, wird nicht nur der `UGMaster` (mit allen seinen Dateien) aktualisiert, sondern es wird auch eine Verknüpfung auf die JT-Daten (`DirectModel`) hergestellt (Bild 16.5). Die Betrachtungsmöglichkeiten kennen Sie aus Kapitel 6, „Viewer und Lifecycle Viewer – ein Bild sagt mehr als Attribute". Beachten Sie, dass auch ein Vorschaubild generiert und angezeigt wird. In Abschnitt 16.1.15 beschreiben wir dies noch etwas genauer.

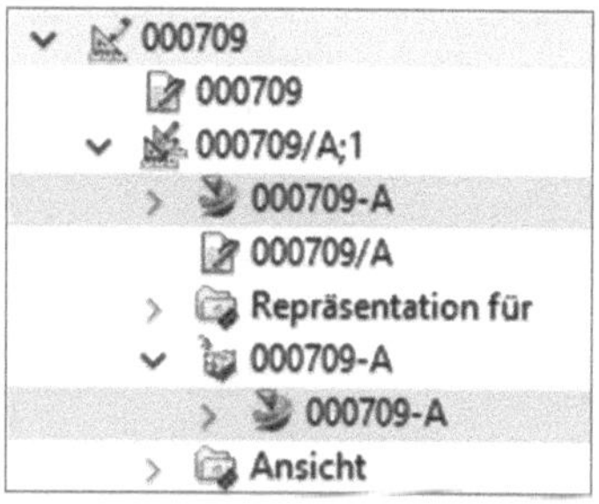

Bild 16.5
Das Dataset `DirectModel` wird doppelt referenziert.

16.1.3 Assoziative Zeichnung erstellen

Das Modell wurde nun angelegt und kann über das JT-Format in Teamcenter betrachtet werden. Normalerweise wird zusätzlich noch eine dazugehörige Fertigungszeichnung benötigt. Die favorisierte Vorgehensweise ist, die Zeichnung in der gleichen Revision wie das Modell abzulegen. Hierbei handelt es sich dann um eine strenge Interpretation des sogenannten Master-Modells (von einem Modell hängen alle weiteren Informationen ab). Um dieses umzusetzen, rufen Sie in NX den Befehl *Datei > Neu > Element* auf (Bild 16.6). Wählen Sie anschließend eine Zeichnungsvorlage. NX erkennt, dass Sie bereits ein Modell bearbeiten und stellt automatisch die Verbindung her, wie im Dialogfenster im Abschnitt *Referenzteil* zu erkennen ist. Beachten Sie, dass die Attribute `ID`, `Änderungsstand`, `Name` und `Dataset-Name` bereits ausgefüllt sind. Diese werden vom `UGMaster`, also dem 3D-Modell, übernommen. Bestätigen Sie die Eingaben mit *OK*.

Der Dataset-Name wird aus `ID`, `Änderungsstand` und dem Nachsatz „-dwg" sowie einem numerischen Wert für das Blatt generiert, kann aber in manchen Installationen verändert worden sein (Bild 16.6).

NX führt Sie nun durch die Erstellung der Zeichnungsansichten. Alternativ nutzen Sie den bei Ihnen üblichen Weg. Dann speichern Sie die Zeichnung. Auch hier wird wieder eine Vorschau für das aktuelle Blatt erstellt. Kontrollieren Sie anschließend das Ergebnis in Teamcenter.

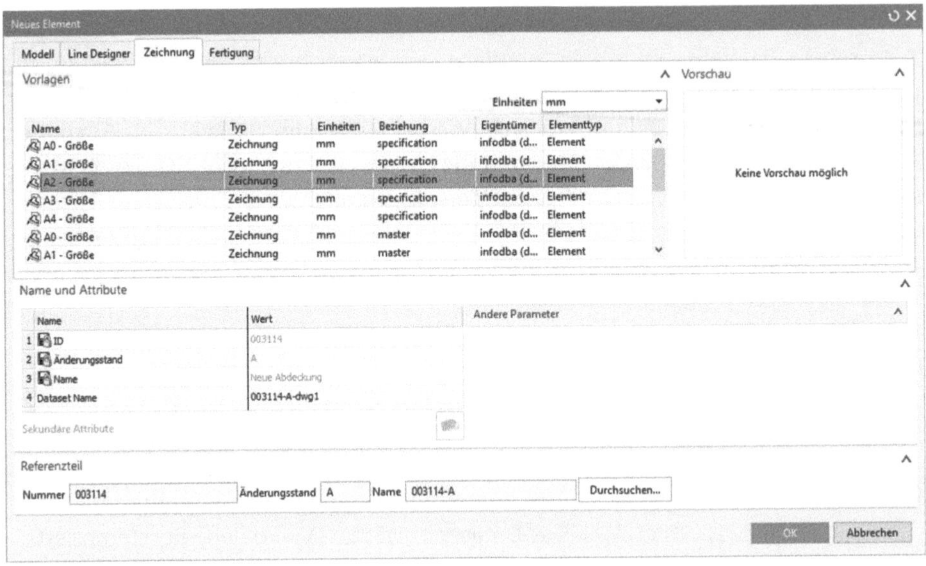

Bild 16.6 Zeichnung ableiten

In der gleichen Revision wurde ein Dataset des Typs `UGPart` erzeugt (Bild 16.7). Dieses bleibt meist auch ausgecheckt. Wenn Sie es selektieren, können Sie die Vorschau der Zeichnung betrachten. Ob bei einer Selektion der Revision oder des Items die Vorschau der Zeichnung oder des Modells angezeigt wird, hat Ihre IT festgelegt.

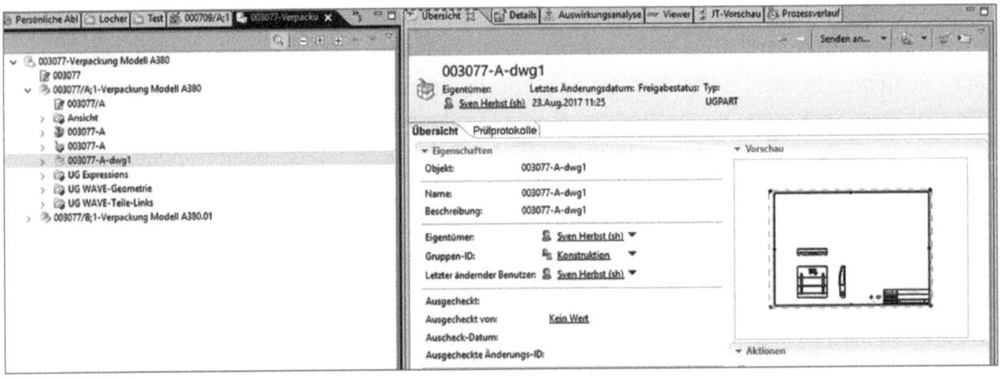

Bild 16.7 Dataset `UGPart` (inklusive Vorschau)

Schließen Sie nun die Zeichnung und das Modell in NX. Mit der üblichen Einstellung werden jetzt beide Datasets wieder eingecheckt. Denken Sie daran, dass auch bei Reservierung und Freigabe unternehmensspezifische Regeln verwendet werden können (siehe Abschnitt 2.5 und Abschnitt 16.1.7)

16.1.4 Erstellung in Teamcenter beginnen

Natürlich gibt es auch noch andere Methoden für die Erstellung von Konstruktionsdaten. Eine schnelle Möglichkeit ist es, direkt in Teamcenter zu beginnen. Auf diese Weise lässt sich sehr gut eine Top-down-Strategie umsetzen. Hierzu erzeugt man zunächst das passende Item mit Revision in Teamcenter und öffnet dann die Revision in NX. Die Software stellt nun fest, dass es noch keinen `UGMaster` gibt und erwartet als Erstes die Auswahl eines Templates. Anschließend geht es so weiter wie vorangehend vorgestellt. Für diese Vorgehensweise muss das System vorbereitet sein. Ähnlich wird auch verfahren, wenn im Rahmen einer Multi-CAD-Strategie mit JT-Daten als Ausgangsbasis für die Modelle in NX gearbeitet werden soll.

16.1.5 Ablage von zugehörigen Informationen

Wir haben festgestellt, dass üblicherweise Modell und Fertigungszeichnungen gebündelt in einer Revision abgelegt werden. Sinnvoll erscheint auch, alle weiteren Informationen, die das Modell beschreiben oder aus Modell und Zeichnung abgeleitet werden, in dieser „Klammer" abzulegen. Ohne ein spezielles Anforderungsmanagement könnten dies z. B. die Anforderungen an ein Teil in Form einer Textdatei (`MSWordX`) oder die Kalkulation der Abmessungen in einer Kalkulationstabelle (`MSExcelX`) sein (Bild 16.8). Abgeleitete 3D-Modelle in Form von JT-Daten hatten wir bereits besprochen. Auch Neutralformate, die für Zeichnungen üblich sind, sollten hier abgelegt werden (TIF, PDF usw.). Über die Zugriffsteuerung kann dann dafür gesorgt werden, dass z. B. die Fertigung zwar abgeleitete Formate sehen, aber keine Änderungen daran vornehmen kann (Kapitel 4, „Datensicherheit für alle").

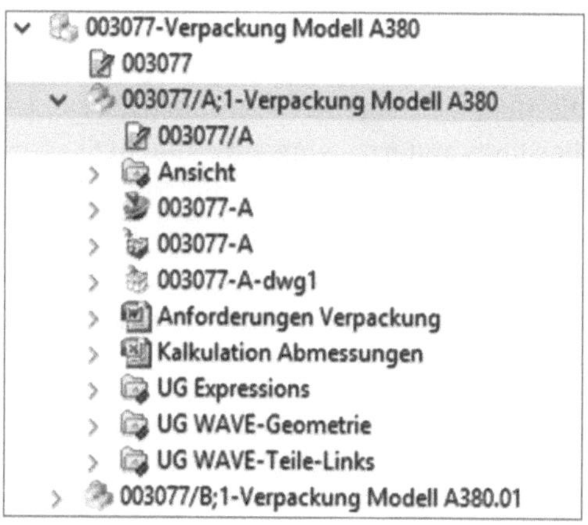

Bild 16.8
Konstruktionsdaten
(ergänzt um Office-Dokumente)

Moderne Prozesse sehen auch das Hinzufügen von Informationen in nachgelagerten Prozessen vor, z. B. wenn die Fertigungsplanung frühzeitig in den Entwicklungsprozess einbezogen wird. Hier müssen auch in Teamcenter Funktionen für das Hinzufügen von Informationen genutzt werden können. Stellen Sie in diesem Fall z. B. sogenannte „Redlining"-Funktionalitäten oder Anmerkungen (JT, Office, PDF, Bilddateien) in Teamcenter zur Verfügung.

16.1.6 Öffnen von Modellen aus Teamcenter/Änderungen durchführen

Liegen bereits in Teamcenter gespeicherte Modelle oder Zeichnungen vor, können Sie diese direkt öffnen. Am beliebtesten ist der Doppelklick auf ein Dataset. Dazu müssen Sie aber die jeweilige Revision öffnen. Denken Sie daran, dass dies auch im **Struktur-Management** über das Datenfenster möglich ist (siehe Kapitel 5, „Struktur-Management – Stücklisten und deren Verwendung").

Konsequenterweise ist es auch möglich, eine Revision auszuwählen und dann über das Icon *In NX starten/öffnen* weiterzuarbeiten. Hier sucht sich NX den `UGMaster` und öffnet ihn. Sicher lässt sich dies auch anders konfigurieren, um auf diesem Wege die Zeichnung zu öffnen. Zu guter Letzt ist es auch möglich, das Item selbst auszuwählen. Wie Sie es bereits beim Viewing kennengelernt haben, sucht sich Teamcenter nun die letzte Revision und öffnet sie. Auf diesem Wege lassen sich viele Klicks sparen.

Wenn Sie nicht so oft zwischen Teamcenter und NX wechseln möchten, können Sie die Daten auch über verschiedene Wege direkt in NX auswählen und öffnen.

Eingabe der ID in NX

Kennen Sie die `ID` aus Teamcenter auswendig? Dann geben Sie diese direkt in das Feld `Nummer` ein. Teamcenter sucht nun sofort die `ID` und schlägt den neuesten Änderungsstand vor. Diesen Vorschlag können Sie allerdings ändern – entweder, indem Sie den bekannten Stand eingeben oder indem Sie aus dem oberen Abschnitt *Durchsuchen* auswählen (Bild 16.9). Beachten Sie die Abschnitte *Vorschau* und *Eigenschaften* auf der rechten Seite des Dialogfensters. So können Sie noch einmal kontrollieren, ob es sich um die richtigen Teile handelt. Im Abschnitt *Durchsuchen* können Sie in die Ebenen jedes zulässigen Items hineinschauen und dabei die zugehörigen Datasets für Modell und Zeichnung auswählen.

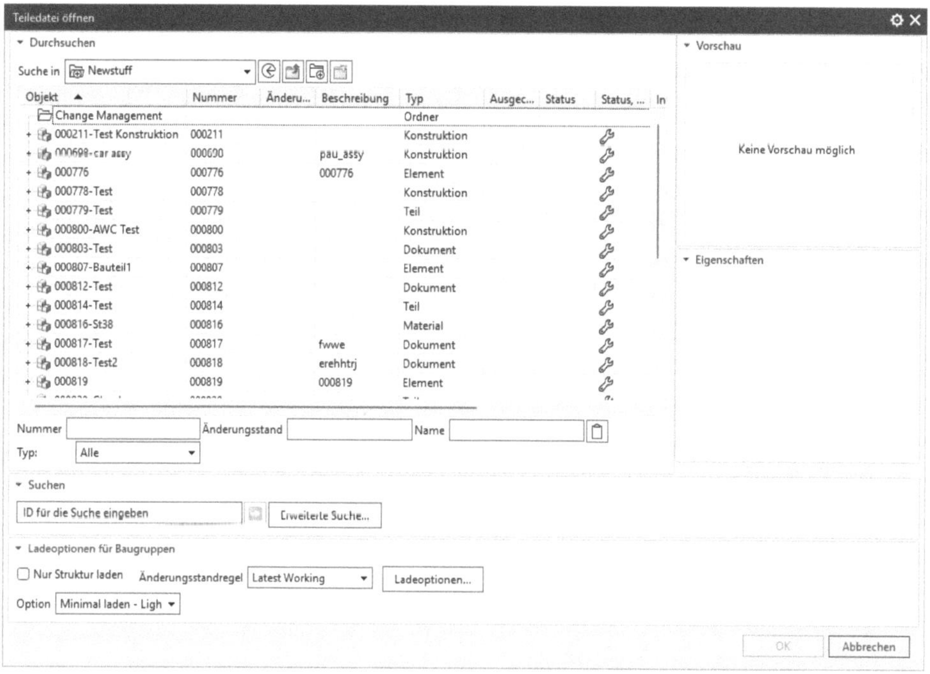

Bild 16.9 Dialog zum Öffnen der Teiledatei

Einfügen der kopierten Daten (ID, Änderungsstand)

Wenn man die Teile bereits in Teamcenter gesucht und gefunden hat, ist die Anwendung der im Folgenden vorgestellten Option sinnvoll. Kopieren Sie dazu das Teil oder die Revision in Teamcenter in die Zwischenablage. Wechseln Sie zu NX und klicken Sie das Icon direkt neben der Zeile mit der `Nummer` an. Das Feld *Suche in* schaltet dann auf *Zwischenablage* um, und ein Teil wird direkt in die Eingabefelder übernommen. Das Öffnen in NX, das direkt aus der Zwischenablage von Teamcenter erfolgt, haben Sie bereits in Kapitel 2, „Mein Teamcenter" (siehe „Zwischenablage"), kennengelernt.

> Bitte wundern Sie sich nicht. Gelegentlich führt dies zu einer Fehlermeldung. Klicken Sie das Icon einfach ein zweites Mal an, dann sollte es funktionieren.

Nun geht es so wie bei der direkten Eingabe weiter.

Suche

Diesen Punkt beschreiben wir in Abschnitt 16.1.9 genauer.

Teamcenter-Navigator

Auch aus dem Teamcenter-Navigator gelangen Sie wie vorangehend beschrieben auf das Dialogfenster für die *Suche*. Zusätzlich kann ein leistungsfähiger *Filter* genutzt werden. Diesen Navigator beschreiben wir in Abschnitt 16.1.8.

Ladeoptionen für Baugruppen

Direkt beim Öffnen, egal ob über den Dialog *Öffnen* oder über den Teamcenter-Navigator, haben Sie die Möglichkeit, die Ladeoptionen gemäß Ihren Anforderungen anzupassen (Bild 16.10). Grundsätzlich stellen diese Optionen Möglichkeiten für NX dar, die auch nativ, d. h. ohne Teamcenter, eine Rolle spielen. Wir wollen im Folgenden nur auf diejenigen eingehen, die im Zusammenspiel mit der Datenbank entscheidend sind.

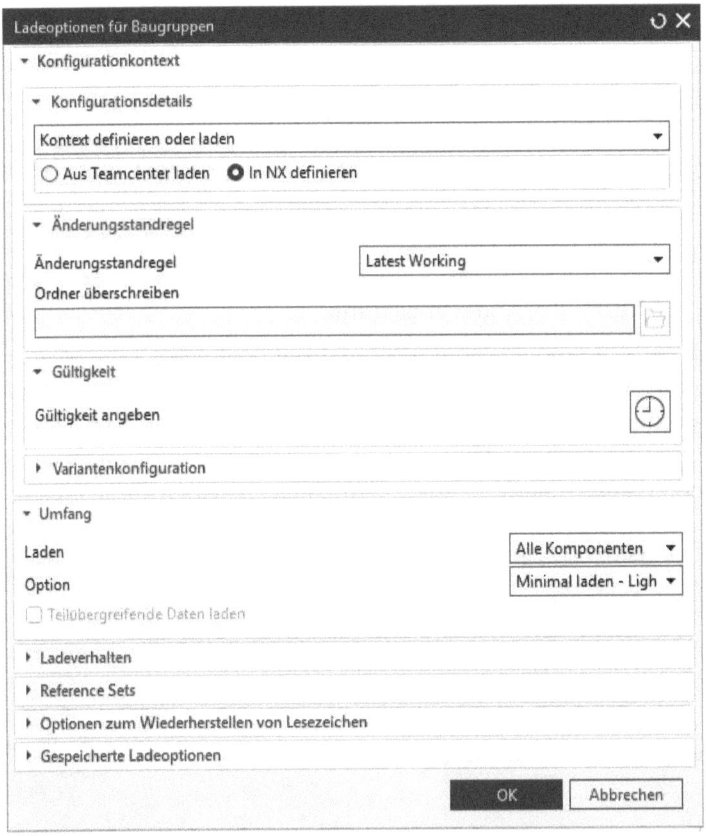

Bild 16.10 Dialog für die Auswahl der Ladeoptionen

Ladeoptionen: Nur Struktur laden

Wie beim Öffnen von der Festplatte wird bei *Nur Struktur laden* nur die Baugruppenstruktur geöffnet. Die Geometriedaten und die Modellhistorie bleiben unberücksichtigt. Sie sparen viel Ladezeit und können später jederzeit weitere Baugruppen oder Teile nachladen. Da Teamcenter die Daten unter Umständen weltweit zusammensammelt, erhöht sich der Nutzen in diesem Fall noch einmal.

Ladeoptionen: Änderungsstandregel

Denken Sie an die Ausführungen in Kapitel 5, „Struktur-Management – Stücklisten und deren Verwendung". Hier haben wir die Änderungsstand- oder Laderegeln umfangreich erläutert. An dieser Stelle greifen in NX die besagten Regeln und sorgen dafür, dass anhand definierter Regeln entschieden wird, welche Revision geladen werden soll. NX ist dabei so flexibel, dass damit problemlos unterschiedliche Konfigurationen geladen werden können. Besondere Beachtung sollten Sie in diesem Zusammenhang auch der Nutzung bzw. Zuweisung der präzisen Informationen schenken. Auch beim Speichern von Baugruppen ist dies mit zu beachten (siehe *Datei > Speichern > Präzise Baugruppe speichern* oder im Kontextmenü via *Baugruppennavigator > Beim Speichern „präzise"* aktivieren).

Denken Sie daran, dass üblicherweise das Item, die Revision oder eines der vorhandenen Datasets des Typs `UGMaster` oder `UGPart` (gegebenenfalls auch des Typs `DirectModel`, siehe Multi-CAD) geöffnet werden kann. Sie müssen also nicht immer alle Ebenen aufblenden (siehe auch „Filter" in Abschnitt 16.1.8).

Bestätigen Sie das Öffnen des gewählten Objekts mit *OK*. NX aktualisiert nun die Attribute mit den eventuell veränderten Informationen aus Teamcenter, lädt bei Baugruppen die Struktur und bei entsprechender Option auch die zugehörige Geometrie inklusive der Historie.

16.1.7 Reservieren von Modellen und Zeichnungen

In Kapitel 2, „Mein Teamcenter", haben Sie wichtige Informationen zum Ein- und Auschecken in Teamcenter erhalten. Besonders bei der Arbeit mit CAD-Autorensystemen ist es wichtig, über leistungsfähige Funktionen in diesem Bereich zu verfügen. Aufgrund der wesentlich verkürzten Entwicklungszeiten (siehe Kapitel 1, „Einführung") und der daraus resultierenden parallelen Bearbeitung von Baugruppen und gelegentlich auch von Einzelteilen (Concurrent Engineering) ist eine zuverlässige Verhinderung von ungewollten Änderungen besonders wichtig geworden. Deshalb können Sie in Teamcenter zwischen verschiedenen Varianten der Reservierung Ihrer Daten entscheiden.

Beachten Sie, dass das Auschecken in NX früher auch als „Sperren von Teilen" bezeichnet wurde. Prüfen Sie gegebenenfalls auch die Auscheck-Strategie in den Anwenderstandards Ihres Unternehmens.

Reservierung und Bereitstellung über Teamcenter

Jede anwendende Person kann entscheiden, dass die Reservierung eines Teils für einen längeren Zeitraum vorgenommen werden soll. Damit kann er oder sie sowohl für das Auschecken als auch das Einchecken die in Kapitel 2, „Mein Teamcenter", vorgestellten Funktionen und das aufgeführte Beispiel nutzen. Hierbei handelt es sich um die Form des expliziten Auscheckens. Am Ende der Bearbeitung ist die anwendende Person dafür zuständig, die Daten wieder für Änderungen freizugeben.

Automatischer Check Out- und Check In-Mechanismus

In vielen Fällen ist die Nutzung eines Automatismus für das Reservieren von Teilen üblich, sobald NX eine Änderung (implizit) erkannt hat. Sie erkennen dies auch am Hinweis „(geändert)" in der Programmzeile hinter dem Dateinamen bzw. dem entsprechenden Icon. Beachten Sie, dass jedes Teil und jede Baugruppenebene dabei getrennt auf Änderungen untersucht wird.

NX behandelt nicht nur geometrische Veränderungen als Änderung. Zum Beispiel wird auch die Änderung der Darstellung als solche registriert.

Mit den Standardeinstellungen in NX bleiben die Elemente so lange gesperrt, bis sie geschlossen werden.

Folgende Alternativen stehen für andere Auscheck-Strategien in den Anwenderstandards unter *Datei > Dienstprogramme > Anwenderstandards* im Abschnitt *Teamcenter Integration > Allgemein > Allgemein > Vorgaben zum Ein-/Auschecken* zur Verfügung (Bild 16.11):

- *Automatisches Auschecken beim Ändern oder Speichern, Einchecken beim Speichern*
- *Automatisches Auschecken beim Ändern oder Speichern, Einchecken beim Schließen* (siehe vorangegangene Abschnitte)
- *Automatisches Auschecken beim Speichern, Einchecken beim Speichern*
- *Manuelles Auschecken erforderlich beim Speichern, Manuelles Einchecken* (siehe explizit in vorangegangenen Abschnitten und über NX in folgenden Abschnitten)

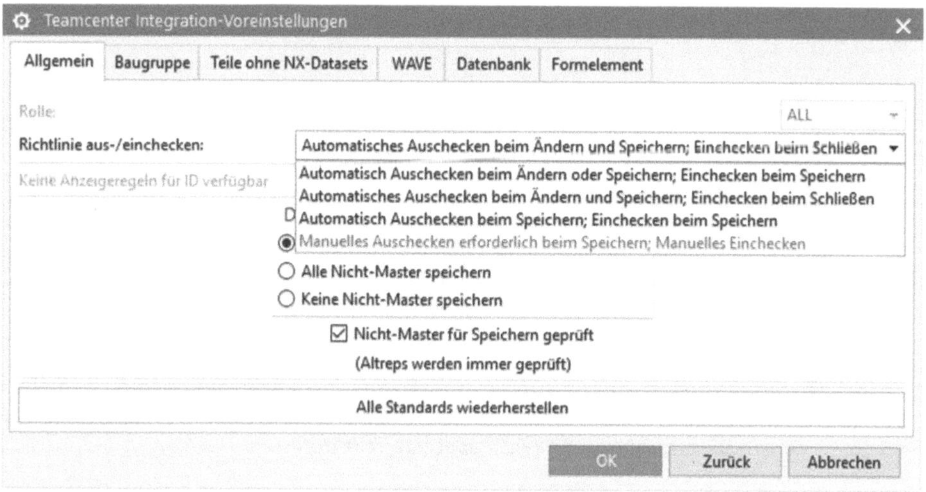

Bild 16.11 Voreinstellungen für die Auscheck-Strategie

Aus-/Einchecken im Baugruppen-Navigator und Teamcenter-Navigator

Sie können Teile oder Baugruppen auch direkt aus NX explizit auschecken. Nutzen Sie dazu das Kontextmenü des Baugruppen- oder Teamcenter-Navigators. Hier finden Sie die Möglichkeit, die Elemente wieder für die Bearbeitung durch andere Anwendende freizugeben. Denken Sie daran, dass Sie dies selbst tun müssen. Für Reservierung und Freigabe wird empfohlen, entweder NX oder Teamcenter zu nutzen. Wir haben jedoch festgestellt, dass man dies auch mischen kann (z. B. in NX auschecken, um später in Teamcenter wieder einzuchecken).

Auscheck-Verlauf

An dieser Stelle erfolgt noch einmal der Hinweis, dass Teamcenter den Auscheck-Verlauf dokumentiert. Darin enthalten sind auch die impliziten Vorgänge.

Suche nach ausgecheckten Daten

Auch die Suche nach ausgecheckten Daten haben wir bereits angesprochen. Halten Sie immer Ordnung in Ihren Daten. Dies bezieht sich auch auf die reservierten Daten. Entscheiden Sie, welche Strategie üblicherweise für Sie sinnvoll ist und denken Sie z. B. zum Feierabend daran, eine Suche nach den ausgecheckten Daten vorzunehmen. Manchmal wird dies beim Abmelden auch automatisch durchgeführt, und Sie können bei der Abmeldung noch einmal entscheiden, welche Daten reserviert bleiben müssen. Auch in NX können Sie sich über *Datei > Dienstprogramme > Ausgecheckte Teile auflisten* die in der aktuellen Sitzung reservierten Teile auflisten lassen (Bild 16.12).

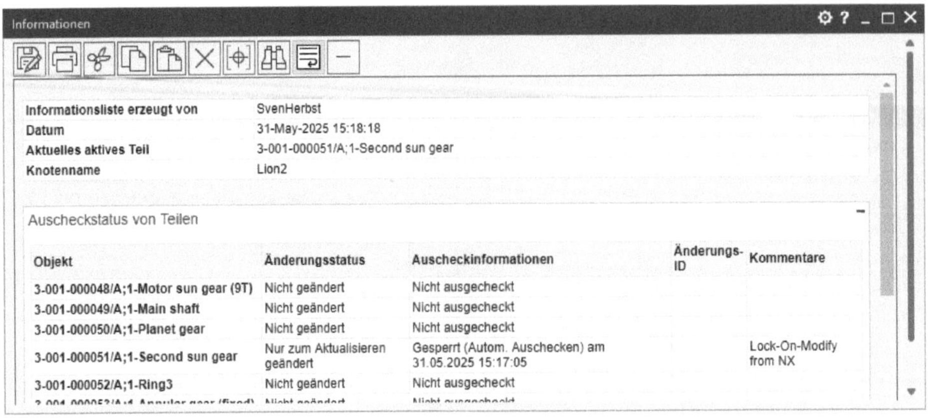

Bild 16.12 *Datei > Dienstprogramme > Ausgecheckte Teile auflisten*

16.1.8 Teamcenter-Navigator in NX

Als es um das Öffnen von Modellen oder Zeichnungen ging, haben wir bereits einen kurzen Einstieg in den Teamcenter-Navigator gegeben. Der Teamcenter-Navigator kann als Tor zu Teamcenter verwendet werden. Wenn Sie die NX-Mittel der Ressourcenleiste nutzen, können Sie auch diesen Navigator abdocken und z. B. auf einem zweiten Monitor positionieren.

Es bieten sich die im Folgenden vorgestellten Funktionen an.

Suchen

Diesen Punkt erläutern wir Ihnen in Abschnitt 16.1.9 genauer.

Filter durchsuchen

Die übliche Herangehensweise ist bei einer Anbindung an Teamcenter die Anzeige von Item, Änderungsstand und Dataset. Dies entspricht der Detailebene *Vollständig*. Um das Klicken zu reduzieren, lassen sich über die Detailebene *Einfach* alle Items bzw. Änderungsstände ausblenden. Nun werden nur noch Datasets angezeigt. Mithilfe von *Zwischenstadium* werden die Revisionen ausgeblendet. Alle referenzierten Datasets sind dann direkt unter den Items zu erreichen.

Ladeoptionen

Diesen Punkt haben wir bereits in Abschnitt 16.1.6 vorgestellt.

Vorschau

Beachten Sie, dass Sie das genaue Aussehen dieser Vorschau auch individuell festlegen können (siehe Abschnitt 16.1.15).

Tabellenansicht

Unter *Tabellenansicht* haben Sie die Möglichkeit, auf verschiedene Ansichtsstile umzuschalten.

Struktur: Dies ist sicherlich die übliche Nutzung. Sie haben eine Tabelle, in der Sie die Spalten anpassen und z. B. Sortierungen vornehmen können. Die Spaltenanpassung entspricht der im Baugruppen-Navigator von NX.

Kachel: Es werden die Objekte mit zugehörigen Vorschaubildern angezeigt. Auch hier besteht die Möglichkeit, Vorschaubilder der Items und Revisionen (und nicht nur der Datasets) angezeigt zu bekommen. In dieser Darstellung können Sie eventuelle Änderungen in Teamcenter aktualisieren und das Teil, die Revision oder die entsprechenden Datasets öffnen bzw. als Komponenten direkt der aktuellen Baugruppe hinzufügen. Hierfür lässt sich auch die Drag and Drop-Funktion nutzen.

In manchen Unternehmen steht auch der in Kapitel 3, „Active Workspace – Informationen an jedem Ort", vorgestellte Client zur Verfügung. Auf diesen Punkt gehen wir an dieser Stelle nicht weiter ein.

16.1.9 Suchen aus NX

Wenn Sie bei der Eingabe der `Number` mit Platzhaltern arbeiten, wird eine Suche ausgeführt und die Ergebnisse werden direkt darüber angezeigt. Sie können auch direkt aus NX heraus genauer bzw. detaillierter suchen. Blenden Sie dazu den Abschnitt *Suche* ein und wählen Sie auf der linken Seite oben aus *Suche nach* die passende Vorlage aus. Beachten Sie, dass es an dieser Stelle bereits vordefinierte Suchen für spezielle Typen gibt. Unseres Wissens kann Teamcenter Modell und Baugruppe nur hier direkt unterscheiden (beide sind vom Typ `UGMaster`). Zusätzlich finden Sie hier die aus Kapitel 11, „Das Finden ist entscheidend!", bekannten Abfragen.

Über die Auswahl *Suchen in* im Abschnitt *Suchen* kann entschieden werden, dass bereits in Teamcenter gespeicherte Suchen (siehe Kapitel 11, „Das Finden ist entscheidend!") in NX genutzt werden. Bei guter Vorbereitung ist dies sicherlich der schnellste Weg. Alternativ gelangen Sie über das Menü *Datei > Erweiterte Teamcenter-Suche …* an die gleiche Stelle (Bild 16.13).

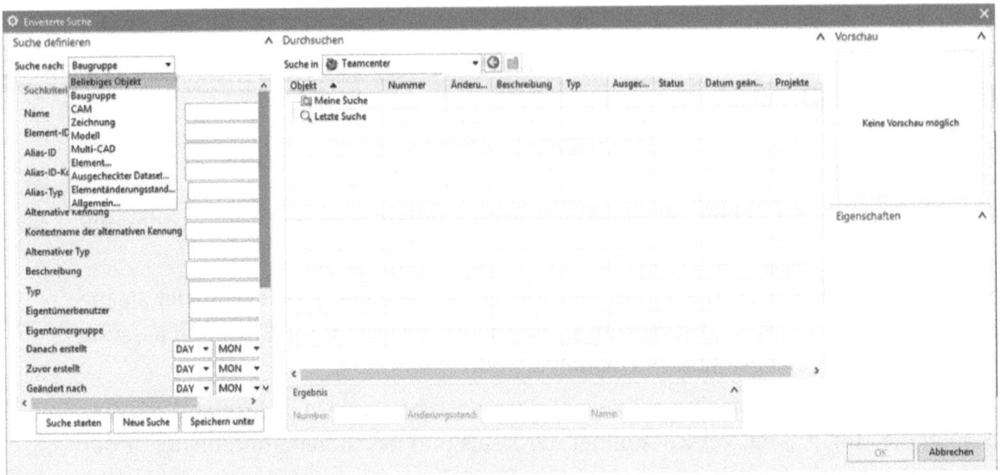

Bild 16.13 Suchen in Teamcenter aus NX

16.1.10 Teile und Baugruppen verbauen (Strukturen)

Im Folgenden schauen wir uns die Möglichkeiten der Zusammenstellung von Baugruppen mit Teamcenter-Anbindung genauer an. Grundsätzlich stehen Ihnen die aus NX bekannten Funktionen zur Verfügung. Bedenken Sie, dass bei jeder neu erstellten Komponente der Dialog für die Erstellung von neuen Items verwendet wird. Beachten Sie auch die Eingabe von Eigenschaften bzw. Attributen. Diese können Sie und andere an die Datenbank angeschlossene anwendende Personen dann gut nutzen. Außerdem werden sicherlich viele der Attribute z. B. direkt auf einem Zeichnungskopf Verwendung finden.

Sind Teile bereits angelegt, können Sie diese direkt aus Teamcenter platzieren. Verwenden Sie dazu den Teamcenter-Navigator, um das passende Element (beachten Sie die Revision) auszuwählen. Im Kontextmenü nutzen Sie *Als Komponente hinzufügen*. Anschließend öffnet sich der gewohnte Befehl aus NX und Sie nehmen dort die Einstellung zur Platzierung vor.

Beim Speichern einer Baugruppe wird automatisch die Struktur in den verschiedenen Baugruppenebenen angelegt (`Stücklistenänderungsstand`, siehe Kapitel 5, „Struktur-Management – Stücklisten und deren Verwendung“). Auch Änderungen an der Baugruppenstruktur werden immer parallel in NX und Teamcenter ausgeführt.

NX reserviert zwar auch den Stücklistenänderungsstand (*View*), das bedeutet aber, dass Sie selbst auch in Teamcenter beliebige Änderungen durchführen dürfen. Achten Sie darauf, dass sich diese Änderungen nicht widersprechen. Das Sicherste ist, Änderungen nie gleichzeitig in NX und Teamcenter durchzuführen.

Aus Kapitel 5, „Struktur-Management – Stücklisten und deren Verwendung“, kennen Sie die Unterscheidung zwischen präziser und unpräziser Zuordnung der Revisionen zu Baugruppenebenen. Diese Zuordnung kann und muss auch beim Speichern aus NX vorgenommen werden. Ihr Unternehmen hat sich entschieden, entweder standardmäßig mit unpräzisen Strukturen zu arbeiten oder beim Speichern standardmäßig die Information über die präzisen Informationen mitzugeben. Sofern Sie die Speicherwerkzeuge von NX nutzen, wird dieser Zustand dann umgesetzt. Wollen Sie den aktuell geöffneten Komponenten ihre präzise Information unabhängig von den Voreinstellungen mitgeben, dann können Sie *Datei > Speichern > Präzise Baugruppe speichern* nutzen oder im Kontextmenü via *Baugruppennavigator > Beim Speichern „präzise“* aktivieren.

Um diese Funktion mit CAD-System besser zu verstehen, kontrollieren Sie dies am besten gleich im **Struktur-Management.** Alle Ebenen sollten jetzt farbig hinterlegt (Grün) sein.

Kommen wir nun zu den neutralen 3D-Formaten. Für Einzelteile haben Sie die Möglichkeit, JT-Daten beim Speichern zu erzeugen bzw. diese entsprechend Ihrem Modell zu aktualisieren. Für Baugruppen ist dies nicht nötig. Im Stücklistenänderungsstand wird die Position jeder Komponente in der Eigenschaft `Absolute Transformationsmatrix` zu jeder Stücklistenzeile (BOM-Line) abgelegt. Damit ist es mit verschiedenen Applikationen möglich, die gesamte Baugruppe mit den richtigen Positionen aller Komponenten anzuzeigen. Wir haben dies unter anderem in Kapitel 6, „Viewer und Lifecycle Viewer – ein Bild sagt mehr als Attribute“, vorgestellt. Auch im **Struktur-Management** können Sie diese Funktion sehr effektiv nutzen (Kapitel 5, „Struktur-Management – Stücklisten und deren Verwendung“).

Anordnungen und deren Abbildung in Teamcenter

In vielen Teamcenter-Installationen werden die NX-definierten Anordnungen (Arrangements) auch nach Teamcenter synchronisiert. Sie können die verschiedenen Anordnungen im **Struktur-Management** über das Icon *Aktive Anordnung* für die Hauptbaugruppe anzeigen, ändern oder wechseln, sofern diese in NX angelegt und mit Teamcenter synchronisiert wurden. Beachten Sie, das zum Ausblenden der unterdrückten Teile eventuell noch die Option *Ansicht > Unterdrückte Positionen anzeigen* abgewählt werden muss. Ansonsten erkennen Sie diese Teile an einer Positionsmarkierung.

Damit auch Anordnungen (Arrangements) mit Teamcenter synchronisiert werden können, muss dies in den NX-Anwenderstandards (*Teamcenter Integration > Allgemein > Baugruppenanordnungen synchronisieren*) aktiviert werden. Ihre IT hat festgelegt, ob diese Änderung grundsätzlich erlaubt ist.

16.1.11 Attribute/Eigenschaften synchronisieren

In Kapitel 2, „Mein Teamcenter", haben wir Ihnen verschiedene Möglichkeiten zur Pflege von Eigenschaften bzw. Attributen in Teamcenter vorgestellt. Prinzipiell können alle Objekte mit Eigenschaften versehen werden. Ob dies am Item, an der Item-Revision, an den Formularen oder an den Datasets erfolgt, spielt technisch prinzipiell keine Rolle. Inhaltlich sollte bei der Definition unbedingt berücksichtigt werden, dass es sich bei einem Item immer um das gesamte Bauteil handelt. Attribute, die sich mit den unterschiedlichen Reifegraden des Bauteils ändern können, gehören zu den Revisionen. Sie haben bereits kennengelernt, wie diese Attribute verändert werden können, sofern Sie die Berechtigung dazu haben. Es können sehr viele Attribute zwischen Teamcenter und dem CAD-System ausgetauscht bzw. synchronisiert werden.

Da Sie auch in NX sehr umfangreiche Möglichkeiten haben, Eigenschaften zuzuweisen, wird von Ihrer IT ein Mechanismus bereitgestellt, der die Zuordnung der Attribute zwischen den beiden Systemen erlaubt. Man spricht in der IT auch vom sogenannten Mapping. Für jedes Attributepaar wird festgelegt, in welche Richtung die Synchronisation erfolgen soll. Es erfordert eine ausgefeilte Strategie, um es Ihnen als anwendende Person so einfach wie möglich zu machen, den Überblick zu behalten. Prinzipiell kann von Teamcenter nach NX, von NX nach Teamcenter oder auch in beide Richtungen abgeglichen werden. Letzteres muss etwas mit Vorsicht betrachtet werden, da nicht ganz ausgeschlossen werden kann, dass sich Änderungen in Teamcenter und NX dann widersprechen. Ein Beispiel, in dem oft die Änderung auf beiden Seiten erlaubt wird, ist die Positionsnummer einer Stückliste (Pos bzw. SequenceNo, in NX: Callout; siehe Bild 16.14 und Bild 16.15).

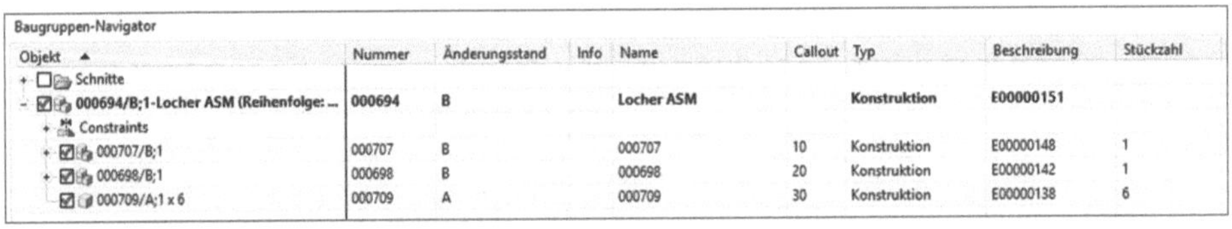

Bild 16.14 Callout (Pos. Nr.) in NX

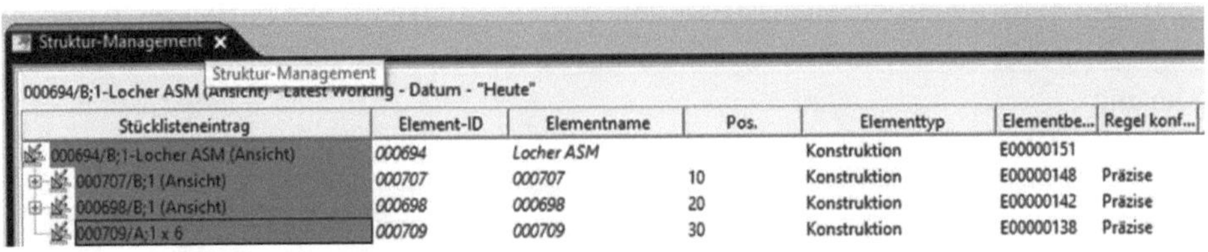

Bild 16.15 Pos (Pos. Nr.) in Teamcenter

Beispiel: Attribute für Modell und Zeichnung synchronisieren

Welche Richtungen für den Attributeabgleich (Mapping) in Ihrem Hause favorisiert werden, hängt von der Unternehmensstrategie ab. Dies kann z. B. die Idee einer einheitlichen Pflege in Teamcenter sein: In diesem Fälle wird in erster Linie Teamcenter zur Änderung der Eigenschaften genutzt. Diese werden dann sowohl zum Modell als auch zur Zeichnung synchronisiert. Denkbar ist aber auch folgende Idee: Sie reichern das Modell mit Eigenschaften an. Diese werden in die Datenbank übertragen. Die Zeichnung „holt" sich die Informationen dann aus Teamcenter. Nur einige wenige Attribute erfordern hier eine Abweichung von der jeweils dominierenden Strategie (z. B. Werkstoff, Gewicht, Positionsnummer).

Einige Attribute sind auch festgelegt und können nicht anders definiert werden. Beispiele sind die `ID` und die `Revision ID`.

Ihre Aufgabe ist es, zu klären, von welcher Stelle in Teamcenter die Attribute genutzt werden. Mit Item, Revision, Formularen oder theoretisch auch Datasets gibt es mehrere Stellen. Ein genauer Blick auf den Lebenszyklus der Objekte ist dabei äußerst hilfreich. In der Praxis stellt dies eine große Herausforderung für Anwendende und Systemarchitekturschaffende dar. Von Vorteil ist es, wenn man am Ende des Prozesses eine Arbeitsanweisung („Kochbuch") für alle Attribute vorliegen hat.

In Teamcenter haben Sie die Attribute in Form von „Karteikarten" übersichtlich vor Augen. In NX können Sie diese direkt beim Erstellen der Modelle eingeben und im Laufe der Zeit mit weiteren Informationen anreichern. Ergänzt werden diese Attribute um Informationen, die Teamcenter automatisch ausfüllt, wie z. B. `Autor`, `letzter ändernder Nutzer` und `Datum der letzten Änderung`. Auch das `Freigabedatum` und der aktuelle `Status` sind gute Beispiel für das Ausfüllen der Attribute ohne zusätzlichen Aufwand für die anwendende Person.

16.1.12 Teile oder Baugruppen kopieren

Auch bei einer Anbindung an Teamcenter können Sie bereits erstellte Modelle vervielfältigen und damit weiternutzen. Hier kommt wieder die Frage nach dem Produkt- bzw. Teilelebenszyklus ins Spiel (siehe Kapitel 8, „Workflows – definierte und nachvollziehbare Arbeitsabläufe", und Kapitel 12, „Geändert wird immer! Effektives Änderungswesen"). Solange eine Revision sich noch in Arbeit befindet, können Sie jederzeit Änderungen durchführen. Für den Fall der Fälle speichert Teamcenter sogar mehrere Speicherstände (Sequenzen), um z. B. wieder auf einen alten Stand zurückzugreifen.

Speichern der neuen Revision/Ändern

Für eine geordnete Aufbewahrung stehen die Revisionen zur Verfügung. Sie haben deshalb auch direkt aus NX die Möglichkeit, zum aktuellen Item eine neue Revision zu erzeugen. Aus Kapitel 12, „Geändert wird immer! Effektives Änderungswesen“, wissen Sie, dass dies im Grunde ein Kopieren mit hinterlegten Regeln darstellt. Nutzen Sie dazu in NX den Befehl *Datei > Speichern > Speichern unter …* (Bild 16.16).

Teil auswählen: Ab der NX-Version 11 kann man hier aus allen geöffneten Teilen diejenigen auswählen, die revisioniert werden sollen (inklusive der Möglichkeit, in diesen zu suchen). Dies ist eine interessante Option, um mehrere Teile mit einem Mal zu revisionieren.

Aktion: An dieser Stelle legen Sie fest, dass Sie eine neue Revision erzeugen wollen. Rechts in der Tabelle in Bild 16.16 sind die meisten Werte bereits aus der vorangegangenen Revision übernommen worden. Gegebenenfalls müssen Sie mit einem Doppelklick noch eine neue Änderungsstandnummer automatisch generieren lassen. Wie bei der Neuanlage können Sie für das selektierte Teil auch *Sekundäre Attribute* eingeben bzw. verändern, falls die im System hinterlegten Kopierregeln dies zulassen bzw. erfordern. Auch die Projektzuweisung kennen Sie bereits.

Andere Parameter: Hier legen Sie fest, ob abhängige Dateien mit kopiert werden sollen. Dies betrifft in erste Linie die zugehörigen Zeichnungen. Üblicherweise sind diese in der gleichen Revision gespeichert. Meist soll z. B. nur die Zeichnung überarbeitet werden.

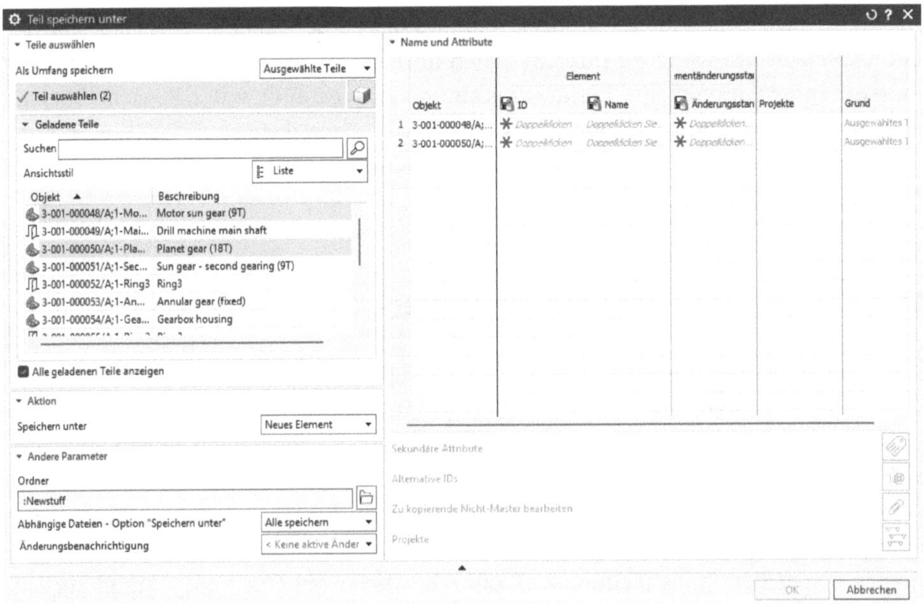

Bild 16.16 *Teil speichern unter* in NX

Klicken Sie abschließend auf *OK*. Beachten Sie, dass die in Kapitel 12, „Geändert wird immer! Effektives Änderungswesen“, vorgestellten Kopierregeln angewandt werden. Allerdings haben Sie keine Möglichkeit, manuell in diese Regeln einzugreifen, wie dies in Teamcenter der Fall ist. Die neuen Revisionen sind im geöffneten Modell direkt gegen die alten ausgetauscht worden.

Unter anderem aus dem letztgenannten Grund kann es im Unternehmen auch sinnvoll sein, den Revisionierungsprozess in Teamcenter durchzuführen. Klären Sie, ob das in Ihrem Haus vorgesehen ist.

In vielen Fällen kann die Erzeugung neuer Änderungsstände erforderlich sein, weil am aktuellen Stand, z. B. aufgrund eines Status, keine Änderung mehr durchgeführt werden kann. Beachten Sie, dass in Ihrem Unternehmen eventuell festgelegt ist, dass es nur genau eine Arbeitsrevision (also ohne Status) je Item geben darf. Sie bekommen in diesem Fall gegebenenfalls eine Meldung, dass der Vorgang der Revisionierung nicht ausgeführt werden kann.

Speichern des neuen Items

Auch für das Speichern des neuen Items können Sie den Befehl *Datei* > *Speichern* > *Speichern unter …* nutzen. Wählen Sie unter *Aktion* > *Speichern unter* die Auswahl *Neues Element*. Nun sind unter *Namen und Attribute* auf der rechten Seite mehrere Attribute per Doppelklick und gegebenenfalls weitere durch eine manuelle Eingabe auszufüllen. Wechseln Sie eventuell unter *Andere Parameter* noch den gewünschten Ordner und entscheiden Sie erneut, was mit angehängten Daten passieren soll. Abschließend bestätigen Sie den Kopierprozess mit *OK*. Auch hier greifen die Kopierregeln und arbeiten ab, was ihnen diktiert wurde. Die Beziehung zwischen dem altem und dem neuen Teil kann später über die Beziehung `Basierend auf` verfolgt werden.

Strukturen duplizieren

Haben Sie bei ganzen Baugruppen zu entscheiden, ob einzelne Elemente revisioniert und andere als neues Item abgeleitet werden sollen, ist es möglich, dies im **Struktur-Management** von Teamcenter zu tun. Hier wird dann entschieden, welche Elemente weiterverwendet, revisioniert oder neu erzeugt werden sollen. Wir haben den Befehl *Duplikat* in Kapitel 12, „Geändert wird immer! Effektives Änderungswesen“, beschrieben.

16.1.13 Multi-CAD

Das PLM-System Teamcenter dient nicht nur als Datenspeicher. Viele Funktionen erleichtern auch die Zusammenarbeit im gesamten Unternehmen erheblich. Durch die Generierung von 3D-Visualisierungsdaten wird nicht nur den CAD-Anwendenden die Möglichkeit gegeben, bereits frühzeitig im Produktentwicklungsprozess (PEP) Analysen am virtuellen Modell durchzuführen.

In Kapitel 7, „Microsoft Office-Integration – Bürodokumente gut strukturieren", haben wir die Anbindung von Autorensystemen am Beispiel der Office-Programme vorgestellt. In diesem Abschnitt haben Sie die Anbindung von Autorensystemen am Beispiel von NX kennengelernt. In den folgenden Abschnitten erfahren Sie, dass weitere CAD-Systeme mit der gleichen Umgebung verbunden werden können. Bereits diese Möglichkeit wird häufig als „Multi-CAD" bezeichnet. Siemens geht mit NX (und der Anbindung an Teamcenter) noch einen Schritt weiter. Mithilfe von NX kann man Produkte bzw. Baugruppen entwickeln, die mit mehreren CAD-Systemen bearbeitet werden. Hierzu nutzt NX die Eigenschaft des JT-Datenformats, das neben der vereinfachten Beschreibung der Geometrie (tesselierte/facettierte Daten, LOD) auch den exakten Kern beinhalten kann (Boundary Representation, BREP). NX kann diese Daten lesen und gegebenenfalls auch verändern. Im Zusammenhang mit Teamcenter interessiert uns hier aber in erster Linie die Möglichkeit, Item-Revisionen, welche keine NX-Modelle beinhalten, in Baugruppen bzw. Strukturen zu verwenden.

Falls Sie eine Baugruppe ohne `UGMaster` laden, sucht die NX-Schnittstelle weiter. Findet sie dabei JT-Modelle (`DirectModel`) mit der Relation `Rendering/Darstellung`, werden diese geöffnet. Über Umgebungsvariablen wird dann das weitere Verhalten festgelegt. Es muss dabei nicht unbedingt eine Konvertierung zu einem `UGMaster` erfolgen. Wenn mit dem Drittsystem weiter modelliert werden soll, verwendet NX die Darstellung, die aus den Originaldaten abgeleitet wurde und welche jederzeit an Veränderungen durch das Ausgangssystem angepasst wird. Wenn Sie sich eine solche Multi-CAD-Baugruppe mit dem **Struktur-Management** anschauen, haben Sie auch hier die Möglichkeit, die 3D-Modelle zu analysieren (Kapitel 6, „Viewer und Lifecycle Viewer – ein Bild sagt mehr als Attribute").

Je nach Unternehmensstrategie kann auch die Veränderung der Daten mit NX angestrebt sein. NX wird dann so konfiguriert, dass die exakten Daten extrahiert werden und in Teamcenter beim Speichern ein `UGMaster`-Dataset erzeugt wird. Auf diese Weise ist es möglich, den Übergang von einem CAD-System zu NX so geschmeidig wie möglich zu gestalten.

16.1.14 Verwendungsnachweis/Referenzen in Teamcenter

Wie können Sie Teamcenter nutzen, um Zusammenhänge Ihrer CAD-Daten schneller zu analysieren?

Struktur-Management

Sie können die Baugruppen auf schnelle Weise im **Struktur-Management** analysieren. Hier werden meist nur die vereinfachten 3D-Daten aus den JT-Modellen verwendet, und Sie haben die Möglichkeit, die Eigenschaften als Spalten einzublenden, um die Informationen tabellarisch zu erhalten (Kapitel 5, „Struktur-Management – Stücklisten und deren Verwendung").

Pseudofolder „Ansicht"

Wollen Sie auch ohne Hilfe des **Struktur-Managements** die in einer Baugruppe verbauten Teile bzw. deren Revisionen sehen, können Sie sich den Pseudofolder `Ansicht` einblenden. Hier finden Sie entweder die Items (= unpräzise Struktur) oder die genauen Revisionen (= präzise Struktur, siehe auch Kapitel 2, „Mein Teamcenter", und Kapitel 5, „Struktur-Management – Stücklisten und deren Verwendung").

Auswirkungsanalyse

Nutzen Sie die Ansicht *Auswirkungsanalyse*, um für gewählte Revisionen die Baugruppen zu finden, in denen diese verwendet wird (*Wo: Verwendet*), oder um herauszufinden, welche Beziehungen zu anderen Objekten bestehen, z. B. `Basierend auf` oder aber `Repräsentation für` (Kapitel 10, „Alle Beziehungen im Griff").

Teileübergreifende Konstruktion

Auch Beziehungen zwischen den Teilen, die durch die teileübergreifende Konstruktion entstanden sind, können mithilfe von Beziehungen in Teamcenter nachverfolgt werden. Im Folgenden erfolgt eine Gegenüberstellung der in Teamcenter verwendeten Relation und den Begrifflichkeiten von NX.

`UG WAVE-Geometrie` nennt sich in NX *Verbundene Formelemente* (Bild 16.17 und Bild 16.18).

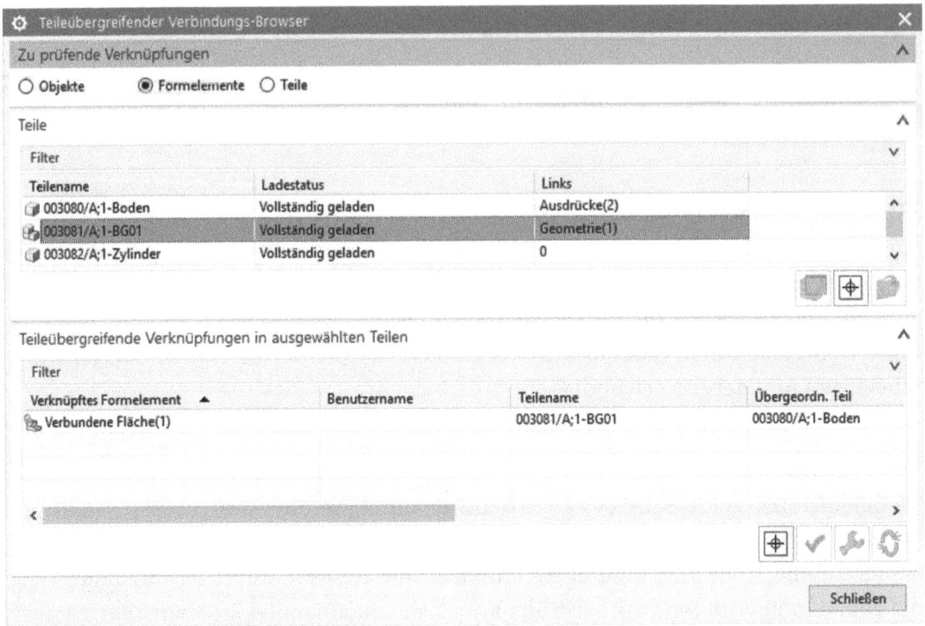

Bild 16.17 WAVE-Geometrie in NX

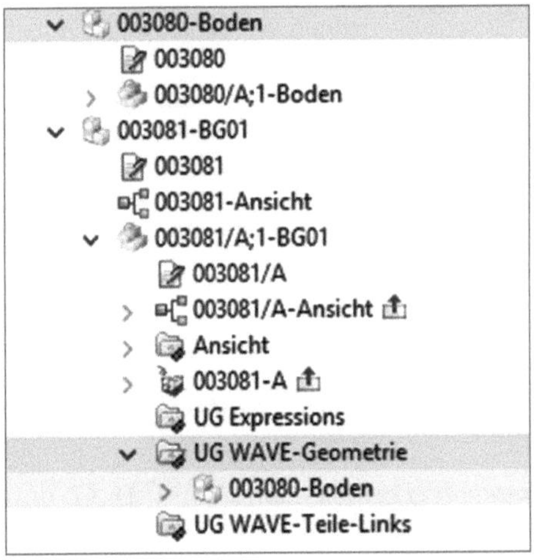

Bild 16.18 Pseudofolder für WAVE-Beziehung in Teamcenter

`UG Expressions` nennt sich in NX *Linked (Interpart) Expressions* (Bild 16.19).

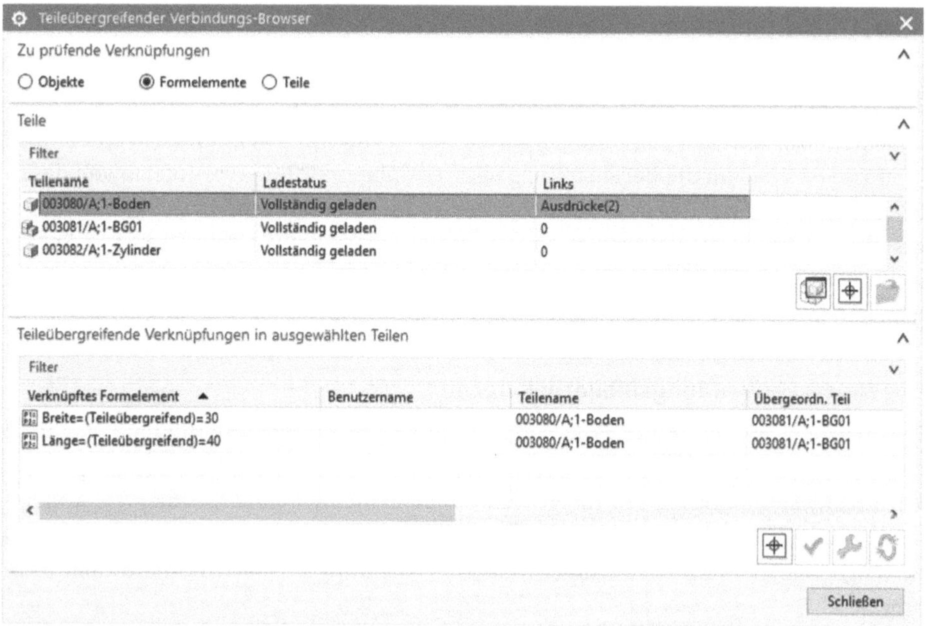

Bild 16.19 Interpart Expressions in NX

Auch hier blenden Sie für eine möglichst übersichtliche Darstellung die jeweiligen Pseudofolder ein (Bild 16.20).

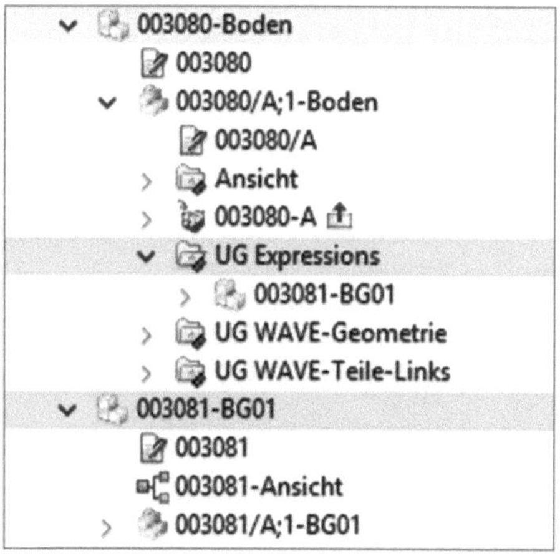

Bild 16.20 Pseudofolder für Expressions in Teamcenter

16.1.15 Sonstiges

Templates aus Teamcenter (Seedparts)

Beachten Sie, dass alle NX-Vorlagen direkt aus Teamcenter verwendet werden. Ihre IT muss sich also um die Bereitstellung aller Templates kümmern. Änderungen daran werden dann auch in Teamcenter verwaltet und so allen Anwendenden zu Verfügung gestellt. Ein gutes Beispiel für den Nutzen dieser Funktionalität ist die zentrale Bereitstellung der Zeichnungsrahmen, um diese im gesamten Unternehmen zu vereinheitlichen.

Die Wiederverwendungsbibliothek nutzen

Eine detaillierte Beschreibung der Nutzung der Wiederverwendungsbibliothek würde den Rahmen des Buches sprengen. Grundsätzlich ist es unserer Meinung nach jedoch wichtig, diese Bibliothek mit ihren vielen unterschiedlichen Möglichkeiten sinnvoll einzusetzen. Auch die Nutzung klassifizierter Objekte aus Teamcenter (Bild 16.21) ist möglich (siehe Kapitel 14, „Klassifikation – Ordnung im Datenbestand", bzw. Abschnitt 16.4).

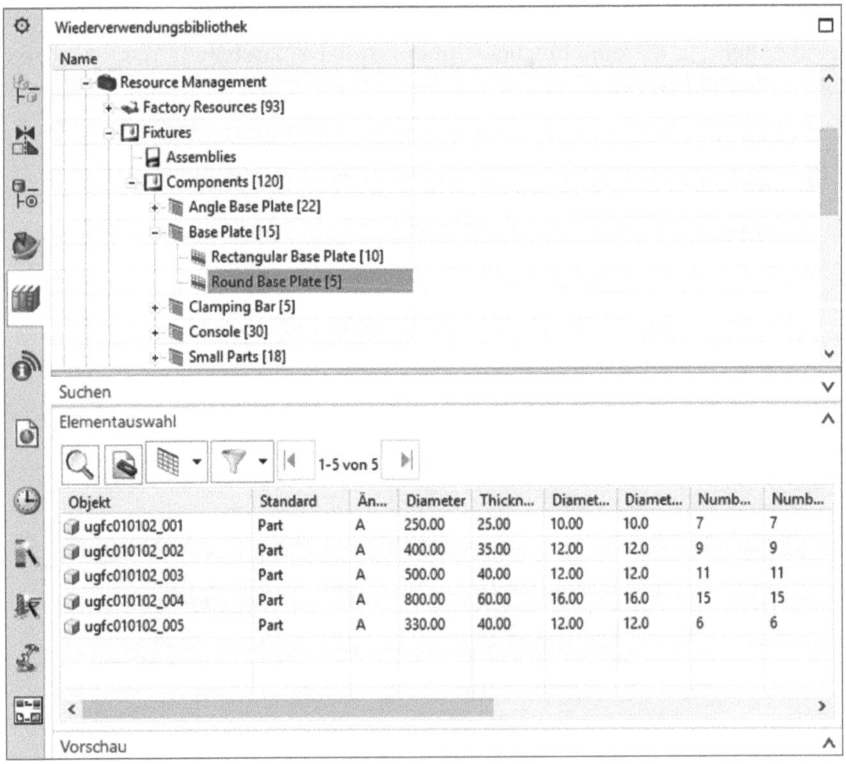

Bild 16.21 Wiederverwendungsbibliothek mit Klassifikation

Verwendung von User Defined Features (UDF) mit Teamcenter

Es können auch bereits genutzte, native User Defined Features (UDFs) aus NX im Zusammenspiel mit Teamcenter verwendet werden. Diese sollten in der Wiederverwendungsbibliothek auffindbar sein.

Beispiel: UDF „Freistich"

An einem modellierten Wellenabsatz soll ein Freistich angebracht werden. Früher erfolgte das meist so, dass ein Pfeil mit der entsprechenden Bezeichnung an der Stelle des Freistichs angebracht wurde. In einem modernen CAD-System hat man nun hier die Möglichkeit, einen entsprechend korrekten Freistich nach Norm zu definieren und zu verwenden. Zu beschreiben, wie solch ein User Defined Feature (UDF) aufgebaut und in Teamcenter bereitgestellt werden kann, würde jedoch den Rahmen des Buches sprengen.

Für eine bessere Performance Ihrer Wiederverwendungsbibliothek sollten Sie bei der Darstellung die Option *Liste/Table View* einstellen. Dies kann über die entsprechenden Voreinstellungen für NX bereits durch Ihre IT vordefiniert werden.

Hier gilt es, ein paar Besonderheiten zu beachten, die durch die IT zu klären und festzulegen sind (spezielle Teile, Attribute, Freigaben bzw. Arbeitsstände). Auch hier können selbstverständlich zusätzliche Informationen, schematische Bilder als Vorschau oder gar Normblätter (DIN/Werksnormen) im entsprechenden Item hinterlegt werden. Ist das UDF vollständig und korrekt definiert, wird dieses in der Wiederverwendungsbibliothek als „UDF" angezeigt. Das UDF kann, wie ein Teil aus der Wiederverwendungsbibliothek, per Drag and Drop verbaut werden. Je nach Definition des UDFs können oder müssen Sie verschiedene Parameter auswählen und die Platzierungsbedingungen bestimmen.

Importieren von Baugruppen nach Teamcenter

Mit NX arbeiten Sie grundsätzlich mit der Datenbank im Hintergrund. Trotzdem ist es hin und wieder erforderlich, Komponenten in die Datenbank selbst einzuspielen. Beispielsweise importieren Sie die Modelle Ihrer Lieferanten. Hierfür steht der Befehl *Datei > Baugruppe in Teamcenter importieren* zur Verfügung (Bild 16.22). Um diesen nutzen zu können, sind die bereits gelieferten Hintergrundinformationen hilfreich. Eine vollständige Beschreibung würde auch hier den Rahmen des Buches sprengen.

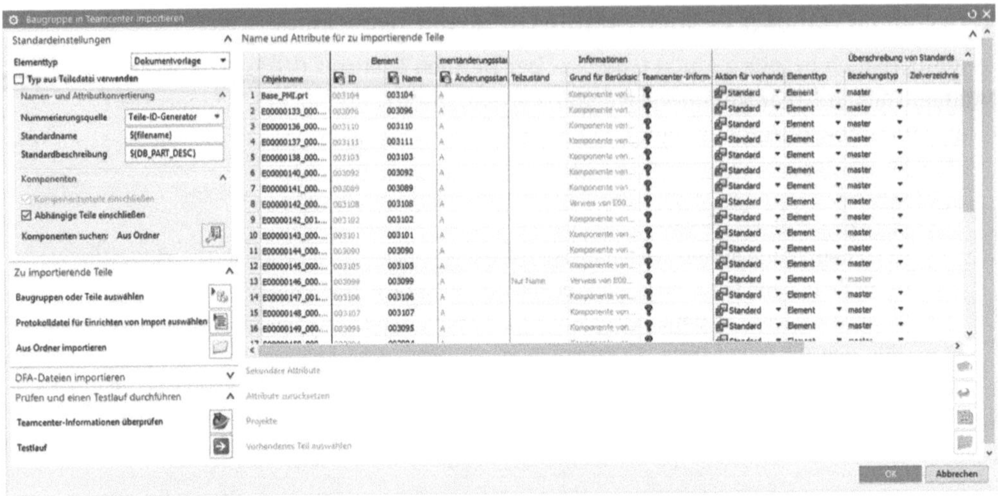

Bild 16.22 Baugruppe nach Teamcenter importieren

Exportieren von Baugruppen außerhalb von Teamcenter

Über *Datei > Baugruppe außerhalb von Teamcenter exportieren …* gelangen in Teamcenter gespeicherte Teile oder ganze Baugruppen in Ablageorte außerhalb der Datenbank (Bild 16.23). Auch wenn es weitere Applikation (z. B. für eine Lieferantenanbindung an Teamcenter) gibt, sind die Möglichkeiten des Datenexports und -imports der schnellste Weg für den gelegentlichen Datenaustausch. Hier gibt es zahlreiche Einstellmöglichkeiten, die wir hier allerdings aus bekannten Gründen nicht erläutern können.

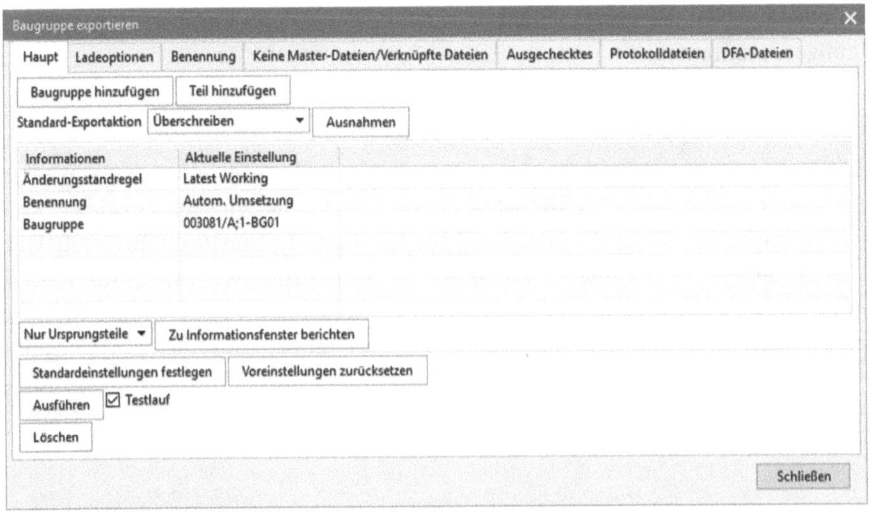

Bild 16.23 Dialog zum Exportieren einer Baugruppe aus Teamcenter

Vorschaubild ändern

In Teamcenter sehen Sie an verschiedenen Stellen Vorschaubilder auf Ihre 3D-Modelle oder Zeichnungen. Diese werden in NX zusammen mit dem eigentlichen Modell als benannte Referenz im Dataset (`UGMaster`, `UGPart`) abgelegt und von Teamcenter automatisch ausgelesen. Um jederzeit den richtigen Eindruck zu bekommen, sollten Sie im Engineering auf aussagefähige Vorschaubilder achten. Denken Sie daran, dass diese nun auch von anderen Anwendenden genutzt werden können und sollten.

In NX wird in der üblichen Einstellung die beim Speichern eingestellte Ansicht auch als Vorschaubild generiert. Nicht immer ist dies die sinnvollste Darstellung. Deshalb haben Sie über *Datei > Eigenschaften* im Reiter *Vorschau* die Möglichkeit, die Erzeugung der Vorschau auf die konkrete Anforderung umzustellen und so dafür zu sorgen, dass diese in Zukunft nicht immer überschrieben werden (Bild 16.24). Nutzen Sie dazu den Bereich *Teilvorschau* und stellen Sie auf *Auf Anfrage* um. Erzeugen Sie die Vorschau über *Vorschau jetzt erzeugen*. Verändern Sie die Einstellungen für dieses Teil nun nicht mehr. Kontrollieren Sie nach dem Speichern das Ergebnis in Teamcenter.

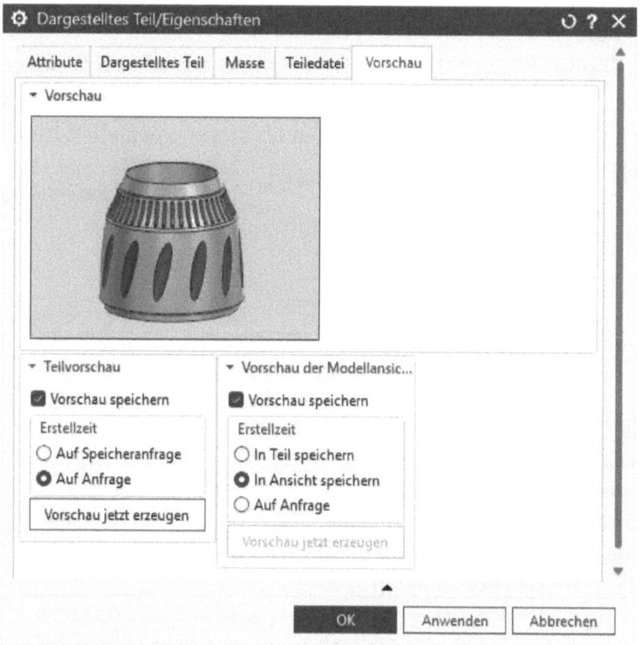

Bild 16.24 Vorschaubild auf Anfrage erstellen

Teilefamilien

Auf die Erstellung von Teilefamilien wollen wir in diesem Buch nicht explizit eingehen. Dennoch möchten wir zur Nutzung von Teilefamilien in Teamcenter ein paar Worte verlieren. Teilefamilien werden genau wie UDFs über die Wiederverwendungsbibliothek verwaltet. Auch bei dieser speziellen Art eines Items können verschiedenste Zusatzinformationen am Bauteil selbst oder in Teamcenter gepflegt werden. Das Mutterteil einer Teilefamilie wird in der Wiederverwendungsbibliothek als `KE Part` dargestellt. Die Besonderheit ist der Aufbau einer Kalkulationstabelle mithilfe von Excel, in der alle für Ihre Firma wichtigen Attribute und alle Ausdrücke des Bauteils für eine geometrisch korrekte Darstellung enthalten sind. Diese Tabelle ist im Bauteil selbst gespeichert. Alle Größen in dieser Tabelle müssen korrekt erzeugbar sein und eine eindeutige `ID` enthalten. Sonst kommt es zu Fehlern. Eine weitere Besonderheit bietet die sogenannte KRX-Datei. Diese Datei enthält die wichtigsten eindeutigen Informationen, die der konstruierenden Person beim Einsetzen zur Auswahl angeboten werden. Er kann über ein spezielles Fenster die Werte auswählen, um genau das Item zu finden, das er für seine Konstruktion benötigt. Hier können auch Parameter eingestellt werden (z. B. der Außendurchmesser einer Schraube). Wird der Außendurchmesser als Auto-Matching-Parameter eingestellt, passt die Schraube ihre Größe automatisch an. Die erstellende Person dieser KRX-Datei hat dafür verschiedene Einstellmöglichkeiten, und wie in Kapitel 8, „Workflows – definierte und nachvollziehbare Arbeitsabläufe", beschrieben, kann die Mutter und sollten die Kinder einer solchen Teilefamilie einen Status erhalten. Somit sind Änderungen an diesen speziellen Items nicht ohne Weiteres möglich.

16.1.16 Anwendung

Fast Track

1. Melden Sie sich in Teamcenter mit der Rolle „Konstrukteur" an. Starten Sie NX aus dem PLM-System heraus.
2. Erstellen Sie ein neues Modell unter Nutzung der vorhandenen Templates.
3. Speichern Sie das Modell als neues Item in der ersten Revision ab. Erzeugen Sie eine Zeichnung des Teils. Speichern Sie die Zeichnung in der gleichen Revision. Erzeugen Sie dabei die JT-Daten gleich mit.
4. Wechseln Sie zu Teamcenter. Schauen Sie sich die 3D-Daten über den Viewer an.
5. Wechseln Sie zurück zu NX. Generieren Sie eine Baugruppe über dem aktuellen Teil. Speichern Sie auch die Baugruppe in Teamcenter ab.
6. Wenn Sie ein weiteres Teil im PLM-System haben und eventuell die Suche nutzen können, dann verbauen Sie dieses Teil in Ihrer Baugruppe.
7. Nach dem Speichern senden Sie die Baugruppe in **Mein Teamcenter** zum **Struktur-Management**, schalten das Datenpanel ein und betrachten die 3D-Daten der Baugruppe über den Viewer (Grafiken).

16.2 CATIA V5 (Dassault Systèmes)

Uwe Brylla

Mit der Teamcenter-Integration für CATIA (TCIC) können auch CATIA V5-Anwendende ihre Modelle in Teamcenter verwalten. Durch die Installation der Schnittstelle werden die in Bild 16.25 dargestellten CATIA Dataset-Typen in Teamcenter definiert. Diese entsprechen den bekannten Dateitypen aus der nativen Arbeit im Betriebssystem.

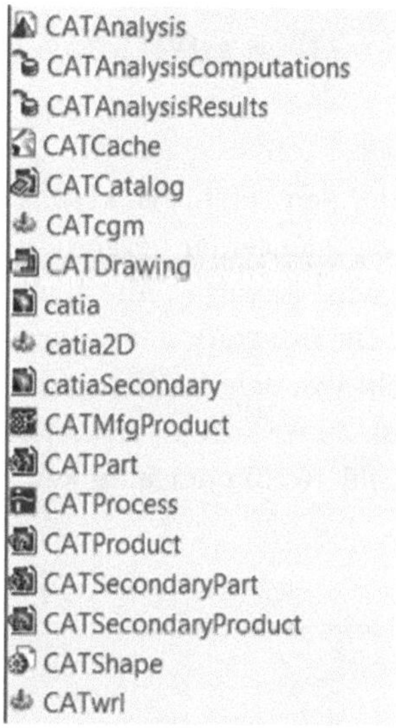

Bild 16.25
Unterstützte Dataset-Typen

Real-World-Szenario

Uwe konstruiert schon seit einigen Jahren mit CATIA V5. In seinem Unternehmen wurde Teamcenter als Product Lifecycle Management-System neu eingeführt. Schon nach dem Start von CATIA V5 fällt ihm die zusätzliche Toolbar auf. Neugierig scrollt er über die Buttons, woraufhin ein kurzer Hinweis zur jeweiligen Funktion erscheint. Auch das Menü *Teamcenter starten* ist neu, welches er gleich ausprobiert. Ein Anmeldedialog erscheint und er gibt seine eben erhaltenen Login-Daten ein.

16.2.1 Start und Anmeldung bei Teamcenter

Sobald Sie CATIA mit der Teamcenter-Integration starten, finden Sie eine weitere Toolbar vor (Bild 16.26). Alle Funktionen der Schnittstelle werden über diese Toolbar begonnen. Es existiert auch ein *Teamcenter*-Menü, das allerdings nur wenige informative Funktionen bietet, wie zum Beispiel die *Hilfe* oder aktuelle *Sitzungsinformationen*.

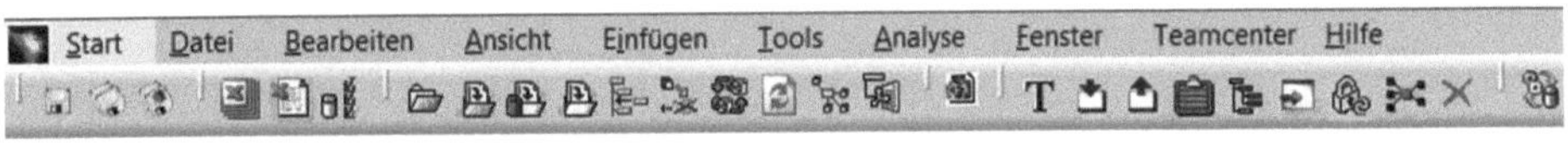

Bild 16.26 Teamcenter-Toolbar in CATIA V5

Wenn Sie eine der Funktionen in der Toolbar ausführen oder den Befehl *Teamcenter starten* aus dem Menü verwenden, wird eine Verbindung zu Teamcenter hergestellt. Der bekannte Anmelde-Dialog erscheint und Teamcenter wird gestartet. Alternativ lässt sich CATIA auch aus dem Teamcenter-Umfeld starten. Die Integration installiert ein Menü, dessen Inhalt sich in **Mein Teamcenter** leicht von dem im **Struktur–Management** unterscheidet (Bild 16.27 und Bild 16.28). Zum Starten von CATIA aus Teamcenter selektieren Sie ein CATIA-Dataset (siehe Bild 16.25) oder eine Revision und wählen *In CATIA V5 laden* aus dem Menü aus.

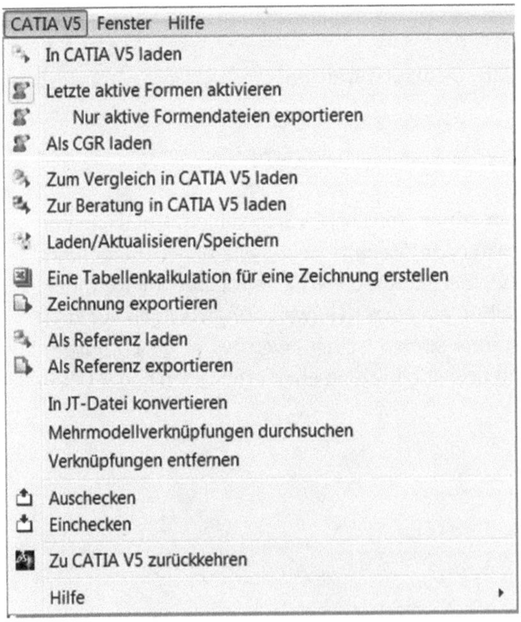

Bild 16.27 CATIA V5-Menü in **Mein Teamcenter**

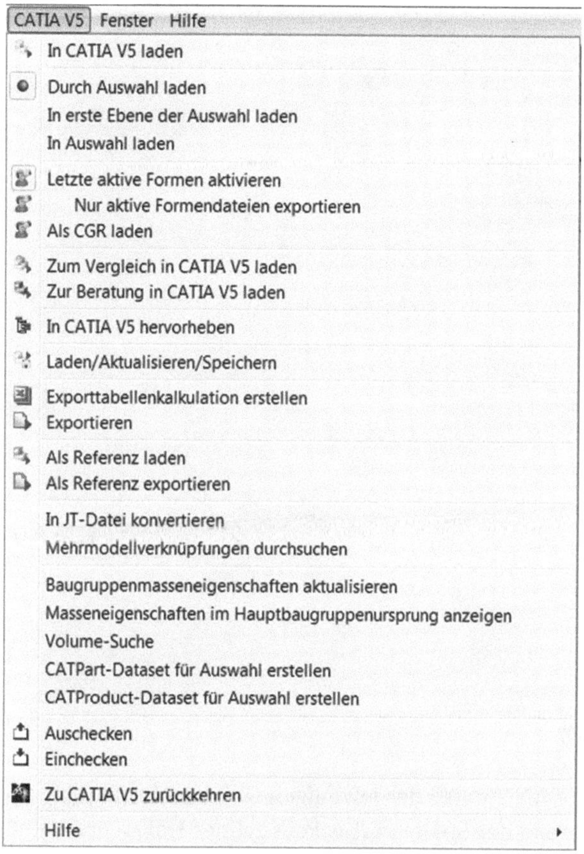

Bild 16.28 CATIA V5-Menü im **Struktur-Management**

16.2.2 Der Save Manager

Wie in den meisten anderen CAD-Schnittstellen wird das Speichern über einen Dialog gesteuert. In der Teamcenter-Integration für CATIA ist dies der Save Manager. Unabhängig davon, ob Sie *Speichern* oder *Speichern unter* betätigen, öffnet sich dasselbe Fenster. Im linken Bereich ist eine Tabelle angeordnet. Sie beinhaltet alle CATIA-Objekte, die im aktiven CATIA-Fenster geöffnet sind und demzufolge gespeichert werden sollen (Bild 16.29).

Die Tabelle kann in der *savemanager.xml*, einer Konfigurationsdatei der Schnittstelle, durch Hinzufügen oder Entfernen von Spalten geändert werden.

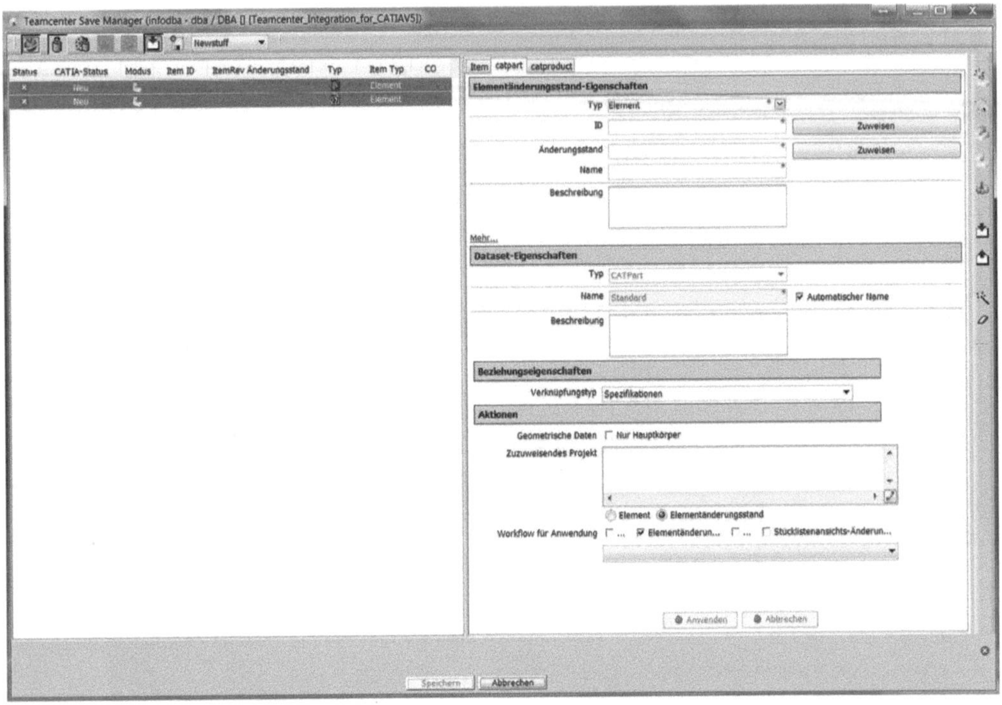

Bild 16.29 Save Manager-Dialog

Aus der Tabelle lesen Sie den aktuellen Status des jeweiligen Objekts hinsichtlich seiner Speicherakzeptanz ab. Solange in der Spalte `Status` kein grüner Haken erscheint, können Sie dieses Objekt nicht in Teamcenter speichern (Bild 16.29). Gehen Sie mit dem Mauszeiger über das Symbol, um einen Kurzhinweis auf das Problem zu erhalten. Aus dem CATIA-Status geht hervor, ob das Modell oder die Zeichnung als *Neu* gespeichert wird oder ob diese zum Beispiel geändert wurden. Die nächste Spalte, der `Modus`, zeigt die gewählte Aktion an (Bild 16.29). Mögliche Aktionen sind:

Neu erstellen: Es wird ein komplett neues Item samt Revision und Dataset erzeugt.

Speichern unter: Ausgehend von einem Modell oder einer Baugruppe, welche(s) bereits in Teamcenter gespeichert ist, wird eine Kopie in einem neuen Item abgelegt.

Neuer Änderungsstand: Eine neue Revision innerhalb desselben Items wird erstellt.

Vorhandenes Element verwenden: Es wird in eine bereits vorhandene Revision gespeichert.

Vorhandenen Dataset verwenden: Es wird ein vorhandenes Dataset überschrieben.

Oberhalb der Tabelle befinden sich einige Schalter (Bild 16.30). Mit diesen Knöpfen lassen sich pro Speichervorgang zusätzliche Aktionen ausführen. So ist es möglich, dass Sie zum Modell eine JT-Datei erzeugen, die beim Speichern automatisch der jeweiligen Revision angehängt wird (siehe Kapitel 6, „Viewer und Lifecycle Viewer – ein Bild sagt mehr als Attribute“).

Hierzu muss ein entsprechender Konverter installiert sein.

Bild 16.30 Obere Toolbar im Save Manager

Außerdem lassen sich Masseeigenschaften berechnen, oder das Objekt wird nach dem Speichern sofort eingecheckt. In einer Auswahlliste können Sie den Zielordner für Ihre CATIA-Modelle in Teamcenter wählen. All diese Schalter lassen sich voreinstellen. Auf der rechten Seite des Fensters wurde ein Kontextdialog platziert. Der Inhalt richtet sich nach der Auswahl einer Zeile der Tabelle. Von oben nach unten werden Eigenschaften zum Elementänderungsstand, wie Item-Typ, ID, Änderungsstand, Name oder Beschreibung, abgefragt. Pflichtfelder sind mit einem roten Stern gekennzeichnet, wie z. B. die weiteren Eigenschaften zum Dataset und mit welcher Beziehung das Dataset zur Revision angelegt werden soll. Außerdem ist es möglich, nach erfolgter Speicherung, Teamcenter-Aktionen automatisiert durchzuführen. Das Zuweisen der gespeicherten Daten zu Projekten (siehe Kapitel 15, „Projekte – Produktdaten und Projektteams") oder das Starten eines Workflows (siehe Kapitel 8, „Workflows – definierte und nachvollziehbare Arbeitsabläufe") lassen sich auf diese Weise realisieren. Wenn Sie in der Tabelle mehrere Zeilen selektieren, dann erweitert sich der Kontextdialog um zusätzliche Reiter. Diese Reiter geben eine Gruppierung nach Art der CAD-Datei an. So können Eigenschaften, die für alle catparts, catproducts oder catdrawings (Dataset-Typen) gelten, mit einer Eingabe gesetzt werden. Am rechten Rand des Save Managers befindet sich eine weitere Toolbar. Sie beinhaltet die schon erwähnten Aktionen für *Neu erstellen, Speichern unter, Neuer Änderungsstand, Vorhandenes Element verwenden* und *Vorhandenen Dataset verwenden*. Die nächsten Buttons dienen dem Ein- bzw. Auschecken von Objekten in Teamcenter. Zum Speichern müssen die Datasets zwingend ausgecheckt werden. Ein Hinweis im Status der Tabelle erinnert daran. Der Zauberstab ermöglicht ein automatisches Zuweisen aller Pflichtfelder für die selektierten Zeilen. Dies ermöglicht Ihnen einen schnellen Speichervorgang. Mit dem Radiergummi lassen sich bereits vergebene IDs zurücksetzen. Unterhalb der Tabelle befindet sich, zunächst unsichtbar für Sie, ein Kommentarfeld, in dem gegebenenfalls Informationen oder Fehlermeldungen ausgegeben werden. Haben Sie für alle Zeilen die nötigen Angaben gemacht, ändert sich der Status in der Tabelle (grüner Haken) und der *Speichern*-Button am unteren Bildrand wird aktiv.

16.2.3 Items für CATIA erstellen

In Teamcenter wird ein Item samt Revision laut den Informationen aus dem Save Manager erstellt. Im entsprechenden Dataset wird das CATIA-Modell abgelegt. Ein Fenster teilt Ihnen den Erfolg des Speichervorgangs und weitere Informationen zum abgelegten Modell mit (Bild 16.31).

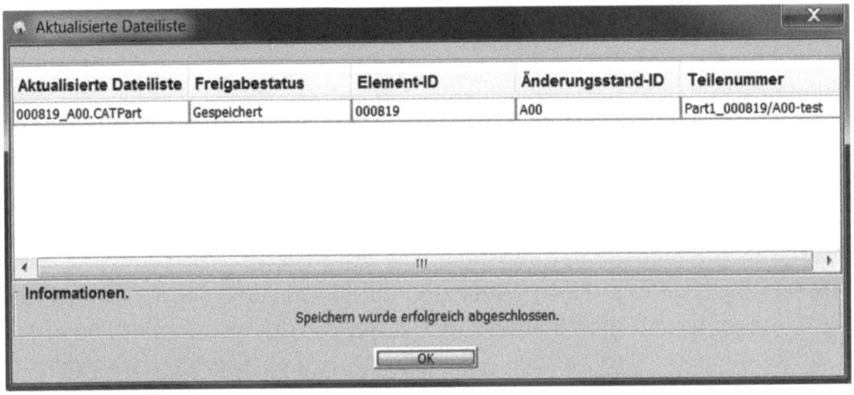

Bild 16.31 Ergebnisdialog nach dem Speichern

Über den dritten Speichern-Button der Toolbar *Ausgewählte speichern* lassen sich anstelle der gesamten in CATIA geöffneten Baugruppe auch einzelne Komponenten in Teamcenter abspeichern. Selektieren Sie eine Auswahl und nutzen Sie dann den Befehl. In Teamcenter wird für jeden CATIA-Dateityp ein anderes Dataset erstellt. Eine Liste der unterstützten Typen finden Sie zu Beginn dieses Kapitels (Bild 16.25). Jedes Einzelteil oder jede Baugruppe wird in einem separaten Item mit Änderungsstand und Dataset abgelegt.

Für eine Zeichnung gibt es zwei Möglichkeiten der Ablage. Sie kann in die Revision des dazugehörigen Einzelteils bzw. der Baugruppe unter einem weiteren Dataset gespeichert werden (Bild 16.32). Die zweite Variante sieht ein zusätzliches Item samt Revision und Dataset vor (Bild 16.33). Dies ist vor allem sinnvoll, wenn Sie die Zeichnung unabhängig vom Modell revisionieren wollen. In beiden Fällen wird die Revision des zugehörigen Modells im Pseudofolder *catiaV5_DWGLink* angezeigt.

Zusätzlich zu den nativen CATIA-Daten können Sie beim Speichern auch Neutralformate automatisch erstellen lassen. Für die 3D-Modelle steht gegebenenfalls das JT-Format zur Verfügung. Für Zeichnungen stehen die Formate PDF und CGM zur Verfügung.

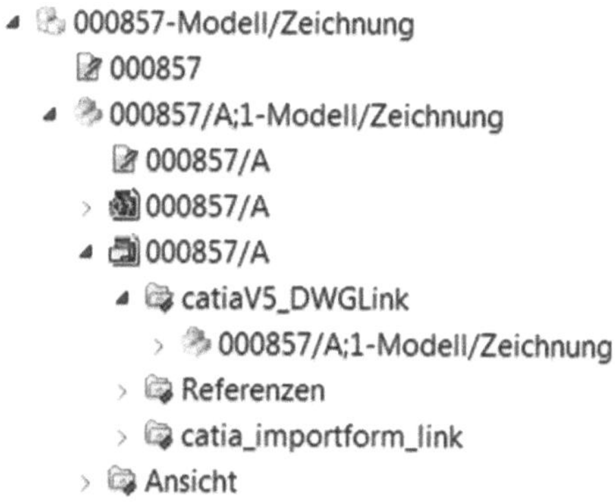

Bild 16.32
Zeichnung und Modell in einer Revision

Bild 16.33
Zeichnung und Modell in getrennten Revisionen

16.2.4 Laden aus Teamcenter/Änderungen durchführen

Für das Laden aus Teamcenter bietet die Toolbar in CATIA zehn Buttons an, die alle eine unterschiedliche Ladefunktionalität mit sich bringen (Bild 16.34).

Bild 16.34 Button-Leiste für das Laden

Das einfache Laden von Bauteilen, Baugruppen oder Zeichnungen aus Teamcenter erfolgt über den Button mit dem Bild des geöffneten Ordners. Diese Funktion nennt sich *Neue laden*. Dies bedeutet, dass ein Modell aus Teamcenter ins noch leere CATIA geladen wird und dann angezeigt wird. Drücken Sie diesen Button. Wenn Sie noch nicht eingeloggt sind, erscheint die Teamcenter-Anmeldung. Teamcenter wird geöffnet und ein kleines Ladefenster mit Fortschrittsbalken wartet auf Ihre Auswahl eines zu ladenden Objekts. Dies ist eine Besonderheit der Teamcenter-Integration für CATIA. Während in vielen anderen Schnittstellen ein eigener Ladedialog mit Suchfunktion oder Navigator erscheint, wird die anwendende Person hier direkt an Teamcenter übergeben und kann über die Teamcenter-Funktionalitäten das zu öffnende Modell suchen (siehe Kapitel 11, „Das Finden ist entscheidend!").

Selektieren Sie die Revision oder das Dataset des Modells in Teamcenter und wählen Sie im Menü *CATIA V5* die Funktion *In CATIA V5 laden*. Der Fortschrittsbalken im kleinen Ladefenster setzt sich fort und das Modell oder die Baugruppe wird in CATIA geöffnet. Natürlich ist es auch möglich, von Teamcenter ausgehend ein Modell in CATIA zu laden. Hierfür wählen Sie das Objekt direkt in **Mein Teamcenter** oder im **Struktur-Management** aus und führen die Funktion *In CATIA V5 laden* aus. Auch ein Doppelklick auf das Dataset öffnet das gewählte Objekt in CATIA. Mit der Teamcenter-Integration für CATIA ist es auch möglich, große Baugruppen partiell zu laden. Gehen wir davon aus, dass Sie eine Baugruppe im **Struktur-Management** von Teamcenter geöffnet haben. Selektieren Sie nun eine Unterbaugruppe oder einige Einzelteile und laden Sie diese in CATIA. Der Strukturbaum der gesamten Baugruppe erscheint jetzt in CATIA, vollständig geladen sind jedoch lediglich die ausgewählten Teile. Durch die folgenden Funktionen lassen sich gezielt einzelne Unterbaugruppen oder Komponenten nachladen.

Zusammenführung laden: Sie haben eine Baugruppe in CATIA teilweise geladen und möchten weitere Komponenten hinzuladen. Betätigen Sie dazu diesen Button. Der Fokus wechselt nun zu Teamcenter und wartet auf eine Auswahl, die ein Teil der Gesamtbaugruppe sein sollte.

In CATIA V5 laden: Es wird ein weiterer Teil der Baugruppe hinzugeladen.

Ausgewählte Ebene zusammenführen laden: Nehmen wir einmal an, dass Sie für eine Baugruppe ein Unterbaugruppe nachladen wollen. Selektieren Sie dazu im CATIA-Strukturbaum die nachzuladende Unterbaugruppe. Nach Drücken des Buttons können Sie entscheiden, ob Sie die gesamte Unterbaugruppe oder lediglich die ausgewählte Ebene nachladen wollen.

Zusammenführungsziel laden: Hierbei wird genau eine im CATIA-Strukturbaum markierte Komponente nachgeladen.

Über *Aktualisieren* werden bereits geöffnete Komponenten nochmals nachgeladen. Dadurch werden durch andere anwendende Personen eingebrachte Änderungen aktualisiert, ohne das Modell zeitaufwendig schließen und nochmals öffnen zu müssen. Mit dem Icon *Verknüpfte Dokumente einlesen* lassen sich mit dem Modell verknüpfte Dokumente in CATIA laden, wenn diese auch in Teamcenter abgelegt wurden. Über einen weiteren Dialog lässt sich die Anzeige nach Relationen der `Linked Documents` einschränken (siehe Kapitel 2, „Mein Teamcenter").

16.2.5 Revisionieren

Wie in allen Schnittstellen stellt das Revisionieren technisch ein Speichern als neuen Änderungsstand dar. Gehen wir davon aus, dass Sie in einem in CATIA geöffneten Modell einen neuen Änderungsstand erzeugen wollen. Betätigen Sie dazu den *Speichern-* oder *Speichern unter*-Button in der Toolbar. Nun öffnet sich der Save Manager. Anders als beim Speichern neuer Bauteile sind einige Felder bereits ausgefüllt. Die aktuelle `Item ID` und `Revision ID` sind bekannt und werden in den entsprechenden Kästchen angezeigt. Um einen weiteren Änderungsstand zu erstellen, drücken Sie den Button *Neuer Änderungsstand* rechts in der Icon-Leiste. Es erscheinen zwei zusätzliche Buttons neben der `ID` und dem `Änderungsstand (Revision ID)`. Der Knopf mit der *Suche* ermöglicht es Ihnen, ein anderes bereits vorhandenes Item aus Teamcenter zu suchen, für das Sie die neue Revision erstellen wollen. Sie sind also völlig unabhängig vom bereits geöffneten Bauteil. Der zweite Button *Zuweisen* neben dem Feld für den `Änderungsstand` erzeugt automatisch eine neue `Revision ID` für die Revision. Der `Dataset-Name` wird automatisch nach einer hinterlegten Regel gebildet, wenn Sie den Haken bei *Automatischer Name* neben dem Feld `Name` im Bereich *Dataset-Eigenschaften* gesetzt haben. Falls nicht, können Sie einen neuen Namen vergeben. Durch Klicken auf *Anwenden* werden alle Einstellungen in die linke Tabelle übernommen. Der Status sollte zu einem grünen Haken wechseln. Nun können Sie den Änderungsstand speichern. Ein kleines Fenster mit Fortschrittsbalken verkündet fortlaufend den Prozess. Zu guter Letzt informiert ein weiteres Fenster mit einer Tabelle über das erfolgreiche Speichern und wichtige Attribute.

16.2.6 Import/Export

Die Teamcenter-Integration für CATIA bietet auch eine Import-Funktionalität für bereits erstellte Modelle. Natürlich können in Teamcenter abgelegte Daten auch über CATIA exportiert werden. Die Besonderheit der Schnittstelle liegt allerdings darin, dass beim Import der vergebene Dateiname des importierten Modells gespeichert werden kann und der Export dieses Modells den Originaldateinamen wiederherstellt.

Für gewöhnlich werden Modelle im Teamcenter-Kontext mit einer `ID` angelegt. Diese `ID` wird auch für das Dataset und die benannte Referenz, also den Dateinamen, vergeben. In diesem Fall würde also das Modell nach dem Exportieren einen Dateinamen haben, der sich aus `ID` und `Revision ID` zusammensetzt. Durch die Import-/Export-Funktion der Schnittstelle kann der Originaldateiname wiederhergestellt werden. In einigen Branchen, wie zum Beispiel der Automobilindustrie, ist es üblich, dass Herstellende die Modellnamen für Konstruktionen vorgeben und diese von geschäftlichen Kontakten und Zuliefernden konstruieren oder fertigen lassen. Die Zuliefernden stehen dann vor dem Problem, den Dateinamen der Herstellenden zu benutzen, da sie gezwungen sind, die Dateien mit vorgegebener Nomenklatur zurückzusenden. Durch die Funktion des Interface können Zulieferndе für die Modelle ihr eigenes Nummernsystem verwenden, da der Originaldateiname gespeichert wird. Solange die Zuliefernden daran arbeiten, wird die interne Nomenklatur verwendet. Erst mit dem Export erhält das Modell den ursprünglichen Namen der Herstellenden zurück.

Kommen wir nun zur Durchführung eines solchen Imports. Zunächst kopieren Sie alle zu importierenden Dateien in das temporäre Arbeitsverzeichnis der Schnittstelle `TCIC_V5_tmp\Import`. Lediglich aus diesem Verzeichnis heraus ist es möglich, Modelle und Baugruppen zu importieren. Auch alle im Modell verlinkten oder referenzierten Modelle müssen in dieses Verzeichnis kopiert werden, sonst werden sie nicht importiert. Danach öffnen Sie das Modell oder die Baugruppe aus dem Import-Verzeichnis in CATIA. In der Toolbar gibt es drei Buttons, die den Importvorgang regeln (Bild 16.35).

Bild 16.35 Importbuttonleiste

Benutzen Sie den ersten Button von links (*Alle Tabellenkalkulationen erstellen*). Nun wird im Hintergrund eine Textdatei `Data.txt` erstellt, die den Pfad und den Dateinamen des aktuell geöffneten Modells enthält. Wollen Sie mehrere voneinander unabhängige Modelle oder Baugruppen importieren, können Sie dieses Textfile selbst erstellen und die Dateipfade der Modelle dort einfügen. In diesem Fall wird *Kein Modell* in CATIA geöffnet und der zweite Button von links betätigt. Ist *Kein Modell* geladen und existiert keine `Data.txt` im Importverzeichnis, erscheint eine Fehlermeldung. In unserem Beispiel wird der Prozess fortgesetzt. Durch ein entsprechendes Statusfenster wird das der anwendenden Person kenntlich gemacht. Während der Analyse der Modelle wird in Teamcenter nach eventuell bereits vorhandenen Modellen gesucht. Eine hinterlegte Suche definiert die Suchkriterien.

Die Preferences *CATIA_ifs_catpart_query, CATIA_ifs_catproduct_query, CATIA_ifs_catdrawing_query, CATIA_ifs_designtable_query* und *CATIA_ifs_foreignfile_query* legen die jeweilige Suche nach vorhandenen Modellen fest.

Am Ende der Aktion erscheint ein Fenster mit der Nachricht, dass die Tabellenkalkulation erfolgreich erstellt wurde. Diese lassen Sie sich mit Klick auf den zweiten Button von links (*Importtabellenkalkulations-Editor*) anzeigen. Der sich nun öffnende Dialog ähnelt dem Save Manager. Bis auf einige Buttons ist er mit diesem identisch. Oben und rechts befinden sich Button-Leisten. Im linken Fensterabschnitt befindet sich eine Tabelle mit den zu importierenden Modellen und im rechten Abschnitt der schon erwähnte kontextsensitive Editor, in dem die Eigenschaften der links selektierten Modelle geändert werden können. In der Tabelle sollten nun alle Modelle, die Sie importieren möchten, aufgeführt sein. Wurden bereits Entsprechungen in Teamcenter gefunden, sind dazu Eigenschaften wie `ID` oder `Name` hinterlegt. Es ist auch möglich, dass das Modell mehrfach aufgelistet wird, wenn es schon mehrfach mit unterschiedlichen `ID`s in Teamcenter abgelegt wurde. Im Editorteil (rechts) können Sie nun, wie ausführlich in Abschnitt 16.2.2 beschrieben, die verschiedensten Attribute vergeben. Sind alle Statushaken grün, können Sie den Inhalt des Dialogs speichern. Das damit verbundene Textfile wird somit aktualisiert. Der eigentliche Import wird über den dritten Button *Alle Baugruppen importieren* vollzogen. Auf Basis der eben aktualisierten Textdatei werden alle Modelle in Teamcenter gespeichert. Am Ende können Sie sich eine Protokolldatei anzeigen lassen, in der Sie alle erstellten Items samt `ID` nachlesen können.

Den umgekehrten Weg geht der Export von Daten aus Teamcenter. Diese Funktionalität ist ausschließlich im CATIA V5-Menü des **Struktur-Managements** auswählbar. Senden Sie dazu Ihr Modell, egal ob Einzelteil oder Baugruppe, an das **Struktur-Management** von Teamcenter. Im CATIA V5-Menü gibt es zwei Funktionen für den Export. Benutzen Sie zunächst *Exporttabellenkalkulation erstellen*. Ähnlich wie beim Import wird nun eine Textdatei erstellt. `ExpSpreadSheet.txt` erscheint im Arbeitsverzeichnis unter `Export`. In dieser Datei wird vermerkt, welche CATIA-Modelle exportiert werden, und wie die Originaldateinamen benannt werden sollen. Wie gewohnt informiert ein Statusfenster über den Fortschritt der Aktion. Zusätzlich zum Fenster wird in der Statusleiste von Teamcenter der Text *Tabellenkalkulation für den Export erstellen ...* eingeblendet. Ist beides verschwunden, ist der erste Schritt abgeschlossen. Betätigen Sie nun den zweiten Menüpunkt *Exportieren*. Damit startet der Export der CATIA-Modelle. Sobald sich der Dialog mit den Fortschrittsbalken schließt, ist der Export beendet. Im `TCIC_V5_tmp\Export`-Verzeichnis finden Sie dann die CATIA V5-Modelle mit dem Originaldateinamen.

16.2.7 Suchen von spezifischen Daten

Andere Schnittstellen zwischen Teamcenter und einem CAD-System bieten oft eine speziell implementierte Suchfunktion beim Laden oder Speichern von Modellen an. Etwas anders verhält es sich mit der Teamcenter-Integration für CATIA. Wie in den vorangegangenen Kapiteln schon angeklungen ist, bringt das Interface für CATIA einfach die Teamcenter-Anwendung in den Vordergrund des Bildschirms, und die anwendende Person kann dort benötigte Modelle zum Laden suchen. Vor allem beim Öffnen von CATIA-Bauteilen sucht der Anwendende die Modelle direkt in Teamcenter. Dies hat den Vorteil, dass der Nutzende die Bedienung einer zusätzlichen Suchmaske nicht erlernen muss, sondern wie gewohnt in Teamcenter nach seinen Daten suchen kann. Anders ist es beim Speichern von Bauteilen in bereits existierende Modelle in Teamcenter. Bei diesem Vorgang bietet der Save Manager einen neuen Dialog an: den *Item Revision Browser* (Bild 16.36).

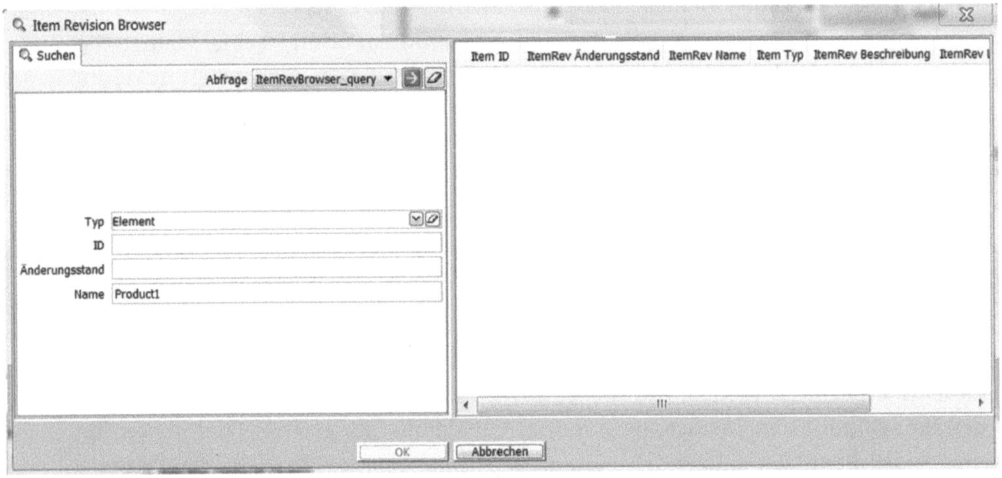

Bild 16.36 Item Revision Browser

Öffnen Sie im ersten Schritt den Save Manager in CATIA (z. B. durch Drücken auf einen der Buttons zum *Speichern*). Aus der rechten Icon-Leiste wählen Sie nun *Vorhandenes Element verwenden* oder *Vorhandenes Dataset verwenden* (siehe Abschnitt 16.2.2). Der Item Revision Browser besteht aus zwei Seiten. Die linke Seite beschreibt die Suche und deren Kriterien. Auf der rechten Seite werden die Ergebnisse in einer Tabelle dargestellt. Im Auswahlfeld der Suchmaske wählen Sie die Suche aus. Im Standard wird hier `ItemRevBrowser_query` angezeigt. Es handelt sich um eine durch die Installation erstellte Suchabfrage.

> Mit der Preference *CATIA_queries_for_item_rev_browser* können Sie ein oder mehrere andere Suchabfragen einstellen.

Je nach gewählter Suche werden die entsprechenden Suchattribute angezeigt, in die Sie Ihren Suchtext wie `ID` oder `Name` eingeben können. Als Ergebnis werden ein oder mehrere Revisionen zurückgegeben (auch wenn Sie die Funktion *Vorhandenes Dataset verwenden* gewählt haben). Das Dataset wird aus der ausgewählten Revision bestimmt. Starten Sie die Suche über den Grün umrandeten Pfeil neben der Auswahlbox für die Suchen. Die Ergebnisse erscheinen in der Tabelle.

> Die Tabelle kann über die `itemrevbrowser.xml`- bzw. `datasetbrowser.xml`-Konfigurationsdateien der Schnittstelle angepasst werden.

16.2.8 Einzelteile und Baugruppen verbauen (Strukturen)

Nutzen Sie fürs Verbauen von Einzelteilen und Baugruppen die Button-Leiste, wie in Abschnitt 16.2.4 vorgestellt. Das Laden eines vorhandenen Modells in eine bereits geöffnete Baugruppe wird in dieser Toolbar als *Einfügen* bezeichnet. Erstellen Sie in CATIA ein neues `CATProduct` und selektieren Sie es im Strukturbaum. Betätigen Sie die *Einfügen*-Funktion über die Toolbar. Die Anzeige wechselt wieder zu Teamcenter und Sie können ein Modell wählen, das Sie der Baugruppe hinzufügen möchten. Ihre Wahl bestätigen Sie durch die *In CATIA V5 laden*-Funktion im Teamcenter-Menü. Das gewählte Bauteil wird in die Baugruppe eingesetzt.

Für das Austauschen eines Bauteils durch ein anderes benutzen Sie die Funktion *Ersetzen*. Sie selektieren im CATIA die Komponente, die ersetzt werden soll und drücken den entsprechenden Schalter. In Teamcenter suchen Sie nun das neue Bauteil und wählen es aus. Eine Bestätigung, dass Sie alles Selektierte ersetzen wollen, tauscht die Komponenten der Baugruppe aus. Der Button *Nach Änderungsstand ersetzen* ähnelt dieser Funktionalität. Hiermit können Sie ein Modell durch einen anderen Änderungsstand ersetzen.

16.2.9 CATIA Save Management

Der Save Manager wurde bereits in Abschnitt 16.2.2 ausführlich vorgestellt. Nun wollen wir etwas tiefer in den technischen Hintergrund des Speichervorgangs eintauchen. Die CATIA-Teamcenter-Integration arbeitet zunächst auf dem lokalen Dateisystem des Anwendenden. Mit Installation der Schnittstelle wird eine spezielle Ordnerstruktur erstellt. Der Arbeitsbereich der Schnittstelle ist das *catuii*-Verzeichnis (Bild 16.37).

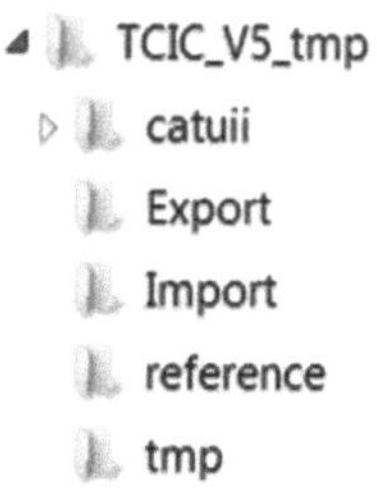

Bild 16.37
Arbeitsverzeichnisse der Schnittstelle

Sobald Sie einen der *Speichern*-Buttons in der Toolbar betätigen, wird das Modell, die Zeichnung oder Baugruppe zunächst mit der CATIA-`Partnumber` als `Dateiname` in diesem Verzeichnis abgelegt. Im Save Manager können Sie nun entsprechende Einstellungen wie `Item-Typ`, `ID` oder `Dataset-Namen` zuweisen. Über den *Zauberstab* werden alle Pflichtfelder, bis auf den Namen, gefüllt. Gibt es keine Konflikte und fehlenden

Eingaben, wird der *Speichern*-Button im Save Manager aktiv. Mit Betätigung dieses Knopfs wird die Datei im *catuii*-Verzeichnis umbenannt. Im Standard wird der Dateiname auf `ID_Revision ID` eingestellt.

> Über die Preference *CATIA_part_file_name_format* kann der Dateiname von in Teamcenter verwalteten Modellen angepasst werden.

Werden Modelle aus Teamcenter in CATIA geöffnet, wird zunächst die Datei ins *catuii*-Verzeichnis exportiert und von dort geöffnet. Dieses Vorgehen bringt einen gewissen Performance-Gewinn. Soll ein Modell aus Teamcenter geladen werden, das sich bereits im *catuii*-Verzeichnis befindet, wird die Datei zunächst auf Aktualität geprüft. Ist das Modell im Cache-Verzeichnis up to date, muss es nicht noch einmal exportiert werden. Wollen Sie das vermeiden, drücken Sie den *Bereinigen*-Button aus der Teamcenter-Toolbar in CATIA V5. Danach werden Sie gefragt, ob Sie alle Dateien (oder nur `CATProducts`) löschen wollen. **Achtung:** Es werden nur die Dateien gelöscht, die sich gerade nicht in einer CATIA-Sitzung befinden.

16.2.10 Attribute/Eigenschaften synchronisieren

Die Integration für CATIA V5 bietet auch einen Attributabgleich. Über ein definiertes Mapping werden Modelleigenschaften in die jeweiligen Attribute in Teamcenter geschrieben oder umgekehrt. Möchten Sie zusätzlich zu den automatisch geschriebenen Eigenschaften noch weitere Teamcenter-Attribute befüllen, können Sie beim Speichern im Save Manager ein zusätzliches Fenster öffnen, in dem Sie alle Teamcenter-Attribute zum jeweiligen Objekt angezeigt bekommen (Bild 16.38).

Nutzen Sie im Save Manager auf der rechten Seite des Editors den *Mehr ...*-Link im unteren Bereich des Abschnitts *Elementänderungsstand-Eigenschaften* (Bild 16.38). Über diesen wie ein Link dargestellten Button, gelangen Sie zu einem Dialog, der mehrere Reiter beinhaltet. Jeder Reiter enthält ein Formular für die Objekte `Element`, `Elementänderungsstand`, `Element-Master` und `Elementänderungsstand-Master`. Diese Formulare geben alle dort definierten Attribute wieder. Befüllen Sie die Eigenschaften und schließen Sie den Dialog über *OK*. Beim Speichern werden Ihre Attribute in Teamcenter befüllt.

> Der Button *Mehr ...* erscheint nur, wenn Sie ein neues Modell speichern, das Sie initial befüllen wollen.

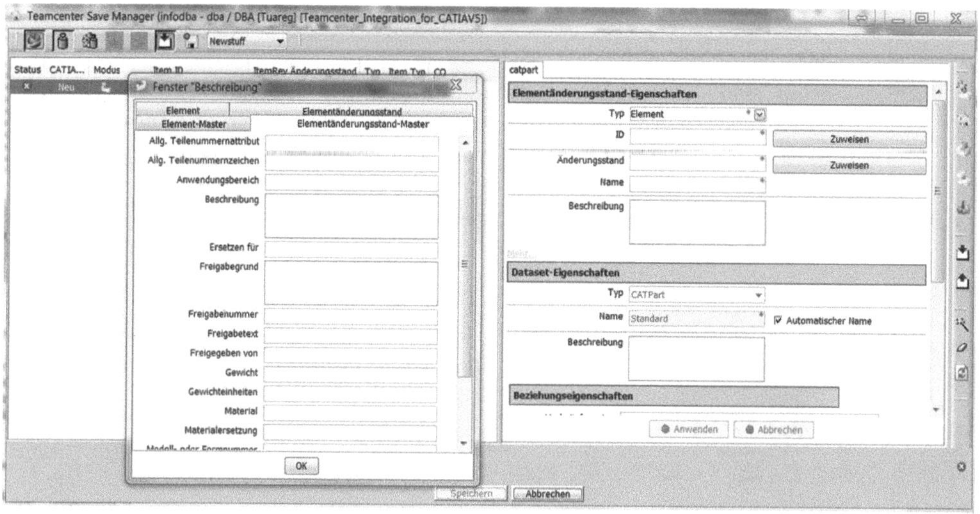

Bild 16.38 Save Manager mit Formularen für Attribute

Beim Anlegen von Zeichnungen können im Schriftkopf der Zeichnung direkt alle Felder ausgefüllt werden, die über das Mapping mit Teamcenter verbunden sind. Über den Button *Titelblöcke aktualisieren* aus der Toolbar lassen sich die Eigenschaften auch bei geöffneter Zeichnung synchronisieren.

16.2.11 Anwendung

Fast Track

1. Starten Sie Teamcenter und melden Sie sich an.
2. Suchen Sie in Teamcenter ein mit CATIA erstelltes Teil.
3. Öffnen Sie per Menü dieses Teil in CATIA.
4. Nehmen Sie Änderungen vor und speichern Sie dieses Teil als neue Revision ab.

16.3 Autodesk Inventor

Inventor aus dem Hause Autodesk ist ebenso wie Siemens NX ein parametrisches CAD-System. Auf die Unterschiede in der Modellierung wollen wir allerdings nicht weiter eingehen. Ein wesentlicher Punkt ist jedoch, dass Inventor, ebenso wie CATIA V5, für unterschiedliche Typen von Dateien verschiedene Dateierweiterungen verwendet. Diese finden sich in Teamcenter als Datasets unterschiedlichen Typs wieder.

Real-World-Szenario

Einige Teile und Baugruppen werden bei der FixDurch GmbH mit dem CAD-System Autodesk Inventor modelliert. Außerdem erhält die Firma von externen Büros Daten in diesem Format. Konstrukteurin Selma verwaltet alle Daten im gemeinsamen PLM-System. Besonders wichtig ist ihr, dass alle Beteiligten jederzeit auch ohne CAD-System auf die 3D-Geometrie schauen und so kurzfristig ihre Änderungswünsche überprüfen können.

16.3.1 Start und Anmeldung bei Teamcenter

Um sich mit Inventor bei Teamcenter anzumelden, müssen Sie das PLM-System nicht auf Ihrem Rechner gestartet haben (Client). Genau wie Office greift Inventor direkt auf die Datenbank zu. Sie starten Inventor und nutzen den Menüpunkt *Teamcenter* (Bild 16.39).

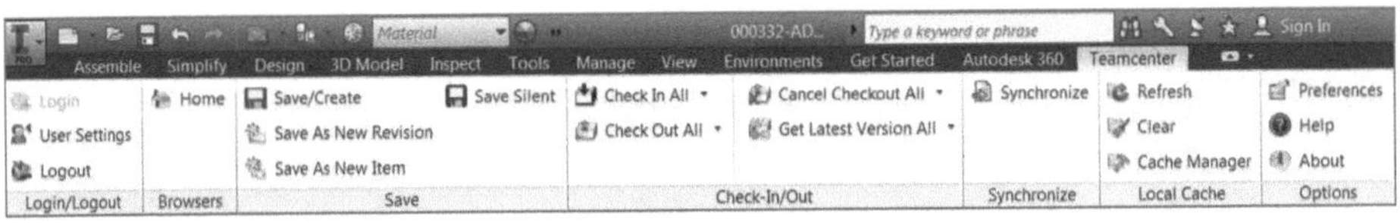

Bild 16.39 Teamcenter-Ribbon in Inventor

Beim Login werden Sie nach Ihrem Nutzernamen, dem Passwort, der Gruppe und der Rolle gefragt. Wie auch in Teamcenter sind nur Name und Passwort zwingend erforderlich. Sind mehrere Server verfügbar, wählen Sie den passenden aus. Sie können entscheiden, dass Sie bei weiteren Anmeldungen nicht wieder nach diesen Angaben gefragt werden.

Über den Menüpunkt *Optionen* > *Voreinstellungen* > *Allgemein* können Sie dasselbe durch die Checkbox *Automatische Anmeldung* erreichen oder Ihre Einstellung wieder zurücknehmen.

Über den Menüpunkt *An-/Abmelden > Benutzereinstellungen* können Sie die Gruppe, die Rolle und das Projekt ändern, falls Sie Mitglied in mehreren Projekten sind (Bild 16.40).

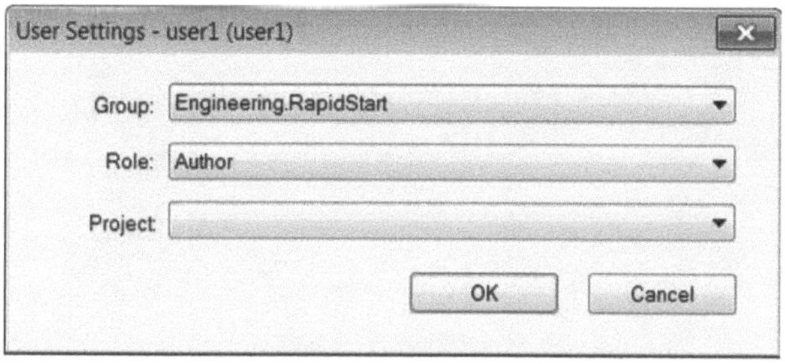

Bild 16.40 Ändern der Benutzereinstellungen

Bedenken Sie, dass Teamcenter im Hintergrund über die Berechtigungen wacht und deshalb eine ganze Menge von diesen Einstellungen abhängt.

Beachten Sie, dass bei Nutzung der Inventor-Integration in Teamcenter keine Verwaltung über die Inventor-eigenen Projekte erforderlich ist. Alle verwalteten Daten sollten Sie mit einem einheitlichen Projekt konfigurieren.

16.3.2 Items für Inventor erstellen

Nutzen Sie ein vordefiniertes Projekt in Inventor. Sie können zunächst ohne Teamcenter Teile, Baugruppen, Präsentationen oder Zeichnungen erstellen und im Projektfolder speichern. Sobald Sie diese Dateien in Teamcenter verwalten möchten, rufen Sie den Ribbon *Teamcenter* auf und wählen dort *Speichern > Speichern/Erstellen*. Im Dialogfenster wählen Sie den gewünschten Item-Typ. Über *Zuweisen* wird eine neue `ID` und die `Revision ID` zugewiesen. Ergänzen oder korrigieren Sie den `Namen`, die `Beschreibung`, den `Dateinamen` und die `Teilenummer`. Im zweiten Reiter werden Ihnen eventuell weitere Attribute für die Item-Revision und weitere Formulare angeboten (siehe Abschnitt 16.3.10).

Sie können in Teamcenter einen Ordner für die Speicherung der neuen Items festlegen. Bei der Auswahl sehen Sie, dass mit der Schnittstelle direkt auf Ihren *Home*-Folder und die darin enthaltenen Daten zugegriffen wird. Wenn Sie die Bearbeitung des Teils beenden wollen, können Sie das Dataset sofort nach dem Speichern einchecken lassen.

Auf der linken Seite der Tabelle in Bild 16.41 finden Sie die Ergebnisse Ihrer Zuweisung durch *Zuweisen*. Sie können daraus ableiten, dass Sie mehrere Teile, Baugruppen usw. auf einmal abspeichern bzw. anlegen können.

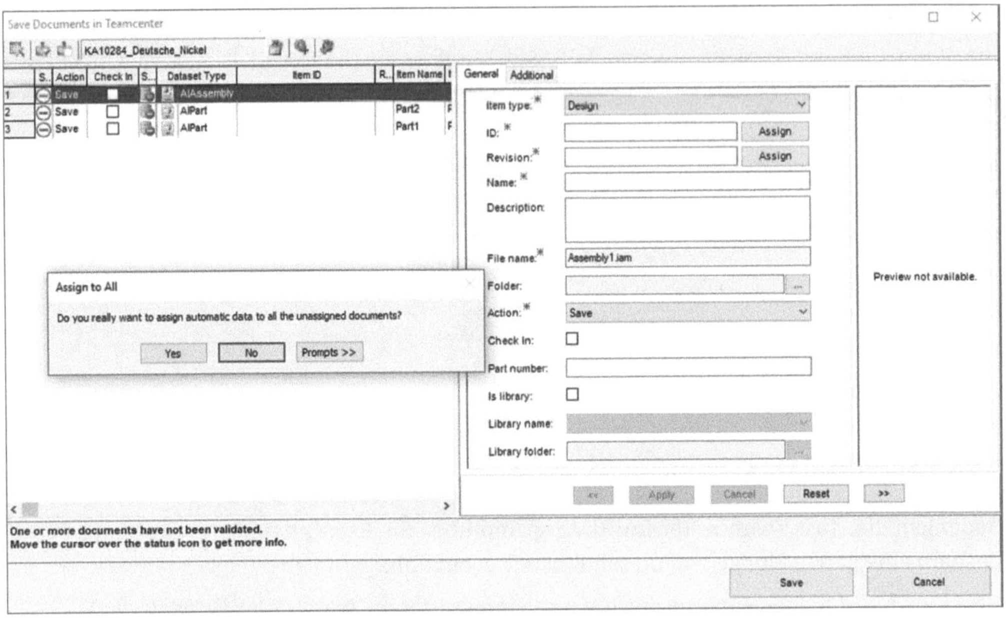

Bild 16.41 *Speichern/Erstellen*-Dialog mit *Daten automatisch zuweisen* für alle Komponenten der Baugruppe

Die vier verschiedenen Dateitypen (Erweiterungen) führen auch zu vier verschiedenen Dataset-Typen in Teamcenter. Alle Datasets werden in einer Revision zusammengefasst (wobei Baugruppe und Einzelteil niemals zusammen vorkommen). Wie bereits vorgestellt, gehört die Revision zum Item eines bestimmten Typs.

Der Item-Typ lässt sich in der Schnittstelle konfigurieren, sodass die anwendende Person hier nicht selbst auszuwählen braucht. In einigen Fällen ist es sinnvoll, für verschiedene CAD-Systeme unterschiedliche Typen zu definieren. Man hat dann zum Beispiel die Möglichkeit, verschiedene Attribute festzulegen oder auf einfache Art und Weise unterschiedliche Workflows bereitzustellen.

Sind Item, Revision und Dataset erst einmal angelegt, können Sie mithilfe der Funktion *Im Hintergrund speichern* Änderungen in Teamcenter speichern.

Beachten Sie, dass beim normalen Speichern in Inventor lediglich im Filesystem gespeichert wird. Die Änderungen sind zu diesem Zeitpunkt noch nicht in Teamcenter übertragen worden. Erst *Im Hintergrund speichern* oder *Speichern/Erstellen* speichern in der Datenbank.

Beim Speichern können für 3D-Modelle (Einzelteile) automatisch JT-Daten erzeugt werden. Eine zusätzliche Softwarekomponente ist dafür nicht erforderlich. Für Zeichnungen können automatisch PDF- oder DXF-Dateien (Neutralfiles) angelegt werden.

Sobald Sie für das Einzelteil eine Zeichnung erstellen, wird diese als weiteres Dataset in der gleichen Revision abgelegt. Hierbei handelt es sich um den bereits für andere Daten vorgestellten Standard (siehe Datenmodell in Kapitel 2, „Mein Teamcenter"), von dem aber auch abgewichen werden kann. Ebenso können Sie für Baugruppen mit Präsentationen (z. B. Explosionsdarstellungen) und Zeichnungen vorgehen.

Beim Baugruppenentwurf haben Sie zwei verschiedene Möglichkeiten. Zum einen können Sie zunächst Ihre komplette Baugruppe, wie bei der Nutzung ohne Teamcenter, entwerfen und diese dann inklusive aller Komponenten über *Teamcenter > Speichern > Speichern/Erstellen*, wie eben für das Einzelteil beschrieben, abspeichern. Zum anderen können Sie erst einmal nur die Baugruppe erstellen und dann die bereits in Teamcenter gespeicherten Einzelteile und Baugruppen aus Teamcenter einfügen (Bottom-up). Diese Vorgehensweise beschreiben wir in Abschnitt 16.3.8.

16.3.3 Änderungen durchführen

Alle Elemente aus Inventor sind damit in Teamcenter abgelegt. Im Folgenden nutzen wir den Teamcenter-Navigator, den wir in Abschnitt 16.3.5 ausführlicher vorstellen. Am einfachsten ist es, wenn Sie die `ID` des Teils kennen. Alternativ stellen wir in Abschnitt 16.3.7 die in Inventor vorgesehenen Suchmöglichkeiten genauer vor.

Eventuell müssen Sie vorab in den Optionen die für Teamcenter übliche Suche nach einer *ID* (statt nach dem *Dataset-Namen*) einstellen (Bild 16.42).

Geben Sie in die Zeile unter der Baumdarstellung die `ID` ein und bestätigen Sie die Suche (Bild 16.44). In der Tabelle unter dem Suchfeld erscheinen nun alle Datasets, die zur gleichen `ID` gehören. Selektieren Sie das Modell (**.ipt*). Mithilfe der rechten Maustaste (Kontextmenü) können Sie aus vielen verschiedenen Optionen wählen. Mit *Abrufen* wird die Datei in den eingestellten Cache-Ordner geladen, aber nicht geöffnet. Mit *Öffnen* öffnen Sie das Teil, ohne es zu reservieren. Mit *Öffnen und Auschecken* wird es nach dem Öffnen unmittelbar für Sie reserviert. Die passende Entscheidung hängt davon ab, ob eventuell jemand anderes die Daten bereits reserviert hat, oder ob Sie überhaupt Änderungen vornehmen wollen. Falls Sie keine Reservierung durchführen möchten, können Sie dies auch später noch tun. Wichtig ist gegebenenfalls auch die Möglichkeit, über *Zugewiesene Attribute anzeigen …* bereits einen Blick in die Attribute aus Teamcenter zu werfen.

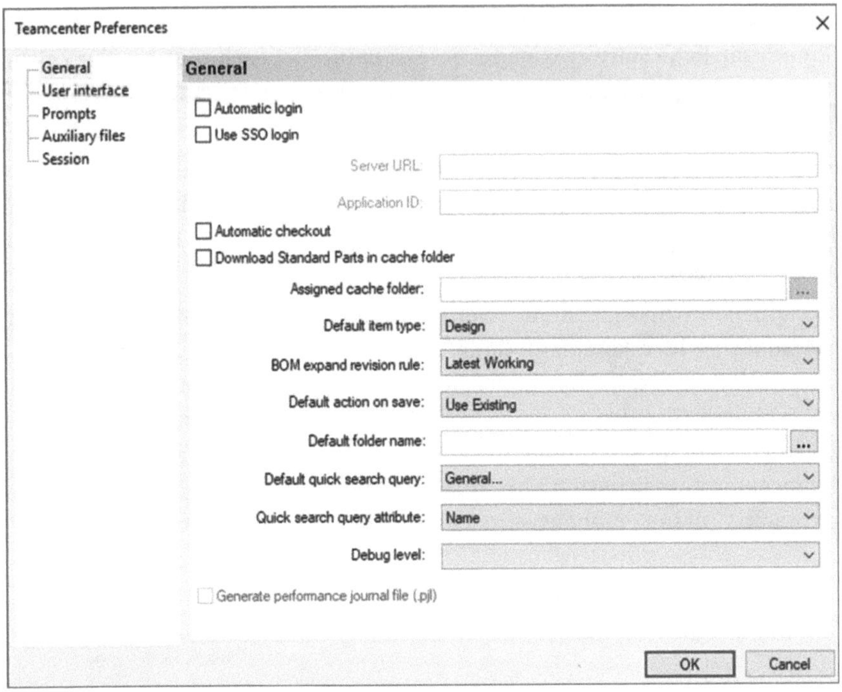

Bild 16.42 Einstellen des Objekttyps für die Suche

Laden Sie nun das gewünschte Teil, ohne es zu reservieren. Wenn Sie die ersten Änderungen am Modell durchführen, werden Sie aufgefordert, das Teil (genauer gesagt das Dataset) auszuchecken. Hier haben Sie, wie bereits kennengelernt, die Möglichkeit, Änderungsinformationen einzugeben (Bild 16.43).

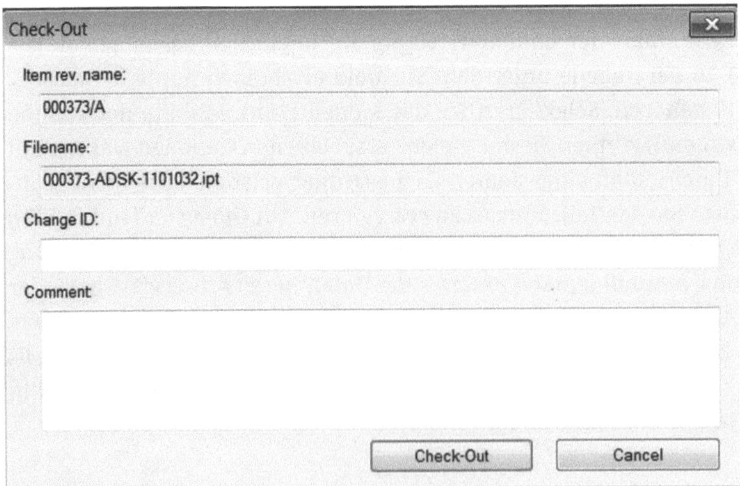

Bild 16.43 Dialog zur Reservierung des Datasets in Inventor

Teamcenter übernimmt ab nun die Sperrung des Datasets bis zum Einchecken durch die anwendende Person. Führen Sie in Inventor die gewünschten Änderungen durch. Sobald Sie speichern, wird im Austauschverzeichnis ein neuer Speicherstand erzeugt. Bei Inventor erfahren Teamcenter und die daran angebundenen anwendenden Personen nichts von den Änderungen. Erst wenn Sie über *Teamcenter > Speichern > Im Hintergrund speichern* die Daten nach Teamcenter transportieren lassen, werden auch andere Anwendende diese Änderungen feststellen. Über *Teamcenter > Speichern > Speichern/Erstellen* können Sie die gleichen Funktionen nutzen.

Sie haben verschiedene Möglichkeiten, ein Objekt wieder aus Inventor einzuchecken. Entweder Sie schließen die Datei und nutzen später z. B. den Cache Manager oder Sie räumen sofort wieder auf und schalten den Modell-Browser von *Modell* auf den Modus *Teamcenter – Dateistatus* um. In der dazugehörigen Tabelle wählen Sie den passenden Eintrag mit der rechten Maustaste aus und wählen *Einchecken … Auschecken abbrechen …* verwirft die Änderungen in Inventor und stellt für das Dataset den Zustand vor dem letzten Auschecken wieder her.

Falls Sie keine Bearbeitung vorgenommen und auch nicht ausgecheckt haben, haben Sie an dieser Stelle sogar die Möglichkeit, eventuell von anderen anwendenden Personen geänderte Speicherstände über *Neueste Version abrufen …* oder *Neueste Version für alle abrufen* nachzuladen.

In den aktuellen Schnittstellen können Sie auch die Befehle *Alle Einchecken* bzw. *Alle Auschecken* nutzen.

16.3.4 Revisionieren

Unabhängig vom Autorensystem stellt Teamcenter Basisfunktionalitäten zum Revisionieren zur Verfügung. In Teamcenter haben Sie die Möglichkeit, Revisionen z. B. durch einen Workflow einzufrieren. Objekte mit einem Status dürfen (und können) meist nicht mehr verändert werden. Das übliche Werkzeug ist dann das Anlegen einer neuen Revision. Um alle Änderungen vornehmen zu können, oder um den alten Stand aufzuheben und gegebenenfalls in einem neuen weiterzubearbeiten, erzeugen Sie über *Als neuen Änderungsstand speichern* einen neuen Änderungsstand unter dem verwendeten Item. Nun öffnet sich der aus der Neuanlage oder dem Speichern in Teamcenter bekannte Dialog (Abschnitt 16.3.2). Prinzipiell können Sie sich über *Aktion* noch einmal anders entscheiden. Bleiben Sie bei der Absicht, speichern Sie mit *Speichern* alles wie vorgesehen. Im Hintergrund arbeitet Teamcenter Kopierregeln ab, die entscheiden, welche Datasets mit kopiert oder referenziert und welche verworfen werden sollen (siehe Kapitel 12, „Geändert wird immer! Effektives Änderungswesen"). Ebenso verhält es sich mit den Eigenschaften/Attributen. Diese können Sie später noch modifizieren (siehe Abschnitt 16.3.10).

16.3.5 Teamcenter-Navigator

Ähnlich wie in NX haben Sie die Möglichkeit, über *Browser > Pers. Ablage* ein Dialogfenster mit direktem Zugriff auf Teamcenter einzublenden. Hier finden Sie neben der Ordnerstruktur (beginnend mit Ihrem *Home*-Folder) die Möglichkeit, eine Suche auszuführen. Die Suchergebnisse werden in der Liste unter dem Suchfenster angezeigt. Im unteren Drittel erhalten Sie für das in der Tabelle gewählte Objekt ein Vorschaubild und die dazu gehörigen Eigenschaften angezeigt (Bild 16.44). Der Navigator lässt sich als Fenster beliebig positionieren, in der Größe anpassen und bei Bedarf auch auf einen zweiten Monitor verschieben. So haben Sie Ihre Teamcenter-Ablage jederzeit im Überblick.

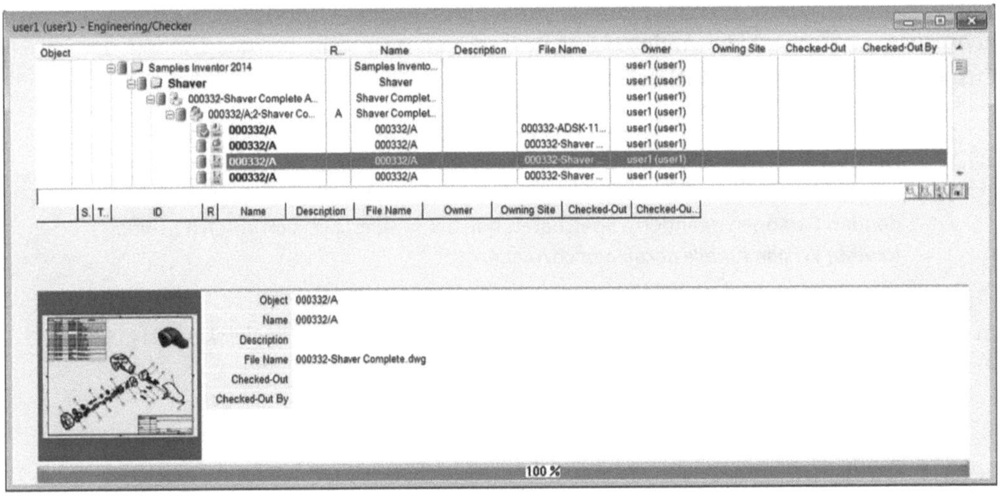

Bild 16.44 Geöffneter Teamcenter-Navigator

Wie in Teamcenter können Sie die Objekte öffnen, bis Sie auf Item und Revision treffen. Dort selektieren Sie die Datasets für Einzelteil, Baugruppe, Präsentation oder Zeichnung. Die zugehörigen Dateien können Sie entweder per Doppelklick oder mithilfe des Kontextmenüs öffnen. Im Kontextmenü finden Sie verschiedene Möglichkeiten, das gewählte Objekt zu öffnen.

Abrufen ..., *Öffnen*, und *Öffnen und auschecken* haben wir bereits in Abschnitt 16.3.3 beschrieben.

Exportieren in …: Dieser Befehl gibt Ihnen die Möglichkeit, die Daten an eine von Ihnen definierte Stelle außerhalb des Cache-Ordners zu exportieren (Bild 16.45). Bei diesem Export (vergleiche mit *Auschecken* in Teamcenter) haben Sie die Möglichkeit, auch Objekte mit verschiedenen Beziehungen zu exportieren.

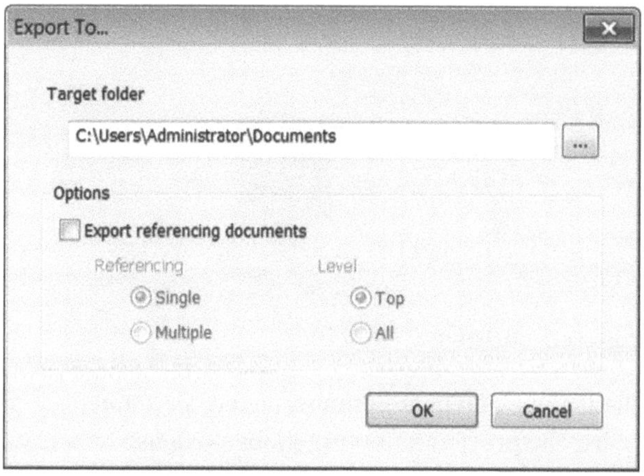

Bild 16.45 *Export nach …* mit den entsprechenden Optionen

Bei Bedarf können Sie weitere Befehle mithilfe der Doppelpfeile nach unten einblenden.

Zugewiesene Attribute anzeigen …: Zwischen Inventor und Teamcenter können Attribute/Eigenschaften ausgetauscht werden. Diese lassen sich hier vorab anzeigen.

Einblenden/Ausblenden/Aktualisieren: Dieser Befehl öffnet die Struktur oder schließt diese und aktualisiert gegebenenfalls in Teamcenter veränderte Daten.

Suchen …: Dieser Befehl sucht nach der passenden ID oder anderen Attributen in Ihrem Ordner.

Zusammengesetzt aus/Referenznachweis/Verwendungsnachweis …: Hierbei handelt es sich um den komplexesten Befehl. Dieser ermöglicht es Ihnen, direkt im *Öffnen*-Dialog nach Referenzen oder Verwendungen zu suchen (Kapitel 10, „Alle Beziehungen im Griff").

In dem in Bild 16.46 dargestellten Dialog haben Sie die Möglichkeit, alle referenzierten Objekte (bzw. die selektierten Relationstypen) oder eine Baugruppe, in der das gewählte Objekt verbaut ist, direkt zu selektieren und per Kontextmenü zu öffnen. Auch in Inventor werden die in Kapitel 5, „Struktur-Management – Stücklisten und deren Verwendung", beschriebenen Laderegeln verwendet. Sie können die Suche unter Verwendung der unten gewählten Regel ausführen lassen.

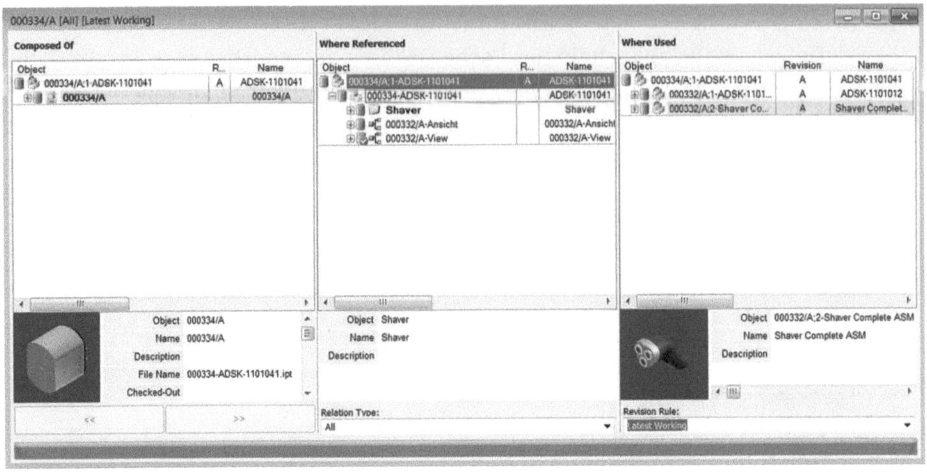

Bild 16.46 Referenz- und Verwendungsnachweis in Inventor

Im Vergleich zum Teamcenter-Client gibt es ein paar Besonderheiten. Sie können einen *Default*-Ordner wählen. Dieser wird entsprechend hervorgehoben. Ebenso haben Sie über das Kontextmenü die Möglichkeit, neue Ordner anzulegen. In einer Baugruppe verbaute Elemente werden nicht in einem Pseudofolder angezeigt, sondern direkt unter dem Objekt (BOM-)`View`, das Sie auch aus Teamcenter kennen. Hier können Sie dann auch die gesamte Struktur öffnen. Bislang lässt sich mit der Inventor-Schnittstelle kein Item öffnen. Sie müssen stattdessen immer ein entsprechendes Dataset oder eine Revision auswählen. Die Suchmöglichkeiten stellen wir Ihnen in Abschnitt 16.3.7 genauer vor.

Sowohl in der oberen Tabelle mit Blick auf Ihren *Home*-Folder als auch in der darunterliegenden Ergebnisliste können Sie die Spaltenkonfiguration nach eigenem Ermessen anpassen (Bild 16.47). In der linken Spalte werden gut strukturiert die Objekt-Typen und in der danebenliegenden Spalte die dazugehörigen Attribute angezeigt. Wie bereits in **Mein Teamcenter** vorgestellt, können Sie über die Pfeile nach rechts oder links der Anzeige Attribute hinzufügen oder entnehmen. Die Reihenfolge lässt sich über die beiden Pfeile am rechten Rand des Fensters verändern. Von der Detaildarstellung in **Mein Teamcenter** kennen Sie die Möglichkeit, mithilfe eines Klicks der rechten Maustaste auf die Spaltenüberschriften derartige Spaltenkonfigurationen für die weitere Verwendung abzuspeichern (*Spaltenkonfiguration speichern ...*) und dann wieder aufzurufen/anzuwenden (*Spaltenkonfiguration anwenden ...*). Übrigens können Sie fast auf dem gleichen Wege auch die Detailanzeige im unteren Teil des Fensters anpassen.

Sehr viele der hier vorgestellten Möglichkeiten finden Sie auch in *Teamcenter – Dateistatus* (Abschnitt 16.3.6).

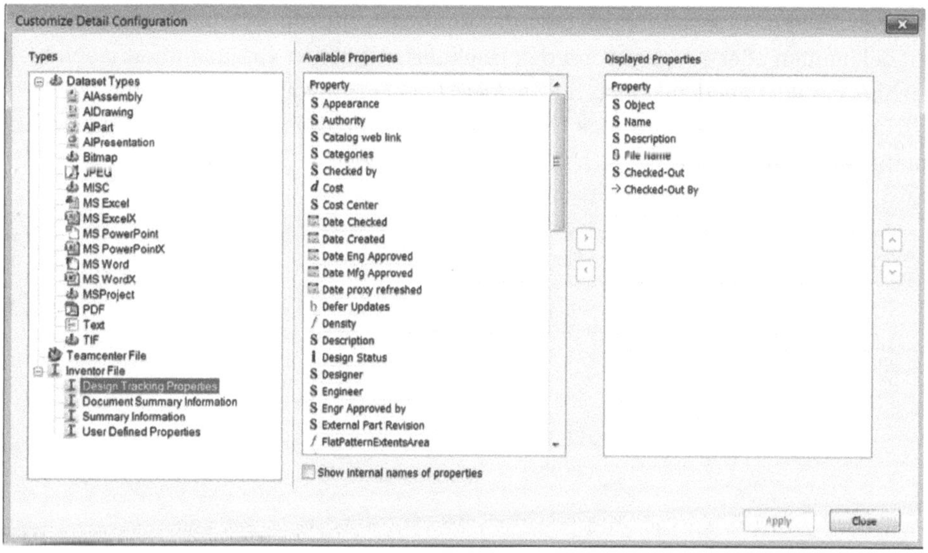

Bild 16.47 Anpassung der Attribute in der Detailanzeige

16.3.6 Teamcenter - Dateistatus

Als anwendende Person von Inventor arbeiten Sie viel mit der Browser-Bar. Diese wurde um einen Eintrag *Teamcenter – Dateistatus* ergänzt. Wechseln Sie für dessen Anzeige vom Modell zum entsprechenden Eintrag. Verbreitern Sie die Darstellung dieses Bereichs oder lösen Sie diesen direkt vom Programmfenster, um eine übersichtliche Tabelle zu erhalten. Selbstverständlich können Sie auch hier die anzuzeigenden Spalten konfigurieren (Bild 16.48).

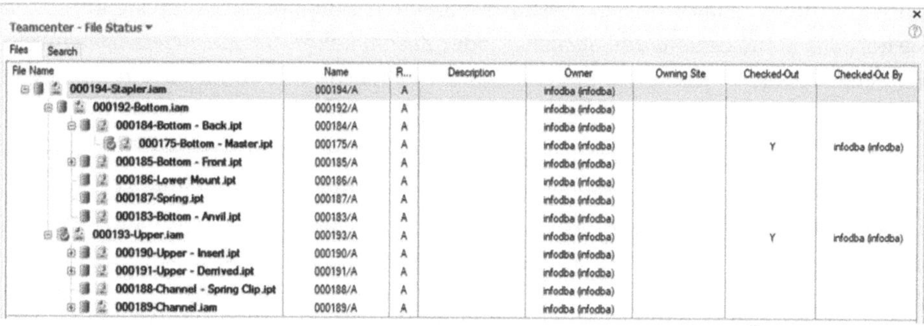

Bild 16.48 *Teamcenter – Dateistatus* mit konfigurierbaren Spalten

Nutzen Sie den Vorschaubereich oder das Kontextmenü, um Informationen angezeigt zu bekommen oder Aufgaben mit den selektierten Dateien vorzunehmen. Auch hier stehen die Suchmöglichkeiten, die in Abschnitt 16.3.7 vorgestellt werden, zur Verfügung (Bild 16.49). So haben Sie bei allen gefundenen Objekten die passenden Informationen jederzeit übersichtlich dargestellt vor Augen.

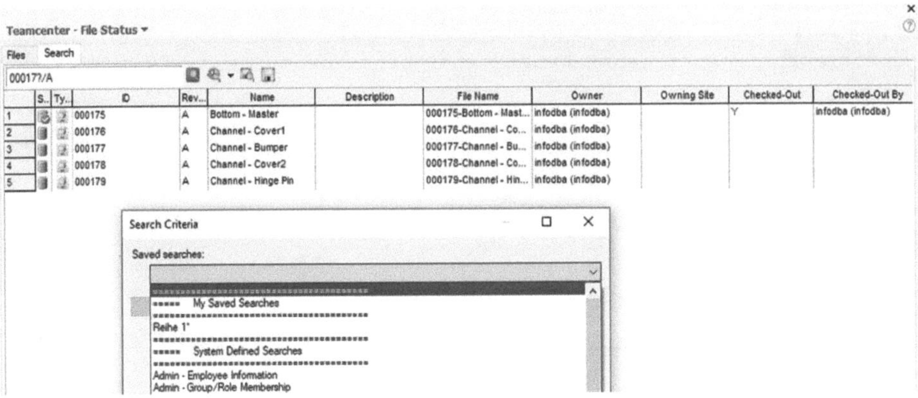

Bild 16.49 Suche in *Teamcenter – Dateistatus* mit gespeicherten Suchen und Systemsuchen

16.3.7 Suchen von spezifischen Daten

Wir haben Ihnen bereits viele Möglichkeiten der Suche bzw. des Findens der gewünschten Daten in Teamcenter vorgestellt. Auch in der Inventor-Schnittstelle stehen verschiedene Optionen bereit, Objekte (genauer gesagt die Datasets zu einem Item oder zu einer Item-Revision) zu finden. Die Möglichkeiten über den Teamcenter-Navigator oder über *Teamcenter – Dateistatus* haben wir Ihnen bereits vorgestellt. Nutzen Sie dort das Kontextmenü und *Suchen …* oder *Zusammengesetzt aus/Referenznachweis/Verwendungsnachweis …*, um unmittelbar an die gewünschten Dateien zu gelangen (siehe Bild 16.46).

Für die grundsätzliche Einstellung der Schnellsuche können Sie in den Optionen sowohl die Standard-Schnellsuche aus den in Teamcenter bereitgestellten Suchen auswählen als auch das Standard-Attribut definieren. Sicherlich ist es sinnvoll, wie auch in Teamcenter, die `ID` zu nutzen. Bedenken Sie, dass der `Dataset-Name` frei wählbar ist und nicht unbedingt die `ID` enthalten muss (auch wenn das meist so gehandhabt wird).

In der Eingabezeile können Sie nun das gesuchte Attribut eingeben und die Suche über die Lupe ausführen. Anders als in Teamcenter findet die Schnittstelle nicht das Item oder die Revision, sondern die zu öffnenden Datasets. Direkt rechts neben dem

Start der Suche finden Sie, etwas versteckt, die Möglichkeit, bereits ausgeführte Suchen erneut zu starten. Ganz am rechten Rand können Sie auch die Schnellsuche für eine spätere Nutzung abzuspeichern. Geben Sie dazu einen `Namen` ein und nutzen Sie dann das Icon links daneben, um den Dialog für die gespeicherten Suchen aufzurufen. Hinter der Liste im oberen Bereich finden Sie nun nicht nur die von Ihnen in Inventor gespeicherten eigenen Suchen, sondern auch die, welche Sie in **Mein Teamcenter** gespeichert haben (Bild 16.50). Außerdem haben Sie Zugriff auf alle systeminternen Suchen, die Sie bereits kennengelernt haben.

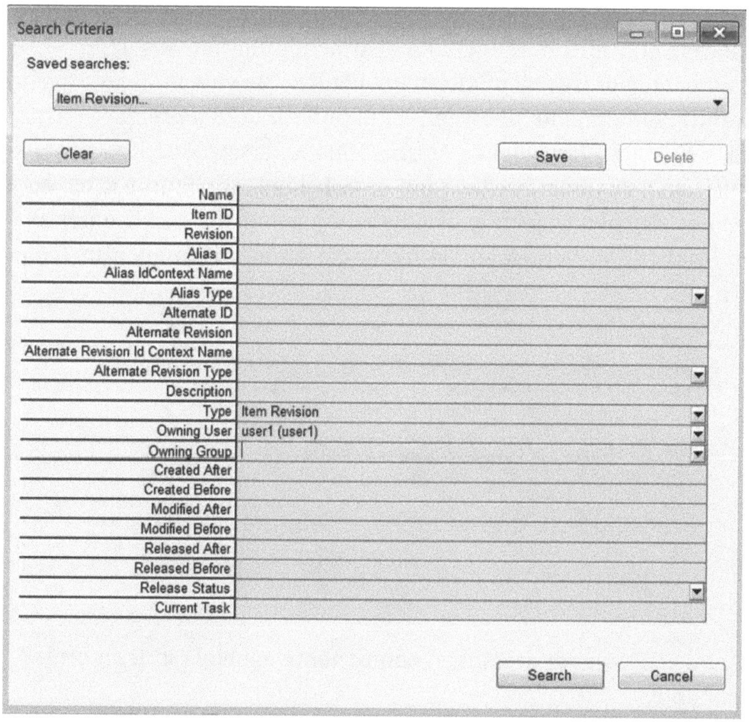

Bild 16.50 Systemeigene Suche nach der Item-Revision mit den darin definierten Attributen

16.3.8 Einzelteile und Baugruppen verbauen (Strukturen)

In Kapitel 5, „Struktur-Management – Stücklisten und deren Verwendung", haben Sie erfahren, wie Teamcenter beliebige Strukturen verwaltet und wie Sie diese nutzen und analysieren können. Die Inventor-Schnittstelle verwaltet (ebenso wie die anderer CAD-Systeme) die Baugruppenstruktur in Teamcenter. Sie können Teile oder Baugruppen in andere Baugruppen einbauen. Beim Speichern in Teamcenter wird diese

Struktur aktualisiert. Sie können dies jederzeit über das **Struktur-Management** oder den Verwendungsnachweis nachvollziehen.

Zu einer Baugruppe gelangen Sie, indem Sie diese Baugruppe mit ganz normalen Mitteln aufbauen und die Items über *Teamcenter > Speichern > Speichern/Erstellen* erzeugen. Dieser Weg ist sinnvoll, wenn Sie ganz neue Produkte aufbauen. Meist werden Sie jedoch bestehende Baugruppen modifizieren. In Inventor wird in erster Linie die Button-Up-Methode angewandt, d. h., Sie erstellen eine Baugruppe (**.iam*) und bauen dort weitere, bereits vorhandene Komponenten ein. Sind diese Komponenten, egal ob Einzelteil oder Baugruppe, bereits in Teamcenter abgelegt, nutzen Sie über *Home* den bereits in Abschnitt 16.3.5 vorgestellten Teamcenter-Navigator. Selektieren Sie das gewünschte Teil (Dataset) und nutzen Sie das Kontextmenü, um mit *Aus Teamcenter platzieren* die Komponenten einzufügen. Alternativ können Sie eine im Baugruppen-Navigator ausgewählte Komponente über den Menüpunkt *Aus Teamcenter ersetzen* austauschen. In diesem Falle ist es wichtig, vorher eine zu ersetzende Komponente selektiert zu haben. Im Dialog können Sie dann entscheiden, ob Sie nur diese eine oder alle Instanzen des gleichen Objekts gegen die Komponente aus Teamcenter austauschen möchten (Bild 16.51). Vergessen Sie nicht, die Änderungen auch in Teamcenter zu speichern.

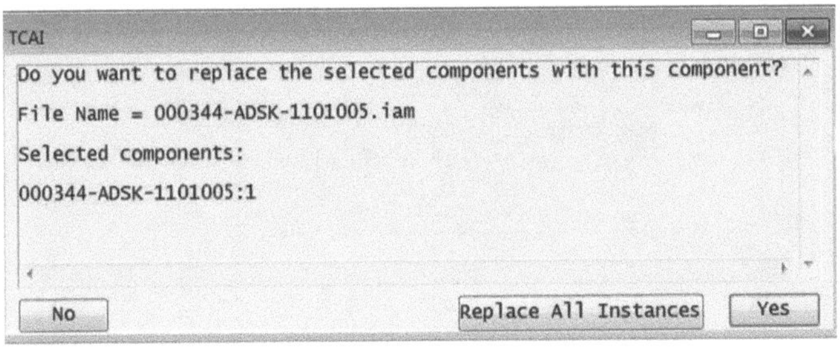

Bild 16.51 Dialog zum Ersetzen der gewählten Komponente mit einer in Teamcenter enthaltenen Komponente

Auch die Inventor-Schnittstelle unterstützt die Möglichkeit, Baugruppen im **Struktur-Management** aufzubauen und das Ergebnis in Inventor zu nutzen. An dieser Stelle verzichten wir jedoch auf die Beschreibung der in Kapitel 5, „Struktur-Management – Stücklisten und deren Verwendung“, erläuterten Möglichkeiten. Es lohnt sich auf jeden Fall, diese Herangehensweise auf ihre Tauglichkeit hinsichtlich der täglichen Aufgaben in der Produktentwicklung (z. B. nach Top-down-Methodik) zu untersuchen.

16.3.9 Umgang mit dem Cache-Manager

Einige Schnittstellen zwischen CAx-Software und Teamcenter nutzen einen transparenten Cache-Modus. Hier werden alle Dateien in einem Austauschverzeichnis abgelegt. Mit Inventor greifen Sie auf die Dateien in diesem Ordner zu. Mit *Abrufen* werden alle Dateien, die in dem Dataset gebündelt sind (siehe „Benannte Referenzen"), in dieses Austauschverzeichnis exportiert. Ebenso verhält es sich beim *Öffnen*, egal ob Sie die Daten reservieren. Beim Speichern in Inventor werden nur die Dateien in diesem Ordner aktualisiert. Erst wenn Sie mit *Im Hintergrund speichern* oder *Speichern/ Erstellen* speichern, wird dieser Stand auch als neue Version (Kapitel 2, „Mein Teamcenter") nach Teamcenter transportiert.

Dieser Cache-Ordner ist bereits vorkonfiguriert, kann aber durch Sie modifiziert werden. Allerdings dürfen Sie dazu nicht in Teamcenter angemeldet sein. Melden Sie sich über *Teamcenter > An-/Abmelden > Abmelden* ab. Rufen Sie dann die Einstellungen auf. Sie können nun den zugewiesenen Cache-Ordner ändern.

Dafür können Sie auch Systemvariablen nutzen.

Dieser Zwischenspeicher kann auch für einen Offline-Modus verwendet werden. Die Funktionalitäten und Herangehensweisen entnehmen Sie bei Bedarf der Dokumentation zur Schnittstelle (TCAI).

Nutzen Sie den Menüpunkt *Teamcenter > Lokaler Cache > Cache-Manager*, um diesen zu verwalten (Bild 16.52). Allerdings müssen Sie zuvor alle Dateien geschlossen haben. Hier können Sie nun einen Blick auf alle zwischengespeicherten Dateien werfen, unabhängig davon, ob diese noch reserviert oder freigegeben sind. Bei Bedarf entscheiden Sie an dieser Stelle, welche Dateien ein- oder ausgecheckt werden sollen. Es ist auch möglich, das Auschecken abzubrechen oder Dateien direkt zu öffnen. Besonders hervorzuheben ist die Möglichkeit, Dateien an eine definierte Stelle zu exportieren oder von dort wieder in den Cache-Ordner zu importieren. Diese Möglichkeit können Sie gut nutzen, um die Bearbeitung durch andere, nicht mit Teamcenter verbundene Mitarbeitende, fortsetzen zu lassen und am Ende die Daten wieder geordnet in Teamcenter abzulegen.

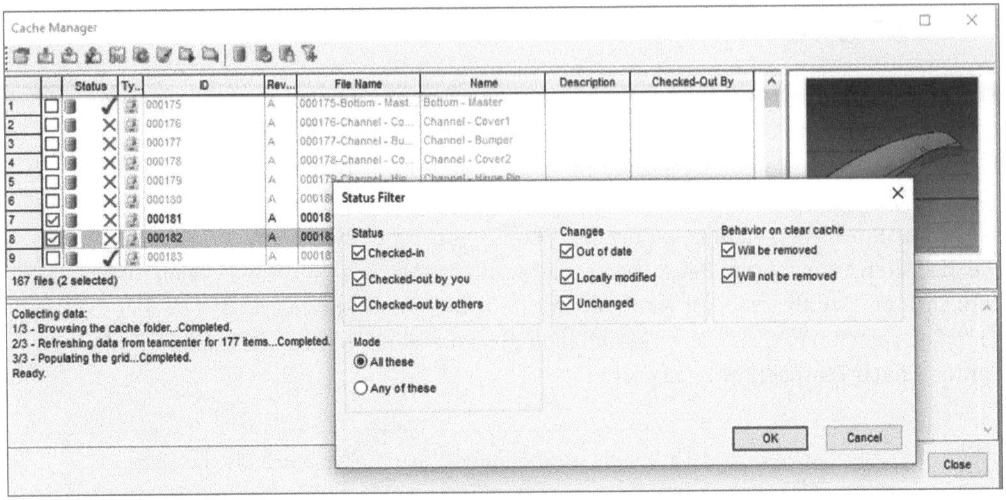

Bild 16.52 Cache-Manager mit Filterdialog

16.3.10 Attribute/Eigenschaften synchronisieren

In Kapitel 2, „Mein Teamcenter“, haben wir Ihnen die Möglichkeiten zur Eingabe und Änderung von Attributen bzw. Eigenschaften vorgestellt. Auch für Inventor wird dies genutzt. Eigenschaften werden in Teamcenter entweder über eigenständige mit Item oder Revision verknüpfte Formulare oder direkt am Objekt platziert genutzt. In Inventor werden die Windows-eigenen Dateiattribute und sogenannte iProperties verwendet (Bild 16.53 und Bild 16.54). Eigenschaften sind an Modelle (Einzelteil oder Baugruppe) und an Präsentationen und Zeichnungen gebunden. Zwischen Modell und Zeichnung werden die Attribute bei Bedarf weitergegeben, sodass z. B. in der Zeichnung der Schriftkopf damit gefüllt werden kann.

Eigenschaften/Attribute können zwischen Autorensystem und Teamcenter ausgetauscht werden (Bild 16.55). Im sogenannten Mapping wird definiert, welches Attribut aus Teamcenter mit welchem aus Inventor abgeglichen werden soll. Hierbei ist es möglich, alle Attribute aus dem Datenmodell des Items (inklusive Revision und Formular) mit den iProperties in Inventor zu synchronisieren. Für diesen Abgleich können verschiedene Richtungen vorgegeben werden. Entweder wird aus Inventor das Attribut nach Teamcenter „geschoben“ oder Teamcenter ist das führende System und die Eigenschaften gelangen automatisch in das Modell oder die Zeichnung. Ihre IT hat hier bestimmte Vorkehrungen entsprechend den Prämissen in Ihrem Unternehmen getroffen. Für jedes Attribut kann die Richtung getrennt festgelegt werden. Auch ein wechselseitiger Abgleich ist möglich. Hierbei müssen Sie als anwendende Person darauf achten, dass Sie einmal eingegebene Eigenschaften nicht von der anderen Seite überschreiben.

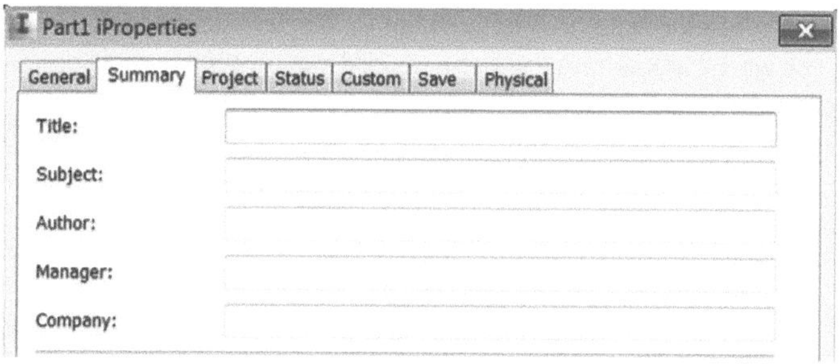

Bild 16.53 iProperties in Inventor

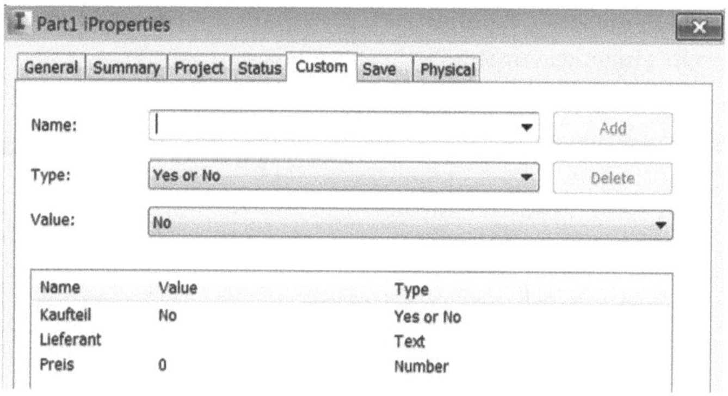

Bild 16.54 Anwendereigenschaften in Inventor

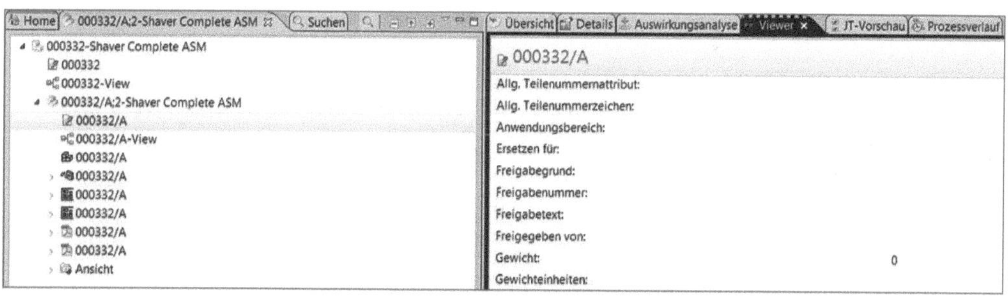

Bild 16.55 iProperties in Inventor und Formularattribute in Teamcenter

Entscheiden Sie, welches das bei Ihnen führende System sein soll. Weichen Sie von dieser Vorgabe möglichst selten ab. Auch wenn häufig der Wunsch besteht, von der Datenbank im Hintergrund nichts zu bemerken, hat Teamcenter als führendes System den Reiz, dass alle Informationen an einer Stelle eingegeben werden können. Ebenso wird bei einer Entscheidung für Teamcenter als führendes System die Abbildung einer Top-down-Strategie vereinfacht. Alle anwendenden Personen beginnen Teile in Teamcenter zu definieren. Erst dann wird z. B. entschieden, mit welchem CAD-System diese modelliert werden sollen. Außerdem lassen sich Änderungsprozesse, wie wir sie in Kapitel 12, „Geändert wird immer! Effektives Änderungswesen", beschrieben haben, leichter umsetzen. Auch die Regelung, Eigenschaften im Modell festzulegen, anschließend nach Teamcenter zu synchronisieren und dann die Zeichnung mit den Attributen aus Teamcenter zu füllen, hat aufgrund der guten Nachvollziehbarkeit einen gewissen Reiz.

Beim ersten Speichern in Teamcenter mit *Speichern > Speichern/Erstellen* haben Sie die Möglichkeit, neben den grundsätzlichen Attributen wie `ID`, `Revision ID`, `Name`, `Beschreibung` und `Part Number` (`ID`) ergänzende Attribute zu speichern. Nutzen Sie dazu den Reiter *Zusätzlich* (Bild 16.56). Abhängig vom gewählten Typ können Sie direkt bei der Erstellung des Objekts die in Teamcenter definierten Eigenschaften eingeben. Beachten Sie dabei auch das bereits eingangs vorgestellte Datenmodell.

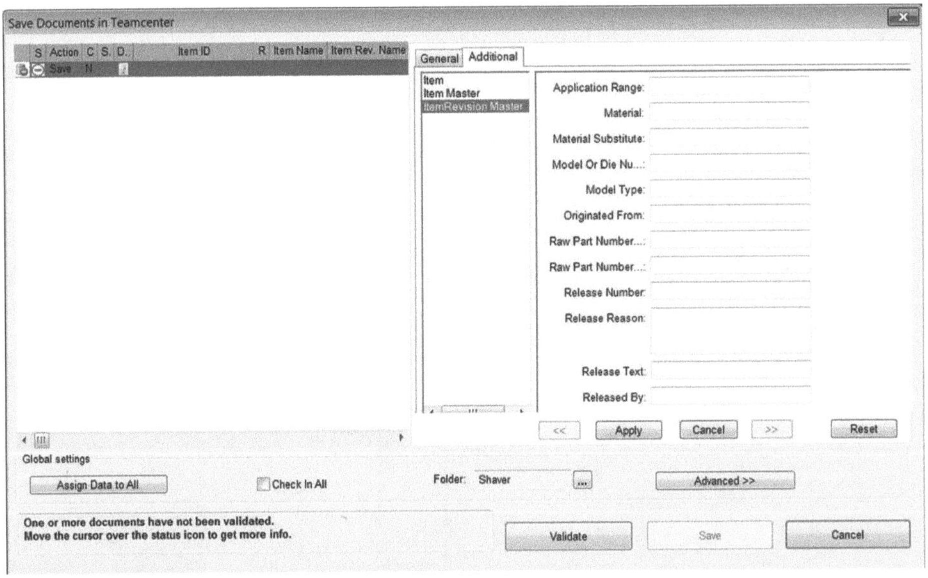

Bild 16.56 Eingabe der Attribute beim ersten Speichern

Beachten Sie, dass diese Eingabe nur beim ersten Speichern möglich ist. Später können Sie Änderungen nur noch über die iProperties oder in Teamcenter vornehmen. Allerdings können Sie sich über *Teamcenter – Dateistatus* mithilfe des Kontextmenüs die mit Teamcenter synchronisierten Eigenschaften anzeigen lassen (Bild 16.57). Das Gleiche ist auch im Teamcenter-Navigator nach Auswahl eines Datasets möglich.

Über den Menüpunkt *Synchronisieren > Synchronisieren* haben Sie die Möglichkeit, den Attributabgleich bei geöffneten Daten zu forcieren.

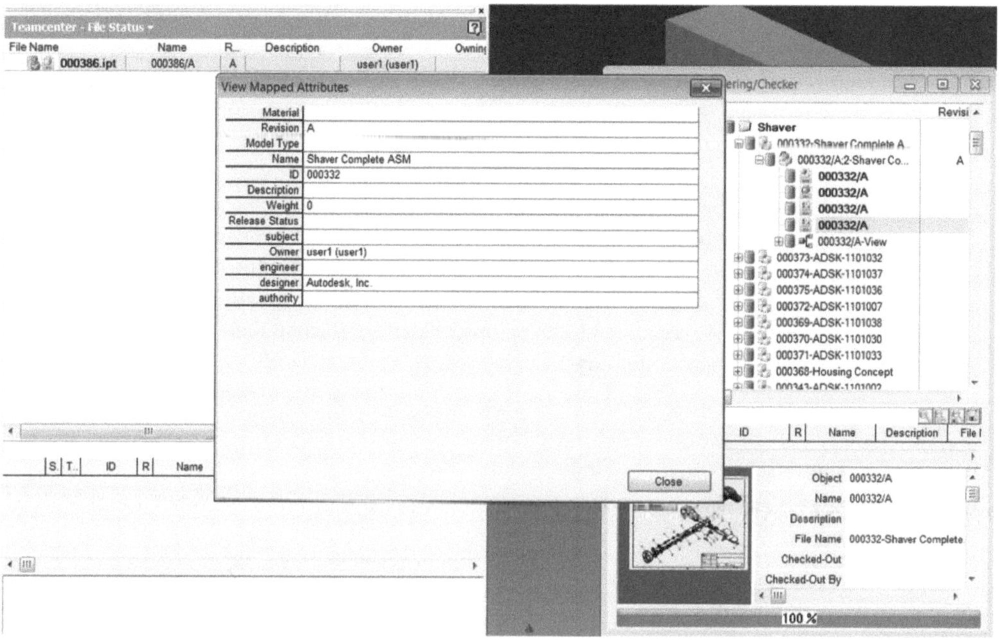

Bild 16.57 Anzeige der zwischen Teamcenter und Inventor ausgetauschten Eigenschaften

16.3.11 Anwendung

Fast Track

1. Starten Sie Inventor und melden Sie sich an Teamcenter an.
2. Aktivieren Sie in den Optionen die automatische Generierung der JT-Daten für die Einzelteile.
3. Erstellen Sie ein neues Bauteil und speichern Sie dieses direkt in Teamcenter. Geben Sie dabei die erforderlichen Informationen ein.
4. Erstellen Sie eine neue Baugruppe und speichern Sie diese ebenfalls in Teamcenter.
5. Fügen Sie das vorher erstellte Einzelteil direkt aus Teamcenter in die Baugruppe ein. Nutzen Sie dazu gegebenenfalls die Suchmöglichkeiten.
6. Erstellen Sie ein weiteres Einzelteil, das in der Baugruppe verwendet wird, und speichern Sie die Baugruppe nun direkt in Teamcenter.
7. Prüfen Sie im Struktur-Management die dreidimensionalen Daten Ihrer Baugruppe.

16.4 Siemens NX CAM und Fertigungsdaten

Michael Jungnickel und Alexander Hoffmann

Real-World-Szenario

Michaela bereitet für das Bauteil *Direction slider* die Fertigungsschritte mithilfe von NX CAM vor. Alle entstehenden Daten werden – wie die Konstruktionsdaten – in Teamcenter abgelegt. Um zügig zu einem optimalen Ergebnis zu gelangen, wählt Michaela die passende Maschine und alle erforderlichen Werkzeuge aus der Bibliothek in Teamcenter aus.

16.4.1 Vorteile datengetriebener Fertigung

Zu bearbeitende Bauteile werden immer direkt aus Teamcenter geladen. Da NX über Teamcenter betrieben wird, besteht die Möglichkeit, die Maschine und die passenden Werkzeuge aus der MRL (Manufacturing Resource Library) zu beziehen und direkt in NX zu verwenden. MRL greift dabei auf nach DIN 4000/ISO 13399/DIN 4003/GTC standardisierte Datenquellen zu.

Des Weiteren können Revisionen von Post-Prozessor und NC-Code-Simulation (diese bilden ein sogenanntes NX MachineKit) mittels Teamcenter erstellt und verwaltet werden. Diese Software-Tools, welche der Erzeugung und der Analyse auf Kollisionen, Materialabtrag und Bearbeitungszeit dienen, werden damit offizieller Bestandteil des PLM-Systems und können den Anwendenden unter Berücksichtigung des Berechtigungskonzepts zugänglich gemacht werden (siehe Kapitel 4, „Datensicherheit für alle“).

Die Normen DIN 4000/ISO 13399/DIN 4003/GTC beschreiben den Aufbau von Merkmalen und 3D-Modellen. Hierfür gelten eindeutige Gestaltungsregeln für Koordinatensysteme und Detaillierungstiefe (vgl. *http://www.gtc-tools.com*).

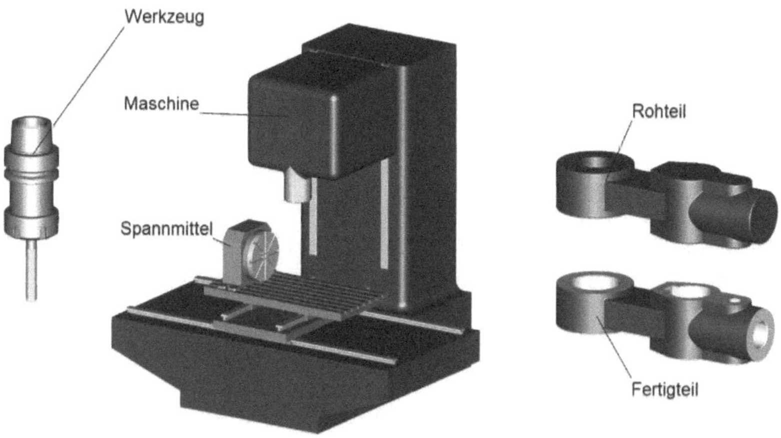

Bild 16.58 Maschinenmodell inklusive Roh- und Fertigteil

16.4.2 Teile, Maschinen und Werkzeuge

Beim Laden des Teils wird so verfahren wie in Abschnitt 16.1 beschrieben. Zum Beispiel können Sie die Suche in Teamcenter nutzen und dann die passende Revision in NX öffnen (Bild 16.59).

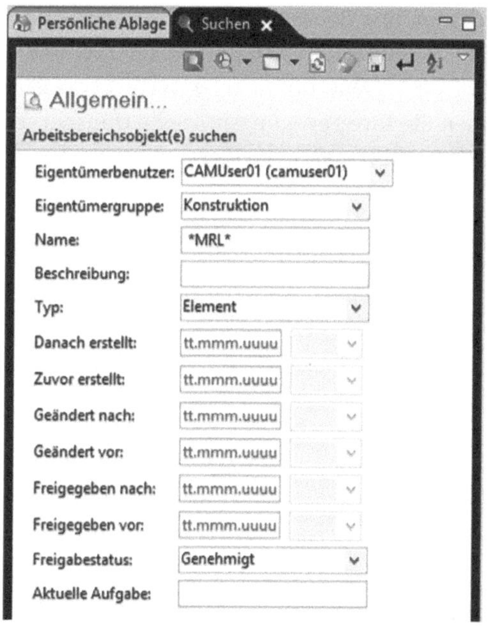

Bild 16.59 Auswahl des zu bearbeitenden Teils

Die Manufacturing Resource Library (MRL) ist ein erweiterter Bestandteil von Teamcenter, die im Vorfeld zu installieren ist. Die MRL verwendet die **Klassifikation** (siehe Kapitel 14, „Klassifikation - Ordnung im Datenbestand").

Die Manufacturing Resource Library bietet Ihnen folgende Möglichkeiten:

- *Klassifizierungsdatenbank:* Daten und Informationen in Klassen und Unterklassen strukturieren (siehe Kapitel 14, „Klassifikation – Ordnung im Datenbestand")
- *Vorbereitete Werkzeugkomponenten:* Diese sind bereits direkt nach der Installation verfügbar.
- *Herstellerspezifische Werkzeugkataloge:* Namhafte Herstellende, wie Kennametal Inc., Sandvik Coromant oder Mitsubishi Materials Corporation, stellen ihre Werkzeugdaten zur Verfügung. Es werden sowohl technologische als auch für den Bestellablauf relevante Informationen geliefert.
- *Herstellerunabhängige Kataloge:* Werkzeugdaten können z. B. über die externe Anwendung ToolsUnited der CIMSOURCE GmbH in der MRL bereitgestellt werden (Bild 16.60). Es gibt außerdem die Möglichkeit, eigene Werkzeugdaten an ToolsUnited zu senden und sich diese dort aufbereiten zu lassen.
- *Skalierbarkeit*: Die Nutzungsmöglichkeiten der MRL reichen von der Stand-alone-Anwendung für NX CAM bis zur MES-integrierten Lösung (z. B. Siemens Mcenter[1)], ehemals SINUMERIK Integrate) mit Anbindung an die physische Verwaltung und Nutzung von Werkzeugen, CNC-Programmen und Betriebsmitteln in der Fertigung. Durch die direkte Verbindung zu den Werkzeugmaschinen und deren CNC-Steuerungen (Sinumerik, Fanuc, Heidenhain etc.) sowie durch integrierte Visualisierungsmöglichkeiten (Dashboards) können Sie Ihre Fertigungsprozesse transparent gestalten (Overall Equipment Effectiveness, OEE) und in die Planung rückkoppeln.

Die Nutzung von ToolsUnited ist kostenpflichtig, doch dafür lässt sich die MRL damit schneller füllen.

1 *https://www.siemens.com/de/de/produkte/automatisierung/industrie-software/werkzeugmaschinen-digitalisierung-machinum/shopfloor-plattform-mcenter.html*

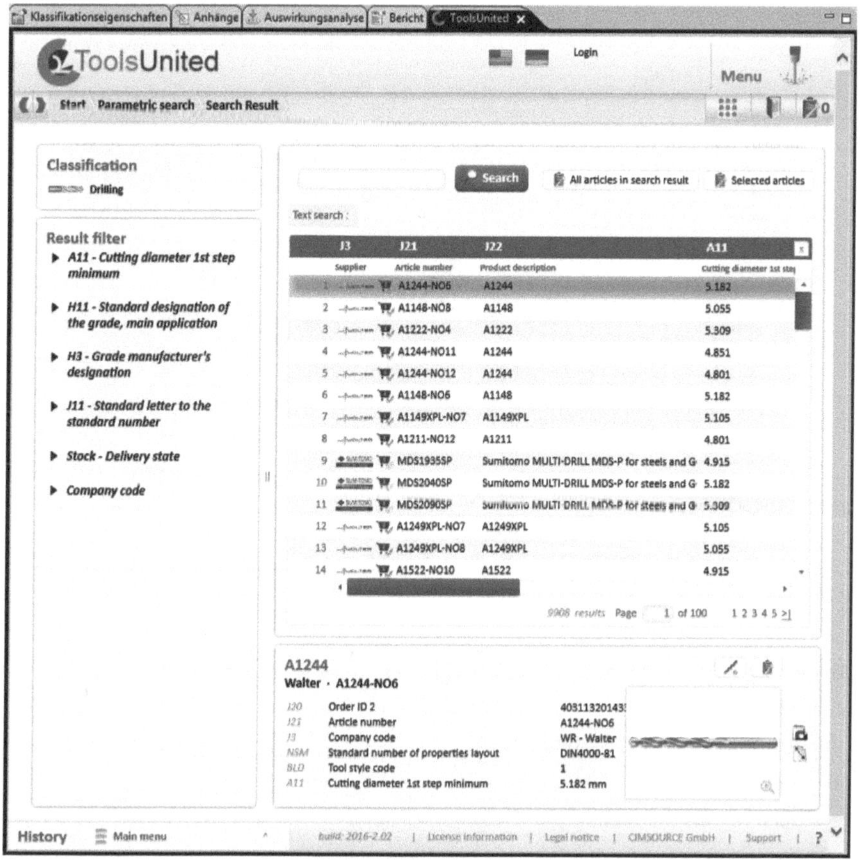

Bild 16.60 ToolsUnited der CIMSOURCE GmbH

Der Klassifizierungsdialog bietet die Möglichkeit, Einzelwerkzeuge im Vorfeld zu betrachten sowie Komplettwerkzeug-Baugruppen zu assemblieren und für die Verwendung in NX CAM auszuwählen (Bild 16.61). Die zugrunde liegenden Funktionen haben wir ausführlich in Kapitel 14, „Klassifikation – Ordnung im Datenbestand", beschrieben.

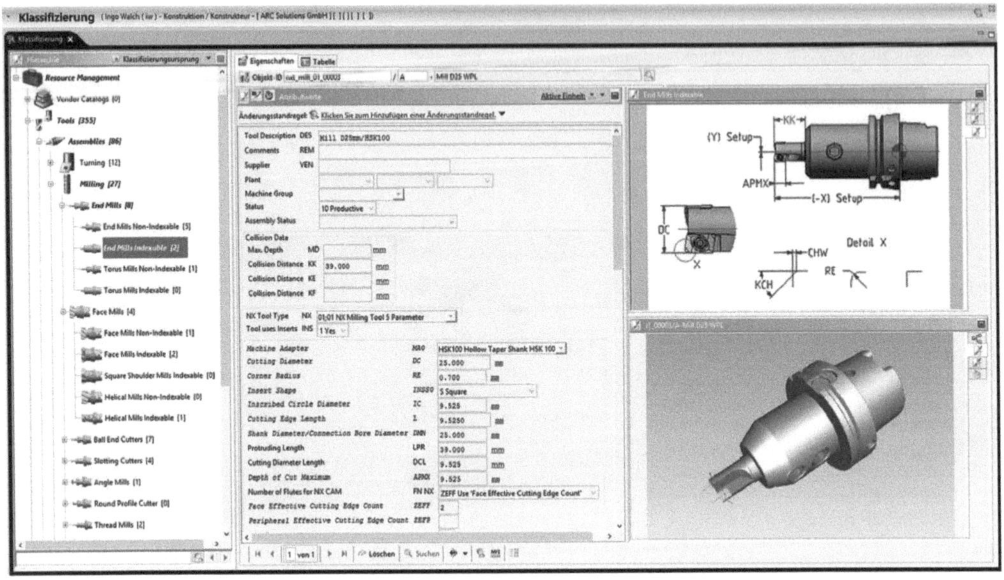

Bild 16.61 Werkzeugbaugruppe in der MRL

In der Hierarchie werden Kataloge, Werkzeugkomponenten und -baugruppen, Maschinen, Spannmittel und andere Betriebsmittel angezeigt und in Teamcenter als spezifische Items des folgenden Typs abgelegt:

gesamter Ablauf der CAM-Erstellung	*MENCMachining*
Werkzeuge	*MENCTool*
Maschinen	*MENCMachine*
Spannmittel	*Resource*
Vorrichtungen, Schränke	*MEEquipment*

16.4.3 Erstellen des Setups bzw. des Aufbaus eines Programms

Nun beginnt der Programmiervorgang. Die Siemens NX-Umgebung bietet verschiedene Templates zur Auswahl, sodass für jeden Bearbeitungsschritt die richtige Operation vorhanden ist (Bild 16.62). Als Erstes wird eine neue Baugruppe des Typs `MENCMachining` erstellt, eine neue `ID` vergeben und ein `Name` gewählt. In diese Baugruppe wird das zu bearbeitende, gegebenenfalls mit Aufmaßen versehene Teil (zusammen mit dem zugehörigen Rohteil, wenn Sie möchten) geladen. Danach folgt das Laden der Maschine und der benötigten Spannmittel aus Teamcenter. Diese Komponenten werden mit Zwangsbedingungen positioniert. Das Positionieren des Roh- und Fertigteils geschieht über die gewohnten Baugruppenfunktionalitäten.

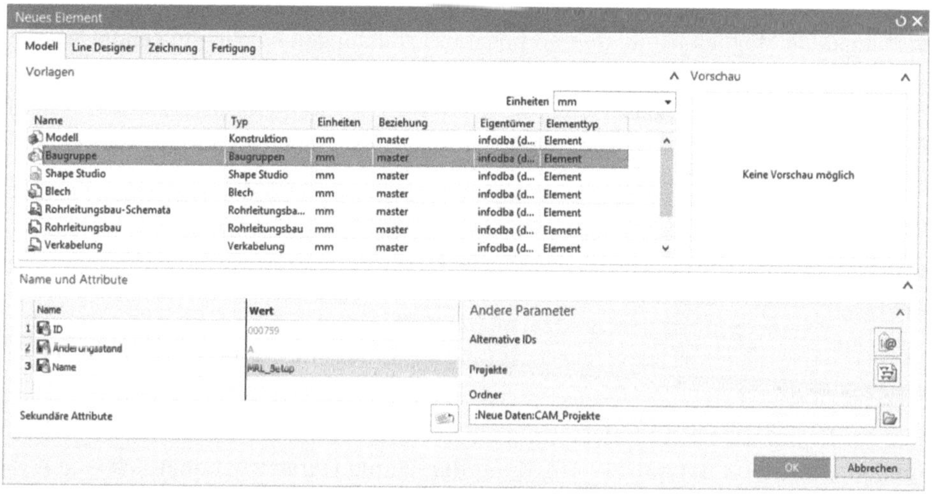

Bild 16.62 Auswahl der Baugruppenvorlage in NX

In den Voreinstellungen muss der richtige Pfad zur MRL-Bibliothek gesetzt sein. Hierfür wird die Konfigurationsdatei *cam_part_planner_mrl.dat* benutzt (Bild 16.63).

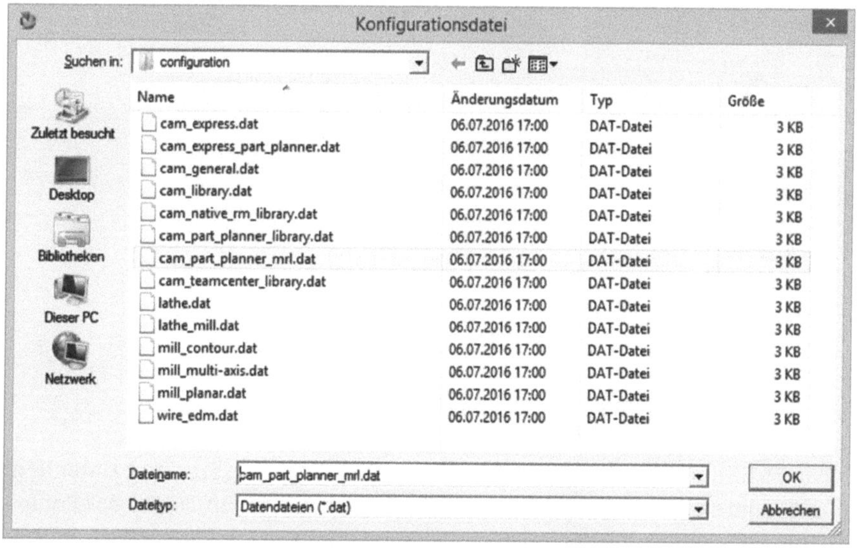

Bild 16.63 Auswahl der Konfigurationsdatei für die MRL

Im zweiten Schritt werden die für die Bearbeitung benötigten Operationen erzeugt. Jedem Arbeitsschritt wird aus der MRL das passende Werkzeug zugewiesen. Beachten Sie hier auch die Beschreibung der Klassifikation in Teamcenter (Kapitel 14, „Klassifikation – Ordnung im Datenbestand“). Hierfür gibt es für die anwendende Person verschiedene Möglichkeiten. Gemäß unseren Erfahrungen hat sich folgender Ablauf als praktisch erwiesen: Das Laden der Maschine und der Werkzeuge erfolgt über *Operations-Navigator – Werkzeug*. Hier wird über die rechte Maustaste das Menü zum Laden der Maschine bzw. der Werkzeuge aufgerufen und die benötigten Mittel werden geladen (Bild 16.64).

Da die Konfigurationsdatei entsprechend angepasst wurde, greift NX überall dort, wo die Bibliothek verwendet wird, auf die MRL zu. Daher ist es auch möglich, Werkzeuge direkt über die Operation (z. B. Bohren) zu laden oder über die Wiederverwendungsbibliothek direkt per Drag and Drop einzusetzen.

Für das Laden der Spannmittel empfiehlt sich der Einsatz der Wiederverwendungsbibliothek (siehe Abschnitt 16.1.15). Unter dem Punkt *Fixtures* befindet sich eine Auswahl von Spannmitteln, die per Drag and Drop in die Baugruppe geladen und mit Baugruppenzwangsbedingungen positioniert werden können.

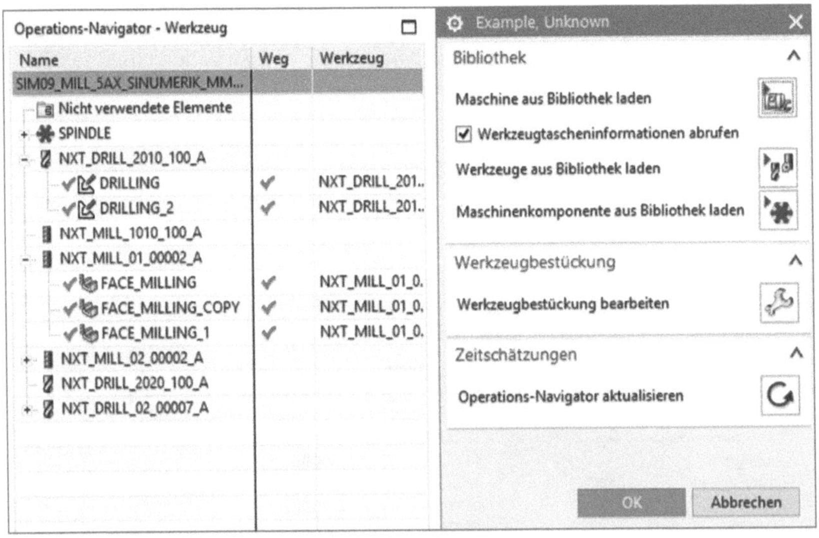

Bild 16.64 Zuweisung des Werkzeugs aus der MRL

Wie aus Bild 16.65 ersichtlich, ergibt sich in Teamcenter folgende Struktur: Unter dem Item `ID 000213` mit dem Icon `MENCMachining` befindet sich mit der `ID 000209` das Rohteil (Revision mit der Relation `Fertigungsziele`), gefolgt vom Fertigteil mit der `ID 000207` des Typs `Element`. Darunter werden die Werkzeuge (Typ `MENCTool`) aufgelistet. An letzter Stelle im Baum wird die geladene Maschine (hier: 5-achsige Fräsmaschine mit Sinumerik-Steuerung, Typ `MENCMachine`) aufgelistet. Darüber hinaus könnten noch Spannmittel eingefügt werden (Typ `Resource`).

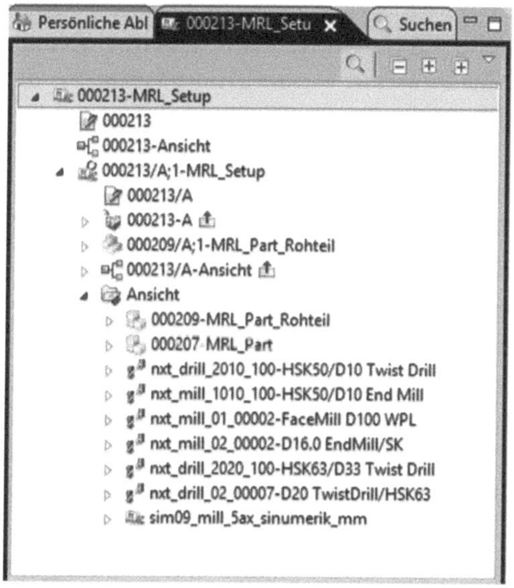

Bild 16.65
Baugruppe mit Beziehungen zu Werkstück, Maschine und Werkzeug

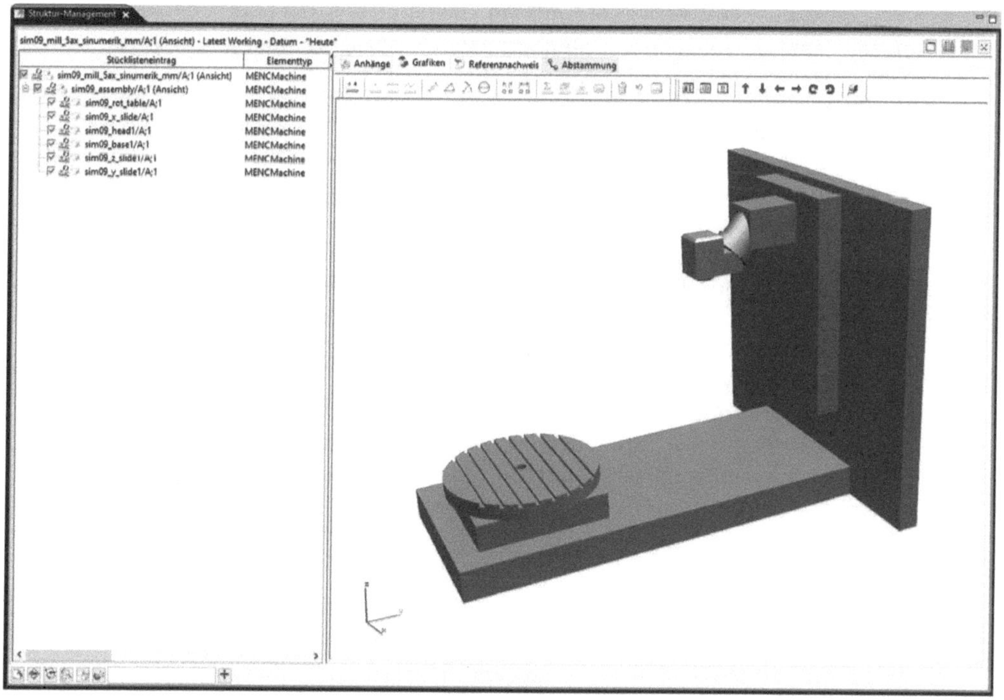

Bild 16.66 Abbildung des Aufbaus im Struktur-Management von Teamcenter

16.4.4 Überprüfen der Werkzeugwege/Optimierung

Nun folgt das Erzeugen der Werkzeugwege. Nach erfolgreichem Abschluss der Eingaben in NX CAM werden diese bereits mit dem gewählten Werkzeug angezeigt. Es folgt nun die Prüfung und interne, d. h. werkzeugwegbasierte, Simulation. Dieser Schritt kann auch übersprungen werden und es kann direkt eine externe Maschinensimulation (z. B. Sinumerik Run MyVirtual Machine) gestartet werden. Hierbei verfährt die Maschine in allen Achsen. So lassen sich Bearbeitungszeiten kalkulieren und mögliche Kollisionen oder Überschreitungen des Limits der Maschinenachsen anzeigen. Aufgrund dieser Betrachtungen können nachträglich Verfahrwege optimiert, Aufspannungen geändert und Schnittdaten angepasst werden.

Nach erfolgreicher Prüfung und gegebenenfalls Korrektur wird der finale Post-Prozessor-Lauf gestartet. Der Post-Prozessor ist dafür zuständig, die in NX definierten Verfahrwege, Maschinenbefehle und Schnittdaten in den maschinenspezifischen G-Code zu übersetzen. Der vom Post-Prozessor erzeugte G-Code kann an einem beliebigen Ort abgelegt werden, um diesen im Nachgang an die „reale Maschine“ zu übergeben und den Fertigungsprozess zu starten. Dies schließt die Möglichkeit der Verwaltung und Revisionierung durch Teamcenter und die Übertragung an ein Shopfloor- bzw. MES-System (z. B. Siemens Mcenter) ein.

Darüber hinaus können anhand des G-Codes weitere fertigungs- und planungsrelevante Daten ermittelt und durch Teamcenter verwaltet werden. Als Beispiel sei das NX-integrierbare Software-Tool eMes-Plan genannt, das den Planer bei der Erstellung von zeit-, energie- und somit kostenoptimalen NC-Programmen unterstützt.

Das Projekt „Empirische Maschinenmodelle zur energiesensitiven Planung spanender Fertigungsprozesse eMes-Plan“[2)] der Technischen Universität Chemnitz und der ARC Solutions GmbH wurde vom Zentralen Innovationsprogramm Mittelstand (ZIM) gefördert. Darin wurde ein Software-Tool zur realitätsnahen Zeit- und Energiebedarfsprognose entwickelt, das auf Messungen der realen Maschine beruhende Modelle nutzt. Empirische Maschinenmodelle bieten vor allem für ältere, noch nicht virtualisierbare Maschinensteuerungen eine gute Basis. Die Prognose kann direkt aus dem CAM-System (z. B. Siemens NX) heraus gestartet werden. Im Ergebnis werden die Zeitdauer, der Energiebedarf und die durchschnittliche Leistung berechnet und können aufgeschlüsselt nach NC-Satz bzw. Fertigungsoperation oder als Summe des gesamten Fertigungsschritts direkt in NX angezeigt oder als auswertbare Datei (CSV, XML, TXT, XLSX, ...) in Teamcenter abgelegt werden.

---

[2] *https://www.tu-chemnitz.de/tu/pressestelle/aktuell/7838*

16.4.5 Anwendung

Fast Track

1. Starten Sie Teamcenter und melden Sie sich an.
2. Suchen Sie in Teamcenter ein passendes Fertigteil und starten Sie NX mit diesem Teil.
3. Passen Sie gegebenenfalls in den Voreinstellungen die MRL-Umgebung an.
4. Erstellen Sie in NX eine übergeordnete Baugruppe mithilfe der CAM-Templates, platzieren Sie alle Komponenten und legen Sie die Baugruppe in Teamcenter als *MENCMachining*-Item an.
5. Erstellen Sie Ihr gewünschtes Setup. Speichern Sie eventuell erfolgte Änderungen prozessbegleitend in Teamcenter ab.
6. Erzeugen Sie die Werkzeugwege in Siemens NX.
7. Um die Werkzeugwege zu überprüfen, wählen Sie *Werkzeugweg überprüfen* oder *Maschine simulieren*, um die gesamte Kinematik der Werkzeugmaschine anzuzeigen.
8. Starten Sie den Post-Prozess und geben Sie anschließend den erzeugten Code an die Werkzeugmaschine.

16.5 Simulationsdaten in Teamcenter

Auf die Verwaltung von Simulationsdaten in Teamcenter gehen wir in diesem Buch nicht ein, da dies den Rahmen sprengen würde. Stattdessen möchten wir auf das Buch *Simulation mit NX/Simcenter 3D* von Reiner Anderl und Peter Binde verweisen (5., überarbeitete Auflage, Carl Hanser Verlag 2022). Kapitel 7 behandelt das Management von Berechnungs- und Simulationsdaten auf Basis von Teamcenter.

17 Ausblick

In diesem Buch über das PLM-System Teamcenter haben Sie einen Überblick über grundlegende Module und die Bedienphilosophie der Software erhalten. Wir gehen davon aus, dass diese die Herangehensweise bei der Ablage strukturierter und unstrukturierter Informationen im Produktentwicklungsprozess gut verdeutlichen. Je nachdem, welche Aufgaben Sie im PLM-Umfeld betreuen, sollten Sie nun sowohl Entscheidungen über den Einsatz als auch den weiteren Ausbau der Software einfacher treffen können. Rufen Sie sich auch noch einmal die Idee der Wissensinseln ins Gedächtnis, über die durch kontinuierliche Anreicherung und Verknüpfung von Informationen aus ehemals unstrukturierten Daten letztlich ein umfangreiches Abbild Ihres Produkts entsteht. Die Daten verschiedener Autorensysteme werden dabei mithilfe einer PLM-Lösung und der zugehörigen Strategie den verschiedensten Unternehmensbereichen zugänglich gemacht. Dies ist beispielsweise bei der Bereitstellung dreidimensionaler Produktdaten für das gesamte Unternehmen deutlich erkennbar.

Welche Entwicklungen erwarten wir in der Zukunft?

Neben der Ausweitung der Lösungen auf das gesamte Unternehmen ist hier in erster Linie die Anbindung weiterer Autorensysteme zu nennen. Beispielhaft sei die Einbeziehung des gesamten Mechatronik-Entwicklungsprozesses, z. B. durch die Anbindung von Drittsystemen (EPLAN, CR-5000/ CR-8000, Altium Designer) oder den Zukauf von Anbietern aus diesem Bereich (Mentor Graphics, jetzt Siemens EDA), zu nennen. Auch die Absicht, z. B. Software für Desktop-Publishing (DTP) tiefer in Teamcenter zu integrieren, zeigt die zukünftigen Möglichkeiten aus unserer Sicht sehr gut auf. Wahrscheinlich wird sich auch die Zahl der integrierbaren CAx-Systeme erweitern. Für viele Anwender werden damit die vorgestellten Multi-CAD-Fähigkeiten eine weitaus größere Bedeutung erlangen.

Teamcenter, wie es sich heute darstellt, ist ein komplexes System. Anwender müssen in der Einarbeitungsphase in die teilweise sehr abstrakten Zusammenhänge eintauchen. Eine intuitive Benutzeroberfläche ist heute für die meisten Softwarepakete unerlässlich. Bislang können wir nur spekulieren, aber bei einem Vergleich mit anderen Systemen, wie z. B. aus dem CAD-Bereich, ist damit zu rechnen, dass auch Teamcenter (Rich Client) das heute im Microsoft-Umfeld übliche Ribbon-User Interface erhalten könnte. Anwender von Microsoft-Produkten oder CAD-Systemen wissen, dass dies nach einer Umlernphase erhebliche Effizienzsteigerungen mit sich bringen kann. Auch bei der Software Teamcenter Visualisation wurde dieser Schritt bei der externen Nutzung der Visualisierungslösung bereits umgesetzt. (Inzwischen ist sehr gut erkennbar, dass Siemens die Weiterentwicklung des Rich Clients zugunsten der webbasierten Anwendungen wie dem Active Workspace und Teamcenter X als Cloudlösung reduziert und in absehbarer Zeit sicher ganz einstellen wird.)

State of the Art bei der Benutzerführung ist heutzutage die Verwendung sich selbst an das Ausgabegerät anpassender User Interfaces (Responsive Design). Dies wird vor allem durch die Vielfalt mobiler Geräte mit Zugriff auf das PLM-System forciert. Mit dem Active Workspace und Teamcenter X hat Siemens hier völlig neue Wege beim Zugriff auf Teamcenter eröffnet. Beobachtet man die Veröffentlichung neuer Teamcenter-Versionen, erkennt man, dass das Unternehmen hier enormes Entwicklungspotenzial einfließen lässt. Für die anwendende Person ergibt sich damit zuallererst eine wesentlich steilere Lernkurve, die nicht nur für gelegentliche Teamcenter-Nutzende von großem Vorteil ist. Entwicklungen im Hardwarebereich führen außerdem zu völlig neuen Visualisierungsmöglichkeiten, z. B. da die Endgeräte mit vorverarbeiteten Informationen versorgt werden können. Nicht zuletzt eröffnet dieser Ansatz auch die engere Integration des PLM-Systems in die Autorensysteme. Den Active Workspace kann man innerhalb von NX, Solid Edge, AutoCAD und Inventor nutzen. Für einige Anwendende ist dabei die eher verborgene Nutzung eines datenbankgestützten PLM-Systems ein äußerst wichtiges Kriterium. Für uns stellt dies vor allem eine Reduzierung der Einstiegshürden bei der Einführung einer PLM-Strategie dar, insbesondere in kleinen und mittelständigen Unternehmen. Es vergrößert die Chancen, auf agile Weise (bzw. in kleineren Schritten) an der hauseigenen Strategie zu „feilen". Übrigens wurde zugunsten dieser Lösung inzwischen auch die Weiterentwicklung des Webclients eingestellt. Wir hatten dies erwartet und dieses Thema deshalb bereits in der ersten Auflage nicht ins Buch aufgenommen.

Blickt man noch etwas visionärer auf die zukünftigen Entwicklungen, ist auch zu erwarten, dass die Zahl der Anwendungen (Applikationen) in Teamcenter eher zu- als abnehmen wird. Schon heute lässt sich Teamcenter leicht an unternehmensspezifische Anforderungen anpassen. Eher kleine Zusatzmodule würden die Anpassungsfähigkeit noch verstärken. Auch von Siemens PLM wurde dieses langfristige Ziel bereits kundgetan. Die Softwareentwickler der ARC Solutions GmbH freut dabei besonders die positive Entwicklung der Programmierschnittstellen (SOA-API). Dies erlaubt eine immer stärkere Nutzung der in Teamcenter abgelegten Informationen in anderen Applikationen.

Zu guter Letzt stellt sich die Frage nach den Entwicklungen bei der Lizensierung der Software. Vor einigen Jahren wurde das Lizenzmodell umgestellt. Auch wenn die Auswahl der passenden Lizenzen unseres Erachtens ein sehr hohes Know-how bei der Bewertung der Modularisierung und der spezifisch abzubildenden Unternehmensprozesse erfordert, stellt der grundsätzliche Ansatz, die Anwendenden unter anderem in verfassende Personen und Konsumierende einzuteilen, eine gute Abbildung der Einsatzgebiete dar. Sie hilft insbesondere dabei, die Anzahl der „Nutznießer" der Informationen so weit wie möglich zu fassen, und trägt zur monetär einfacheren Umsetzung bei. Dies wiederum passt aus unserer Sicht sehr gut zum Einsatz des Active Workspace auf einer möglichst großen Zahl mobiler Endgeräte.

An dieser Stelle möchten wir uns recht herzlich für Ihr Interesse an unserem Buch bedanken. Wir sind gespannt auf Ihr Feedback und Ihre Anregungen!

Index

Symbole

A

H

I

J

K